Der Baugrund

Der Baugrund

Praktische Geologie für Architekten, Bauunternehmer und Ingenieure

Von

Ing. Max Singer
Zivilingenieur-Konsulent
für das Bauwesen

Mit 123 Textabbildungen

Wien
Verlag von Julius Springer
1932

ISBN-13: 978-3-7091-9776-9 e-ISBN-13: 978-3-7091-5037-5
DOI: 10.1007/978-3-7091-5037-5

Softcover reprint of the hardcover 1st edition 1932

Vorwort.

Dieses Buch geht von meiner Studie „Die Bodenuntersuchung für Bauzwecke" (1911) aus, deren erweiterte Neuauflage ich längere Zeit beabsichtigt und vorbereitet hatte. Mit meinem Übergang vom Eisenbahnbau zum Wasserbau und von der Stellung als Dezernent für Geologie im Bundesministerium für Verkehrswesen zur selbständigen Tätigkeit war jedesmal eine bedeutende Erweiterung des Arbeitsgebietes verbunden. Praktische Arbeit an den mannigfaltigsten und schwierigsten Aufgaben in europäischen und überseeischen Ländern führte mich zur Ordnung der Erfahrungen nach naturwissenschaftlichen Gesichtspunkten und zu ihrer regionalen Zusammenfassung, die den Grundplan dieses Buches bilden. Zur Ausarbeitung meiner seit 1919 entstandenen Entwürfe fehlte mir die Zeit; das Erscheinen der Werke von J. Stiny (1922) und W. Kranz (1927) mit verwandten Zielen wirkte naturgemäß verzögernd. Von der Mitarbeit an einem größeren Sammelwerk habe ich im Jahre 1927 Abstand genommen, um den ganzen Stoff selbständig gestalten zu können.

Die Ausarbeitung des ausführlichen, dem Verlag im Mai 1929 vorgelegten Entwurfes hat den vertragsgemäßen Umfang stark überschritten. Eine den wirtschaftlichen Verhältnissen und dem großen Stoff in gleicher Weise Rechnung tragende Umarbeitung konnte erst nach zweimaliger Erweiterung des Umfanges zu Ende gebracht werden. Nun ist der Grundgedanke, die geologischen Tatsachen so zu ordnen, wie sie sich in der Baupraxis geltend machen, knapp aber vollständig durchgeführt: die geologischen Erfahrungen sind mit dem technischen Denken eng verbunden, Grundlagen und Ziele der Baugrundmechanik leicht faßlich herausgearbeitet worden. Die Anwendung im besonderen Aufgabenkreis wird durch die zahlreichen Beispiele erleichtert.

Die Baugrundlehre ist weder ein rein geologisches, noch ein ausschließlich mechanisches Problem. Ich war bemüht, ihre Grundlinien umfassend und einfach zu zeichnen. Endgültiges läßt sich auf diesem Grenzgebiet nicht geben. Für Richtigstellungen und Ergänzungen werde ich den Fachgenossen beider Richtungen Dank wissen.

Ich danke auch an dieser Stelle der Generaldirektion der Österreichischen Bundesbahnen, der Geologischen Bundesanstalt und dem Österreichischen Ingenieur- und Architekten-Verein für die Zugänglichmachung von Literatur und Karten, und ganz besonders der Verlagsbuchhandlung, die meine Arbeit durch Erweiterung des vertragsgemäßen Umfanges und sorgfältige Herstellung der Abbildungen gefördert hat.

Wien, im Februar 1932.

Ing. **Max Singer.**

Inhaltsverzeichnis.

Erster Teil.

Das Bauwesen.

Seite

1. Die Beziehungen der Baufächer zur Baugrundlehre 1
2. Der Baugrund im Unterricht und in der Forschung 2
3. Bauwerk und Baugrund 5
4. Boden, Baugrund, Untergrund 6
5. Alte und neue Siedlungen. Einzelbauten 7
6. Technische Erschließung des Baugeländes 8
7. Die Ursachen von Schwierigkeiten und Fehlschlägen 10
8. Das Altern und die Lebensdauer der Bauwerke 12
9. Das Ordnen der Bauerfahrungen 14
   a) Erfahrungen im begrenzten Baugebiet 15
   b) Regionale Bauerfahrungen 15
10. Klimatische, topographische, morphologische und geologische Lage der Baustelle 16
   a) Klimatische Lage 16
   b) Topographische Lage 16
   c) Morphologische Lage 17
   d) Geologische Lage 18
11. Die Verwendung von topographischen, bodenkundlichen und geologischen Karten für Bauzwecke. Baugrundkarten und Profile 18
   a) Topographische Karten 18
   b) Bodenkarten 19
   c) Geologische Karten 19
   d) Baugrundkarten und Profile 20
12. Der Grundbau 22

Zweiter Teil.

Die Erde als Baugrund.

1. Erdkruste und Erdhaut 24
2. Die Gebirgsbildung 25
3. Junge Krustenbewegungen 26
4. Tiefengesteine und Ergußgesteine 30
5. Die mechanische Arbeit des Eises, der Gewässer und des Windes . . . 31
   a) Die mechanische Arbeit des Eises 31
   b) Die Arbeit der fließenden Gewässer 32
   c) Die mechanische Arbeit des Windes 34
6. Bildung, Verfestigung und Veränderung der Sedimente 35
   a) Mechanische und chemische Sedimente 35
   b) Diagenese 36
   c) Metamorphose und Diaphtorese 36
7. Großformen und Kleinformen des Geländes 36
8. Talbildung, Talgrund und Talverlegung 38
   a) Talbildung 38
   b) Talgrund 38
   c) Talverlegung (Epigenese) 40

Seite

9. Die Meeresküsten 42
   a) Küstenerosion 42
   b) Landverlust und Landgewinn 42
10. Deltabildung und Uferhalden 44
   a) Deltabildung 44
   b) Uferhalden 47
11. Veränderungen des Festlandes in geschichtlicher Zeit 48
   a) Natürliche Veränderungen 48
   b) Künstliche Veränderungen 49
12. Klimaschwankungen 50
13. Das Tertiär 52
14. Das Altquartär oder Diluvium (Die Eiszeiten) 53
   a) Übersicht 53
   b) Die europäische Vereisung 54
   c) Die nordamerikanische Vereisung 59
   d) Das Diluvium der nichtvereisten Gebiete 60
15. Das Jungquartär (Postglazial und Alluvium) 61

Dritter Teil.

Physik, Chemie und Biologie des Baugrundes.

I. Das Wasser im Baugrund 63
   1. Entstehung des Grundwassers 63
   2. Beobachtung des Grundwassers 64
   3. Natürliche Schwankungen des Grundwasserstandes und ihre Beziehungen zu den offenen Gewässern 64
   4. Künstliche Veränderungen des Grundwasserstandes 65
      a) Dauernde Grundwassersenkungen 65
      b) Zeitweise Grundwassersenkungen 66
      c) Grundwasserstau 67
   5. Gespannte Wässer 68
      Artesische Wässer 68
      Wasserkissen 69
   6. Physikalische Wirkung des Grundwassers auf den Baugrund . . . 69
   7. Physikalische Wirkung des Grundwassers auf die Bauwerke . . . 70

II. Virtuelle Verschiebungen (Solifluktion) 71

III. Gleichgewichtsstörungen durch waagrechte Kräfte 73

IV. Gleichgewichtsstörungen durch natürliche oder künstliche Unterhöhlung 75
   1. Natürliche Unterhöhlungen und Bodensenkungen 75
   2. Künstliche Unterhöhlungen und Bodensenkungen 78
      a) Unterhöhlung durch Steinbrüche und Tunnelbauten 78
      b) Bodensenkungen über Kohlenbergwerken 78
      c) Neubauten im Bergbaugebiet 80

V. Erschütterungen des Baugrundes und der Bauwerke . . . 81
   1. Natürliche Bodenunruhe 81
   2. Wirkungen des Windes 82
   3. Erschütterungen durch den Verkehr und durch mechanische Betriebe 83
   4. Fortpflanzung, Messung und Dämpfung der Schwingungen 84
   5. Erschütterung durch Sprengungen 87
   6. Erdbeben und ihre Wirkung auf Bauwerke 88
      a) Die Erdbeben 88
      b) Wirkung auf Bauwerke 90

VI. Wärmeverhältnisse im Baugrund 91
   1. Wärmehaushalt der Erdhaut 91
   2. Geothermische Tiefenstufe 92
   3. Beziehungen zwischen Luft- und Bodentemperatur 93

Seite

VII. Frost und Eis im Baugrund 94
1. Frostwirkungen 94
2. Kammeis 95
3. Frosttiefe 95
4. Rezente und fossile Eiseinschlüsse 96
5. Bodeneis (Tjäle) 97

VIII. Besondere physikalische Erscheinungen im Baugrund . . 99

IX. Chemische Wirkungen im Baugrund 100
1. Die Chemie des Baugrundes 100
2. Schädliche Bestandteile des Baugrundes 102
3. Angreifende Wässer 103
Reines Wasser S. 103 — Gashältige Wässer S. 103 — Saure Wässer S. 104 — Gipswässer S. 104 — Moorwässer S. 105. — Schutzmaßnahmen S. 105.
4. Lösungserscheinungen im Kalk, Gips und Schotter 106
Kalk S. 106 — Gips S. 107 — Schotter S. 107.
5. Versinterung im Boden und an Bauwerken 107

X. Gas im Baugrund 109
1. Vorkommen 109
2. Wirkung auf den Baugrund und das Grundwasser 110
3. Einfluß auf Bauwerke und Bauarbeiten 110

XI. Lebewesen im Baugrund 111

Vierter Teil.

Bautechnische Berg- uud Bodenkunde.

I. Berg- und Bodenkunde 112

II. Das Felsgerüst 113
1. Hartgesteine 113
2. Halbfeste Gesteine 115
3. Nicht verfestigte vortertiäre Gesteine 116
4. Die Verwitterungszone 117

III. Moränen, Eiszeitschotter, Gehängebrekzien 117
Grundmoränen 118
Eiszeitschotter 119
Gehängebrekzien 119

IV. Die Mylonite (Tektonische Schuttzonen) 119
1. Felsmylonite 119
2. Mylonite von Lockermassen 120

V. Die Schutthülle 121
1. Grundbegriffe 121
2. Ortsfester Schutt (Eluvium) 121
3. Gehängeschutt und Bergstürze (Bergeigener Schutt) 122
a) Gehängeschutt 122
b) Bergstürze 123
4. Fließschutt (Solifluktion) 123
5. Schwemmschutt (Gebirgsnahes Alluvium) 124
6. Ablagerungen fließender Gewässer 125
7. Phytogene Böden (Moore, Humus, Faulschlamm) 127
a) Verwesung 127
b) Vermoderung oder Vertorfung 127
c) Fäulnis 128
8. Künstliche Ablagerungen (Anschüttungen) 129

VI. Die Bestandteile der nicht verfestigten Bildungen 130
1. Schotter (Gerölle, Geschiebe, Kies) 130
Gerölle S. 130 — Geschiebe S. 130 — Kies S. 130.

Seite

2. Sand . . . 131
 Vorkommen und Lagerung . . . 131
 Porenvolumen und Packung . . . 132
 Schädliche Bestandteile . . . 133
3. Schwimmsand (Triebsand) . . . 134
 Begriff und Mineralbestand . . . 134
 Gefüge . . . 134
 Kritischer Wassergehalt . . . 135
 Schwellen und Setzen des Triebsandes . . . 135
 Die Bauerfahrungen im Triebsand . . . 136
 Bodensenkung durch Entwässerung des Deckgebirges . . . 136
 Schwimmsand und Ton . . . 137
4. Löß . . . 138
5. Ton . . . 139
 Bildung und Zusammensetzung . . . 139
 Physikalische Eigenschaften . . . 140
 Quellung . . . 141
 Gebräuchliche Bezeichnungen für tonige Bildungen . . . 142
 Flins S. 142 — Flottlehm S. 142 — Lehm S. 143 — Letten S. 143 — Mollehm S. 143 — Mergel S. 143 — Schlepp, Schluff und Schlump S. 143 — Schlier S. 143 — Schließ S. 143 — Tegel S. 143 — Ton S. 143.
6. Anorganische schlammartige Bildungen (Seekreide) . . . 144
7. Organogener Schlamm (Gyttja) . . . 145

Fünfter Teil.

Statische und klimatische Standfestigkeit.

I. Grundbegriffe . . . 145
II. Statische Standfestigkeit der Felsgesteine und Felsmylonite . . . 146
III. Klimatische Standfähigkeit der Felsgesteine und Felsmylonite . . . 148
IV. Statische Standfestigkeit der nicht verfestigten Bildungen 150
 1. Bindige Massen . . . 150
 2. Mylonite bindiger Massen . . . 150
 3. Röllige Massen . . . 151
 4. Schlammartige Massen . . . 152
V. Klimatische Standfähigkeit der nicht verfestigten Bildungen 153
 1. Bindige Massen . . . 153
 2. Mylonite bindiger Massen . . . 153
 3. Röllige Massen . . . 154
 4. Schlammartige Massen . . . 154

Sechster Teil.

Die Untersuchung und Prüfung des Baugrundes.

I. Psychophysische Arbeitsweisen . . . 154
 1. Das praktische Gefühl . . . 154
 2. Die Wünschelrute . . . 155
II. Das statistische Verfahren . . . 156
III. Die bautechnische Untersuchungsweise (Schürfung und Probebelastung) . . . 157
 1. Schürfung . . . 157

Seite
a) Begehbare Schürfungen . . . 157
b) Bohrungen . . . 157
c) Probepfähle . . . 158
2. Probebelastung . . . 159
a) Belastung der freigelegten Sohle der Baugrube . . . 160
b) Probebelastung im Untergrund . . . 162
IV. Bodenkundliche und bodenphysikalische Untersuchungen 162
V. Geophysikalische Untersuchungen . . . 163
1. Die Methoden . . . 163
2. Seismische und akustische Methoden . . . 164
a) Seismische Wellen . . . 164
b) Schallwellen . . . 166
3. Schweremessung . . . 166
4. Magnetische Schürfung und Messung . . . 168
5. Schürfung mittels Messung der Radioaktivität . . . 168
6. Elektrische Schürfung . . . 169
a) Ausmessung des elektrischen Feldes . . . 169
b) Ausmessung des magnetischen Feldes . . . 170
c) Elektrische Wellen . . . 171
VI. Geologische und morphologische Untersuchungsweise . . . 171

Siebenter Teil.

Baugrundmechanik.

I. Grundbegriffe . . . 174
II. Wirkung von Druckkräften auf Körper mit freier Eigengestalt . . . 176
1. Spröde und zähe Körper . . . 176
2. Bildsame Körper . . . 179
3. Zusammengesetzte Körper . . . 180
4. Pulverförmige Körper . . . 180
5. Flüssigkeiten . . . 181
III. Wirkung von Druckkräften auf umschlossene Körper . . . 181
1. Spröde und zähe Körper . . . 181
2. Plastische (bildsame) Körper . . . 182
3. Pulverförmige Körper . . . 183
4. Flüssigkeiten . . . 184
IV. Die Kraftfelder im Halbraum . . . 185
1. Der homogene isotrope Halbraum . . . 185
2. Die Raumgitter . . . 186
3. Der geologische Halbraum . . . 187
V. Spannungsänderung durch eine Baugrube . . . 187
VI. Spannungsänderung durch eine Baulast . . . 189
1. Belastung der freien Oberfläche . . . 189
2. Belastung auf versenkter Gründungsfläche . . . 192
VII. Wechselwirkung zwischen Baugrube und Baulast . . . 192
VIII. Fließbewegung und Verdrängung im Halbraum . . . 193
1. Versuche . . . 193
2. Beobachtungen an Bauwerken . . . 196
3. Der Einfluß der Zeit auf den Fließvorgang . . . 198
IX. Baugrundbelastung. Setzungen und Bewegungen der Bauwerke . . . 198
1. Die Tragfähigkeit des Baugrundes . . . 198
a) Belastungsversuche . . . 198
b) Zulässige Inanspruchnahme . . . 200

Seite
2. Die Setzungen . . . 201
3. Bewegungen der Bauwerke . . . 203
X. Stoßartige Inanspruchnahme des Baugrundes (Pfahlgründung) 204
A. Der Einzelpfahl . . . 204
1. Rammarbeit . . . 204
2. Rammformeln . . . 205
3. Sicherheitsbeiwerte . . . 206
4. Neuere Ergebnisse . . . 206
5. Einfluß des geologischen Profiles . . . 207
6. Modellversuche . . . 208
7. Vorgänge im Baugrund . . . 209
8. Tragkraft . . . 210
B. Pfahlgruppen . . . 210

Achter Teil.

Regionale und topographische Baugrundgeologie.

I. Regelfälle des Baugrundes (Untergrundtypen) . . . 211
1. Technische Regelfälle des Baugrundes . . . 211
2. Mechanische Regelfälle des Baugrundes . . . 212
3. Geologische Regelfälle des Baugrundes . . . 214
4. Wirklichkeitsfälle des Baugrundes . . . 215
II. Salz- und Gipsgebiete. **Lüneburg** . . . 215
1. Geologische Verhältnisse . . . 216
2. Bodensenkungen . . . 217
3. Erdfälle . . . 218
4. Folgen der Bodenbewegungen . . . 218
5. Bauweise und Gebäudeerhaltung . . . 219
6. Schutzmaßnahmen . . . 219
III. Tertiärbecken . . . 220
1. **London** . . . 220
I. Geologische Verhältnisse . . . 220
1. Das Londoner Becken . . . 220
2. Das Tertiär . . . 223
3. Das Quartär . . . 223
4. Grundwasser und Wasserversorgung . . . 225
II. Bauerfahrungen . . . 226
1. Der Baugrund von London . . . 226
2. Alluvium und Diluvium . . . 227
3. Der London Clay als Baugrund . . . 227
a) Zusammensetzung und Standfähigkeit . . . 227
b) Bau und Umbau der Röhrentunnels . . . 228
c) Tragfähigkeit des London Clay . . . 229
4. Unterwassertunnels . . . 230
5. Brücken . . . 230
6. Monumentalbauten . . . 231
7. Baustoffe . . . 232
2. **Paris** . . . 233
I. Geologischer Bau des Stadtgebietes . . . 233
1. Das Pariser Becken . . . 233
2. Das Eozän . . . 233
3. Das Oligozän . . . 235
4. Das Jungtertiär (Miozän und Pliozän) . . . 236
5. Das Altquartär . . . 237
6. Das Jungquartär . . . 237
7. Grundwasser und Quellen . . . 237

Seite

II. Der Baugrund von Paris 238
1. Allgemeine Baugrundverhältnisse 238
2. Abgebaute Lagerstätten 240
Sand S. 240 — Ton S. 241 — Gips S. 241 — Baustein S. 242.
3. Die Bodensenkungen 242
4. Die Sicherung des Baugrundes im unterhöhlten Gebiet . . 243
Steinbruchdienst 243
Sicherungsvorgang bei Bodensenkungen und Einbrüchen . 245
Steinbrüche mit Pfeilerabbau S. 245 — Steinbrüche mit Versatz S. 245 — Sicherungsarbeiten bei Gipsbrüchen S. 245.

III. Bauerfahrungen 246
1. Hochbau 246
Linksufriges Steinbruchgebiet 246
Rechtsufriges Steinbruchgebiet 246
Gebiet der Gipsbrüche auf dem rechten Ufer 246
2. Straßen 247
3. Wasserbauten 248
4. Brücken 248
5. Eisenbahn- und Tunnelbau 249

3. **Wien** 252
I. Geologischer Bau des Stadtgebietes 252
1. Das Wiener Becken 252
2. Der alpine Felsrand 254
3. Die marinen Bildungen 254
4. Die sarmatischen Bildungen 255
5. Die pontischen Bildungen 255
6. Die pliozänen Schotter 256
7. Das Diluvium 257
8. Das Alluvium 257
9. Die Kulturschichte 258
10. Die Wasserversorgung von Wien 259

II. Der Baugrund von Wien 260
1. Kennzeichnung der Lagegrößen 260
Klimatische Lage 260
Topographische Lage 261
Morphologische Lage 261
Geologische Lage 261
2. Die Kulturschichte 262
Katakomben und Keller 262
Abgebaute Lagerstätten 263
Verschüttete Wasserläufe 263
Massengräber 263
Ehemalige Ablagerungsstätten 264
3. Das Alluvium 264
4. Das Diluvium 265
Der Löß 265
Der Diluvialschotter 265
5. Die pliozänen Schotter 265
Arsenalschotter 265
Laaerbergschotter 266
6. Die pontischen Ablagerungen 266
7. Die sarmatischen Ablagerungen 267
8. Die marinen Ablagerungen 268
9. Das Wasser im Baugrund 268

III. Bauerfahrungen 269
I. Bezirk (Innere Stadt) 269
Alte Hofburg S. 270 — St. Stephansdom S. 270 — Monumentalbauten an der Ringstraße S. 271.

Seite

II. Bezirk 272
III. Bezirk 273
IV. Bezirk 273
V., VI., VII. Bezirk 274
VIII., IX. Bezirk 274
XII. Bezirk 274
XIX. Bezirk 275

Das Stauwehr bei Nußdorf S. 276 — Die Erdbewegungen auf der Hohen Warte S. 276 — Die Wohnanlage auf der Hagenwiese S. 277.

IV. Küstennahe Pliozän- und Quartärgebiete 277

1. **Rom** 277

I. Geologischer Bau des Gebietes von Rom 277
II. Der Baugrund von Rom 278
1. Klimatische Lage 278
2. Topographie 279
3. Morphologie 280
4. Geologische Beschaffenheit 281
a) Historische Schichte 281
b) Alluvium und älteres Quartär 281
c) Quartäre Tuffablagerungen 282
d) Marines Pliozän 282

III. Bauerfahrungen 282
1. Historische Schichte (Schuttdecke, Katakomben) 282
Gründung des Finanzministeriums 282
Erdfälle 283
Setzungen 284
2. Alluvium und Quartär 284
Justizpalast 284
Tiberregulierung 285
Tiberbrücken 285
3. Pliozänmergel 286

2. Gebiet des argentinischen Quartärs 287
Übersicht 287
La Plata 287
Buenos Aires 288
Rosario 289
Paraná 290

V. Gebiet der nordeuropäischen Vereisung 291

1. **Berlin** 292

I. Geologischer Bau des Stadtgebietes 292
1. Übersicht 292
2. Der tiefere Untergrund 294
3. Das Diluvium 295
4. Das Alluvium 296
5. Das Grundwasser 297
6. Die Wasserversorgung 298

II. Der Baugrund von Berlin 298
1. Topographische Lage 298
2. Morphologische Lage 299
3. Geologische Lage 299
4. Das Wasser im Baugrund 300

III. Bauerfahrungen 300
1. Hochbau 300
2. Verkehrsbauten 303

Seite

2. **Hamburg** . . . 307
   I. Geologischer Bau des Stadtgebietes . . . 307
      1. Übersicht . . . 307
      2. Der tiefere Untergrund . . . 308
      3. Das Diluvium . . . 309
      4. Das Alluvium . . . 310
      5. Die Wasserversorgung . . . 311
      6. Die Gasquelle in Neuengamme . . . 312
   II. Der Baugrund von Hamburg . . . 312
      1. Topographie . . . 312
      2. Alluvialgebiet . . . 313
      3. Diluvialgebiet und Miozän . . . 314
   III. Bauerfahrungen . . . 314
      1. Hochbauten . . . 314
      2. Die Hamburger Pfahlregeln . . . 316
      3. Der Elbtunnel . . . 316

3. **Lübeck** . . . 317

4. **Die Niederlande** . . . 319
   I. Geologischer Bau . . . 319
      Das Diluvium . . . 320
      Das Alluvium . . . 321
   II. Bauerfahrungen . . . 322
      Nordholland . . . 322
         a) Der Abschlußdamm in der Zuidersee . . . 322
         b) Amsterdam und Umgebung . . . 323
         c) Grundwasserabsperrung bei Ymuiden . . . 323
      Südholland . . . 324
         a) Rotterdam . . . 324
         b) Zwyndrecht an der Maas . . . 324

VI. Innen- und Randgebiet der alpinen Vereisung . . . 325

1. **Die glazialgeologische Lage der Städte** . . . 325

2. **Zürich** . . . 325
   (Jung-Endmoräne am Abschluß eines inneralpinen Sees)
   Das Baugelände . . . 325
   Die Bauwerke . . . 326

3. **Gmunden und Lindau** . . . 328

4. **Innsbruck** . . . 328
   Das Baugelände . . . 328
   Die Bauwerke . . . 329

5. **Villach** . . . 329

6. **Klagenfurt** . . . 329

7. **Salzburg** . . . 330
   Geologische Lage . . . 330
   Untergrund . . . 331
   Baugrund . . . 332

8. **München** . . . 333
   Das Baugelände . . . 333
      Glazialgeologische Lage . . . 333
      Neogener Untergrund . . . 333
      Diluvium . . . 333
      Alluvium . . . 334
   Bauerfahrungen . . . 335

Seite

9. **Graz** 336
Geologische Lage 336
Untergrund 336
Baugrund 337

VII. Gebiet der nordamerikanischen Vereisung 338
A. Binnengebiet 338
Chicago 338
I. Geologischer Bau des Stadtgebietes 338
Glazialgeologische Lage 339
Untergrund 339
Baugrund 339
II. Bauerfahrungen 340
Stollenbauten 340
Gründungen 340
B. Küstengebiet 342
1. **New York** und die Nachbarstädte 342
I. Geologischer Bau des Stadtgebietes 342
II. Bauerfahrungen 343
Gründungen auf Fels 344
Gründungen auf Hardpan 345
Gründung auf Fels und Sand 345
Gründung im Schwimmsand 346
Gründungen im Alluvium und auf Anschüttungen 346
2. **Boston** 347
I. Geologischer Bau des Stadtgebietes 347
II. Der Baugrund von Boston 348
Anschüttung und historische Schichte 348
Schlamm 348
Torf 348
Diluvialsand und -schotter 348
Glazialer blauer Bänderton 349
Grundmoräne 349
Felsuntergrund 349
III. Bauerfahrungen 349

VIII. Jungquartäre Schwemmlandbildungen 350
A. Schwemmlandböden im Binnenland 350
1. **Alpine Becken** 350
2. **Kninsko Polje** 352
3. **Mexico City** 354
I. Entstehungsgeschichte 354
II. Bauerfahrungen 358
B. Flachküsten, Lagunen- und Deltagebiete 359
1. **Leningrad** 359
I. Geologischer Bau des Stadtgebietes 359
II. Bauerfahrungen 362
2. **Venedig** 363
I. Geologischer Bau des Gebietes von Venedig 363
Die Lagune 363
Der Baugrund 364
II. Bauerfahrungen 366
Bodensenkungen 366
Schiefe Türme 366
Der Campanile von San Marco 367
Sonstige Bauwerke 368

Seite
3. **Pisa** 369
I. Geologischer Bau der Arnoebene 369
II. Bauerfahrungen am schiefen Turm 369
Baugrund 370
Grundwasser 371
Belastung des Baugrundes 371
Ursachen der einseitigen Setzung 371
C. Schlammböden an Steilküsten 372
1. **Triest** 372
Golf von Triest 372
Hochbauten in Triest 372
Triester Hafenbauten 373
2. **Fiume** 375

Druckfehlerberichtigung.

Es hat richtig zu lauten:

Seite 125 Zeile 2 von unten: 0,30 bis 0,45 der bewegten Masse
„ 139 „ 17 von oben: $Al_2O_3 \cdot 2(SiO_2) + 2H_2O$
„ 142 „ 5 von unten: Flinz in Bayern:
„ 3 von unten: Flins in Tirol:
„ 161 „ 3 von oben: dessen Enden eine Waagschale für Gewichtsbelastung bzw. eine Plattform
„ 175 „ 10 von unten: 60 m lange Eisenbahnschienen
„ 218 „ 16 von oben: Im Jahre 1013
„ 220 „ 3 von unten: Der südöstliche Teil
„ 222 „ 6 von oben: zwischen ONO und NO schwankt.
„ 241 „ 14 von oben: terre smectique
„ 251 „ 2 von unten: und dieses mußte
„ 315 „ 16 von unten: Sand-, Moor- und Kleiboden
„ 361 „ 9 von unten: Sphagnumtorfes, der wieder

Erster Teil.

Das Bauwesen.

1. Die Beziehungen der Baufächer zur Baugrundlehre.

Jene Großbauten, die auf bedeutende Länge ein vorher nicht für Bauzwecke benütztes Gelände durchziehen, wie die Eisenbahnen, die Binnenstrecken der Wasserstraßen, die Kanäle und Stollen der Wasserkraftanlagen bilden eine besondere Gruppe. Nach dem einmaligen Ausbau folgen in der Regel nur Erhaltungsarbeiten, in einzelnen Fällen auch Erweiterungen oder Umlegungen. Fast die ganze Zeitschriftenliteratur und die wenigen selbständigen Schriften auf dem Grenzgebiet von Ingenieurwissenschaften und Geologie beziehen sich auf derartige Bauten.

Die zweite Gruppe von Bauwerken, deren wirtschaftliche Bedeutung nicht geringer ist, umfaßt die innerhalb eines Siedlungsgebietes im Lauf langer Zeiträume errichteten Hoch- und Tiefbauten. Den persönlichen oder sachlichen Bedürfnissen entsprechend, werden diese Anlagen wiederholt verändert oder erneuert. Städtischer Baugrund im alten Siedlungsland ist meist ein tief und mehrmals veränderter Boden.

Eine zusammenfassende Darstellung der Beziehungen zwischen Geologie und Bauwesen bei den Bauten im unverritzten Gelände hat der Verfasser im Jahre 1911 gegeben[1]. Leitsätze und Beispiele für das städtische Bauwesen enthalten die Handbücher der Architektur, des Hochbaues, Städtebaues und des Grundbaues. Vereinzelte selbständige Schriften, wie das Buch von C. A. Menzel und J. Promnitz: Die Gründung der Gebäude, Halle 1873, sind veraltet, oder beschränken sich auf den Grundbau.

Die Abhängigkeit des Bauwesens von den geologischen Verhältnissen im allgemeinsten Sinne liegt in den Uranfängen, bei der Benutzung von Felshöhlen, der Anlage von Lößhöhlen, der Errichtung von Pfahlbauten, von schmalen Pfaden, beim Aufsuchen von Wasser usw. klar zu Tage. Der Zusammenhang wird dann innerhalb der geschlossenen Siedlungen, die auf gut gekannter Scholle stehen, weniger sichtbar. Erst die Erfahrungen bei den sprunghaft gewachsenen Bauaufgaben der jüngsten Jahre zwangen den Konstrukteur auch innerhalb alter Siedlungsgebiete zur sorgfältigeren Beachtung des Baugrundes. Im städtischen Hochbau sind die Verbauung großer Wohnbaublocks und das amerikanische Hochhaus mit bis 380 m hohen Turmaufbauten verhältnismäßig neu, im städtischen Tiefbau die Untergrundbahnen, die zweigeschossigen Tunnels, zweigeschossige Straßen, große Sammelkanäle

[1] Singer, M.: Die Bodenuntersuchung für Bauzwecke, Fortschr. d. Ingenieurwissenschaften, II. Gr. Heft 25. Leipzig: W. Engelmann 1911.

und Unterwassertunnels. Der Brückenbau innerhalb und außerhalb der Städte hat eine gewaltige Steigerung der Aufgaben zu verzeichnen, z. B. den 503 m spannenden Bogen der Brücke im Hafen von Sidney, die Kabelbrücke über den Hudson in New York mit 1067 m Spannweite und die 180 m weite Eisenbetonbrücke von Plougastel bei Brest. Dazu kommen als Sonderaufgaben die Errichtung hoher Funktürme, von Flughäfen und künstlichen Inseln. Die Steigerung der Bauaufgaben hat soziale und wirtschaftliche Ursachen, sie wird aber erst möglich, durch die Fortschritte in der Erzeugung der wichtigsten Baustoffe, Eisen, Stahl und Zement.

Da die Gründung eines Bauwerkes im allgemeinen keine wirtschaftliche Nutzung zuläßt, gilt sie als verlorener Bauaufwand und soll ohne Beeinträchtigung der Sicherheit mit den kleinsten Kosten ausgeführt werden. Die Steigerung der Baulasten führt daher zu einer möglichst weitgehenden Ausnutzung der Tragfähigkeit des Baugrundes. Diese Forderung setzt eine um so genauere Untersuchung voraus, als der mildernde Faktor der Zeit, der manchem alten Bau zugute gekommen ist, durch die Beschleunigung der Bauführung immer mehr zurücktritt, und die Erschütterungen der Bauwerke und des Baugrundes immer stärker werden.

2. Der Baugrund im Unterricht und in der Forschung.

Bis etwa 1914 war es üblich, in den Vorlesungen über die Ingenieurfächer eine gedrängte Darstellung der hauptsächlich aus Unfällen und Überraschungen abgeleiteten Bauerfahrungen zu geben und den in die Praxis übertretenden Ingenieur zur eingehenden Beachtung der geologischen Verhältnisse anzuspornen. Auch im Geologieunterricht fehlte es nicht an Hinweisen auf denkwürdige geologische Erfahrungen. Da der Hörer auf technischem, wie auf geologischem Gebiet ein Neuling ist, kann er den technisch-geologischen Zusammenhang weder im Einzelfall, noch innerhalb der Reihe übermittelter Erfahrungen voll erfassen. Die Praxis läßt dem jungen Ingenieur selten Zeit zu eingehenderen Studien oder wissenschaftlicher Verarbeitung eigener Beobachtungen. So verläßt er jede Arbeitsstelle mit der Empfindung, daß es gut gewesen wäre, bei Beginn des Baues das zu wissen, was er erst am Ende eingesehen hat. Schon bei der nächsten Bauaufgabe in einem anderen Gebiet erkennt er, daß sich auch dieses Stückwissen nicht verwerten läßt. Die Enttäuschung führt meist, statt näher zur Geologie, zur völligen Abkehr. Man trifft deshalb so häufig statt richtig ausgeführter Vorarbeiten eine logisch nicht zu begründende Annahme über den Baugrund; näher zur Bauausführung die fatalistische Neugier: Was werden wir wohl antreffen? und hinterdrein die selbstentschuldigende Behauptung: Das hat man nicht voraussehen können. Andererseits werden gerade dort, wo die Verhältnisse ohnehin jeden Zweifel ausschließen, überflüssige Schürfungen durchgeführt.

Bei dem lawinenhaften Anwachsen des technischen Einzelwissens ist es ausgeschlossen, innerhalb der jetzigen Studiendauer ein ausreichendes Maß geologischer Kenntnisse zu vermitteln. Lehrbar ist nur die gesetzmäßige, womöglich mathematisch formulierte Erfahrung, die an Beispielen erläutert wird. Deshalb nehmen die Lehre vom Erddruck und der Erdbau eine „Erde" schlechtweg an, die in der Wirklichkeit nicht vorkommt. Der Grundbau beschränkt sich auf eine Technologie der Baustoffe, Arbeitsweisen und Hilfsmittel. In den einzelnen Baufächern behandelt man das „Bauwerk an sich", den Bau ohne Baugrund, wobei stillschweigend vorausgesetzt wird, daß sich zu jeder technischen Lösung einer Bauaufgabe der passende Baugrund finden oder zurichten läßt. Selbst große Brückenprojekte wurden vollständig durchgerechnet und zur Ausführung bestimmt, bevor man wußte, ob in erreichbarer Tiefe ein genügend tragfähiger Baugrund vorhanden ist.

Mit der seit langem geforderten Ausbildung eigener Ingenieurgeologen[1] wurde in Lüttich 1900 und in Danzig 1922 begonnen. Der Verfasser ist für die natürliche Auslese eingetreten[2], weil die gewöhnliche Begabung nur für ein unzulängliches Bestreichen der Grenzgebiete ausreicht, und die wertvollste Erfahrung nur durch die Arbeit im Gelände zu erwerben ist. Eine gründliche Vorbildung der Bauingenieure in Physik, Morphologie und Geologie und der Geologen in Mathematik, Physik, ergänzt durch Enzyklopädien des Bauwesens und des Bergbaues, würde einen ausreichenden Nachwuchs an Ingenieurgeologen gewährleisten.

In den Gebirgsländern gaben hauptsächlich der Tunnelbau und die Bodenbewegungen (Rutschungen) Anlaß zu theoretischen Untersuchungen. In den Flachlandgebieten standen die Erddrucktheorie und die Fragen der Pfahlgründung im Vordergrund. Mit wenigen Ausnahmen wurden die Lösungen auf rein technischem oder auf rein mathematischem Weg unter Zugrundelegung der für feste elastische Körper gültigen Theorien gesucht. Da den Forschern oft nur ein enger Erfahrungsbereich zugänglich war, beschränkte sich die Gültigkeit der gesicherten Ergebnisse häufig auf das betreffende Gelände und die besondere Bauweise.

Das 1909 errichtete „Istituto Sperimentale delle Ferrovie dello Stato Italiano", jetzt „Istituto Sperimentale delle Communicazioni", besitzt eine geologische Abteilung, die sich besonders in der Untersuchung von Rutschgeländen hervorgetan hat. Claudio Segrè, Gründer und bis 1918 Vorstand des Institutes, hat zahlreiche Studien auf dem Gebiete des Erd-, Tunnel- und Wasserbaues veröffentlicht. Über die Arbeiten der „Geotechnischen Kommission der Schwedischen Staatsbahnen" in den Jahren 1914—1922 liegt der bekannte Bericht vor, in dem wertvolle Fortschritte in der Untersuchung und Behandlung der wasserhaltigen Tonböden dargestellt sind. Ähnliche Studien-

[1] Hochstetter, F. v.: Geologie und Eisenbahnbau. Rektoratsrede 1874. Programm d. Techn. Hochschule Wien, 1875. — Vgl. auch Pollack, V.: Theorie und Praxis des Studiums der Geologie und Morphologie an Technischen Hochschulen. Öst. Wschr. öff. Baudienst 1920 Heft 4—9.

[2] Singer, M.: Die Bodenuntersuchung für Bauzwecke. Leipzig: W. Engelmann 1911.

abteilungen bestanden bei den österreichischen und bestehen bei den norwegischen und finnländischen Staatsbahnen. Die Entwicklungsgeschichte der technisch-geologischen Arbeiten haben für den Eisenbahnbau M. Singer[1], im allgemeinen und für das Heerwesen W. Kranz[2] dargestellt.

Außerhalb des technisch geologischen Grenzgebietes hat die Agrargeologie oder Bodenkunde auf der Grundlage von Physik und Chemie eine strengere naturwissenschaftliche Forschungsweise eingeschlagen und ist daher früher zu allgemein gültigen Lehrsätzen gekommen. Die Bodenkunde hat ihr Forschungsgebiet auch rechtzeitig regional über die von den Staatsgrenzen unabhängigen Klimazonen und geologischen Großgebiete der Erde ausgedehnt und eine den Anforderungen der Landwirtschaft entsprechende Einteilung der Bodenarten durchgeführt. Von der bautechnischen Seite her hat Vincenz Pollack, gestützt auf die bodenphysikalischen Fortschritte, eine Klassifizierung der Böden und Bodenbewegungen versucht[3].

Einen entscheidenden Fortschritt erzielte Karl Terzaghi, in dessen „Erdbaumechanik auf bodenphysikalischer Grundlage", Wien 1925, die Probleme der homogenen Bodenarten mathematisch formuliert sind. Diesem Werk und der unermüdlichen Werbearbeit des Reichsbahnrates Backofen ist wohl die emsige Tätigkeit auf dem Gebiet der Bodenforschung zu verdanken, die in den letzten Jahren in Deutschland eingesetzt hat. Einzelne Hochschulen und die Preußische Versuchsanstalt für Wasserbau und Schiffahrt in Berlin haben besondere Einrichtungen für erdbaumechanische Versuche geschaffen.

In den Arbeitsprogrammen jener Stellen, die sich mit der Baugrundforschung[4] befassen, ist wenigstens nebenher die Zusammenarbeit mit den geologischen Landesanstalten vorgesehen. Das wird nur ausreichen, soweit das eigentliche Arbeitsziel in der Erdbaumechanik, d. h. der Theorie der Gründungen liegt. Die Erforschung des Baugrundes oder geologisch gesprochen der Erdkruste und ihrer Schutthülle (Erdhaut) fällt in den kaum mehr übersehbaren Arbeitsbereich der Geologie. Wenn die geologische Forschung auch nicht mit technischen Zielen betrieben wird, so lassen sich ihre Ergebnisse doch derart ordnen, daß sie zur Grundlage technischer Arbeit werden. Zwischen einzelnen Teilgebieten, z. B. zwischen Tektonik, Tunnelbau und mechanischer Technologie, zwischen Lagerstättenkunde und Baumaterialienlehre bestehen ohnehin schon innige Beziehungen. Sie ausgestalten zum allgemeinen und engen Anschluß der Technik an die Naturwissenschaften heißt Raum schaffen für die stets wichtiger werdende Entwicklung neuer Lehrfächer an den Technischen Hochschulen.

[1] Z. öst. Ing.- u. Arch.-Ver. 1921 Heft 51/52.

[2] Die Geologie im Ingenieur-Baufach. Stuttgart: Ferd. Enke 1927.

[3] Siehe Verh. geol. Bundesanst. Wien 1927 Nr. 9 und Zbl. Bauverw. 1927 Nr. 37 u. 38.

[4] Deutsche Forschungsgesellschaft für Bodenmechanik, Berlin; Deutscher Ausschuß für Baugrundforschung bei der Deutschen Gesellschaft für Bauingenieurwesen, Berlin; Baugrundausschuß des Österreichischen Ingenieur- und Architekten-Vereines, Wien.

3. Bauwerk und Baugrund.

Der schon erwähnte Zusammenhang zwischen Bauwerk und Baugrund, der anfangs auch im Hochbau augenfällig war, ist heute nur noch im Tiefbau klar erkennbar. Im Erdbau, Tunnel- und Stollenbau und im Wasserbau gehört das Gebirge unmittelbar zum Bauwerk, das sich ganz allgemein als Umgestaltung eines Teiles der Erdoberfläche für menschliche oder technische Zwecke bezeichnen läßt, da auch die Baustoffe dem Baugelände oder seiner nächsten Umgebung entnommen werden. Bauwerke dieser Art sind völlig bodenständig, sie wurzeln im Boden und wachsen aus dem Boden. Mit der fortschreitenden Entwicklung werden die Baustoffe ortsfremd, d. h. sie kommen zum Teil oder zur Gänze aus fremden Gebieten.

In großen Städten wird der Baugrund nicht mehr nach seiner technischen Eignung gewählt, sondern innerhalb des Verbauungsplanes im vorausbemessenen Ausmaß eines Grundstückes (Parzelle) erworben, wodurch über Grundriß und Gründung in der Hauptsache entschieden ist. Bei Erwerbsbauten können die Kosten der Gründung gegenüber den Vorteilen der geschäftlichen und verkehrstechnischen Lage verschwinden. Der verlorene Bauaufwand spielt in einer blühenden Volkswirtschaft keine entscheidende Rolle, in verarmten Ländern ist er unbedingt auf das Mindestmaß zu bringen.

Der Baugrund bildet im Sinne der Mechanik die letzte, statisch nicht bestimmte Auflagerung des Bauwerkes. Die Standberechnung der Bauwerke darf nicht bei den Auflagern der Baumechanik aufhören, sondern muß auch den Baugrund erfassen, besonders wo waagrechte Kräfte im Spiel sind. Die strenge Lösung dieser Aufgabe ist schwierig, und zwar nicht nur weil die Formänderung des Bauwerkes und die Inanspruchnahme des Baugrundes sich gegenseitig bedingen. Das Verhalten geschichteter oder von unregelmäßigen Trennungsflächen durchzogener und aus verschiedenartigen Bestandteilen zusammengesetzter Massen, der Einfluß des geologischen Alters, der erlittenen geologischen Inanspruchnahme und der chemischen Zusammensetzung sind noch viel zu wenig erforscht. Im Normalfall reichen die aus jahrhundertelanger Erfahrung hergeleiteten Regeln für die Gründung auf Fels, Schotter, Sand oder Ton vollkommen aus, da man die Inanspruchnahme des Baugrundes niemals so fein abstufen können wird, wie die der fabrikmäßig erzeugten Baustoffe. Die Hauptaufgabe ist und bleibt daher die rechtzeitige Feststellung der Höhenlage und Beschaffenheit des tragfähigen Baugrundes oder des Vorhandenseins besonderer geologischer Verhältnisse.

Sowohl das Bauwerk wie der Baugrund ändern im Lauf der Zeit ihre Festigkeitseigenschaften. Hieraus entstehen die oft heiklen Aufgaben der Erhaltung der Bauwerke, und es gibt nicht wenige Beispiele dafür, daß die Erhaltungskosten eine unvergleichlich größere Belastung des Bauherrn bedeuteten als die Ausführung eines dem Baugrund richtig angepaßten Bauwerkes, selbst wenn es höhere Baukosten erfordert hätte.

4. Boden, Baugrund, Untergrund.

Die geologische Literatur enthält vorbildliche Beispiele der Erforschung des gesamten Untergrundes geschlossener Siedlungen. Die älteste wissenschaftliche Arbeit, deren 100jähriges Alter von der Geologischen Gesellschaft in Italien festlich begangen wurde, ist das Werk von G. B. Brocchi „Dello stato fisico del Suolo di Roma", Rom, 1820. Ihm folgt die klassische Darstellung von Eduard Suess „Der Boden der Stadt Wien, nach seiner Bildungsweise, Beschaffenheit und seinen Beziehungen zum bürgerlichen Leben", Wien 1862, die eine mustergültige Bodenkarte der alten Stadtbezirke I bis X enthält.

Im Jahre 1879 erschien als Heft XIII des Generalberichtes über die Reinigung und Entwässerung von Berlin, „Der Boden der Stadt Berlin, nach seiner Zugehörigkeit zum norddeutschen Tieflande, seiner geologischen Beschaffenheit und seinen Beziehungen zum bürgerlichen Leben" von K. A. Lossen, mit einer Bodenkarte im Maßstab 1:10 000 und 4 Profiltafeln. Bis zu den „Baugrundkarten" der letzten Jahre entstand dann eine lange Reihe von Untersuchungen über den „Boden" oder den Untergrund der Städte.

Da das Wort „Bodenkunde" für die Agrargeologie allgemeine Geltung erlangt hat, empfiehlt es sich, die vieldeutige Bezeichnung „Boden" künftig als allgemeinen Ausdruck für die oberen Erdschichten und als besonderen Ausdruck für die landwirtschaftlich nutzbare, durch Bearbeitung, Wurzelbildung usw. veränderte Oberflächenzone zu verwenden. Unter „Bodenuntersuchung" wird heute die Entnahme von Bohrproben und die mechanische und chemische Analyse im Laboratorium verstanden; die Darstellung der „geologisch-agronomischen Aufnahme" wird „Bodenkarte" genannt. In der Bodenkunde bedeutet „Boden" außerdem noch die einzelnen Baustoffe des Bodens, das Muttergestein und seine Abkömmlinge Schutt, Schotter, Sand und Ton. In diesem Sinne sprechen Terzaghi vom bindigen und nicht bindigen Boden und Backofen von einer bautechnischen Bodenkunde. In den eingebürgerten Ausdrücken der Physik, z.B. „Bodendruck" und „Bodenpressung", bezeichnet das Wort „Boden" nur die Grenzfläche zweier Mittel.

Unter Baugrund ist sinngemäß der zur Aufnahme eines Bauwerkes bestimmte Boden zu verstehen und zwar als Inbegriff der ganzen vom Bauwerk beeinflußten oder das Bauwerk beeinflussenden Erdschichte einschließlich des Grundwassers. Im örtlich erweiterten Sinn, insbesondere wenn auch die Oberflächenbeschaffenheit in Betracht gezogen wird, spricht man vom Baugelände. Im engeren Sinn bildet der Baugrund jenen unter Tag gelegenen Teil des Baugeländes, der das Bauwerk unmittelbar trägt.

Als Untergrund sind die tieferen Schichten, die mit den normalen Bauwerken nicht mehr in unmittelbarem Zusammenhang stehen, zu bezeichnen. Sie können bei besonderer Beschaffenheit selbst in großer Tiefe unter der Bauwerksohle die Tragfähigkeit des Baugrundes noch wesentlich beeinflussen. Gewöhnlich versteht man unter Untergrund das ältere, meist erst in größerer Tiefe auftretende Gebirge oder Grundgebirge, bei Hartgesteinen Felsgrund genannt. Dieser tiefere Untergrund hat technisch meist nur für die Anlage artesischer Brunnen Bedeutung. Besondere Einwirkungen des tieferen Untergrundes auf die oberen, die Bauwerke tragenden Schichten, entstehen durch die Bodensenkungen im Salz- oder Gipsgebirge (vgl. Lüneburg) und bei Flözgebirgen, in denen der Bergbau umgeht; mitunter auch durch aus der Tiefe aufsteigende mörtelangreifende Wässer.

5. Alte und neue Siedlungen. Einzelbauten.

In den Anfängen des Bauwesens erfolgte die Wahl der Baustelle mit Rücksicht auf den Schutz vor Naturkräften und Feinden. Nach den Höhlen wurden unzugängliche versumpfte Gelände mit Pfahlbauten besiedelt. In späterer Zeit mußte der Baugrund die Ausübung einer Machtstellung begünstigen, wozu sich vor allem Anhöhen (Inselberge) eigneten. Aus derartigen Anfängen entwickelten sich die Städte, die im versumpften, bautechnisch ungünstigen Gelände liegen, und jene, die sich zu Füßen eines Schloßberges ausbreiten. Die Wohnstätten der handel- und gewerbetreibenden Bürger bedurften einer Befestigung, die aber einengend auf die Bauführung wirkte, manchmal bis in die neuere Zeit. Nach Schleifung der Werke entsteht die offene Verkehrsstadt, deren alter Kern zur eigentlichen Geschäftsstadt wird, während die Wohnviertel weiter hinausrücken.

Die einmal gewählte Siedlungsstätte, sei sie geographisch bevorzugt wie Wien oder ein in alter Zeit unzugänglich gewesenes Sumpfland wie Mexico City, wird wegen der Verkehrswege und des Gebäude-Kapitals, ohne Rücksicht auf ihre technische Eignung zum Baugrund, dauernd festgehalten. Wo entweder Überlieferungen oder wirtschaftliche Verhältnisse ausschlaggebend sind, bleibt die Konstanz der Besiedlung aufrecht, selbst wenn wiederholte Zerstörungen durch Naturkräfte bewiesen haben, daß das gewählte Gelände kein sicheres Baugelände ist. Jede Erdbebengegend und jedes von Murbrüchen heimgesuchte Alpental bietet Beispiele dafür.

Die alten Siedlungsmittelpunkte Europas besitzen einen teils geographisch durch die Gewässer und Anhöhen, teils durch die geschichtliche Entwicklung bedingten Stadtplan. In Amerika, das von Weißen verhältnismäßig spät in größerem Maßstabe besiedelt wurde, konnte das Siedlungsgelände im allgemeinen nach Zweckgründen gewählt werden. Der Stadtplan wurde sowohl in Nord- wie in Südamerika ohne Rücksicht auf die Geländebeschaffenheit nach dem Schachbrettsystem mit geraden und gleichmäßigen Straßen angelegt. Viel schneller als die europäischen wachsen die amerikanischen Städte vom technisch bekannten in das technisch unbekannte Gelände hinaus, wobei die natürlichen Bodenverhältnisse mitunter zwingen, von der geradlinigen Fortsetzung des alten Schachbrettplanes abzugehen und den Stadtplan den Gewässern und sonstigen natürlichen Leitlinien anzupassen.

Die jüngste Großstadt in Europa ist Leningrad[1], das im Jahre 1703 als „Petersburg“ planmäßig auf Neuland gegründet wurde.

[1] Vgl. Achter Teil VIII. B. 1. Leningrad.

In jüngster Zeit hat Australien mit der Anlage seiner neuen Bundeshauptstadt Canberra ein großzügiges Beispiel der Städteplanung auf unberührtem Gelände gegeben. Als Baugelände wurde nach rein logischen Erwägungen eine vom Mologlofluß durchzogene Ebene gewählt, ans der 900—1000 m hohe Berge aufragen. Zur Ausführung wurde der Ende 1912 mit dem 1. Preis gekrönte Entwurf des Architekten W. Burley Griffin, Chicago, bestimmt. Ob bei der Wahl des Siedlungsgeländes die Baugrundverhältnisse genügend berücksichtigt wurden, ist nicht bekannt. Die neue Stadt soll sich nur langsam entwickeln.

Einzelbauten außerhalb der geschlossenen Siedlungen wie Mühlen, Fabriken, Hotels, Heilanstalten usw. werden im allgemeinen auf unberührtem und technisch nicht erforschten Baugrund errichtet. Infolge der landläufigen Praxis haben sie eine bemerkenswerte Reihe ungünstiger Erfahrungen geliefert, die in den Handbüchern des Grundbaues und des Eisenbetonbaues als Beispiele von Gründungsschwierigkeiten angeführt sind.

6. Technische Erschließung des Baugeländes.

Im Umkreis der älteren Wohnstadt liegen die industriellen Betriebsstätten, die Sand- und Ziegelwerke, die Steinbrüche und die Ablagerungsstätten. In vielen Fällen war oder ist auch ein Gürtel von Befestigungen vorhanden. Der äußere Ring wanderte früher beim Wachstum der Stadt weiter hinaus, während die aufgelassenen Anlagen in die historische oder Kulturschichte einbezogen wurden. In neuerer Zeit erfolgt das Wachstum der Großstädte hauptsächlich durch die Einbeziehung der umliegenden Gemeinden, wobei zwischen der Altstadt und den Außenbezirken in großem Ausmaß landwirtschaftlich benutzter Grund zu Baugrund wird.

Die technische Erschließung des Baugeländes beginnt mit der geodätischen Aufnahme. In der Regel begnügt man sich mit der Herstellung eines Schichten- oder Kotenplanes der Oberfläche, ohne die in diesem Zeitpunkte meist noch gut kenntlichen Umgestaltungen des Geländes einzumessen und zu verzeichnen. Welche praktische Bedeutung eine gute Aufnahme der historischen Schichte besitzt, wird im folgenden vor allem an den Beispielen von Paris, Wien und Rom gezeigt.

Eine vollständige Trennung der Horizontal- von der Vertikalaufnahme, wie sie für die Herstellung der Flurkarten (Steuerkarten, Katasterblätter) üblich war, reicht nur zur Abgrenzung der Besitzrechte (Grundbuch) und für die Bemessung der Grundsteuer aus. Siedlungsgebiete sollen schon für die vorläufige Planung in ihrer körperlichen Gestalt dargestellt werden, da die Höhenverhältnisse für das Entwerfen der Verkehrswege, für die Beurteilung der Tag- und Grundwasserverhältnisse und die Entwässerung des Geländes ausschlaggebend sind. Aus diesem Grunde wird die Meßtischaufnahme immer mehr von der tachymetrischen Aufnahme und den photogrammetrischen Verfahren verdrängt, die für die vorläufige Planung größerer Gebiete gleichzeitig ausreichend genaue Höhenangaben liefern. Im schwer zugänglichen Gelände hat die stereographische Aufnahme eine führende

Stellung, im bewegten Gelände ein großes Anwendungsgebiet erlangt. Photographische Vermessungen lassen sich im nicht verbauten ebenen Gelände von erhöhten natürlichen Punkten, freistehenden Gebäuden oder vom Fesselballon mit gutem Erfolg durchführen. Nach den Versuchen des Bayerischen Landes-Vermessungsamtes und der Schweizer Vermessungsbehörden haben selbst die aus dem Flugzeug ausgeführten stereographischen Aufnahmen noch eine für vorläufige Planungen ausreichende Genauigkeit des Geländebildes und der Höhen ergeben[1].

Unabhängig von der Gesamtaufnahme müssen die Höhenverhältnisse des zur Verbauung bestimmten Geländes für das Entwerfen der Siele und die Beobachtung von Setzungen oder Bodensenkungen auch unmittelbar durch ein genaues Nivellement erhoben und für die Bauführung durch Festpunkte verheimt werden. Unbedingt verläßliche Festpunkte, die ihre Höhenlage durch viele Jahrzehnte beibehalten, sind selbst im unberührten Gelände schwer zu finden (vgl. Bradysismus, Bodensenkungen, Solifluktion); im verbauten Gelände, das häufig beunruhigt wird, und dessen Belastung sich ändert, bedürfen sie noch besonderer Sicherungen.

Die Entwässerung des Baugeländes läßt sich mitunter nur gleichzeitig mit der Entwässerung der weiteren Umgebung durchführen. Die Entwässerung von Paris, Berlin, Boston, Chicago u. a. O., ist auf Grund sorgfältiger, auch die geologischen Verhältnisse erfassenden Vorarbeiten erfolgt. Beispiele weitgehender Entsumpfung und Gesundung ganzer Landstriche haben besonders Italien (Poebene, toskanisches Schwemmland) und Brasilien (Santos) gegeben.

Die Umwandlung des Baugeländes in einzelne Baustellen erfolgt in größeren Gemeinden nach einem der Entwicklung vorauseilenden Verbauungsplan. In den Vereinigten Staaten begnügt man sich nicht mehr mit dem City Planing, sondern ist zur „Landplanung" übergegangen, d. h. man verfaßt bereits Entwürfe für die zweckmäßige Ansiedlung der Bevölkerung in ganzen Landstrichen, wobei das praktische Ziel leicht überschossen werden kann[2].

Über die Festlegung der Baulinie und der Höhenlage (Niveau, Curb) enthalten die Bauordnungen zwingende Vorschriften. In Europa darf die Verbauung nur unter Rücksichtnahme auf die öffentlichen und privaten Rechte an den umgebenden Grundstücken durchgeführt werden.

In den Vereinigten Staaten von Nordamerika, wo die uneingeschränkte Freiheit in der Verwendung des Baugeländes am längsten bestanden hat, haben sich durch die Vermehrung der Wolkenkratzer schwere Unzukömmlichkeiten ergeben. Man ist daher zur Schaffung von Bauzonen (zoning) übergegangen, in denen die größte zulässige Höhe der Bauwerke in Abhängigkeit von der Straßenbreite, bei den Hochhäusern auch ein entsprechender Rücksprung zugunsten der Belichtung der Straßenfläche vorgeschrieben ist.

Die Verfassung der Verbauungspläne liegt hauptsächlich in den

[1] Vgl. Z. öst. Ing.- u. Arch.-Ver. 1926 Heft 33/34.

[2] Vgl. Behrendt, Dr.-Ing. Walter C.: Städtebau und Wohnungswesen in den Vereinigten Staaten, 2. Aufl. Berlin: G. Hackebeil AG. 1927.

Händen von Architekten. Ingenieure wirken nur bei der Entwässerung oder den Verkehrsfragen (Untergrundbahnen, zweigeschossigen Straßen usw.) mit. Infolgedessen hat man zum Ausgangspunkte der Planung und der Zoneneinteilung vor allem die Oberflächengestaltung genommen. Obwohl die Geologen schon in einem verhältnismäßig frühen Zeitpunkt an die Erforschung des tieferen Untergrundes der Städte geschritten sind, und z. B. für Chicago seit 1899 und für New York seit 1905 Schichtenpläne und Profile des Felsuntergrundes vorhanden waren, hat die Baupraxis daraus keinen Nutzen gezogen[1]. Eine auf das Baugelände beschränkte Herstellung geologischer Untergrundpläne wurde um das Jahr 1870 für die Berliner Stadtbahn durchgeführt. Auch den späteren Untergrundbahnen von Berlin ist eine sorgfältige Aufschließung des Baugrundes durch Bohrungen vorangegangen.

Im Zusammenhang mit dem Ausgleich der Straßengefälle und der Regulierung der Flüsse oder Küstenlinien wurden häufig ausgedehnte Anschüttungen tief gelegenen Geländes durchgeführt, z. B. in Hamburg, Wien, Boston u. a. O.

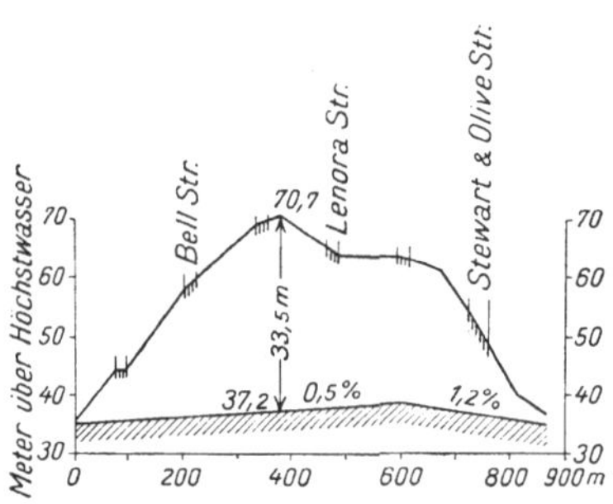

Abb. 1. Tieferlegung der Fourth Ave, Seattle, Wash. (Eng. News v. 31. 3. 1910.)

Die als Schachbrett angelegten amerikanischen Stadtpläne tragen den bauwirtschaftlichen und verkehrstechnischen Gesichtspunkten noch weniger Rechnung als die geschichtlich gewordenen Stadtpläne in Europa. Wo sich die amerikanische Stadt aus dem ebenen Gelände über Moränenwälle, Dünen oder Felshügel ausbreitete, entstanden derart unmäßige Steigungen, daß man selbst bei vorgeschrittener Verbauung noch weitgehende Abtragungen und Anschüttungen vorgenommen hat (heavy regrading). Abb. 1 zeigt einen bis 33,5 m tiefen Straßeneinschnitt in Seattle, Washington; der Aushub von rund 1 000 000 m³ wurde mittels Stollen und Fluder ins Meer geschleust[2]. In San Francisco hat man 1914 zur Ausschaltung großer Steigungen mit der Anlage von Straßentunnels begonnen; als erster wurde der 16 m weite und 278 m lange Stockton-Street-Tunnel gebaut. Los Angeles hat 1929 den 33 m hohen Bunker Hill nach Art eines englischen Einschnittes abgetragen. In Rio de Janeiro wurde der verkehrsstörende 66 m hohe Morro de Castello ungeachtet seiner geschichtlichen Bedeutung und seines Granitkernes mittels Bagger und Wasserstrahl abgetragen; der Aushub von 5 000 000 m³ wurde ins Meer gespült[3].

7. Die Ursachen von Schwierigkeiten und Fehlschlägen.

Die Baugeschichte ist schweigsamer, als für die Baugrundforschung förderlich ist. Die wertvollsten Erfahrungen werden bei den

---

[1] Vgl. Achter Teil, VII. B. 1. New York, Municipal Building, 1910.
[2] Engng. News vom 31. 3. 1910.
[3] Z. öst. Ing.- u. Arch.-Ver. 1928 Heft 9/10.

Großbauten der öffentlichen Körperschaften gemacht. In der Regel sind sie mit Überschreitungen der bewilligten Bausumme verbunden, und die Vorlagen zur Begründung der Nachforderungen sind oft die einzigen Quellen, aus denen man später noch Rückschlüsse ziehen könnte. Eine unbefangene Darstellung des Sachverhaltes ist selten, weil entweder mangelhafte Vorarbeiten oder Schwächen in den Bauverträgen zu beschönigen sind. Auch bei Privatbauten folgen auf die interessanten Bauerfahrungen unangenehme Auseinandersetzungen über die Kosten, und weder der Bauherr noch der Bauunternehmer ist dann geneigt, eine nachträgliche wissenschaftliche Untersuchung der Ursachen zu fördern. Jene besonderen Erfahrungen, die der Sachverständige als Vertrauensmann eines Unternehmens erwirbt, oder über die er vor Gericht zu urteilen hat, unterliegen der Schweigepflicht.

Von den bereits der Geschichte angehörigen Bauereignissen sind einzelne von Kunstgelehrten mit Liebe und Sorgfalt erforscht worden. Die für die Erklärung der langen Bauzeit und der späteren Bauschäden so wichtigen Baugrundverhältnisse sind meist nur nebenher erwähnt, mitunter sogar unrichtig dargestellt. Ein interessantes Beispiel dafür bildet der schiefe Turm von Pisa. Der Architekt G. Rohault de Fleury hat nach den Angaben eines bei den Sicherungsarbeiten im Jahre 1838 beschäftigten Arbeiters die mächtigen Pfahlwerke des Turmes beschrieben und gezeichnet[1]. Von einer aus Architekten, Ingenieuren und Geologen zusammengesetzten Kommission wurde in den Jahren 1908—1912 festgestellt, daß der Architekt Bonanno den Turm ohne Pfahlgründung mit ringförmiger Grundfläche auf das wenig tragfähige Schwemmland des Arno gestellt, und dessen Baugrund unbegreiflich hoch überlastet hat. Eine einseitige Auswaschung durch unvorsichtige Wasserhaltung hat zu der großen Setzung auch noch die gefährliche Schiefstellung gesellt[2]. Dadurch erledigt sich auch der langjährige Literaturstreit darüber, ob die Schiefstellung des Turmes einer Laune des Architekten oder einem Bauunfall zuzuschreiben sei.

Eine gewisse Verwandtschaft damit weist die Baugeschichte des Münzturmes im Berliner Königsschloß auf, der wegen der fortschreitenden Neigung gegen die Spree abgetragen werden mußte[3].

In anderen Fällen, wie beim Dom zu Köln, oder bei der Stephanskirche in Wien liegt der Beginn der technischen Baugeschichte im Dunklen. Bei einzelnen alten Bauwerken hat man die Grundfesten bei Unterfangungsarbeiten kennengelernt, z. B. beim Dom zu Straßburg[4]. Den alten Baumeistern fehlte naturgemäß die heutige Erfahrung, und sie haben die Grundfesten der Dome nicht selten auf den Resten eines heidnischen Tempels oder einer älteren Kirche oder auf nachgiebigem Baugrund ohne besondere Vorkehrung errichtet. In Italien gab es im Mittelalter und später viele schiefe Türme, und einzelne Architekten

[1] Les Monuments de Pise au Moyen Age, Paris 1866.
[2] Vgl. Achter Teil, VIII. B. 3. Pisa.
[3] Vgl. Achter Teil, V. 1. Berlin.
[4] Bernhard, K.: Deutsche Ingenieurarbeit im Straßburger Münster. Berlin: Julius Springer 1926.

werden wegen ihrer Erfolge — mitunter auch Mißerfolge — beim Geraderichten noch in der Baugeschichte genannt[1].

Auch das Zeitalter des Eisenbetonbaues hat in der alten und in der neuen Welt eine beträchtliche Anzahl unabsichtlich schiefgewordener Bauwerke, wie Kirchtürme, Silos, Wohn- und Geschäftshäuser, aufzuweisen, die meistens Flachgründung besitzen[2].

Unter den Baufachleuten ist noch immer die Ansicht verbreitet, daß man in einer praktisch erreichbaren Tiefe im Gebirge überall den Fels und in der Ebene tragfähige Schotter-, Sand- oder Tonschichten antreffen müsse. Deshalb erachten es selbst erfahrene Fachleute für überflüssig, den Baugrund vor der Entwurfsaufstellung zu untersuchen. Die Folge davon sind die in sich einwandfreien technischen Projekte, für die man aber den vom Entwerfenden vorausgesetzten Baugrund an der Baustelle nicht findet. Es wird keinem Fachmann in den Sinn kommen, ein Tragwerk ohne Kenntnis der Auflagerung zu entwerfen oder ein Bauwerk ohne Kenntnis der Baustoffe auszuführen. Von dieser selbstverständlichen Regel wird unbegründeterweise der Baugrund ausgenommen.

Die allgemeinste Ursache der ungünstigen Bauerfahrungen ist daher die mangelhafte Kenntnis des Baugrundes, der in den nicht verfestigten Bildungen, insbesondere vom jüngeren Tertiär (Neogen) bis zum Alluvium, genau bekannt sein muß. Die Fehlschläge im Hochbau sind zahlreich, wenn auch der Baugrund selten die Ursache von Einstürzen bildet, da die warnenden Setzungen meist schon während des Baues eintreten und die Gefahr durch Fundamentverbreiterungen, Unterfangungen oder die völlige Abtragung des Bauwerkes beseitigt wird. Treten die Folgen unsachgemäßer Gründung erst nach längerer Zeit ein, so treffen sie den Besitzer des Gebäudes, der dann unverhältnismäßig große Aufwendungen für die Erhaltung des Bauwerkes machen muß.

Verfehlte Gründungen im Tiefbau lassen sich wegen ihrer schweren Folgen nicht verschweigen. Das trifft besonders für die Einstürze von Talsperren zu, die im Jahre 1920 die schreckliche Zahl von 100 erreicht und seither überschritten haben[3]. Ein großer Teil dieser Unfälle hat geologische Ursachen und bildet eine dringliche Mahnung, der Erforschung und richtigen Behandlung des Baugrundes jede nur mögliche Sorgfalt zuzuwenden.

8. Das Altern und die Lebensdauer der Bauwerke.

Der ständig wirkenden Angriffsarbeit von Wasser, Wind, Temperaturwechsel, Erschütterungen, chemischen Kräften usw. können die Bauwerke nur widerstehen, wenn eine entsprechende Widerstandsarbeit, die Erhaltungsarbeit, geleistet wird. Ihre Kosten sollen z. B. bei der Peterskirche in Rom jährlich 400000 Goldlire betragen[4].

[1] Occioni-Bonaffons, G.: Nil sub sole nove. Storie di Campanili, L'Ateneo Veneto, März-April 1903; vgl. Achter Teil, VIII. B. 2. Venedig.

[2] Vgl. Siebenter Teil, IX. 2.

[3] Jorgensen: The Record of 100 Dam Failures. J. of Electricity, 15. März 1920.

[4] Hrach, F.: Die Vergänglichkeit unserer Bauwerke. Inaug. Rede. Brünn 1901.

Das gefährlichste Altern im technischen Sinn geht vom Baugrund aus. Ein ungleichmäßiges Nachgeben der Grundfesten erzeugt bis in den Dachstuhl und die Schornsteine Versackung und Rissebildung. Als Ursache können Lösungserscheinungen im Felsuntergrund, Bodensenkungen durch Bergbau, Gleitbewegungen in Fels- oder Tonschichten, Auswaschungen von Schwimmsand, seitliches Nachgeben von Schlammschichten, Beeinflussung durch benachbarte Baugruben u. dgl. wirken. Bauwerke mit frei aufliegenden Holz- oder Eisenträgerdecken erleiden durch örtliches Nachgeben des Baugrundes meist geringeren Schaden als statisch unbestimmte Eisen- oder Eisenbetonbauten, in denen gefährliche Spannungen entstehen.

In der Regel wird die Veränderung im Baugrund erst an dem Schadhaftwerden des aufgehenden Baues und dem „Sprechen" der Mauern wahrgenommen. Wenn möglich ist die weitere Bewegung im Baugrund hintanzuhalten oder das Bauwerk durch Sohlenplatten, Umschließungen, Versteifungen usw. gegen die Veränderung seiner Auflagerung unempfindlich zu machen.

Wird das tragende Grundwerk durch chemischen Angriff auf das Ziegelmauerwerk oder mörtelzerstörende Wässer schadhaft, so kann im Beginn noch eine dauernde Grundwassersenkung oder eine nachträgliche Isolierung helfen. Nicht vorausgesehene Grundwassersenkungen führen zum Vermodern der Holzpfähle. In der Regel können Schäden, die durch chemische und biologische Einwirkungen entstehen, nur durch Unterfangung der Grundmauern, d. h. durch Einbau einer neuen Auflagerung behoben werden, die dem Bauwerk wieder die normale Lebensdauer sichert.

Die durch mäßig ungleiche Senkung des Baugrundes hervorgerufenen Verbiegungen des Mauerwerkes kürzen die Lebensdauer nicht ab, wenn schon bei der Bauführung konstruktive Gegenmaßnahmen (Verankerungen u. dgl.) getroffen worden sind. Nicht nur in Hafenstädten, wie Amsterdam, Kiel und Venedig versacken die gewöhnlichen Hochbauten im Lauf der Zeit, sondern auch auf dem aus Schlick und Silt bestehenden Alluvium der Ströme und bei stärkerer Geländeneigung sogar auf sonst tragfähigen Tonschichten (Londonton, Wiener Tegel).

Den stärksten Einfluß auf das Altern üben die klimatischen Kräfte aus. Solange das Dach in gutem Zustand ist, geht die Verwitterung nur an den ausgesetzten Teilen und schrittweise vor sich. Gewöhnliche Wohnbauten besitzen eine normale Lebensdauer von 80—100 Jahren. Nicht wetterbeständige Bausteine erfordern häufig langwierige und kostspielige Auswechslungsarbeiten (z. B. Stubensandstein am Kölner Dom). Entsprechend den geographischen Verhältnissen wechselt die Stärke des Gesamtangriffes der Verwitterung und der verhältnismäßige Anteil der einzelnen Kräfte (Sonnenbestrahlung, Feuchtigkeit, Frost, Rauchgase u. a. m.). Aus großen Quadern gefügte Monumentalbauten des Altertums haben im milden Klima auch ohne Dach Jahrtausende überdauert.

Außer den chemisch-physikalischen Wirkungen auf das einzelne

Gesteinsstück erfahren die Mauern als konstruktive Bauglieder zermürbende mechanische Beanspruchungen. J. Hirschwald hat an der schon dauernd um 135 mm ausgebauchten Flucht des Otto-Heinrichs-Baues in Heidelberg Mauerbewegungen infolge des Temperaturwechsels von 13 mm und infolge des Windes von 3 mm Höchstausschlag gemessen[1].

Die Lebensdauer der Bauwerke wird ferner von den technischen Verhältnissen bestimmt. Bei sorgfältiger Auswahl und richtiger Verwendung der Baustoffe werden selbst Holzbauten mehrere hundert Jahre alt. Unsachgemäßes Einmauern von Holzteilen, mangelhafte Verbindungen von Mantelmauerwerk und Füllungskern, unzureichende Vorkehrungen gegen Gewölbeschub, Frostschäden und ähnliche Ursachen haben häufig zu Einstürzen geführt, deren Ursachen zu Unrecht im Nachgeben des Baugrundes gesucht wurden[2]. Mit hydraulischen Bindemitteln ausgeführte Hoch- oder Brückenbauten besitzen eine überaus lange Lebensdauer (Römerbauten).

Wirtschaftlich altern die Bauten schneller als technisch, besonders rasch in Amerika. In Europa entsprechen Wohnhäuser, Fabriken, Bahnhöfe nach zwei bis drei Jahrzehnten nicht mehr den Anforderungen und müssen in einem Zug oder stückweise während des Betriebes umgebaut werden. Bei Umänderungen ist auch die Tragfähigkeit des Baugrundes zu überprüfen, besonders wo neues Mauerwerk an altes anschließt oder eine Zusammenziehung der Lasten auf Einzelpfeiler vorgenommen wird. Eine Verbilligung von Bauten, denen von vornherein eine kurze Lebensdauer zugedacht ist, darf nicht auf Kosten der Standsicherheit erfolgen.

9. Das Ordnen der Bauerfahrungen.

Bauerfahrungen sind im ganzen Umfang nur vergleichbar, wenn ihre natürlichen Voraussetzungen (Baugrund, Klima) die technische Durchführung (Bauweise, Baustoffe, Baugeschwindigkeit) und die wirtschaftlichen Verhältnisse (Verdingungsart, Löhne, Arbeitszeit) bekannt sind. Unter besonderen Verhältnissen (Überfluß, Geldknappheit, Hast, Rohstoffnot, Krieg usw.) ausgeführte Bauten scheiden von vornherein aus. Der normale Bau ist im mathematischen Sinn eine Funktion der geologischen, technischen und wirtschaftlichen Verhältnisse (G, T, W). Differenziert man die Gesamterfahrung nach den unabhängigen Variablen, so lassen sich im allgemeinen die partiellen Differentiale untereinander vergleichen. Setzt man für G (als ausschlaggebenden Anteil) die Baugrundverhältnisse, so werden die nach dem Baugrund differenzierten Erfahrungen ausreichend unabhängig von den durch die Zeitumstände stärker beeinflußten technischen und wirtschaftlichen Verhältnissen. Es lassen sich also die älteren, auf alle Einzelheiten eingehen-

---

[1] Die mechanische Zerstörung des Gesteinsmateriales und die Mauerbewegungen am Otto-Heinrichs-Bau des Heidelberger Schlosses. Mitt. Min.-Geol. Inst. d. T. H. Berlin 1912, Jg. IV, Heft 7.

[2] Vgl. Schäfer, H. A.: Der Einsturz des Markusturmes in Venedig. Zbl. Bauverw. v. 6. Aug. 1902, auch bez. der Kirche Jung St. Peter in Straßburg; ferner Achter Teil, VIII. B. 2. Venedig.

den Baubeschreibungen gleichwertig mit den neueren, mehr auf das Konstruktive gerichteten, heranziehen.

a) Erfahrungen im begrenzten Baugebiet.

Die geologischen Grundlagen der fortgesetzten Bautätigkeit im Stadtgebiet sind verhältnismäßig leicht zu überblicken. Jeder Bauinteressent vermeint, die Grundwasser- und Untergrundverhältnisse seines ständigen Tätigkeitsgebietes ausreichend zu kennen. Oft werden aber ähnlich scheinende Bildungen, die nach Alter und technischem Verhalten verschieden sind, zusammengezogen und die so wichtigen Begleitumstände ihres Auftretens vernachlässigt. Unter scheinbar ganz denselben Verhältnissen ergeben sich daher die widersprechendsten Erfahrungen. Sie bleiben unaufgeklärt, weil man sich mit der Feststellung begnügt, daß der Schotter, Sand oder Tegel zufällig „schlecht“ gewesen sei. In Wirklichkeit war er nur „anders“ als man vorausgesetzt hatte, anders im Alter, in der Lagerung, in der Beschaffenheit, der mechanischen Vorbeanspruchung usw., d. h. in den vorausbestimmbaren, aber nicht voraus bestimmten Eigenschaften.

Die zu stark schematisierten Vorstellungen wirken sich auch nach der Gegenseite aus. Eine große Bauverwaltung, die einen Bau auf Alluvialland über einem verlandeten und vergessenen Altarm ausführen ließ, hat dort recht aufregende Bekanntschaft mit dem im übrigen Baugebiet selten vorkommenden Faulschlamm gemacht. In der Folge sieht sie Gespenster und stellt den nächsten Bau auf eine durchlaufende Eisenbetonplatte, obwohl er auf tragfähigen tertiären Bildungen mit natürlicher Entwässerung liegt. Wenn wasserführende Sandschichten angeschnitten werden, herrscht häufig eine übertriebene Furcht vor Schwimmsand. Daß das Herumtasten im Dunklen verhältnismäßig wenig schwere Folgen hat, ist hauptsächlich der Trockenlegung des städtischen Baugrundes zu verdanken. Das Tagwasser wird durch die Dächer und das Straßenpflaster aufgefangen und durch die Kanäle abgeleitet, die gleichzeitig das spärliche Grundwasser sammeln und abführen.

b) Regionale Bauerfahrungen.

Jene im engen Gebiet unerklärlichen Fälle, die sich den Faustregeln des Praktikers nicht fügen, ordnen sich zwanglos in die technisch-geologische Erfahrung ein, wenn man ein größeres Gebiet überschaut. Schon eine Stadterweiterung kann eine Fülle neuer Erfahrungen bringen, wenn gleichzeitig mit den alten Stadtgrenzen auch geologische und hydrologische Grenzen überschritten werden. Wie in allen anderen Wissenszweigen ist auch in der Baugrundforschung die auf große Gebiete ausgedehnte regionale Vergleichung der Erfahrungen notwendig und fruchtbar. Notwendig, weil sie das Verständnis für Bauerfahrungen in anderen Ländern eröffnet; fruchtbar, weil sich auf induktivem Wege eine klare, den Mannigfaltigkeiten der Praxis am besten entsprechende Ordnung der Bauerfahrungen ergibt.

Wegen der komplexen Natur der Bauwerke läßt sich die Bauerfahrung nicht in strenge Formeln bringen. Selbst die Geologie als unabhängige

Variable reicht nicht aus, weil oft die Topographie einen überwiegenden Einfluß erlangt. Das mathematische Bild erweiternd, kann man sagen, daß sich die regionale Ordnung der Bauerfahrungen auf Kurvenscharen vollzieht, von denen z. B. je eine Kurve einer bestimmten Gesteinsart (z. B. Kalk, Gips, Schotter, Sand oder Ton) unter verschiedenen Lagerungs- und klimatischen Verhältnissen entspricht. In diesem Sinne lassen sich einzelne Baugrundklassen unterscheiden, analog der im Eisenbahnbau üblichen Einteilung in Geländekategorien und Gefahrenklassen[1].

10. Klimatische, topographische, morphologische und geologische Lage der Baustelle.

a) Klimatische Lage.

Das Klima ist für wichtige technische Eigenschaften eines Baugeländes bestimmend. Zwei Baustellen von gleicher geologischer Beschaffenheit, von denen die erste in einem trockenen, die zweite in einem feuchten Klima liegt, zeigen verschiedenes Verhalten. Im Kleinen beeinflußt schon die sonnen- oder schattenseitige Lage die Eigenschaften einer Baustelle.

Die Niederschläge bestimmen den Grundwasserstand, den Wassergehalt des Bodens und dadurch die Tragfähigkeit der Tonböden; ferner die Lösungserscheinungen im Baugrund und seine Gefährdung durch die Tagwässer. Sonnenbestrahlung, Lufttemperatur und Wind wirken auf die Austrocknung (Krustenbildung) und die Bodentemperatur (Frosttiefe) ein. Von den klimatischen Kräften hängt schließlich die Standfestigkeit der Baugrube und der Böschungen, sowie die Verwitterung der Bauwerke ab.

Für einzelne Stadtgebiete ist das Klima annähernd konstant und wird durch die geographischen und klimatischen Hauptzahlen ausreichend gekennzeichnet; innerhalb längerer Zeiträume ist es jedoch praktisch fühlbaren Schwankungen unterworfen[2].

b) Topographische Lage.

Erweitert man den Begriff der geographischen Lage auf die in geschichtlicher Zeit durch Naturereignisse oder Eingriffe des Menschen herbeigeführten Veränderungen des Geländes, so ergibt sich der Inbegriff der topographischen Lage. Die Topographie wird hauptsächlich unter dem Gesichtspunkt von Angriff und Verteidigung eines festen Platzes oder offenen Geländes und als Orts- bzw. Landesbeschreibung gepflegt. Die Landesvermessung und Herstellung der topographischen Karten obliegt in einzelnen Ländern noch heute der Heeresverwaltung. In den Vereinigten Staaten ist die Landesvermessung, ebenso wie die Landeshydrographie in den geologischen Dienst eingegliedert.

Topographische Aufnahmen einzelner Örtlichkeiten werden auch vom geschichtlichen oder baugeschichtlichen Standpunkt durchgeführt.

---

[1] Die Bodenuntersuchung für Bauzwecke, 1911 S. 11.

[2] Vgl. Zweiter Teil, 12. Klimaschwankungen.

Aus den topographischen Karten und Ortsbeschreibungen läßt sich meistens feststellen, ob eine Baustelle auf unberührtem Gelände oder über verschütteten Wasserläufen, Fäkal- und Pestgruben, Festungswerken, Minengängen, Katakomben und Kellern, auf den Resten früherer Bauwerke oder sonstwie auf angeschüttetem Grund steht. Beispiele dafür sind hauptsächlich in den Abschnitten Paris, Rom und Wien gegeben. In Gebieten mit hohem Grundwasserstand konnten sich in früherer Zeit keine unterirdischen Anlagen entwickeln. Seit dem Bau großer Stammsiele mit weitverzweigten Kanalnetzen, Wasser-, Gas- und Kabelleitungen, von Untergrundbahnen und Unterwassertunnels muß jedes städtische Bauamt genaue Evidenzpläne über die unterirdischen Anlagen führen. Paris besitzt seit langem einen besonderen Dienst für die „Topographie souterraine“[1]. Aus Anlaß der Stadterweiterung oder des Baues von Untergrundbahnen wird jede Großstadt gut tun, diesem Vorbild zu folgen.

c) Morphologische Lage.

Zwischen der Topographie der Geländeoberfläche und der Geologie des Erdinnern nimmt die Geomorphologie eine verbindende Stellung ein. Sie beschreibt das Werden und Vergehen der Landformen im Großen wie im Kleinen und steht daher mit der Geologie des Tertiärs (alte Landoberflächen), der Eiszeit und des Alluviums in besonders engem Zusammenhang.

Versteht man unter Großformen die Tafelländer, die Kettengebirge und ihr Vorland, die Rumpfgebirge, die großen Becken und Binnengewässer, ferner die Meeresküste und die großen Deltas, so entsprechen der Lage der Baustelle in einem solchen Gebiet schon einzelne Normaleigenschaften des Baugrundes. Die Bestimmung wird schärfer, wenn auch die klimatischen und hydrographischen Verhältnisse herangezogen werden: Vergletscherte oder vormals vergletscherte Gebiete (Nordeuropa, Nordamerika), abflußlose oder mangelhaft entwässerte Gebiete (Kesseltäler im Karst, Valle de Mexico, schwedische und baltische Seenplatte, einzelne Teile des Mississippigebietes, der Provinz Buenos Aires, des Amazonasgebietes). Dazu kommen die halbtrockenen Gebiete (Steppen) und die Trockengebiete (Wüsten), die wegen ihrer Lagerstätten (Borate, Salpeter und andere Salze, Rohöl) mit allen technischen Hilfsmitteln der Besiedelung zugeführt werden. Eine Sonderstellung nehmen die Vulkangebiete ein[2].

Zwischen den großen und kleinen Formen stehen Einzelerscheinungen, die teils allen großen Landformen gemeinsam sind, teils nur dem Gebirge angehören: Die Entstehung und Verlandung kleiner Becken; Sümpfe und Moore; Talleisten, Moränen, Schotterterrassen; Schwemmkegel, Talböden usw.

Dieselben Formen wiederholten sich als Kleinformen des Geländes in bis zur Zwergbildung abgestufter Größe. Für die Beurteilung eines Baugrundes kann eine verdeckte Vertiefung im Felsgrund, eine

[1] Vgl. Achter Teil, III. 2. Paris.
[2] Vgl. Dritter Teil, V. 6. Erdbeben usw.

wenige Meter mächtige Schuttdecke, eine einige Dezimeter starke Schlammschicht u. dgl. wichtiger werden als die Morphologie der großen Formen.

Die Abgrenzung der Geländeformen ermöglicht zugleich ein Urteil darüber, ob sich die Baustelle in einer Randlage befindet, die technisch fast immer bedeutsam ist. Sowohl dort, wo morphologische Grenzen mit geologischen zusammenfallen, wie dort, wo der Rand bloß einem Neigungswechsel entspricht (Terrassenränder, Hangfuß, Uferborde), ist die Lage der Baustelle heikler als innerhalb der Hochflur oder des Talbodens. Bei morphologisch richtiger Aufnahme und Darstellung des Geländes kann man schon aus den Plänen im Zusammenhalt mit guten, die Großformen zeigenden Karten wichtige Schlüsse über die Gründungsverhältnisse ziehen.

d) Die geologische Lage.

In den als Baugrund so wichtigen vormals vergletscherten Gebieten der alten und der neuen Welt hängt die geologische Lage aufs engste mit der morphologischen zusammen, wobei die Moränenzüge und Hochflächen im allgemeinen günstige, die oft versumpften Talböden ungünstige Gründungsverhältnisse aufweisen. Die Randzone des nicht vereisten Gebietes wird von Windanwehungen, den Löß- und Lehmzonen begleitet (vgl. Abb. 17). Erst außerhalb derselben tritt überwiegend das ältere Gebirge zutage, an dessen Gehängen sich während der Quartärzeit mächtige Schuttmassen angesammelt haben. Im Bergland gewinnt der Gebirgsbau erhöhte Bedeutung. Nicht alles was geologisch als Fels aufzufassen ist, besitzt jene Eigenschaften, die der Bauingenieur vom Fels verlangt[1]. Zonen mit Verwerfungen, Schubflächen und heftiger Faltung sind bautechnisch stets ungünstiger als ruhig gelagerte. Je nach der Bauaufgabe erlangt bald die Gesteinsbeschaffenheit (Baugrund), bald die Lagerung (Einschnitte) oder die Tektonik (Tunnelbau) die überwiegende Bedeutung. Der Einfluß der geologischen Lage wird in den folgenden Abschnitten, die den Hauptinhalt des Buches bilden, im allgemeinen und an Beispielen nachgewiesen.

11. Die Verwendung von topographischen, bodenkundlichen und geologischen Karten für Bauzwecke. Baugrundkarten und Profile.

a) Topographische Karten.

Über die Benützung topographischer Karten wurden in den Abschnitten 6 und 10 bereits einige Mitteilungen gemacht. Für die genaue Planung werden Schichtenpläne in größerem Maßstab angefertigt, wegen der Kosten zumeist nur im Umfang der eigentlichen Baustelle. Um die topographische, morphologische und geologische Lage beurteilen zu können, muß man die Baustelle daher, wie das im Eisenbahnbau und Wasserbau üblich ist, in eine topographische Karte (gewöhnlich 1:50000

[1] Vgl. Vierter Teil, IV. Die Mylonite.

oder 1:25000) und, wenn sie besteht, auch in die geologische Karte eintragen.

Ungenaue Geländedarstellungen reichen für die geologische Aufnahme nicht aus, weil jede nicht maßgerechte Eintragung ein verzerrtes, mitunter auch irreführendes Bild der Lagerung und der Formen ergibt.

Auf die Wichtigkeit der Höhenangaben wurde schon mehrfach hingewiesen. Über die Veränderlichkeit der Vergleichsebenen folgen Angaben im Zweiten Teil, 3. Junge Krustenbewegungen.

b) Bodenkarten.

Die Agrargeologie (Bodenkunde) versteht unter Boden die land- oder forstwirtschaftlich nutzbare Oberflächenschichte, die sich unter dem Einfluß des Klimas und der Pflanzen- und Tierwelt bildet. Ihre Beschaffenheit wird in der Regel bis 2 m und höchstens 3 m Tiefe mit Hilfe von natürlichen Aufschlüssen, Probeschächten und Handbohrungen festgestellt. Eine tiefgründige Bodenbildung, ein „Bodenprofil“, findet sich hauptsächlich auf den von der Abtragung oder Ablagerung während langer Zeiträume nur wenig veränderten Landoberflächen. Wo sie fehlt, wie über schwer zersetzbarem Gestein oder geologisch jungen Ablagerungen, verzeichnet der Bodenkundler Bodenskelette oder Skelettböden.

Die rein wissenschaftlichen Übersichtskarten enthalten nur die großen Verbreitungsgebiete der Bodentypen[1]. In Preußen (seit 1873) und in anderen Bundesstaaten werden die Flachlandsblätter zugleich als Bodenkarten 1:25000 mit Angabe der einzelnen Bodenschichten und der Bohrpunkte ausgeführt. Über Verlangen werden die Bodenprofile bekanntgegeben und auch Gutsaufnahmen im Maßstab der Flurkarten (1:5000 oder 1:2500) hergestellt, in denen außer der Zusammensetzung des Bodens auch seine Eignung für die Landwirtschaft angegeben ist.

Bei der Gründung von Brücken und größeren Hochbauten gehört in der Regel das ganze „Bodenprofil“ zur nicht ausreichend tragfähigen Überlagerung. Untergeordnete Nutz- und Wohnbauten in ebener Lage können unterhalb der Frosttiefe im wenig zersetzten „Unterboden“ gegründet werden.

Für Straßenbauten, kulturtechnische und militärische Zwecke, mitunter auch für Baustoffbeschaffung, läßt sich die Bodenkarte als Baugrundkarte verwenden.

c) Geologische Karten.

Die Verwendung von geologischen Karten im Bauwesen hat noch mit mancher falschen Auffassung zu kämpfen. Zunächst wird häufig übersehen, daß die Landesaufnahme in erster Linie wissenschaftliche Ziele verfolgt. Um auf Lagerstätten, artesisches Wasser usw. schließen zu können, müßte man den Bau des Gebirges oder Untergrundes mehr ins einzelne erforschen. Feinere geologische Züge darzustellen, wie sie der Bauingenieur braucht, verbietet der Maßstab und die kurze Aufnahmszeit.

[1] Vgl. Stremme, H.: Allgem. Bodenkarte Europas. Hrgb. v. d. Preuß. Geol. Landesanstalt, Berlin 1927.

Schon das geologisch richtige Lesen der Karten erfordert Fachkenntnisse, die Aufstellung technischer Schlußfolgerungen außerdem besondere Erfahrung. Es kommt vor, daß Bauunternehmungen ihr Angebot ausschließlich auf das geologische Bild gründen, das sie selbst aus geologischen Manuskriptkarten herausgelesen haben und sich vollständig verrechnen, weil erstens die geologische Altersbezeichnung (der Horizont) infolge der regionalen und faziellen Verschiedenheiten kein bestimmtes Gestein verbürgt und zweitens die geologische Gesteinsbezeichnung keineswegs bestimmte technische Eigenschaften gewährleisten kann. Bei den gedruckten Blättern der Landesaufnahme, denen Erläuterungen beigegeben sind, können derartige Irrtümer weniger leicht unterlaufen.

Der Untergrund der Ebenen läßt sich nur in geologischen Profilen darstellen, die auf den Aufschlüssen in Baugruben, Brunnen und Bohrungen beruhen.

Jene Einzelheiten, die der Bauingenieur braucht, sind nur ausnahmsweise Gegenstand einer wissenschaftlichen Arbeit gewesen. Fast immer ist für technische Zwecke eine geologische Sonderaufnahme notwendig, die aus einem Lageplan 1:10000 bis 1:2500, einigen Schnitten (im Gebirge unverzerrt, in der Ebene mit Überhöhung) und einer Erläuterung bestehen muß.

d) Baugrundkarten und Profile.

Wegen der Unzulänglichkeit der Landesaufnahmen für Bauzwecke ist man zur Herstellung von Baugrundkarten größerer Stadtgebiete übergegangen. Vorbilder waren durch die „Bodenkarten" von E. Suess, 1862, und von K. A. Lossen, 1876, gegeben. Einen weitgehenden Versuch hat E. Moldenhauer im Jahre 1919/20 mit der „Baugrundkarte des Danziger Stadtgebietes" im Maßstab 1:10000 gemacht[1]. Zur Zeichnung der Karte, die einschließlich der Wasserflächen ein Gebiet von rund 78 km² umspannt, wurden 600 Bohrergebnisse verarbeitet, die ungleichmäßig auf 400 Stellen verteilt sind. Statt der geologischen Ablagerungen sind jene Flächen abgegrenzt, in denen der tragfähige Baugrund 0—2 m, 2—4 m, 4—6 m und 6—10 m unter Flur liegt; im Randgebiet von Weichsel und Ostsee sogar für zwei durch Schlick oder Schließ getrennte Baugrundstockwerke, für leichte und für schwere Bauten. Grundwasserverhältnisse und Bodenbeschaffenheit sind in großen Zügen angedeutet. Die topographischen Verhältnisse wurden ausreichend berücksichtigt, die morphologischen und geologischen kommen nur mittelbar zum Ausdruck. Was „tragfähiger Baugrund" ist, mußte Moldenhauer in Abwägung zahlreicher Erfahrungen selbst bestimmen, um die Tiefenzonen eintragen zu können. Ein Nachprüfung wird durch die im Anhang wiedergegebenen Bohrergebnisse möglich.

Im großen und ganzen bestätigt die Baugrundkarte die alte Erfahrung, daß der tragfähige Baugrund auf den diluvialen Hochflächen nahe, im alluvialen Talboden jedoch tief unter der Oberfläche liegt. Man muß

[1] Schriften d. Naturforsch.-Gesellschaft in Danzig, N. F. 17 (1926) Heft 3; Wiedergabe von Bohrkarte und Baugrundkarte 1 : 30000.

unbedingt die Blätter der Landesaufnahme heranziehen, in der die Moränenwälle und Dünen, der alluviale Talboden und das Weichseldelta kenntlich sind, um feinere geologische Züge herauszulesen, als die Moldenhauersche „Baugrundformation“ enthält. Wichtig wäre die Ergänzung durch Profile, ohne die sich der Ingenieur kein richtiges Bild von der Lagerung machen kann. Als neuartiger Versuch ist Moldenhauers Baugrundkarte bemerkenswert. Eine amtliche Stelle würde wohl kaum die Verantwortung für eine solche Zonenkarte übernehmen.

Eine obiger Beurteilung näherstehende Auffassung hat B. Tiedemann in seiner Dissertation: „Der Baugrund des Königsberger Stadtgebietes in geologischer Erforschung“, Königsberg, 1927, bewiesen. Er behandelt a) den tieferen Untergrund (Kreide und Tertiär), b) die an der Oberfläche auftretenden Formationen (Diluvium und Alluvium), c) die erdmagnetische Vermessung des Stadtgebietes, d) die Grundwasserhorizonte und e) die Bodenbeanspruchungen. Auf die (einschließlich der Wasserflächen) 475 km² umspannende Bohrkarte 1:25000 entfallen 1200 Bohrungen, von denen die meisten im Stadtgebiet liegen. Die Geländebeschaffenheit ist in 11 Profilen (Höhen 1:1000, Längen 1:10000) dargestellt, in denen die über 20 m mächtigen Faulschlammlagen im Untergrund der Stadt, die vordiluvialen Rinnen und die Schollen von Tertiär und Kreide im Diluvium von besonderem Interesse sind. Der magnetische Störungskern wird als Anzeichen eines tiefliegenden Magnetitlagers gedeutet; es ist von den bis 432 m tiefen Bohrlöchern nicht erreicht worden.

Über das Gelände zwischen den Profilen gibt die Karte Tiedemanns keinen Aufschluß, sie ist daher nicht so unmittelbar auf die Anforderungen des Bauwesens zugeschnitten wie jene Moldenhauers, nimmt aber auf bereits geplante Tiefbauten Bedacht. Gegenüber den neueren Blättern der Landesaufnahme (z. B. Hamburg, Lübeck u. a.) liegt der Fortschritt nur in der großen Zahl erbohrter Profile. Die erdmagnetische Messung hat bautechnisch bloß für das Vermessungswesen Bedeutung. Zum vollen Verständnis der Tiedemannschen Karte müssen ebenfalls die Blätter der Landesaufnahme herangezogen werden.

In Österreich wird eine Baugrundkarte von Graz vorbereitet. H. Mohr hat im Jahre 1925 die erste Anregung dazu gegeben und anläßlich des Baues der Kalvarienbrücke das weitere Programm entwickelt[1]. In Wien wird die Fortführung der verdienstvollen Arbeit F. X. Schaffers auf Grund der seitherigen Aufschlüsse und mit besonderer Berücksichtigung des Bauwesens beabsichtigt.

Um für ein Großstadtgebiet eine verläßliche Baugrundkarte zu schaffen, die mindestens den Maßstab 1:10000 haben müßte, bedarf es einer mehrjährigen vorbereitenden Arbeit. Im geschlossen verbauten Gebiet sind die Erfahrungen der früheren Zeit oft dauernd verlorengegangen, und es müßten neue Aufschlüsse durch Bohrungen geschaffen werden. Die Mittel dazu dürften nur aus einem besonderen Anlaß, z. B. den Vorarbeiten für eine Untergrundbahn zu erhalten sein,

[1] Jb. geol. Bundesanstalt Wien 1927. Vgl. Achter Teil, VI. 9. Graz.

wie dies in Rom (1928) der Fall war. Unabhängig von weitergehenden Zielen, sollte überall sofort mit der geologischen Erschließung des für die Verbauung bestimmten Neulandes begonnen und ein Baugrundarchiv errichtet werden, das alle Bohr- und Bauaufschlüsse samt Bodenproben verwahrt. Ob eine derartige Einrichtung dem städtischen Bauamt anzugliedern wäre, wofür der örtliche Zusammenhang spricht, oder der geologischen Landesuntersuchung, wodurch die einheitliche wissenschaftliche Bearbeitung gefördert würde, hängt von den besonderen Verhältnissen der einzelnen Gebiete ab.

12. Der Grundbau.

Nach der herkömmlichen Anschauung bilden die Bauwerke in sich abgeschlossene statische Systeme, die man wie andere Gebrauchsgegenstände im fertigen Zustand auf den „Baugrund“ stellt. Liegt dieser unter Wasser, Grundwasser oder in größerer Tiefe, so wird ein Zwischenbauwerk (Grundwerk, Grundfeste, Substruktion) erforderlich. Die Herstellung derartiger Zwischenbauwerke, die Gründung (Fundation), bildet den Gegenstand des Grundbaues.

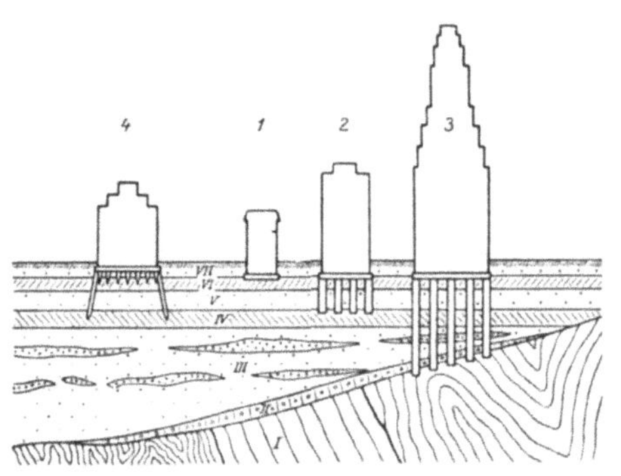

Abb. 2. Entwicklung der Gründungen.
1=Flachgründung auf plastischem Ton (VI),
2=Brunnengründung auf steifem Ton (IV),
3=Schachtgründung auf Fels (I) unter Grundmoräne (II),
4=Kurzschachtgründung im Alluvium, mit Strebepfählen.

Wenn die Baugruben ohne vorausgegangene Untersuchung mit dem planmäßigen Grundriß eröffnet werden, entstehen oft merkwürdige Gebilde im Baugrund. Bei Stützmauern, wo die Überschreitung der geplanten Tiefe eine gegen die Luftseite vergrößerte Breite verlangt, muß die Gründung stelzenartig abgeknickt werden. Ist das Tiefergehen durch Grundwasser gehemmt, so wächst die „Grundfeste“ in statisch mehr als anfechtbarer Weise nach der Breite, wie bei der Donaubrücke von Zwiefaltendorf[1].

Die Besiedlung von Sümpfen und Küstengebieten hat schon zur Zeit, wo nur geringe und meist lotrechte Baulasten zu bewältigen waren, zur grundsätzlichen Lösung zweier Aufgaben geführt: Die Verteilung der Last auf eine vergrößerte Fläche (Flachgründung mittelst Rost, Sandschüttung, Platte) und die Übertragung der Last nach der Tiefe auf tragfähigere Schichten (Tiefgründung mittelst Pfählen, Schachtpfeilern, Brunnen, Senkkasten). Eine alte Regel der Flachgründung verlangt, daß die einmal erreichte tragfähige Schicht nicht verschwächt werde, da unterhalb eine nachgiebigere Schicht folgen könne. Sie rechnet also bewußt mit der tragenden bzw. druckverteilenden Wirkung

[1] Kranz, W.: Beton und Eisen 1928 Heft 16.

einzelner Schichten oder halbfester Krusten. In der Tat haben die oberen Tonschichten in vielen Städten früher die Baulasten ohne Nachteil getragen, bis die Ausführung von Hochhäusern zu tieferen Gründungen zwang (vgl. Abb. 2). Flachgründungen auf ungleichmäßig nachgiebigem Boden waren häufig von einer Schiefstellung der Bauwerke gefolgt; Strebepfähle am Rand der Platte hätten die Gefahr des Kippens verringert[1].

K. Terzaghi unterscheidet vom bodenphysikalischen Standpunkt die Gründungen in großporigen körnigen Massen (Schutt, Schotter, Sand), in denen sich das Porenwasser frei bewegt, grundsätzlich von jenen in feinporigen Massen (steifer und plastischer Ton, Schlamm), in denen das Porenwasser an der Kraftübertragung teilnimmt. Beide Gründungsarten sind der Rechnung zugänglich. Bei gemischten Böden, (z. B. Wechselfolgen von Sand und Ton) wird die theoretische Behandlung unsicher, es ist daher der Versuchsweg vorzuziehen.

O. Stern schlägt eine statische Einteilung der Gründungen vor, in Standgründungen mit unmittelbarer Belastung der Baugrundsohle, schwebende Gründungen, die von Mantelkräften getragen werden, und Abbürdungsgründungen, bei denen die Überlagerung zum Tragen herangezogen wird[2]. Eine strenge Trennung der einzelnen Gründungsarten läßt sich nach diesem Schema nicht vornehmen, da auch die Reibung am zylindrischen Pfahlmantel auf die Überlagerung abgebürdet wird; selbst Senkkästen lassen sich mitunter nur durch stoßartiges Ausblasen der Druckluft bis auf den vorgeschriebenen Baugrund bringen, bürden daher ebenfalls einen Teil der Baulast auf die Überlagerung ab.

Für den Fortschritt im Grundbau ist die Erkenntnis wichtig, daß alle Verfahren den Baugrund verändern. Wenn es möglich wäre, durch geophysikalische Messungen alle Eigenschaften des unberührten Baugrundes festzustellen, so würde man im Verhalten während der Bauausführung beträchtliche Unterschiede finden. Das gilt für offene Baugruben mit Wasserhaltung oder Grundwasserabsenkung, für Schächte, Brunnen und Senkkasten, und noch mehr für Gründungen, bei denen Fremdkörper in den Baugrund eingebracht werden, wie bei der Pfahlrammung, Betonfüllung in gebohrten oder gerammten Hohlräumen (Ortspfähle) oder Zementeinpressung in die natürlichen Zwischenräume.

Der große Vorteil der Pfahl- und Brunnengründung liegt in der punktweisen Unterstützung des Bauwerkes, wobei die Verteilung und Stärke der Stützen der Belastung und der wechselnden Tragkraft des Baugrundes weitgehend angepaßt werden kann.

Die Entwicklung des Bauwesens und die Mannigfaltigkeit des Baugrundes haben notwendig zu den zahlreichen Verfahren des Grundbaues geführt. Wo sich die Verhältnisse innerhalb weiter Gebiete wenig ändern, bilden sich Standardbauweisen heraus. So herrscht im norddeutschen Diluvium die durch Spundwände umschlossene Baugrube mit Wasserhaltung oder Grundwasserabsenkung vor, im vormals

---

[1] Vgl. Kafka, R.: Prakt. Erfahrungen über künstliche Fundierungen in verbauten Stadtgebieten Österreichs. Z. öst. Ing.- u. Arch.-Ver. 1910 Nr. 29 u. 30.

[2] Z. öst. Ing.- u. Arch.-Ver. 1926 Heft 21/22.

vergletscherten Nordamerika das Chicago Standard Shaft Sinking, im Gangesdelta das Absenken großer Betonsenkkästen durch Ausbaggerung. In dem Maße als die geologische und bodenphysikalische Untersuchung des Baugrundes jedem Bau vorangehen und die wissenschaftliche Verarbeitung der Bauerfahrungen zur Regel wird, wird der Grundbau mit wenigen wirtschaftlichen Verfahren auskommen.

Oberstes Ziel der Baugrundgeologie ist das Erkennen und Vermeiden von Schwierigkeiten. Aufgabe des Grundbaues ist es, jene Schwierigkeiten, denen man nicht ausweichen kann, technisch zu überwinden.

Zweiter Teil.

Die Erde als Baugrund.

1. Erdkruste und Erdhaut.

Der innere Bau der Erde und ihre Oberflächengestalt sind für zahlreiche technische Aufgaben von großer Bedeutung. Betrachtet man die Erde nur hinsichtlich ihrer Eignung als Baugrund, so genügt es, einige Ergebnisse der geologischen Forschung hervorzuheben.

Es wird angenommen, daß das feurig-flüssige Innere der Erde einen Kern von schweren Metallen enthält, um den sich gegen die Oberfläche Schalen (Sphären) von abnehmender Temperatur und Dichte legen. Die Mächtigkeit des Gesteinsmantels, der Lithosphäre, wird mit mindestens 30—40 km und höchstens 120 km berechnet. In einer Tiefe von 10—15 km werden die Gesteine durch ihre eigene Schwere plastisch. In der Pyrosphäre oder Magmazone, die 200—300 km unter die Oberfläche reichen soll, herrscht Schmelzfluß.

Über der Lithosphäre lagern die Wasserhülle (Hydrosphäre) und die Lufthülle (Atmosphäre). Die erste Erstarrungskruste war anhydrisch, d. h. ohne Wasser, gebildet. Mit zunehmender Abkühlung entstand die Wasserhülle, und von da ab wurden die Erhebungen abgetragen und die Vertiefungen mit geschichteten Ablagerungen aufgefüllt. Neben den äußeren (exogenen) Kräften wirken aus der Tiefe die inneren (endogenen) Kräfte weiter, daher vollziehen sich fortwährend Umwandlungen der Erdkruste (Bildung und Abtragung der Gebirge). In den unvorstellbar langen geologischen Zeiträumen gibt es keinen dauernden Ruhezustand; innerhalb 100 Jahren sind die Veränderungen mit Ausnahme der Schütter- und Vulkangebiete und einzelner besonders angegriffenen Geländeabschnitte so geringfügig, daß sie die ruhige Entwicklung der menschlichen Siedlungen nicht behindern.

Das tiefste Bohrloch in Europa (Czuchow in Oberschlesien) reicht 2240 m, jenes von Südamerika (Alhuampa, Provinz Santiago del Estero, Argentinien) 2110 m unter die Oberfläche. Im Simplontunnel (mittlere Seehöhe des Tunnels 675 m) betrug die Temperatur bei einer durchschnittlichen Überlagerung von 1875 m schon über 50° C. Da den Bohrlöchern Temperaturen von mehr als 80° C entsprechen, liegt die erreichte Tiefenzone voraussichtlich dauernd außerhalb des technischen Arbeitsbereiches, der sich bei der Jungfraubahn bis 4166 m und im Scheiteltunnel der Andenbahn Arica-La Paz bis 4620 m Seehöhe erstreckt hat. Unterwassertunnels sind geplant unter dem Ärmelkanal, in rund 100 m, unter der Straße von Messina, 180—250 m, und unter der Straße von Gibraltar zwischen 300 und 400 m Tiefe unter dem Meeresspiegel. Die größte Überlagerung des Simplontunnels mißt 2135 m, für den Montblanctunnel wird mit fast 3000 m gerechnet. Die ungewöhnlichen Einschnittstiefen des Panamakanales bei Culebra und Gold Hill (70 bis 80 m Tiefe und bis 140 m Böschungshöhe) stehen vereinzelt da. Im Talsperrenbau wurden freie Höhen von 122 m und Gründungstiefen von 50 m erreicht.

Selbst die Spitzenleistungen des Verkehrs- und Wasserbaues erschließen daher nur die Oberschicht der 30—40 km mächtigen Erdkruste; die gewöhnlichen Bauwerke liegen gewissermaßen in der „Erdhaut".

2. Die Gebirgsbildung.

Die unmittelbare Bedeutung der gebirgsbildenden (tektonischen) Vorgänge für den Baugrund wird im folgenden Abschnitt 3 erörtert. Mittelbar sind sie wichtig, weil sich aus dem Gebirgsbau Schlüsse über den Gesteinszustand und die Schutthülle ziehen lassen.

Verschiedene geophysikalische Ursachen (Abkühlung, Isostasie u. a.), über deren Anteil an der Erdgestaltung noch keine einheitliche Anschauung besteht, erzeugen tangentielle Krustenspannungen, die aus den tiefen, sedimenterfüllten Mulden (Geosynklinalen) mächtige Kettengebirge (Orogene) emporpressen. Die Anhäufung der mehrere 1000 m mächtigen Ablagerungen vollzieht sich unter andauerndem gleichmäßigen Sinken der Geosynklinalen; die Auffaltung erfolgt ebenfalls unmerklich. In der Tiefe herrscht bruchlose Faltung, näher zur Oberfläche ist die Gebirgsbildung mit Überschiebungen ganzer Gebirgsdecken, Zerreißungen des Schichtverbandes und Zertrümmerung oder Verschleifung der Gesteine verbunden.

Die viele Kilometer weit reichenden Überschiebungen in den Kettengebirgen, die Deckenbildungen, sind verhältnismäßig spät erkannt worden; sie sind für den Stollen- und Tunnelbau von besonderer Bedeutung. Wird eine Decke des älteren Gebirges vom Wasser durchnagt, so erscheint das darunterliegende jüngere Gebirge in einem „geologischen Fenster".

Gleichzeitig mit der Erhebung beginnt die Zerstörung der Gebirge durch Wasser und Luft, wobei der Schutt gegen das Vorland oder Meer verfrachtet wird. Die Abtragung endet erst mit der Einrumpfung der Gebirge zur Fastebene (Peneplain). Eine andere Haupterscheinung der Gebirgsbildung ist das Einsinken großer Teile der Erdkruste (Thalattogenese) und das lotrechte Emporsteigen großer Schollen (Epirogenese). Derartige Bewegungen vollzogen sich bei der Bildung der alten Kontinente, die aus leichteren (salischen) Gesteinen bestehen und nach neuerer Auffassung in die Schale schwererer Gesteine, das Sima, tauchen.

Im Epirogen (Tafelgebirge) sind der ursprüngliche Schichtverband und die Gesteinsfestigkeit wenig beeinträchtigt, und die Abtragung vollzieht sich langsamer als beim Orogen (Kettengebirge). Bei jeder Hebung erfolgt ein Massenausgleich durch Einsinken der umgebenden Gebiete. Langgestreckte Senkungsfelder heißen Gräben oder Mulden, rundliche Kessel oder Becken; beide erlangen entscheidenden Einfluß auf das Gewässernetz.

Die Gebirgsbildung hat sich in den einzelnen geologischen Zeitabschnitten mit wechselnder Stärke vollzogen. Als Endergebnis liegen an der Erdoberfläche nun Gesteine der verschiedensten Tiefenzonen und Entstehungsarten und von verschiedenstem Alter nebeneinander. Für den heutigen Zustand der Erdkruste sind die Auffaltung der Kettengebirge und die vulkanischen Erscheinungen in der Tertiärzeit bestimmend. Sie lieferten für weite Gebiete jene vom Eis, Wasser und Wind verfrachteten oder ortsfest durch Verwitterung entstandenen trockenen Massen, die das ältere Gebirge verhüllen und als Baugrund dienen.

3. Junge Krustenbewegungen.

Die rasche Entwicklung höherer Lebensformen in der Pflanzen- und Tierwelt während der Tertiärzeit, das Erscheinen und Ausbreiten der Menschen in der Quartärzeit zeigen den Übergang zu einem verhältnismäßigen Reife- und Ruhezustand der Erdkruste an. Nur an einzelnen schwachen Stellen dauern die Erschütterungen und Vulkanausbrüche fort; im übrigen herrscht nach der Alltagserfahrung im Binnenland ein vollkommener Gleichgewichtszustand. An den Küsten wurden jedoch seit alter Zeit Strandverschiebungen beobachtet. Die Frage, ob es sich bloß um örtliche Veränderungen oder um eine allgemeine Hebung oder Senkung des Festlandes handelt, ist in zahllosen Schriften erörtert worden.

E. Suess[1] hat auf Grund umfassender, die Nord- und Ostsee und das Mittelmeer besonders berücksichtigenden Studien die Schwankungen der Strandhöhe in geschichtlicher Zeit auf Schwankungen des Ozeans um eine Gleichgewichtslage zurückgeführt, die sich infolge des Entstehens neuer ozeanischer Tiefen senkt, wodurch die Kontinente austrocknen: „Die meßbaren Veränderungen beschränken sich daher, abgesehen von den wechselnden meteorischen Einflüssen, auf Landverlust durch Unterspülung, Landgewinn durch Anschwemmung, auf rhapsodisches, örtliches Absinken größerer, mit Wald oder Gebäude besetzter Schollen von Schwemmland, auf lokale Schwankungen in der Nähe von Vulkanen, endlich, doch nur in seltenen Fällen, auf das Herantreten wahrer Dislokationen an den Meeresstrand."

E. Haug[2] und andere Forscher schließen hingegen aus der Verteilung und Aufeinanderfolge der Ablagerungen, daß die Strandverschiebungen durch Bewegungen des Festlandes verursacht werden, die als Senkung oder Hebung die Auffaltung oder Abtragung der Gebirge begleiten.

---

[1] Suess, E.: Antlitz der Erde II S. 696ff.
[2] Haug, E.: Traité de Géologie I S. 491ff.

Daß es sich nicht nur um örtliche Erscheinungen handelt, haben u. a. die geologischen Beobachtungen am baltischen und am kanadischen Schild ergeben. Seit der letzten Vereisung hat sich die Umrandung des Bottnischen Busens bis 200 m über den Meeresspiegel erhoben, während die deutsche Ostseeküste unverändert blieb. Südwestlich der Hudsonbai beträgt die Hebung 300 m und nimmt gegen die atlantische Küste und den Ostrand der großen Seen rasch auf Null ab.

In Italien, an dessen langgestreckten Küsten zahlreiche Veränderungen beobachtet wurden, nimmt die Mehrzahl der Geologen und Ingenieure an, daß das Festland von rhythmischen Hebungen und Senkungen betroffen wird (Bradysismus von A. Issel). Als Beweis dafür gelten u. a. Beobachtungen am Strand von Capri und am Serapis-Tempel in Pozzuoli, die von E. Suess als rein örtliche Erscheinungen in der Nähe der Vulkangebiete gedeutet wurden. Örtliche junge tektonische Verbiegungen in den Alpen hat O. Ampferer[1] festgestellt, Verstellungen von Talleisten wurden von A. Penck[2] und anderen Glazialgeologen mehrerenorts beschrieben. Einen sinnfälligen Beweis jugendlicher Krustenbewegung bildet der von W. Hammer untersuchte postdiluviale Vulkan von Koefels im Ötztal[3]. F. Kautsky fand aus Schweremessungen längs der jungen Verbiegungen eine erhöhte Beweglichkeit des Gebirges[4].

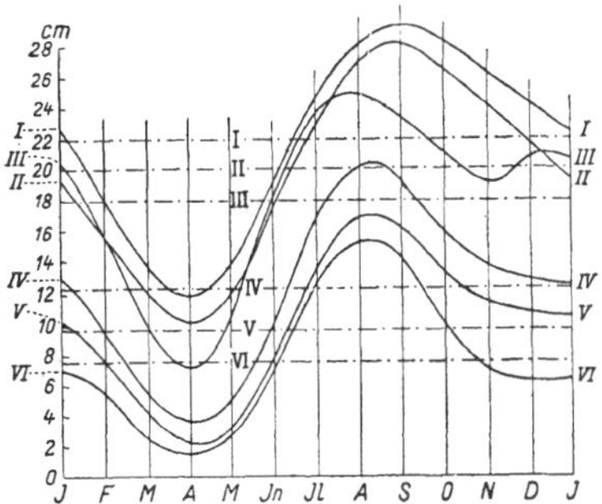

Abb. 3. Schwankungen der langjährigen Monatsmittel des Meeresspiegels der Nordsee (I, II, III) und der Ostsee (IV, V, VI). (Nach Zbl. Bauverw. 1926 Nr. 39.)

I Cuxhaven, Geestemünde, Wilhelmshaven (1848—1917)
II „ „ Knock (1871—1905)
III Bremerhaven . . . . (1898—1923)
IV Kolbergermünde . . . . (1848—1917)
V Pillau, Kolbergermünde, Bachöft, Schleimünde . . . . (1871—1905)
VI Travemünde, Warnemünde, Wismar, Marienleuchte, Arkona, Swinemünde . . . . (1882—1919)
—·—·— Perioden-Mittel.

Veränderungen in der Sichtbarkeit entfernter Turmspitzen, Gipfel u. dgl. sind kein zwingender Beweis für junge Krustenbewegungen, da sie nach P. Dobler[5] in der Regel auf abnorme Strahlenbrechung in der ruhigen bodennahen Luftschicht zurückzuführen sind.

Den Ausgangspunkt für die geodätische Höhenbestimmung bildet die Gleichgewichtslage des Meeresspiegels, die in den Bauplänen als Vergleichsebene (datum plane) verwendet wird. Abgesehen von den Abweichungen, die sich aus der Ablenkung der Lotlinie durch schwere

[1] Über die Bohrung von Rum bei Hall i. T. Jb. geol. Staatsanstalt Wien, Bd. 71 (1921) S. 71.

[2] Ablagerungen und Schichtstörungen der letzten Interglazialzeit usw. Sitzgsbr. preuß. Akad. Wiss. v. 10. Nov. 1921, Bd. 20 (1922).

[3] Sitzgsber. Akad. Wiss. m. n. Kl. Bd. 132 S. 329, Wien 1923.

[4] Sitzgsber. Akad. Wiss. m. n. Kl. Bd. I. 133 S. H. 9. Wien 1927.

[5] Dobler, P. (Heilbronn): Wodurch werden die scheinbar beobachteten Bodenbewegungen im Dornstetter Gebiet veranlaßt? Jahresh. d. Ver. f. vaterl. Naturk. in Württ., 1914.

Massen ergeben, erweist sich der Meeresspiegel am selben Ort als fühlbar veränderlich.

Abb. 3 zeigt die vom Einfluß der Winde freien Schwankungen des Wasserspiegels der Nordsee (0,109—0,113 m gegenüber dem Periodenmittel) und der Ostsee (0,088 bis 0,105 m), die von O. Meissner[1] auf flutwellenartige Veränderungen des Atlantischen Ozeans zurückgeführt werden.

Im New Yorker Hafen schwankten nach H. A. Marmer[2] die mittleren Monatswerte um 0,184 m, die Jahreswerte 1895—1922 um 0,111 m. (Abb. 4.)

Auf Grund örtlicher Erfahrungen nahmen die amerikanischen Ingenieure an, daß sich die atlantische Küste in 100 Jahren um 2 Fuß (0,61 m) senke. Die vom U. S. Coast and Geodetic Survey in 15 Haupt- und zahlreichen Nebenstationen durchgeführten Beobachtungen sprechen jedoch für die Beständigkeit der Küste und für Schwankungen des Meeresspiegels mit 19jähriger Periode.

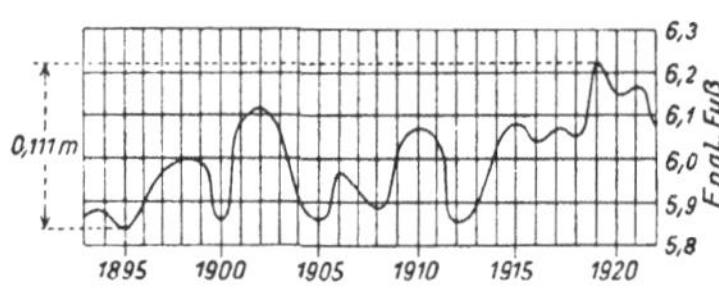

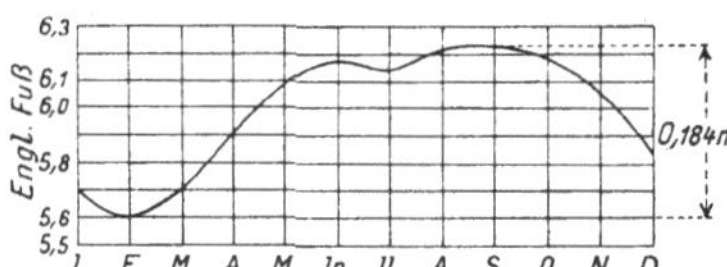

Abb. 4. Schwankungen des Meeresspiegels im Hafen von New York.
Oben: Jahresschwankungen.
Unten: Monatsschwankungen.
(Nach Engng. News Rec. v. 16. Juli 1925.)

Ein allgemeines Sinken des Landes wäre für die Niederlande geradezu verhängnisvoll, da schon heute ein beträchtlicher Teil der Kultur- und Siedlungsfläche andauernd um 0,0—2,5 m und ein kleinerer um 2,5—5 m unter dem Meeresspiegel liegt. Über die Bedeutung der versunkenen Dünen, Moore und Reste älterer Kulturen und der Pegelbeobachtungen gehen die Ansichten noch auseinander. Aus Sturmflutberichten ab 435, den Beobachtungen des Amsterdamer Pegels ab 1700 und von anderen alten Pegeln hat D. H. S. Blaupot ten Cate[3] eine mittlere Senkung von 8 cm je Jahrhundert errechnet, die innerhalb einer 365jährigen Periode die Werte von 4—15,5 cm, und zwar mitunter ruckweise, durchläuft. Für andere Orte bewegt sich die Senkung je Jahrhundert zwischen 0,14 m in Breskens und 0,51 m in Vrieland; am Ausbiß des nordischen Diluviums wird sie fast Null. Sie ist nach Ansicht mehrerer Forscher durch ein Abgleiten der jüngeren Ablagerungen auf den älteren zu erklären.

In den Vereinigten Staaten wird u. a. über folgende Bodensenkungen berichtet: in Cambridge, Mass., betrug die Senkung (von 1838—1907) 18—32 mm/Jahr[4], in Baltimore (1894—1906) nimmt sie mit der Geländeneigung zu; in San Franzisco schwankte sie in den Jahren 1901—1903 von 6—58 mm/Jahr[5]. Die beiden erstgenannten

[1] Meißner, O.: Zbl. Bauverw. 1926 Nr. 39.
[2] Marmer, H. A.: Engng. News Rec. v. 16. Juli 1925.
[3] Blaupot ten Cate, D. H. S.: De Ingenieur 1911 Nr. 16.
[4] Engng. News v. 8. Sept. 1910. [5] Engng. News v. 29. Sept. 1910.

Senkungen beruhen auf Gleiterscheinungen wie in Holland, die letzte auf der örtlichen Zusammenpressung des Baugrundes durch die Gebäudelasten. An derartigen Bewegungen nehmen naturgemäß auch die Festpunkte der Nivellements teil. Wenn sie gleichmäßig mit der Umgebung sinken, lassen sich die Bodensenkungen durch Nivellement nicht erkennen. Bestehen wesentliche Unterschiede in der Bewegung, so wirkt das Nivellement irreführend. Aus örtlichen und kurzfristigen Beobachtungen lassen sich daher keine entscheidenden Schlüsse ziehen.

Die Wiederholung des von 1857—1864 ausgeführten Präzisionsnivellements von Frankreich in den Jahren 1884—1893 hat starke Bodensenkungen im ganzen Land ergeben[1]. Am Rand der Alpen und der Pyrenäen ist die Senkung nahezu Null, nahe der Küste des Mittelländischen Meeres beträgt sie 10 cm und nimmt gegen den Ärmelkanal regelmäßig bis auf 100 cm zu. Da gleichzeitig in England die Südküste sinken und der Norden sich heben soll, wird die Fortdauer der Faltung vermutet, die zur Bildung des Londoner und des Pariser Beckens geführt hat. Allerdings führt J. Hilfiker die Höhenunterschiede auf angehäufte Fehler im alten Nivellement zurück[2].

Bei der Neuvermessung des Dreiecksnetzes in Bayern wurden aus dem Vergleich der neuberechneten mit den um 40 Jahre älteren Koordinaten waagerechte Verschiebungen bis 2,5 m abgeleitet. Nach O. M. Reis[3] entsprechen die Verschiebungen dem Schollenbau des voralpinen Untergrundes.

Im Binnenland ist kein sicherer Nachweis für den Einfluß junger tektonischer Krustenbewegungen auf Bauwerke bekannt[4]. Selbst wenn andere Ursachen ausgeschlossen sind, wird man bei Gebäudeschäden tektonische Bewegungen nur sehr vorsichtig in Betracht ziehen dürfen. In den Küstengebieten haben die fortdauernden Krustenbewegungen für die Wasserbauten und die im Grundwasser liegenden Bauwerke praktische Bedeutung; bei Fortdauer der in Frankreich gemessenen Bewegung würde sich am Ärmelkanal für je 100 Jahre eine Senkung von etwa 3 m ergeben, die z. B. in dem geplanten Unterwassertunnel nachteilig fühlbar werden könnte.

Das örtliche Versacken der Siele und das Sinken einzelner Bauwerke werden nicht durch Krustenbewegungen, sondern durch Gleitung oder Zusammendrückung des Baugrundes oder durch Bodensenkung über Hohlräumen[5] hervorgerufen.

---

[1] Bertrand, Marcell: Continuité du phénomène de plissement dans le bassin de Paris. Bull. Soc. géol. France Bd. 20 (1892). — Schmidt, M.: Neuzeitl. Erdkrustenbewegungen in Frankreich. Sitzgsber. bayer. Akad. Wiss. 1922. — Kayser, E.: Merkw. Senkungen des Bodens von Frankreich. Ebenda 1922.

[2] Untersuchung der Höhenverhältnisse in der Schweiz im Anschluß an den Meereshorizont. Abteilung für Landestopographie, Bern 1902. Zitiert nach Schmidt: Westwanderung von Hauptdreieckspunkten infolge neuzeitlicher tektonischer Bewegungen im bayer. Alpenvorland. Sitzgsber. bayer. Akad. Wiss. 1920.

[3] Reis, O. M.: Geogn. Jahresh. 1924.

[4] Wilser, J. L.: Heutige Bewegungen der Erdkruste, erkennbar an Ingenieurbauten im Oberrheintalgebiet. Stuttgart, E. Schweizerbart 1929.

[5] Vgl. Dritter Teil, IV.

4. Tiefengesteine und Ergußgesteine.

Während der allmählichen Abkühlung der Erdoberfläche entstanden die spezifisch leichten Silikatgesteine bei einer Temperatur, die die Bildung einer Wasserhülle ausschloß. Selbst wenn von Anbeginn Erhebungen entstanden, fehlte die Erosion und die alten Granite, Syenite, Gabbros erstarrten in großen einheitlichen Massen. Durch die gebirgsbildenden Kräfte wurden die Granite zum Teil zu Orthogneisen verschiefert. Nach der Entstehung der Wasserhülle waren die physikalischen Bedingungen für die Bildung der Granite nur noch in großer Tiefe vorhanden, daher die Bezeichnung Tiefengesteine (Plutonite). Sie bilden das Grundgebirge der Kontinente, in dessen Vertiefungen die Sedimente abgesetzt wurden.

Die Bildung von Batholithen, Lakkolithen, Gängen und Spaltgesteinen setzt bereits das Vorhandensein einer festen Gesteinshülle voraus. Nach E. Haug tauchen die nachsinkenden Sedimente der Geosynklinalen in die Magmazone, wobei die Granite in die Schichtgesteine einwandern oder mechanisch eingepreßt werden. Diese Auffassung steht mit dem Auftreten von porphyrischen Ganggesteinen und Spaltgesteinen (Granuliten, Apliten, Lamprophyren) in Einklang. Tiefengesteine besitzen eine mehr oder weniger einheitliche kristalline Körnung. Nach Untersuchungen von F. Becke u. a. treten in den Faltungsgebieten der Erde kalk- und magnesiareiche Tiefen- und Ausbruchsgesteine (pazifische Reihe), in den Einbruchszonen reine Alkaligesteine (atlantische Reihe) auf.

Im Bauwesen gelten die Granite und kristallinen Schiefer als die Grundfesten der Erde, was hinsichtlich ihrer Verbreitung und Mächtigkeit im allgemeinen zutrifft. Die Hauptmasse der Granite ist archäischen oder paläozoischen Alters, doch sind auch Granite aus der Jura- und selbst aus der Tertiärzeit bekannt. Den altkristallinen Schiefern (Orthogneisen) in vielen Beziehungen ähnlich sind die metamorphen Schiefer oder Paragesteine (Paragneise); sie sind nicht nur aus älteren, sondern auch aus triadischen, kretazischen und sogar tertiären Schichtgesteinen entstanden. Diesen jüngeren Bildungen fehlt die große waagerechte und lotrechte Verbreitung der alten Gesteine, und sie kommen auch in abgerissenen wurzellosen Schollen vor.

Unter Ergußgesteinen (Effusivgesteinen) versteht man jene Eruptiva, die die Erdoberfläche im glühenden Zustand erreichen. Sie treten durch einzelne Vulkanschlöte oder ganze Spaltennetze aus und erstarren danach zu Lavaströmen oder -decken. Die meisten Hartgesteine sind feinkörnig, enthalten mitunter porphyrische Einsprenglinge und häufig Glasmassen.

Die Lavadecken der älteren Formationen haben große Mächtigkeit (z. B. im Bozener Porphyrschild) und manchenorts geradezu unübersehbare Ausdehnung (z. B. die Melaphyr-Trappdecken in Afrika und Südamerika). In Vulkangebieten wechseln die vom Kegel zungenartig ausgehenden Lavaströme, die den Tiefenlinien des Geländes folgen, mit Tuffen und lockeren Auswurfsmassen. Der Untergrund gilt daher als

„unzuverlässig“, d. h. man kann ohne sichere Aufschlüsse weder die Ausdehnung noch die Beschaffenheit der Hart- und Lockergesteine voraussagen.

Die jungen Eruptiva der Kettengebirge (Diabase, Ophiolite) sind häufig ein Zeichen von Bewegungsbahnen oder Störungszonen, in deren Umgebung das Gestein zertrümmert und wasserdurchlässig ist.

5. Die mechanische Arbeit des Eises, der Gewässer und des Windes.

Eis-, Wasser- und Lufthülle üben auf die Erdkruste äußere (exogene) Kräfte aus, die jeden Unterschied der Höhen bzw. Dichte und Temperatur auszugleichen suchen. Sie wirken unaufhörlich umgestaltend durch Abtragung, Verfrachtung und Absatz losgerissener Gesteinsteile und sind hier nur soweit zu kennzeichnen, als sie rasche Veränderungen des Baugrundes oder der Bauwerke herbeiführen.

a) Die mechanische Arbeit des Eises.

Wie im Abschnitt 14 näher ausgeführt wird, erhielten weite Siedlungsgebiete der Alten und Neuen Welt ihre heutige Gestalt durch die großen Vereisungen der Quartärzeit. Gegenwärtig läßt sich die Arbeit des Eises außerhalb der Polargegenden nur in den vergletscherten Teilen der Gebirge beobachten, in denen zunehmend Bauanlagen zur Ausnutzung der Bodenschätze, der Wasserkräfte und für den Fremdenverkehr entstehen.

Der augenblickliche Gletscherstand ist ebenso eine veränderliche Größe wie der in einem zufälligen Augenblick angetroffene Wasserstand. Über die Zeiten des allgemeinen Vorstoßes oder Rückganges der Gletscher gibt die reichhaltige glazialgeologische Literatur Aufschluß. Das einzelne Eisfeld kann jedoch während eines allgemeinen Rückganges im Vorstoß sein und umgekehrt. Der Schwankungsbereich in geschichtlicher Zeit läßt sich in der Regel durch Untersuchung des Gletscherbeckens mit größerer Sicherheit erheben als aus der Überlieferung.

Die Schurfarbeit des Eises wird durch Talwärtsgleiten der halbstarren Eismasse geleistet, die 10—320 m/Jahr zurücklegt. An der Gletscheroberfläche besteht ein entsprechendes Fließgefälle, die Sohle kann auch im Gegengefälle liegen. Der Bettwiderstand wird unter Absprengen vorstehender Gesteinsteile und Abschleifen der Unebenheiten überwunden. Enge Stellen werden erweitert, weichere Gesteine oder Trümmerzonen ausgehobelt; die Unterschneidung des Lehnenfußes führt oft zu Felsstürzen.

An der Sohle des Gletscherbettes fließt das Schmelzwasser in Adern, die sich zum Gletscherbach sammeln. Natürliche Riegel oder künstliche Einbauten stauen Eis und Wasser; sie kommen unter Druck und werden schließlich überronnen. Gegensteigungen der Sohle haben ähnliche Wirkung. Durch Anbringung von Durchlässen für das Wasser lassen sich die Stau- und Druckverhältnisse regeln. Der Gletscherbach schneidet unter dem Eis wie ein offenes Gewässer ein, jedoch rascher, da er Sand, Geschiebe und Grobschutt bewegt. In dem vom Eis überhobelten Felsuntergrund erschweren die scharf eingeschnittenen Schmelzwasserrinnen und tief ausgestrudelten Gletschermühlen häufig die Gründung des Bauwerkes.

Der sogenannte „Rückzug" des Gletschers ist eine thermische Erscheinung, die sich nur mittelbar mechanisch auswirkt. Die Eismasse bewegt sich auch im „Rückzug" talwärts, das Gleichgewicht im Wärmefeld wird jedoch an einem höhergelegenen Punkt erreicht. Tritt der Rückgang in schneereicher Zeit infolge größerer Sommerwärme ein, so wird der Gletscherbach stärker; liegt die Ursache in geringen Niederschlägen, so kann er abnehmen.

Auf dem Rücken und im Innern des Gletschers werden große Blöcke und grober Schutt fast unverändert mitbewegt. Auf die Gletschersohle gelangte Stücke werden unvollkommen gerundet und zum Teil zu Sand und Ton (Gletschertrübe, Gletschermilch) verschliffen.

Die Schuttdecke wird am Bettrand (Seitenmoränen) und an der Stirn des Gletschers (Stirnmoränen) als Grobschutt abgelagert. Ist der Gletscherbach zu schwach, um die an der Sohle vermahlenen Gesteinsmassen auszuschlämmen, so besteht die Grundmoräne aus einem innigen Gemenge von Ton, Geschiebe und gerundeten und gekritzten Blöcken (Geschiebemergel, Geschiebelehm, Lehmbeton). Findet Auswaschung und Sonderung durch die Schmelzwässer statt, so werden Blockmoränen, Schottermoränen, Schlammoränen, Mehlsande und Bändertone abgelagert.

Während der Inlandvereisungen der geologischen Vergangenheit besaßen die Eismassen über 1000 m Mächtigkeit; der gewaltig gesteigerte Eisdruck, die Massenverfrachtung von Schutt und die riesigen Schmelzwasserströme haben tiefgreifende Umgestaltungen des Flachlandes herbeigeführt[1].

b) Die Arbeit der fließenden Gewässer.

Die geologische Großarbeit des Wassers wird im Abschnitt 8 (Talbildung usw.) behandelt.

Im hydraulischen Beharrungszustand besteht Gleichgewicht zwischen der lebendigen Kraft des Wassers und dem Bettwiderstand. Abgesehen von den inneren Widerständen der bewegten Flüssigkeit wird der größte Teil der Fließarbeit zum Angriff auf das Gerinne verbraucht. Durch Versuch und Erfahrung kennt man jene Grenzgeschwindigkeiten, bei denen in den einzelnen Bodengattungen der Angriff auf Sohle und Wandungen beginnt, wobei zwischen Einschnitts- und Dammstrecke zu unterscheiden ist. Die natürlichen Gerinne haben meist sehr veränderliche Wasserführung und Schleppkraft, weshalb die Nieder- und Mittelwässer auf dem vom Hochwasser verlagerten Geschiebe ablaufen. Die hydraulischen Verhältnisse der Flüsse mit beweglicher Sohle lassen sich theoretisch nach dem Gesetz des Geschiebetriebes berechnen[2].

---

[1] Vgl. Abschnitt 14.

[2] Vgl. u. a. Forchheimer, Ph.: Hydraulik, 3. Aufl. Leipzig u. Berlin: B. G. Teubner 1930.

Über den Angriff auf halbfeste und feste Bodenarten, sowie auf Mauerwerk liegen geologische Beobachtungen und Erfahrungen des Wasserbaues vor. Die Schurfarbeit des reinen Wassers in halbfesten Sanden, lockeren Mergeln u. dgl. macht bei sehr großen Gefällen reißende Fortschritte. Ein unscheinbarer Wasserriß in der Uferböschung eines Stromes kann im Tafelland in wenigen Jahrzehnten zu einem kilometerweit landeinwärts reichenden Tal ausarten. Technisch beachtenswerte Werte erreicht auch der Uferangriff von bloß mit feinstem Sand und Schlamm beladenen Gewässern. Wegen des alljährlichen Nachbrechens wird das angegriffene Ufer als „Bruchufer" bezeichnet. In den meisten Fällen geht die Gefährdung der Ufergründe ausschließlich von den hydraulischen Verhältnissen aus und läßt sich durch deren Regelung beseitigen.

Im harten Fels, auf Mauerwerk oder Beton ist die schleifende Wirkung des reinen Wassers selbst bei den größten Fließgeschwindigkeiten gering[1], die Stoß- und Rüttelwirkung auf vorspringende Teile jedoch bestandgefährlich. Eine Beimengung von scharfem Sand genügt schon, um in wenigen Jahren eine schädliche Schleifwirkung hervorzubringen. Führt das Gewässer harte, etwa aus dem Glazial ausgewaschene Geschiebe über weichen Mergel, Kalkschiefer oder Sandsteine, so können schon in ein bis zwei Jahren Strudellöcher und in zwei bis drei Jahrzehnten metertiefe Einschnitte entstehen.

Bei unausgeglichenem Längenprofil sind Bauwerke nahe den Gefällsbrüchen entweder durch Angriff auf den Baugrund und Grundwassersenkung (Abb. 5, Lage A) oder durch Auflandung und Hebung des Grund- und Hochwasserstandes (Abb. 5, Lage B) gefährdet.

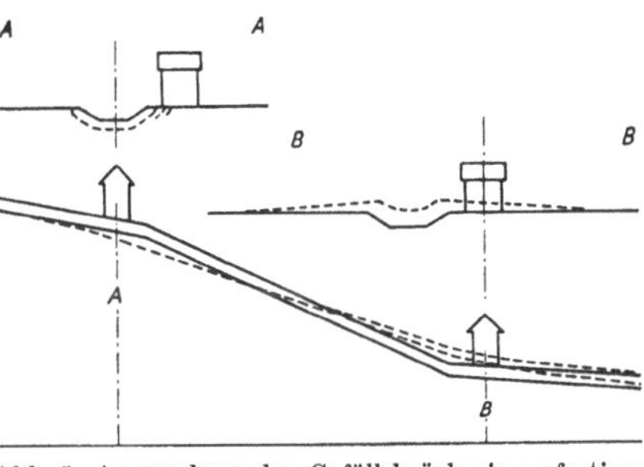

Abb. 5. Ausrundung der Gefällsbrüche in unfertigen Talstrecken und an Gehängen.

Sehr empfindliche Tieferlegungen der Flußsohle entstehen durch künstliche Laufverkürzungen (Begradigungen). Der Rhein vertiefte sich im Fussacher Durchstich von 1900—1914 um 2,4 m, der Lech bei Lechhausen von 1847/51—1882/84 um 5,1—5,2 m, die Aare um 3 m (Ph. Forchheimer a. a. O.), die Mur in Graz von 1874—1891 um 2,05 m (F. Hochenburger) bzw. von 1876—1923 um 2,6—3,2 m (K. Holzmaier), die Isar in München bis 1885 um 4,5 m, die Salzach in Salzburg von 1620/35—1928 um 3,20 m (Grundwassersenkung, L. Straniak), der Paraná bei Rosario von 1899—1921 um 16 m (Abb. 94). Schutzbauten für Bauwerke an Gewässern verlangen ebenso wie Flußregulierungen innerhalb der Stadtgebiete wegen der Empfindlichkeit geschiebeführender Gewässer eine genaue Abwägung der hydraulischen Wirkung.

Durch Zurückhalten der Geschiebe hinter Stauwerken entsteht ebenfalls überschüssiges Gefälle und daher rasch fortschreitende Eintiefung;

[1] Davis, A. P.: Engng. News v. 4. Jan. 1912.

Beispiele bieten die Saalach bei Reichenhall und die Oder unterhalb Breslau.

Stehende Gewässer haben kein eigenes Arbeitsvermögen, übertragen jedoch die von physikalischen Einwirkungen ausgehende Arbeit auf die Ufer. Bauten am Strand müssen gegen die Wirkung abnormaler Änderungen der Spiegellage, gegen Eisschub und Wellenschlag gesichert werden. Hierfür gelten sinngemäß die Ausführungen der Abschnitte 9 (Meeresküsten) und 10 (Deltas und Uferhalden), aus denen die große geologische und technische Bedeutung der Brandungsarbeit hervorgeht.

c) Die mechanische Arbeit des Windes.

Im Hochbau und Brückenbau begnügte man sich früher mit der Standberechnung gegen Winddruck. Unfälle durch Umwerfen von Eisenbahnzügen und Schornsteinen, starke Schwingungen von Türmen und Hochhäusern, ferner die Ausnutzung der beweglichen Luft als Triebkraft haben zu genaueren Untersuchungen der Unterdruckerscheinungen und des Arbeitsvermögens des Windes geführt[1].

Die geologischen Wirkungen des Windes bestehen im Abwehen loser Bildungen (Humus, Schlamm, Meeressand, Wüstensand), im Abschleifen der Gesteine durch den staubführenden Luftstrom, in örtlichen Zusammenwehungen ortsnaher und in ausgedehnten Anwehungen ortsfremder Gesteinsteilchen. Als verbreitetste und praktisch wichtige Naturerscheinungen sind die Anwehung des Löß, die Flugsandbildungen (Dünen) und das Zuwehen stehender Gewässer anzuführen. Die örtlich auftretenden Humusabwehungen sind hauptsächlich für die Land- und Forstwirtschaft (Niltal, Karst) von Bedeutung, die Anwehungen für das Bauwesen.

Über den äolischen Löß finden sich nähere Angaben im vierten Teil, VI. 4. und im Achten Teil, III. 3. (Wien), über Dünen im Achten Teil, V. 1. und 4. (Berlin, Niederlande). Junge Flugsandbildungen sind wegen ihrer Beweglichkeit und hohen Porenziffer auch bei trockener Lage als Baugrund mit Vorsicht zu behandeln. Dünen, die durch das säkulare Sinken der Küsten und kontinentalen Becken unter das Grundwasser kamen, sind als Schwimmsande gefürchtet[2].

Die Zuwehung seichter Becken schreitet in Steppen- und Wüstengebieten rasch fort, im gemäßigten Klima geht sie unter Bildung von Pflanzendecken vor sich[3].

Humusanwehungen differentieller Größe lassen sich z. B. auf der Schneedecke im Windschatten von Baumstämmen oder freigewehten Ackerschollen beobachten. Ein mit der Ackerkultur der Hochfläche

---

[1] Walter: Die Windkraft in Deutschland. Z. VDI 1923 Nr. 15. — Busch: Die Aufgabe des Bauingenieurs in der Winddruckfrage. Bauing. 1924 Heft 13. — Sonntag: Windsaugwirkung an Gebäuden. Z. Bauverw. 1924 Heft 8 u. 10. — Betz, A.: Windenergie. Göttingen 1926. — Free, E. E.: Movement of Soil Material by the Wind etc. Wash. D. C. Gov. Pr. Off. 1911. — Samuelson, C.: Studien über die Wirkungen des Windes. Bull. geol. Inst. Upsala, 1926.

[2] Vgl. Achter Teil, IV. 2. Rosario; ferner V. 4. Niederlande.

[3] Vgl. Dritter Teil, I. 5. Wasserkissen; Vierter Teil, V. 7. Phytogene Böden und VI. 7. Organogener Schlamm.

des Kaiserwaldes gleichaltriges „Integral" zeigt die Abb. 6 (Humusanreicherung). Die Zusammenwehungen des Staubes auf freien Flächen in Großstädten können ebenfalls beträchtliche Mächtigkeiten erreichen.

Weit augenfälliger ist die Arbeit des Windes bei Sturmkatastrophen. Vom 21. bis 23. März und am 9. April 1928 herrschten in den niederösterreichischen Bezirken Hollabrunn und Laa an der Thaya ungewöhnlich heftige Stürme, die den Humus samt dem Saatgut von den Feldern entführten und teils die Weingärten, vor allem aber die tiefen Entwässerungsgräben zuwehten. In den Märztagen waren 41 km Grabenstrecken durch 92000 m³, am 9. April 47 km Graben durch 110000 m³ Humus verweht worden. Die Räumungsarbeiten, zu denen 510 Arbeiter aufgeboten wurden, erforderten rund 240000 RM.[1].

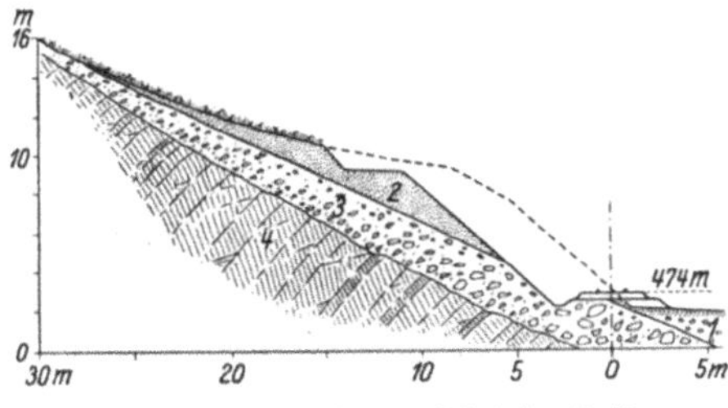

Abb. 6. Humus-Anwehung nächst der Station Schönwehr, Tschechoslowakei.
1 Alluvium der Tepl, 3 Hangschutt,
2 Humus-Anwehung, 4 Gneis-Fels.

6. Bildung, Verfestigung und Veränderung der Sedimente.

a) Mechanische und chemische Sedimente.

So wichtig die Windbildungen auch für einzelne Gebiete sind, so treten sie doch gegenüber den bis zu Tausenden von Metern mächtigen, vom Wasser angetragenen Ablagerungen in den Meeresbecken an Bedeutung zurück, in denen sich Gebirgsbildung und Klimaänderungen spiegeln. Jeder Hebung des Landes folgt eine stärkere Erosion mit gröberen Ablagerungen, jeder Senkung ein Feinerwerden des Kornes bis zum Ton. Im Verlauf einer Senkung bilden sich an den Flachküsten Lagunen mit Brackwasser, die das Meer schließlich überflutet.

Die Hauptmasse der mechanischen Sedimente wird aus den Sinkstoffen und Geschieben der Flüsse gebildet; an den mündungsfreien Küsten erzeugt die Arbeit der Wellen Gerölle und Sand. Die gröberen Bestandteile lagern sich in Ufernähe ab, die feineren, von Meeresströmungen fortgeführten erst im tieferen Wasser. Die technisch wichtigen Deltas und Uferhalden werden im Abschnitt 10 ausführlich behandelt. Eine Zunahme der Niederschläge vergrößert die Sedimentbildung; wird das Klima trockener, so sinkt die Zufuhr aus den Flüssen. Alle im Wasser abgelagerten Sedimente erfahren eine Sonderung nach der Korngröße. Bei der Verfrachtung durch Gletscher ist der Oberflächenschutt und ein Teil des Innenschuttes der Aufbereitung entzogen, die Glazialablagerungen sind daher nur teilweise ausgesondert.

Die Ablagerungen der Meere werden nach den Tiefenzonen eingeteilt:

[1] Stenogr. Prot. d. Landtages v. Niederösterreich v. 13. April 1928.

0— 200 m	Strand und Flachsee (Schelfmeer): neritische Bildungen (Gerölle, Sand, Ton).
200—1000 „	Hochsee: bathyale oder hemipelagische Bildungen (Blauschlick, roter Schlick, Kalkschlick, Glaukonitsand).
1000—4000 „	Tiefsee: pelagische Bildungen (Planktonschlamm).
4000—9800 „	Tiefsee: abyssische Bildungen (roter Tiefseeton).

Der Anteil des vom Festland stammenden (terrigenen) Materials nimmt mit der Entfernung von der Küste ab. In allen Zonen treten organische Bildungen hinzu, deren Anteil mit der Tiefe wächst. In Küstennähe überwiegen kalkbildende Algen, Korallen und Konchylien, im bathyalen Meer Fische, Krebse, Kopffüßer und Foraminiferen. In der Tiefsee kommen nur mehr winzige Lebewesen fort, wie Kalkschlamm bildende Globigerinen oder Kieselsäure ausscheidende Algen (Diatomeen) und Radiolarien. Die Absätze großer Tiefen sind überwiegend biologisch-chemischen Ursprunges.

b) Diagenese.

Lösungsvorgänge und Stoffaustausch leiten vermutlich schon im Absatzraum die chemische Umwandlung oder Diagenese ein. Wenn die Meeresablagerungen zum Festland werden, beschleunigt der Gebirgsdruck die Verfestigung durch Auspressung von Wasser und Verringerung des Molekularabstandes. In den Kettengebirgen sind alle von der Faltung ergriffenen Ablagerungen zu Hartgestein geworden, während in den aus ungestörten waagrechten Schichten aufgebauten Tafelländern selbst die cambrischen Tone noch plastisch sein können (z. B. Sibirische Tafel). Durch kieselsäurehaltige oder kalkführende Sickerwässer entstehen in feinkörnigen Sanden und im sandigen Ton feste Linsen (Konkretionen, Septarien), von denen aus die Verfestigung bankartig fortschreitet. Jungtertiäre und quartäre Schotter sind häufig durch kohlensauren Kalk oder durch Eisensalze verkittet.

c) Metamorphose und Diaphtorese.

Unter hohem allseitigen Druck und hoher Temperatur, wahrscheinlich auch durch Einwirkung des Magmas oder von wässerigen Lösungen, werden die Sedimente kristallin; so geht z. B. der Ton in Phyllit, Glimmerschiefer oder Gneis, der Kalkschlamm in Kalkstein und kristallinen Marmor über. Je nach der Verwandlung von Struktur und Mineralbestand werden nach F. Becke zwei, nach U. Grubenmann drei Tiefenzonen unterschieden; nach Grubenmann bestehen theoretisch eine tiefste, eine mittlere und eine oberste (Kata-, Meso- und Epi-) Zone. Kristallin gewordene Sedimente (Paragesteine) können durch tektonische Vorgänge eine Rückbildung (Diaphtorese) erfahren, z. B. kann ein Paragneis in die frühere Entwicklungsstufe des Phyllits zurückkehren.

Die durch die Verwitterung herbeigeführte Zerklüftung und chemische Umwandlung der Gesteine wird im Fünften Teil (Statische und klimatische Standfähigkeit) behandelt.

7. Großformen und Kleinformen des Geländes.

Die Bedeutung der morphologischen Lage des Baugrundes wurde schon im Ersten Teil, Abschnitt 10 beleuchtet. Wichtige Einzelerscheinungen sind in den nachstehenden Abschnitten 8, 9 und 10 besprochen.

Die Begriffe Großform und Kleinform sind hier in Abhängigkeit von der Bauaufgabe zu verstehen. Bei einer transkontinentalen Eisenbahn decken sich die Großformen mit der geographischen Gestaltung z. B. im Anstieg: Delta und Küstengebiet, Alluvialebene, Terrassenlandschaft, Hochfläche, Hügelland (Moränengebiet), Hochgebirge und, umgekehrt gereiht, im Abstieg. Für den Stollen einer Hochdruckanlage und für Hochbauten und Brücken können Talboden, Lehne und Hochflur als Großformen gelten. Alle nachgeordneten Formen sind jeweils als Kleinformen gegenüberzustellen.

Aus der geographischen Großform lassen sich Schlüsse auf die Zusammensetzung des Baugrundes, auf das Zeitmaß seiner Veränderung und auf seine Wasserführung ziehen. Häufig entsprechen einer Großform nur bestimmte Bodenarten, oder sie schließt wenigstens einzelne vollständig aus. Die Gründungen im quartären und alluvialen Schwemmland, an den Meeresküsten, in den Tiefebenen, in den Braunkohlenbecken, auf alten Gebirgsrümpfen und in jungen Kettengebirgen haben, abgesehen von den durch das frühere oder jetzige Klima und durch das Gestein bedingten Unterschieden, viele gemeinsame Grundzüge. Aus der regionalen und topographischen Baugrundgeologie (Achter Teil) lassen sich derartige Beziehungen unschwer zwischen den Niederlanden, Venetien und dem Mississippigebiet, dann zwischen Nordeuropa und Nordamerika, und mehr im Kleinen zwischen dem Tal der Oražnica in Dalmatien und dem Valle de Mexico herauslesen. In den ehemals vereisten Gebieten sind die Grundformen der Urstromtäler, Endmoränen und Zungenbecken, in den angrenzenden Gebieten die Schotterfluren, Sandheiden und Lößbildungen für die Baugrundverhältnisse maßgebend. Ganz allgemein lassen sich die als Siedlungsland bevorzugten Anlandungsgebiete der fließenden und stehenden Gewässer nach den Geländeformen in Baugrundklassen einteilen, die beim Entwerfen von Verbauungsplänen berücksichtigt werden sollen.

Aus den Kleinformen läßt sich häufig die jüngere Geschichte des Baugeländes herauslesen. Die Verlegung der Erosionsbasis führt z. B. zur Zerschneidung älterer und zur Bildung neuer Formen (Abb. 36). Der Fuß der Felswände wird von Blockhalden begleitet (Abb. 35), jener der Steilböschungen nicht verfestigter Bildungen von Anschlämmzonen. In verbauten Gebieten liegen die Kleinformen unter dem Schutt und lassen sich bestenfalls mit Hilfe der alten Topographie und vergleichenden Beobachtungen in der Umgebung feststellen. Die Hohlformen verhalten sich als Baugrund verschieden, je nachdem es sich um Senkungstrichter (Pingen) infolge Auswaschung oder Abbau des Untergrundes, um abgeriegelte Talstücke oder um vom Wind ausgewirbelte Vertiefungen handelt. Mit besonderer Vorsicht sind die Hohlformen in ehemals vergletscherten Gebieten[1] und in Gipsgebieten[2] zu beurteilen. Die alten Uferlinien und Terrassenränder verlaufen häufig mit solcher

---

[1] Moorlöcher, Sölle, vgl. Abschnitt 14. [2] Vgl. Dritter Teil, IX. 4.

Regelmäßigkeit, daß man aus Unstetigkeiten in der Natur auf junge Bewegungen oder künstliche Veränderungen schließen darf. Unstetigkeiten in den Plänen können auch auf Mängeln der Aufnahme oder Darstellung des Geländes beruhen. Nicht selten geben die Kleinformen auch Anhaltspunkte über den Verlauf der geologischen Grenzen, die Gesteinsfestigkeit und die Stärke der Schuttdecke.

8. Talbildung. Talgrund und Talverlegung.

a) Talbildung.

Das Längenprofil der Sohle eines reifen, in die unbewegliche Erdkruste eingeschnittenen Tales entspricht einer im Gebirge steilen und gegen die Ebene flach auslaufenden Parabel. Ungleichmäßigkeiten des Gesteines werden im Längenprofil durch verstärktes Einschneiden und Anschütten ausgeglichen und drücken sich in den Querprofilen durch wechselnde Sohlenbreite und Böschungsneigung aus. Dieses geometrische Schema wird selbst bei starrer Erdkruste durch besondere Ereignisse (Lehnenbrüche, Bergstürze) oder durch den Wechsel von Eis- und Wasserwirkung gestört. Innerhalb des zur Ausbildung einer vollkommenen Talparabel erforderlichen Zeitraumes können tektonische Veränderungen eintreten.

Die wirklichen Täler sind daher meist verwickelte Gebilde. Sie entstehen als Entwässerungsrinnen der Großformen und folgen häufig tektonischen Linien. In manchen Gebieten läßt sich eine weitgehende Abhängigkeit des Gewässernetzes vom Gebirgsbau nachweisen (tektonische Täler). In anderen scheint die Fließrichtung der Hauptabdachung folgend, quer über alle tektonischen Linien einzuschneiden (Erosionstäler). Entsprechend den tiefgreifenden Umgestaltungen der Erdoberfläche seit der Tertiärzeit bestehen die meisten Talzüge aus einer Verbindung von tektonischen und Erosionsstrecken.

b) Talgrund.

Der Talboden wird oberflächlich meist von Schutt oder Geschieben gebildet. Echte Felsriegel sind selten. Im vormals vergletscherten Gebiet deutet die freiliegende Felssohle in der Regel auf seitliche Verlegung des Talschlauches. In Tafelländern treten ausgedehnte Felsstrecken auf, häufig als Barren oder Stromschnellen in vulkanischen Decken (Melaphyre, Trappgesteine). Die Tiefenlage des Felsgrundes läßt sich bei tektonischen Tälern, vor allem wenn sie Grabenbrüchen folgen, nur durch Bohrungen oder ausgedehnte geologische Untersuchungen feststellen. In reinen Erosionstälern gibt das Studium eines längeren Talabschnittes oft ausreichenden Aufschluß. Man darf dabei nicht einfach Felsgehänge mit mehr oder weniger Geschick unter dem Talboden verbinden, was für Talweitungen einen tiefliegenden, für V-förmige Engstrecken einen hochliegenden Felsgrund ergeben würde. Nahe aneinander gerückte Steilwände sind, wie der Verfasser gezeigt hat, keineswegs als Anzeichen hochliegender Felssohle zu deuten[1]. Verläßliche Anhaltspunkte liefern die Tektonik, die geo-

[1] Singer, M.: Über Flußregime und Talsperrenbau in den Ostalpen. Z. öst.

logische und morphologische Talgeschichte und das Längenprofil des Felsuntergrundes. Wenn die Tiefenlinie des Felsgrundes nicht lotrecht unter dem heutigen Flußbett liegt, kann nur der Längenschnitt der unbekannten Felssohle ein ausgeglichenes Gefälle liefern. Aber auch diese kann Gegengefälle enthalten, wenn junge Verbiegungen vorliegen[1].

Die nachstehenden Bohrergebnisse lehren nebenbei, daß auch Inselberge keinen Beweis für hochliegende Felssohle bilden. Die Veröffentlichungen des Verfassers über die Tiefenlage des Felsgrundes in Alpentälern sind anfänglich auf Widerspruch gestoßen, wurden aber seither durch die Gründung zahlreicher Talsperren bestätigt (u. a. Saalachsperre bei Reichenhall, Sperre in der Završnica[2], Talsperre von Serre-Ponçon[3], Talsperre im Schräh bei Zürich). In breiten Haupttälern wurden durch Bohrungen noch viel größere Tiefen nachgewiesen.

Talstrecke	Bohrloch-tiefe m	Überlagerung	Felsgrund
1, Inntal, Rum bei Hall i.T.	200	Schotter, Sand, Mehlsand im Wechsel	?
2. Inntal, Terrasse von Häring W. von Wörgl	98	Alluv. + Diluv.	Fels
3. Inntal, Terrasse von Häring W. von Wörgl	92	Alluv. + Diluv.	Fels
4. Salzach bei Salzburg	77	bis 6 m Alluvium, dann Schwimmsand, Seeschlamm und Ton	?
5. Enns bei Wörschach	195	12 m Torf und Letten, dann Flußsand, sandiger Letten und Flußschotter mit Konglomeratbänken	Werfener Sandstein t = 195
6. Gasterental, Gasterenboden	287	Glazialschutt	?

Anmerkung zu 1.—3. Ampferer, O.: Jb. geol. Staatsanstalt, Wien 1921. 4. Wolf, H.: Verh. Geol. Reichsanst. 1867 Nr. 5 S. 109. 5. Zailer, V.: Z. Moorkultur u. Torfverwertung, Wien 1910 S. 106ff. Der erbohrte Fels dürfte der linken Talwand angehören, im alten Talweg daher noch etwas tiefer liegen. 6. Corthell, E. L.: Engng. News v. 5. Jan. 1911. Tiefe bis zum Fels geschätzt auf 325 m.

Zum Vergleich sei das auf Braunkohle abgebohrte Profil des Murtales bei Judenburg angeführt, dessen aus kristallinen Schiefern bestehender Felsgrund an der linken Talwand in Tiefen von 99 und 247 m erbohrt wurde und im tiefsten Sohlenpunkt eine miozäne und diluviale Überlagerung von 380 m haben soll[4]. Der Felsgrund liegt auch in manchen Kesseltälern (Karst und im Valle de Mexico) unterhalb der bautechnisch erreichbaren Tiefe.

Ing.- u. Arch.-Ver. 1909 Heft 50 u. 51; 1910 Heft 26, 27 u. 39. — Singer, M.: Geologische Erfahrungen im Talsperrenbau. Z. öst. Ing.- u. Arch.-Ver. 1913 Heft 20 u. 21.

[1] Ampferer, O.: Über die Bohrung von Rum bei Hall in Tirol. Jb. geol. Staatsanstalt Wien, Bd.71 (1921) Heft 1 u. 2.

[2] Schoßberger, O. F.: Der Bau der Wasserkraftanlage für die Elektrizitätsversorgung von Oberkrain. Z. öst. Ing.- u. Arch.-Ver. 1920 Heft 7.

[3] La Houille Blanche v. 25. April 1913.

[4] Eggenberger, V.: Z. öst. Ing.- u. Arch.-Ver. Bd. 22 (1870) S. 246.

c) **Talverlegung** (Epigenese).

Zu Trugschlüssen über die Tiefenlage des Felsgrundes haben besonders Talstrecken mit felsiger Wandung oder Sohle Veranlassung gegeben. M. Lugeon hat die außerordentliche Verbreitung der epigenetischen Täler in den Alpen erforscht und neben vielen anderen Fällen den von drei verschütteten Tälern und der Aareschlucht durchschnittenen Felsriegel des Hasli im Grund beschrieben[1]. Die Verstopfung eines älteren Tales durch geologische Ereignisse und die Bildung eines jüngeren „epigenetischen" Nebentales kommt auch vor und nach der Eiszeit vor.

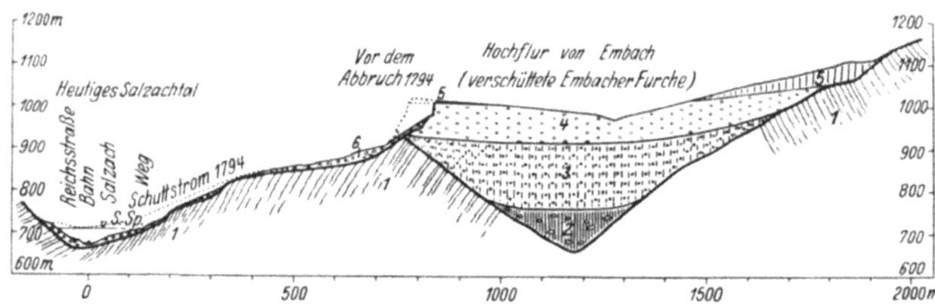

Abb. 7. Profil des Salzachtales durch die Embacher Plaike (aus einem Gutachten des Verfassers). *1* Grundgebirge. *2*—*5* diluviale Talverschüttung. *6* Abbruch und Abwitterung.

Tertiäre Talverlegungen sind unter anderem von der Donau und ihren Zuflüssen bekannt[2]. Quartäre Epigenesen des Isonzo wurden von F. Kossmat[3] und M. Singer[4] im Zusammenhang mit Bauererfahrungen beschrieben. Die jüngere Furche kann tiefer eingeschnitten sein als die ältere, wie bei der Saalach nächst Reichenhall[5] oder der Salzach bei Taxenbach[6].

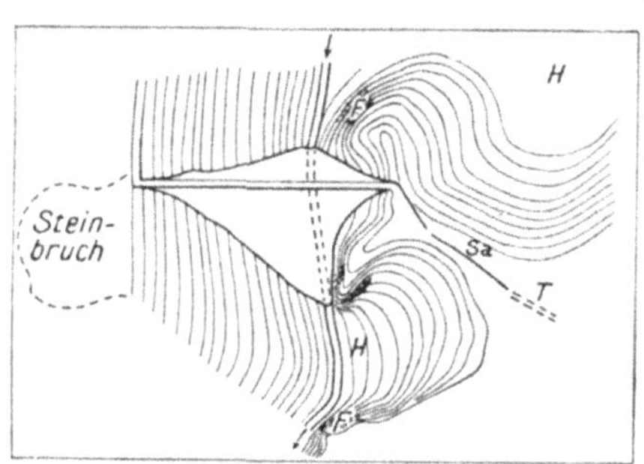

Abb. 8. Grundriß des Beaver Park-Dammes, Color. *F* Felsflächen, *Sa* Sattel im Sand und Schotter, *H*—*H*: verschüttetes Haupttal.

Ein gewaltiges Beispiel von ungefähr gleich tiefem Einschneiden liefert das beim Elektrizitätswerk Rauris aufgeschlossene, in der Fortsetzung unter der Embacher Hochflur

---

[1] Lugeon, Maurice: Sur la fréquence dans les Alpes de gorges épigénétiques. Bull. Soc. vaud. Sc. nat. Bd. 37 (1901) S. 423.

[2] Becke, F., u. A. Penck: Das Durchbruchstal der Wachau und die Lößlandschaft von Krems. Führer z. d. Exk. d. Intern. Geol.-Kongresses. Wien 1903. — Penck, A., u. E. Brückner: Die Alpen im Eiszeitalter. Leipzig 1909 S. 74. — Hödl, R.: Die epigenet. Täler im Unterlauf der Flüsse Ybbs, Erlauf, Melk und Mank. Progr. d. Staatsgymn. im 8. Bezirk, Wien 1904.

[3] Koßmat, F.: Geol. d. Wocheiner Tunnels. Dnkschr. Akad. Wiss. Wien, Math.-naturwiss. Kl. Bd. 82 1907.

[4] Singer, M.: Die Bodenuntersuchung für Bauzwecke. Leipzig, W. Engelmann 1911.

[5] Singer, M.: Geologische Erfahrungen im Talsperrenbau. Z. öst. Ing.- u. Arch.-Ver. 1913 Heft 20 u. 21.

[6] Singer, M.: Talverlegung u. Tunnelbau. Öst. Wschr. öff. Baud. 1915 Heft 35.

durchlaufende verschüttete Salzachtal (siehe Abb. 7)[1]. Als überseeisches Gegenstück zum Projekt eines Stauwerkes quer über das ver-

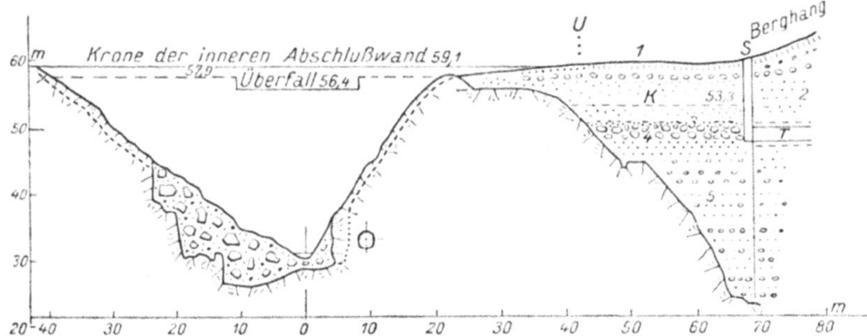

Abb. 9. Schnitt durch die Sperrstelle des Beaver Park-Dammes, Ansicht vom Unterwasser. Links Einbindung in den klüftigen Trachyt, rechts Herdmauer in alten Talweg. *1* Erde. *2* Sand und Schotter. *3* sehr feiner Sand. *4* Blöcke in sandiger Bettung. *5* Wechselfolge von Sand und Schotter. *U* ursprünglich geplanter Überfall. *S* Einsteigschacht. *K* Krone der Herdmauer. *T* Sickerstollen, 15 m lang. (Abb. 8 und 9 nach Eng. News v. 8. 4. 1915.)

schüttete Isonzotal bei St. Lucia[2] diene die ausgeführte Beaver Park-Sperre in Nordamerika (Abb. 8 u. 9).

In vulkanischen Gebieten können Talverschüttungen durch Lava oder Schlammströme eintreten. Abb. 10 zeigt einen tertiären Lavastrom, der den Fluß zum Einschneiden eines neuen Bettes in das altvulkanische Grundgebirge gezwungen hat[3]. Bekanntlich folgen auch die heutigen Lavaströme nicht selten den Flußbetten. So ist z. B. vom Ätna im November 1928 ein Lavastrom im

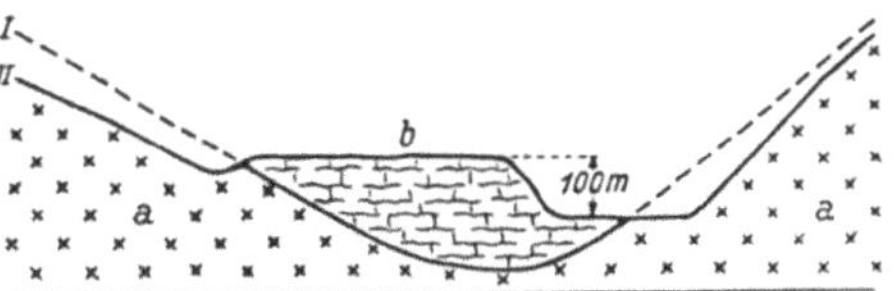

Abb. 10. Talverlegung im Valle del Limay bei Piedra del Aguila (nach G. Rovereto).
a = vortertiäres vulkanisches Grundgebirge.
b = tertiärer Lavastrom.
I = ursprüngliches, *II* = epigenetisches Talprofil.

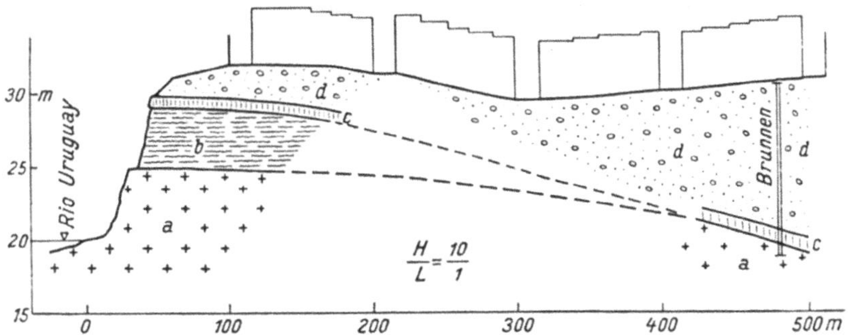

Abb 11. Schnitt durch das rechte Ufer des Rio Uruguay bei Federacion, Argentinien. *a* Melaphyr. *b* Melaphyr-Tuff. *c* Basalkonglomerat. *d* Schotter und Sand mit Tonlagen. (Aufnahme des Verfassers.)

---

[1] Singer, M.: Aus einem nicht veröffentlichten Gutachten von 1915.

[2] Singer, M.: Die Bodenuntersuchung für Bauzwecke, 1911.

[3] Rovereto, G.: Studi di Geomorfologia Argentina, III. La Valle del Rio Negro. Boll. Soc. Ital. Geol. Bd. 31 (1912).

Bett des Wildbaches Pietra fucile herabgeflossen und hat die gewölbte Eisenbahnbrücke (lichte Weite = 3 × 15 m) und die Station Mascali zerstört. Die Melaphyrwand des Flußufers der Abb. 11 läßt keinen Schluß auf den Verlauf des Felsgrundes unter dem verbauten Stadtteil zu; im Brunnen der Abb. 11 wurde der Melaphyr in rund 12 m Tiefe erreicht, in einem stadtseits gelegenen zweiten Brunnen erst in 20 m Tiefe. Da der Tuffmantel in den Brunnen fehlt, deutet das Untergrundrelief auf eine jungtertiäre Epigenese.

9. Die Meeresküsten.

a) Küstenerosion.

Ob die Großgestalt der Meeresküsten in dem Umfang tektonisch bedingt ist, wie A. Wegener annimmt, ist noch ungeklärt. Die für das Bauwesen wichtige Umformung der Küsten erfolgt durch die mechanische Arbeit der Winde, Wellen, Gezeiten, Strömungen und Festlandswässer.

Die von den vorherrschenden Winden erzeugten Wellen formen das Querprofil der Küste, beim Anlaufen durch Wirbel mit Schleifwirkung der Gerölle und Stoß gegen Steilflächen, im Rücklauf als Spülstrom. Ihre Tiefenwirkung hängt von den Windverhältnissen und der Gesteinsfestigkeit ab; im Sand sind Wellenfurchen noch aus 200 m Tiefe bekannt. Die Taucher fühlen den Wellenschlag bis 35 m Tiefe; die kräftige Erosion dürfte nicht unter 50 m reichen.

Aus dem Fels fräsen die Wellen eine schwach geneigte Brandungsplatte heraus, die mit einer Hohlkehle an das Steilufer („Cliff") anschließt. In leicht zerstörbaren lockeren Bildungen kann der Wind die Strandlinie durch Abspülen der Uferböschung rasch landeinwärts treiben. Wenn die Küstenerosion Gleitschichten freilegt, oder wenn das Gebirge stark gestört ist, treten ausgedehnte Küstenrutschungen ein. Die abgeglittenen Massen werden von den Wellen und Gezeiten aufgearbeitet und als Sand und Schlick von den Küstenströmungen fortgeführt.

Die Gezeiten arbeiten als niemals aussetzende Kleinkraft. Bei Sturmfluten addieren sich Spiegelhebung und Wellenbewegung zu außerordentlicher Höhe, die dauernde Einbrüche des Meeres in das Flachland (Zuidersee, Dollart, Jadebusen usw.) herbeiführt. Die gleichen Kräfte gestalten auch den Grundriß der Küste durch Abtragung aller Vorsprünge und Anlandungen von Sand und Schlamm in den Buchten. An der Verfrachtung des zerriebenen Gesteines haben die Küstenströmungen den größten Anteil.

b) Landverlust und Landgewinn.

Der von den Wellen ausgeworfene oder von den Fluten angetragene feine Sand wird vom Wind landeinwärts geführt und zu Dünen angehäuft, die bis 100 m Höhe erreichen, und falls die Abwehr fehlt, mit Geschwindigkeiten von 4—10 m im Jahre ihre Wanderung auch über Ortschaften fortsetzen[1].

Zu dem bisher genannten Kräftespiel gesellt sich die Zufuhr von

[1] Beispiele bei A. Tornquist: Allgemeine Geologie. Leipzig, W. Engelmann 1916.

Sinkstoffen und Geschieben an der Mündung der Flüsse. Bei reichlicher Zufuhr fester Teilchen baut sich ein Delta vor, hingegen werden kleinere Mengen von den Küstenströmungen fortgeführt. Das Schlußergebnis schwankt zwischen Landverlust und Landgewinn. England, dessen Küste stark angegriffen wird, hat 1906 zum Studium der Küstenerosion eine Kommission eingesetzt, die den Gewinn an hochwasserfreiem Land durch Deltazuwachs von 1882—1907 auf mehr als 120 km² schätzte. Bei dem zwischen Ebbe und Flut gelegenen Marschland hielten sich Gewinn und Verlust von 1855—1906 annähernd die Waage[1]. Ein solcher Ausgleich darf über die örtlichen Gefahren nicht hinwegtäuschen. Als traurigstes Beispiel führt E. L. Corthell die einstige Residenz Dunwich in der Grafschaft Suffolk an, die seit der Normannenzeit 400 Häuser und 4 Kirchen verloren hat und im Jahre 1891 nur mehr ein Dorf von 213 Einwohnern war[2]. Nächst Folkestone hat sich die Küste von 1844—1915 um 80 m landeinwärts verlegt; seit 1765 sind zehn große Rutschungen der aufgeklüfteten Schreibkreide auf der gegen die See geneigten Mergelunterlage entstanden, von denen jene im Dezember 1915 ein 3,2 km langes, 63 ha großes Gebiet zum Gleiten brachte[3].

Starken Angriff erfährt auch die bretonische und normannische Steilküste. In geschichtlicher Zeit hat die Insel Helgoland durchschnittlich einen jährlichen Küstenrückgang um 5 m erfahren. Trotz der gewaltigen Schutzbauten gegen die Brandung war im März 1925 wieder ein großer Felssturz zu verzeichnen.

Die holländischen Ingenieure haben die durch Sturmfluten gefährdete niederländische Küste in vorbildlicher Weise befestigt und große, unter dem Meeresspiegel gelegene Gebiete durch Eindeichung und künstliche Entwässerung für die Landwirtschaft gewonnen. Die schleswig-holsteinische Küste besitzt ähnlich wie die niederländisch-friesische einen natürlichen Schutz durch die vorliegenden Inseln, die als Reste einstiger Nehrungen gedeutet werden, und durch die gegen das Festland gelegenen flachen kleinen Inseln oder Halligen, den Resten des zerstörten Marschlandes. Jene Teile des flachen Strandes, die nur bei Flut vom Wasser bedeckt sind, heißen Watten. Erhöht sich ihre Oberfläche durch natürliche oder künstliche Aufschlickung bis über den Flutspiegel, so entstehen die Marschen[4].

Die Landverluste an den deutschen Seeküsten beschäftigen unausgesetzt die Geographen, Geologen und Ingenieure. Nach Fr. Solger ist die samländische Küste von 1800—1900 um 180 m zurückgewichen. Auf Grund von zahlreichen, mit Hilfe alter Karten ausgeführten Messungen hat der Deichkondukteur Bruun eine Formel zur Vorausberechnung des Landverlustes aufgestellt[5]. Den großen lotrechten Ab-

[1] Engineer, London, vom 20. Dez. 1907.
[2] Engng. Rec. vom 11. April 1914 S. 411.
[3] Bauing. 1920 Heft 2.
[4] Vgl. Mayer, Fr.: Der Abbruch der Insel Sylt durch die Nordsee. Breslau 1927, und Haltenberger, M.: Landverlust und Landanwachs auf Hiddensee b. Rügen. Budapest 1911.
[5] Zbl. Bauverw. 1918 Nr. 89—94.

brüchen im Geschiebemergel durch die Sturmfluten folgen allmähliche Nachbrüche bis zum Erreichen der klimatischen Gleichgewichtsböschung.

Nach der Darstellung von A. Kaestner[1] wurden die Erdrutschungen von Odessa ursprünglich durch die Küstenerosion eingeleitet und setzten sich später als Stabilisierungsbrüche der 45 m hohen Steilwand fort (vgl. Abb. 12). Ähnliche Abbrüche sind im Februar 1925 an der Steilküste von Sebastopol eingetreten, wobei sich der Meeresgrund gehoben und eine 150 m lange Halbinsel und einige kleine Inseln gebildet haben soll. Die altgriechische Stadt Neu-Cherson und ein vorgeschichtliches Cherson sind im Meer versunken.

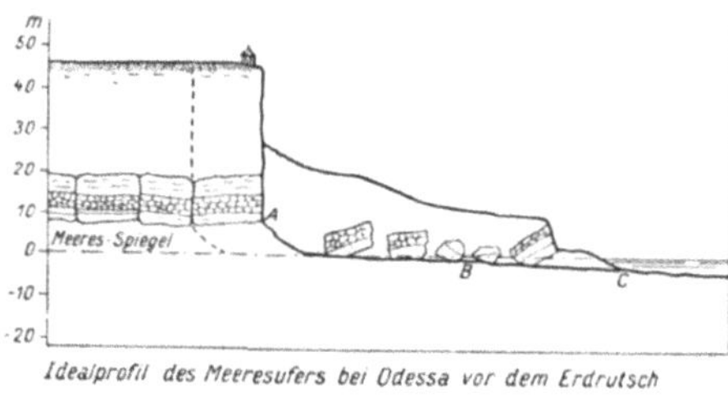

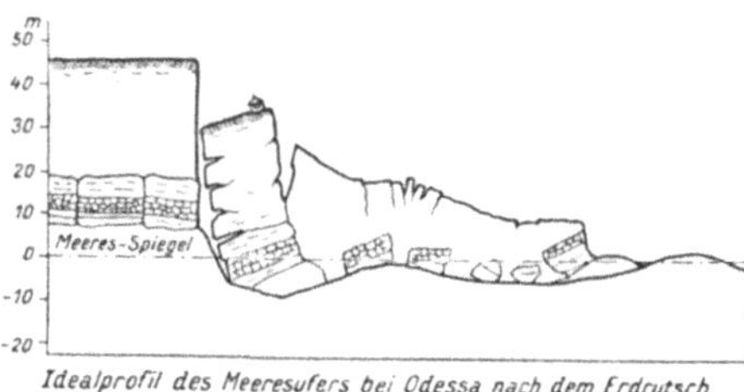

Abb. 12. Küstenrutschung bei Odessa (nach A. Kaestner).

Die von Wind und Wellenschlag, von den Gezeiten und Strömungen herbeigeführten raschen Veränderungen der Küste sind im gesamten Seebau und besonders bei der Anlage und Erhaltung der Seehäfen zu berücksichtigen. Die geologische Einteilung der Häfen in Deltahäfen, Senkungshäfen, Talmuldenhäfen, Moränenhäfen, Lagunenhäfen und Hakennehrungshäfen, wie sie N. S. Shaler durchgeführt hat[2], erleichtert die richtige Problemstellung im Hafenbau. Neben der gewaltigen mechanischen Arbeit treten die chemischen und biologischen Wirkungen des Meerwassers auf die Küste als Baugrund völlig zurück. Im Seebau spielen sie jedoch eine besondere Rolle durch ihre zerstörende Einwirkung auf die Baustoffe bzw. Bauwerke.

10. Deltabildung und Uferhalden.

a) Deltabildung.

Mündet ein mit Geschieben und Sinkstoffen beladener Wasserlauf in ein stehendes Gewässer, so verliert er seine Schleppkraft. Die groben Geschiebe sinken in einem Mündungskegel zu Boden, die feineren Sande lagern sich am Fuß und an den Flanken des Deltas ab, die Sinkstoffe kommen erst im tieferen Wasser zum Absatz. Grobgeschiebe werden überwiegend vom Hochwasser zugeführt; in der Zwischenzeit lagern sich auf der Böschung und am Fuß des Schüttungskegels in der Stoß-

---

[1] Kaestner, A.: Über die Erdrutschungen von Odessa. Z. prakt. Geol. 1899 S. 309.

[2] XIV. Annual Report U. S. Geol. Surv.

richtung Sande, seitlich derselben Feinsande und Schlamm ab, wodurch die kennzeichnende Schrägrichtung des Deltas entsteht.

Schmale Becken werden ganz vom Schotter erfüllt, in breiten verbleiben schlammige Randzonen. Grundriß und innerer Bau des Deltas hängen von der Schleppkraft des Gewässers, der Korngröße der Geschiebe, von der Wassertiefe und dem Stand des Seespiegels ab. Mündet z. B. ein Wildbach in ein seichtes Becken, so brandet das über den Schotterkegel fließende Wasser auf der Beckensohle auf; entlang des Kegelfußes bleibt ein Streifen frei, der den Geschiebeabsatz vom Sinkstoffabsatz scheidet[1].

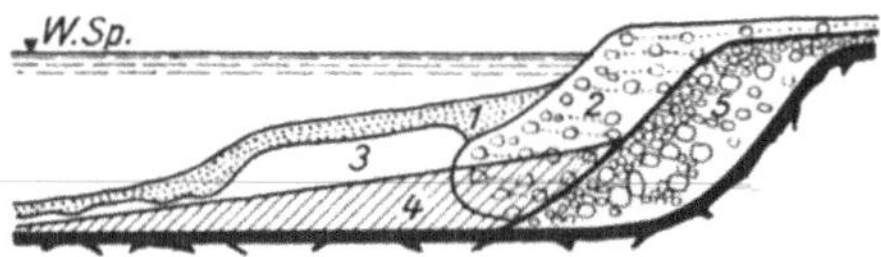

Abb. 13. Bildung des Mündungskegels von Gebirgsflüssen nach F. Kreuter (aus S. Kurzmann: Beobachtungen über Geschiebeführung, München 1919). *1* Schlamm. *2* Schotter. *3* Heraufgedrückter Schlammabsatz des letzten Hochwassers. *4* und *5* Ursprünglicher Absatz von Schlamm und Schotter des vorangegangenen Hochwassers.

Lagert der Fluß bei gewöhnlicher Wasserführung reichlich Sinkstoffe ab, so drängen die vom Hochwasser herangeführten schweren Geschiebe den weichen Schlammgrund zur Seite (vgl. Abb. 13). G. K. Gilbert[2] hat im Bau der großen Süßwasserdeltas drei Abteilungen unterschieden: die vielfach gestörten schlammigen Bodenschichten, deren Lagerung von der Gestalt des Beckengrundes abhängt; die Mittel-, Schüttungs- oder

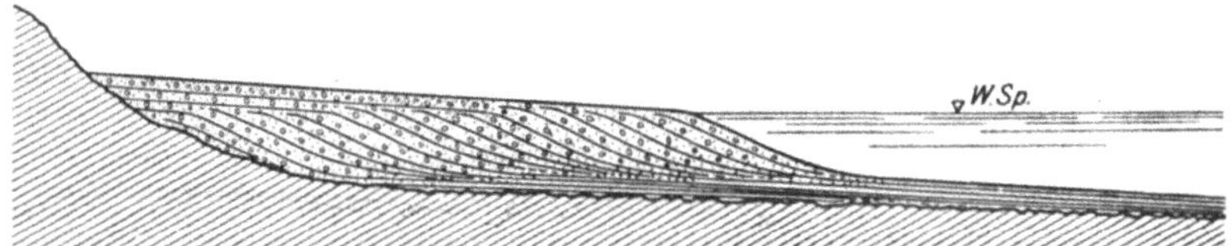

Abb. 14. Schematischer Längenschnitt durch ein Süßwasserdelta (nach G. K. Gilbert).

Schrägschichten, die sich unter Wasser mit Neigungen von 15—35° ablagern; die über dem Seespiegel im Rinngefälle aufgeschütteten lockeren Deckschichten (vgl. Abb. 14 u. 15).

Versuche von C. M. Nevin und D. W. Trainer[3] haben die auf vielfache Beobachtungen gestützte Dreigliederung bestätigt und den großen Einfluß von Spiegeländerungen gezeigt. Bei plötzlichem Ansteigen des Wassers ist jedem neuen Spiegelstand stockwerkartig ein neues Delta nach dem Schema der Abb. 14 zugeordnet. Plötzliche Spiegelsenkungen führen zur raschen Abtragung des Deltas durch den Wasserlauf, der sich eintieft und ein neues Delta vorbaut. Diese Erscheinung ist auch bei der Absenkung der als Wasserspeicher dienenden Seen beobachtet worden.

Das Gilbertsche Schema des Geschiebedeltas läßt sich auf die

[1] Vgl. das kleine Delta des Wienflusses an der Mündung in die Hochwasserbecken bei Weidlingau. Z. öst. Ing.- u. Arch.-Ver. 1914 Heft 18 S. 355.

[2] Ann. Rep. U. S. Geol. Surv. 1883/84.

[3] Nevin, C. M., u. D. W. Trainer: Bull. Geol. Soc. Amer. Vol. 38, pp. 451 bis 458 (1927).

geologisch und als Bauland wichtigen Meeresmündungen der großen Ströme, die überwiegend Schlamm führen, nicht ohne weiteres anwenden. Meeresströmungen, Winde und Gezeiten können die Bildung eines Deltas vollständig verhindern oder seine Auflösung in Lagunen herbeiführen. Nach G. R. Credner[1] soll das Nildelta nur aus 10—15 m Schlamm über älterem Meeressand bestehen. In neueren Bohrungen reichte der Schlamm bis 38 m unter den Meeresspiegel, darunter hat man bis 97 m im Flußsand und Kies gebohrt[2]. Die Pfeiler der Bulakbrücke am Nordende von Kairo wurden mittels Druckluft bis 19 m unter dem Meeresspiegel in Sand und Kies gegründet[3].

K. Andree führt an, daß das eigentliche Gangesdelta bei Kalkutta nur eine durchschnittliche Mächtigkeit von 18 m habe[4]. Bei der Erweiterung des Hafens von Kalkutta wurden die Kidderpore-Docks am River Hooghly nach Durchfahrung von nicht tragfähigem jungalluvialen Sand und Silt auf einer harten Tonschicht gegründet, die in wechselnder, bis 19,2 m absinkender Tiefe angetroffen wurde[5]. 120 englische Meilen flußauf der Stadt übersetzt die Bahn den Ganges auf der rund 1880 m langen Hardingbrücke[6], deren offen abgesenkte Pfeiler bis 48,8 m unter Niederwasser bzw. 42,7 m unter den Meeresspiegel reichen. Der Untergrund bestand aus Sand mit gelegentlicher Einschaltung von Lagen festen Tones. Im Sand sind die Brunnen 15,2 m unter dem tiefsten bekannten Kolk gegründet. Die Bodenbelastung würde bei Berücksichtigung des Auftriebes und Vernachlässigung der Mantelreibung rund 9 kg/cm² betragen.

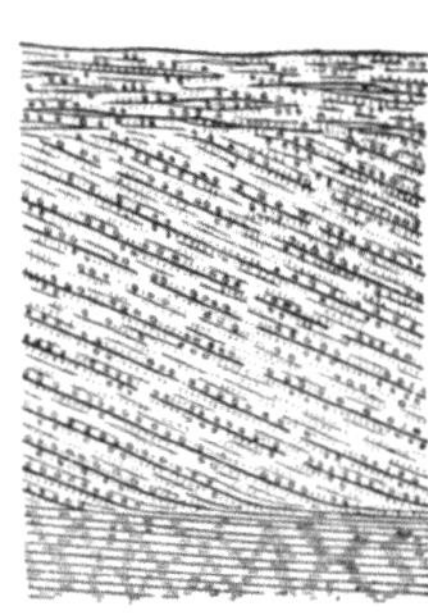
Abb. 15. Vergrößerter Lotschnitt durch die typische Schichtfolge (nach G. K. Gilbert.)

Nach den mehrfach angeführten Quellenschriften ist das Alluvium des Mississippideltas bei New-Orleans nur 9,5—16 m mächtig und schwillt erst an den Mündungen der Arme, den „passes", auf 30 m an. Aus diesen auffallenden Tatsachen scheint hervorzugehen, daß die heutigen großen Deltas aus Übergußschüttungen über älteren, seitlich der Schutzwirkung des Flusses von der Küstenerosion bereits abgetragenen Bildungen bestehen. Eine ähnliche Erscheinung hat der Verfasser an alpinen Schwemmkegeln feststellen können, unter denen sich die tonreiche Grundmoräne erhalten hat, während sie im übrigen Tal von der alluvialen Erosion abgetragen war.

Der innere Bau der großen Deltas zeigt einen häufigen Wechsel sandiger und toniger Schichten, in die nicht selten organische oder kohlige Einlagerungen eingeschaltet sind (vgl. Abb. 120 u. 121). Da die sandführenden Abflußrinnen ihren Lauf wiederholt verlegt haben, so

[1] Credner, G. R.: Die Deltas, Erg.-Heft 56 zu Petermanns geogr. Mitt. Gotha 1878.
[2] Andree, K.: Geol. Rdsch. Bd. 7 (1917).
[3] The Engineer, London, vom 17. Okt. 1913, S. 403.
[4] Andree, K.: Geol. Rdsch. Bd. 7 S. 158.
[5] Engineering, London, vom 11. Jan. 1924.
[6] Nach Colemann, F. C.: Engng. News vom 17. Juni 1915.

hat man sich das Innere eines Deltas räumlich als einen von mächtigen Sandadern durchzogenen tonig-schlammigen Körper vorzustellen; diese „Sandschläuche“ erscheinen im Querprofil als linsenförmige, von artesischem Wasser erfüllte Einlagerungen. Aus den organischen Einschlüssen entwickeln sich die bekannten, vorwiegend aus Sumpfgas, mitunter auch aus Schwefelwasserstoff bestehenden Gasausströmungen der Deltagebiete (z. B. Weser, venetianische Küstenflüsse, Mississippi usw.) [1].

b) Uferhalden.

Die Uferhalden sind im Querschnitt den Deltabildungen ähnlich. An einer Küste ohne Gliederung würde die Uferhalde nur durch die abscheuernde Wirkung der Wellen entstehen und dementsprechend an der oberen Kante das herabgestürzte Blockwerk, sodann mit zunehmender Tiefe immer feiner ausgesonderte Mineralteile enthalten. Die klimatischen Schwankungen und die zeitweiligen Sturmfluten erzeugen auch in der Halde eine Schichtung. Sowohl an Steilküsten wie am flachen Strand münden Runsen, Bäche usw., deren gesteigerte Gesteinszufuhr einen schwemmkegelartigen Einbau in der Halde erzeugt.

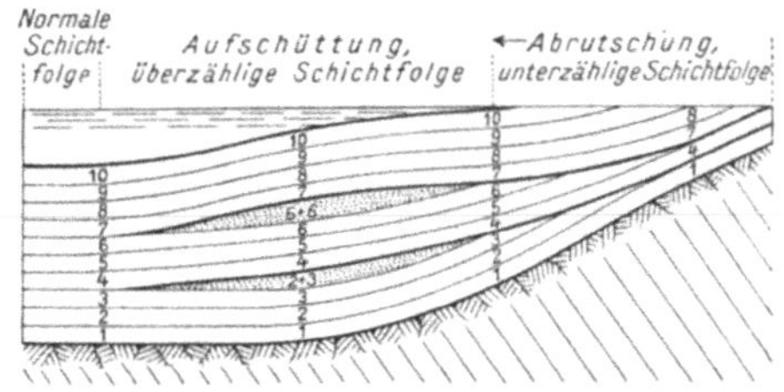

Abb. 16. Schema gleichmäßiger Schichtbildung bei zweimaliger Uferrutschung (nach Arnold Heim). (2 + 3) und (5 + 6) abgerutschte Massen.

Die äußere Böschung der Uferhalden hängt von der Korngröße und der Stärke der Brandung ab. In Süßwasserseen mit schwachem Wellengang bilden sich unter den Felswänden steilgeböschte Schutthalden mit einer wenig versenkten flachen Uferbank. An ruhigen Stellen der Meeresküsten erreicht der Böschungswinkel mehr als 30°, in der alles zerkleinernden Brandung aber nur 4—14°, an der holländischen Flachküste nur 1—2°. Infolge des Wellenspieles nehmen die Halden in der Regel die Form eines überhöhten Strandwalles an.

Die steiler geböschten Uferhalden neigen zum Abrutschen. A. Heim hat die Bildung überzähliger und unterzähliger Schichtfolgen (vgl. Abb. 16) und von scheinbar tektonischen Gesteinsfältelungen durch subaquatische Rutschungen erklärt[2]. Seeuferrutschungen an besiedelten Alpenseen haben wiederholt schwere Beschädigungen von Bauwerken herbeigeführt[3]. Ursache der Rutschungen waren hauptsächlich die Lehnenwässer, zusätzlich wirkten die örtliche Überlastung und ungewöhnliche Tiefstände des Seespiegels.

[1] Vgl. Dritter Teil, X. Gas im Baugrund.

[2] Heim, Arn.: Über rezente und fossile subaquatische Rutschungen und deren lithologische Bedeutung. N. Jahrb. f. Mineral. Bd. 2 (1908).

[3] Zürichsee 1875, Zugersee 1887, siehe Heim, Arn.: a. a. O.; daselbst auch weitere Literatur. — Schardt, H.: Montreux am Genfersee, Lausanne 1893. — Salmojraghi, F.: Tavernola am Iseosee. Atti Soc. ital. Sci. Naturali XLVI. — Pollack, V.: Lueg am St. Wolfgangsee. Öst. Wschr. öff. Baudienst 1913 Nr. 35, mit Lit.-Angaben.

Bei den künstlichen Absenkungen der Alpenseen sind neben allmählichen Rutschungen auch plötzliche Abbrüche von Halden oder Schwemmkegeln eingetreten. Nachdem der Davoser See um 12 m gesenkt worden war, glitten am 7. Februar 1923 900000 m³ von dem unter 27—33° geböschten Schwemmkegel des Todtalpbaches in das Becken, wobei der Maschinist im Pumpenhaus von der Flutwelle ertränkt wurde. Als Ursache wird die Überlastung des Kegelfußes angesehen[1]. Von den 30—32° geneigten, über Gips liegenden Schutthalden am Nordostufer des Lünersees ist im Frühjahr 1926 nach der Absenkung um 40 m ein großer Abbruch erfolgt, ohne Schaden anzurichten. Die Landterrassen des Walchensees bestehen nach F. Heim[2] aus schlickartigen Halden, die oberflächlich von Strandgerölle gedeckt sind und auf der steilen Beckenwandung aufliegen. Es sind daher selbst bei der allmählichen Absenkung um nur 4,6 m am Breitort, Buchenort u. a. Stellen Uferabsitzungen eingetreten.

Auf die beschriebenen Erscheinungen hat das Grundwasser in den Halden wesentlich eingewirkt. Zur Beweglichkeit des Kegel- oder Haldenfußes tragen die beim Vorbauen des Deltas entstandenen Aufpressungen des Schlammes bei (vgl. Abb. 13). Hingegen sind die Rutschungen an den Kiesdeltas im Walchensee und im Spullersee hauptsächlich Stabilisierungsbrüche im Gefolge der raschen und starken Eintiefung der einmündenden Bäche. Nur wo die Bachdeltas, ähnlich den großen Deltas und manchen Schwemmkegeln eine grobkörnige Übergußschüttung auf schlammigen Grund bilden, rufen das Grundwasser und die Überlastung der Unterlage Rutschungen der ersten Art hervor.

11. Veränderungen des Festlandes in geschichtlicher Zeit.

a) Natürliche Veränderungen.

Es wurde bereits dargelegt, daß die tektonischen Veränderungen des Festlandes seit der Quartärzeit nur in wenigen Gebieten mit merklicher Geschwindigkeit vor sich gehen. Für die meisten Bauaufgaben dürfen mittlerer Meeresspiegel und Festland als unveränderlich angesehen werden.

Die geschichtlich überlieferten natürlichen Veränderungen betreffen örtliche Umgestaltungen der Erdoberfläche durch die Arbeit des Eises, des Wassers oder des Windes, d. h. es sind im wesentlichen geomorphologische Erscheinungen[3]. Die stärksten Veränderungen vollziehen sich durch Laufverlegungen, Tieferbettungen und Verlandungen. Ältere Berichte und Karten sind stets auf ihre Glaubwürdigkeit zu

[1] Schweiz. Bauztg. vom 17. Febr. 1923. — Moor, R.: Schweiz. Bauztg. vom 4. Aug. 1923.

[2] Heim, F.: Die Absenkung des Walchensees und ihre Auswirkungen, München 1925.

[3] Hoff, C. E. A. v.: Geschichte der durch Überlieferung nachgewiesenen natürlichen Veränderungen der Erdoberfläche, Bd. 1—5, Gotha 1822—41. — Vgl. auch Penck, A.: Morphologie der Erdoberfläche. Bibl. Geogr. Handb., Bd. 1, Stuttgart 1894. — Penck, W.: Die morphologische Analyse. Stuttgart 1924 (geogr. Abh., hrsg. v. A. Penck, zweite Reihe, Heft 2).

prüfen. Die neueren Landesbeschreibungen enthalten in der Regel nur gesicherte Tatsachen.

Ein politisch wichtig gewordenes Beispiel der Anzapfung eines Flußgebietes durch ein anderes, rascher einschneidendes, liefert die Wasserscheide zwischen Chile und Argentinien; ähnliche Fälle sind aus Frankreich und seinen Kolonien beschrieben worden[1]. In Kalkgebieten beginnt die Wasserabgabe an das fremde Gebiet mit unterirdischen Zuflüssen, wie bei der vielerörterten „Versinkung" von Donauwasser zur Aach (Rheingebiet). Der Arno soll in geschichtlicher Zeit noch einen Teil seines Wassers zum Tiber entsendet haben; aus dem 14. Jahrhundert werden wiederholte Verlegungen seines Laufes in der florentinischen Ebene berichtet[2]. Nach C. de Stefani war Pisa am Beginn unserer Zeitrechnung 3,7 km vom Meer entfernt, im Jahre 1877 hingegen schon 12,36 km. Die im Jahre 633 v. Chr. auf einer Nehrung angelegte römische Hafenstadt Ostia liegt infolge des Anwachsens des Tiberdeltas nach der geologischen Karte von 1888 etwa 4,5 km landeinwärts.

In dem zwischen Estland und Rußland gelegenen Peipus-See hat sich das Delta des Embaches von 1682—1900 in eine Trichtermündung verwandelt und die Oberfläche der Insel Pirisaar von 20,1 km² im Jahre 1796 auf 7,6 km² im Jahre 1900 verringert. Zur Spiegelhebung trägt zweifellos die Entwässerung der umliegenden Sümpfe bei; man vermutet, daß auch eine tektonische Hebung der nördlichen Seeschwelle beteiligt sei[3].

Eintiefung und Anlandung der Gebirgsgewässer machen in wenigen Jahrzehnten große Fortschritte. Kleinere Seebecken in hochgelegenen Alpentälern wurden in geschichtlicher Zeit vollständig zugeschüttet[4].

Zu den bekanntesten Windwirkungen zählt die Verwehung der in den letzten Jahren wieder freigelegten ägyptischen Sphynx. Im gemäßigten Klima beeinflußt der Wind den Baugrund hauptsächlich durch das Wandern der Dünen; noch vor kurzem gab es Wanderdünen im Spreetal bei Berlin und im Marchfeld bei Wien. In Steppen und Wüstengebieten verändert der Wind das Gelände durch Auswirbeln von Hohlformen, Zuwehen der Senken und Hohlkehlen sowie durch das Anwehen ausgedehnter Dünen.

b) Künstliche Veränderungen.

Die einschneidendsten Umgestaltungen werden an Binnengewässern und an den Küsten vorgenommen. Geschiebeführende Gewässer erhöhen ihre Sohle in flachen Laufstrecken infolge Räumung oder Selbst-

---

[1] Martonne, Emm. de: Traité de géogr. phys. I, S. 600, Paris 1926.

[2] Maennel, R.: Veränderungen der Oberfläche Italiens in geschichtlicher Zeit. Halle a. S. 1887.

[3] Mieler, A.: Ein Beitrag zur Frage des Vorrückens des Peipus. Dorpat 1926. Publ. Inst. Univ. Dorp. Geogr. Nr. 11.

[4] Angaben über das Wachstum der Deltas in Alpenseen und die Verlandung von Talsperren siehe Singer, M.: Das Rechnen mit Geschiebemengen. Z. Gewässerkde. Bd. 11 (1912) Heft 4; ferner Collet, L. W.: Les Lacs. Paris: Gaston Doin 1925.

räumung des Gerinnes. Entsumpfungsarbeiten großen Stiles haben weite Gebiete fieberfrei, urbar und bewohnbar gemacht. Als Beispiel großzügiger Entwässerung eines Stadtgebietes sei auf Mexico City verwiesen. Zwecks Gewinnung landwirtschaftlicher Grundstücke wurde z. B. der Haidersee im oberen Etschtal abgesenkt. Entleerungen von Kraterseen haben schon die Römer durchgeführt. Auf die Landgewinnung durch Eindeichung und Aufschlickung an den Flachküsten wurde im Abschnitt 9 hingewiesen. Anschüttungen von großer Ausdehnung und Mächtigkeit zur Hebung des Baugeländes über das Grundwasser bzw. Hochwasser wurden z. B. im alten Rom, in Hamburg und in New York ausgeführt.

In Frankreich und Italien werden seit langem versumpfte Ländereien durch Auflandung von Sinkstoffen (Kolmation) landwirtschaftlich nutzbar gemacht. In neuerer Zeit hat die Schweiz etwa 90 ha des Rhonetalbodens bei Sion (Sitten), die durch den Grundwasserstau des Kegels der Borgne versumpft waren, mittels Schlammabsatz aus diesem Gletscherbach aufgehöht[1].

Über dem zusammendrückbaren und chemisch wirksamen Sumpfboden entsteht durch die Verlandung eine Schlammschicht, die sich beim Austrocknen beträchtlich setzt. Selbst landwirtschaftliche Bauten werden daher in der Regel Pfahlgründung brauchen. In derartigem Neuland soll der Grundwasserstand durch eine künstliche Entwässerung geregelt werden.

In vielen Fällen verändern die Bauanlagen die Arbeit der Gewässer. Eine 10 m weite Brücke auf der Meeresuferbahn Taranto—Reggio hat innerhalb 12—15 Jahren eine Annäherung der Strandlinie an die Eisenbahn um 15 m hervorgerufen[2]. Wenn verwilderte Mündungskegel von einigen 100 m Breite geregelt und mittels Brücken von einigen 10 m Lichtweite übersetzt werden, so bildet sich unterhalb der Bahn ein neuer, weiter in das Meer hinausreichender Kegel. An der Anfallseite des herrschenden Windes weicht dann der Strand zurück, während er sich im toten Winkel verbreitert.

12. Klimaschwankungen.

Aus den geologischen Beobachtungen läßt sich auf große, von der allmählichen Abkühlung des Erdballes unabhängige Schwankungen des Klimas schließen. So zeugen z. B. die Steinkohlen für ein tropisches Klima, die älteren Steinsalz-, Gips- und Sandsteingebirge für ein Steppen- und Wüstenklima, die felsartigen Tillite (Grundmoränen) für eine permokarbonische Eiszeit. In den tertiären Bildungen kündigt sich der Übergang vom warmen Klima zur quartären Vereisung an (vgl. Abschnitt 13 und 14). Zwischen den diluvialen Vereisungen liegen wärmere Interglazialzeiten, in denen technisch wichtige Bildungen entstanden sind. Auch die nacheiszeitlichen Bildungen werden, ausgehend von der Moorgeologie, nach den klimatischen Schwankungen gegliedert

---

[1] Zbl. Bauverw. 1913 S. 222.

[2] Nach Sant' Agnese, Il Politecnico, Milano, 1912 Nr. 6.

(vgl. Abschnitt 15). Nach C. A. Weber[1] fällt die Bildung des Grenzhorizontes der Torflager, der das wärmere nacheiszeitliche Klima von dem kühleren Klima der geschichtlichen Zeit scheidet, mit der Bronzezeit zusammen. Über dem Grenzhorizont liegt der jüngere Sphagnumtorf, dessen Bildung bis zur Gegenwart fortdauert. Kleinere Schwankungen sind mitunter an den alten Strandlinien der Seen kenntlich.

Aus den Aufzeichnungen über den Gang des Luftdruckes, der Temperatur und des Wasserstandes lassen sich bisher nur kurzfristige Perioden erkennen, die allerdings für die Technik besonders wichtig sind. E. Brückner[2] hat aus einem großen Beobachtungsmaterial für 1700 bis 1890 eine 35jährige Periode der Klimaschwankung abgeleitet, in der Gruppen von warmen und trockenen Jahren wechseln. Die Mittelwerte der Temperatur ändern sich bloß um 0,5° C, jene der Niederschläge um ± 10%. Aus der Änderung der Sonnenflecken wird auf eine 70jährige Periode mit stärkeren Schwankungen der klimatischen Größen geschlossen.

Abgesehen von der unmittelbaren Beeinflussung der Lebensverhältnisse, finden die Klimaschwankungen ihren deutlichsten Ausdruck im Vorstoß und Rückzug der Gletscher und in periodischen Schwankungen des Abflusses der Quellen und Gewässer. Darum kehren auch von Zeit zu Zeit Besorgnisse über die Abnahme von Quellen und Strömen oder die zunehmende Austrocknung einzelner Gebiete wieder[3]. Beim Entwerfen und in der Wirtschaftlichkeitsrechnung von Wasserbauten aller Art ist der übliche 10jährige bis höchstens 25jährige Durchschnitt daher kein verläßlicher Maßstab, und man muß je nach dem Abschnitt der Klimaperiode, in den die Beobachtungsreihe fällt, mit höheren oder niedrigeren Durchschnittswerten rechnen. Auf die periodische Schwankung der Gletscher ist bei der Platzwahl für Hotelbauten, Verkehrs- und Wasserkraftanlagen sorgfältig Bedacht zu nehmen.

In empfindlicher Weise äußern sich die Klimaschwankungen im Grundwasserstand und im Erdbau. Quellen oder Brunnen, die lange Jahre ausreichend Wasser hatten, versiegen. Bei der Gegenschwankung werden Keller, die früher trocken waren, feucht, Eisenbahndämme oder Einschnitte beginnen nach langjährigem Bestand auszuschalen oder zu rutschen. 1913 war ein vorausberechnetes Mitteljahr der feuchten Periode; im Frühjahr 1914 hatte der Verfasser eine ganze Reihe von Rutschungen im Gebiet der vormaligen österreichischen Staatsbahnen von Innsbruck bis Pola zu sanieren.

---

[1] Bülow, K. v.: Methoden, Erfolge und Möglichkeiten der modernen Alluvialgeologie. Sitzgsber. Preuß. Geol. L.-A. 1927 Heft 2.

[2] Brückner, E.: Klimaschwankungen seit 1700 usw. Geogr. Abh., hrsgb. v. A. Penck, Heft 4. Wien 1890.

[3] Wex, G. v.: Über die Wasserabnahme in den Quellen, Flüssen u. Strömen. Wien 1873 u. 1879. — Bericht des hydrotechn. Comites im Öst. Ing.- u. Arch.-Ver. über die Wasserabnahme usw. Wien 1880. — Fasse, O.: Über die Wasserabnahme in den Bächen und Strömen Deutschlands. Halle 1880. — Soldan, Dr.-Ing. W.: Befindet sich Norddeutschland in fortschreitender Austrocknung? Bauing. 1924, Heft 15. — Löwy, H., O. Walter u. E. Gronert: Das Verschwinden des Wassers von der Erdoberfläche. Z. angew. Math. Mech. Berlin 1928 S. 78.

13. Das Tertiär.

Die geologische Neuzeit (das Neozoikum) umfaßt das Tertiär und das Quartär, das die Diluvialzeiten umspannt und bis in die Gegenwart reicht.

Nach den erdweiten Überflutungen des Kreidemeeres tauchen im Tertiär große Landmassen auf, die den Säugetieren eine sprunghafte Entwicklung ermöglichen. Die großen Kettengebirge der Erde werden emporgefaltet und die Festlandsschollen erfahren wiederholte Hebungen und Senkungen. Gleichmäßige Bildungen großer Mächtigkeit entstehen hauptsächlich in den andauernd sinkenden Becken. Im übrigen herrschen Flachseebildungen, mit häufigem Wechsel von Ton und Mergel mit Sandstein oder Sand, vor. In den Tafelländern mit ungestörter Lagerung bestehen die tertiären Schichten fast nur aus losen oder lockeren Bildungen, die sich von den ähnlichen Liegend- und Hangendschichten schwer abgrenzen lassen. Hartgesteine sind an die jungen Faltengebirge oder die zahlreichen Vulkane des Tertiärs gebunden.

Auch die nicht verfestigten tertiären Tone und Sande sind im allgemeinen ein tragfähiger Baugrund. Im Pariser und im Brüsseler Becken haben einzelne zwischen Tonschichten eingeschlossene Sandhorizonte die Eigenschaften des Schwimmsandes. Die tonig-sandigen Bildungen der Beckenränder sind häufig von Staffelbrüchen durchzogen und neigen beim Anschneiden zur Bewegung.

Vollzieht sich der Übergang zwischen Festlands- und Meeresphase allmählich, so schalten sich Lagunenbildungen mit pflanzlichen Einschlüssen, Salz- und Gipsbildungen ein. H. Stille unterscheidet in Belgien und Nordfrankreich vom Paleozän bis zum Miozän 9 Festlandszeiten, die durch 8 Meeresüberflutungen getrennt sind[1]. Dementsprechend finden sich z. B. im Pariser Becken die für die Baugrundverhältnisse besonders wichtigen wiederholten Einlagerungen von Gips[2]. Auch die Seichtwasserbildungen der Schlierzone, deren Verlauf in Mitteleuropa von Ed. Suess so anschaulich beschrieben wurde[3], sind durch Diatomeenlager, Salzstöcke und Gipsführung ausgezeichnet; in Tiefen von mehreren hundert Metern werden vielfach Erdgas und Erdöl angetroffen. In den kontinentalen Tertiärbecken haben sich ausgedehnte Braunkohlenlager gebildet; in ihrem Hangenden treten unter der Tondecke häufig Schwimmsande auf.

Gegen das Ende der Tertiärzeit nähert sich die Verteilung von Meer und Festland den heutigen Verhältnissen. Beim Rückzug des Meeres, bzw. der Trockenlegung der ausgesüßten Binnenbecken sind die tonigen Randbildungen und die Deltas verrutscht; Beispiele der damit verbundenen Störungen sind im Achten Teil, III. 3. Wien gegeben (vgl. Abb. 81 u. 82).

---

[1] Stille, H.: Studien über Meeres- und Bodenschwankungen. Nachr. Ges. Wiss. Göttingen m. ph. Kl. 1922.

[2] Vgl. Achter Teil, III. 2. Paris.

[3] Suess, Ed.: Das Antlitz der Erde, Bd. 1 (1908) S. 397.

Zum besseren Verständnis des achten Teiles sei nachstehend die gebräuchliche Einteilung des europäischen Tertiärs angeführt[1].

Stufen des Tertiärs.

	Astian	
Pliozän	Piacentian (Plaisancien)	
	Pontian (Messinian)	
	Sarmatian	
	Tortonian (Vindobonian)	
Miozän	Helvetian	
	Burdigalien (Langhian)	
	Aquitanian	
	Chattian (Kassélien)	
Oligozän	Rupelian (Stampien)	
	Lattorfian (Ligurian, Tongrien)	
	Ludian	
	Bartonian	(Priabonien)
Eozän	Auversian	
	Lutetian (Lutétien)	
	Ypresian (Cuisien; Londinian)	
	Sparnacien (Soissonian, Landenien)	
Paleozän	Thanetian	
	Montian	
	Danian	

Paleozän, Eozän und Oligozän bilden das Alttertiär oder Paläogen, Miozän und Pliozän das Jungtertiär oder Neogen. Aus geographischen Gründen sind die Tertiärbecken bevorzugte Siedlungsgebiete; ihre Baugrundverhältnisse werden im Achten Teil an den Beispielen von London, Paris und Wien ausführlich erörtert.

14. Das Altquartär oder Diluvium. (Die Eiszeiten).

a) Übersicht.

Nach der Tertiärzeit erlangen die Festländer allmählich ihre heutige Gestalt, und das Klima, das anfangs kälter war, geht nach mehreren Schwankungen in das heutige Klima über. Alle Bildungen dieses Zeitraumes werden als Quartärformation zusammengefaßt. Sie gliedern sich in das Altquartär oder Diluvium (Plistozän) und das Jungquartär oder Postglazial und Alluvium (Holozän). Grenzbildungen zwischen Pliozän und dem Plistozän werden als postpliozän oder präglazial, Bildungen zwischen dem Plistozän und dem Alluvium als postglazial bezeichnet. Die beiden Hauptabteilungen sind von der größten technischen Wichtigkeit und werden vom Bauingenieur als lockere bis lose Schutthülle (Aufschwemmung) scharf vom älteren Grundgebirge geschieden.

Hier sei zunächst das Diluvium besprochen. Über die Anzahl der Vereisungen und ihre Ursachen herrscht trotz des ungeheuren Tatsachenmateriales noch keine volle Übereinstimmung. In jeder Eiszeit hat das Eis eine Decke von Grundmoräne (Geschiebemergel) abgelagert, das abfließende Wasser Schotter, Kies und Sand, das gestaute Wasser

[1] Nach Kayser, E.: Lehrb. d. geol. Formationskunde Bd. 2. Stuttgart 1924.

den Beckenton. A. Penck und E. Brückner haben aus den Beobachtungen im Alpengebiet auf vier große Eiszeiten geschlossen, die durch drei eisfreie Interglazialzeiten getrennt sind. Diese Gliederung steht nach F. A. Leverett mit den nordamerikanischen Vereisungen in Übereinstimmung und G. Rovereto hat sie auch auf das patagonische Glazial anwenden können.

Die meisten norddeutschen und nordischen Geologen unterscheiden nur drei Eiszeiten bzw. zwei Interglazialzeiten. Andere Forscher anerkennen nur eine ältere und eine jüngere Vereisung, einzelne sogar nur eine einmalige Vereisung. Als Ursachen der Eiszeiten haben wahrscheinlich neben Klimaschwankungen bedeutende Hebungen des baltischen und kanadischen Schildes gewirkt, während einzelne Küstengebiete gesunken sind.

Die Verbreitung der (in älteren Karten mit dem jüngeren Tertiär oder mit dem Alluvium zusammengezogenen) lockeren eiszeitlichen Bildungen ist dank des Aufschwunges der glazialgeologischen und geomorphologischen Forschung ziemlich genau bekannt. In Europa waren der ganze Norden und die höheren Gebirge vom Eis bedeckt, in Nordamerika: Grönland, Kanada und der nördliche Teil der Vereinigten Staaten.

b) Die europäische Vereisung.

Die Ausdehnung der europäischen Vereisung ist aus der Abb. 17 zu ersehen; in Nordeuropa lagen nach E. Kayser 6500000 km² unter der Eisdecke. Von den damals höher gelegenen skandinavischen Ländern, die das Nähr- und Ausräumungsgebiet bildeten, floß das nordische Eis in der Richtung der Pfeile gegen die Nordsee und Ostsee, wobei es die seichten oder noch nicht vorhandenen Meere (Ostsee) überschritten und viel von seiner Grundmoräne verloren hat. Dessen ungeachtet verursachte das zur Zeit der größten Vereisung über 1000 m mächtige Inlandeis in Norddeutschland und den baltischen Ländern eine ungeheure Verschüttung. Das ältere Gebirge (Zechstein bis Tertiär) durchragt die heutige Oberfläche nur in vereinzelten Kuppen, vgl. Abb. 65 (Lüneburg), 102 u. 103 (Hamburg); vielfach ist es nur aus Bohrungen bekannt.

Wie die erwähnten Aufragungen andeuten, wechselt die Mächtigkeit der bis zu 200 m starken glazialen Verschüttung örtlich in weiten Grenzen. Regional nimmt sie gegen den Rand der Vereisung ab, beträgt aber (nach E. Kayser) bei Utrecht noch 160 m, während sie bei Leipzig auf 16 m sinkt.

Jede Endlage oder Dauerlage einer Vereisung ist durch große Moränenwälle gekennzeichnet, hinter denen sich die Grundmoräne und Stauseebildungen (Tone, Bändertone, Mehlsande) anreichern. Nach dem Rückgang des Eises werden sie von den Gletscherflüssen in großem Maßstab zerschnitten, verfrachtet und als Schotter, Sand und Ton wieder abgelagert. Außerhalb der Moränengürtel lagern die Gletscherflüsse schon während des Vorstoßes, dem örtlichen Gefälle entsprechend, fluvioglaziale Schotter (Terrassenschotter), Kiese, Sande oder

Tone ab. Gleichzeitig macht sich die Windwirkung geltend. Aus dem eisfreien Ödland fegen die Winde den gröberen Sand vor den Moränenwällen zu Sandheiden (Sandr) zusammen und tragen die feinsandigen und tonigen Teilchen weit ins Vorland hinaus, wo sie als Löß und Lehm die Hochflächen überziehen und die Täler und Vertiefungen erfüllen. Der Einfluß der Vereisung auf den Baugrund reicht daher

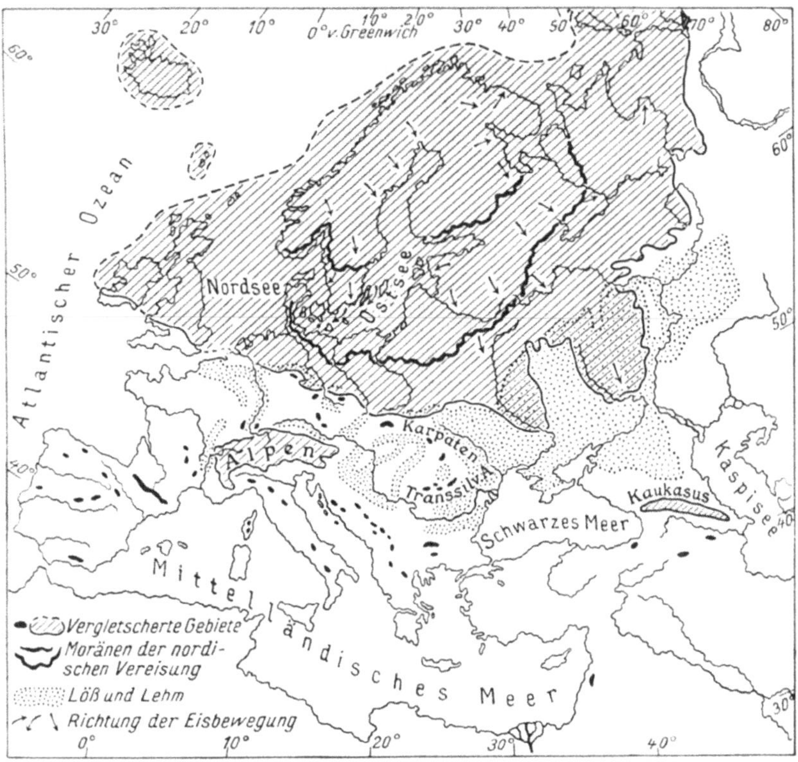

Abb. 17. Übersichtskarte der eiszeitlichen Gletschergebiete und der Lößgebiete in Europa (nach A. Penck in Resultats scientifiques du Congrès de Botanique, Wien 1905).

über den Rand der vormaligen Eisdecke noch weit hinaus (vgl. die Löß- und Lehmzonen der Abb. 17).

Zwischen den einzelnen Eiszeiten, die mit tektonischen Bewegungen zusammenhängen mögen, hat ein wesentlich wärmeres, zwischen den großen Schwankungen des Eisstandes ein etwas milderes Klima geherrscht und den Pflanzenwuchs begünstigt.

In den Interglazialzeiten ist das Meer tief in die großen Flußtäler der Nord- und Ostsee eingedrungen, die interglazialen Ablagerungen enthalten daher dort auch marine Bildungen.

In den Stauwässern bildeten sich Moor- und Torfschichten, die unter dem Druck der späteren Überlagerung kohlig wurden, sowie

Diatomeenlager und lockere Kalktuffe. Diese interglazialen und interstadialen Ablagerungen machen sich im Baugrund oft nachteilig geltend.

Für Mitteleuropa wird überwiegend folgende von Berendt, Keilhack, Schröder und Wahnschaffe begründete Einteilung der Vereisungen angenommen:

Dritte oder letzte (Weichsel-) Eiszeit
Zweite oder jüngere Interglazialzeit
Zweite (Saale-) Eiszeit
Erste oder ältere Interglazialzeit
Erste oder älteste (Elster-) Eiszeit.

Wegen ihres Zusammenhanges mit den heutigen Gletschern und den Moränengürteln und Schotterfluren im Vorland, sowie mit den Fragen der Talbildung hat die Vereisung der Alpen eine besondere wissenschaftliche Stellung erlangt. A. Penck und E. Brückner haben ihr das bekannte zusammenfassende Werk gewidmet[1]; A. Penck hat sich später noch wiederholt mit den Anschauungen anderer Forscher auseinandergesetzt[2], die nachfolgende Einteilung jedoch beibehalten:

Letzte oder Würm-Eiszeit
Riß-Würm-Interglazialzeit
Riß-Eiszeit
Mindel-Riß-Interglazialzeit
Mindel-Eiszeit
Günz-Mindel-Interglazialzeit
Älteste oder Günz-Eiszeit.

Für die Standfähigkeit oder Tragfähigkeit der diluvialen Ablagerungen sind das Herkunftsgestein, die Aufbereitung und der Wassergehalt wichtig. Bei der Verfrachtung hat eine mechanische Auslese der widerstandsfähigsten Gesteine stattgefunden; die nordischen Moränen und Kiese verhalten sich daher in den Randgebieten günstig, wenn sie nicht mit feinsandigen und tonigen Bestandteilen des vom Eis überschrittenen Untergrundes oder mit Stauseebildungen vermengt sind.

In der Regel liefern die kristallinen Gesteine eine kiesreiche Grundmoräne, die gelegentlich tonreich wird und Nester von Schwimmsand enthält. In Kalk- und Dolomitgebieten bildet sich eine an das Straßen-Makadam erinnernde Grundmoräne („Lehmbeton"). Aus tonreichen und sandigen Gesteinen entstehen tonigsandige Grundmoränen, die zum Rutschen neigen.

Durch die Bewegungen des mächtigen Inlandeises ist der Untergrund mechanisch stark beeinflußt worden. Die zahlreichen Störungen innerhalb des Glazials und in den unterliegenden älteren Schichten wurden von einzelnen Geologen als Anzeichen tektonischer Krusten-

---

[1] Penck, A., u. E. Brückner: Die Alpen im Eiszeitalter. Leipzig: Ch. H. Tauchnitz 1901—1909.

[2] Vgl. u. a. Penck, A.: Ablagerungen und Schichtstörungen der letzten Interglazialzeit in den nördlichen Alpen. Sitzgsber. preuß. Akad. Wiss., Physik.-math. Kl. 1922 Bd. 20 S. 214.

bewegungen gedeutet, gelten aber heute fast allgemein als Folgen des einseitigen Eisdruckes. Während die meisten Stauchungen parallel zu den Endmoränen (also peripherisch) verlaufen, hat H. Hess von

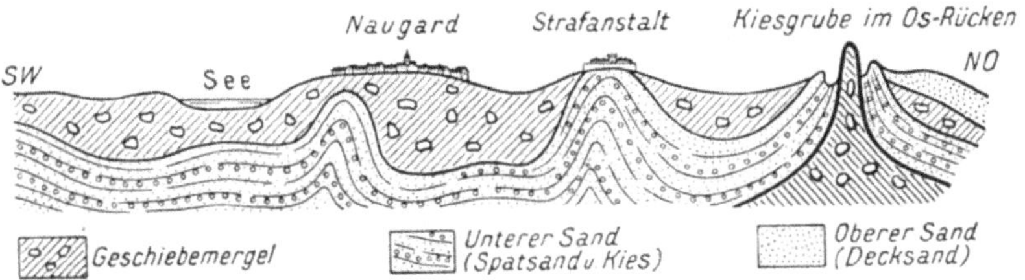

Abb. 18. Aufpressung der älteren Grundmoräne bei Naugard i. P. (nach H. Hess von Wichdorff).

Wichdorff das gleichzeitige Vorkommen radialer Aufpressungen beschrieben, wie sie schematisch in der Abb. 18 erscheinen[1].

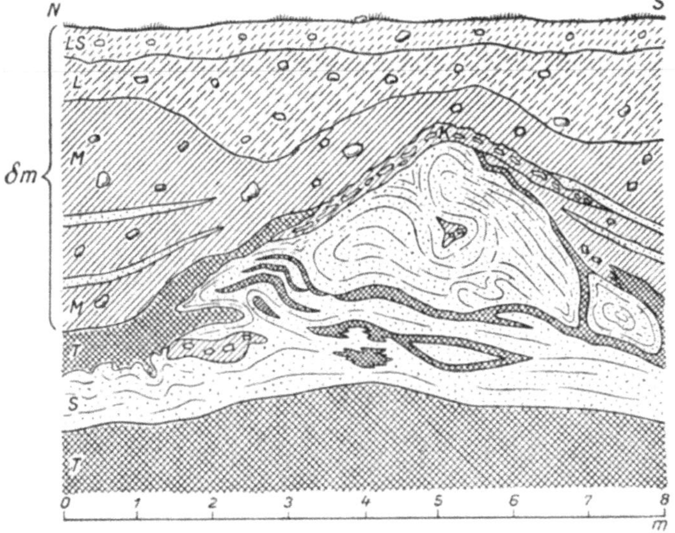

Abb. 19. Schichtstörungen durch Eisschub in einer Tongrube zu Herzfelde (nach F. Wahnschaffe).

LS Lehmiger Sand, *L* Lehm, *M* Mergel } oberer Diluvialmergel *δm*
S Unterer Diluvialsand *ds*
T Unterer Diluvialton *d*
K Kalkkonkretionen

Welche unberechenbaren Ineinanderstauchungen in Sand- und Tonablagerungen entstanden sind, haben H. Credner[2] und F. Wahnschaffe[3] an vielen Beispielen gezeigt (Abb. 19).

[1] Über die radialen Aufpressungserscheinungen im diluvialen Untergrund der Stadt Naugard i. P. und ihre Beziehungen zu dem Naugarder Stau-Os. Jb. preuß. geol. Landesanst. Bd. 30 (1909) Heft 1.

[2] Credner, H.: Schichtenstörungen im Untergrund des Geschiebelehmes im nordwestl. Sachsen. Z. dtsch. geol. Ges. Bd. 32 (1880) S. 75.

[3] Wahnschaffe, F.: Über einige glaziale Druckerscheinungen im norddeutschen Diluvium. Z. dtsch. geol. Ges. Bd. 34 (1882) S. 562.

Die Stauchung hat auch noch Kreideschichten[1] und die Verwitterungszone des Muschelkalkes von Rüdersdorf ergriffen. Von den braun-

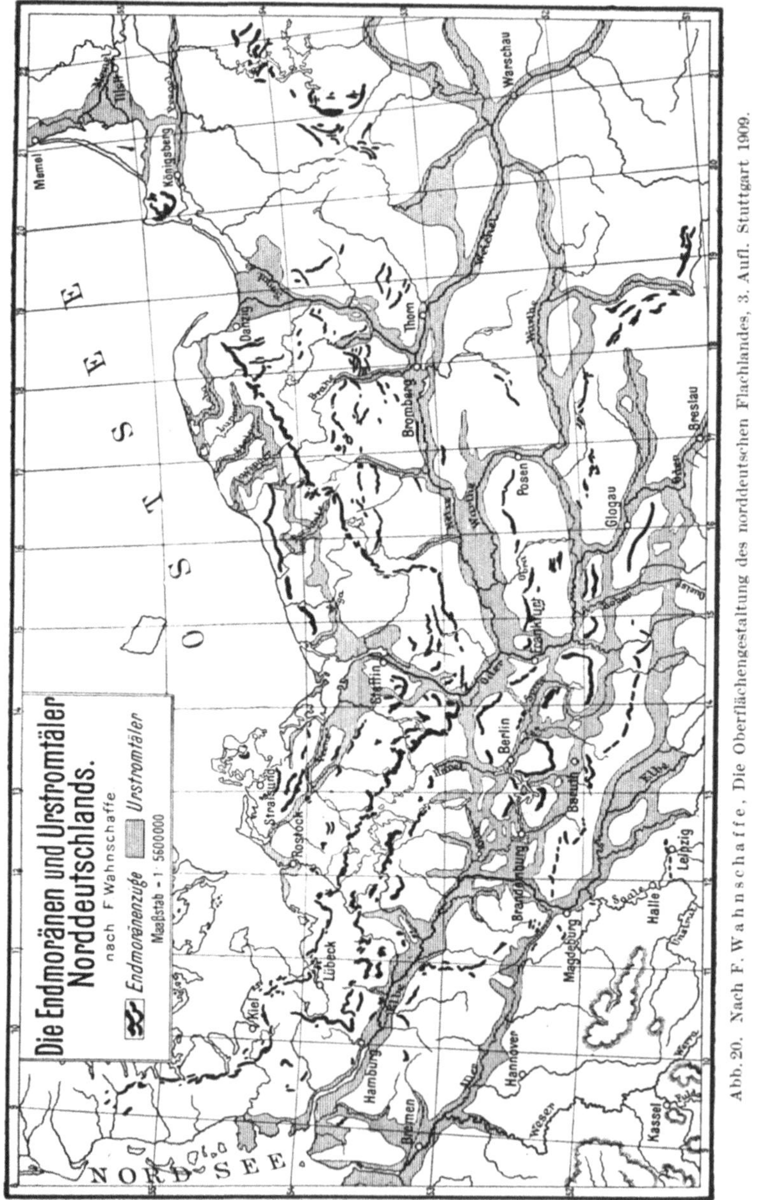

Abb. 20. Nach F. Wahnschaffe, Die Oberflächengestaltung des norddeutschen Flachlandes, 3. Aufl. Stuttgart 1909.

kohlenführenden Tertiärschichten hat der Eisschub ganze Schollen

[1] Vgl. E. Kayser a. a. O. S. 473, Abb. 125.

abgespalten und verschleppt. In den aus Bohrungen abgeleiteten Profilen (Abb. 97 u. 103) sind solche Verschürfungen deutlich zu erkennen.

Für die Baugrund- und Grundwasserverhältnisse sind die Umbildungen des Gewässernetzes von der größten Bedeutung. Solange das ältere Gewässernetz unter dem Eise lag, mußten sich vor den Endmoränen große Abflußrinnen bilden, die auch untereinander Verbindung erlangten. Abb. 20 zeigt diese Urstromtäler in der Auffassung von F. Wahnschaffe. K. Keilhack hat eine ähnliche Karte entworfen[1]. Die Sohle des Oder-Elbe-Urstromtales wurde bei Berlin in 120 m, bei Hamburg in 260 (bis 300?) m Tiefe erbohrt (vgl. Abb. 97 u. 103). Unter den nachfolgenden Vereisungen wurden die älteren Täler völlig verschüttet und die Gewässer bahnten sich neue Täler (vgl. die Epigenesen im vorstehenden Abschnitt 8).

In der Literatur des europäischen Glazials sind fast alle größeren Siedlungsgebiete und Täler vertreten; einige Einzelheiten daraus sind im Achten Teil zur Erläuterung der Baugrundverhältnisse herangezogen.

c) Die nordamerikanische Vereisung.

Was von den physikalischen Vorgängen bei der europäischen Vereisung ausgeführt wurde, gilt sinngemäß auch für jedes andere vormals

Abb. 21. W. C. Aldens Karte der Glazialablagerungen in den Vereinigten Staaten (nach O. E. Meinzer, U. S. Geol. Survey, Water-Supply Paper 489, Washington 1923.

B Baltimore. *Ch* Chicago. *Cl* Cleveland. *K* Kansas. *L* Lincoln. *NO* New Orleans. *W* Washington.

unter einer ausgedehnten Vereisung gelegene Gebiet. Auch das nordamerikanische Inlandeis ist von früher höher gewesenen alten Gebirgen gegen Süden vorgerückt. Es hatte jedoch kein Meer zu über-

[1] Jb. preuß. geol. Landesanst. Bd. 30 (1909) Heft 1.

schreiten und hat sich über der präkambrischen Landoberfläche des aus harten Gesteinen bestehenden kanadischen Schildes ausgebreitet. Das Gebiet der großen Seen, in dem bis zum Karbon reichende Landstufen auftauchen, wurde von der letzten Vereisung nicht wesentlich überschritten. Im vormals vergletscherten Gebiet oder in nächster Nähe liegen die bedeutendsten Städte Kanadas und der Vereinigten Staaten (vgl. Abb. 21 und 109).

Hinter den Moränenwällen der nordamerikanischen Vereisung wurden die als Baugrund so wichtigen ausgedehnten Tonlager sowie „Hardpan“ und „Boulder Clay“ (Geschiebemergel) abgesetzt, unter denen die alten Felsgesteine häufig schon in technisch erreichbarer Tiefe anstehen. Löß- und Dünenbildung tragen auch hier den Einfluß der Vereisung weit in das von den Gletschern nicht erreichte Gebiet hinaus.

F. Leverett unterscheidet in Nordamerika folgende Vereisungen[1].

Vierte (letzte) oder Wisconsin-Eiszeit
Dritte Interglazialzeit
Dritte oder Illinois-Eiszeit
Zweite Interglazialzeit
Zweite oder Kansas-Eiszeit
Erste Interglazialzeit
Erste (älteste) Jersey-Eiszeit.

d) Das Diluvium der nicht vereisten Gebiete.

Von der Nachbarschaft der großen Eismassen wurden auch die nicht vergletscherten Landoberflächen beeinflußt[2]. Außer den bereits erwähnten Wirkungen der abfließenden Gewässer und des Windes mußte sich das zurückgedrängte tierische und pflanzliche Leben geltend machen. Es genügt hier zu erwähnen, daß das erste sichere Auftreten des Menschen in die altdiluviale Eiszeit fällt, und daß der als unmittelbare Begleiterscheinung jeder Vereisung aufgefaßte Löß unter dem Einfluß des Graswuchses entstanden ist. Wie bei den heutigen arktischen Gebieten war das Eis mit zunehmender Entfernung von Tundren, Steppen, Weide und Wald umsäumt.

Auf dem Bodeneis konnten Blockströme verfrachtet werden, deren Bewegung sonst nicht erklärlich wäre. Das Zurückweichen des Bodeneises mußte zur Bildung von Fließerde (Trail) führen. In den Mulden entstanden Sümpfe und Moore, in denen sich hartschalige Samen und Blütenstaub (Pollen) erhalten haben. Die diluviale Verwitterung ist unter jüngeren Bildungen noch manchmal erkennbar und hat im hohen Maß zur Bodenbildung beigetragen.

Vor allem aber gingen von den nordischen Moränen (wie von den Alpen) mächtige Schuttausstrahlungen aus. Es entstanden die ausgedehnten, ineinandergeschachtelten Flußterrassen, von denen Abb. 107, München, ein Beispiel gibt. In der Regel finden sich in Höhen

---

[1] Leverett, Frank: Comparison of North American and European Glacial deposits. Z. Gletscherkde Bd. 4 (1909/10).

[2] Vgl. Salomon, W.: Die Bedeutung der Solifluktion f. d. Erklärung deutscher Landschafts- und Bodenformen. Geol. Rdsch. Bd. 7 (1917).

zwischen 30 und 200 m über dem heutigen Flußspiegel drei Schotterterrassen: Der Deckenschotter als älteste und höchste, die Hochterrasse als mittlere und die Niederterrasse als jüngste und tiefstliegende Flur.

Das Quartär der nicht vergletscherten Küstengebiete weicht von den beschriebenen Typen wesentlich ab; es wird nach dem Fossilgehalt und der Höhe der alten Strandterrassen gegliedert.

15. Das Jungquartär. (Postglazial und Alluvium).

War das Diluvium lange Zeit das Stiefkind der geologischen Aufnahme, so wurden die nacheiszeitlichen Bildungen in den Gebirgsländern noch weniger berücksichtigt. Wegen ihrer großen Verbreitung verschleiern sie das geologische Kartenbild und wurden daher im gebirgigen Gelände mit Ausnahme der aufschlußlosen Talböden und großer Schwemmkegel oder Schutthalden weggelassen. Hingegen enthalten die preußischen Flachlandsblätter seit langem eine bodenkundliche Gliederung des Alluviums, die auch für bautechnische Zwecke wertvoll ist.

Im Ostseegebiet bestand in der spätglazialen Zeit das nach der kleinen Muschel Yoldia arctica benannte Yoldia-Meer, aus dem sich durch tektonische Hebung der Ancylus-See (Leitfossil die Muschel Ancylus fluviatilis) entwickelte. Eine neuerliche Senkung schuf sodann das Litorina-Meer (Leitfossil die Schnecke Litorina litorea), in das nach Abnahme des Salzgehaltes Süßwassermollusken ((Limnäa ovata und Mya arenaria) einwanderten (Limnäazeit und Myazeit). Diese Wandlungen waren von Änderungen des Klimas begleitet, die ebenfalls zur Gliederung des Alluviums verwendet wurden (vgl. die Tabelle).

Einen wesentlichen Fortschritt brachte die seit 1916 erfolgte Ausgestaltung der von C. A. Weber, Bremen, eingeführten Pollenuntersuchungen durch die schwedischen Geologen L. von Post und F. Enquist[1]. Am vollkommensten spiegelt sich die Entwicklung seit dem Abschmelzen des Inlandeises in den Torfmooren oder im Schlammabsatz unberührter Gebirgsseen. Trägt man im Lot eines zu untersuchenden Punktes den Pollengehalt der lotrecht untereinander entnommenen Bodenproben in den zugehörigen Tiefen waagrecht auf, so erhält man das Pollenspektrum dieses Punktes. Wird die Untersuchung auf ein ganzes Profil ausgedehnt, so liefert sie ein Pollendiagramm, aus dem sich der ehemalige Baumbestand und aus diesem der zugehörige klimatische Zustand ablesen läßt. Durch das Klima ist nun das Alter der Ablagerung gegeben[2].

In Schweden ist die Alluvialstratigraphie schon vollkommen ausgebaut. „Prähistorische Moorfunde konnten auf Grund anhaftender Torfteilchen noch nach jahrzehntelangem Lagern im Museum hinsichtlich ihrer ursprünglichen Tiefenlage auf den Dezimeter genau bestimmt werden[3].“

Da mit dem Alter einer Ablagerung diagenetische und chemische

---

[1] Bülow, K. v.: Methoden, Erfolge und Möglichkeiten der mod. Alluvialgeologie. Sitzgsber. preuß. geol. Landesanst. 1927 Heft 2.

[2] Vgl. Abschnitt 12, Klimaschwankungen.

[3] Bülow, K. v.: a. a. O.

Vorgänge verknüpft sind, ist es nicht ausgeschlossen, daß der große wissenschaftliche Fortschritt zumindest für einzelne Gebiete auch eine entsprechende praktische Bedeutung erlangen wird, z. B. für die Untersuchung der Seegehänge hinsichtlich Rutschgefahr beim Absenken, oder für die nachträgliche Untersuchung kleiner Bodenproben im Streitfall.

Für die leicht mißzuverstehenden oberwähnten klimatischen Bezeichnungen hat K. v. Bülow folgende Ersatzbezeichnungen vorgeschlagen[1].

		Bisherige Bezeichnung		Vorgeschlagene Bezeichnung		
Quartiär	Alluvium	Gegenwart Subatlantische Zeit		Jungalluvium (= Geschichtliche Zeit) Alluvium		Jungquartär
		Subboreale Zeit Atlantische Zeit Boreale Zeit	Postglaziale (postarktische) Wärmezeit	Jung-(Spät-)Postglazial Mittel-Postglazial Alt-(Früh-)Postglazial	Postglazial	
	Diluvium	Subarktisch Arktisch		Spät-Diluvial Diluvial		Altquartär oder Diluvium

Die jungquartären Bildungen verdienen die besondere Aufmerksamkeit des Bauingenieurs. Sie waren nie dem Druck einer großen Überlagerung ausgesetzt wie die tertiären und diluvialen Ablagerungen, liegen größtenteils im Grundwasser und sind daher meist locker und beweglich. Ein günstiges Verhalten zeigen die umgeschwemmten Diluvialbildungen, aus denen mancher norddeutsche Alluvialsand hervorgegangen ist. Sie lassen sich vom anstehenden Diluvium oft nur durch den geringeren Kalkgehalt abgrenzen. Eine ähnliche Unterscheidung wird bei den Dünen gemacht, die manchmal unter einem Mantel von losen alluvialen Flugsanden einen dichtgelagerten diluvialen Kern besitzen.

Bei der Umbildung des Gewässernetzes nach dem Rückgang des Inlandeises wurden einzelne Talstücke abgeschnitten und versumpften. Aus Entwässerungsrinnen, die sich unter dem Eis gebildet hatten, entstanden sogenannte Rinnenseen. Die runden tiefen Sölle werden auf Ausstrudelungen, Erdfälle oder auf das langsame Abschmelzen von in den Schlamm gebetteten Eismassen zurückgeführt. In solchen Hohlformen bilden sich die bei Gründungen gefürchteten Lager von Moorerde, Diatomeen, Faulschlamm und Faulschlammkalk. Oft enthalten sie unter einer oberflächlich ausgetrockneten Kruste fast flüssigen Schlamm, in dem die Anschüttungen spurlos verschwinden (Millionenlöcher).

[1] Zbl. Mineral., Geol., Paläont. 1927, Abt. B Nr. 8.

An den Küsten und im Mündungsgebiet der großen Ströme entstehen durch Anlandung des junquartären, wenig tragfähigen sandig-tonigen Schlicks die Kleiböden der Marschen.

In den Gebirgsländern erfolgt die Abriegelung von Talstücken durch Bergstürze oder große Schwemmkegel. Unter dem groben Geschiebe der Flußbetten liegt in den Talweitungen mitunter wasserreicher beweglicher Seeschlamm. „Millionenlöcher" treten auch inmitten felsiger Umrahmungen auf[1]. In den weiten Talflächen bilden sich ausgedehnte und tiefgründige Moore, z. B. zwischen Stainach-Irdning und dem Gesäuse im Ennstal, in der Umgebung von Salzburg, zwischen Frasne und L'Abergement[2], an der Solothurn-Bern-Bahn[3] u. v. a. O.

Halbfeste Gesteine sind seit dem jüngeren Quartär nur untergeordnet als Kalksinter, Kalktuff, Raseneisenstein und als vulkanischer Tuff entstanden, Hartgesteine nur durch Erstarrung von Lavaströmen.

Dritter Teil.

Physik, Chemie und Biologie des Baugrundes.

I. Das Wasser im Baugrund.

1. Entstehung des Grundwassers.

Das in den oberen Schichten der Erde enthaltene Wasser entsteht hauptsächlich durch unmittelbares Einsickern der Niederschläge. Örtlich erlangt die Versickerung aus offenen Gerinnen oder Becken Bedeutung. Aus der wassergesättigten, in den Boden eindringenden Luft kann sich durch Kondensation ein geringer Beitrag zum Grundwasser bilden. Aus großer Tiefe aufsteigende (juvenile) Wässer sind selten.

Im allgemeinen unterscheidet sich der beständige Quellertrag wenig vom Niedrigstwasser nach Iszkowski[4] $Q_o = 0{,}2 \cdot \nu \cdot Q_m$; ν ist ein von den geologischen Verhältnissen, der Pflanzendecke, der Gebietsgröße und dem Klima abhängiger Beiwert und $Q_m = 0{,}03171 \cdot c_m \cdot h \cdot F$ die mittlere Jahresabflußmenge. Das geologische Einzugsgebiet einer Quelle oder eines Grundwasserstromes fällt nicht immer mit dem topographischen zusammen.

Im feuchten oder gemäßigten Klima folgt das Grundwasser annähernd der Oberflächenform. Es sammelt sich unter den Talböden, die durch offene Gerinne (Tagwässer) oder unterirdische, verschüttete Gerinne (Grundwasserströme) entwässert werden. Häufig liegt ein Tagwasserlauf über einem Grundwasserstrom (Urstromtal) oder mehreren Grundwasserstockwerken.

In der Hydrologie werden hauptsächlich die mathematisch erfaßbaren Erscheinungen an den oberflächennahen zusammenhängenden

---

[1] Vgl. Achter Teil, VIII. A. 2. Kninsko Polje.

[2] Schardt, H.: Geol. u. hydrol. Beobachtungen über den Mont d'Or-Tunnel und dessen anschließende Gebiete. Schweiz. Bauztg. Bd. 70 (1917) Nr. 26.

[3] Luder, W.: Die elektrische Solothurn-Bern-Bahn. Schweiz. Bauztg. Bd. 72 (1918) Nr. 18.

[4] Iszkowski, R.: Z. öst. Ing.- u. Arch.-Ver. 1886 S. 86.

Grundwasserkörpern des Alluviums und Diluviums mit besonderer Beziehung zur Wasserversorgung der Siedlungen untersucht. Die Erforschung gespannter Wässer, der Kluft-, Gebirgs- und Höhlenwässer, sowie der nur durch Tiefbohrungen erreichbaren süßen und Mineralwässer ist Aufgabe der Geohydrologie; doch gibt es keine scharfe Grenze zwischen beiden Wissenszweigen[1]. In Trockengebieten ist ein großer Teil des oberflächennahen Grundwassers versalzen; trinkbares Süßwasser wird am sichersten nach geologischen Gesichtspunkten erbohrt[2].

2. Beobachtung des Grundwassers.

Außerhalb der trockenen oder halbtrockenen Gebiete trifft jede genügend tiefe Baugrube an der Lehne auf Adern und im Talboden auf Ansammlungen von Grundwasser. Wo die Wasserversorgung durch Brunnen erfolgt, wird den Grundwasserständen und der Beschaffenheit des Grundwassers erhöhte Aufmerksamkeit zugewendet. Im Deutschen Reich beobachten die Landesanstalten für Gewässerkunde ständig mehr als 8000 Brunnen und Bohrlöcher. Das frühere Österreich, das seinen hydrographischen Dienst auf die Vorarbeiten für die Wasserstraßen und den Wasserkraftkataster eingestellt hatte, ist nicht mehr zur Einrichtung eines Grundwasserdienstes gekommen. Vorbildlich sind die Grundwasserstudien des geologischen Dienstes der Vereinigten Staaten[3].

In vielen Staaten ist die Grundwasserbeobachtung erst einzurichten oder auszubauen. Brunnen, die unter dem Einfluß von Betriebsschwankungen stehen, sind nur als Notbehelf zu gebrauchen, ebenso Brunnen, die vertieft wurden. Am wertvollsten sind langjährige Beobachtungsreihen an Brunnen oder Bohrlöchern, aus denen keine Entnahme stattfindet. Sie liefern bei Streitigkeiten über die Beeinflussung des Grundwassers durch neue Brunnen oder durch den Bergbau die wichtigsten Vergleichswerte. Zur Auflassung bestimmte Brunnen mit langjähriger Beobachtung sollten wegen ihrer wissenschaftlichen und praktischen Bedeutung unbedingt vom Staat oder den Gemeinden als Meßstellen für den Grundwasserbeobachtungsdienst übernommen werden. Grundwasserspiegel sind stets durch absolute Höhenangaben festzulegen, da sich die Sohle des Brunnens durch das wiederholte Ausräumen und der obere „Rand" bei der Instandhaltung beträchtlich ändern.

3. Natürliche Schwankungen des Grundwasserstandes und ihre Beziehungen zu den offenen Gewässern.

Der Grundwasserstand folgt mit Dämpfungen und Phasenverschiebungen dem Gang der Niederschläge und des Wasserstandes der Flüsse,

[1] Vgl. Prinz, E.: Handbuch der Hydrologie. Berlin: Julius Springer 1919. — Keilhack, K.: Lehrbuch der Grundwasser- und Quellenkunde. Berlin 1917, 2. Aufl. — Imbeaux, Ed.: Les nappes aquifères de France. Bull. Soc. géol. France X (1910) 180—243.

[2] Vgl. Stappenbeck, R.: Das Grundwasser in den Wüsten und Steppen Südamerikas. Z. Ges. Erdkde Berlin 1924, Heft 5—7.

[3] Meinzer: Groundwater in United States. U. S. Geol. Surv. Water Supply Paper 489 (1923).

letzteres jedoch nur in einer örtlich bis auf Null sinkenden Reichweite. Dämpfungen werden durch den (mit der Jahreszeit wechselnden) Einfluß der Verdunstung, die Speicherwirkung des Grundwasserträgers und die Ausdichtung der Gerinne herbeigeführt. Die stärkste Phasenverschiebung entsteht durch die Ansammlung der Niederschläge in der Schneedecke und den Abfluß in einer kurzen Tauperiode (Alpines Regime). In großen Sand- und Schotterfeldern, die aus offenen Gerinnen gespeist werden, verursacht die geringe Sickergeschwindigkeit des Grundwassers eine vom Abstand zwischen Brunnen und Gerinne abhängige, bis zu mehreren Wochen betragende Verspätung der Grundwasserwelle gegenüber der Tagwasserwelle.

Folgt auf einen trockenen Herbst eine strenge Frostzeit, so fehlt monatelang jeder Zulauf und es entstehen besondere Tiefstände des Grundwassers. (Grundwasserebbe, Grundwasserklemme). Das Grundwasser bewegt sich dann in einzelnen Adern, auf die das Potenzgesetz nicht anwendbar ist. Langandauernde Regenfälle füllen sämtliche Porenräume, und bei Hemmung des Abflusses (z. B. durch unterirdische Tonschwellen) treten ungewöhnliche Hochstände des Grundwassers und Überflutungen ohne sichtbaren Zulauf ein (Grundwasserfluten).

In Bauplänen und Gutachten ist jeder Grundwasserspiegel mit dem Tag der Erhebung zu verzeichnen; nach Möglichkeit ist auch festzustellen, welche Lage ihm innerhalb des Schwankungsbereiches zukommt. Im Beharrungszustand stellt sich das Grundwasser auf den Spiegel der durchlässigen offenen Gerinne ein. Steigt das Tagwasser plötzlich an, so ergießt sich Flußwasser in den Grundwasserträger. Sinkt der Wasserspiegel im offenen Gerinne, so tritt Grundwasser in das Flußbett über. Mitunter ist das Flußbett ausgedichtet und die Grundwasserbewegung wird wenigstens streckenweise unabhängig vom Wasserstand im Gerinne. In Gewässern, die von Gletschern gespeist werden, erfolgt die Ausdichtung durch den Gletscherschlamm oder durch umgeschlämmte Diluvialablagerungen[1], sonst durch die Sinkstoffe aus Tongesteinen (Schlick) und in Staustrecken der Flachlandsflüsse durch Schlamm und organische Stoffe[2].

4. Künstliche Veränderungen des Grundwasserstandes.

a) Dauernde Grundwassersenkungen.

Wo ausreichend Gefälle vorhanden ist, legt man die Baustelle durch Entwässerungsstollen, -schlitze, -rohre oder verrohrte Horizontalbohrungen dauernd trocken und trifft alle Baumaßnahmen für den gesenkten Wasserspiegel. Alle Wasserabzüge müssen dauernd reinigungsfähig sein, um Verstopfungen oder Sinterbildungen beseitigen zu können.

Bei einem Schulbau der Stadt New York zwischen St. Nicholas Park und Amsterdam Avenue, der auf einer etwa 30 m hohen Kuppe liegt, litten die Keller unter Grundwasserandrang. Durch einen rund 300 m

[1] Vgl. Achter Teil, VI. 3. Innsbruck: Die Sill.
[2] Vgl. Achter Teil, V. 1. Berlin: Die Spree.

langen Stollen von 1,6 · 1,6 m Querschnitt gegen den Park wurde das Grundwasser dauernd gesenkt[1].

Vor Einführung der Betonpfähle wurden Gebäude im Alluvium oder in der Anschüttung häufig auf Holzpfählen gegründet. Wenn Tiefkanalisationen oder Flußregulierungen das Grundwasser später dauernd senkten, vermoderten die hölzernen Grundwerke, die Gebäude versackten und mußten unterfangen werden[2].

Nach der Entwässerung von Sumpfland sinkt die Geländeoberfläche infolge Verwitterung und Verdichtung der torfigen Oberschicht, besonders bei landwirtschaftlicher Bearbeitung. In den „Grandi Valli Veronesi" entstanden nach den von 1856—1885 ausgeführten Entwässerungsarbeiten[3] im Zeitraum 1885—1902 Senkungen von 0,7—1,3 m. Ein 2,3 m hohes Torfprofil in Böhmen schrumpfte auf 1,5 m zusammen, ein 2 m hohes in Finnland[4] auf 0,5 m. Infolge der Juragewässerkorrektion hat sich die Oberfläche an Fluß- und Seeufern, namentlich wo Torfbildungen vorkommen, unregelmäßig um 0,3 bis über 1,30 m gesenkt[5].

b) Zeitweise Grundwasserabsenkungen.

Die Wasserhaltung in tiefliegenden Bergbauen mit undurchlässiger Überlagerung stört die Tag- und Grundwasserverhältnisse nur, wenn erhebliche Bodensenkungen eintreten. Wenn bei Tagbauten auf jüngere Braunkohle die durchlässige diluviale Überlagerung abgeräumt wird, entstehen weitreichende Grundwasserabsenkungen, die unter Umständen Auswaschungen und Setzungen des angrenzenden Grundes herbeiführen.

In den festgelagerten Sanden des nordischen Diluviums hat die Grundwasserabsenkung mittels Rohrbrunnen das Betonieren unter Wasser verdrängt. W. Sichardt kennzeichnet die Leistungsfähigkeit der Grundwasserabsenkung durch folgende Angaben[6];

	Größte Fördermenge l/sek	größte Absenktiefe m
Holtenau, neue Schleuse des Nordostseekanals, 1910—1912 (Geschiebemergel über unterem Sand)	850	22.0
Söldertälje, Neue Schleuse, 1921—22 (Diluviale Sande mit Kies und Geröll und Einlagerungen von tonigem Feinsand)	2100	Unterhaupt: 12.80 Oberhaupt: 11.90

In einem aus Sand und Kies bestehenden Untergrund kann das Grundwasser beliebig abgesenkt werden, denn bei richtiger Bauart und Zahl der Pumpen verursacht das Tiefertreiben wohl eine Vergrößerung von Reichweite und Absenkungszeit, wegen der konstant er-

---

[1] Engng. Rec. vom 2. März 1912, S. 243.

[2] Beispiele siehe Achter Teil III. 3. Wien und VI. 7. Salzburg, 9. Graz.

[3] Bolletino della Società Geografica Italiana, XXXVII, Vol. XI, 793. Roma 1903.

[4] Ehrenberg, P.: Die Bodenkolloide, 3. Aufl., S. 208. Dresden: Th. Steinkopff 1922.

[5] Schweiz. Wasserwirtschaft vom 10. Okt. 1917.

[6] Über Tiefsenkungen des Grundwasserspiegels. Bautechn. 1927 S. 683, 730. — Vgl. Kyrieleis, W.: Grundwasserabsenkung bei Fundierungsarbeiten, 2. Aufl. neu bearb. v. W. Sichardt. Berlin: Julius Springer 1930.

haltenen Eintrittsgeschwindigkeit jedoch keine Zuspitzung des Entnahmetrichters.

Bei feinkörnigen Sanden ist die Grundwasserabsenkung nach der Auffassung von W. Körner[1] zwangläufig mit einer Setzung des Bodens verbunden, die bei wechselnder Zusammensetzung des Diluviums auch ungleichmäßig werden kann. Die Reichweite hängt nicht von der Baugrubentiefe, sondern von der Senkungslinie ab, zu deren Bestimmung H. Weber Formeln aus dem Inhalt des Senkungstrichters abgeleitet hat[2]. Bei einem Schleusenbau in der Weserniederung wurden noch in 2500 m Abstand Brunnen trocken gelegt.

Ist der Gehalt an feinen Sanden größer als 2%, so muß die Eintrittsgeschwindigkeit am Saugkopf kleiner sein als jene Wassergeschwindigkeit, bei der die gefährdete Korngröße noch schwebt. In groben Alluvien kann der Wasserzudrang so stark werden, daß die Grundwassersenkung wirtschaftlich und selbst technisch unausführbar wird. Innerhalb ihres natürlichen Anwendungsgebietes im nordischen Diluvium hat sich die Grundwasserabsenkung auch im dicht verbauten Gebiet vollkommen bewährt. Nach J. Schäfer sind die an bestehenden Gebäuden beobachteten Setzungen auf Undichtheiten der Baugrubenzimmerung oder auf das Schwinden quellbarer organischer und tonhaltiger Schichten zurückzuführen[3].

c) Grundwasserstau.

In einem ebenen Grundwasserträger von 10—15 m Mächtigkeit können schon die Gebäudefundamente einen nicht vermeidbaren Grundwasserstau verursachen, der sich in den Grundwasserschichtenlinien ausdrückt. An Lehnen stauen besonders Bauwerke, die der Schichtenlinie folgen (Stützmauern, Werksgraben, Wasserstollen), die Sickerwässer, wodurch bei undurchlässigem Baugrund Schalenrutschungen und Bewegungen der Bauwerke eintreten. Es ist daher stets durch Schlitze oder Rohre für den ungehinderten Durchzug der Lehnenwässer vorzusorgen.

Innerhalb der Station Mißling der Eisenbahn Unterdrauburg-Wöllan entsprang in einer Wiese am Lehnenfuß eine unscheinbare Quelle. Der etwa 2 m hohe Stationsdamm wurde mit dem Ausbruch des durch Konglomerate, Sandsteine und schußfesten Tegel der Sotzkaschichten getriebenen benachbarten Tunnels geschüttet, und man nahm an, daß das Wasser durch die Hohlräume abziehen werde. Als der Damm sich gesetzt hatte, geriet das Lehnenwasser unter Druck und durchbrach die Dammkrone wie ein Schlammvulkan. Man mußte die Quelle aufgraben, fassen und in einem Betonrohr ableiten.

Künstliche Stauseen verändern die unterirdische Wasserführung teils durch Stauung, teils durch Speisung. Ein Beispiel dafür liefert das un-

---

[1] Bodensetzungen bei Grundwasserabsenkungen. Bautechn. 1927 S. 614.

[2] Die Reichweite von Grundwasserabsenkungen mittels Rohrbrunnen. Berlin: Julius Springer 1928.

[3] Zur Frage der Gründung mit Grundwasserabsenkung usw. Bautechn. 1927 S. 380.

erwartete Ansteigen eines durch Kiesrücken vom Stausee in Lagan, Schweden, getrennten kleinen Sees[1].

5. Gespannte Wässer.

Artesische Wässer. Was sich an Lehnen im kleinen unter der Verwitterungsdecke vollzieht, wiederholt sich im großen, wenn eine durchlässige Schicht schalenartig unter die undurchlässige Auskleidung eines Beckens hinabtaucht: Das Grundwasser steht unter hydrostatischem Druck. Das Wiener Becken hat z. B. einen einseitig aufgebogenen Rand und wenig nachhaltige artesische Brunnen, während das Londoner und das Pariser Becken vollständig artesische Becken sind.

Gespanntes Wasser kommt in allen Erdteilen unter den verschiedensten geologischen und klimatischen Verhältnissen vor[2]. Stammt der Überdruck vom höheren Beckenrande, so heißt das Wasser artesisch; es kann bis über Flur steigen oder unter Flur bleiben. Der Überdruck kann auch durch die Überlagerung oder Gase im Untergrund erzeugt werden[3]. An der Küste von Honolulu wird artesisches Süßwasser unter der undurchlässigen Strandhalde erbohrt[4]. Im Hafen von Spezia tritt auf einer kleinen Felsinsel, etwa 6 m über dem Meeresspiegel, eine Süßwasserquelle (Spaltquelle) zutage.

Das nach Durchbohrung wassersperrender Decken aufsteigende Wasser kann feine Sand- und Schlammteilchen mitreißen und Aushöhlungen und Senkungen des Geländes herbeiführen. Bei dem Brunnenunglück in Schneidemühl[5] traf eine 75 m tiefe Bohrung unter 24 m diluvialem Sand, Kies und Ton die tonig-glimmerigen, von dünnen Tonschichten durchzogenen feinen Sande der Posener Braunkohlenformation. Aus diesen flossen vom 5. Mai bis 21. Juni 1883 etwa 120000 m³ Wasser aus, die 8000 m³ Sand und Schlamm heraufförderten. Infolgedessen bildete sich um das Bohrloch ein Senkungstrichter von 120 m Durchmesser mit einer 90 m vorspringenden Ausbuchtung. Es wurden 14 Häuser zerstört; der Sachschaden wurde mit 1 Million Mark berechnet.

A. Stella folgerte aus Versuchen und Beobachtungen[6]: Aus einer unter dem Druck der Umschließung stehenden Sandlinse fließt nur dann Wasser aus, wenn sie einen Zufluß besitzt. Als Zufluß kann auch das aus dem wassergetränkten Ton ausgepreßte Wasser wirken. Aus ausgedehnten Sand- und Tonlagern kann der Gebirgsdruck monate- bis jahrelang aufsteigende Brunnen von 25 l/min Ergiebigkeit auspressen. Solche kurzlebige Brunnen werden „acque morte" oder „lacrime d'acqua" genannt. Die seit Jahrzehnten bis Jahrhunderten gleichmäßig

[1] Zbl. Bauverw. 1926 Nr. 10 S. 125.

[2] Vgl. Keller, H.: Gespannte Wässer. Halle a. S.: W. Knapp 1928.

[3] Vgl. Achter Teil, VIII. B. 2. Venedig.

[4] Palmer, H. S.: Das artesische Gebiet von Honolulu. Mitt. geolog. Ges. Bd. 19 (1926). Wien 1928.

[5] Vgl. Krusch, P.: Gerichts- und Verwaltungsgeologie, S. 38. Stuttgart: F. Enke 1916.

[6] Beiträge zur Kenntnis der Art und Weise des Grundwasseraufsteigens im Schwemmgebirge. Z. prakt. Geol. Okt. 1899, S. 347.

ergiebig aufsteigenden Brunnen im Gebiet von Mailand, Mantua, Modena und Venedig springen durch hydrostatischen Druck, sind also echte artesische Wässer.

Wasserkissen. C. Ochsenius[1] versuchte die Senkungen in Schneidemühl durch Anbohren eines Wasserkissens, d. h. eines von einer elastischen Decke überspannten und durch erdige Ablagerungen belasteten linsenförmigen Wasserkörpers, zu erklären. Denkt man sich eine schwimmende Pflanzendecke unter Staubanwehung über den ganzen Spiegel fortwachsend (vgl. Abb. 22), so kann sie eine bedeutende Tragfähigkeit erlangen, ohne daß der unterliegende Wasserkörper verlandet. In Schneidemühl war ein früher mit Kähnen befahrener Teich vermeintlich verschüttet und sodann als Baugrund benutzt worden. In Wirklichkeit hatte man das Wasser unter dem zähen Filz der von Algen und Wasserpflanzen gebildeten Decke nur eingekapselt, und infolge der äußeren Belastung mußte es durch das Bohrloch aufsteigen und Schlamm und Feinsand mitreißen.

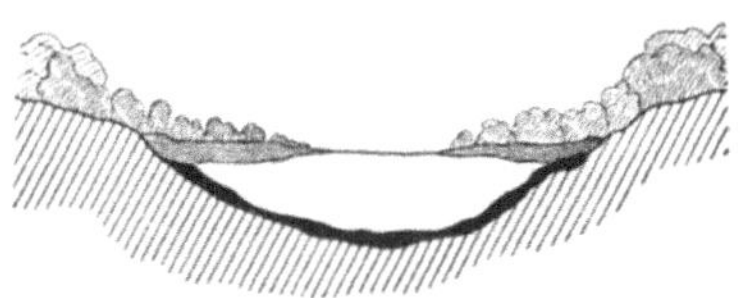

Abb. 22. Entstehung eines Wasserkissens unter einer Moordecke (nach E. Kayser).

6. Physikalische Wirkung des Grundwassers auf den Baugrund.

Im dichtgelagerten Sandboden erzeugen die Grundwasserschwankungen keine wesentliche Änderung der Tragfähigkeit. Hingegen vermindert sich die Tragfähigkeit des lockeren Sandes und von Sandschüttungen, wenn sich das Grundwasser über die Unterfläche erhebt[2]. Die kapillare Steighöhe im scharfen Sand wird mit 0,3—0,2 m angegeben und für Feinsand mit etwa 0,4 m.

Der künstlich entwässerte städtische Tonboden ist oberflächlich hart und rissig, in 1—3 m Tiefe zäh und speckig und in noch größerer Tiefe feucht und bildsam. Grundwasser kommt darin nur in sandigen Einlagerungen vor. Die kapillare Steighöhe im Ton erreicht an der Grenze von Mo und Schluff den Höchstwert von 1 m und sinkt mit zunehmender Feinheit rasch bis gegen 0,2 m. Ein allgemeines Steigen des Grundwassers muß nach längerer Zeit ein Schwellen des Tonbodens herbeiführen, ein allgemeines Sinken hingegen ein entsprechendes Schwinden. Austrocknende Tonböden zeigen an der Oberfläche die bekannten polygonalen Schwindrisse. In Trockengebieten entsteht an den feuchten Schwindspalten ein das Sprungnetz überhöhender Graswuchs[3]. Infolge der Schrumpfung des Londontones im trockenen Herbst 1898 senkten sich im Westen Londons hunderte von Häusern; die bloß 0,45—0,75 m

---

[1] Ebenda Dez. 1899 S. 420.

[2] Terzaghi, K.: Erdbaumechanik, S. 247. Wien: F. Deuticke 1925.

[3] Abbildungen solcher Zellenböden siehe Kühn, F.: Fundamentos de Fisiografía Argentína, Buenos Aires 1922, und Rovereto, G.: Trattato di Geologia Morfologica. Milano: U. Hoepli 1923.

tiefen Fundamente wurden danach um 1,5—1,8 m bis zum dauernd feuchten Ton vertieft[1].

Werden in der Baugrube Grundwasserströme angetroffen, so ist ihre Umgebung, selbst im Fels auf das Vorhandensein von Hohlräumen zu untersuchen und das Grundwasser in druckfesten Rohren abzuleiten. Erdschlitze sind zu verwerfen, da sie sich nach einiger Zeit verstopfen. Gespannte Wässer aus Felsspalten sind zu verdämmen oder besser, wie bei jedem anderen Auftreten, in Standrohren hochzuführen und dauernd zu beobachten.

7. Physikalische Wirkung des Grundwassers auf die Bauwerke.

Die wichtigste mechanische Einwirkung besteht im sogenannten Unterdruck auf die Bauwerksohle, dessen Größe strittig ist. Im durchlässigen Boden wird meist der volle Unterdruck angenommen, mitunter aber nur jener Bruchteil, der dem Porenvolumen entspricht[2].

Auch über den Unterdruck der hinter Wehren und Talsperren[3] angestauten Wassermassen gehen die theoretisch und aus Versuchen abgeleiteten Annahmen weit auseinander. Bei Gründungen auf undurchlässigem Fels oder auf genügend mächtigen sandfreien und ungestörten Tonschichten kann ein gefährlicher Unterdruck nur entstehen, wenn die Fundamentpressung an der Oberwasserseite nicht größer ist als der Wasserdruck. Auch in diesem Falle nimmt der Unterdruck gegen die Luftseite auf Null ab.

Zeitweise gespanntes Grundwasser tritt in Karstgebieten zur Regenzeit als Springquelle auf; es kann durch Spalten, die während der Niederwasserzeit überbaut wurden, aufsteigen und das Mauerwerk durchbrechen.

Eine Tonschichte, die an der Unterfläche von gespanntem Wasser nach aufwärts gepreßt und an der Oberfläche durch Bauwerke belastet ist, hebt sich im unbelasteten Zwischenraum; die Bauwerke scheinen einzusinken, und zeitlich weit auseinanderliegende Nivellements zeigen dann auffallende Unterschiede. Das Schwellen des Tones infolge Grundwasseranstieg kann Trennungen im Mauerwerk hervorrufen, wenn es nicht unter der ganzen Grundrißfläche eintritt oder wenn die natürliche Mächtigkeit bzw. die verbleibende Stärke der Tonlage sehr verschieden ist.

Gegen das kapillar aufsteigende Grundwasser werden die Hochbauten durch wassersperrende Einlagen (Asphaltfilz u. dgl.) geschützt, gegen das seitliche Eindringen durch wasserdichten Mörtel, Dichtungsplatten und Schutzanstriche. Bei Bauten an der Lehne oder an

---

[1] Pollack, V.: Bodensenkungen infolge Bergbau in Großbritannien (nach R. J. Gifford Read). Montan. Rdsch. 1918 Nr. 22—24.

[2] Engels, H.: Über die Größe des Wasserdruckes im Boden. Z. Bauw. 1911 Heft 7/9. — Franzius-Zimmermann: Über die Wirkung des Wasserdruckes im Boden. Zbl. Bauverw. 1913 Nr. 13 S. 96. — Busemann: Versuche zur Ermittl. d. Auftr. unter Bauw. im Grundw. Zbl. Bauverw. 1917 Heft 32. — Gaede: Über die Größe d. Auftr. unter der Sohle v. Bauw. Zbl. Bauverw. 1917 Heft 80.

[3] Fillunger, P.: Der Auftrieb in Talsperren. Öst. Wschr. öff. Baudienst 1913 Heft 31. — Ziegler, P.: Der Talsperrenbau, 3. Aufl. Berlin 1925.

Flußufern sind außerdem Vorkehrungen gegen Grundwasserstau zu treffen.

Nach den Untersuchungen von L. Jesser genügen die Quellungserscheinungen im Mörtel allein, um die so häufigen Zerstörungen des Verputzes herbeizuführen. Durch die Frostwirkung wird der angequollene Verputz dann abgesprengt. Die kapillare Steighöhe läßt sich durch grobkörnige Zuschlagstoffe zum Mörtel, der Wassergehalt durch Belüftung der Mauern vermindern.

Chemische und biologische Wirkungen[1] treten hauptsächlich im Bereich der Grundwasserschwankung ein. Bausteine mit tonigen Beimengungen und gebrannte Ziegel vermorschen; für die Grundmauern werden daher Urgesteine und kalkig oder kieselig gebundene Sandsteine (und Konglomerate) bevorzugt, in neuerer Zeit wird hauptsächlich Beton verwendet. Hölzerne Brunnenrohre und Pfähle verrotten im Schwankungsbereich.

II. Virtuelle Verschiebungen.

(Solifluktion.)

Unter konstanter Last soll sich ein Bauwerk in vollkommener Ruhe befinden, und unter bewegter Last nur elastische Schwingungen vollführen. Indessen unterliegen viele Bauwerke auch einem Zustand virtueller Verschiebungen, in dem starke Formänderungen ohne Zubruchgehen des ganzen Bauwerkes erfolgen.

Hochbauten auf ungleichmäßig nachgiebigem Baugrund (z. B. Tonböden, Schlammgrund u. dgl.) können allmählich und oft ohne Gefahr für den Bestand versacken. An den älteren Häusern auf dem Tegelrand des Wiener Beckens gibt es fast keine ungestört durchlaufende Horizontallinie. Ob das Versacken der Häuser in Amsterdam, Kiel oder Venedig auf virtuellen Bewegungen im Boden oder auf anderen Ursachen beruht, ist noch fraglich. Trocken ausgeführte Futtermauern alter Straßen zeigen häufig starke Ausbauchungen, ohne einzustürzen. An den Lehnen vollziehen auch Mörtelmauern beträchtliche Wanderungen und Drehungen. Noch bedeutender sind die allmählichen Bewegungen der Erdbauten. Bei allen diesen Erscheinungen ist das augenblickliche Gleichgewicht nicht merklich gestört, trotzdem eine stetige Annäherung an die Bruchgrenze erfolgt.

Die virtuellen Verschiebungen gehen meistens vom Baugrund aus; eine Zunahme der Bodenfeuchte beschleunigt, eine Abnahme verzögert sie. In der Geologie sind die virtuellen Bodenbewegungen als „Bodenfließen“ (Solifluktion)[2] bekannt und wurden zuerst von Th. Fuchs an den Randbildungen des Wiener Beckens beobachtet. Ihre Bedeutung für das Bauwesen und das Bewegungsgesetz hat der Verfasser bei Eisenbahnbauten in Böhmen erkannt (vgl. Abb. 23)[3]. G. Götzinger hat

[1] Vgl. Abschnitte IX und XI.

[2] Vgl. Vierter Teil, Abschnitt V. 4. Fließschutt.

[3] Vgl. Penck, W.: Die morphologische Analyse, 1924. Geogr. Abh. hrsgb. v. A. Penck, Berlin, II. Reihe, Heft 2, Anm. 152. — Fuchs, Th.: Über eigentümliche Störungen in den Tertiärbildungen des Wiener Beckens und über eine selb-

nach eigenen Beobachtungen die morphologische Wichtigkeit der Erscheinung beschrieben[1]. Von den nordländischen Geologen ist die Schuttbewegung im Zusammenhang mit dem Bodenfrost als weitverbreitete Erscheinung erforscht worden. Übersichtlich ist das ausgebreitete Schrifttum von K. Sapper[2] und W. Penck[3] besprochen worden. Eis- und Frostwirkungen der Gegenwart sind im folgenden

Abb. 23. Hangfließen im zersetzten Elbogener Granit bei Stirn an der Eisenbahn Schönwehr-Elbogen, Č. S. R.

Abschnitt VII behandelt, Beispiele im Vierten Teil, Abschnitt V. 4. angegeben.

Manche Stauch- und Gleitfalten im Schotter des Wiener Beckens (vgl. Abb. 82) dürften durch virtuelles Vorschieben eines Lehnenfußes

ständige Bewegung loser Terrainmassen. Jb. geol. Reichsanst. Wien 1872 S. 309. — Singer, M.: Fließende Hänge. Z. öst. Ing.- u. Arch.-Ver. 1902 S. 190.

[1] Götzinger, G.: Beiträge zur Entstehung der Bergrückenformen. Geogr. Abh. hrsgb. v. A. Penck, IX, 1, Leipzig 1907.

Anm. d. Verf.: Da das „Kriechen" eine wippende Bewegung beinhaltet, kann nur von einem Fließen und an Stelle des auch sprachlich unrichtigen Ausdruckes „Gekriech" nur von Fließschutt gesprochen werden.

[2] Sapper, K.: Geol. Rdsch. 1913 Heft 4.

[3] Penck, W.: a. a. O. 85 u. Anm.

entstanden sein, während der Londoner „trail“ (Abb. 70) eine klimatisch bedingte Fließerde ist. Langandauernde virtuelle Bewegungen der Schuttdecke erzeugen auch in Trockentälern bedeutende Schuttanhäufungen am Lehnenfuß. Im gemäßigten Klima sind zur Bewegung des Fließschuttes wesentlich größere Geländeneigungen erforderlich als für die durch Eis- und Schmelzwasser geförderte polare Solifluktion, die sich schon auf unter 3—5° geneigten Bahnen vollzieht.

An den Steillehnen beginnt die virtuelle Bewegung mit dem sogenannten Hakenwerfen der gebankten oder geschichteten Felsgesteine. Durch die Verwitterung wird der ursprüngliche Gesteinsverband gelöst, und die gelockerten Stücke folgen dem Schweredruck im Gehänge. In Abb. 23 geht die Hakenbildung des anstehenden Elbogener Granites stetig in die Abströmung des Fließschuttes über. Im großen Maßstabe tritt das Hakenwerfen im Schiefergneis mit Marmoreinlagerungen des Motto d'Arbino im Tessin auf. H. Schardt hat die im Oktober 1928 eingetretenen Felsbewegungen als Endstadium des am ganzen Gehänge ausgebildeten Hakenwerfens erklärt[1].

Eine merkwürdige virtuelle Bewegung hat der Verfasser im Frühjahr 1915 an der „Razpadalica“, einem hohen Lehnendamm im km 36,4/7 der Eisenbahn Divacca-Pola, untersucht. Seit der Erbauung im Jahre 1875 bewegen sich an der Razpadalica (= das „Zerfallende“) die aus Kalk- und Flyschschutt bestehende Abwitterungshalde und der damit verzahnte Dammkörper. Anfänglich traten flache Ausschalungen der Schuttlehne auf, die durch Entwässerungsbauten zum Stillstand kamen. Die Setzungen des Dammes gingen ununterbrochen fort und betrugen z. B. im trockenen Jahr 1883 lotrecht gemessen nahezu 3 m, so daß Linienrückungen notwendig wurden. Nach den sorgfältigen Aufzeichnungen der Streckenleitung betrug die Summe der lotrechten Senkungen der Dammkrone von 1875—1915 rund 25 m. Da die Aufhöhung des Dammes durch Nachschottern vorgenommen worden war, enthielt der Dammkörper einen tiefen wassergetränkten Schottersack, von dem die beständige Durchfeuchtung der Unterlage ausging.

III. Gleichgewichtsstörungen durch waagrechte Kräfte.

Ausgedehnte flachliegende Tafeln setzen der Faltung einen geringen Widerstand entgegen; darauf beruht die leichte Veranschaulichung der Auffaltung eines Gebirges durch den Modellversuch. Wird eine quellungsfähige Tafel von Pappendeckel, Holz oder dergleichen einseitig befeuchtet, so wirft sie sich: die durch Quellung vergrößerte Fläche wird zur Außenseite, die trockene zur Innenseite des Gewölbes. Hemmt man die freie Ausdehnung durch Festhalten der Ränder, so legt sich die Tafel in Falten. Eine zusätzliche Spannung, wie sie z. B. beim Aufziehen eines durchfeuchteten Zeichenblattes angewendet wird, erzeugt beim Trocknen entgegengesetzt gerichtete Tangentialspannungen, die zum Zerreißen führen können. Da Tonböden, im Gegensatz zu Sandböden, stark quellbar sind, erklärt sich aus obiger Betrachtung

[1] Neue Züricher Zeitung vom 21. Nov. und 10. Dez. 1928.

das Entstehen von Kleinfalten und Rissen im Tonboden. In einem Tonboden, der aus mehreren, durch nicht quellbare Zwischenlagen getrennten Schichten besteht, werden beim Quellen der Tonschichten die ineinandergreifenden Vorsprünge an den Grenzflächen abgeschert. Eine äußere Kraft kann dann auch eine einzelne Schichttafel in Falten stauchen. Möglicherweise sind die Faltungserscheinungen in der Tongrube Laban (Abb. 105) auf derartige Vorgänge zurückzuführen.

Im Baugrund über Tag haben die waagrechten Kräfte anderen Ursprung als im Tunnelbau, der mitunter tektonischen Krustenspannungen begegnet. Der Eisdruck beim Zufrieren der Gewässer überträgt bedeutende waagrechte Kräfte auf die Ufer und erzeugt darin Scherflächen, an denen im Frühjahr Absitzungen eintreten. Die leichte Verformbarkeit ausgedehnter Eisdecken mildert den Eisdruck. Wenn Fließschutt oder sonstige Gleitschichten ihre waagrechten Teilkräfte am Lehnenfuß auf den Talboden übertragen, so werden selbst Schotter gestaucht, ähnlich jenen der Abb. 108 (München), bei denen die schon erwähnte Wirkung des Eisschubes nicht in Frage kommt. In Livland entstehen bei plötzlichen Temperaturänderungen explosionsartige Zerreißungen der Moordecke oder „Erdwürfe“[1]. Zugfeste Pflanzendecken über Mooren werden bei der Ausführung von Anschüttungen in immer steilerer Wulstform aufgetrieben, bis der Wulst zerreißt und die Schüttung einsinkt (vgl. Abb. 24).

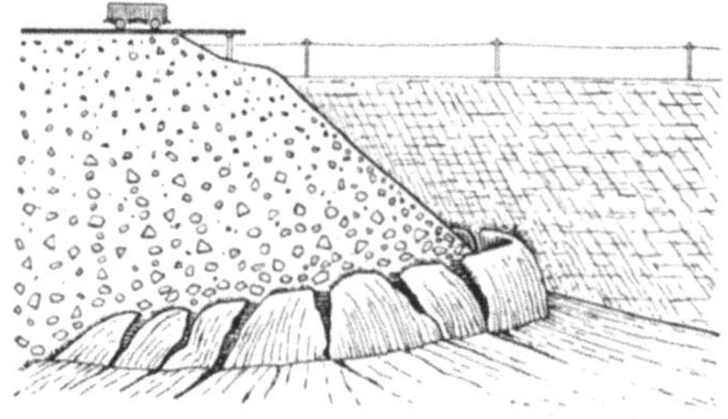

Abb. 24. Zerreißen einer überlasteten Torfdecke am Fuß einer 16,65 m hohen Muschelkalkhalde bei Rüdersdorf (nach F. Wahnschaffe).

Bogenbrücken und Stauwerke übertragen große waagrechte Kräfte auf den Baugrund, die selbst vom Fels oder festgelagerten Schotter nicht ohne bleibende Formänderung aufgenommen werden können[2]; besonders leicht weichen Tonböden aus. Im Laboratoriumsversuch fand K. Terzaghi[3] als Kleinstwert der statischen Reibung im Ton 0,23. In der Natur, wo sich die Gleitungen nicht im homogenen Ton vollziehen, hat R. Ballif[4] eine Reibungsziffer von 0,07 bestimmt; im miozänen Schlier sind unter einem Eisenbahndamm der Linie Wien-Gmünd $1:12 = 0{,}083$ geneigte Gleitflächen aufgetreten[5]. Auch die in Abb. 84 (Wolfganggasse) durch das Eigengewicht hervorgerufene Gleitung im pontischen Tegel erfolgte auf vorgezeichneten Bahnen, die unter 5 bis 10% geneigt waren.

[1] Vgl. Doss, Br.: N. Jahrb. f. Mineral. 1914. Bd. 1 S. 52.
[2] Vgl. Siebenter Teil, VI.
[3] Erdbaumechanik 1925 S. 197.
[4] Wschr. Öst. Ing. u. Arch.-Ver. 1876 S. 289.
[5] Raschka, H.: Die Rutschungen in dem Abschnitte Ziersdorf-Eggenburg der Kaiser-Franz-Joseph-Bahn. Z. öst. Ing.- u. Arch.-Ver. 1912 Heft 36.

IV. Gleichgewichtsstörungen durch natürliche oder künstliche Unterhöhlung.

1. Natürliche Unterhöhlungen und Bodensenkungen.

Das in die Erde versickernde Regenwasser löst unter Erweiterung der Klüfte Mineralstoffe auf und erzeugt, zu Grundwasserströmen angesammelt, auch mechanische Auswaschungen des Gebirgsinnern, wodurch ausgedehnte, von Flüssen durchzogene Höhlensysteme entstehen. Wenn das Höhlendach einbricht, bilden sich trichterförmige Vertiefungen (Dolinen), Abb. 25.

Steilwandige Einbruchsdolinen kommen im Triestiner und Fiumaner Karst bis 255 m Tiefe vor, der obere Durchmesser erreicht 1,5 km. Im verbauten Gelände verursachen schon die kleinen Einbrüche schwere Schäden. Unter der Stadt Staunton, Va., ist im Kalkstein eine Schlucht ausgelaugt, deren Decke aus dicht gepackten Tonrückständen besteht.

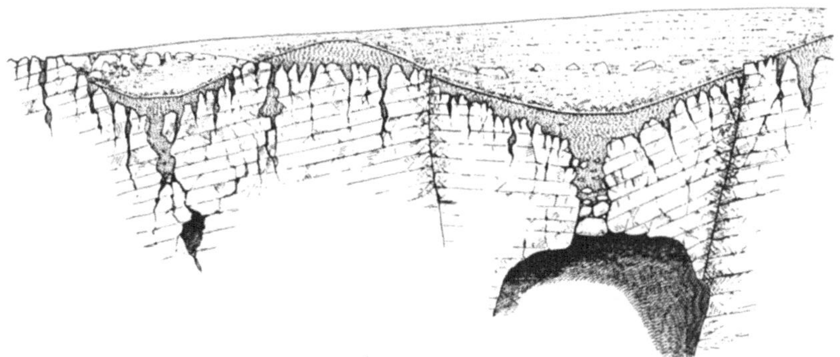

Abb. 25. Dolinenbildung im Kreidekalk des Unterkrainer Karstes.

Durch den Bruch eines Sieles vom Wasser durchweicht, stürzte sie im Bereiche einiger Straßen ein, wobei auch Häuser einsanken[1].

Besitzt das ausgewaschene Gebirge eine starke Überlagerung von losen Bildungen, so entstehen Erdfälle. Bei Überlagerungen von mehr als 100 m klingt die Sackung infolge Auflockerung der nachbrechenden Massen an der Oberfläche in flach muldenförmigen Bodensenkungen aus. Erdfälle entstehen hauptsächlich im Gips, Dolinen in reinem Kalk und Bodensenkungen (Pingen) über Kohlenbergwerken. Die Steinsalzlager im gemäßigten Klima sind durch einen Hut von Gips, Anhydrit, und Salzton gegen Auslaugung durch die Tagwässer geschützt, doch finden die Tiefenwässer Zutritt. Wo Salzsole aufsteigt oder gefördert wird, entstehen große Hohlräume im Salzgebirge. Erdfälle infolge Solegewinnung haben sich z. B. in Cheshire, Northwich-District, hauptsächlich an der Steinsalzgrenze ereignet[2]. Den Erdfällen gehen gewöhnlich Bodensenkungen voraus, die Bauwerke werden rissig und

[1] Ries, H., and Th. L. Watson: Engng. Geology, S. 351. New York: John Wiley & Sons. 1925

[2] Pollack, V.: Bodensenkungen infolge Bergbau in Großbritannien. Montan. Rdsch. 1918 Nr. 22—24.

geraten aus dem Lot. Ist das Grundwasser gipshaltig, so treten die bekannten Zersetzungen des Zementmörtels auf. Im Untergrund von Norddeutschland hat die salz- und gipsführende Zechsteinformation

Abb. 26. Erdfall („Gipstrichter") in einer Schutthalde der gipsführenden Raiblerschichten.

große Verbreitung. Erdfälle ereignen sich dementsprechend auch in der Nähe oder innerhalb der Städte[1]. Längs des zutagestreichenden gipsführenden Gebirges, z. B. im Harz[2], treten die Erdfälle reihenweise auf und bilden häufig kleine Seen.

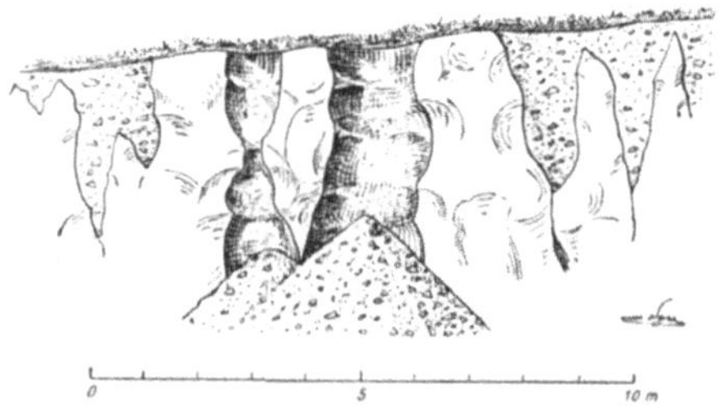

Abb. 27. Gipsschloten mit eingesunkenen Einschwemmungen und Lösungsrückständen.

Im zutage gehenden Gips der Alpen laugt das Schneewasser förmliche Trichterlandschaften aus. Selbst in den Halden und Schwemmkegeln des gipsführenden Gebirges bilden sich Einbruchtrichter (vgl. Abb. 26). Im Frühjahr 1914 hatte Verfasser rätselhaft scheinende kreisförmige Einbrüche im Gleis einer Gebirgsbahn zu untersuchen, die sich als Gipsschloten

[1] Vgl. Achter Teil, II. Lüneburg.

[2] Beispiele neuerer Erdfälle im Gipsgebiet siehe u. a. Krusch, P.: Gerichts- und Verwaltungsgeologie. Stuttgart: F. Enke 1916. — Rinne, F.: Gesteinskunde, 5. Aufl. Leipzig 1928.

herausstellten (vgl. Abb. 27). Im Hals der flaschenförmigen Höhlungen waren aus Lösungsrückständen und Einschwemmungen Erdpfropfen entstanden, die infolge der Erschütterungen durch den Zugsverkehr in die Höhlung stürzten[1]. Riesenhafte junge Einbrüche, deren Ursache in tiefliegenden Gipslagern vermutet wird, vollziehen sich im südlichen Argentinien. G. Rovereto hat derartige kreis- und schüsselförmige

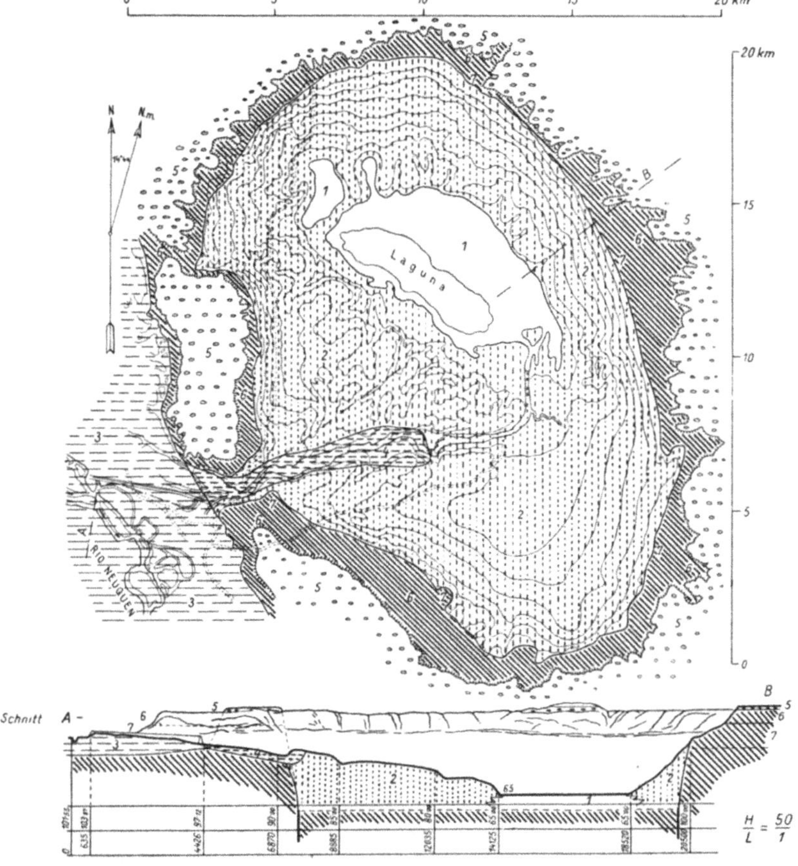

Abb. 28. Einbruchsfeld Cuenca de Vidal, Rio Neuquen-Rio Negro, Argentinien (nach G. Lange und G. Rovereto).

1 Salz- und gipshaltiger Schlamm. *2* See- und Windhalden. *3* u. *4* Anschwemmungen des Rio Neuquen. *5* Terrassenschotter. *6* Obere Kreide. *7* Mittlere Kreide.

Einbrüche im Gebiet des Rio Negro (Abb. 28 Cuenca de Vidal) und auf der Halbinsel Valdez beschrieben[2]. Die Abbildungen 26 und 28

[1] Vgl. die Einstürze aufgelassener Gipsbergwerke, Achter Teil, III. 2. Paris.

[2] Studi di Geomorfologia Argentina. Boll. Soc. Geol. Ital. XXXII (1913) u. XL (1921).

sind ausdrucksvolle Beispiele von morphologischer Großform und Kleinform gleichen Ursprungs.

In vielen Ländern finden sich verkarstete Kalkgebirge, die den kalkführenden Formationen vom Silur bis zur Kreide angehören. In neuerer Zeit hat die Erforschung von Höhlen, um die sich besonders E. A. Martel[1] verdient gemacht hat, einen großen Aufschwung genommen. Das reichhaltige Schrifttum ermöglicht in den meisten Ländern eine ausreichende Übersicht über das Auftreten von Höhlen und unterirdischen Gewässern. Es war daher nicht schwer, den unterirdischen Lauf des Timavo (Trebić) während des Weltkrieges mit der Wünschelrute zu entdecken, da er schon von E. Boegan (1906) und G. A. Perko (1910) erforscht und als klassischer Karstfluß in Monographien und Lehrbüchern beschrieben war.

2. Künstliche Unterhöhlungen und Bodensenkungen.

a) Unterhöhlung durch Steinbrüche und Tunnelbauten.

Künstliche Aushöhlungen durch den Abbau von Grobkalk und Gips finden sich in ungewöhnlichem Ausmaß im Untergrund von Paris, Unterhöhlungen durch den Abbau der Pozzolanerde in jenem von Rom; sie sind im Achten Teil einschließlich der üblichen Sicherungsarbeiten beschrieben.

Zur Herstellung von Natur-Portlandzement oder von großen Quadern geeignete Gesteinsbänke werden mitunter bergmännisch im Pfeilerabbau gewonnen. Unterirdische Abbaue von Zementmergeln finden sich z. B. in St. Bartholomä in Steiermark und in einigen Brüchen im Staate New York[2], Abbaue von Schieferton zur Schamottebereitung bei Mährisch-Trübau[3].

Gleichgewichtsstörungen durch Tunnelbauten bleiben infolge der Kleinheit des abgebauten Raumes meist in engen Grenzen. In harten Gebirgsarten ereignen sich die pingenartigen Tagebrüche gewöhnlich ohne vorherige Anzeichen. Als Ursachen sind das Durchschießen der Felsüberlagerung, deren Verlauf nicht ausreichend festgestellt wurde (vgl. epigenetische Täler!) oder das Anfahren von offenen Klüften und Quetschzonen (Myloniten) zu nennen. Im rölligen oder schwimmenden Gebirge gehen den Einbrüchen Risse an der Oberfläche voraus; die Einbrüche werden durch Anfahren von losen oder wassergefüllten Einlagerungen (Schwimmsand!) oder durch unsachgemäßes Sprengen und Zimmern herbeigeführt. Stark durchweichtes Gebirge läßt sich, wie im Gatticotunnel, oft nur unter Anwendung von Druckluft durchörtern.

b) Bodensenkungen über Kohlenbergwerken.

Bodensenkungen großen Umfanges ereignen sich über den abgebauten Kohlenlagern. Man sucht die Senkung der Tagesoberfläche schon durch

[1] Martel, E. A.: La Spéléologie au 20e siècle, Paris 1905—06. — Nouveau traité des eaux souterraines. Paris 1921. — Vgl. auch Kyrle, G.: Grundriß d. theor. Speläologie. Wien 1923, Bundeshöhlen-Kommission.

[2] The Cement Industry, New York 1900. Engng. Rec.

[3] Tietze, E.: Die geognost. Verhältn. d. Gegend v. Landskron u. Gewitsch. Jahrb. geol. Reichsanst. Wien Bd. 51 (1901) S. 317.

das Abbauverfahren einzudämmen, indem man Schutzpfeiler stehen läßt und die Hohlräume mit taubem Gebirge auspackt oder mit Spülversatz verschließt. In alten, von Luft und Wasser durchzogenen Abbaustrecken unterliegen Kohle und Tongesteine der unterirdischen Verwitterung und Auswaschung. Die Pfeiler schalen auch unter der Belastung aus und werden schließlich zerdrückt. Rascher und stärker setzt sich der Versatz in den abgebauten Räumen. Durch Spülversatz und zweckmäßigen Abbauvorgang läßt sich die Senkung in engen, vorausbestimmbaren Grenzen halten. Wenn sich die Überlagerung gleichmäßig senkt, erleiden gut ausgeführte oder unterfangene Bauwerke keine Beschädigungen[1]. Der durch den Schutzpfeiler gestützte Teil der Oberfläche kann die Senkung nicht mitmachen, und es entsteht im geologischen Sinne ein Horst, an dessen Seiten das Gebirge staffelförmig sinkt. Am Rand des gesicherten Gebietes entstehen daher Zerrungen und Risse. Während sich die Bauanlagen unmittelbar über dem Abbau am stärksten, aber ohne Schaden senken[1], erleiden sie in der Randlage die gefährlichsten Schrägstellungen und Beschädigungen.

Das Problem der Bodensenkungen im Bergbaugebiet besteht hauptsächlich in der Feststellung von Form und Grenzen des Senkungsfeldes. Die vom Abbau ausgehenden Bruchflächen verlaufen im harten kohlenführenden Gebirge anders als in der weichen tertiären oder diluvialen Überlagerung; sie sind überdies von der Lagerung des Flözes und der Wasserführung des Gebirges beeinflußt. An der Grenze des Kohlengebirges gegen die Überlagerung erfährt die Bruchfläche eine Richtungsänderung. Der Senkungsrand eines langgestreckten Abbaues unter annähernd ebener Gebirgsoberfläche kann durch einzelne Profile ausreichend genau bestimmt werden. Bei stark bewegter Oberfläche muß die von einem bestimmten Abbaufeld ausgehende Bodensenkung als Raumproblem behandelt werden. Dem englischen Kohlenbergbau steht hierfür die sogenannte „driftless“-Ausgabe der geologischen Detailkarte zur Verfügung; für das Mähr. Ostrauer Revier hat G. Götzinger das vortertiäre Relief des Steinkohlengebirges untersucht[2], in anderen Fällen ist das Relief aus den Bohr- und Schachtaufschlüssen zu bestimmen[3].

F. Ržiha (1882), M. Fayol (1885), A. Padour (1908), K. Oberste-Brink (1929) nehmen im festen Kohlengebirge Auflockerungszonen an, die vom abgebauten Grubenfeld glockenförmig gegen Tag fortschreiten, bis die nachbrechenden Massen den Hohlraum erfüllt und sich verspannt haben. Aus dieser Annahme errechnete Ržiha die schadlose Teufe, von der ab der Bergbau die Oberfläche nicht mehr beeinflussen sollte. Genaue Nivellements im Ostrau-Karwiner Revier führten H. A.

[1] Vgl. Goldreich, H. A.: Die Bodenbewegung im Kohlenrevier und deren Einfluß auf die Tagesoberfläche, S. 270, Sicherung der Katherinen- und der Marienkirche in Zwickau. Berlin: Julius Springer 1926.

[2] Götzinger, G.: Das Isohypsenbild des tertiären Reliefs des Ostrau-Karwiner Steinkohlengebirges. Verh. geol. Bundesanst. Wien 1928 Nr. 4.

[3] Vgl. Sechster Teil, V. 3. Schweremessung.

Goldreich[1] zu der Ansicht, daß es keine schadlose Teufe gebe, sondern daß die Senkungen in jedem Fall die Tagesoberfläche erreichen. Eine neuere Arbeit Goldreichs[2] behandelt besonders den Einfluß des Abbauvorganges auf die Spannungsverteilung und die waagrechten Verschiebungen im Senkungsfeld. Daß auch bei unterhalb der „schadlosen Teufe" liegenden Bergbauen Oberflächensenkungen eintreten, wird heute allgemein zugegeben. Aber weder die Theorie der Auflockerung noch jene der Bruchwinkel ist in sich widerspruchsfrei.

Der Inhalt des Senkungsfeldes kann größer sein als jener des Abbaues, wenn das Wasser aus dem Senkungsfeld Bodenbestandteile auswäscht. Würde das Grubenwasser z. B. im Liter 0,1 g Sand oder Ton enthalten und würden die Pumpen 100 l/sek fördern, so würden im Tag $86400 \times 100 \times 0{,}100\,\text{g} = 864\,\text{kg}$, entsprechend rund 0,4—0,5 m³ Gestein abwandern, in jedem Jahr somit rund $365 \times 0{,}5 = 182\,\text{m}^3$. In Kohlengruben mit geringer Wasserführung fehlt auch diese Nebenwirkung. Läßt sich trotzdem eine Überbreite des Senkungsfeldes erweisen, so müßte sich das Gebirge bloß in der früheren Firste aufgelockert, in der Umrandung des Abbaues aber infolge der größeren Inanspruchnahme zusammengepreßt haben.

c) Neubauten im Bergbaugebiet.

Wie notwendig es ist, die vom Baugrund ausgehenden Kräfte bei Neubauten im Bergbaugebiet genau zu kennen, lehrt die Flachgründung der Kohlenwäsche des Annaschachtes bei Mährisch-Ostrau auf weichem Letten und Schwimmsand über feinkörnigem Kies[3]: „Das gesamte dortige Gebiet verhält sich in bezug auf Bodenverhältnisse etwa gleich, indem bei einigermaßen schweren Lastansammlungen ein Nachgeben des Untergrundes stattfindet. Bei der Bahnbrücke über die Oder bei Mährisch-Ostrau haben seit Bestehen der Brücke[4] Gesamtsetzungen von etwa 1 m stattgefunden, die in einfacher Weise durch Hebung der eisernen Träger und Wiederaufbetonierung der Auflagerpfeiler behoben wurden." Obwohl weit größere Senkungen von Brückenpfeilern bekannt sind[5], geboten geologische Verhältnisse und Bergbau eine Nachfrage, und tatsächlich handelt es sich um Bodensenkungen infolge des Bergbaues[6], die bei der genannten Brücke sogar 3 m erreicht haben[7]. Sie wurden wie gewöhnliche Setzungen beurteilt und infolgedessen hielt man auch den von 4,8—36 m unter Oberfläche anstehenden feinkörnigen Kies und Sand für nicht genügend tragfähig.

[1] Goldreich, H. A.: Die Theorie der Bodensenkungen in Kohlengebieten. Berlin: Julius Springer 1913.

[2] Goldreich, H. A.: Die Bodenbewegung im Kohlenrevier und deren Einfluß auf die Tagesoberfläche. Berlin: Julius Springer 1926.

[3] Hdb. f. Eisenbetonbau, III. Grund- und Mauerwerksbau, 3. Aufl. 1922.

[4] Anm. d. Verf.: d. i. seit 1848.

[5] Vgl. Achter Teil, VIII. A. 2. Kninsko Polje (Oražnica-Brücke).

[6] In der 2. Aufl. des Handbuches für Eisenbetonbau (1910) war derselbe Bau als Kohlenaufbereitungsanlage für den Anselmschacht bei M. Ostrau beschrieben und zutreffend unter „Bauten im Bergwerksterrain" eingereiht.

[7] Für diese Mitteilung sei Herrn Oberbaurat Ing. A. H. Goldreich auch an dieser Stelle bestens gedankt.

Die folgenden Beispiele zeigen, wie wichtig die genaue Bestimmung der Lage von Bergbaubetrieben und Stollenanlagen für Baubestand oder Bauführung werden kann.

Aus den 27 Kohlenbergbauen unter der Stadt Scranton, Pa., wurde bis 1911 mehr Kohle und taubes Gestein gefördert, als der Aushub des Panamakanales beträgt[1]. Im Jahre 1909 brach plötzlich eine Schule in den unterhöhlten Boden ein, eine zweite und mehrere Wohnhäuser wurden stark beschädigt. Die mit der Untersuchung des Vorkommnisses betrauten Bergingenieure empfahlen, da eine Einstellung des Bergbaues aus wirtschaftlichen Gründen nicht in Frage kam, für den Abbau unter den wichtigeren Stadtgebieten Spülversatz, unter den weniger wichtigen Handversatz und für schwache Flöze den Abbau mit nachfolgender Sprengung der Firste und der Sohle, um den Hohlraum zu verstürzen.

Beim Bau einer Villa im Squirrelviertel von Pittsburg[2] war es bekannt, daß unter der Baustelle verlassene Kohlenminen liegen, deren Sohle sich 11—17 m unter Straßenhöhe befand. Man führte durch den verbrochenen Schiefer und Sandstein Bohrlöcher von 0,25 und 0,3 m Durchmesser, in die verzinkte Eisenrohre eingeführt und als spiralbewehrte Tragsäulen ausbetoniert wurden. Auf den Säulen und z. T. auf dem nicht unterhöhlten Baugrund liegt ein Trägerrost aus Eisenbeton, der die Mauern aufnimmt.

In Chicago sank im Februar 1904 ein Fabrikshaus in der Fifth Avenue, neun Monate nach Benutzungsbeginn, um mehr als 4 m. Nun entdeckte man, daß einige der 15 m langen Pfähle des Grundwerkes in einen aufgelassenen Tunnel der Stadtwasserleitung eingedrungen waren, der noch Druckwasser führte. Das Haus wurde auf einen Schwellrost gestellt und mittels Schraubenwinden in der gleichen Höhenlage erhalten, bis die zur Unterfangung durch den aufgeweichten Tonboden offen abgesenkten Schächte den 29 m tief gelegenen Fels erreicht hatten und ausbetoniert waren[3].

V. Erschütterungen des Baugrundes und der Bauwerke.

1. Natürliche Bodenunruhe.

Alle Änderungen der Temperatur und des physikalischen Zustandes der Lufthülle, der stehenden und fließenden Gewässer erzeugen Belastungs- und Spannungsänderungen in der Erdoberfläche, die an hochempfindlichen Erschütterungsmessern wahrgenommen werden. Der in der Statik als ruhend vorausgesetzte Baugrund befindet sich in Wirklichkeit beständig in mikroseismischen Schwingungen, die nach A. Belar als seismische Bodenunruhe bezeichnet werden.

Nach B. Gutenberg[4] liegt die Grenze der Fühlbarkeit von Erschütterungen für den Menschen etwa bei $^1/_{400}$ der Schwerebeschleunigung,

---

[1] Engng. Min. J. v. 15. April 1911.

[2] Engng. News vom 4. April 1912, S. 633.

[3] Subsidence over a Tunnel and Reconstruction of Destroyed Building Foundation. Engng. News 1910 II. S. 356. — Vgl. Achter Teil, VII. A. Chicago.

[4] Gutenberg, B.: Die seismische Bodenunruhe. Slg. geophysik. Schriften, hrsgb. v. C. Mainka. Berlin: Gebr. Bornträger 1924.

d. i. bei 2500 Milligal; es können daher nur ganz schnelle Stöße in nächster Nähe der Ursache empfunden werden, z.B. in der Nähe von Wasserfällen. Für hohe schmale Bauwerke, wie für Schornsteine, beginnt die Gefahr erst bei rund 100000 Milligal, eine Beschleunigung, die nur in unmittelbarer Umgebung mächtiger Wasserfälle (13000—80000 Milligal) erreicht wird, während Brandung, Sturm und Frost bloß 4 bzw. 0,2 Milligal hervorrufen.

Die regelmäßige Bodenunruhe mit Perioden von 4—10 Sek. wird nach Ansicht der meisten Forscher durch die Brandung an den Steilküsten und durch starke Schwankungen des Luftdruckes hervorgerufen. Der Einfluß der Bodengattung auf die Amplituden der Bodenunruhe scheint gegen jenen der Tektonik und andere Ursachen zurückzutreten, da nach den bisherigen Erfahrungen Geschiebemergel, Ton und Feinsand verstärkend, hingegen spröde Gesteine, wie Granit und Trochitenkalk, in gleicher Weise aber auch lockerer Sand, grober Sand und Kies abschwächend wirken sollen. Nach Beobachtungen in Schächten muß die Bodenunruhe bis in mehrere Kilometer Tiefe bemerkbar sein. L. Mintrop fand die Ansicht, daß die Bodenunruhe in Bergwerken das Auftreten von schlagenden Wettern, Stein- und Kohlenfall begünstige, durch die Erfahrung nicht bestätigt.

Die natürliche Bodenunruhe macht sich im Bauwesen als Störungserscheinung geltend, wenn technische Erschütterungen mittels empfindlicher Seismographen gemessen werden und insbesondere, wenn Interferenzerscheinungen möglich sind. Den in London beobachteten Bodenbewegungen, die von Ebbe und Flut abhängen, wird ein nachteiliger Einfluß auf den Bestand der Bauwerke zugeschrieben.

2. Wirkungen des Windes.

Sturm und Luftdruckschwankungen wurden als Ursache von Bodenunruhe ungefährlicher Art erwähnt. Bei der Standberechnung von Dächern, Brücken, Schornsteinen und Hochhäusern[1] wird der Winddruck mit den bekannten Erfahrungswerten eingeführt. Alle Windkräfte werden in den Grundfesten auf den Baugrund übertragen. Ein hoher Baumbestand vermag durch seine Schwingungen eine Lockerung des Baugrundes zu erzeugen.

In neuerer Zeit wird bei der Standberechnung der Bauwerke nicht nur der Unterdruck auf der vom Wind abgewendeten Seite berücksichtigt[2], sondern auch der Einfluß der dynamischen Schwingungen. Zerstörungen treten schon bei einer Windgeschwindigkeit von 25 m/sek auf, wenn sich Windstoß und Schwingungen summieren. Die größte Windstärke in Zürich wurde mit 32 m/sek gemessen[3], die stärksten Tornados in Amerika[4] haben Windgeschwindigkeiten von 70—125 m/sek. Da ein plötzliches Fallen des Barometerstandes um 10 mm eine Min-

[1] Vgl. Gedlicka-Schneider, A. G.: Das amerikan. Hochhaus. Z. öst. Ing.- u. Arch.-Ver. 1928 Heft 7/8.

[2] Die Aufgaben des Bauingenieurs in der Winddruckfrage. Bauing. 1924 Heft 13. — Sonntag, R.: Windsaugwirkung an Gebäuden. Zbl. Bauverw. 1924 Heft 8 u. 10.

[3] Schweiz. Bauztg. v. 11. März 1916.

[4] Org. Fortschr. Eisenbahnwes. v. 1. Okt. 1919.

derung des lotrechten Druckes um 136 kg/m² nach sich zieht, kann daraus eine ungünstige Zusatzwirkung entstehen.

Mit Hilfe eines Seismographen wurde festgestellt, daß der 94 m hohe Turm des Palazzo vecchio in Florenz mit Ausschlägen von 1—2 mm wie ein einseitig eingespannter elastischer Stab schwingt[1]. E. Lehr verweist bei der dynamischen Berechnung von Schornsteinen auf die Wichtigkeit des Resonanzgrades (Verhältnis zwischen dem Rhythmus der Impulse des Erregers und den Eigenschwingungen des Bauwerkes), die Dämpfung durch arbeitvernichtende Schwingungswiderstände und die verringerte Schwingungsfestigkeit[2].

Bei den Hochhäusern (Wolkenkratzern) erzeugt der Wind bedeutende Schwingungen. A. G. Gedlicka-Schneider hat aus den Verbiegungen der Eisensäulen des Bankgebäudes in Miami (Florida) einen Winddruck von 268 kg/m² abgeleitet; die gemessene Windgeschwindigkeit erreichte 70 m/sek. An einem schmalen freistehenden Haus in Chicago soll im obersten Stockwerk ein Ausschlag von 229 mm festgestellt worden sein. In einem New Yorker Haus, das nach Ansicht der Bewohner ruckweise Schwankungen von 300 mm erfuhr, ergab die Messung[3] bloß 1,6 mm. Für die hohen Glockentürme ist das Läuten der großen Glocken meist gefährlicher als die Windwirkung. Nach P. Alfani[4] schwingt der Turm des Palazzo vecchio synchron mit der Glocke. An den Mauern des Otto-Heinrich-Baues im Heidelberger Schloß wurden von 1912—1916 durch den Wind Horizontalbewegungen von 0,14—3,05 mm Ausschlag mit Schwankungsperioden von wenigen Sekunden bis 23 Stunden hervorgerufen[5].

3. Erschütterungen durch den Verkehr und durch mechanische Betriebe.

Mit der zunehmenden Verwendung schwerer Einheiten im Verkehr und im Betriebe erreichen die Erschütterungen von Bauwerken immer häufiger die von Menschen als störend empfundene oder für den technischen Bestand nachteilige Stärke. Nach E. E. Hall[6] hängt die Grenze der Empfindung von Schwingungen von der Frequenz und der Amplitude ab. Man empfindet bei 7 Impulsen/sek. bereits eine Doppelamplitude von 0,03—0,04 mm, bei 2 Impulsen/sek eine Doppelamplitude von 0,1 mm. J. Geiger gibt für gleichmäßig andauernde Erschütterungen folgende Empfindlichkeitsgrenzen an[7]: Die äußerste Grenze der Wahrnehmbarkeit von Schwingungen liegt bei 0,01 mm Ausschlag, doch werden Ausschläge von 0,02 mm nur von empfindlichen Personen

[1] Alfani, P.: Alcuni studi sulle vibrazioni meccaniche dei fabbricati. Pubbl. dell' Osservatorio Ximeniano dei P. P. Scolopi-Firenze, N. 104, Prato 1909.

[2] Lehr, E.: Schwingungen von Schornsteinen. Beton u. Eisen 1928 Heft 16.

[3] Grimshaw, R.: Die größten Bürogebäude der Welt. Wien. Bauind.-Ztg. 1914 Nr. 4.

[4] Alfani, P.: a. a. O.

[5] Hirschwald, J.: Die mechan. Zerstörungen des Gesteinsmateriales und die Mauerbewegungen am Otto-Heinrich-Bau des Heidelberger Schlosses. Bautechn. Gesteinsuntersuchungen, Jg. 4, 7. Heft Berlin 1912.

[6] Hall, E. E.: Engng. News vom 1. August 1912.

[7] Störende Fernwirkungen von ortsfesten Kraftmaschinen. VDI Z. Maschinenbau, Gestaltung v. 28. Juli 1923.

wahrgenommen. Von 0,04 mm Ausschlag an werden Beschwerden erhoben, während Ausschläge von 0,07 mm bei einer minutlichen Frequenz von 130—400 (2—7 Impulsen/sek), die bei laufenden Kolbenmaschinen vorkommen, für bewohnte Räume unzulässig sind. Welche Grenze der Erschütterung noch zulässig ist, hängt vom Verwendungszweck des Bauwerkes ab. Die Beschleunigung bildet keinen Maßstab für die Wahrnehmbarkeit der Schwingungen, zumindest werden gleichgroße Ausschläge mit den minutlichen Frequenzen 360 und 180 (6 und 3/sek) gleichartig empfunden. Anscheinend gibt es eine Reizschwelle für die Erschütterungen, bei der die Empfindlichkeit größer ist als bei niedrigerer oder höherer Frequenz.

Für die maßstäbliche Bestimmung der mehr stoßweise auftretenden Verkehrserschütterungen empfiehlt H. Wittig[1] die in der Erdbebenkunde verwendete zwölfteilige Mercalli-Cancani-Skala in der Bearbeitung von A. Sieberg[2]. Die Verkehrsstöße sind keine reinen Wellenschwingungen wie die Erdbebenstöße, sondern Einzelstöße von 0,1 bis 0,01 sek Dauer; ihre Stärke wird zweckmäßig durch die Beschleunigung in mm/sek^2 ausgedrückt. Die durch den schweren Lastkraftwagenverkehr hervorgerufenen Erschütterungen entsprechen je nach der Beschaffenheit des Baugrundes, des Gebäudes und der Verkehrsmittel den Bebenstärken IV (11—25 mm/sek^2) bis VII (101—250 mm/sek^2), während der Straßenverkehr in früherer Zeit nur Wirkungen der Stärken III (6—10 mm/sek^2) bis IV hervorgerufen hat.

Die in den Gebäuden auftretenden Schwingungen werden teils durch die Luft (Geräusche) und teils durch den Boden (Erschütterungen) übertragen. In allen Fällen hängt das Ausmaß davon ab, ob die Eigenschwingungszahl des Gebäudes eine Resonanzwirkung mit den störenden Einwirkungen ergibt oder nicht. Ein ortsfester Dieselmotor[3] rief z. B. in einem mehrstöckigen schmalen, alleinstehenden Wohnhaus bei der kritischen Zahl von 188 Touren/min Ausschläge von 0,24 mm hervor, während der Ausschlag bei 202 Touren auf 0,10 und bei 160 Touren fast auf Null zurückging. Nach H. Wittig treten die von den Maschinenfundamenten ausgehenden Stöße in die einzelnen, oft aus verschiedenen Baustoffen hergestellten Umfassungsmauern zu verschiedenen Zeiten ein und erregen Krahnbalken, Deckenkonstruktionen usw. zu gesteigerten Eigenschwingungen, so daß oft eine Übereinanderlagerung verschiedener Schwingungen entsteht, die durch Messung an den einzelnen Bauteilen aufgelöst werden muß.

Die Erschütterungen des Baugrundes durch das Rammen von Pfählen führen häufig zur Schädigung bestehender Bauten.

4. Fortpflanzung, Messung und Dämpfung der Schwingungen.

Stärke und Richtung der Fortpflanzung von Erschütterungen hängen wesentlich von der geologischen Beschaffenheit des Unter-

[1] Wittig, H.: Seismometrische Messung der Verkehrserschütterungen von Gebäuden. Zbl. Bauw. 1926 Nr. 21.

[2] Sieberg, A.: Erdbebenkunde, Jena 1923.

[3] Hempel, W.: Störende Fernwirkung eines ortsfesten Dieselmotors. Bauing. 1927 Heft 17.

grundes ab. Erfahrungsgemäß ist die Reichweite der Stöße um so größer, je wasserhaltiger der Baugrund ist. Fels, dann trockener Kies- und Sandboden leiten wenig, hingegen ist feuchter Sandboden stoßleitend. Die Fortpflanzungseigenschaften steigern sich mit zunehmendem Wassergehalt vom Lehm, Ton, Letten, Moor und Schlamm bis zum reinen Wasser. Im allgemeinen hat das alluviale Schwemmland eine gute Stoßleitung, die selbst durch Kanäle und breite Flüsse nicht unterbrochen, jedoch durch das Frieren des Bodens verringert wird (J. Geiger). In San Franzisco litten die längs der Küste in der Anschüttung gegründeten Gebäude am stärksten unter den Verkehrserschütterungen[1]. E. Latham[2] gibt an, daß sich in London die Verkehrserschütterungen auf trockenem Tonboden weit stärker übertragen als auf feuchtem. Der Verkehr in den Londoner Untergrundröhrenbahnen soll ziemlich stoßfrei sein. Infolge der bald linsenförmigen, bald unregelmäßig verzweigten und verbreiterten Form der wasserhaltigen Schichten kommt es vor, daß Gebäude in unmittelbarer Nähe des störenden Betriebes geringere Erschütterungen zeigen als 200—300 m und vereinzelt sogar bis 1500 m weit entfernte (O. Colberg).

Zur qualitativen Feststellung von Verkehrs- und Betriebsschwingungen werden mitunter ganz einfache Vorrichtungen verwendet. Man beobachtet z. B. die Spiegelbewegung einer mit Quecksilber gefüllten Schale durch den auf Wand oder Decke geworfenen Widerschein[3]. E. Latham[4] verwendete eine mittelst Schrauben genau waagrecht gestellte Glasplatte, die einen Kegel aus feinem trockenen Sand trägt. Bei bloßen Geräuschen behält der Kegel seine Form, durch Erschütterungen verflacht er.

Zur quantitativen Bestimmung werden Seismographen mit Dämpfung der Eigenschwingungen verwendet, um ausmeßbare Aufzeichnungen zu erhalten. Aus der Größe und Frequenz der Schwingungen und der Eigenart der Schwingungsbilder kann man auch die Ursache der Erschütterungen erkennen. H. Wittig verwendet zur Messung der Gebäudeschwingungen einen Vertikalseismographen von Spindler und Hoyer in Göttingen[5]. Die meisten Seismographen sind für die Reise und die Messung an Maschinenteilen nicht geeignet. Seitdem die technische Bedeutung der „kleinen Seismik“ und der Feldbeobachtungen erkannt wurde, werden auch tragbare Feldseismometer gebaut[6].

Für den an Maschinen und Bauwerken vorkommenden Frequenzbereich von 50/min bis 15000/min und die von Personen noch gefühlten Ausschläge hat J. Geiger handsame Meßinstrumente entworfen, die

[1] Hall, E. E.: Erschütterungen der Gebäude durch den Straßenverkehr. Engng. News v. 1. August 1912.
[2] Latham, E.: Erschütterungen und Gebäudeschäden. Engineering (London) vom 8. Febr. 1924.
[3] Alfani, P.: a. a. O. 1909; ferner Zbl. Bauverw. v. 5. August 1925, S. 378.
[4] Latham, E.: a. a. O. [5] Zbl. Bauw. 1926 Nr. 21.
[6] Vgl. Wiechert, E.: Untersuchung der Erdrinde mit Hilfe von Sprengungen. Geol. Rdsch. Bd. 17 (1926) Heft 5.

von Lehmann und Michels in Hamburg-Altona hergestellt werden. Sie besitzen eine Grundfläche von bloß 200 × 200 mm und können in beliebiger Raumlage verwendet werden. Der Torsiograph[1] ist zur Untersuchung von Drehschwingungen an festen und rotierenden Körpern bestimmt, der Vibrograph[2] zur Aufzeichnung gradliniger Schwingungen. Für bautechnische Erschütterungsmessungen wird auch ein Vibrograph der Cambridge Instrument Comp. Ltd. London, erzeugt[3].

Zur Dämpfung der Schwingungen gibt es drei Wege: Möglichst vollkommener Massenausgleich in der Maschinenanlage, Gründung auf möglichst wenig stoßleitenden Schichten und Isolierung mittelst schalldämpfender Stoffe. Die beiden ersten Maßnahmen sind unter allen Umständen zu treffen.

Die wichtigsten Regeln für die Gründung von Maschinen hat O. Colberg[4] zusammengefaßt. In allen Fällen hat die Gründung der Maschinen unabhängig vom Gebäude zu erfolgen. Nach den Faustregeln soll der Fundamentklotz rund 1000 kg je PS wiegen. Die in den Handbüchern verzeichneten Erfahrungswerte für die Baugrundbelastung sind durch 2—2,5 zu teilen. Der Reibungswinkel zwischen Gründungsklotz und Baugrundsohle kann bei trockenem Ton, Kies und scharfem Sand mit 30°, bei nassem Ton, Lehm und Schwimmsand mit 10° angenommen werden. Die Schlußkraft aus den waagrechten Maschinenkräften und allen lotrechten Kräften darf von der Lotrechten bei ausgeglichenem Gang höchstens um den halben Reibungswinkel abweichen, bei Stoßwirkungen nur um einen kleineren Winkel. Bei Grundkörpern auf Eisenbetonpfählen, Schächten u. dgl., die durch Rahmen verbunden sind (Stelzenfundamente), sind die Schwingungen der Rahmen zu berücksichtigen.

Die tragende Schichte muß genügend mächtig sein und darf nicht von nassen, nachgiebigen Schichten unterlagert werden. Zur Bodenuntersuchung sind lichte Bohrlochweiten von 15—20 cm anzuwenden. W. Kranz[5] hat die Wichtigkeit der geologischen Bodenuntersuchung an den ungünstigen Erfahrungen bei der Gründung von Dampfturbinen in den Berliner städtischen Kraftwerken nachgewiesen und gezeigt, wie Modder- und Sapropelschichten unter schweren Küstenbatterien unschädlich gemacht wurden.

Die Isolierung schwingender Maschinenfundamente wurde in einfachen Fällen durch Umschließung mit offenen Gräben durchgeführt. P. Alfani[6] beschreibt z. B. die Beseitigung der von einem 1000 kW-Aggregat ausgehenden akustischen Schwingungen von 44 Schw./sek durch einen 2 m unter die Fundamentplatte reichenden Umfassungs-

[1] Maschinenbau, Gestaltung 1922, H. 5/6.

[2] Werft, Reederei, Hafen 1924, Heft 11. — Maschinenbau 1924 Heft 27 mit Lit.-Ang.

[3] Engineering v. 27. Febr. 1925.

[4] Colberg, O.: Handbuch für Eisenbetonbau Bd. 3, 3. Aufl., 1922.

[5] Kranz, W.: Gründung von schwingenden Maschinen und anderen Bauwerken. Der Brückenbau — Die Baumaschine März 1928.

[6] Alfani, P.: a. a. O.

graben. Liegen im Untergrund des Fundamentkörpers noch schlammige oder sonstige wasserhaltige Schichten, so überträgt sich die Erschütterung lotrecht bis zu diesen und pflanzt sich dann in der Tiefe waagrecht fort.

Gegen bloße Geräuschwirkungen verwendet man stoßdämpfende Einlagen, deren Wirksamkeit jedoch nicht immer anhält. Zur Dämpfung stärkerer Erschütterungen bewähren sich am besten der Naturkork und die aus Stücken von Naturkork zusammengefügten „Korfund"-platten. Kleine Maschinen werden zwecks Isolierung auf regelbar gefederten Schwingungsdämpfern aufgestellt.

5. Erschütterung durch Sprengungen.

Im Verhältnis zu der weitreichenden Schall- und Wurfwirkung der Sprengungen ist die Fortpflanzung der Erschütterungen unbedeutend. Gut ausgeführte Bauwerke erleiden selbst von nahegelegenen Sprengungen keinen Schaden, hingegen sind mangelhaft gegründete oder im Mauerwerk nicht gehörig verspannte Bauwerke durch starke Einzelsprengungen sowie durch längerwährende Sprengungen beim Tunnelbau oder in Steinbrüchen gefährdet.

Um den Einfluß der Sprengschüsse auf den Baugrund der Südsperre am Spullersee festzustellen[1], wurde an einer unter 60° geneigten Wand von Lias-Fleckenmergel ein 0,75 m tiefes, senkrecht zur freien Fläche stehendes Bohrloch, dessen Umgebung mit Gipsspionen besetzt war, mit 1 Patrone Dynamit Nr. 1 und 2 Patronen Dynammon geladen und gesprengt. Innerhalb eines Umkreises von 1 m Halbmesser waren vier Spione gerissen und einer unversehrt, innerhalb des Halbmessers von 2 m insgesamt 10 Spione gerissen und 6 unversehrt. Knapp außerhalb dieses Kreises waren noch 2 Spione gerissen, die anderen blieben unversehrt. Die mechanisch wirksamen Erschütterungen beschränkten sich daher auf einen Halbmesser von 2 m.

Bei der Sprengung der Strompfeiler der alten Kölner Eisenbahnbrücke[2] waren die Sprengerschütterungen in den bloß 15 m vom Schußherd entfernten neuen Strompfeilern nur etwa dreimal so groß als die ständigen Zitterbewegungen der verkehrsfreien Brücke infolge von Wind, Wellenstoß usw. und ungefähr gleichgroß mit den Verkehrserschütterungen.

Auf dem Schießplatz in Cummersdorf hat O. Hecker[3] in einem auf ebener Sandfläche stehenden Betonhäuschen 1500 kg Sprenggelatine zur Entzündung gebracht. In der Hauptfortpflanzungsrichtung der Erschütterungen wurden an Feinmeßgeräten im gegenseitigen Abstand von 70 m folgende Höchstausschläge des Bodens beobachtet:

Station:	II	III	IV	V
Entfernung vom Sprengkörper . .	140	210	280	350 m
Waagrechter Ausschlag	1,67	0,92	0,54	0,49 mm
Lotrechter Ausschlag	—	0,70	—	0,20 mm

[1] Ampferer, O., u. H. Ascher: Über technisch-geologische Erfahrungen beim Bau des Spullerseewerkes. Jb. geol. Bundesanst. Wien 1925.

[2] Zbl. Bauverw. 1913 Nr. 89.

[3] Hecker, O.: Gerlands Beiträge zur Geophysik Bd. 4 (1900) und 6 (1903) Heft 1.

Der Boden bewegte sich zuerst waagrecht gegen die Sprengstelle und zugleich lotrecht nach unten, dann entsprach jeder waagrechten Bewegung von der Sprengstelle weg eine Hebung des Bodens und umgekehrt. Den Hauptwellen oder Verschiebungswellen, die sich im Sandboden mit einer Geschwindigkeit von rund 238 m/sek fortpflanzten, gingen kleine Kompressionswellen von etwa 1430 m/sek voran, die das eigentümliche Erzittern des Bodens vor den fühlbaren Hauptschwankungen hervorrufen.

Die Vermutung, daß die großen Sprengungen im Culebraeinschnitt zur Auslösung der Rutschungen beigetragen hätten, veranlaßte eine Aussprache über die Beobachtung technischer Erschütterungen in den Erdbebenstationen[1]. Sprengschüsse, die bei einem Zubau zum American Museum of Natural History in New York City in 20—50 m Abstand vom Seismographen abgefeuert wurden, gaben keinen merklichen Ausschlag; der Seismograph in Baltimore, der rund 60 m vom Tunnel der Baltimore und Ohio Railway entfernt ist, ist gegen die Erschütterung der durchfahrenden Züge unempfindlich; der Seismograph in Ancona hat eine rund 36 km entfernte Großsprengung nicht angezeigt. Diese Instrumente verzeichnen hingegen selbst die entferntesten großen Erdbeben, weil die dabei wirksame mechanische Energie unendlich größer ist als jene der technischen Erschütterungen.

Ein von E. Wiechert[2] zur Beobachtung von Kanonenschüssen gebautes 50000fach vergrößerndes Seismometer war nicht ausreichend empfindlich. Die neuen 70000fach bzw. 2000000fach vergrößernden Seismometer in Göttingen und das 800000fach vergrößernde Feldseismometer ergeben jedoch sehr deutliche Bilder der Erschütterung durch Sprengungen.

6. Erdbeben und ihre Wirkungen auf Bauwerke.

a) Die Erdbeben.

Von den bekannten Erdbeben[3] entfallen rund 90% auf tektonische oder Dislokationsbeben, bei denen Spannungen in der Erdkruste durch Schollenbewegungen ruckweise und mit großem Schüttergebiet ausgeglichen werden. Mindestens 90% davon sind Verwerfungsbeben. Nahe dem Stoßherd entstehen Blattverschiebungen mit folgenden Höchstwerten:

Ort und Land	Jahr	Lotrechte		Waagrechte Verschiebg. m
		Hebungen m	Senkungen m	
Midori, Japan	1891	7	—	4
Assam	1897	5—7,3	1,4	—
Yakutabucht, Alaska	1899	bis 16		—
San Franzisco, Kalifornien	1906	1	—	2—4,5

[1] Hovey, E. O.: Note on Landslides. C. R. Congr. intern. géol. Canada 1913 S. 793.

[2] Wiechert, E.: Untersuchung der Erdrinde mit Hilfe von Sprengungen. Geol. Rdsch. Bd. 17 (1926) Heft 5.

[3] Sieberg, A.: Erdbebenkunde. Jena 1923.

Die stärksten Erschütterungen folgen den großen Verwerfungen oder dem Streichen der Gebirgsfalten. Grundregel für die Anordnung der Bauten in Erdbebengebieten ist das Vermeiden der bekannten Stoßlinien. Neben den verhältnismäßig seltenen Verwerfungen im Fels entstehen häufig Pseudodislokationen, durch Uferbrüche, Rutschungen, Stauchungen u. dgl.

Einsturzbeben entstehen durch das Einbrechen der Decke unterirdischer Hohlräume hauptsächlich in Gips- und Kalkgebirgen; diese Beben haben geringe Reichweite. Wie bei den Bodensenkungen über Bergbauen treten am Bruchrand Zerrungen und Schrägstellungen auf, während ein in der Mitte des Senkungsfeldes gelegenes Bauwerk ohne Schädigung sinken kann.

Die vulkanischen oder Ausbruchsbeben haben ebenfalls ein örtlich begrenztes Schüttergebiet. Sie erschrecken durch Schall- und Lichterscheinungen und sind für die nähere Umgebung durch die ausgestoßenen Gas- und Gesteinsmassen sowie die Lavaströme verderblich.

Nach A. Sieberg verteilen sich die Erdbeben in Prozenten der Jahressumme für die ganze Welt folgendermaßen:

Tektonisches Grundelement	Erdbeben	
	aller Stärkegrade	davon schwere
Alte Massen und Tafeln	1,4	2,4
Paläozoische Rumpfgebirge	0,4	0,3
Einbruchsbecken	2,7	6,7
Bruchschollenländer	21,6	26,4
Normale tertiäre Faltengebirge	3,6	5,8
Zerstückelte tertiäre Faltengebirge	23,7	36,9
Landgebiete an Tiefseegräben	40,6	21,5

Die stärksten Erdbebengebiete folgen der zirkumpazifischen Bruchzone und dem Gürtel der Mittelmeere. Aus der regionaltektonischen Lage eines Siedlungsgebietes kann man daher auf die Stärke und Häufigkeit der Erdbebengefahr schließen. In den einzelnen Ländern sind die besonders gefährdeten Gebiete aus der Erfahrung bekannt oder nach dem Gebirgsbau angebbar. Alle gefährlichen Beben Italiens liegen z. B. an einer durch die ganze Halbinsel ziehenden Linie der peripherischen Randbrüche, während die Beben seitlich derselben wenig Schaden verursachen[1].

Als das Präzisionsnivellement im kalabrisch-sizilianischen Küstengebiet nach dem Großbeben vom 28. Dezember 1908 wiederholt wurde[2], ergab sich unter Berücksichtigung der an den Festpunkten nachgewiesenen Veränderungen, daß im kristallinen Felsgebirge keine Höhenänderung eingetreten war. Der sandige Küstenstreif von Capo delle Armi bis Melita hat sich wahrscheinlich etwas gehoben, in den sumpfigen Salinen sind Setzungen eingetreten. Alle anderen scheinbaren Bodenbewegungen beschränken sich auf die unmittelbare Umgebung der Bauwerke.

[1] Lepore, O.: I Terremoti in Italia. G. Genio civ. v. 30. April 1921.

[2] De Stefani: La Livellazione sul Littorale calabro-sicilo fatta doppo il terremoto del 1908. Boll. Soc. geol. Ital. Bd. 29 (1910) S. 223.

Anstehender Fels erfährt in der Regel nur elastische Schwingungen, während junge Lockermassen bleibende Sackungen, Verschiebungen und Gefügetrennungen erleiden, besonders an den Meeres- und Flußufern, sowie an den Gehängen. Setzt man die Erdbebenbeschleunigung im festen kristallinen Gestein gleich 1, so ist sie nach den in San Francisco 1906 ausgeführten Messungen von H. F. Reid im Sandstein 1 bis 2,4, im lockeren Sand 2,4—4,4, in künstlicher Anschüttung 4,4—11,6 und im Marschboden 12mal so groß. A. Sieberg bestimmte beim Beben in der schwäbischen Alb 1911[1] die analogen Untergrundkoeffizienten für vertorfte Seeböden und alluviales Schwemmland mit 3—8, im härteren Moränen- und Molassegelände mit 1,5—4.

b) Wirkung auf Bauwerke.

Beim Übergang zwischen verschiedenen Bodenarten ändern sich Amplitude und Beschleunigung der Schwingungen, der Baugrund soll daher möglichst gleichmäßig und tiefgründig sein. Da auch die einzelnen Baustoffe verschiedene Schwingungszahlen besitzen, ist der Bau möglichst einheitlich auszuführen. Gedrungene Grundrißform, geringe Geschoßhöhe, kräftige Fundamente, leichtes Dach, sparsame und statisch richtige Anordnung der Türen und Fenster sowie starke waagrechte und diagonale Verspannung erhöhen die Erdbebensicherheit der Bauwerke.

Eine Lotrechte durch den unterirdischen Stoßherd (Hypozentrum) schneidet die Erdoberfläche im Hauptschüttergebiet (Epizentrum). Die Bebenherde liegen wahrscheinlich nicht tiefer als 50—60 km. Mit Ausnahme der Umgebung des Epizentrums treffen die Stoßstrahlen sehr schräg auf die Erdoberfläche, und ihre waagrechte Teilkraft hat auf die Standfestigkeit der Bauwerke größeren Einfluß als die lotrechte. In gut ausgeführten Gebäuden beginnt die Rißbildung bei den Beben VI. Grades der Mercalli-Cancanischen Skala (Beschleunigung 51 bis 100 mm/sek^2) und führt beim XII. Grad (Beschleunigung über 5000 mm/sek^2) zur völligen Vernichtung der Bauwerke[2].

Die Vorschläge für erdbebensichere Bauweisen enthalten drei Grundgedanken: Erstens die Herstellung schwingungsfester elastischer Rahmenbauten mit starker Verankerung im Baugrund (den gut verspannten Flechtwerks- oder Holzbauten der Einheimischen vergleichbar)[3]; zweitens die Herstellung eines stoßfesten, wie eine ausgesteifte Kiste gegen den Baugrund verschiebbaren Bauwerks[4]; drittens eine bewegliche Auflagerung, auf der ein derartiges Bauwerk unabhängig von den Bewegungen des Baugrundes verharren soll[5].

[1] Sieberg, A.: Erdbebenkunde 1923 S. 162.

[2] Einzelerscheinungen im Gelände und am Bauwerk für die Grade I—XII, siehe Sieberg, A.: Erdbebenkunde, Jena 1923.

[3] Spafford, Ch. M.: Die Wirkung des Erdbebens in Cartago auf die verschiedenen Gebäude. Engng. Rec. 1911 I. N. 3.

[4] Erdbebensichere Häuser in Messina und Reggio. Engng. News. vom 5. Dezember 1912.

[5] Viscardini, M.: Terremoto e fondazioni asismiche, Ingegneria, Milano vom 1. Jan. 1924. — Thorpe, W. H.: Das Bauen in Erdbebengebieten. Engineering vom 11. Jan. 1924.

Das japanische Beben vom 1. September 1923 trat in Tokio mit waagrechter Beschleunigung von 480—2930 mm/sek² auf, der Baugrund selbst erlitt nur geringe Veränderungen, R. Briske[1] schreibt daher den Einsturz der meisten Gebäude der mangelhaften Bauweise zu. Er schließt sich den Vorschlägen der ersten Art an, verlangt entsprechende Verankerungen des Bauwerkes im Baugrund durch Strebepiloten oder Larsenwände und gute Verspannung in den Rahmenbauten aus Eisen oder Eisenbeton. Besondere Vorsicht erfordern die ohnehin von waagrechten Kräften beanspruchten Lehnen- und Uferbauten. Neubauten sollen die von Seismologen und Geophysikern anzugebenden Gefahrzonen meiden. Wo dies nicht möglich ist, muß man erdbebensicher bauen, aber nicht nach Faustregeln, sondern mit Hilfe der von Briske erläuterten, die größten möglichen Horizontalkräfte berücksichtigenden Standberechnung.

J. C. Branner[2] erinnert daran, daß die Lehren des Erdbebens in San Franzisco am 18. April 1906 schnell vergessen und die neuen Wolkenkratzer noch höher gebaut wurden als die alten. Der 91 m hohe Glockenturm der Berkeley-Universität wurde auf Grundmoräne fundiert, obwohl der Fels bloß in 13—14 m Tiefe liegt[3].

Verkehrsbauten können die Schüttergebiete nicht völlig meiden; gefährdet sind hauptsächlich Lehnenstrecken, Brücken und Tunnels. Von den Wasserbauten im Schüttergebiet, die schon seit längerer Zeit ohne wesentlichen Schaden bestehen, seien die Wasserleitung von Neapel[4] und die durch Beben gefährdete apulische Wasserleitung erwähnt. Stärkere Beschädigungen durch Erdbeben hat der 800 m lange Stollen der Artouste-Kraftanlage in den Pyrenäen anfangs 1928 erlitten[5]. Als besonders kühne Bauführung im Schüttergebiet sei schließlich die 40 m hohe Corfinosperre in Toskana erwähnt, die das zerstörende Erdbeben von Garfagnana ohne Schaden überstanden hat[6].

VI. Wärmeverhältnisse im Baugrund.

1. Wärmehaushalt der Erdhaut.

Die Kenntnis der Wärmeverhältnisse im Baugrund ist abgesehen vom Stollen- und Tunnelbau, der in dieser Arbeit nicht behandelt wird, wichtig für die Gewinnung und Leitung von Wasser, für die Anlage von Kellern und Lagerräumen, und für das Bauen an der Schneegrenze oder auf ewig gefrorenem Boden.

Aus den vorwiegend auf die nördliche Halbkugel beschränkten Beobachtungsergebnissen lassen sich noch keine sicheren allgemeinen

---

[1] Briske, R.: Die Erdbebensicherheit von Bauwerken. Erw. S. A. aus Die Bautechnik. Berlin: W. Ernst & Sohn 1927.

[2] Branner, J. C.: Structural Engineering and Earth quakes. Engng. Rec. v. 15. Dez. 1915, S. 778.

[3] Cope, E. L.: Engng. Rec. v. 14. März 1914.

[4] Baratta, M.: L'acquedotto di Serino (presso Napoli) ed i terremoti. Boll. Soc. geol. Ital. Bd. 24 (1905).

[5] Z. öst. Ing.- u. Arch.-Ver. v. März 1928.

[6] Kelen, N.: Die Staumauern. Berlin: Julius Springer 1926.

Schlüsse ziehen[1]. Das Klima und insbesondere die Sonnenbestrahlung bestimmen die Wärmeverhältnisse des Bodens. In der äquatorialen Zone ist die Einstrahlung größer als die Ausstrahlung, zwischen dem 35. und 40. Breitegrad halten sich beide die Waage, im polaren Gebiet ist die Ausstrahlung größer. Die Temperatur der Binnengewässer und Quellen[2] hängt von der geographischen Breite bzw. dem Klima ab. Die Beeinflussung der Bodentemperatur durch die Oberflächentemperatur beträgt im Schacht des Observatoire in Paris in 31 m Tiefe im Jahresmittel nur 0,15° C und wird in 36 m Tiefe nicht mehr fühlbar. Eine jährliche Temperaturschwankung von 0,0125° C tritt z. B. in Edinburgh in 18,95 m und in Straßburg in 26,3 m Tiefe ein.

In den Tropen, wo die geringste Schwankung besteht, ist der jährliche Gang der Lufttemperatur noch in 6 m Tiefe bemerkbar. In den mittleren geographischen Breiten dringen die jährlichen Temperaturschwankungen bis 33 m, die säkularen bis 100 m Tiefe ein. Für praktische Zwecke liegt die temperaturbeständige Schichte, je nach der Größe der zugelassenen Schwankungen wesentlich höher.

2. Geothermische Tiefenstufe.

Unterhalb der klimatisch fühlbar beeinflußten Bodenschichte nimmt die Wärme beständig zu; die mittlere geothermische Tiefenstufe wird mit 33 m für 1° C angenommen. Der wirkliche Gradient schwankt in weiten Grenzen; er wird klein in der Nähe von tertiären oder tätigen Vulkanen sowie von Kohlenlagern und anderen Lagerstätten mit chemischer Wärmeentwicklung.

Aus 76 von L. Jaczewski zusammengestellten Stationen ergeben sich folgende Grenzwerte der geothermischen Tiefenstufe:

Schacht bzw. Bohrloch	Gesamttiefe m	Gradient m/1° C		
		mittlerer	kleinster	größter
Hagenau im Elsaß	620	8,6	—	105,3
Ober-Kuntzenhausen im Elsaß	509	16,2	1,5	24,4
Marietta, W. Virginia	1360,3	40,5	29,3	48,7
Kupfermine Hecla am Oberen See (Agassiz)	1396	122,8	—	—
ebenda, berichtigt v. Lane	—	69,2	—	—
45 Bohrbrunnen in Dakota	—	—	9,5	24,6
Village Deep-Mine am Witwatersrand (Johannesburg)[3]	2500	138	—	—

Im Quecksilberbergwerk in Idria besteht in der Seehöhe 200 m ein begrenzter Herd von hoher Temperatur, von dem aus die Gesteinswärme waagrecht nach allen Richtungen von 27° auf 12° C und nach

[1] Jaczewski, L.: Über das thermische Regime der Erdoberfläche. Verh. der Russischen Mineralog. Gesellsch. XLII Lfg. 2, Petersburg 1905. Die folgenden geothermischen Angaben entstammen, sofern nicht andere Quellen angegeben sind, dieser Arbeit.

[2] Vgl. die Tabelle bei Prinz, E.: Handb. d. Hydrologie, S. 240. Berlin: Julius Springer 1919.

[3] Range, P.: Der 15. Geologenkongreß in Pretoria (Südafrika). Der Geologe Nr. 48, Januar 1931.

der Tiefe auf 18° abnimmt. In Toskana[1] ist es mit Hilfe von 0,4 m weiten, 60—125 m tiefen Bohrungen im jungvulkanischen Gebirge gelungen, die Erdwärme zur Dampferzeugung auszunutzen. In einzelnen vulkanischen Gegenden von Neuseeland[2] trifft man in 0,5 m Tiefe auf siedendes Wasser, das technisch verwertet wird.

3. Beziehungen zwischen Luft- und Bodentemperatur.

Die mittlere jährliche Temperatur der Bodenoberfläche ist in den nördlichen Stationen Ssagastyr an der Lenamündung um 0,29° und in Irkutsk um 0,2° C niedriger als die mittlere Lufttemperatur; in der gemäßigten Zone ist die Bodentemperatur um 2—5° C, in den äquatorialen Gegenden um 1—1,5° C höher als die Lufttemperatur. Für das Gebiet des ehemaligen Österreich-Ungarn hat M. Topolansky die Beobachtungsreihen von 6 Stationen in Seehöhen von 32—2067 m bearbeitet[3]. Hiervon sind folgende Ergebnisse technisch bemerkenswert:

Gleichzeitige Temperatur von Luft und Boden im Januar.

Meß-Stelle	Höhe bzw. Tiefe	Wien (203 m)	O-Gyalla (120 m)
Luft, Höhe	1,5 m	— 19,8° C	— 23,4° C
Boden, Oberfläche	0,0 m	— 8,7° C	— 8,4° C
Boden, Tiefe	0,5 „	— 2,0 „	— 4,9 „
Boden, Tiefe	1,0 „	+ 1,8 „	+ 1,6 „
Boden, Tiefe	2,0 „	+ 5,9 „	+ 4,7 „
Boden, Tiefe	3,0 „	+ 8,1 „	— „
Boden, Tiefe	4,0 „	+ 9,2 „	— „

In der Station Bjelasnica (2067 m), Bosnien, tritt das Minimum der Lufttemperatur (—21,6°) im Januar, jenes der Bodentemperatur in 1,6 m Tiefe (+ 0,5°) erst im April auf. Die Phasenverschiebung zwischen der niedrigsten Luft- und der niedrigsten Bodentemperatur beträgt in Wien in 1, 2, 3 und 4 m Tiefe rund 1, 2, 3 und 4 Monate. Im gleichen Maß verschiebt sich die Temperatur des Grundwassers. Die größte Frostgefahr tritt in 1—1,5 m Tiefe rund 1 Monat nach der tiefsten Lufttemperatur auf. Aus den von M. Topolansky gezeichneten Schaulinien ergibt sich die von den Temperaturschwankungen praktisch nicht mehr berührte Tiefe durch Extrapolation angenähert für Wien (203 m) mit 9 m, O-Gyalla (120 m) mit 10 m, Pola (32 m) mit 8 m, Bjelasnica (2067 m) mit 3,5 m, Mostar (59 m) mit 5,5 m und Sarajevo (637 m) mit 10 m.

An freistehenden Hügeln bei Innsbruck (780 m) und im Gschnitztal (1340 m) war die in 0,7 m Tiefe gemessene Bodentemperatur an der Sonnenseite im Januar um 2—3° C, in den übrigen Monaten um 4—5° C

[1] Vgl. Kranz, W.: Die Erdwärme als Energiequelle. Der Geologe Nr. 40, November 1926.

[2] Vortrag von F. X. Schaffer in der Geol. Gesellschaft in Wien am 11. Mai 1928: Über eine Reise nach Neuseeland.

[3] Topolansky, M.: Bodentemperaturen in Österreich-Ungarn. Öst. Wschr. öff. Baudienst 1916 Heft 17 u. 18.

höher als die Temperatur an der Schattenseite[1]. In der Schweiz[2] wird der Wärmeunterschied zwischen Süd- und Nordlage in 1000 m Seehöhe auf 1,5—2° C geschätzt. Nach den meist nur bis 1,2 m Tiefe reichenden Beobachtungen nimmt der Überschuß der mittleren Bodenwärme über die Lufttemperatur mit der Höhe zu und ist vom Oktober bis März weit größer als vom Juni bis August; die Bodentemperatur liegt nahe bei der Quellentemperatur. Die mittlere Jahrestemperatur der Luft erreicht den Gefrierpunkt in der Höhe 2100 m, jene der Bodenoberfläche in der Höhe 2800 m. Auf dem St. Theodulpaß (3300 m) ist der Schieferfels Ende August auf 5 cm Tiefe vollständig gefroren. Maximum und Minimum der mittleren Bodentemperatur in 1,2 m Tiefe verspäten sich beim Bernina-Hospiz (2310 m) gegenüber der Lufttemperatur bloß um rund 1 Monat.

Für das Überwintern der Bauwerke unter der Schneedecke und die Lawinenschutzbauten sind die Messungen von V. Pollack in Langen am Arlberg (1217 m) von Bedeutung[3]. Bei einer Lufttemperatur von —7,5° bzw. —8 °C hatte die Bodenoberfläche die Temperatur Null an der Sonnenseite unter 0,3 m, an der Schattenseite erst unter 0,86 m starker Schneedecke.

VII. Frost und Eis im Baugrund.

1. Frostwirkungen.

Eisenbahnen, Straßen und Industrieanlagen sind in Europa und Nordamerika bis 69° bzw. 64° n. Br. vorgedrungen, wobei der Ingenieur einen harten Kampf mit Schnee, Frost und Eis zu führen hatte. In der gemäßigten Zone ergeben sich verwandte Aufgaben beim Bau von Bergbahnen und hochalpinen Wasserkraftanlagen.

Um die Wirkung des Frostes auf Gestein und Boden bei den Frostbeständigkeitsproben im Laboratorium richtig nachzuahmen, schlägt Prof. Kreuger[4] vor, die durch und durch gefrorenen Probestücke nur auf einige Zentimeter Tiefe auftauen und dann neuerdings gefrieren zu lassen, damit die gefährliche Regelation wie in der Natur zur Wirkung kommt. Auch H. Gorka[5] bestätigt, daß der natürliche Frost bedeutend stärker wirkt als eine künstliche Kältemischung.

Die sprengende Wirkung des Spaltenfrostes hängt von der Temperatur des Eises ab. Nach G. Tammann[6] bilden sich im Druckbereich bis 3500 at dreierlei Arten von Eis. Die gewöhnliche Eisform, deren Rauminhalt beim Erstarren um ein Elftel zunimmt, kann nur im

---

[1] Kerner, F. v.: Die Änderung der Bodentemperatur mit der Exposition. Sitzgsber. Akad. Wiss. Wien, Math.-naturwiss. Kl. Bd. 100 II a (1891).

[2] Maurer, J.: Die Temperatur des Bodenreliefs. Schweiz. Wass. Wirtsch. 1916 Nr. 17/18.

[3] Pollack, V.: Über die Lawinen Österreichs und der Schweiz. Z. öst. Ing.- u. Arch.-Ver. 1891.

[4] Kreuger: Zbl. Bauverw. 1923 Nr. 57/58 S. 337.

[5] Gorka, H.: Neue Experimentaluntersuchungen über die Frostwirkung auf Erdboden. Kolloidchem. Beihefte Bd. 25 H. 5—8 S. 172.

[6] Tammann, G.: Z. physik. Chem. 1910 S. 72, 609. — Vgl. Boeke, H. E.: Grundlagen der physik.-chem. Petrographie. Berlin 1915.

Temperaturbereich bis —22° C entstehen und höchstens einen Druck von 2050 at ausüben.

2. Kammeis.

Das flächenhafte Auftreten stengeliger Eiskristalle unter einer sandig-tonigen Deckschichte[1] ist als Kammeis (schwed. Pipkrake) bekannt und erzeugt die gefährlichen Frostaufzüge im Eisenbahngleis. B. Högbom[2] beobachtete 0,10—0,12 m hohe Eisnadeln, die eine ebenso starke Lehmdecke trugen. Nach H. Hesselmann[3] friert zuerst das Wasser unter der obersten Bodenschichte; dabei wird aus der Unterlage Wasser ausgepreßt, durch dessen Frieren die senkrecht zum Boden stehenden Eisnadeln wachsen; das Wachstum ist mehrschichtig, wenn der Frost sich nach Unterbrechungen wiederholt. Bei poröser Krümelstruktur entsteht der hohlräumige Bodenfrost. Beim Auftauen von gefrorenem reinen Ton tritt aus den Spalten und Rissen das bei der Bildung von Eisnadeln entzogene Wasser wieder aus.

3. Frosttiefe.

Die Frosttiefe hängt von der inneren Wärmezufuhr, der Wärmeleitung und der Ausstrahlung des Bodens ab. Daher ist die Frosttiefe von freiliegendem und schneebedecktem Boden, städtischem Straßengrund und landwirtschaftlich benutzten ungedüngten oder gedüngten Flächen verschieden. In den Ostalpen wird sie für gewöhnliche Bauten mit 1,0—1,2 m, für wichtigere Anlagen mit 1,5 m angenommen.

Im abnormal strengen Winter 1928/29 mit mehr als 30° Kälte wurde die Frosttiefe in den mit Betondecke und Asphaltbelag versehenen Straßen der Stadt Salzburg mit 1,5—1,6 m festgestellt, im freien Gelände jedoch mit bloß 0,10 m, da sich dort die Wärmebildung im Torfboden geltend machte[4]. In Österreich war der landwirtschaftlich benutzte Boden im allgemeinen unter der Schneedecke bis 0,5 m, an abgewehten Stellen bis 0,7 m tief, und auch tiefer gefroren[5]. Im Osten Deutschlands wurden Lufttemperaturen von —34,2 bis —45,6° C gemessen[6]. Die Wasserleitungen froren in folgenden Tiefen ein:

Berlin, Innere Bezirke	bis 1,4 m
Berlin, Außenbezirke	bis 1,7 m
Leipzig	1,5—1,8 m
Kiel im schneefreien Kiesgrund	bis 2 m.

Sand und Schotter zeigten wesentlich größere Frosttiefen als Lehm und Mergel.

Fünfjährige Versuche von N. A. Kachinski auf Grundstücken

---

[1] Koch, G. A.: Über Eiskristalle im lockeren Schutt. N. Jahrb. f. Mineral. 1877.

[2] Högbom, B.: Über die geolog. Bedeutung des Frostes. Bull. geol. Inst. Upsala Vol. XII (1914).

[3] Zit. b. H. Gorka a. a. O. S. 128.

[4] Vgl. Fugger, E., u. A. Petter: Die Bodentemperaturen im Leopoldskronmoos bei Salzburg. Naturwiss. Studien u. Beob. aus und über Salzburg. Salzburg 1885.

[5] Mitt. öst. Land- u. Forstw.-Ges. vom 2. März 1929.

[6] Petersen: Die Auswirkungen der außergewöhnlichen Frostperiode 1928/29 auf die Tätigkeit der Feuerwehren. Berlin: G. Hackebeil AG. 1929.

der Moskauer Versuchsanstalt für Landwirtschaft[1] ergaben als Frosttiefe im Winter 1923/24 auf Freiland bei 0,4 m Schneedecke 0,3 m, im Winter 1924/25 bei 0,15—0,2 m Schneedecke hingegen 0,4 m. Im Wald war der Boden bei 0,4—0,6 m Schneelage gar nicht, im nächsten Winter, bei 0,2—0,4 m Schneedecke jedoch bis 0,3 m Tiefe gefroren. Die Lufttemperaturen sind nicht angegeben.

Auf den Eisenbahnen des früheren russischen Reiches wurden folgende Frosttiefen festgestellt[2]. Im nördlichen baltisch-permischen Gebiet 1,41—1,93 m, im mittleren (Petersburg-Moskauer) Bezirk 1,07 bis 2,14 m, im Süd- und Südwestbezirk 0,65—1,28 m, auf der sibirischen und der Transbaikalbahn 2,50 m und darüber. Bei trockener Kälte wurde ein 3,2 m tief liegendes Wasserleitungsrohr vom Frost in einer Gegend gesprengt, deren Frosttiefe von den Einwohnern mit 1,75 m angegeben worden war.

Eine besonders wirksame Isolierung gegen Wärmeströmungen bieten trockene staubförmige Mineral- und Humusmassen, Torf und Moos. Nach Hållén ist das Eis in einem gefrorenen Torfwürfel von 12,5 cm Seitenlänge oberhalb eines Küchenherdes erst nach $1^1/_2$ Monaten völlig aufgetaut[3]. Prof. Kreuger, der für Schweden eine Karte der Frosttiefen entworfen hat, empfiehlt für das Bauen oberhalb der Frosttiefe eine derartige Isolierung des Gebäudes[4].

4. Rezente und fossile Eiseinschlüsse.

In Eisenbahndämmen haben Schollen von gefrorenem Boden erst nach Jahrzehnten durch ihr Auftauen Rutschungen herbeigeführt. In der Dolomitschutthalde der Grafenspitze wurden im Juli 1922 beim Aushub für den in Seehöhe 1075 gelegenen Festpunkt VI der Druckrohrleitung des Spullerseewerkes 5—6 m unter Geländeoberfläche 0,8—1 m starke gefrorene Schichten angetroffen. Es ist zweifelhaft, ob es sich um einen wohl einige hundert Jahre alten Lawinenrest oder um die Entstehung von Bodeneis durch Luftströmung und Verdunstung gehandelt hat, wie es sich in Eishöhlen und unter Basaltblockwerk des Berges Pleschiwetz bei Leitmeritz im Sommer bildet[5].

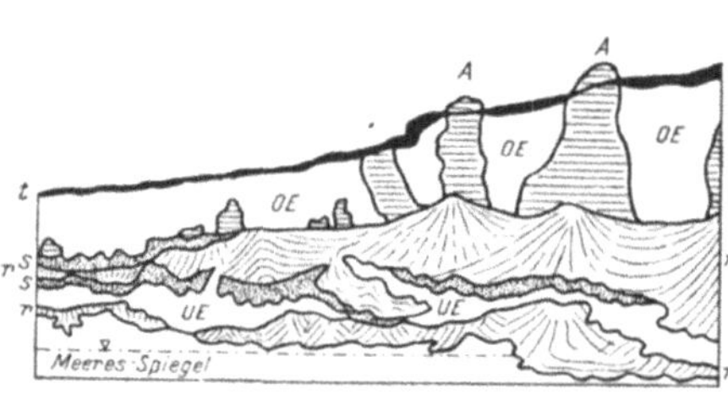

Abb. 29. Fossiles Eis auf der Gr. Ljachow-Insel (nach W. A. Obrutschew. Geologie von Sibirien, Fortschr. d. Geol. u. Pal. H. 15, Berlin).
t Boden der rezenten Tundra. *OE* Oberes fossiles Eis. *A* Geschichtete fossilführende Tundraablagerungen. *S* Ablagerungen der Schlammströme mit Alnus, Betula usw. *UE* Unteres fossiles Eis. *r* Schlipfe der abtauenden Schichten *A*.

[1] Hemmerling, V. V.: Russian Investigations concerning the Dynamics of Natural Soils. Ac. of Science, Russian Pedolog. Invest. VII. Leningrad 1927.

[2] Lubimoff, L.: Wirkungen des Frostes a. d. Eisenbahngleis. Org. Fortschr. Eisenbahnwes. 1910 Heft 19—22.

[3] Högbom, B.: a. a. O. S. 297. [4] Zbl. Bauverw. 1926 Nr. 12 S. 147.

[5] Koch, G. A.: a. a. O. und Über eigentümliche Eis- und Reifbildungen. Neue dtsch. Alpenztg. April 1879, Wien.

Fossiles Eis findet sich in 25—50 m Mächtigkeit auf den nordsibirischen Inseln zwischen Lena und Kolyma. Im Aufschluß an der Südküste der Insel Gr. Ljachow (Abb. 29) reichen ausgefüllte Lösungsschächte (Orgeln) vom oberen Eis (OE) bis zu den interglazialen Ablagerungen der Schlammströme (S), in denen die Leichen von Mammut und Rhinozeros gefunden wurden.

5. Bodeneis (Tjäle).

Sinkt das Jahresmittel der Lufttemperatur auf 0°, so taut der Boden nur mehr am Ende des Sommers auf, bei tieferem Jahresmittel bleibt er ständig gefroren. Der vereiste Boden wird mit dem schwedischen Wort Tjäle bezeichnet[1]. Nahe der Baumgrenze liegt die Tjäle 0,4—1,5 m tief unter der Oberfläche. Beim Bau der Lulea-Narvik-Bahn wurde an vielen Stellen Tjäle angeschnitten. In Irkutsk hat die Tjäle in 116,5 m Tiefe noch eine Temperatur von —3°, wonach die Mächtigkeit 200 m betragen dürfte. In einem 200 m tiefen Kohlenbergwerk auf Spitzbergen schätzt man die Mächtigkeit auf 300 m.

In Gebieten, wo die Tjäle bis 1,5 m tief auftaut, steht das Schmelzwasser über dem vereisten Untergrund. Die wassergesättigte Oberschicht wird zur Fließerde bzw. zum Fließschutt, wie er während der allgemeinen Vereisung auch in Europa weite Verbreitung erlangt hat. Die fossilen Fließböden spielen als warp, trail, head, rubble drift im Baugrund eine wichtige Rolle[2]. Die breiige Fließerde (Jäslera = Bläherde)[3], ein Schluff von 0,02—0,002 mm Korngröße, bereitet dem Straßen- und Eisenbahnbau der nordischen Länder große Schwierigkeiten.

Unter den Winterwegen, die über die weiten Moore Nordschwedens führen[4], friert der Boden tiefer als unter der unberührten Schneedecke. Infolgedessen bildet sich unter ihnen eine ausdauernde Tjäle und die Wege heben sich allmählich über ihre Umgebung empor. Eine verwandte Frostwirkung äußert sich in der von Winter zu Winter fortschreitenden Hebung der Joche hölzerner Brücken. Im km 2236 der sibirischen Bahn[5] führte eine Holzbrücke von 17 m L. W. über ein kleines im Sommer und Herbst trockenes Tal mit einer Torfdecke, unter der bis 4,26 m Tiefe roter Lehm und darunter Kies anstand; die Tragpfähle der Joche waren bis 7 m eingerammt. Im Jahre 1897 bemerkte man den ersten Auftrieb von 0,26 m, der dann regelmäßig in jedem Sommer kleiner, im folgenden Winter aber ständig größer wurde (vgl. Abb. 30), weshalb man die Brücke im Sommer 1901 durch ein Eisentragwerk auf Mauerpfeilern ersetzte.

Im Transbaikal- und im nördlichen Amurgebiet[6] liegt die Oberfläche

---

[1] Högbom, B.: Über die geol. Bedeutung des Frostes. Bull. geol. Inst. Upsala Vol. XII (1914).

[2] Vgl. Achter Teil, III. 1. London.

[3] Högbom, A. G.: Om s. k. jäslera och om villkoren för dess bildning. Geol. Fören i. Stockholm Förh. 27 1905. Ref. N. Jb. Mineral. 1906 Bd. 2 S. 350.

[4] Högbom, B.: a. a. O. S. 306.

[5] Lubimoff, L.: Wirkungen des Frostes auf das Eisenbahngleis. Org. Fortschr. Eisenbahnwes. 1910 Heft 22.

[6] Ref. v. Dr. Saller: Bauten auf Boden ewigen Frostes. Zbl. Bauverw. 1928 Nr. 43 S. 703.

der Tjäle teils unter, teils über 4 m Tiefe. In der Regelationsschicht gegründete Bauwerke wurden stark beschädigt oder zerstört. Zur Abhilfe empfiehlt der Geophysiker M. Sumgin entweder Baumaßnahmen (bewegungsfeste Gründung, leichte und schlecht wärmeleitende Baustoffe) oder Baugrundmaßnahmen: Tiefdränung der Regelationsschicht oder Hebung der Obergrenze der Tjäle entweder durch Absperrung der Sonnen- und Gebäudewärme mittels isolierender Hüllen (ähnlich dem Vorschlag von Prof. Kreuger) oder durch Luftkühlung im Winter mit Hilfe eines 1,5 m tief verlegten Röhrensystems, das im Sommer geschlossen wird.

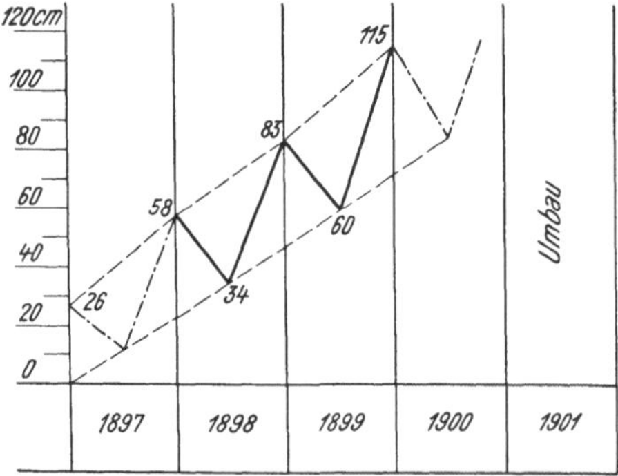

Abb. 30. Frostauftrieb an den Jochen einer Holzbrücke der Sibirischen Bahn (nach L. Lubimoff 1910).
——— Beobachtete Bewegung. – – – – Umhüllende der höchsten und tiefsten Lagen. – · – · – Eingeschaltete Werte.

Bei der Transsibirischen Bahn erlaubte der tiefe Bodenfrost Pfeilergründungen im Schwemmland bis 12,6 m unter Mittelwasser ohne Umschließung und Trockenlegung der Baugrube. Trotzdem kostete die Gründung doppelt soviel als im Sommer, weil das Mauerwerk in geheizter Verschalung hergestellt werden mußte[1].

Seit 1905 wird Alaska[2] durch ein Netz von Eisenbahnen, Straßen, Schlittenwegen und Saumpfaden erschlossen. In den Stromtälern ist der Boden von Wald und dichtem Unterwuchs oder von einem Moosteppich überzogen. Der Eisenbahnoberbau liegt streckenweise auf dem Eis der Gletscher, die bei Wärmeeinbrüchen stark vorrücken. Der Childsgletscher rückte z. B. von Ende August bis 30. Dezember 1910 um 120 m vor. Die Temperaturschwankungen von +35° C im Sommer bis —55° C im Winter und der Wassergehalt der einzelnen Bodengattungen bestimmen die Bauweise. In Schotterböden, die wenig Eiseinschlüsse enthalten, trocknen Böschungen und Fahrbahn nach 1jährigem Auftauen 0,5 m tief aus. Auf der aus Glimmerschieferschlamm oder torfreichem Schlamm bestehenden Tjäle muß die Moos- oder Torfdecke belassen werden. Darüber kommen Unterzüge, Prügellagen und Reißig zur Aufnahme der Straßendecke; 0,6 m tiefe Straßengräben, die durch 1,2 m breite Bermen von der Fahrbahn getrennt sind, und gute Lichtung führen nach einigen sonnigen Sommern zu genügender Austrocknung des Kunstkörpers.

[1] Tiefgründungen im gefrorenen Boden. Engng. News v. 20. April 1905.

[2] Brückenbauten in Alaska. Engineer London 1911. — Ausbau des Straßennetzes in Alaska. Engng. Rec. v. 14. März 1914. — Edgerton, G. E.: Alaska's Road and Bridge Builders. Engng. Rec. v. 19. Juni 1915.

VIII. Besondere physikalische Erscheinungen im Baugrund.

Die Kenntnis der physikalischen Eigenschaften der den Baugrund bildenden Gesteine ist sehr lückenhaft, es kann daher im folgenden nur die systematische Stellung der Fragen und ihre praktische Bedeutung gekennzeichnet werden.

Die elastischen Eigenschaften der Gesteine sind für die Mechanik des Stollenbaues, die Erschütterungslehre[1], einzelne geophysikalische Untersuchungsmethoden[2] und die Baugrundbelastung maßgebend. Sie sind in den Handbüchern für Geophysik, Seismik, Gesteinskunde und Gesteinsprüfung zu finden.

Die thermischen Ausdehnungskoeffizienten vieler Minerale und einzelner Gesteine sind bekannt[3]. Ausdehnungs- und Schwindmasse der wichtigsten Baustoffe sind in den technischen Handbüchern verzeichnet. Das sehr verschiedenartige Verhalten des zusammengesetzten, unter der Frostgrenze gelegenen Bodens harrt noch genauerer Erforschung.

Das magnetische Rindenfeld der Erde ist entsprechend dem wechselnden Gebirgsbau und Gesteinscharakter unregelmäßig magnetisiert. Die magnetischen Elemente unterliegen periodischen Schwankungen und nichtperiodischen Störungen. Sie ändern sich im Lauf der Zeit, zu ihrer genauen Kennzeichnung gehört daher auch das Datum. Von den magnetischen Erscheinungen wird im Vermessungswesen und bei der physikalischen Bodenuntersuchung Gebrauch gemacht. In Großstädten und Industriegebieten können Eisenmassen und elektrische Ströme, im offenen Gelände Erzmassen oder magnetische Gesteine unberechenbare Störungen der magnetischen Messung hervorrufen. Der Eigenmagnetismus der Gesteine hängt ab von ihrem Gehalt an eisenhaltigen Mineralien. Den stärksten Eigenmagnetismus hat der Magnetit, dann folgen in weitem Abstand der Magnetkies und der Hämatit. Unter den Eruptivgesteinen haben Gabbro und Basalt den stärksten Eigenmagnetismus, ihnen folgen Granite und Gneise. Letztere übertreffen noch den Spateisenstein, die Erze anderer Metalle und die Sedimentgesteine.

Von den elektrischen Eigenschaften der Gesteine werden für die Zwecke der elektrischen Bodenuntersuchung der Leitungswiderstand und die Dielektrizitätskonstante festgestellt[4]. Hinsichtlich der einzelnen Verfahren sei auf den Sechsten Teil, V. 4—6 verwiesen. Für die Errichtung von Sendeantennen[5] sind folgende Eigenschaften wichtig:

---

[1] Vgl. Dritter Teil, V. [2] Vgl. Sechster Teil, V.

[3] Schulz, K.: Die Koeffizienten der thermischen Ausdehnung der Mineralien und Gesteine und der künstlich hergestellten Stoffe von entsprechender Zusammensetzung. Fortschr. d. Mineral., Kryst. u. Petrogr. 4. Bd. I, 5. Bd. II, 6. Bd. III. Jena 1914.

[4] Versuchswerte bei R. Ambronn: Methoden der angewandten Geophysik, Dresden 1926, und mit kritischer Sichtung bei W. Heine: Elektrische Bodenforschung, Berlin 1928.

[5] Pfalz, R.: Die Bedeutung der Bodenverhältnisse für den Bau von Großfunkstationen. Der Geologe Nr. 37, Juli 1925.

Gleichmäßigkeit des Baugrundes im Umkreis von mehreren hundert Metern, Höhenlage, Ausdehnung und Schwankungsbereich des obersten Grundwasserspiegels, Leitfähigkeit und Dielektrizitätskonstante der darüber liegenden Bodenschichten in Abhängigkeit von den Niederschlägen. Eine verläßliche Erdung läßt sich nur in dauernd feuchtem Boden erreichen; um davon unabhängig zu sein, werden vielfach Antennen mit über der Erde verlegtem „Gegengewicht" auf trockenem Baugrund, z.B. auf Dünen, errichtet.

Eine technisch wichtige Erscheinung sind die vagabundierenden Ströme im Baugrund, die z. B. von der Rückleitung der Straßenbahngleise zu Eisenrohren oder Eisenbetonkörpern gehen. Ihre Schädlichkeit durch rasche und tiefgehende Rostbildung steht nach neueren Erfahrungen außer Zweifel. Dauernd feucht liegende Eisenbetonkörper sind leitend, bei Stromzutritt rosten daher die Eiseneinlagen ab. Als Schutzmaßnahmen[1] bewähren sich Asphaltanstriche und die Herstellung schlechtleitender trockener Schüttungen zwischen Gleis und gefährdetem Bauwerk. Wenn Gefälle vorhanden, bietet eine dauernde Grundwassersenkung die beste Abhilfe.

Die Radioaktivität der Gesteine bzw. des Bodens bildet ebenfalls die Grundlage einer geophysikalischen Untersuchungsmethode zur unmittelbaren Anzeige von Verwerfungen. Von den kristallinen Gesteinen besitzen saure vulkanische und plutonische Gesteine den höchsten Radiumgehalt; die basischen haben nur ungefähr ein Drittel davon; ein wenig höher ist der Gehalt bei Sedimentgesteinen. Beim Absinken durch das Gestein sättigt sich das Wasser mit Radiumemanation. Da die Wässer aus Granit oder Trachyt gleichzeitig weich und mörtelangreifend sind, ist der Einfluß des Radiumgehaltes auf die angreifenden Eigenschaften nicht sicher festgestellt.

IX. Chemische Wirkungen im Baugrund.

1. Die Chemie des Baugrundes.

Zahlreiche Erkenntnisse, die früher unter dem Sammelbegriff „Chemische Geologie" vereinigt wurden[2], sind seither erweitert und vertieft, zu Grundlagen der allgemeinen Geologie, der Mineralogie und Gesteinskunde, der Lagerstättenlehre, Geophysik und der Bodenkunde geworden. Die geologische Landesaufnahme der Vereinigten Staaten gibt für den praktischen Gebrauch seit 1908 eine geologisch geordnete Zusammenstellung der Forschungsergebnisse heraus[3]. Von deutschen Verfassern behandeln G. Linck und E. Blanck[4], ferner F. Behrendt

[1] Vgl. die vom Deutschen Verein von Gas- und Wasserfachmännern E. V., Berlin W 35, herausgegebenen Schriften: „Vorschriften zum Schutze der Gas- und Wasserröhren gegen schädliche Einwirkungen der Ströme elektrischer Gleichstrombahnen, die die Schienen als Leiter benutzen" und „Erdströme und Rohrleitungen" von Dipl.-Ing. F. Besig.

[2] Bischof, G.: Chem. u. physik. Geologie, 2. Aufl. Bonn 1863—71. — Roth, J.: Allgem. u. chem. Geologie. Berlin 1879—92.

[3] Clarke, F. W.: The Data of Geochemistry, 5th ed., Bull. 770, U. S. A. Geol. Surv. Washington 1924.

[4] Chemie der Erde, hgb. v. G. Linck u. E. Blanck, Jena 1914—1931.

und G. Berg[1] die chemische Geologie als wissenschaftliche Grundlage der oben genannten Fachgebiete.

Bei den älteren Eisenbahnbauten, hat man vergeblich versucht, die Ursachen von Rutschungen und Quellungsdruck aus chemischen Gesteinsanalysen zu erkennen[2]. Tatsächlich können chemische Umsetzungen, z. B. durch Basenaustausch, die Zähigkeit und Tragkraft des Bodens wesentlich herabsetzen, wie es H. Pfeiffer und W. Dienemann an dem nach 30jährigen Bestand versackten Eisenbahndamm bei Bublitz in Pommern gezeigt haben[3]. Doch hat erst die als Zweig der physikalischen Chemie entwickelte Kolloidchemie der landwirtschaftlichen und technischen Bodenkunde fruchtbare Grundlagen gegeben. Die Bodenkolloide[4] sind das Zement der sogenannten bindigen Böden und werden als Träger der wesentlichen Eigenschaften der Tone angesehen. Von der Kolloidchemie, die sich vorwiegend mit den Erscheinungen beim Überwiegen des Verteilungsmittels befaßt hat, fordert P. Ehrenberg[5], daß sie auch die Aufschwemmungen von viel zerteilter Masse in wenig Verteilungsmittel erforsche. Wertvolle Anregungen hierzu hat J. Stiný[6] gegeben. Auf die technisch wichtigen Quellungserscheinungen hat V. Pollack hingewiesen[7].

Das U. S. Bureau of Soils[8] rechnet alle Teilchen unter 1 Mikron (μ = 0,001 mm) zu den Kolloiden, die von Spuren bis zu 100% im Boden auftreten und seine physikalischen Eigenschaften bestimmen sollen. Letztere stünden zur chemischen Zusammensetzung nahezu in quantitativer Beziehung und möglicherweise würde es gelingen, Art und Verhalten eines Kolloides aus ein oder zwei Grundeigenschaften zu bestimmen. Damit würde die Kolloidchemie zu einer wichtigen Hilfswissenschaft für die Baugrundforschung werden. Dieser Entwicklung sind die Theorien von K. Terzaghi[9] vorausgeeilt, der das Verhalten der Böden unter Belastung ausschließlich aus ihren physikalischen Eigenschaften erklärt. Im Vierten und Siebenten Teil angeführte Erfahrungen deuten allerdings auf einen wesentlichen Einfluß der chemischen Zusammensetzung der Tone. Gegenwärtig fällt der Chemie vor allem die Erforschung der Wechselwirkung zwischen Boden, Grundwasser und Baustoff zu.

---

[1] Behrend, F., u. G. Berg: Chemische Geologie. Stuttgart: Ferd. Enke 1927.

[2] Vgl. Pollack, V.: Über Unzulänglichkeiten und Rückständigkeiten im prakt. Erd- u. Stollenbau. Z. öst. Ing.- u. Arch.-Ver. 1927 Heft 35/36 S. 328.

[3] Geol., chemische u. physik. Untersuchungen von Erdrutschen durch die Preuß. Geol. Landesanstalt. Jb. preuß. geol. Landesanst. Bd. 49 (1928).

[4] Ehrenberg, P.: Die Bodenkolloide, 3. Aufl. Dresden, Th. Steinkopff 1922.

[5] Ehrenberg, P.: a. a. O. S. 40.

[6] Stiný, J.: Einige Beziehungen zwischen Kolloidchemie, Geologie und Technik. Jb. geol. Reichsanst. Wien 1918.

[7] Pollack, V.: Quellung (Blähen), Quellungsdruck und Gebirgsdruck. Techn. Blätter, Teplitz-Schönau 1921.

[8] Bericht des Sonderausschusses für die Tragkraft des Bodens bei Gründungen. Proc. Amer. Soc. Civ. Engr. Mai 1925.

[9] Erdbaumechanik auf bodenphysikalischer Grundlage. Wien: F. Deuticke 1925.

2. Schädliche Bestandteile des Baugrundes.

Feste Mineralstoffe, saure Lösungen und Gase des Bodens führen unter Umständen rasche Zerstörungen von Mauerwerk oder Metallen herbei.

Weitaus der verbreiteste schädliche Bestandteil, der in sedimentären Gesteinen verschiedenen Alters vorkommt, ist der Gips $CaSO_4 + 2\,aq$; im Gebirgsinnern findet sich auch wasserfreier Gips oder Anhydrit $CaSO_4$. Beide Gesteine treten in solchen Massen auf, daß manchmal ganze Tunnels oder Grundbauten darin liegen. In den alttertiären Lagunen- und Flachseebildungen kommt Gips in dicken Bänken, Nestern und Schnüren, in jungtertiären Tonen und Mergeln häufig in größeren Kristallen oder kaum wahrnehmbaren Ausscheidungen vor. In Trockengebieten führen auch die quartären Böden mitunter fein verteilten Gips.

Im Betongut genügt schon eine geringe Beimengung von Sulfiden oder Sulfaten um Gipstreiben zu erzeugen[1]. Beim Walchenseewerk[2] wurden anfangs gipshaltiger Schotter und gipshaltiger Tunnelausbruch zur Mörtelbereitung verwendet. Es traten alsbald Treiberscheinungen im Mauerwerk und im Beton auf, weshalb in den anhydritführenden Raiblerschichten und im pyritführenden Hauptdolomit besondere Vorsichtsmaßnahmen getroffen wurden. In großem Umfang sind derartige Schwierigkeiten bei Eisenbahntunnels im Eozän und Oligozän, im Jura, im Keuper, in den Raiblerschichten, in Werfener Schichten und im Zechstein aufgetreten.

Die häufigsten Magnesiumverbindungen in interglazialen und jüngeren Böden sind das Karbonat $MgCO_3$ und das leichtlösliche Magnesiumsulfat (Bittersalz, Saliter). Böden, die im Säureauszug mehr als 2% MgO ergeben, sind für den Zement schädlich. In Bergwerken trifft man das Magnesiumsulfat in den Abraumsalzen der älteren Salzstöcke entweder rein (als Kieserit) oder in Verbindung mit anderen Sulfaten und Chloriden. Auch das Magnesiumchlorid ($MgCl_2$), das den Mörtel durch Bildung einer Gallerte von Magnesiumhydroxyd $Mg(OH)_2$ zerstört, ist leichtlöslich und bildet daher selbst in den Salzböden der Trockengebiete nur einen untergeordneten Bestandteil.

Verbreiteter, und bei ständiger Zufuhr schon in Lösungen von 0,1% angreifend ist das Natriumsulfat oder Glaubersalz (Na_2SO_4); es bildet zusammen mit dem unschädlichen Natriumchlorid (Kochsalz) den Hauptbestandteil der Absätze einzelner Steppenseen. Die im Trockengebiet von Nord- und Südamerika verbreiteten Alkali-Plains sind äußerst flache Mulden, in denen sich Chloride, Sulfate, Borate und überwiegend Alkalikarbonate ausscheiden. Man sichert dort die Bauwerke durch Entwässerung des Baugrundes und Schutz gegen Wasserzutritt von oben[3]. Die Anwesenheit der Salze verrät sich auch im

---

[1] Spengel: Gipshaltige Zuschlagstoffe im Betonbau. Tonind.-Ztg. 1925 Nr. 10; — Druckstollenbau und Betonstoffe. Ebenda Nr. 15.

[2] Knauer, J.: Die geol. Verhältnisse und Aufschlüsse des Walchenseekraftwerkes. Geognost. Jahresh. Bd. 27, München 1923. — Bürner: Die Bauausführung des Walchenseewerkes. Die Wasserkraft 1924 Heft 10.

[3] Vgl. Vaughn, Z. N.: Verlegung einer Eisenbeton-Rohrleitung in einem alkalischen Boden. Engng. News 1911 I Nr. 26.

mitteleuropäischen Klima durch Graufärbung des Bodens bzw. Gesteines oder durch Ausblühungen.

Der in der Natur sehr verbreitete Schwefelkies führt, wenn er mit Luft und Wasser in Berührung kommen kann, wie im Bereich der Grundwasserschwankung, häufig zur Neubildung von Gips im Boden. Torfböden, die gewöhnlich Schwefeleisen enthalten, verursachen nach A. Spengel[1] Gipstreiben, wenn sie im wässerigen Auszug aus 100 g trockenem Boden in 1 l Wasser mehr als 500 mg SO_3 abgeben. Als Beispiele für die Menge schädlicher Stoffe führt Lohmeyer[2] an, daß in je 1 m^3 Kleiboden der ostfriesischen Marschen an verschiedenen Stellen 3,6—16 kg SO_3 enthalten ist. Als Einsprengling im wasserundurchlässigen Ton ist der Schwefelkies weniger gefährlich, doch verfielen aus pyrithaltigem Ton gebrannte Ziegel bei den italienischen Eisenbahnen im großen Umfang rascher Zerstörung[3]. Reich an mörtelangreifenden Mineralstoffen sind in der Regel die Aschenhalden der Gaswerke, Lokomotivheizhäuser und industriellen Feuerungen; aus dem Schmelzfluß erstarrte (Hochofen-) Schlacken sind in der Regel unschädlich.

Zahlreiche organische Stoffe liefern bei der Zersetzung Stickstoff, die Eiweißstoffe auch Schwefel, deren Säuren und Salze zementzerstörend sind. Betonarbeiten im Moor und Torf, in Sapropelböden, im „Darg" und im an organischen Abfällen reichen Schlick verlangen daher Schutzmaßnahmen[4]. Den natürlichen Ablagerungen sind die Kehricht- und Schuttablagerungen in den Städten in dieser Beziehung gleich zu erachten.

3. Angreifende Wässer.

Reines Wasser, wie Schneeschmelz- und Regenwasser, ist eines der wirksamsten Lösungsmittel und sättigt sich rasch mit Gasen (Kohlensäure) und Salzen. Die Wässer aus dem Urgebirge haben häufig nur 4—5 deutsche Härtegrade und lösen den freien Kalk der hydraulischen Bindemittel auf. Im Gasteiner Tauerntunnel wurde der Portlandzement von den Gebirgswässern vollständig ausgelaugt; der Schlakkenzement in einem 4 m tiefen Brunnen der Tunnelbauleitung verlor innerhalb eines Jahres jeden Zusammenhalt. Diese Erfahrungen sind später durch Laboratoriumsversuche bestätigt worden[5].

Gashaltige Wässer. Angreifend sind ferner folgende Wässer[6]: Lufthaltige, d. h. sauerstoffreiche Wässer von weniger als sieben deutschen Härtegraden wirken schon bei 4 mg Sauerstoff in 1 l stark oxydierend auf Metalle, bei härteren Wässern sind 9 mg/l noch unschädlich. Die natürlichen Wässer enthalten meist weniger als 50 mg freier Kohlen-

[1] Spengel, A.: a. a. O.

[2] Brennecke-Lohmeyer: Der Grundbau, 4. Aufl. Berlin 1927.

[3] Baumaterialienkunde Jg. 7. H. 18—21. Stuttgart 1902.

[4] Graf, O. u. H. Goebel,: Schutz der Bauwerke gegen chemische und physikalische Angriffe. Berlin: W. Ernst & Sohn 1930.

[5] Schaufelberger, J. A.: Unters. über die Einwirkung von reinem und kohlensäurehaltigem Wasser auf Portlandzement. Diss. Zürich: E. T. H. 1927.

[6] Vgl. Klut, H.: Untersuchung des Wassers an Ort und Stelle, 5. Aufl. Berlin: Julius Springer 1927.

säure (CO_2) in 1 l; bei höherem Gehalt ist ein kleiner Prozentsatz auch als hydratisierte Kohlensäure gelöst und verleiht dem Wasser eine schwachsaure Reaktion. An freier Kohlensäure reiche Wässer wirken auflösend auf Blei, Eisen, Kupfer, Zink und auf Kalk und Zementmörtel. Der abgebundene einfach kohlensaure Kalk des Mörtels wird in löslichen doppeltkohlensauren Kalk verwandelt; wenn die freie Kohlensäure entweicht, so entsteht wieder unlöslicher einfach kohlensaurer Kalk ($CaCO_3$), der sich als Sinter (Tuff, Schlamm) absetzt. Der Gehalt an angreifender Kohlensäure wird entweder auf Grund der chemischen Analyse aus Tabellen entnommen oder unmittelbar durch Auflösen von Marmorpulver (Marmorversuch) bestimmt.

Saure Wässer. Alle sauer reagierenden Wässer greifen Metalle und Mörtel an. Hierzu genügt, wie oben angeführt, schon ein Gehalt an freier Kohlensäure; in verstärktem Maße wirken freie Mineralsäuren wie Schwefelsäure, Salpetersäure oder organische Säuren; ferner Schwefelwasserstoff, Sulfate und Sulfide, die häufig in Thermalwässern, Bergbauwässern, Moorwässern und in industriellen Abwässern enthalten sind. Nitrate und Nitrite greifen Metall und Mörtel an; bei Wässern von geringer Karbonathärte liegt die Schädlichkeitsgrenze bei 50 mg N_2O_5 in 1 l Wasser. Die meisten und schwersten Schädigungen entstehen durch Sulfate, unter denen, wie schon ausgeführt, Gips und Magnesiumsulfat obenan stehen.

Gipswässer. Die schädliche Einwirkung von Gipswasser auf Zement und Beton war seit 1887 bekannt, hat aber erst seit 1909, wo große Bauschäden aufgedeckt wurden, allgemeine Beachtung gefunden. Neuere Sonderschriften sowie die Handbücher des Betonbaues und Grundbaues enthalten zusammenfassende Darstellungen und Literaturangaben[1].

Ein Liter Wasser löst nach Niggli[2] bei einer Temperatur von 0° C 1,76; 10° C 1,93; 18° C 2,02 und von 25—55° C rund 2,10 g Gips ($CaSO_4$). Als Schädlichkeitsgrenze gilt der Gehalt von 0,2 g Gips im Liter Wasser[3].

In den Wasseranalysen wird entweder der Gehalt an Schwefelsäureanhydrit SO_3 oder an Schwefelsäure H_2SO_4 angegeben; 1 g SO_3 entspricht rund 1,225 g H_2SO_4, bzw. 1 g H_2SO_4 rund 0,816 g SO_3.

Wenn Gipswasser auf Portlandzement einwirkt, bildet sich das nadelförmig kristallisierende Candlotsche Doppelsalz, d. h. Kalziumsulfoaluminat $Al_2O_3 \cdot 3CaO + 3CaSO_4 + 30H_2O$, wodurch frischer Mörtel am Abbinden gehindert und abgebundener brüchig oder weich wird. Das sogenannte Gipstreiben erfolgt mit großer Kraft; so hob

[1] Hundshagen, F., O. Graf u. A. Kleinlogel: Einflüsse auf Beton, 3. Aufl. Berlin: W. Ernst & Sohn 1930. — Grün, R.: Chem. Widerstandsfähigkeit von Beton, 2. Aufl. Berlin 1928. — Herrmann, P.: Über Betonzerstörung durch Sulfate und andere schwefelhaltige Stoffe. Zbl. Bauverw. 1923 Heft 1—4. — Pollack, V.: Verwitterung in der Natur und an Bauwerken. Wien 1923 (enth. zahlr. Bauerfahrungen).

[2] Niggli: Lehrbuch d. Min. Bd. 2 (1926).

[3] Spengel, A.: Zement im Druckstollenbau. Tonind.-Ztg. 1924 Nr. 102.

sich z. B. der Strompfeiler der Magdeburger Sternbrücke[1] unter der Einwirkung von gipsgesättigtem artesischen Grundwasser in 50 Monaten um 70 mm.

Moorwässer. Die vom Moorwasser[2] ausgehenden Angriffe auf Beton wurden ursprünglich den sogenannten Humussäuren zugeschrieben. Die Humate werden wohl nicht als eigentliche Salze angesehen; sie bilden mit dem Kalk des Zementes Seifen und zermürben dadurch porösen Beton. Dies ist jedoch eine untergeordnete Wirkung neben den raschen und kräftigen Zerstörungen, die von den durch biologische Vorgänge ausgeschiedenen Schwefelverbindungen ausgehen. Manche Moorproben sind gipsfrei, aus anderen ließen sich durch je 1 l kaltes Wasser 10 bis 12 g Gips auslaugen. Der durch Schwefelbakterien ausgeschiedene Schwefelwasserstoff SH_2 und das Schwefeleisen führen durch Oxydation zur Gipsbildung. Es sind also in der Hauptsache wieder Gipswässer, die den Beton zerstören. Viele Moorwässer sind salzarm; als Ursache der Betonzerstörungen wird ihr Gehalt an freier Schwefelsäure, Schwefelwasserstoff und aggressiver Kohlensäure angesehen[3]. Ein Beispiel für die Bauausführung im Moor ist im Achten Teil, V. 1. Berlin, enthalten.

Schutzmaßnahmen. Abhilfe gegen angreifende Wässer wurde zunächst durch geänderte chemische Zusammensetzung des Zementes gesucht. Zemente mit höherem Kieselsäure- und geringerem Kalkgehalt sowie Portlandzement mit Trasszusatz haben in manchen Fällen erhöhte Widerstandsfähigkeit gezeigt. Seit 1914 werden tonerdereiche, säurefeste Zemente erzeugt, von denen die Schmelzzemente (ciment fondu) das größte Anwendungsgebiet gefunden haben. Auch zementreicher Portlandbeton von kleinem Porenvolumen ist bei sorgfältiger Herstellung und geschützter Abbindung ziemlich widerstandsfähig. Vor allem sucht man die schädigenden Einflüsse durch dauernde Absenkung oder Absperrung des Grundwassers und durch Schutzanstriche und -schichten abzuhalten[4]. Sehr sorgfältig wurden z. B. die Pfeiler einer Brücke im Alluvium der unteren Weser gesichert, weil die Bodenproben das Vorhandensein großer Mengen von freier und halbgebundener Kohlensäure und von Schwefeleisen ergeben hatten[5].

---

[1] Framm: Zement 1922 Nr. 27—32. — Hermeking: Zbl. Bauverw. 1922 Nr. 24 u. 25.

[2] Gary, M.: Versuche über das Verhalten von Mörtel und Beton im Moor. Deutscher Ausschuß für Eisenbeton 1922 Heft 49. — Zschockke, Br.: Die Widerstandsfähigkeit des Betons gegen chemische Einflüsse der Böden und Grundwässer. Eidg. Materialprüfungsanstalt d. T. H. Zürich 1925 Nr. 4. — Gessner, H.: Die chem. Ursachen von Betonzerstörungen durch Grundwässer und Böden. Ebenda.

[3] Buchartz, H.: Versuche über das Verhalten verschiedener Zemente und Betonschutzmittel im Moor. Anhang: Richtlinien f. d. Ausführung von Bauwerken aus Beton im Moor. H. 64 d. Mitt. dtsch. Aussch. f. Eisenbeton (Moorausschuß). Berlin 1931.

[4] Helbing u. Bülow: Chemische Angriffe auf Beton. Bauing. 1925 Heft 3. — Goebl: Zerstörung von Betonbauten durch chemischen Einfluß und konstruktive Abwehrmaßnahmen. Ebenda Heft 8.

[5] Schenkelberg: Die Friesenbrücke über die Ems bei Weener. Zbl. Bauverw. 1926 Nr. 47.

4. Lösungserscheinungen im Kalk, Gips und Schotter.

Im Abschnitt IV wurden die Wirkungen der Höhlenbildung auf die Tagesoberfläche erörtert. Im folgenden sind die Lösungserscheinungen im Baugrund selbst gekennzeichnet.

Kalk. Die alljährlich in Lösung fortgeführten Mengen beweisen, daß die Bildung der Hohlräume selbst im Kalk verhältnismäßig rasch erfolgt. So führt z. B. der aus den großen Karsthöhlen kommende Timavo alljährlich rund 80000 m³ gelöstes Gestein in den Golf von Triest. Die

Abb. 31. Einfluß der „Klippen"-Bildung im Karst auf die Böschungsverhältnisse.

Auflösung erfolgt in den Kluftsystemen, die Sammlung des Wassers zu „Karstwässern" an den größeren Verwerfungen und Quetschzonen. Jeder Doline über Tag ist ein die in Tiefe reichender Schlund zugeordnet, der bis zum Höhlenfluß bzw. gestauten Karstwasser reicht. Der Semitschtunnel der Eisenbahn Rudolfswert-Möttling in Unterkrain (Jugoslawien) erfährt durch derartige Schlöte eine gute natürliche Lüftung.

Im Unterkrainer Karst kann man weder aus den freiliegenden kleinen Felsflächen noch aus vereinzelten Schürfungen mit Sicherheit auf das Untergrundrelief oder die Böschungsverhältnisse schließen, da Kreidekalk, Triaskalk und selbst Triasdolomit in unberechenbar geformte Klippen (Abb. 31) aufgelöst sind, deren Zwischenräume Bohnerz führende Roterde erfüllt. Beim Durchschneiden der Wangener Kalke des Sequan hat der Werksgraben der Wasserkraftanlage Gösgen an der Aare ähnliche Verhältnisse angetroffen[1]. Gebäudegründungen erfordern je

[1] Die Wasserkraftanlage „Gösgen" an der Aare. Schweiz. Bauztg. vom 6. März 1920.

nach der Gestaltung und Festigkeit der Klippen Verbindungsgurten oder durchlaufende Platten. Die Tunnelbauten im Karst hatten häufig Höhlen zu queren; Unterfangungen der Tunnelröhre wurden mehrfach beschrieben[1]. Im 1053,5 m langen Opcinatunnel der zweiten Eisenbahnverbindung mit Triest wurden zwei große Grotten mit Spannweiten von 22,3 und 53 m überbrückt.

Gips. Im Gips bestehen ähnliche Erscheinungen; sie treten im Gelände weniger hervor, da die Bruchränder der Erdfälle ausgerundet sind. Aus den im Abschnitt IV beschriebenen Lösungsschloten (Abb. 27) haben die am Lehnenfuß austretenden Gipsquellen in 30 Jahren rund 3000 m^3 Gipsfels in Lösung fortgeführt. Die aus der Quellenmessung errechneten Hohlräume wurden kurze Zeit danach beim Umbau eines brüchig gewordenen Lehnenviaduktes tatsächlich aufgeschlossen. Bei einem in 1900 m Seehöhe geplanten Wasserstollen im Gips der Raibler Schichten ergab sich aus dem Gipsgehalt der Quellbäche eine jährliche Auslaugung von 6000 m^3 Gipsfels.

H. Schardt hat die von den Quellen im Simplontunnel und in einigen Juratunnels gelösten Gesteinsmengen erforscht und auch die Lösungsgeschwindigkeit von Gips beobachtet[2]. Das Wasser der Schwarzeggquelle bei Kerns, Kanton Unterwalden, hat beim Austritt aus den Kalkwänden 19 französische Härtegrade. Nach 300 m Lauf durch Gipsschichten erreicht es 24 französische Härtegrade und verschwindet in Höhe 1058 im Gips. Im waagrechten Abstand von 800 m tritt es in Höhe 908 als Mehlbach mit 125 französischen Härtegraden wieder zutage, die einem Gipsgehalt von 2,08 g/l entsprechen. Durch Färbung ergab sich eine Laufzeit von 30 Minuten, und in dieser hat das Wasser, nach Abzug der fremden Zuflüsse, rund 1,7 g/l Gips gelöst.

Schotter. Die Lösungserscheinungen im Schotter vollziehen sich in langen Zeiträumen, sind also vorwiegend geologischer Natur. In der obersten 0,3—0,6 m mächtigen Lage sind die Kalkschotter des Wiener Neustädter Steinfeldes von der durch den Regen mitgeführten Kohlensäure an der Oberseite angefressen und an der Unterseite vom Sinter weiß überrindet[3]. Die Eiszeitschotter enthalten häufig „Orgeln", d. h. von Vertiefungen ausgehende runde Sickerschächte, in denen die Schotter vollständig ausgelaugt sind. Aus den pliozänen und altquartären Schottern sind die Kalkschotter durch Auflösung vollständig oder mit Hinterlassung von Quarzskeletten verschwunden, so daß auch ursprünglich gemischte Schotter zu scheinbar reinen Quarzschottern werden.

5. Versinterung im Boden und an Bauwerken.

Ähnlich der Lösung und Sinterbildung im Kalkschotter vollzieht sich die Auslaugung des Kalkes aus dem Mörtel und der Wiederabsatz in Form kleiner Tropfsteine am Gewölbemauerwerk.

---

[1] Lorenz, A.: Prakt. Tunnelbau. Wien: C. Gerold's Sohn 1860. — Ržiha, F. v.: Lehrbuch d. ges. Tunnelbaukunst, 2. Aufl. Berlin: Ernst & Korn 1874.

[2] Bull. Soc. belge Géol. T. XX (1906).

[3] Suess, E.: Im Bericht über die Erhebungen der Wasserversorgungskommission des Gemeinderates der Stadt Wien, S. 52. Wien 1864.

In der Regel liegt zwischen Lösung und Absatz ein größerer Weg. In den tiefen Brunnen im Wiener Neustädter Steinfeld bei St. Egyd (52,2 m), Saubersdorf (45,3 m) und im Brunnenfeld (19,6 m) sind die oberen spätquartären (?) Schotter nur leicht verkittet; hingegen enthalten die unteren (altdiluvialen?) zahlreiche harte Konglomeratbänke oder „Schwarten", deren summierte Mächtigkeit 22, 35 und 21% der ganzen Brunnentiefe beträgt. Durchlässigkeitsbeiwert, Grundwassergeschwindigkeit und Grundwasserinhalt derartiger Schotterkörper werden von diesem „Verschwartungsverhältnis" beeinflußt.

Die Sinterbildung der kalten und besonders der heißen Quellen ist eine wichtige geologische Erscheinung. An der Austrittsstelle gewöhnlicher Quellen trifft man oft Tuffabsätze von mehreren Metern Mächtigkeit. Die langsam durch Kalktonschiefer, Kalksandstein oder Rauchwacken sickernden Quellen setzen oft reichlicher Tuff ab als die Spaltquellen aus dem reinen Kalk.

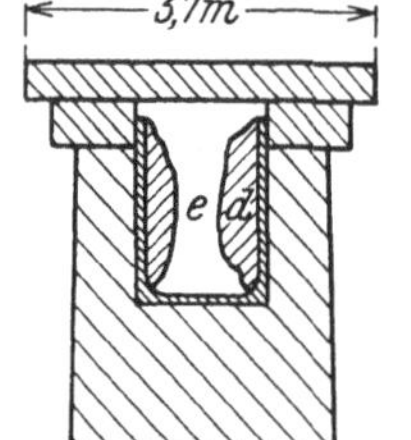

Abb. 32. Sinterbildung im Aquädukt von Pont-du-Gard bei Nîmes (nach Fr. P. Mc. Kibben 1913).
d Größte Sinterdicke 0,43 m. *e* Kleinste Lichtweite 0,42 m. Ursprüngliche Lichtweite zwischen dem Verputz 1,20 m.

Bei der Berechnung des Abfuhrvermögens älterer Leitungen führt man bekanntlich den durch die Inkrustation verkleinerten Durchmesser ein. Entwässerungsdohlen unter Stollen sind der Versinterung in hohem Maße ausgesetzt. Beim Bau des Opponitzer Kraftwerkes der Stadt Wien[1] hat sich auf der Steinpackung eines aufgelassenen Fensterstollens innerhalb 9 Monaten ein 20 cm starker Absatz von weichem gelblich-weißen Kalksinter gebildet. In den Entwässerungskanälen, die sich anfangs rasch verlegten, wurden Putzlöcher und Putzseile angeordnet, die sich bewährten.

Der im Jahre 19 v. Chr. von den Römern erbaute und in den Jahren 1702 und 1855 instand gesetzte Aquädukt von Pont-du-Gard bei Nîmes zeigt obenstehenden Querschnitt[2] (Abb. 32). Das aus einem Kalkgebiet zugeleitete Wasser muß den Querschnitt fast vollständig versintert haben, da man den Sinter teilweise ausgebrochen hatte.

Eisenhaltige Wässer aus erzführenden Gesteinen, aus Bergwerksstollen oder Schlackenhalden verkitten häufig Sand oder Schotter zu harten Krusten, unter denen nicht gebundene Schichten folgen. Die Ortsteinbildung ist eine unter dem Einfluß von Kalkabsatz und Humusstoffen entstehende Verhärtung des Bodens durch Ausflockung von Eisensalzen, von der Übergänge zu den Raseneisensteinerzen und Toneisensteinen bestehen. Solche nicht wetterbeständige Verhärtungen erhöhen die Tragkraft des Baugrundes nur bei entsprechender Tiefenlage und Mächtigkeit.

---

[1] Jenikowsky, F.: Der Bau von Wasserstollen in den der Trias angehörigen Randgebirgen der nördl. Kalkalpen. Z. öst. Ing.- u. Arch.-Ver. 1927, Heft 9/10 und 13/14.

[2] Mac Kibben, Fr. P.: Notes on Two Old French Masonry Bridges. Engng. Rec. v. 14. Juni 1913.

Alle Verfahren zur künstlichen Verhärtung des Baugrundes, so insbesondere die seit 1837[1] geübte Einpressung von Zementmörtel in Sand und Schotter, suchen den Vorgang der Versinterung in abgekürzter und geregelter Weise zu erzwingen. Durch das geschützte Versteinerungsverfahren von Dr. Ing. Joosten soll die Tragfähigkeit von losem Schliefsand bei einem Wohnhausbau in Spandau auf das 6fache erhöht worden sein[2].

X. Gas im Baugrund.

1. Vorkommen.

Aus den abgestorbenen Resten kleiner Lebewesen im Wasser, besonders von Algen und Diatomeen, bildet sich ein gallertiger bis breiiger Bodensatz. Im bewegten luftführenden Wasser tritt vollständige Verwesung ein, im ruhenden entsteht Faulschlamm (Sapropel), der mit unorganischen Sinkstoffen (Feinsand, Kalkschlamm usw.) gemengt ist. Entsteht über dem Faulschlamm eine Decke von Sand oder Ton, so schreitet die von Bakterien beeinflußte Zersetzung unter Bildung von Sumpfgas (Erdgas, Methangas CH_4) fort. Steigerung des Überlagerungsdruckes und der Temperatur führen zur Bildung höherer Kohlenwasserstoffe, wie Erdöl und Asphalt, die meist von Sand, Sandstein oder Kalk aufgesaugt werden (Ölsande, bituminöse Gesteine). Unter geänderten physikalischen Verhältnissen kann aus einer gleichartigen organogenen Ablagerung Kohle werden, aus der die Kohlenwasserstoffe größtenteils ausgetrieben sind.

Ansammlungen von Gas können sich nur bilden, wenn eine absperrende Decke gegen Tag und eine gassammelnde Schicht in der Tiefe vorhanden ist. Gefährliche Gasansammlungen werden daher hauptsächlich in Bergwerken und tiefliegenden Tunnels angetroffen. Am häufigsten treten die aus Methangas (Grubengas) bestehenden „schlagenden Wetter“ auf. Manche Kohlenbergwerke sind außerdem von Kohlensäureausbrüchen heimgesucht.

Der an organischen Bestandteilen reiche Schlick, die Moore und versunkene Torflager sondern brennbare Gase ab. In Holland und im alten Weserdelta bestehen zahlreiche Gasbrunnen zur Beleuchtung und Beheizung von Wohnhäusern und für landwirtschaftliche Betriebe[3]. Die Gasförderung der Brunnen über dem diluvialen Bett der Weser, in denen das Wasser 8—12% Gas führt, sinkt bei hohem und steigt bei niedrigem Barometerstand. (Über die Erbohrung eines nachhaltigen Gasbrunnens bei Neuengamme siehe Achter Teil, V. 2. Hamburg, über rasch erschöpfte Gasquellen im Leopoldskroner Moor siehe VI. 7. Salzburg.)

---

[1] Raynal: Injections dans les bajoyers d'écluses etc. Ann. Ponts Chauss. 1837 Bd. 1 S. 50. — Collin: Réparation des constructions hydrauliques par la méthode d'injection. Ann. Ponts Chauss. 1841 Bd. 1 S. 280.

[2] Mast, A.: In der Beil. „Konstruktion und Ausführung“ zur Dtsch. Bauztg. v. 8. Mai 1928, zit. nach Schweiz. Bauztg. v. 2. Juni 1928, 275.

[3] Schütte, H.: Sumpfgasanlagen im alten Weserdelta. Oldenburg. 1914.

2. Wirkung auf den Baugrund und das Grundwasser.

Langandauernde Ausströmungen großer Gasmengen müßten beim Mitreißen feinster Bodenteilchen ein allmähliches Nachsinken der Überlagerung herbeiführen. Weder in Wels, Oberösterreich, wo seit 40 Jahren Erdgas in großem Umfang gewonnen wird, noch in Hamburg wurden Bodensenkungen wahrgenommen.

Gasansammlungen in oberflächennahen Schichten können Schlammschichten und Schwingmoore auftreiben und aufreißen, wodurch in einzelnen Seen Deutschlands kleine Inseln entstanden[1]. Die durch Gasdruck gehobene, bis 66 m lange und bis 36 m breite Insel im Oegelsee sitzt fest auf dem Seegrund, der eine entsprechende Abrißform aufweist. Die Oberfläche der Insel ist von kleinen Staffelbrüchen zerrissen; sie verfestigte sich bald durch Austrocknung und trug das schwere Bohrzeug mit dem die Sapropelschichte bis 32 m Tiefe durchbohrt wurde.

Eine Schurfbohrung F. Kaunhowens in der Nähe des Kurischen Haffs durchsank bis 8,50 m faulschlammhaltige Sande und Moortorflager über Feinsand und Geschiebemergel. Aus der Tiefe 6—7,30 m erfolgte ein heftiger Gasausbruch, und als der Bohrer gezogen wurde, „kochte der Boden in einem Umkreis von vielleicht 10 m Halbmesser förmlich auf“; ein 3 m hoher Schlammstrahl schleuderte Sand und Torf heraus. Zwischen 7,30 und 7,70 m erlosch der Gasausbruch. Im Torfstich Karolinenhorst in Pommern wurde der 4,4 m mächtige Torf in vier Abstichen gewonnen. Beim Herausnehmen des zweiten Abstiches blähte sich die untere Torfmasse häufig auf und platzte unter Gasausströmung, wobei Torfstücke bis 15 Schritt geschleudert wurden. Vielleicht sind auch an den auf Kältespannungen zurückgeführten Erdwürfen in Livland Gasausbrüche beteiligt.

3. Einfluß auf Bauwerke und Bauarbeiten.

Der Druck des Gases gegen die unverritzte absperrende Decke pflanzt sich auf die Bauwerkssohle fort. Unter der Sohle der Staumauer im Great-Miami-River bei Dayton (Ohio) macht sich ein fühlbarer Gasauftrieb aus dem Kiesuntergrund geltend[2].

Bei Gründungen im gashaltigen Boden besteht Entzündungs- und Vergiftungsgefahr. Das spezifische Gewicht von Methangas beträgt 0,6—0,65; die Luft wirkt erst bei einem Methangehalt von 40% giftig. Bei entsprechender Durchlüftung sind die Arbeiter in Brunnen oder Senkkasten nicht gefährdet. Kellerräume lassen sich durch eine Kellersohle aus Tonschlag abschließen und bedürfen gleichfalls der Lüftung.

Kohlenoxydgas besitzt ein spezifisches Gewicht von 0,967, Kohlensäure von 1,529, woraus sich die besondere Gefährlichkeit dieser geruch- und farblosen Gase ergibt. Ein Gehalt von 0,1% Kohlenoxydgas erzeugt schon Gesundheitsstörungen, 0,3% sind bereits tödlich.

[1] Potonié, H.: Eine im Oegelsee (Prov. Brandenburg) plötzlich neu entstandene Insel. Jb. preuß. geol. Landesanst. Bd. 32 (1911) 1. Teil Heft 2.

[2] Zbl. Bauverw. 1917 S. 501.

Schwefelwasserstoff und Leuchtgas verraten sich durch den Geruch: Leuchtgas kann allerdings beim Durchströmen feuchter Erdschichten geruchlos werden (Sickergas). Beim Abteufen von 7—8 m tiefen Schächten in alten Ablagerungsplätzen von Paris[1] erfuhr man durch einen tödlichen Unfall, daß die Luft bei barometrischen Tiefständen 25% Kohlensäure aufgenommen hatte. Das bloße Hinablassen eines brennenden Lichtes genügt nicht, weil die Flamme bei 4% Kohlensäure nicht verlischt, die dem Menschen bereits gefährlich sind.

Schwefelwasserstoff, der sich durch Zersetzung der Eiweißstoffe in den Abwässern bildet, greift den Beton nicht unmittelbar an, sondern führt durch Oxydation zu Schwefelsäure und Bildung von Gips[2]. In den Berliner Wasserwerken Tegel und Müggelsee waren die Filterrohre nach 10jährigem Betrieb vom Zink entblößt und stark angefressen. Es wurde das Vorhandensein von Stickstoff und geringen Mengen von Kohlensäure und Schwefelwasserstoff festgestellt, Sauerstoff fehlte. Ein Gehalt des Grundwassers von 0,01—0,14 mg Schwefelwasserstoff hatte genügt, um das Zink in einen gelblich-weißen Überzug von Zinksulfid zu verwandeln[3].

IX. Lebewesen im Baugrund.

Das organische Leben, das in der Vorzeit ungeheure Gesteinsmassen gebildet hat, spielt sich hauptsächlich in den Gewässern ab. Im Baugrund haben nur wenige Lebewesen praktische Bedeutung.

Von den Bakterien sind nur jene Gattungen nachteilig, die Kohlensäure, Schwefelwasserstoff, Salpetersäure und organische Säuren ausscheiden, oder Wasserleitungen durch Fällung von Eisenhydroxyd-Kolloiden beeinträchtigen.

Die Wurzeln der höheren Pflanzen reichen tief unter die landwirtschaftlich genutzte Bodenkrume. Die Getreidearten besitzen eine Wurzeltiefe von 2—3 m. In Lößkellern kommen die Wurzeln der Weinstöcke häufig 5—6 m unter Gelände zum Vorschein. Durch das Gewölbe eines verlassenen Kellers in Wien gedrungene Baumwurzeln bildeten 16 m unter Gelände einen förmlichen Vorhang[4]. Pappeln wurzeln bis 12 m, Buchen bis 25 m und Tamarisken am Suezkanal bis 30 m tief[5]. „In Kansas[6] haben die Wurzeln der Luzerne eine 1,65 m mächtige, dichte und steinige, nur mit der Spitzhaue lösbare Tonschichte durchdrungen, um den feuchten Untergrund zu erreichen. Im Museum zu Bern wird eine Luzernepflanze aufbewahrt, deren Wurzellänge 16 m erreicht. Ing. Irish traf beim Vortrieb eines Tunnels im Staat Nevada noch gegen 40 m unter Gelände lebende Wurzeln von Luzerne.“

---

[1] Florentin, D.: G. Genio civile v. 31. Juli 1922.

[2] Barr, W. M., u. R. E. Buchanan: Der Einfluß des Schwefelwasserstoffes der Abwässer auf Beton. Engng. News v. 12. Dez. 1912. — Matthews: Ref. im Engineering v. 17. Jan. 1913.

[3] Haack, R.: Gase im Grundwasser, ihre Bedeutung und Wirkung. Journ. f. Gasbeleuchtung 1913 Nr. 31.

[4] Nach freundl. Mitteilung des Herrn Obervermessungsrates Ing. L. Fritsch, Wien, Stadtbauamt.

[5] Prinz, E.: Hydrologie. Berlin: Julius Springer 1919.

[6] Doleris, J. A.: Le Nil Argentin (Rio Negro). Paris 1912.

Der Wachstumdruck von Bäumen ist bedeutend. Wurzeln, die an vorgebildeten Klüften eindringen, spalten oft große Felsblöcke. Zu knapp neben Mauerwerk gepflanzte oder mit betonierten Schutzringen umgebene Bäume heben und sprengen alle Hindernisse der Entwicklung.

Die niederen, im Boden lebenden Tiere wühlen sich bis in die frostfreie Tiefe ein, wohin ihnen der Maulwurf folgt. Wühlmaus, Maulwurf, Wasserratte, Bisamratte und Kaninchen durchwühlen mit Vorliebe Dämme und Ufer. Gefährlich sind vor allem die mit Jagd- und Laufgängen versehenen Baue der von Amerika nach Niederösterreich und Südböhmen eingeschleppten Bisamratten[1]. Im Hochgebirge legen die Murmeltiere ihren bis 2 m tiefen Bau mit Vorliebe in krümeligem Mergelschiefer an. Außer der Lockerung des Bodens wirkt der Wasserdurchzug durch die Gänge nachteilig.

In den Lehrbüchern des Grundbaues werden die bewährten Schutzmittel gegen die Zerstörung von Holz und Beton durch Bohrmuscheln (Pholas Dactilus, Teredo norwegica, Teredina, Xylophaga, Lithophaga u. a.) angegeben. Nach einer vom U. S. Departement of Agriculture herausgegebenen Anleitung zum Schutz der Pfähle gegen Seewasserbohrtiere kommt der Teredo hauptsächlich im Salzwasser vor und soll selten in größerer Tiefe als 9 m angreifen[2]. Die Pfeiler-Pfahlwerke der Fall River-Brücke, die ohne schützenden Steinwurf in 13,5 m tiefem Süßwasser standen, waren nach $4^1/_2$ Jahren bis zum Flußgrund von Bohrmuscheln zerfressen.

In Hanstholen, Dänemark[3] wurden in 10 m Wassertiefe bei einer Sprengung massenhaft im Kalkgestein lebende Bohrmuscheln festgestellt. Ebenso wie einige andere durch Taucher auf dem Kalkboden aufgefundene Tierarten gingen sie innerhalb einiger Stunden zugrunde, wenn ihnen durch Sandeinschwemmung die Sauerstoffzufuhr gedrosselt würde. Diese Lebewesen lieferten den Beweis, daß die gegen das Hafenprojekt eingewendete Versandungsgefahr nicht besteht.

Vierter Teil.

Bautechnische Berg- und Bodenkunde.

I. Berg- und Bodenkunde.

Die im ersten Teil, Abschnitt 2, geschilderte Abkehr von der Geologie tritt in der Regel ein, wenn im knappen Rahmen des Unterrichtes Paläontologie und Petrographie bevorzugt wurden. In der neueren geologischen Forschung werden die für den Ingenieur besonders wichtigen diluvialen und alluvialen Schuttbildungen, deren Kenntnis lange Zeit im Rückstand geblieben war, gleichwertig mit den älteren Formationen gepflegt.

[1] Nechleba: Die Bisamratte und die Technik. Forstwissenschaftl. Zbl. Berlin 1916.

[2] Engng. Rec. v. 14. März 1914.

[3] Ref. in Zbl. Bauverw. 1925 Nr. 29. Nach „Ingenioren" 1925 Nr. 16.

Die mit großen Erwartungen in Angriff genommene Baugrundforschung muß notwendig in die gründlichere Pflege der Klimatologie, Topographie, Morphologie und Geologie münden. Denn wenn auch viele mechanische Probleme des Erd- und Grundbaues noch der exakten Lösung harren, soweit sie überhaupt möglich ist, so entspringen die unvermuteten Schwierigkeiten doch in nahezu allen Fällen der mangelhaften Kenntnis des Untergrundes der Bauwerke.

Fels und Schutt in ihren mannigfachen Erscheinungsformen, als Berg, Bergsturz, Schutthalde, Moräne, Geschiebe und Sinkstoff, die Endergebnisse der Verwitterung, die Tone, und die unter Einfluß des organischen Lebens entstandenen Ablagerungen bilden die Baustoffe der Erde. Sie sind in der „bautechnischen Berg- und Bodenkunde" so zu behandeln, wie sie der Bauingenieur sieht und unter Einbeziehung der technischen Eigenheiten und der Bauerfahrung beschrieben haben will. Darum gliedern sich die folgenden Ausführungen in Felsgerüst, Schutthülle und die Bestandteile der nicht verfestigten geologischen Bildungen.

II. Das Felsgerüst.

1. Hartgesteine.

Gesteine, zu deren Lösung stark wirkende Sprengmittel erforderlich sind, seien Hartgesteine genannt. Hierzu zählen die in der Tiefe erstarrten Massengesteine und die von ihnen ausgesendeten Gänge; die in Schlöten, Kegeln, Strömen oder Decken erstarrten Ergußgesteine; viele durch Diagenese oder Metamorphose verfestigte Sedimentgesteine. Im allgemeinen gehören die Gesteine der alten Massive und der Kettengebirge zu den Hartgesteinen.

Harter Fels gilt mit Recht als der beste Baugrund. Bei Bauten auf Fels sind außer den 4 Lagegrößen (klimatische, topographische, morphologische und geologische Lage) festzustellen:

1. Die Gesteinsarten einschließlich ihrer technisch wichtigen Gemengteile, Imprägnationen und Einschlüsse.
2. Die Lagerung (vgl. Fünfter Teil).
3. Die Klüftung und Spaltenbildung.
4. Das Auftreten von Gängen und Lagerstätten.
5. Das Auftreten von ständigen oder zeitweiligen Quellen (vgl. Dritter Teil, I und IX).
6. Das Vorhandensein von natürlichen oder künstlichen Hohlräumen unter der Baustelle (vgl. Dritter Teil, IV und IX).
7. Die Tiefe der Verwitterungszone.
8. Die Mächtigkeit der Schuttdecke und die Oberflächenform des Felsuntergrundes mit besonderer Beachtung von verschütteten Abflußrinnen (vgl. Zweiter Teil, 8).
9. Die Sicherheit der Baustelle gegen Veränderungen der talseitigen und bergseitigen Gehänge (Wände), (vgl. Fünfter Teil).

In der Regel geht die Untersuchung nach Punkt 8 voran, weil ihr Ergebnis Möglichkeit und Art der Gründung bestimmt. Vieles wird sich nur mittelbar aus Beobachtungen im weiteren Baugebiet oder aus allgemeinen geologischen Erfahrungen voraussagen lassen, manches gar nicht. Nach allgemeiner Erfahrung sind z. B. Granit und Gneis sehr tragfähige und standfeste Felsarten, die im Untergrund einfache Oberflächenformen aufweisen. Im besonderen Fall tektonischer Zerrüttung oder chemischer Umwandlung durch Thermalwässer sind sie mäßig tragfähig und wenig standfest; unter Glazialablagerungen ist die ruhige Hauptform häufig von tiefen Erosionskesseln (Gletschermühlen) und Abflußrinnen zerschnitten. Serpentine treten manchenorts als besonders harte und standfeste Gesteine auf, anderwärts sind sie gänzlich zerdrückt und zersetzt. Stark wechselndes Verhalten zeigen die sedimentären Rauchwacken.

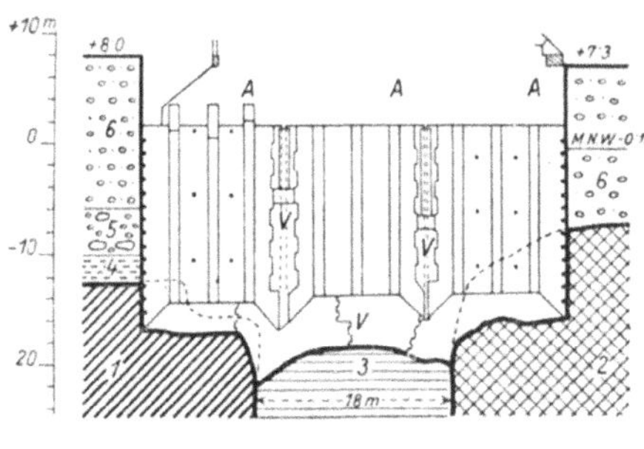

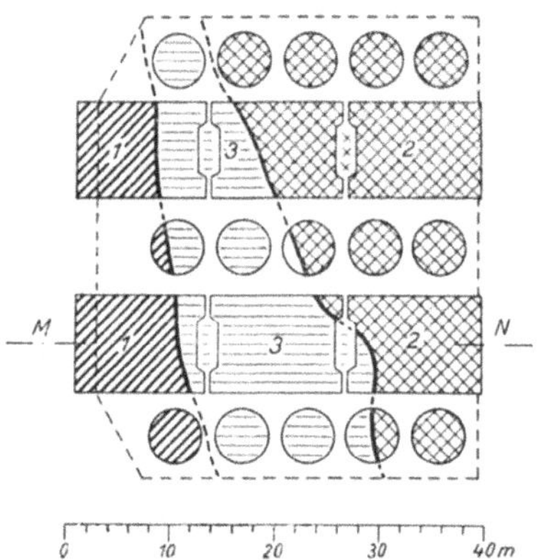

Abb. 33. Hellgate-Brücke, Höhenschnitt und Grundriß des Bostoner Widerlagers (nach Engng. News vom 8. August 1919).

1 Fester Gneis. *2* Dolomitischer Kalkstein. *3* Harter roter Ton. *4* Ton. *5* Sand, Kies und Steine. *6* Sand und Kies der diluvialen Überlagerung. *A* Arbeitsschächte. *V* Verzahnung.

Offene Spalten, Lehmklüfte und zersetzte Gänge werden in allen langen Tunnels aufgefahren. In Baugruben trifft man sie wegen der Kleinheit der Flächen seltener. Beim Bau der Hellgate-Brücke[1] wurde eine bis 18,3 m breite, mit hartem Ton erfüllte Felskluft angefahren und mittels Kaissons überbrückt (Abb. 33).

Ein Hauptpfeiler des gewölbten Kenlach-Viaduktes der Gasteiner Tauernbahn kam zur Hälfte auf standfesten Klammkalk, zur Hälfte auf einen durchweichten Mylonit von Serpentin und Dolomit zu liegen. Da sich die Quetschzone an der steilen Lehne nicht überbrücken ließ, wurde an Stelle des geplanten Viaduktes im Bogen $R = 400$ m eine wesentlich kostspieligere Eisenbrücke von 78,4 m Stützweite ausgeführt.

Wenn bei sehr unregelmäßigem Felsuntergrund nur ein Teil der Gründung auf Fels gestellt wird, müssen ungleichmäßige Setzungen verhindert oder durch Trennungsfugen unschädlich gemacht werden. In der Regel setzt man dann die Inanspruchnahme der Grundmoräne, des Diluvialsandes o. dgl. so weit herab, daß die gesamte Setzung nur wenige Millimeter erreicht (vgl. Achter Teil VII. B. 1. New York, Whitehall Building und Municipal Building).

[1] Engng. News v. 8. August 1919 und Zbl. Bauverw. 1919 Nr. 101.

Abgesehen von solchen ungewöhnlichen Erscheinungen vermag gleichmäßiger harter, kluftfreier Fels jede Baulast zu tragen. Die Tabellenwerte in den Handbüchern für „Fels“ schlechtweg geben keinen Maßstab. Wenn bei steilstehenden Sedimentgesteinen die Gesteinshärte bankweise wechselt, ist für Druckausgleich zu sorgen. Liegen harte und weiche Bänke annähernd waagrecht übereinander, so wird die zulässige Belastung dem weicheren Gestein angepaßt. Wird Wasserdichtheit gefordert, so werden zuerst alle gelockerten Massen entfernt; dann spritzt man die Baugrubensohle mit Druckwasser ab und verschließt die Spalten durch Zementeinpressung. Die Festigkeit des wasserhaltigen Gesteines im Boden ist wesentlich kleiner als die an ausgesuchten Stücken bestimmte Würfelfestigkeit. Im allgemeinen läßt man jene spezifische Pressung zu, die für ein Bruchsteinmauerwerk aus dem gleichen Gestein, mit Portlandzementmörtel 1:3 als zulässig gilt. Vorausgesetzt ist hierbei, daß Untergrundplan und geologische Profile zeigen, daß keine Gefahr des Abscherens oder Gleitens gegen freie Flächen besteht.

2. Halbfeste Gesteine.

Die Verfestigung der Sedimente erfolgt durch Schweredruck, Gebirgsdruck oder chemische Wirkung des Wassers. In den Tafelländern, die nur lotrechte Hebungen und Senkungen erfahren haben, und in den Trockengebieten, wo die Diagenese infolge Wassermangels langsam fortschreitet, haben die halbfesten Gesteine große Verbreitung.

Halbfest sind schließlich viele jüngere ungestört lagernde Bildungen, deren Diagenese infolge der geologisch kurzen Zeit noch unvollständig ist. Die hier halbfest genannten Gesteine entsprechen dem gebrächen und milden Gebirge des Bauwesens. Von dieser Bezeichnung sind die zonenweise stark zerdrückten oder verschieferten Gesteine (Mylonite und Diaphtorite) ausgenommen.

Von den ungestört lagernden nicht verfestigten paläozoischen Tonen[1] bestehen Übergänge zu den harten Urtonschiefern, wie es überhaupt keine scharfe Grenze zwischen harten und halbfesten Gesteinen gibt. Zu den halbfesten Felsarten zählen viele tonig oder schwach kalkig, kieselig oder ockerig gebundene Brekzien, Konglomerate und Sandsteine, manche porösen Süßwasserkalke, manche sandigen Mergel und Schiefertone, Gesteine, wie sie hauptsächlich von der Kreide bis ins Neogen, vereinzelt auch zur Diluvialzeit gebildet wurden.

Eine Eigentümlichkeit mancher milden und wahrscheinlich kolloidreichen Felsart ist die Erhärtung an der Luft. Altglaziale Konglomerate, Rasentuff u. a. m. sind im bruchfeuchten Zustande weich und erhärten an der Luft durch Kohlensäureaufnahme. Andererseits zerfallen durch Kalk, Ton oder Eisensalze nur wenig gebundene Konglomerate beim Austrocknen. Schiefertone, Tonsandsteine und tonreiche Rauchwacken zerfallen und zerfließen bei Durchfeuchtung an der Luft.

Beim Bau der ungarischen Westbahn entspann sich ein Streit über die Einreihung obermiozäner sandiger Tone und leichtgebundener Kon-

[1] Zweiter Teil, Abschn. 6.

glomerate unter die Begriffe Fels oder Nichtfels[1]. Das Konglomerat enthielt teils kalkig, teils sandig gebundene Bänke von taubenei- bis walnußgroßen Geschieben; es war im frischen Zustand hart und schwer lösbar, im lufttrockenen zerfiel es durch mäßig starke Stöße. Umgekehrt war der bis 3 m mächtige ungeschichtete, lettenartige Ton im Anstehenden zäh oder schneidbar, in trockener Luft verwandelte er sich in eine steinharte, unter dem Hammer klingende Masse. Für derartige zähe und schwer lösbare sandige Tone ist die slawische Bezeichnung „Opuka" oder „Opok" in Gebrauch.

Unter Letten wird häufig der zähe Verwitterungslehm feldspatreicher kristalliner Gesteine oder toniger Absatzgesteine verstanden, der noch Reste von halbzersetztem Gestein enthält. Aber auch zähe Tone, in denen die Verfestigung bis zur Septarienbildung fortgeschritten ist, werden oft „Letten" genannt.

Zu den halbfesten Gesteinen sind schließlich manche Grundmoränen und Bändertone zu zählen, die sich mit der Spitzhaue nicht mehr lösen lassen; sie verdanken ihre Festigkeit meist einem hohen Gehalt an zerriebenem Kalkgestein.

Für die Beurteilung der halbfesten Gesteine im Baugrund gelten sinngemäß die bei den Hartgesteinen aufgezählten Punkte 1—8. Außerdem sollen Porenvolumen und Wassergehalt bestimmt werden. Die Tragkraft hängt wie dort auch von der Lagerung und der Beschaffenheit des Liegenden ab. Bei wichtigen Gründungen wird man milde Sandsteine und Konglomerate nicht wesentlich höher als festgelagerte Sande oder Schotter, und halbfeste Tongesteine nicht viel höher als steife Tone belasten (vgl. Achter Teil IV. 2. Paraná, Colegio Nacionál).

3. Nicht verfestigte vortertiäre Gesteine.

Auf den alten Festlandsschollen liegen die Sedimente vom Kambrium an ungestört und im allgemeinen nicht verfestigt.

In den kleineren Becken innerhalb der Kontinente finden sich vom Keuper aufwärts wenig verfestigte Tone und Mergel. Die Tone des mittleren und oberen Jura (Opalinuston, oberer Ornatenton) und der unteren Kreide (Hilstone) sind wenig standfest; die Grünsande der Kreide führen überdies in der Regel Wasser.

Den nicht verfestigten Schichten im gewissen Sinne zuzuzählen, sind die im Röt und Keuper in großer Mächtigkeit auftretenden, meist bunten und sehr beweglichen Mergel, die als Lösungsrückstände von gips- oder anhydritführenden Schichten zurückbleiben.

Nicht verfestigte Bildungen sind wie die halbfesten zu untersuchen; Porenvolumen und Feuchtigkeit erlangen dieselbe Bedeutung wie bei den jüngeren losen Bildungen, deren Tragfähigkeit nur wenig geringer ist. Falls nur Teile der Baugrube von nichtverfestigten Schichten durchzogen werden, sind Vorkehrungen gegen ungleiche Setzungen zu treffen. Lose Schichten zwischen erhärteten können in Böschungen gefährliche Bewegungen veranlassen.

---

[1] Scheidtenberger, C.: Fels oder Nichtfels. Eine Frage aus der Praxis. Z. öst. Ing.- u. Arch.-Ver. 1877 Heft 7.

4. Die Verwitterungszone.

Felsflächen, die nicht vom Wasser oder Wind gescheuert werden, sind von den Atmosphärilien aufgelockert; an nahezu lotrechten Wänden und an vom Eis geschliffenen und durch tonreiche Grundmoräne geschützten Felsflächen ist diese Wirkung gering. Sonst reicht die Verwitterung je nach dem Klima, der Gesteinsart und den tektonischen Verhältnissen wenige Dezimeter bis viele Meter tief. Stark zerklüftete oder gequetschte Gesteine (Mylonite) sind oft bis in große Tiefen zersetzt; aus dem Bohrgut läßt sich die Grenze zwischen Verwitterung und Mylonitisierung mitunter schwer bestimmen. Unter alten Landoberflächen sind kristalline Schiefer und besonders Granite oft tief zersetzt[1]. Im Granit der Sila in Calabrien hat die Zersetzungszone bis 60 m Mächtigkeit. An der Oberfläche liegt Lehm, der nach der Tiefe allmählich in schußfestes Gestein übergeht[2].

Bei sehr flacher Oberfläche des Felsgrundes ist es nicht immer geboten, die oft mehrere Meter mächtige, festgepackte Verwitterungszone bis zum gesunden Fels zu durchörtern. In der Verwitterungsschichte angelegte Baugruben sehen allerdings bei Wasserzutritt sehr ungünstig aus. Wenn sich an den Wänden und an der Sohle die Lagerung bzw. Klüftung des verwitterten Gebirges erkennen läßt und die losen Stücke dem Gestein des Felsuntergrundes entsprechen, liegt die Baugrube sicher in der ortsfesten Verwitterungsrinde und nicht im aufgeschwemmten Verwitterungsschutt.

Die zulässige Belastung des Baugrundes hängt von der Art der Verwitterung ab, z. B. ob ein Hartgestein in schotterartigen Grus oder dichtgelagerten Sand zerfällt oder ein Tongestein in Lehm umgewandelt ist. Sie kann höher gewählt werden als bei vergleichbaren alluvialen Schottern, Sanden und Tonen, da der Baugrund bis zum harten Fels immer fester wird. Ist das Bauwerk gegen Setzungen empfindlich, so sind die für dichtgelagerte diluviale Vergleichsböden zulässigen Pressungen einzuhalten. Ungleichförmigkeiten der verwitterten Schichten erfordern eine druckausgleichende Betonplatte.

Verwitterungsrinden, die aus Lösungsrückständen bestehen, z. B. aus sandigem Lehm über Granit, aus Ton über Kalk oder aus lockeren Mergeln über gipsführenden Schichten, eignen sich nur bei ganz flacher Lage der Felsoberfläche zur Gründung. Innerhalb der Verwitterungsrinde ist die Baugrundsohle wegen der ausgebildeten Wasserwege immer in frostsichere Tiefe zu legen und dauernd zu entwässern. Grundkörper, die größere waagrechte Kräfte übertragen und solche, die wasserdicht an den Baugrund anschließen müssen, dürfen nicht innerhalb der Verwitterungszone gegründet werden.

III. Moränen, Eiszeitschotter, Gehängebrekzien.

Moränen, Eiszeitschotter und Gehängebrekzien werden zu den Schuttbildungen gerechnet, wenn sie dem älteren Gebirge als fremde,

---

[1] Singer, M.: Fließende Hänge. Z. öst. Ing.- u. Arch.-Ver. 1902 Nr. 11.

[2] Lugeon, M., u. E. Jérémine: Granite et Gabbro de la Sila de Calabre. Bull. labor. géol. de l'univers. N. 46, Lausanne 1930.

verhältnismäßig wenig mächtige Bildungen aufliegen. Manche Gehängebrekzien sind den Hartgesteinen zuzuzählen, Moränen und Eiszeitschotter gehören teils zu den halbfesten, teils zu den lockeren Bildungen. In der Ebene bilden die Moränenwälle langgestreckte Hügelzüge mit eigener Schutthülle und Schuttausstrahlung; die Gehängebrekzien fehlen.

Unter Hinweis auf die Abschnitte 5, 8 und 14 des Zweiten Teiles sei hier nur an die ungeheure Verbreitung der glazialen Ablagerungen in der Alten und Neuen Welt und die zahlreichen Verschüttungen der tertiären und altdiluvialen Wasserläufe erinnert. Die bald neben, bald unter dem heutigen Talweg liegenden verschütteten Gerinne sind für die Grundwasser- und Gründungsverhältnisse, in der Ebene auch für die Baustoffgewinnung wichtig.

Ungestörte Grundmoränen, Eiszeitschotter und Gehängebrekzien bilden bei standsicherer Lagerung und ausreichender Entwässerung einen guten Baugrund.

Die Gletscher sammeln den Gesteinsschutt ihres Nährgebietes und vermehren ihn um die Gesteine ihrer Bahn, verschleifen aber die weicheren Gesteine auf überraschend kurzem Weg bis zur Kolloidfeinheit. Die widerstandsfähigsten oder näher zum Gletscherende aufgenommenen Gesteine stecken in allen Größen bis zum Riesenblock, unvollkommen gerundet, an den Flächen geglättet und gestriemt, im Eis und werden beim Abschmelzen mit dem Feingut unsortiert als Grundmoräne abgesetzt. Die auf der Eisoberfläche mitgetragenen Blöcke bilden durchlässige Stirn- und Seitenmoränen.

Grundmoränen. Grundmoränen innerhalb der Gebirge (Lokalmoränen) haben geringere Gesteinsaufbereitung und Auswaschung als jene des Inlandeises. Moränen aus feldspatreichen Urgesteinen sind tonreich und enthalten häufig Schwimmsandnester; ihnen ähneln die Moränen aus Sandsteinen oder Quarziten. Tonschiefer und Phyllite liefern dunkle, tonreiche, wasserdichte Moränen. Die Grundmoräne der Kalkgebiete ist hell, mörtel- bis betonartig und meist von großer Härte und Zähigkeit. Dolomitmoränen sind gleichfalls hart, aber mehr zerreiblich. Moränen aus Kalkschiefer, Quarzphylliten und Buntsandstein haben stark wechselnde Beschaffenheit und enthalten manchmal staubfeine bewegliche Einlagerungen.

Die Ablagerungen der europäischen Inlandvereisung bestehen nach Jentzsch aus 1% großen Blöcken und Steinen, 3% Kies und grobem Sand, 55% Sand, 16% Staub und 25% Ton. Nicht selten ist Auswaschung und Sonderung nach der Korngröße eingetreten. Das Inlandeis hat ganze Schollen des Untergrundes aufgepflügt und in die Moränen eingearbeitet; auf weichem Untergrund sind verwickelte Stauchungen und Falten entstanden (vgl. Abb. 18 u. 19).

Die echten Grundmoränen sind vorwiegend wasserundurchlässig und oberhalb sammelt sich häufig Grundwasser. Rutschungen auf der Moräne sind häufiger als Rutschungen innerhalb der Moräne oder zwischen Moräne und Felsuntergrund.

Die Tragfähigkeit der Grundmoränen hängt wesentlich von ihrer

Lagerung und Frische ab. Dem harten Felsgrund auflagernde Grundmoräne ist meist zäh und druckfest. Lockerer Untergrund begünstigt die Verwitterung und den Wasserdurchzug (vgl. Abb. 34).

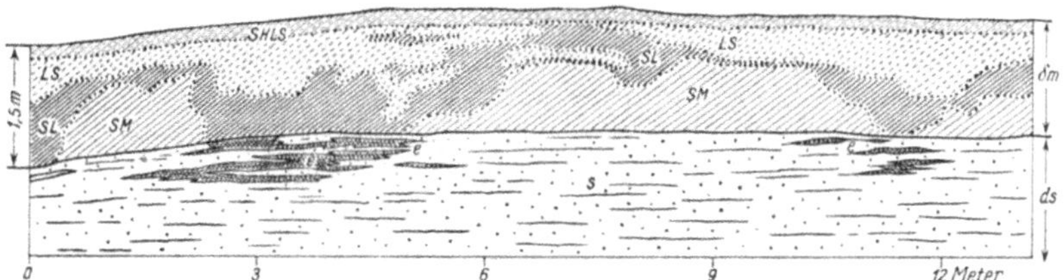

Abb. 34. Verwitterung des oberen Diluvialmergels *∂m* über unterem Diluvialsand *ds* bei Schmargendorf (nach Erläuterungen z. Geol. Spezialkarte von Preußen, Blatt Teltow 1882). *SHLS* Schwach humöser lehmiger Sand. *LS* Lehmiger Sand. *SL* Sandiger Lehm. *SM* Unverwitterter sandiger Mergel. *s* Sand. *e* Einschlemmungen von sehr sandigem Lehm.

Eiszeitschotter. An die Moränenwälle schließen sich die vom Gletscherabfluß abgelagerten eiszeitlichen Schotter an; beim Rückzug der Gletscher haben sich die Schotterfluren taleinwärts zurückgebaut. Im Bereich starker Gletscherschwankungen sind die Moränen und Schotter miteinander unregelmäßig verknüpft. Die Gebiete vormaliger Stauseen sind durch Deltabildungen und Bändertone gekennzeichnet.

In der Nähe der Endmoränen sind die fluvioglazialen Schotter unvollkommen gerundet und zum Teil noch gekritzt; meist sind sie deutlich geschichtet. Rundung und Sandgehalt nehmen mit der Entfernung von der Moräne zu, während Korngröße und Gehalt an kolloidalem Bindestoff (Gletschertrübe) abnehmen. Die Verkittung der Schotter hängt auch von ihrem Gehalt an Kalkgeschieben ab. In Kalkgebieten sind die Schotter daher auch noch in großer Entfernung von den Endmoränen zu Nagelfluhen (Konglomeraten) erhärtet, während die tonig-sandige Bindung der kristallinen Schotter weniger weitreichend und fest ist. Häufig sind die einzelnen Schichten ungleichmäßig erhärtet, man trifft dann bei Gründungen unterhalb der Konglomeratbänke wieder lose Schotter. Die nordischen Schotter neigen wegen der vorwiegend kristallinen Gesteine und der stärkeren Auswaschung weniger zur Verkittung als die alpinen.

Gehängebrekzien von bedeutender Ausdehnung finden sich hauptsächlich im Kalkgebirge. Geologisch besonders bekannt ist die interglaziale Brekzie von Hötting bei Innsbruck, die guten Baustein liefert. Im oberen Isonzogebiet finden sich außer Kalkbrekzien auch harte Dolomitbrekzien.

IV. Die Mylonite (Tektonische Schuttzonen).

1. Felsmylonite.

Die Erfahrung, daß man bei Bauten mitunter viele Kilometer weit nur kurzklüftigen, als Baustein nicht verwendbaren Fels antrifft, hat tektonische Ursachen. Die großen Gebirgsschollen sind an den Schubbahnen und deren Einflußzonen mechanisch zerrüttet, bis zur Sand-

oder Mehlfeinheit zermalmt und häufig durch Wasserwirkung auch zersetzt. Granite und Amphibolite sind oft vollkommen zertrümmert, Gneise und Glimmerschiefer zu dünnen Blätterschiefern (Phylloniten) ausgewalzt. Von den tektonisch veränderten Gesteinen, den Tektoniten Br. Sanders[1] haben die unter allseitigem Druck durchbewegten den molekularen Zusammenhang bewahrt. Zerdrückte Gesteine wurden manchmal durch Diagenese ausgeheilt (regeneriert), z. B. die verbreiteten Dolomittektonite. Bautechnisch sind unter Myloniten[2] bloß die ihres Verbandes beraubten, weitgehend zermalmten Gesteine zu verstehen, die viele Schwierigkeiten im Erd- und Tunnelbau verursacht haben.

F. Heritsch hat die mannigfachen Erscheinungen der Felsmylonite vom geologischen Standpunkt behandelt[3] und das Wort Mylonit als Sammelname für Gesteine verwendet, die eine rein mechanische Umwandlung durch Zertrümmerung ohne Umkristallisation der Gemengteile erfahren haben, ferner für tektonische Mischbrekzien verschiedener Gesteine und für Gesteine, die eine mit freiem Auge sichtbare Verknetungsstruktur besitzen. Heritsch dehnt den Begriff Mylonit auf zertrümmerte Sedimente aus, wie es hier vom technischen Standpunkt im weitesten Sinne geschieht.

Als Beispiel eines Felsmylonites sei die vom Verfasser bei den geologischen Vorarbeiten für das Stubachwerk untersuchte Umwandlung von Granitgneis in blätterigen Serizitphyllit angeführt, der sich im Stollen nicht ungünstig verhalten hat[4].

2. Mylonite von Lockermassen.

Die in der technischen und geologischen Literatur viel erörterten Rutschungen im Rosengarten bei Frankfurt a. O. liegen wenigstens zum Teil in einem Moränenmylonit, den K. Keilhack[5] lange vor der Rutschung ungefähr wie folgt beschrieben hat:

„Diese Grundmoräne (der ersten Eiszeit?) ist aus einem ursprünglich geschichteten Ton hervorgegangen, der vollständig zerquetscht ist, und man sieht, daß hellere und dunkler gefärbte Massen durcheinander geknetet sind. Die nördliche und die südliche Grenze dieser eigentümlichen Bildung sind durch eine Störung in den Erdschichten entlang zweier paralleler Spalten bedingt.“

Lockermassen, wie Schotter, Tone und Verwitterungsböden, die ihr ursprüngliches Gefüge eingebüßt haben, sind gleichfalls als „Schottermylonite“ usw. zu bezeichnen. Es ist wiederholt auf die Verbreitung derartiger Massen, im großen an den Rändern ehemaliger Meeres- und Seebecken, im kleinen an Steilgehängen, hingewiesen worden. Geologisch werden sie gewöhnlich als „verrutschte Massen“, bautechnisch mit Einschränkung auf einzelne Eigenschaften als „Schotter in sperriger

---

[1] Sander, Bruno: Über tektonische Gesteinsfazies. Verh. geol. Reichsanst. 1912 S. 249 und 1914 S. 220.

[2] Von mylé, griech. Mühle.

[3] Die Grundlagen der alpinen Tektonik. Berlin: Gebr. Bornträger 1923.

[4] Ascher, H.: Das Stubachwerk der österr. Bundesbahnen. Wasserkr. u. Wasserwirtsch. 1929 Heft 11.

[5] Keilhack, Konrad: Die geologische Geschichte der Gegend von Frankfurt a. O. Helios Bd. 18. Berlin 1901. (Vgl. Fünfter Teil, IV. 2).

Lagerung“ oder „Tone mit Krümelstruktur“ bezeichnet. Bei aufmerksamer Beobachtung ist die Mylonitnatur von Lockermassen mit freiem Auge zu erkennen.

V. Die Schutthülle.

1. Grundbegriffe.

Unter „Schutt“ versteht man die durch Verwitterung oder Abwitterung angehäuften und die vom Eis, Wasser oder Wind verfrachteten losen Gesteinsteile, die ein älteres Gebirgsrelief (Grundgebirge) bedecken. Die Bauingenieure der Gebirgsländer pflegen alles, was als „Überlagerung“ oder „Hülle“ des Hartgesteines erscheint, ohne Rücksicht auf das geologische Alter als „Bergschutt“, „Schotter“, „Sand“, „Lehm“, Tegel oder Schlamm zu bezeichnen.

Nur selten findet man von der Erosion verschonte alte Wildbachschotter oder Felsstürze, deren Herkunft nicht mehr festzustellen ist. Meist lassen sich Ursprung und Zusammensetzung der einzelnen Schuttmassen, ihre Zugehörigkeit zu größeren Formen (Schotterterrassen, Bachdeltas, Schwemmkegel, Halden usw.) und das auch praktisch wichtige geologische Alter (tertiär, diluvial, alluvial, rezent) bestimmen.

Auch im Flachland hat jede geologisch ältere Form (z. B. ein Moränenwall, eine abgestorbene Düne und selbst jede Unebenheit) ihre Schutthülle. Sie geht von der Verwitterungsschichte des Rückens aus und schwillt gegen den Hangfuß durch vom Wasser oder Wind angetragene Ablagerungen an.

Da das Diluvium, das in Nordeuropa und Nordamerika oft selbst als „Grundgebirge“ auftritt, in den vorstehenden Abschnitten und im Zweiten Teil, Abschnitt 14, bereits behandelt wurde, werden im folgenden nur die alluvialen, meist losen Bildungen zur Schutthülle gezählt, während G. P. Merrill[1] in mehr bodenkundlicher Auffassung unter „Regolith“ (oder Rhegolith) auch die Glazialablagerungen einbezieht.

Wie schon ausgeführt, ist die Verwitterungstiefe je nach dem Klima, dem Alter und der Form der Landoberfläche, dem Gestein und dessen tektonischen Verhältnissen sehr verschieden. Noch veränderlicher ist die Mächtigkeit der Schuttanhäufungen. Sie beträgt am Fuß mäßiger Erhebungen oft einige Meter bis Zehner von Metern; im Hochgebirge durchfuhren waagrechte Fensterstollen 100—200 m Schuttbedeckung. Aus guten Geländedarstellungen läßt sich die Stärke der Schutthülle häufig mit ausreichender Annäherung schätzen.

Eine wichtige Eigenschaft des Schuttes ist seine Beweglichkeit, die auch zur systematischen Einteilung herangezogen wurde[2]. In der Literatur wird über Schuttbewegungen meist im Zusammenhang mit Bauten berichtet, wobei oft die bautechnischen Ursachen der Bewegung nicht erkannt oder verschwiegen sind. Auch findet man selten eine Trennung zwischen den Wirkungen der Schwerkraft und des Klimas,

[1] A Treatise on Rocks, Rock-Weathering and Soils. New York 1921.

[2] Vgl. Pollack, V.: Die Beweglichkeit bindiger und nichtbindiger Massen. Abh. prakt. Geol. u. Bergwirtsch. Bd. 2. Halle a. S. 1925.

wie sie im folgenden Fünften Teil durchgeführt ist. Dadurch wird die Einteilung unklar, und man gewinnt noch immer aus der „genetischen Morphologie“[1], d. h. aus der Bildungsweise einer Schuttmasse, den besten Aufschluß über ihre technischen Eigenschaften.

Die folgenden, praktisch wichtigen Haupttypen, zwischen denen Übergangsformen bestehen, sind nach dem Grad der Schuttwanderung und der mechanischen Wirkung des Wassers gebildet.

2. Ortsfester Schutt (Eluvium).

Wenn die Neigung des Geländes und die Niederschlagsmenge zur Verfrachtung des Schuttes nicht ausreichen, bleiben die Verwitterungsprodukte ortsfest; es entsteht bodeneigener oder autochthoner Schutt, der noch den ursprünglichen Gesteinsverband erkennen läßt und keine fremden Gesteine enthält. Die Korngrößen schwanken vom Grobschutt, Bergschotter und Bergsand bis zum Lehm oder Ton. Eine geschlossene Pflanzendecke begünstigt die Anhäufung von ortsfestem Schutt. Tonreiche Verwitterungsdecken (Flyschlehm, Terrarossa der Mittelmeerländer, Laterite der subtropischen und tropischen Gebiete) hemmen die Tiefenwirkung der Verwitterung.

Die tiefreichende, an gangartige Zonen gebundene Gesteinszersetzung durch aufsteigende Mineralwässer und Thermalwässer, die beispielsweise den Granit sandartig auflösen oder in Kaolin verwandeln kann, ist nicht dem Schutt zuzurechnen, sondern als Begleiterscheinung der Tektonik oder als Lagerstätte zu betrachten und bei den geologischen Vorarbeiten besonders zu beachten.

3. Gehängeschutt und Bergstürze.

(Bergeigener Schutt.)

a) Gehängeschutt.

Von den Steilformen des Geländes wandern die losgewitterten Gesteinsteile stetig oder unstetig talwärts, bis sie an flachen Stellen, zumeist erst auf dem Talboden, liegen bleiben (Abb. 35).

Von dort baut sich der Schutt, schräggeschichtet, unter dem natürlichen Böschungswinkel hangaufwärts; der Gesteinsbestand der einzelnen Schichten entspricht dem jeweils über die Halde aufragenden Teil der Steilform, die schließlich vollends begraben wird. Unter verfestigten Sanden bilden sich Sandhalden, unter Nagelfluhen Schotterhalden, unter Schiefergesteinen Schieferhalden, unter kurzklüftigen Gesteinen (Myloniten) Grushalden oder Grieße und unter Hartgesteinen Blockhalden. Die Schuttbildung erfolgt nicht immer stetig, zeitweise lösen sich größere Stücke und laufen über den Hangfuß hinaus. Dadurch wird die Böschung am Hangfuß flacher und im ganzen hohl nach oben.

Ohne wesentliche Mitwirkung des Wassers aus schwer zersetzbarem Hartgestein aufgebaute Schutthalden kommen durch Anschneiden leicht in Bewegung. Die Gefahr verringert sich, wenn Stücke ver-

[1] Vgl. Singer, M.: Die Bodenuntersuchung für Bauzwecke. Leipzig 1911.

schiedener Größe abwittern und die Zwischenräume der großen Stücke ausfüllen; Verwitterung des Schuttes und die Niederschläge beschleunigen den Vorgang. Läuft der Schutt aus einer trockenen Runse aus, so entsteht die ziemlich seltene Form eines echten Schuttkegels, in dem sich die Gesteine schon beim Absatz vermengen. Schutthalden und -kegel kommen als Baugrund nur für Hilfsanlagen in Betracht, sind aber nicht selten zwecks Schaffung eines Bauplatzes anzuschneiden oder abzuräumen.

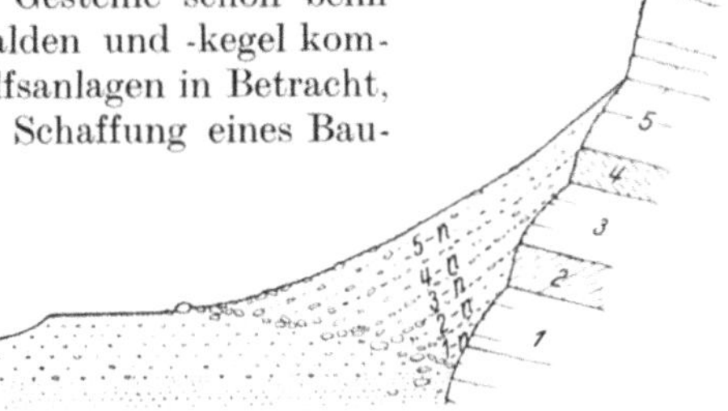

Abb. 35. Felsgrund und Schuttmantel.

b) Bergstürze.

Aus dem Gesteinsverband gelöste Gebirgsmassen verharren manchmal lange Zeit im labilen Gleichgewicht. Eine zusätzliche Ursache (Durchnässung, Blitzschlag, Erschütterung, Anschneiden durch Erosion oder Bauarbeiten) löst dann die Bewegung aus. Es entstehen im kleinen Erd- oder Felsstürze, im großen Bergstürze. Abstürzende Massen überschreiten oft die Talsohle und branden am gegenüberliegenden Hang hinauf. Bergstürze großblockiger Hartgesteine (Granit, Porphyr, Kalk) rammen sich fest und können meist unbedenklich belastet oder angeschnitten werden. Reine Bergstürze sind fast ebenso selten wie reine Schuttkegel; meist treten sie in Verbindung mit Halden auf. In tonigen Gesteinsmassen, aus denen das Wasser nur langsam entweichen kann, folgen dem Absturz oft noch jahrelang Fließbewegungen des Schuttes. Abgesehen von der Gefahr des Nachbruches werden Bergsturzmassen daher von Bauanlagen teils mit, teils ohne Grund gemieden.

4. Fließschutt (Solifluktion).

(Virtuelle Bewegung des bergeigenen Schuttes.)

Die Wanderung des Verwitterungsschuttes kann streckenweise ohne Aufbau eines selbständigen Schuttgebildes erfolgen, wenn die losgelösten Gesteinsteile längs der Oberfläche des Muttergesteines abfließen, ohne sich zu vermengen. Fließschutt dieser Art entsteht durch bloße Schwerewirkung, kann sich daher in allen Klimaten bilden.

Wie beim Gletscher führt eine Versteilung des Geländes zur Verdünnung, eine Verflachung zur Verdickung des Fließschuttes, im ganzen zur Ausrundung der Gefällsbrüche. An einem vom Wasser nicht bestrichenen Gehängefuß häuft sich auch der Fließschutt zu selbständiger Schuttform an.

Reiner Fließschutt bildet sich unter dem Schutz der Pflanzendecke an 30—45° geneigten, geologisch alten Felsoberflächen und wird noch an quartären Böschungen der levantinischen Paludinentone beobachtet. Das von V. Pollack abgebildete scheinbare Übersteigen von Schichtköpfen[1] ist wohl ebenso durch Bewegungen quer zur Ansichtsfläche zu erklären, wie das scheinbare Bergwärtsdrehen der Gesteinsstücke[2]. Die der Schwerewirkung mit virtueller Verschiebung folgenden Gesteinsmassen der Verwitterungszone[3] sind das Wurzelgebiet des Fließschuttes, der sich mit zunehmender Entfernung vom Nährgebiet immer vollständiger zersetzt (vgl. Abb. 23). Gewöhnlich ist die Bewegung des Hangschuttes mit dem Abwärtsschwemmen von Gesteinsteilchen und bei stärkerer Durchnässung überdies mit unstetigen Gleitungen (Schlipfen, Rutschungen) verbunden.

Echter Fließschutt bewegt sich äußerst langsam, er wird vom Untergrund abgebremst und kann daher auf Bauwerke keine erhebliche Wirkung ausüben. Infolge der Fließbewegung wandern die Richtpflöcke und Höhenpunkte von Absteckungen talwärts, und die feuchte Rasendecke schiebt sich über den bergseitigen Böschungsrand vor.

In der allgemeinen Geologie werden auch die hauptsächlich von Frost und Eis im Baugrund verursachten Schuttbewegungen zum Schuttfließen (zur Solifluktion) gerechnet[4]. Schwerer Gesteinsschutt kann sich bei geringer Neigung der Unterlage bewegen, wenn er auf Eis liegt oder von einem unterirdischen Bach ausgewaschen wird. Bekannte Beispiele sind die Steinströme der Falklands-Inseln, die Fels- oder Steingletscher in Alaska und im Hochgebirge von Colorado und der Fließlehm der subpolaren Gebiete. Über die Fließgeschwindigkeit liegen keine ausreichenden Beobachtungen vor, sie ist jedenfalls geringer als die an Verkehrsanlagen beobachtete Bewegung der Talgletscher in Alaska oder der Tjäle in Sibirien.

5. Schwemmschutt (Gebirgsnahes Alluvium).

Der ortsfeste oder am Hangfuß angesammelte Verwitterungsschutt wird im feuchten Klima durch den Regen abgeschwemmt und kommt an der nächsten Abflachung (Hochflur, Talleiste, Talboden) zum Absatz. Dieser gebirgsnahe Schutt erfährt nur unvollständige Sonderung nach Korngrößen und geringen Abrieb, er ist daher nur kantengerundet.

Schon die kleinste Runsenbildung führt zu kegelförmiger Anschüttung des Schwemmschuttes. Bei gleichmäßiger Verteilung der Gerinne schließen sich die Elementarkegel zu Schwemmhalden zusammen. Im Gebirge bilden sich Anbrüche (Plaiken), Wasserrisse (Tobel, Wildbäche) oder Täler, aus denen sich große Murkegel oder Schwemmkegel vorbauen. Kleinform und Großform des Schwemmschuttes zeigen im Schnitt lagenweise Übergußschüttung aus den anstehenden Gesteinen und der Schuttdecke des Einzugsgebietes. Senkt sich die Erosions-

---

[1] Pollack, V.: Techn.-Geologisches über den Durchstich von Wasserscheiden. Z. öst. Ing.- u. Arch.-Ver. 1918 Heft 4 (Abb. 3). Die daselbst in die Abb. 4 eingeschriebenen Erläuterungen stammen von V. Pollack; der mit „Sand-Solifluktion?!" bezeichnete dunkle Streif ober dem Einschnittsrand ist die Humus-Deponie.

[2] Singer, M.: Fließende Hänge. Z. öst. Ing.- u. Arch.-Ver. 1902 Nr. 11 (Abb. 5).

[3] Vgl. Dritter Teil, Abschn. II und Vierter Teil, Abschn. II. 4.

[4] Vgl. Dritter Teil, Abschn. II u. VII.

basis, so schneiden die Gewässer ein und bauen einen jüngeren Schwemmkegel vor (Abb. 36).

Nach Aussonderung der Blöcke wird das Grobgeschiebe in der Stoßrichtung fortgetrieben, während die feinen Ablagerungen sich über den Mantel des Schwemmkegels verbreiten. Wenn sich das Wildgerinne zwischen den einzelnen Erzeugenden des Kegels häufig verlegt, verteilt sich der Grobschutt zungenartig über den Kegelmantel.

In den Alpentälern stehen die meisten Siedlungen auf Schwemmkegeln, das Gerinne wird durch Verbauung festgelegt, und man muß den natürlichen Kegelschutt („Spülversatz“) genau von der durch Bachräumung entstandenen lockeren Anschüttung unterscheiden. Am Lehnenfuß haldenartig angehäufter Schwemmschutt toniger Gesteine ist meist ein nachgiebiger, mitunter zur Bewegung neigender Baugrund. Schwemmkegel kristalliner und kalkreicher Gesteine bestehen in der Hauptsache aus fest gepacktem tragfähigen Schutt, enthalten aber häufig röllige oder humöse Lagen (Stillstandslagen).

Abb. 36. Ansicht einer Lehne bei St. Johann i. P. Durchschneidung der Reste eines älteren Schwemmkegels durch zwei Lehnenbäche und Aufschüttung neuer Schwemmkegel (vorne die Krone des Bahndammes).

In den gewöhnlichen Murgängen tritt schon während der Bewegung Entmischung zwischen Geschiebe und Wasser samt Schlamm ein. Vulkanische Aschen und sandige Tone kommen bei starker Durchnässung auch auf wenig geneigter Unterlage ins Fließen (Schlammströme, Erdgletscher) und schütten sehr flache Schwemmkegel auf. Je feinkörniger und tonreicher sie sind, desto langsamer geben sie ihr Porenwasser ab; sie bleiben unter der Austrocknungskruste weich und müssen erforderlichenfalls künstlich entwässert werden.

6. Ablagerungen fließender Gewässer.

Hinsichtlich der geologischen Wirkungen des fließenden Wassers sei auf den Zweiten Teil, Abschnitte 5, 6 und 8, bezüglich des Absatzes in stehenden Gewässern auf den Zweiten Teil, Abschnitt 10, verwiesen. Im folgenden sind die technisch wichtigsten Eigenschaften der Ablagerungen fließender Gewässer angeführt.

Unterscheidend von den zuletzt behandelten Schuttbildungen ist der größere Laufweg und Verrieb, daher die vollkommene Rundung der Geschiebe, die stärkere Auslese der Hartgesteine, der größere Gehalt an Sand- und Feinstoffen und die Sonderung der Korngrößen. Während das Geschiebe in Muren nach J. Stiny[1] 0,30 bis 0,45% der bewegten Masse ausmacht, kommt eine durchschnittliche Geschiebe- oder Sink-

[1] Stiny, J.: Einige Beziehungen zwischen Kolloidchemie, Geologie und Technik. Jb. geol. Reichsanst. 1918 Heft 1 u. 2.

stofführung von mehr als 0,0002 der Abflußmenge nur bei Gebirgsgewässern vor[1]. Die Bewegungsgesetze der Geschiebe werden daher vom Fließzustand des Wassers bestimmt. Zu jeder Geschiebegröße und jeder Art der Packung des Geschiebes im Gerinne gehört eine kritische Räumungskraft, von der an der Geschiebetrieb beginnt. Oberhalb dieser Grenze herrscht Aufwühlung (Erosion), unterhalb Geschiebeabsatz (Verlandung).

Die wichtigste Grundform der Ablagerung ist der Absatz im stehenden Wasser, die Deltabildung. Zur Ausfällung einzelner Korngrößen mit Deltaschichtung genügt schon ein plötzlicher und wesentlicher Wechsel der Wassertiefe oder ein toter Winkel im Ufer. Weniger maßgebend ist die Kornaussonderung durch Walzen- oder Strudelbildung. Bei stationärer Strömung und stetigem Wechseln des Wasserstandes lagern sich die Geschiebe im regelmäßigen Gerinne in parallelen Schichten flach aneinandergereiht oder dachziegelartig aufgeschoben ab (Pflasterung der Flußsohle). Änderungen des Nährgebietes, des Gefälles oder der Wasserführung drücken sich in der Gesteinsmischung und in der Korngröße aus.

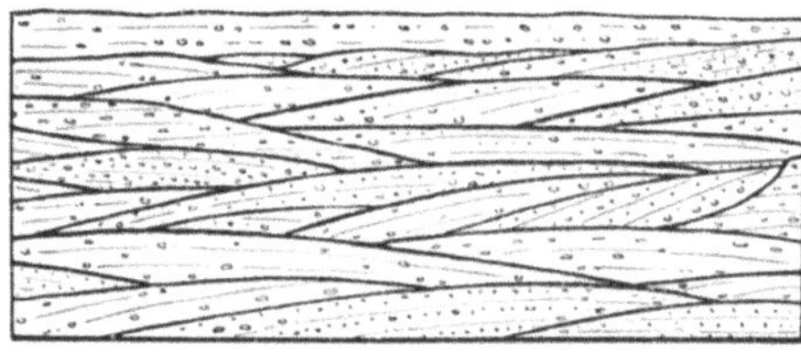
Abb. 37. Kreuzschichtung.

Die in den Unebenheiten des Wildbettes entstehenden Elementardeltas verschiedener Stoßrichtung geben im Schnitt das Bild der sogenannten Kreuzschichtung, die auch in Dünen und anderen Windbildungen auftritt (Abb. 37).

Entspricht die Struktur eines Flußschotters nicht den drei Grundformen: Parallelschichtung, Deltaschichtung oder Kreuzschichtung, wobei stets Linsen fremder Korngröße auftreten können, so ist eine Störung anzunehmen. Steilstellung der Geschiebe zeigt in der Regel Störungen an (vgl. Abb. 108).

Die durch Änderung des Fließzustandes eintretende Sonderung der Korngrößen ist bei der Aufsuchung von Sand und Schotter für Bauzwecke leitend. Im Überschwemmungsgebiet mit verringerter Tiefe und Geschwindigkeit setzen sich die Sinkstoffe vom Feinsand (Silt) bis zum Alluvialton ab. Ihre Eigenschaften werden weitgehend vom Gestein und den Absatzbedingungen beeinflußt. So ist z. B. der aus kristallinen Gesteinen und Pinzgauer Phylliten stammende Silt der Salzach so fest, daß der menschliche Schritt schon unmittelbar nach Ablauf des Hochwassers keinen Eindruck hinterläßt; hingegen ist der feinere Silt der Donau bei Wien ein bekannt nachgiebiger Baugrund[2]. Die Alluvialtone sind meist locker und reich an Pflanzenresten, vertragen daher keine starke Belastung.

In breiten Flußtälern wird überwiegend auf den alluvialen

[1] Singer, M.: Das Rechnen mit Geschiebemengen. Z. Gewässerkde. Bd. 12 (1912) Heft 4.
[2] Vgl. Achter Teil: III. 3. Wien.

Ablagerungen gebaut. Zur Beurteilung des Baugrundes ist die Kenntnis des Flußlaufes in geschichtlicher Zeit erforderlich, da vor der Besiedlung natürliche und später künstliche Laufveränderungen stattgefunden haben. Der Schotter der Alluvialterrassen ist meist festgepackt, mitunter schon leicht gebunden und tragfähig; der Schotter in jungen verlassenen Flußbetten ist röllig. In den mit Baggergut zugeschütteten Altarmen darf die künstliche Schrägschichtung nicht mit natürlicher Deltaschichtung verwechselt werden.

Die Ufergelände der Seen sind zum großen Teil Halden- oder Deltaoberflächen[1]. Hier ist noch die Verwachsung von Schwemmkegeln mit Uferhalden oder mit dem Schlammabsatz am Fuß eines fremden Deltas und die durch Kalkfällung entstehende schlammartige Seekreide (oder „Alm“) zu erwähnen. (Als praktisches Beispiel siehe Achter Teil, VI. 2., Zürich.)

7. Phytogene Böden.
(Moore, Humus, Faulschlamm).

Seichte stehende Gewässer, die nicht durch Sinkstoffe und Geschiebe eines Wasserlaufes verschüttet oder durch den Wind zugeweht werden, verfallen der Verlandung durch Pflanzenwuchs. Die Bildung pflanzenwüchsiger (phytogener) Böden bei der allmählichen Hebung oder Senkung der Flachküsten und nach dem Rückzug des Binneneises im Norden von Europa, Asien und Amerika besitzt regionale Bedeutung. Ch. G. Ehrenberg bezeichnet die Gesteine organischen Ursprunges als „Biolithe“; sie umfassen nach H. Potonié[2] zwei Hauptgruppen: nicht brennbare Gesteine oder Akaustobiolithe und brennbare Gesteine oder Kaustobiolithe. Von Muscheln oder Kalkalgen gebildete Kalkbänke gehören z. B. zu den Akaustobiolithen und fallen technisch unter die Hartgesteine oder wenig verfestigten Gesteine. Kaustobiolithe entstehen durch:

a) Verwesung. Bei der Verwesung an der freien Luft zerfallen die organischen Stoffe in Kohlensäure, Wasser usw., mitunter bleiben harz- und wachsähnliche Rückstände, die Liptobiolithe, zurück, die im Baugrund selten Bedeutung erlangen.

b) Vermoderung oder Vertorfung. Bei nicht hinreichendem Zutritt von Sauerstoff, also unter zeit- oder teilweisem Luftabschluß, tritt Vermoderung oder Vertorfung ein; es bildet sich Humus, das sind die dunklen und lockeren kohlenwasserstoffhaltigen Rückstände von Land- und Sumpfpflanzen.

Auf seicht überstauten flachen Geländeformen, wo Sumpfpflanzen noch wurzeln können, entstehen die mächtigen Humuslager der Moore. In ihnen bilden die Reste der abgestorbenen Pflanzen als Moortorf den Nährboden für die nachwachsenden Pflanzengeschlechter. Moordecken, die vom Uferrand aus schwimmend weiterwachsen (Abb. 22),

---

[1] Vgl. Zweiter Teil, Abschn. 10.

[2] Potonié, H.: Die Entstehung der Steinkohle und der Kaustobiolithe überhaupt. Berlin 1910. — Potonié, H.: Die rezenten Biolithe. Berlin 1911.

bilden Schwingmoore, solche auf festem Boden Standmoore, eine Zwischenform ist das Sumpfmoor.

Nach der relativen Höhenlage der Oberfläche gegen den Wasserspiegel und der stufenweisen Entwicklung werden die Moore eingeteilt in Flach- oder Niedermoore, Zwischen- und Hochmoore. Mitbestimmend ist die von der ausnutzbaren Bodennahrung abhängige Pflanzensippe, deren Erscheinung im Gegensatz zu dieser Benennung steht. In den Flachmooren Mitteleuropas bilden die Erlen, im atlantischen Nordamerika die Sumpfzypressen Waldbestände mit reichem Unterwuchs. Mit zunehmender Aufhöhung des Moorbodens zum Zwischenmoor stellen sich Birken ein, und nach dem Verschwinden der Sumpfpflanzen auch Kiefer und Fichten (Mischwald). Gleichzeitig mit der Austrocknung verarmt der Nährboden, und nun tritt eine rückläufige Entwicklung des Pflanzenbestandes zum Hochmoor ein. Die Bäume verkümmern, es herrschen die Heidekräuter (Ericaceen) vor, und schließlich breitet sich oft mehrere Meter über dem Wasserspiegel das wasserhaltende Torfmoos (Sphagnum) aus. Die einzelnen Entwicklungsformen der Moore können auch auf kleinen Flächen gleichzeitig nebeneinander vorkommen.

Was im gewöhnlichen Leben „Humus" genannt wird, heißt nach H. Potonié „Humuserde" und ist eine Durchmischung der obersten Verwitterungsschichte mit dem kräftig dunkelfärbenden Humus. Die im Wasser löslichen Humusstoffe werden wegen ihrer mörtelangreifenden Wirkung häufig als „Humussäuren" bezeichnet. Sie lösen unter vertorften Böden die Eisensalze, flocken mit ihnen gemeinsam aus und bilden den sogenannten „Ortstein". In Torflagern kommen halbfeste Humusgele als Spaltenfüllung (Dopplerit) vor.

c) Fäulnis. Wenn die im Wasser niedersinkenden Organismen vom Sauerstoffzutritt z. B. durch die Pflanzendecke eines Schwing- oder Standmoores vollkommen abgeschlossen sind, so vollzieht sich die Zersetzung als „Fäulnis", es bildet sich Faulschlamm oder Sapropel. Den Protein-, Fett- und chitinhaltigen Rohstoff liefern hauptsächlich die in ungeheurer Zahl vorhandenen, mikroskopisch kleinen Schwebeorganismen des Planktons.

Reines Sapropel ist eine bewegliche, übelriechende Gallerte, die an der Luft erhärtet. Durch gleichzeitigen Absatz von Mineralstoffen entstehen Sapropelite, die unter Wasser schlammartig sind, z. B. Sapropelkalk durch kalkausscheidende Algen und Kalkschalen von Mollusken (vgl. Abb. 100) und Sapropelton aus den feinen Schwebstoffen. In diesen Sapropeliten, die früher als „Infusorien-" oder Diatomeenerde zusammengefaßt wurden, ist der Gehalt an Kieselpflanzen geringer als in den eigentlichen Diatomeenpeliten (Kieselgur, Tripel), die nur aus Kieselalgen bestehen.

In den Baugruben werden häufig Pflanzenböden, die unter verschiedenen geologischen Bedingungen entstehen, wie Torf und Faulschlamm, übereinander oder in Wechsellagerung mit vorwiegend mineralischen Absätzen angetroffen. Solche Profile entstehen bei gleichzeitiger Bildung eines Schwingmoores auf dem Spiegel und von Faulschlamm auf dem Grunde eines Sees oder Altarmes und durch Einwehung von Sand oder zeitweises Einströmen von trübem Wasser. Im Baugrund sind die schlammartigen Sapropelite wegen ihrer großen Beweglichkeit gefürchtet und die Torflager wegen ihrer besonderen Zusammendrückbarkeit.

8. Künstliche Ablagerungen (Anschüttungen).

Die durch menschliche Tätigkeit entstandenen Ablagerungen gehören ebenso wie die künstlichen Einschnitte und Aushöhlungen zur „Historischen Schichte“ des Baugrundes. Im Achten Teil ist die örtliche Beschaffenheit und Bedeutung der historischen Schichte von Paris, Rom und Wien beschrieben.

Bei planmäßigen Aufhöhungen des Baugeländes sind die Gründungsverhältnisse bekannt. Überraschungen entstehen oft durch die in den Stadtplänen nicht ersichtlichen gelegentlichen Anschüttungen auf tiefgelegenen Bauparzellen und in aufgelassenen Gewinnungsstätten von Baustoffen. Mit dem Erdaushub anderer Baustellen oder mit Mauerschutt hergestellte Anschüttungen werden mitunter als Baugrund benutzt. Wenn Kehrichtablagerungen beigemengt sind, muß man die Baulast unmittelbar auf den anstehenden Baugrund übertragen und chemisch widerstandsfähigen Zement verwenden.

Von industriellen Abfällen kommen größere Anschüttungen vor von Hochofenschlacken, Kohlenschlacken (Lösche), Asche, Fehlbrand und Scherben der keramischen Industrie, Lohe u. dergl. Mineralische Abfälle verhalten sich ähnlich wie Mauerschutt, enthalten aber mitunter schädliche Stoffe.

Einen merkwürdigen Baugrund besitzen jene Teile der Stadt Muscatine, Jowa[1], in denen die großen Sägemühlen das sumpfige Ufergelände mit ihren Abfällen aufgehöht haben. Die Oberfläche der Sägespäne lag im Jahre 1912 rund 1,5—2,1 m unter dem Hochwasser des Mississippi, die Mächtigkeit schwankte zwischen 0,9 und 4,5 m. Da sich die über ähnliche Anschüttungen führenden Eisenbahnen in 10 bzw. 31 Jahren nicht merklich gesetzt und die unter dem Grundwasserspiegel gelegenen Holzabfälle sich gut erhalten hatten, überzog man die Sägespäne in den Hauptstraßen mit einem unter der Fahrbahn 0,28 m starken Betonflöz auf Sandbettung. Bis 1915 hatte der schwere Lastverkehr keine Setzungen hervorgerufen.

Das mechanische Verhalten der gewöhnlichen Anschüttungen hängt von ihrer Zusammensetzung, Art der Herstellung, Lage zum Grundwasser und Alter ab. Durch gelegentliche Ablagerung von Schnee zwischen tonreichem Schüttungsgut können andauernd durchweichte Stellen entstehen. Nach der normalen Setzung erlangen manche Anschüttungen eine Bindigkeit, die an die Hydratisierung der Makadamstraßendecken erinnert. Über das Ausmaß der Setzung liegen wenig Erfahrungen vor. Die Setzung von Eisenbahndämmen aus gleichartigem Schüttungsgut kann zum Vergleich dienen. Nach 50 Jahren zeigten amerikanische Eisenbahndämme aus leichtem Schüttungsgut

[1] A City founded on Saw-dust. Engng. Rec. v. 17. April 1915 S. 496.

(spezifisches Gewicht kleiner als 1,64) eine Zusammenpressung von 0 bis nahezu 30%, solche aus schwerem Schüttungsgut (spezifisches Gewicht 1,64—2,0) eine bleibende Auflockerung von 0 bis 10%. Die Verdichtung endete 1,2 m unter der Dammkrone[1].

Für Schüttungen auf festem Grund hat E. Teischinger Formeln aufgestellt[2]. Die anfängliche Auflockerung liegt zwischen den Grenzen von 5—8% (bei reinem Kies und Sand) und 80—120% (bei grobstückig brechendem Hartgestein); die zugehörigen Grenzwerte der bleibenden Auflockerung betragen nur 1% bzw. 11—15%. Künstliche Anschüttungen, im Hochbau Sandschüttungen, im Eisenbahnbau und Hafenbau Steinschüttungen, wurden früher häufig zur Erhöhung der Tragfähigkeit von nachgiebigem Baugrund ausgeführt. Außer der lotrechten Zusammenpressung des Baugrundes treten hierbei waagrechte Massenverdrängungen ein, deren Umfang sich schwer voraussehen läßt[3].

VI. Die Bestandteile der nicht verfestigten Bildungen.

Im Abschnitt V ist die Schutthülle als jüngstes Glied des Gebirges aufgefaßt, während die Bauingenieure gewöhnt sind, die zur Aufnahme der Baulast bestimmten Schichten ohne Zusammenhang mit dem Gebirge bloß als Schotter, Sand usw. zu beurteilen, was nur in einfachen Fällen ausreicht. Aber selbst diese technischen Begriffe sind feiner zu gliedern.

1. Schotter (Gerölle, Geschiebe, Kies).

Gerölle. Wenn das Wasser kantige Gesteinsstücke hin und her bewegt, formt es daraus allseitig abgerundete Gerölle, die sich im allgemeinen der Kugelform nähern, bei plattigem Ursprungsgestein jedoch flach bleiben. Gerölle und Geröllhalden entstehen nur am Ufer des Meeres und der Binnenseen; sie kommen fossil als Geröllkonglomerat vor. Wenn dieses Wände (Fluhen) bildet, reichern sich durch Abwitterung am Wandfuß Geröllhalden an. Die Gerölle besitzen große geologische, aber geringe technische Bedeutung, bleiben daher im folgenden außer Betracht.

Geschiebe, Kies. Wird kantiger Schutt durch fließendes Wasser nur in einer Hauptrichtung bewegt, so rundet er sich zu ellipsoidförmigen bis flach ovalen Geschieben, die geologisch als Schotter bezeichnet werden. In Deutschland wird der Ausdruck „Kies" oft mit gleicher Bedeutung gebraucht. In der Bodenkunde bezeichnet man Stücke von mehr als 5 mm Durchmesser als Steine, von 5—3 mm als Grobkies, von 3—2 mm als Feinkies oder groben Grand. Im Bauwesen nennt man Geschiebe von 100—250 mm Durchmesser Mugel bzw. Kantsteine, von mehr als 250 mm Rundblöcke bzw. Kantblöcke. Im Schotter einzeln vorkommende Blöcke werden ohne Rücksicht auf ihre Form „Findlinge" genannt[4].

[1] Org. Fortschr. Eisenbahnwes. 1921 Heft 8 S. 83.

[2] Teischinger, E.: Öst. Wschr. öff. Baudienst 1911 Nr 31 u. 32.

[3] Vgl. Siebenter Teil, VIII. Fließbewegung usw., ferner Achter Teil, VIII. C. Triest.

[4] Kleinstückiger ortsfester Bergschutt, wie er sich beim Zerfall von Granit, Basalt, Quarzit, Marmor, Dolomit bzw. deren Myloniten, bildet, wird Bergschotter oder Berggrus genannt.

Der in einer Mischmasse von Erde und Stein durch eine kurze Laufstrecke bewegte Murschotter ist kantig oder wenig kantengerundet. Stärker kantengerundet sind die Schotter der diluvialen und heutigen Gletscherabflüsse (fluvioglaziale Schotter); muschelig begrenzte Gesteinsstücke behalten hohle Flächen, polierte Stellen zeigen oft noch die Kritzer.

Infolge des gegenseitigen Abschleifens der Flußgeschiebe bleiben schließlich nur die härtesten kristallinen Gesteine, die Kieselschiefer und verschieden gefärbte Quarze zurück. Der Laufweg, auf dem ein einzelnes Geschiebe zu Sand verrieben wird, hängt nicht nur von seiner eigenen Gesteinsbeschaffenheit sondern auch von jener der mitbewegten Geschiebesippe ab.

Von den mechanisch abgetrennten Gesteinsteilchen laufen Quarz, Glimmer, Glaukonit, Hornblende und auch Feldspat ziemlich unverändert als Sand mit, während die tonigen Bestandteile sich zerteilen, quellen und zu kolloidalen Sinkstoffen werden.

Bei plötzlichem Fallen des Wasserstandes kommen Schotter und Sand gemeinsam zum Absatz (natürliches Betongut), bei langsamem Sinken und bei der Mündung in ruhigem Wasser tritt Sonderung nach der Korngröße ein; in frisch abgesetztem Alluvialschotter sind die Lagen gleicher Korngröße beweglich.

Angaben über die Verwitterung und Verschwartung der Schotter enthält der Dritte Teil, Abschnitt IX, 4 und 5, über ihre Lagerung der Vierte Teil, Abschnitt III und V, 6 und über die Standfähigkeit der Fünfte Teil, Abschnitt IV und V. Die technischen Normbegriffe für Schotter sind in Deutschland im Normenblatt DIN 1179, für Österreich durch ÖNIG B 3105 festgelegt.

2. Sand.

Vorkommen und Lagerung. Für Kies und gröbere Sande gelten sinngemäß dieselben Gesetze der Auslese, des Absatzes und der Verfestigung wie für den Schotter.

Sand umfaßt nach der bodenkundlichen Auffassung folgende Durchmesser in mm:

2,0—1,0	1,0—0,5	0,5—0,2	0,2—0,1
Sehr grober Sand (Grand)	grober Sand	mittelkörniger Sand	Feinsand

In Gebirgsländern rechnet man die Korngrößen von 2—3 mm noch zum „scharfen Sand“. Feinkiese von einheitlichem Korn werden als Riesel bezeichnet.

Die physikalischen Eigenschaften grober Sande mit rundlichem Korn nähern sich denen des Schotters, die der feinsten Sande jenen des Tones. Bei allen Korngrößen werden sie von der Kornform beeinflußt, die bei den meisten Mineralien prismatisch bis keilförmig-kantig und nur beim Glimmer blättchenförmig ist. Überdies machen sich Glätte oder Rauhigkeit der Kornbegrenzung geltend. Sichtung nach der Korngröße tritt in Süßwasserdeltas infolge der raschen Abnahme der Schleppkraft ein, bei Meeressanden durch die Strömungen, in Dünensanden durch den Wind.

Häufig werden die Sande nach ihrer Entstehung, nach dem Mineralbestand, nach der Griffigkeit und nach der Verwendung benannt. Bergsand bildet sich ortsfest aus mylonitisiertem Hartgestein, z. B. Dolomit. Mit Bergmehl wird gelegentlich das feine Zerreibungsprodukt von Quarzit, Kalk oder Dolomit an Verwerfungsflächen bezeichnet, hauptsächlich aber der Tripel, ein als Poliermittel gebrauchter fossiler Diatomeenschlamm. Unter Mehlsand versteht man hingegen Fluß- oder Meeressande von 0,05—0,02 mm Korngröße, die nun nach A. Atterberg Fein-Mo genannt werden.

Im ungestörten Zustande haben die Flußsande fast waagrechte Schichtung, untergeordnet auch Kreuzschichtung. Windauswehungen (Dünen) besitzen hauptsächlich Kreuzschichtung. Die Deltasande sind an der unter 20—30° gegen den Horizont geneigten Schrägschichtung kenntlich (vgl. Abb. 14 u. 15). Die Meeressande sind ursprünglich in waagrechten Schichten mit wenig wechselnder Korngröße abgelagert; sie werden zum Teil nach ihrem Gehalt an organischen Resten, zum Teil nach ihrer Farbe benannt (Muschelsand, Korallensand, Bernsteinsand, Grünsand). Bei Quarz-, Kalk-, Dolomitsand entspricht der Name dem Hauptbestandteil, bei Glaukonitsand, Glimmersand, Spatsand dem auffallendsten Bestandteil. Von der Verwendung abgeleitet sind z. B. die Bezeichnungen Glassand (Klebsand), Formsand, Mörtelsand, Putzsand u. dgl. Scharfer Sand (in Österreich „rescher Sand") knirscht beim Zusammenballen hörbar, ohne zu backen, „weicher Sand" läßt sich geräuschlos und bleibend ballen.

Die ursprüngliche Lagerung der Sande ist wie bei den Schottern häufig gestört. Von einfachen Verwerfungen und Falten wächst der Grad der Störung bis zu förmlichen „Sandmyloniten". Wahrscheinlich ist in diesen nur das Gefüge, ohne Verletzung des Kornes, verändert.

Porenvolumen und Packung. Gleichkörnige Sande lagern sich annähernd mit der Struktur des Kugelhaufens ab, ihr Porenvolumen kann den unter „Schwimmsand" angeführten theoretischen Grenzwerten nahekommen. Daß das Porenvolumen gleichkörniger Sande um so größer wird, je feinkörniger der Sand ist, hat erstmals W. L. Rham of Winkfield[1] nachgewiesen. In ungleichkörnigen Sanden lagert sich immer ein Teil der Körner in den Zwischenräumen der gröberen ab, wodurch das Porenvolumen stufenweise auf 6,7—1,7% und noch weiter sinken kann[2]. In der Baustoffkunde wird die planmäßige Kornmischung zur Erzielung möglichst dichter Mörtel angewendet. In der Geologie schließt man aus ihr auf das Aufnahmevermögen der Sande für Wasser oder Bitumen (bituminöse Sande, Ölsand).

Lose aufgeschütteter Sand ist nicht stabil gelagert, sein Porenvolumen läßt sich durch Einrütteln und noch mehr durch nasses Einstampfen bedeutend verringern. In der Versuchsanstalt des Techno-

---

[1] An Essay on the Simpliest and Easiest Mode of Analysing Soils. Roy. Agric. Soc. I 1840 p. 16 (zit. nach Fr. Noetling a. a. O.).

[2] Warrington: Lectures on Some of the Physical Properties of Soil, 1900. Zit. nach Fr. Noetling: Die Packung losen Sandes. Zbl. Mineral., Geol., Paläont. 1913 Nr. 21.

logischen Gewerbemuseums in Wien[1] ergab sich z. B. das Porenvolumen eines Kalksandes mit Korngrößen von 2,5 bis unter 0,1 mm maschinell lose eingefüllt mit 46,9% (Höchstwert für gleichgroße Kugeln 47,6) von Hand leicht eingerüttelt mit 37,9% und maschinell fest eingerüttelt mit 26,6% (Kleinstwert für Kugeln 26%[2]).

In der Natur haben bei vergleichbarer Kornzusammensetzung die alluvialen Sande ein größeres Porenvolumen als die diluvialen und tertiären, die durch Eis oder andere Schichten belastet waren und durch Erdbeben eingerüttelt worden sind. Die diluvialen Sande haben einen beträchtlichen Gehalt an gleichzeitig niedergeschlagenem kolloidalen Bindestoff, die tertiären sind meist diagenetisch gebunden, wodurch sich die physikalische Bedeutung des Porenvolumens ändert.

Schädliche Bestandteile. Für die Mörtelbereitung schädliche Bestandteile lassen sich nicht immer durch Waschen ausscheiden. In einem Sand der Braunkohlenformation fand M. Gary alle Körner mit einer feinen Paraffinschicht überzogen, die jede Haftung verhinderte und durch Wasser nicht zu entfernen war. Bei schwedischen Kraftanlagen entstanden Schäden durch einen Sand, in dem jedes Korn mit einer feinen Haut von „Humussäure" umgeben war[3]. Nach Untersuchungen der dänischen Ingenieurvereinigung genügt 0,001 Gewichtsteil „Humussäure", um den Kies unverwendbar zu machen[4].

Nach R. Lund[5] und den Versuchsergebnissen der Prüfungsanstalt an der norwegischen Technischen Hochschule[6] geht der schädliche Einfluß der Humusstoffe mit der Zeit zurück; es sank z. B. der „Humussäure-"gehalt einer Sandprobe durch Oxydation in einem halben Jahre von 0,78 auf 0,34%.

Zur Beurteilung des Gehaltes an Humusstoffen dient die beim Schütteln des Sandes mit Natronlauge erreichte Färbung[7]. Zur Reinigung der Sande wird ein Zusatz von Kalkmilch empfohlen.

Über die Schädlichkeit eines Lehm- oder Tongehaltes und die Wirkung des Waschens gehen die Meinungen auseinander. R. Grün[8] hat gefunden, daß Ton und Lehm im Sand, wenn sie vollständig trocken sind, das Erhärtungsvermögen des Zements nur wenig herabsetzen. Wenn sie durch Feuchtigkeit zu Hydrogelen aufgequollen sind, schädigen sie jedoch die Festigkeit in hohem Maße. Nach dem Auswaschen der

---

[1] Grengg, R.: Charakteristik einiger Wiener Bausande usw. Z. öst. Ing.- u. Arch.-Ver. 1925 Heft 5/6.

[2] Slichter, Ch. S.: Theoretical investigation of the motion of underground waters. 19th Annual Rep. U. S. Geol. Survey 1897/98.

[3] Deutscher Ausschuß für Eisenbeton, Moorausschuß, 1922. Vgl. auch Stremme, H.: Über die freien „Humussäuren" des Hochmoores. Z. f. prakt. Geol. 1910 H. 10, S. 389.

[4] „Ingenioren" 1922, Nr. 92/93. Ref. Zbl. d. Bauverw. 1923 Nr. 23/24 S. 142.

[5] Teknisk Ukeblad 1915. Ref. Zbl. Bauverw. 1924 Nr. 1 S. 31.

[6] Teknisk Ukeblad 1925 Nr. 16. Ref. Zbl. Bauverw. 1926 Nr. 1.

[7] Bestimmung der anteiligen Menge organischer Verunreinigungen im Betonsand nach dem Abrams-Harder'schen Verfahren. Ref. Zbl. Bauverw. 1924 Nr. 1 S. 31.

[8] Grün, R.: Über die Einwirkung von Verunreinigungen im Sand auf die Betonfestigkeit. Zbl. Bauverw. 1924 Nr. 1 S. 4.

Unreinigkeiten hat die Festigkeit nicht immer zugenommen, auch dann nicht, wenn der Sand vorher erhitzt wurde[1]. Die Vergrößerung des Porenvolumens durch das Auswaschen feiner Bestandteile war demnach wirksamer als die Verbesserung der chemischen Zusammensetzung.

In den meisten Fällen schließt die geologische Entstehung des Sandes (z. B. alluvialer Flußsand u. dgl.) und die geologische Beschaffenheit der Lagerstätte schon das Vorhandensein gewisser schädlicher Bestandteile aus, oder läßt es wahrscheinlich erscheinen (Diluvialsand unter Torfmoor, tertiärer Braunkohlensand). Verfärbte Sande sind unbedingt zu untersuchen.

3. Schwimmsand (Triebsand).

Ein fast unübersehbares Schrifttum beschäftigt sich mit den Ursachen der Schwimmsanderscheinungen und der immer wiederkehrenden Streitfrage, ob die Entwässerung des Deckgebirges durch den Bergbau Bodensenkungen erzeugt. Angeregt durch die Schwimmsandkatastrophen in Maelbeck und Brüx hat sich die Belgische geologische Gesellschaft von 1901—1903 sehr gründlich mit der Schwimmsandfrage befaßt. Die wichtigsten Ergebnisse dieser Berichte und Untersuchungen sind in die folgende Darstellung unter abgekürzter Quellenangabe einbezogen[2]

Begriff und Mineralbestand. Einbrüche aus wassergetränkten Schichten werden von Arbeitern, Unternehmern und selbst Ingenieuren ohne Unterscheidung als Schwimmsand bezeichnet[3]. Echter Schwimmsand besteht aus annähernd gleichgroßen Körnern, deren Poren durch einen Wasserüberschuß erweitert sind; er kommt regional als Meeressand und als Dünensand vor, örtlich auch in Moränen und im Absatz glazialer Stauseen.

In den belgischen Tertiärsanden überwiegen die unregelmäßigen Quarzkörner von 0,3—0,02 mm Korngröße, als färbender Bestandteil treten Glaukonitkörner auf (Grünsande). Nur die größeren Körner sind rundlich, bei den anderen liegt das Verhältnis von Länge (Breite) zur Dicke meist zwischen 2 (1,5) und 4 (3). Die Quarzkörner sind häufig splittrig angebrochen oder geborsten, ihre Oberfläche ist narbig[4]. Feinstoffe, z. B. Ton, verengen die Kapillaren, vermindern den Wassergehalt und verlangsamen den Wasserabzug[5].

Gefüge. Unter Annahme gleichgroßer Kugeln beträgt das Porenvolumen bei röhrenförmiger Anordnung 47,64—39,54, bei versetzten Lagen 27,91—22,04%. Abgeflachte Form der Körner, vor allem aber Mischung verschiedener Korngrößen verkleinert die Hohlräume.

Höfer[6] nahm an, daß sich die Körner des Schwimmsandes unmittelbar berühren, Mensbrugghe, W. Spring, A. Casse, R. Feret[7] zeigten, daß die Körner durch Wasserfilme getrennt sind; W. Spring[8]

---

[1] Deutscher Ausschuß für Eisenbeton Heft 49.

[2] Bull. = Bulletin, Mém. = Mémoires de la Soc. Belge de Géologie, Bruxelles.

[3] Kemna, A.: Résumé. Bull. 1901.

[4] Fiévez, Ch. E.: Bull. 1902.

[5] Kemna, A.: Bull. 1901 nach A. Hazen.

[6] Höfer: Bull. 1902.

[7] Mensbrugghe, W. Spring, A. Casse, R. Feret: Bull. 1902.

[8] Spring, W.: Mém. 1903.

bezifferte die Dicke der Wasserhaut der Körner auf 0,05 Mikron und wies überdies den Einfluß der Gashüllen nach.

Kritischer Wassergehalt. Ein Sand vermag um so mehr Wasser aufzunehmen, je feiner er bei sonst gleichen Verhältnissen ist. Bis zur Füllung aller Kapillaren nimmt die Standfestigkeit des Sandes zu, ein Wasserüberschuß treibt die Teilchen auseinander[1]. Der Wassergehalt im nichtgesetzten stabilen Zustand beträgt 33—45% und steigt im Fließzustand auf 65%[2], er kann sogar das Doppelte des Porenvolumens überschreiten[3]. Die unter dem argile plastique liegenden Sande von Bracheux[4], der von Ypres-Ton bedeckte grüne Sand des Landenien und andere unter Ton liegende Tertiärsande[5] sind Schwimmsande.

Daß Überdruck eine notwendige Bedingung der Schwimmsandbildung ist, lehrt der Versuch. Tritt Wasser von unten her in eine mit Sand gefüllte Röhre, so beginnt die Triebsandbildung, wenn der äußere Überdruck im lose eingefüllten Sand gleich der Höhe h der Sandsäule und im gestampften Sand gleich der eineinhalbfachen Höhe ist. Unterhalb dieser Grenze, daher auch bei waagrechter Einsickerung, herrscht Filterbewegung, aber keine Triebsandbildung[6].

Schwellen und Setzen des Triebsandes. Der Triebsand besteht aus nicht quellbaren Mineralkörnern. Bei einer Wasseraufnahme, die das Porenvolumen übersteigt, müssen Mineralkörner verdrängt werden. R. Feret[7] hat den Wassergehalt von 1 m³ Dünensand und 1 m³ Strandsand stufenweise von 0—10 Gewichtsprozent erhöht, wodurch sich das Einheitsgewicht von 1458 kg auf 1266 bzw. von 1514 kg auf 1305 kg/m³ verminderte. Das Gewicht der Sandkörner nahm im selben Verhältnis ab, wie die Wasseraufnahme zunahm, d. h. es müßten schon bei der geringsten Wasseraufnahme Sandkörner verdrängt werden und nicht nur die Luft. Die Raumzunahme oder Schwellung in Raumprozenten deckte sich praktisch vollkommen mit dem Wassergehalt in Gewichtsprozenten, der trockene Sand ließ also nur unter Raumvermehrung Wasser eintreten.

Trat Wasser von unten in eine mit Sand gefüllte Röhre, so vermehrte die Sandsäule ihr Volumen bei den Versuchen von W. Spring (mit Korngrößen von 0,05—0,01 mm) um 4,66%, bei jenen von K. Soecknick (mit Korngrößen von weniger als 0,1 bis über 0,2 mm) je nach der Korngröße um 5—20% der Höhe des gesetzten Sandes. Ein geringes Sinken des äußeren Überdruckes erzeugte nur eine festere elastische Deckschichte, allmähliches Erlöschen des Überdruckes eine festere Verspannung der ganzen Säule ohne Setzen. Bei Erschütterung erfolgte das Setzen unter Wasseraustritt (A. Soecknick 1904).

Beim Ausströmen der Luft aus Sand, der in einer geschlossenen Röhre bis 273° C erhitzt worden war, trat Auflockerung ein. Das in

[1] Kemna, A.: Bull. 1901. — Spring, W.: Mém. 1903.
[2] Casse, A.: Bull. 1901. [3] Spring, W.: Mém. 1903.
[4] Pierret: Bull. 1901. [5] Ertborn, O. van: Bull. 1901.
[6] Spring, W.: Mém. 1901. — Soecknick, K.: Triebsand-Studien. Schriften der phys.-ökon. Gesellsch. zu Königsberg i. Pr. Bd. 45 (1904).
[7] Sur la compacité des mortiers hydrauliques. Ann. Ponts Chauss. France, Juillet 1892. — Ref. v. Cuvelier, E.: Bull. Soc. géol. Belg. 1901.

einer Flüssigkeit gelöste Gas ist das stärkste Hindernis für das Setzen des eingeschütteten Sandes. Dem Zustand kapillarer Füllung der Poren ohne Volumenzunahme und Verschiebung der Körner entspricht der nicht stabile Zustand höchster Festigkeit. Weitere Zufuhr von Wasser verflüssigt den Sand; der Entzug bewirkt ebenfalls eine Umlagerung, aber durch Setzung. Gesetzter Feinsand läßt sich in dünne Streifen schneiden, die stehen bleiben[1]. Bei natürlicher Entwässerung steht der zwischen Tonschichten eingeschlossene Schwimmsand z. B. in der Umgebung von Brüssel in 15—20 m hohen lotrechten Wänden[2].

Die Bauerfahrungen im Schwimmsand bestätigen die Versuchsergebnisse. Schwimmsand setzt einen hydrostatischen Überdruck außerhalb der Baugrube voraus. Kleine Baugruben sind wegen Verflüssigung und Nachbrechen der Wände schwer zu halten[2]. Feiner Sand gibt das Wasser äußerst langsam ab. Infolge rascher Spiegelsenkung hob sich die Sohle einer Baugrube in der Rue Ten Bosch in Brüssel[2] um 5—6 m. Auf einer Schlickinsel der Elbe bei Hamburg wurden Holzpfähle in der ausgebaggerten Baugrube unter Wasser 3,8—4,4 m tief in einen „von Quellen durchwühlten" Treibsand gerammt. Nach dem Auspumpen der Baugrube bis 2,8 m unter Null wurden die Pfähle wie Kolben einer hydraulischen Presse vollständig aus dem Boden gehoben[3].

Schwimmsand muß vor der Bauführung langsam entwässert werden, wie es bei den Hafen- und Festungsbauten in Antwerpen erfolgreich durchgeführt wurde. Ein bis —11 m reichender Brunnen schöpfte in 6 Monaten rund 1 km² trocken[4]; danach wurden die 8—10 m tiefen Baugruben im Trocknen mit steilen Wänden ausgehoben[5]. Die Gründungsschwierigkeiten beim Bau der Universität in Brüssel wurden nicht durch tertiäre Schwimmsande, sondern durch den verschütteten, von Schlamm erfüllten ehemaligen Stadtgraben verursacht[6].

Bodensenkung durch Entwässerung des Deckgebirges. Fr. Bernhardi[7] hat die Ansicht verfochten, daß die Entwässerung von Sandschichten keine Setzung bewirken könne, weil man auch durch Nässung von trockenem Sand noch niemals eine Volumenvermehrung erzielt habe. H. Hoefer[8] hat sich hierauf berufen, obwohl Bernhardi aus seinen physikalisch nicht haltbaren Betrachtungen die idealen Schwimmsande, die durch bloße Schaffung von Vorflut nicht abzutrocknen sind, ebenso ausgeschlossen hat wie die Auswaschung durch turbulente Strömung; letzteres, weil angeblich selbst in der oberschlesischen Kurzawka ein Heu- oder Strohfilter das Wasser vollständig klärt.

Nach den vorbeschriebenen Erfahrungen setzt sich der Schwimmsand bei Entwässerung, wenn er durch aufsteigendes Grundwasser im

---

[1] Spring, W,: Mém. 1903. [2] Ertborn, O. van: Bull. 1901.

[3] Fölsch, A.: Eine Erfahrung bei Fundamentbauten im Treibsand. Z. öst. Ing.- u. Arch.-Ver. Bd. 19 (1867).

[4] Casse, A.: Bull. 1901. [5] Ertborn, A. van: Bull. 1901.

[6] Van den Broeck; Jacques: Bull. 1901.

[7] Bernhardi, Fr.: Über Volumenveränderung von Sandschichten infolge ihrer Entwässerung. Z. oberschles. berg- u. hüttenm. Ver. Bd. 41 (1902).

[8] Hoefer, H.: Bull. Soc. géol. Belg. 1902.

Zustand lockerster Lagerung erhalten wurde. Im Deckgebirge der nord- und mitteldeutschen Braunkohlengebiete sind feine Meeressande zwischen Tonlagern eingeschlossen. Ob Bergwässer gegen Tag aufsteigen können, ist fallweise nach der Lagerung und der oberirdischen und unterirdischen Hydrographie zu beurteilen.

„Tondecken, die sich unter der Last der Wassersande bloß durchbiegen ohne zu reißen, sind selten. Daher muß dem Flözverhieb im allgemeinen eine Entwässerung vorangehen[1].“ Eine waagrechte oder nach abwärts gerichtete Wasserbewegung erzeugt im Entwässerungskörper keine Auflockerung; wenn sich der Sand jedoch vorher in sperriger Lagerung befunden hat, tritt Setzung ein.

Quarzschlämme, deren Korndurchmesser unter 0,02 mm liegen, enthält mehr gebundenes als zäpfbares Wasser und wird wie Ton zur Wasserabsperrung verwendet. Tonige Schwimmsande enthalten 10 bis 15% schwer zäpfbares Wasser, sind daher nicht wegen Wassereinbrüchen, sondern wegen der leichten Verschiebbarkeit der Teilchen unter Gebirgsdruck gefährlich. Im Muldentiefsten, wo der Wasserdruck am größten ist, lassen sich hölzerne Schächte nicht dichthalten, das Abteufen erfolgt daher mittels gußeiserner Tubbings. An den Muldenwänden kann die unvorsichtige Entwässerung der geneigten Sandschichten weitreichende Bewegungen erzeugen. Durch geeignete Anlage des Abbaues läßt sich solchen Erscheinungen begegnen[2].

Gegenüber den von Ort zu Ort wechselnden Erfahrungen des Bergbaues zeigen die physikalischen Untersuchungen von K. Terzaghi[3], daß die Entwässerung von Sandschichten, die von plastischem Ton überlagert sind, eine allmähliche Senkung des Deckgebirges in der Größenordnung von Dezimetern nach sich ziehen muß.

Schwimmsand und Ton. W. Spring hat seine Versuche mit Feinsand von 0,05—0,01 mm Korngröße durchgeführt, die nach Atterberg als Fein-Mo bis Grob-Schluff zu bezeichnen sind. Soecknick verwendete mittelkörnigen Sand von 0,2—0,5 mm und Sand unter 0,1 mm, d. h. Grob-Mo. Beim Senken des Wasserspiegels unter die Sandoberfläche bildete sich eine widerstandsfähige Deckschichte (Kruste), und der von Spring verwendete Feinsand ließ sich im wassergesättigten Zustand in dünne Lamellen schneiden. In den als Badestrand gesuchten Feinsanden des Meeres und der Flüsse lassen sich selbst Formen modellieren, in denen Zugspannungen auftreten. In gewissem Sinne besitzen die wassergetränkten Feinsande Plastizität, wie die kolloidreichen Formsande und die Tone.

Spring, Soecknick und Feret fanden beim Durchströmen von Überschußwasser deutliche Vergrößerungen und beim Abzapfen von Wasser Verringerungen des Sandvolumens vergleichbar dem Schwellen und Schrumpfen des Tones. Krustenbildung, Bildsamkeit, sowie

---

[1] Niess, H.: Die Bekämpfung der Wasser(Schwimmsand)gefahr beim norddtsch. Braunkohlenbergbau. Diss. T. H. Dresden u. Bergak. Freiberg 1907.

[2] Peinert, W.: Über Rutschungen von Deckgebirge und Lagerstätte auf Tagbauten. Z. prakt. Geol. 1928 Heft 3.

[3] Terzaghi, K.: Erdbaumechanik, Wien 1925, S. 181.

Schwellen und Schrumpfen, die zu den physikalischen Merkmalen der Tone zählen, sind daher in geringerem Ausmaße den feinen Sanden eigen.

Durch Anreicherung von Porenwasser zwischen den Einzelkörnern erlangen die Feinsande (Mo) die physikalischen Eigenschaften eines Suspensoids, es besteht, wie K. Terzaghi[1] auch physikalisch bewiesen hat, zwischen den kohäsionslosen (Sand-) und den kohärenten (Ton-) Böden trotz der scheinbar fundamentalen Verschiedenheiten ihrer Eigenschaften kein Unterschied des Wesens, sondern nur ein Unterschied des Grades.

In der Bausprache wird zwischen beweglichem Feinsand und sandigem Ton kein Unterschied gemacht, z. B. „Flottsand" und „Flottlehm" gleichbedeutend gebraucht, oder die bewegliche Ablagerung als „Melmboden", Schlepp, Schluff oder Schlump bezeichnet; vgl. die nachstehenden Ausführungen über Ton.

4. Löß.

Echter oder äolischer Löß ist eine im Trockenen abgelagerte Windbildung. Lößlehm, Sumpflöß, umgeschwemmter Löß und Lößschlamm sind unter Einfluß des Wassers entstanden und haben andere physikalische Eigenschaften. Im echten Löß überwiegen (60—80%) die Korngrößen von 0,01—0,05 mm, d. h. er besteht vorwiegend aus grobem Schluff und feinem Mo. Während der Löß vormals vereister Gebiete über 50% kantig-splittrigen Quarzstaub enthält, ist der Löß der Pampa[2] arm daran. Gemeinsam ist der „Löß-Fazies"[3] von Europa, Asien und Amerika die Ausbreitung in großen, von den Geländeformen unabhängigen Decken von gleichmäßigen gelbbraunen, ungeschichteten tonarmen, stets etwas kalkhaltigen Massen, die senkrecht zu ihrer Hauptausdehnung absondern und in steilen Wänden stehen.

Der mitteleuropäische Löß kann mit gleichalten Flugsandbildungen von 0,5—0,2 mm Korngröße wechseln. Der äolische Löß der Pampa enthält Lagen vulkanischer Asche und unterscheidet sich von dem an kolloidaler Kieselsäure reichen Sumpflöß (Limo) durch Zusammenballung der Einzelkörner zu Sphärolithen von 0,015—0,25 mm im feinsten und 0,15—0,65 mm im gröbsten Pampalöß. Zwischen den Sphärolithen verlaufen die Kapillaren, denen der Löß seine Fähigkeit verdankt, bis 65% des Volumens an Wasser aufzunehmen.

Der Mineralbestand des äolischen Löß ist ortsfremd, sein Kalkgehalt rührt teils von Kalzitstaub, teils von Schneckenschalen her. Im mitteleuropäischen Löß sind die Quarz- und Feldspatsplitter von einer Kalkhaut überzogen und einzeln oder zu „Konglomeratbröckchen" verkittet[4]. In der Regel wird der Löß von den Kanälen abgestorbener Graswurzeln durchzogen, in denen sich der vom Tagwasser gelöste

---

[1] Terzaghi, K.: Erdbaumechanik, Wien 1925, S. 100.

[2] Frenguelli, J.: Loess y Limos Pampeanos. An. Soc. argent. Estud. Geogr. Gaea, Buenos Aires 1925, N. 1.

[3] Roepke, W.: Die Struktur des Löß, Leopoldina, Halle Bd. 3 (1927).

[4] Vgl. Ehrenberg, P.: Die Bodenkolloide, 3. Aufl., S. 508. Dresden: Th. Steinkopf 1922.

Kalk absetzt. Sie tragen zu der bekannten Absonderung nach lotrechten Klüften bei, deren Entstehung auf Schrumpfung zurückgeführt wird. Die Fähigkeit, sich in hohen lotrechten Wänden zu erhalten und seine Durchlässigkeit[1] verdankt der Löß dem Kalkzement. A. Leppla hat selbst über kalkfreiem Untergrund einen Kalkgehalt von 36% gefunden[2].

An den Oberflächen wird der Löß durch die Tagwässer entkalkt und in Lehm übergeführt. In den Steilwänden erkennt man in der Regel durchlaufende fossile Verleimungszonen, die ein Aussetzen der Lößanwehung infolge des feuchter gewordenen Klimas anzeigen.

Der umgeschwemmte kolloidreiche Lößlehm (Limo) ist im trockenen Zustand standfest, erweicht sich jedoch leicht. Ihm fehlt die Elastizität des luftreichen Löß, und er ist im feuchten Zustand wesentlich stärker zusammendrückbar.

5. Ton.

Bildung und Zusammensetzung. Als ortsfester Verwitterungsrückstand von Granit, Porphyr und anderen feldspatreichen Gesteinen bildet sich Kaolin, das wasserhaltige Tonerdehydrat $Al_2O_3 \cdot 2\,(SO_2) + 2\,H_2O$. Lange Zeit galten die übrigen Tone als durch Sand und organische Stoffe verunreinigtes und umgeschwemmtes Kaolin. Nach neueren Forschungen ist die „reine Tonsubstanz" nur ein untergeordneter Bestandteil der Tone[3].

Jeder natürliche Ton besteht aus einem Gemisch feiner und feinster Sande mit geringen Mengen von Kolloidton. Nach A. Atterberg verleihen Sandteilchen mit einem Durchmesser von weniger als 0,02 mm (Schluff) dem Boden die Eigenschaften von Lehm[4]; naß vermahlenes, sehr feines Gesteinsmehl wird tonähnlich.

Durch Einrühren von feinem Sandsteinpulver in eine 1% Leimlösung erhält man einen bildsamen künstlichen Ton. Auch die natürlichen zähen und bildsamen Tone enthalten einen leimartigen Bindestoff, den Kolloidton, und zwar nach Schlösing magere Tone etwa 0,5, fette Tone 1,5% bis max. 3%.

Bei der mechanischen Analyse werden die groben Bestandteile über 0,5 mm Korndurchmesser durch Siebe ausgeschieden, die feineren durch Schlämmen bestimmt und nach A. Atterberg[5] in folgende Gruppen unterteilt:

		Korndurchmesser mm
Sand	mittelkörnig	0,5—0,2
	fein	0,2—0,1
Mo	grob	0,1—0,05
	fein	0,05—0,02
Schluff	grob	0,02—0,006
	fein	0,006—0,002
Kolloidschlamm (Mikroton)	grob	0,002—0,0006
	fein	0,0006—0,0002
Ultraton	kleiner als	0,0002.

[1] Ehrenberg, P.: a. a. O. S. 607.
[2] Z. dtsch. geol. Ges. Bd. 72 (1920) M. B. Nr. 6/7 S. 165.
[3] Rohland, P.: Die Tone, S. 61. Wien: A. Hartleben 1909.
[4] Zit. nach Ehrenberg, P.: Die Bodenkolloide, 3. Aufl. Dresden: Th. Steinkopff 1922.
[5] Zit. nach Terzaghi, K.: Erdbaumechanik S. 8. Wien 1925.

Der Kolloidton im Sinne Ehrenbergs umfaßt Teilchen von 0,0005—0,00001 mm; er entspricht dem feinen Kolloidschlamm + Ultraton und hat die Zusammensetzung eines wasserhaltigen Aluminiumsilikats. Es ist ein schleimiges Gel, das getrocknet zu einer gelblichen hornartigen Masse wird, die sich wieder in das Gel zurückführen läßt. Der Kolloidton umhüllt die Sandteilchen und ist eine wichtige Ursache der Bildsamkeit, die jedenfalls von Kleinheit und Form der Teilchen und vom Gehalt des Tones an anorganischen und organischen wasserhaltigen Gelen abhängt.

Die organischen Stoffe können nach P. Rohland (z. B. im Alluvialton, im interglazialen und im tertiären Braunkohlenton) bis zu 15% der Masse ausmachen. Von den zur Schamottebereitung verwendeten zenomanen Schiefertonen vom Schönhengst berichtet E. Tietze[1]:

„Der im Ton fein verteilte Kohlengehalt ist genügend, daß die Schachtfüllung ohne gesonderte Kohlenbeschickung ununterbrochen weiterbrennt.“

Um das sogenannte „Faulen“ der keramischen Tone zu begünstigen, werden organische Stoffe zugesetzt; Bakterien, Fermente, Gasentwicklung, Säuren- und Gelbildung erzeugen dabei eine erhöhte Plastizität. Ortsfest entstandene Verwitterungslehme, wie Kaolin und der feuerfeste Tachert, dann die meisten Glazialtone enthalten nur Spuren organischer Substanz.

Physikalische Eigenschaften. Die physikalischen Eigenschaften der Tone, vor allem Bildsamkeit und Festigkeit, hängen von der Korngröße und der Kornform, dem Porenraum, dem Wassergehalt und der chemischen Zusammensetzung ab, demnach von Größen, die durch die geologische Entstehung und Lagerung der Tone und durch das Klima bestimmt werden. Tongesteine kommen in allen Formationen vor. Durch den Gebirgsdruck wird aus dem Ton das Wasser ausgepreßt und die Metamorphose eingeleitet, die bei erhöhter Temperatur bis zur Bildung kristalliner Schiefer fortschreitet. Im Anfangsstadium der Metamorphose befindliche Tongesteine, wie die schußfesten Tone des älteren Tertiärs und der Oberkreide, zerfallen an der Luft und kehren rasch zum bildsamen Zustand zurück.

Petrascheck und Wilser[2] haben an möglichst bitumenfreien Tonen aus der Nachbarschaft von Kohlen gefunden, daß die durch Trocknen bei Zimmertemperatur entweichende grobe Bergfeuchte (das Kapillarwasser) und das hygroskopisch gebundene Wasser mit der zunehmenden Metamorphose abnehmen, während das erst bei Rotglut entweichende Konstitutionswasser keine Minderung erkennen läßt. Vom pontischen Congerientegel bis zum silurischen Tonschiefer ergaben sich folgende Grenzwerte:

Porenvolumen %	Dichte		Grobe Bergfeuchte
	wahre	scheinbare	% des lufttrockenen Gesteins
Pontisch 26—45	2,37—2,64	1,40—1,90	11—13
Silurisch 0,4—6	2,7	2,5—2,7	0,1—0,4

[1] Die geognost. Verhältn. d. Geg. v. Landskron u. Gewitsch. Jb. geol. Reichsanst. Bd. 51 (1901) S. 317.

[2] Petrascheck u. Wilser: Über den Wassergehalt und die Verfestigung von Tongesteinen. Berg- u. hüttenm. Jb. (Leoben) Bd. 74 Heft 2. Wien 1926.

Quellung. Das Schließen von Bohrlöchern im Ton infolge kolloidaler Quellung oder Blähung läßt sich durch Spülung mit konzentrierten Salzlösungen bekämpfen[1]. Bohrkerne aus karbonischen bis tertiären Tonen und Mergeln, die im Wasser zerfallen, verloren diese Eigenschaft nach mehrtägigem Lagern in Lösungen von $MgCl_2$, $CaCl_2$, $MgSO_4$, NaCl und Na_2SO_4; Soda und Kalkmilch hingegen beschleunigten die Erweichung.

Über Ursachen und Ausmaß der Quellung gehen die Ansichten auseinander. Ehrenberg sieht in der Quellung eine Mischwirkung verschiedener Oberflächenerscheinungen. Sie tritt hauptsächlich bei Tröpfchenkolloiden auf, die durch Wasserentziehung oder Temperaturerniedrigung über den Gelzustand zum festen Körper geworden sind. Nur jene Kolloide, die einen Rest von Wasser (und von Luft) festgehalten haben, sind quellbar und lassen sich zum Ausgangszustand zurückführen. Im gewöhnlichen trockenen Ton sind die feinsten Sandkörner von Kolloidton umhüllt; er schwillt nach P. Ehrenberg[2] durch Wasseraufnahme dieser Hüllen und Benetzung der gröberen Sandkörner.

L. Jesser[3] hat die Quellungserscheinungen an Seifenschiefer, Schiefertonen und Mergeln aus dem Hangenden und Liegenden der Fohnsdorfer Braunkohlen untersucht. Diese Tongesteine dehnen sich bei der Aufnahme von Wasserdampf aus der Luft (genau so wie Mörtel) unter Temperaturerhöhung aus und schrumpfen bei der Abgabe von Adsorptionswasser. In dampfgesättigter Luft zeigte der Seifenschiefer bis zum Zerfall eine lineare Dehnung um 1,2%. Die Volumzunahme erfolgt hauptsächlich durch Abstandsänderung der Submikronen und die damit verbundene Änderung der Wasserhüllen, während die Teilchengröße der Submikronen unverändert bleibt. Die Dehnung beim Quellen ist ebenso eine Funktion der Molarenergie wie die thermische und die elastische Dehnung, was sich auch bei der Quellung von Verbundkörpern aus zwei Massen von verschiedener Adsorptionsdehnung erweist. Bei den irreversiblen Gelen kann die Molarenergie nach L. Jesser durch Adsorption auch im dampfgesättigten Zustand, nicht die zur Überwindung der Kohäsionskräfte erforderliche Höhe erreichen. Ihre Adsorptionsdehnung oder „unvollständige Quellung" führt zu Gefügeänderungen, aber nicht zur Abstandsänderung der Mikrone, die das Wesen der Quellung kennzeichnet.

Im Ton, der unter Druck steht, können die dampfgesättigten Gele selbst beim Einlegen in Wasser nicht in Hydrogele übergehen, ebenso sind die im Wasser aufweichbaren Bindemittel der unter Druck stehenden Gesteine stabil, d. h. sie quellen nicht. Beim Anfahren des Gesteines wird das Adsorptionsgleichgewicht gestört. Die Störungszonen entwickeln sich im wassergesättigten Gestein rascher als im lufterfüllten

[1] Petrascheck, W.: Über einige für die Tiefbautechnik wichtige Eigenschaften von Tongesteinen. Öst. Z. Berg- u. Hüttenwes. Bd. 62 (1914) Heft 8.

[2] Ehrenberg, E.: Die Bodenkolloide 1922, S. 147.

[3] Raumänderungen beim Quellen von Gesteinen. Berg- u. hüttenm. Jb. (Leoben) Bd. 73 Heft 3, Wien 1925.

und in gealterten Gelen langsamer als in frischen. Nach L. Jesser besteht demnach die theoretische Möglichkeit eines „Quellens“ oder „Blähens“ unabhängig vom Schweredruck, der im übrigen die vorherrschende und häufigste Ursache des Gebirgsdruckes bildet. Die Schwellung und Schrumpfung des Tones im Gelände und im Stollen reicht wenig unter die Oberfläche und beträgt daher nur einen fallweise zu beurteilenden Bruchteil des an der Gesamtmasse von Bodenproben bestimmten Ausmaßes.

Einen Fall außerordentlicher Quellung hat E. W. Hilgard[1] an einer allerdings sehr kleinen Bodenprobe vom Landgut Sta. Lucia bei Mexico City festgestellt. Der dunkelgraue Ton von gewöhnlichem Aussehen und dem spezifischen Gewicht von 2,25 wurde mit geringem Wasserzusatz plastisch. Unter Wasser erwärmte er sich leicht, nahm das 25fache des Tonvolumens an Wasser auf und bildete eine zusammenhängende Gelatine. Trockener Ton, der aus einer Aufschwemmung mit Ammoniakkarbonat gefällt worden war, schwoll auf das 32fache des Tonvolumens an, gegen das 2—2,5fache bei gewöhnlichem Ton. Der Glühverlust war 19,6%; das ausgeglühte Material zerfiel bei Anfeuchtung, ohne zu schwellen. Zwei chemische Analysen des Tones ergaben einen geringen Gehalt an Tonerde und Eisenoxyd (5,2—10,6%) und ein bisher unbekanntes Vorherrschen der Magnesia (17—27%) über den Kalk (9%) wie bei den Saponiten. Von diesen unterscheidet sich der neue Ton, den Hilgard „Lucianit“ benennt, durch die besonders leichte Löslichkeit in Säuren und die außerordentliche Schwellung. Tonproben von der Gründung des Parlamentes in Mexico City (1904) zeigten gleichfalls das Vorherrschen der Magnesia. Bei weiteren vom Landgut Sta. Lucia eingeholten Bodenproben erreichte die Ausdehnung beim Anfeuchten das 12fache der rohen trockenen Masse; sie ergaben ein ähnliches Vorherrschen der Magnesia.

Aus diesem extremen Fall ist klar zu ersehen, in welchem Maße die chemische Zusammensetzung das physikalische Verhalten eines Tones beeinflussen kann. Weniger auffallend, aber praktisch wichtig sind die prozentuellen Verschiedenheiten der maßgebenden Bestandteile von glazialen Tonen und den an Gelen reicheren Lösungsrückständen von (Kalk-) Fels. Erstere sind reicher an Kieselsäure und Karbonaten, letztere an Tonerde und Eisenoxyd. Auf die Bedeutung der organischen Bestandteile und jene von Kiesen und Sulfaten wurde mehrfach hingewiesen.

Gebräuchliche Bezeichnungen für tonige Bildungen.

Flins. In Bayern: ein jungmiozäner bis altpliozäner tonreicher Mergel, der nach oben in festgepackten, glimmerreichen Feinsand übergeht[2]. In Tirol: die bei der Wiesenbewässerung angehäuften feinen glimmerigen Sinkstoffe der Gletscherbäche.

Flottlehm (Floßlehm), auch Heidelehm, in Nordwestdeutschland ge-

---

[1] A peculiar clay from near the City of Mexico. Proc. National Acad. Sc. Washington Vol. 2 (1916) N. 1.

[2] Vgl. Achter Teil, VI. 8. München.

braucht für staubfeine, kolloidarme Sande, die in Einschnitten und Baugruben plötzlich ins Fließen geraten; gleichbedeutend mit Fließlehm (Mo- bis Grob-Schluff).

Lehm, ein fühlbar sandiger, meist gelber, eisenschüssiger Ton von unvollkommener Plastizität; in der Zusammensetzung „Gletscherlehm“ und in der Volkssprache auch für Ton und Mergel gebraucht.

Letten, im Erdbau gebraucht für die zähe, tonreiche Verwitterungsrinde, in der Lagerung und Art des ursprünglichen Gesteines noch zu erkennen sind; im Berg- und Tunnelbau[1] für einzelne tonreiche milde oder gebräche Gebirgsarten (Kohlenletten, Gipsletten) und zähe tonige Kluftfüllungen. Andere Verwendungen des Wortes wären aufzugeben[2].

Mollehm, in älteren deutschen Veröffentlichungen für Fließsand gebraucht, wäre wegen der abweichenden Bedeutung des bodenkundlichen Begriffes „Mo“ aufzugeben.

Mergel, vorwiegend für kalkhaltige Tone gebraucht, z. B. für den diluvialen Geschiebemergel, irrtümlich auch für andere im trockenen Zustand zerreibliche Bildungen. Mit Mergel werden ferner halbfeste und harte, meist dünnschichtige Gesteine bezeichnet (Mergelschiefer, Mergelfels), Beispiele: nach Gestein oder Verwendung benannt, Gipsmergel, Zementmergel, nach dem geologischen Horizont Flyschmergel, Kreidemergel, Keupermergel usw.

Schlepp, Schluff und Schlump. Gleichbedeutend mit Flottlehm; zu unterscheiden von dem bodenkundlichen Begriff „Schluff“.

Schlier. Ein fazieller Begriff für marinen, plattig brechenden Seichtwasserton mit dünnen Kalksandsteinbänken. In Österreich für das ältere gips- und salzführende marine Miozän gebraucht; im Bauwesen irrtümlich auch statt „Schließ“ verwendet.

Schließ, in Süddeutschland übliche Bezeichnung für feinsandigen, bei Wasserzutritt rasch erweichbaren bis ausfließenden Ton.

Tegel. Der in der Bausprache meist verwendete Ausdruck für gleichmäßige, in der Regel geschichtete, blaue, graue, grüne oder gefleckte Tone; auch zur Bezeichnung geologischer Horizonte verwendet, z. B. Badener Tegel.

Ton. Dieser Sammelname der Tongesteine wird im Bauwesen meist gleichbedeutend mit Tegel und besonders für weiße oder dunkle plastische Tone verwendet, in der Geologie zur Bezeichnung geologischer Horizonte ohne Rücksicht auf Alter und diagenetische Erhärtung. Technische Bezeichnungen, z. B. Pfeifenton, Töpferton, Ziegelton (auch für Lößlehm gebraucht), feuerfester Ton; geologische Bezeichnungen Bänderton, interglazialer Ton, bunter Ton, Süßwasserton, Tiefseeton, Hilston, Opalinuston, Salzton, Silurton usw.

---

[1] Ržiha, F. v.: Lehrb. d. ges. Tunnelbaukunst, 2. Aufl., Berlin 1874, insb. S. 3 u. 207, Klasse IV u. V.

[2] Ramann, E.: Z. dtsch. geol. Ges. Bd. 67 (1915) S. 295 versteht unter Letten die nicht ausgeflockten Ablagerungen sehr geringer Korngröße (richtiger Mo und Schluff). — Ehrenberg, P.: Die Bodenkolloide 1922 S. 152: Lette = sehr feinsandiger sogenannter „Staubboden“, nicht bildsam, geringer Gehalt an Kolloidton. Ehrenberg nennt auch schluffreiche Fließlehme „lettig“.

6. Anorganische schlammartige Bildungen (Seekreide).

Wassergetränkte lockere Bildungen, in denen Menschen und Tiere einsinken, werden als Schlamm bezeichnet. Die Begriffsbestimmung läßt noch viel zu wünschen übrig, weil derartige Böden im Bauwesen nach Möglichkeit gemieden und selten wissenschaftlich untersucht werden.

An der Luft erhärtet der Mineralschlamm durch Austrocknung, im Wasser aufgeschlämmt, entmischt er sich zu Wasser, Feinsand, Ton und organischen Bestandteilen. Im Baugrund hindern die Überlagerung, die Tagwässer und das Grundwasser die Austrocknung; das Niedersinken der schweren Teilchen kann durch aufsteigendes Grundwasser, aufsteigende Gase oder organisches Leben verhindert werden.

Anorganischer Schlamm bildet sich am Außenrand der Deltas als ausgeflockte, aber nicht zur dichten Ablagerung gelangte Flußtrübe[1].

Der von warmen Quellen auf dem Grund von Binnenseen ausgeschiedene kohlensaure Kalk oder „Mirl" ist ein rein anorganisches chemisches Sediment[2]. Hingegen bildet sich die Seekreide in sonnendurchwärmten seichten Buchten unter Mitwirkung kalkfällender Algen[3]. In alpinen und außeralpinen Mooren trifft man zwischen der Torfdecke und dem wasserdichten Untergrund die ehemalige Seekreide als „Alm" an. Der „Alm" besteht aus 15—85% kolloidalem kohlensauren Kalk[4], der Rest ist hauptsächlich organisch; daher wird lufttrockener Alm bald als gelatinös, bald als sandig zerreiblich beschrieben.

In dem in die marine Molasse eingesenkten Schönbühlmoos besteht die Seekreide[5] „aus molekularfeinen Kalkteilen und bildet mit Wasser zusammen eine plastische, fast dickflüssige Masse, die dem Druck allseitig ausweicht".

Die im Sumpfboden von Sainte-Marie innerhalb der Jurakreideketten angetroffene „Seekreide"[6] wird als „grauer plastischer Schlamm" bezeichnet.

An der Nordseite und an der Südseite der Hohen Tauern trifft man in den aus Seebecken entstandenen Talweitungen unter dem sand-, geschiebe- und blockreichen Alluvium auf beweglichen ton- und glimmerreichen feinsandigen Mineralschlamm („Tauernschlamm").

Die als Sinkstoff in die periodischen Seen gelangten kolloidreichen Verwitterungsrückstände des Karstkalkes bleiben beweglich, solange sie nicht durch sandreiche Einschwemmungen zum Niedersinken gebracht werden[7].

---

[1] Vgl. Achter Teil, VIII. C. Triest und Fiume.

[2] Nach freundl. Mitteil. des Herrn Univ.-Prof. Dr. Prof. Dr. Julius Pia, Wien.

[3] Vgl. Achter Teil, VI. 2. Zürich.

[4] Ehrenberg, P.: a. a. O. S. 419.

[5] Luder, W.: Die elektrische Solothurn — Bern-Bahn. Schweiz. Bauztg. v. 2. November 1918.

[6] Schardt, H.: Geolog. u. hydrolog. Beobachtungen über den Mont d'Or-Tunnel. Schweiz. Bauztg. v. 29. Dez. 1917.

[7] Vgl. Achter Teil, Abschn. VIII. A. 2. Kninsko Polje.

7. Organogener Schlamm (Gyttja).

Auf dem Grund stehender Gewässer sammeln sich die aus dem schwebenden „Plankton“ abgestorbenen Lebewesen zu Schlamm an. Da sich gleichzeitig auch chemische und mechanische Niederschläge bilden, lassen sich organischer und anorganischer Schlamm nicht strenge trennen (vgl. Seekreide). Um die bautechnischen Eigenschaften eines Schlammgrundes zu erforschen, muß die bodenphysikalische Analyse durch die mikroskopische und chemische Untersuchung ergänzt werden.

Kennzeichnend für den organischen Schlamm ist der Gehalt an schleimartigen organischen Gelen, die sich leicht zersetzen, daher die Namen Faulschlamm oder schwedisch Gyttja. An seiner Bildung nehmen vor allem die vielgestaltigen Kieselalgen (Diatomeen) teil, deren zarte Kieselskelette sich zu Kieselgur anreichern. Im Achten Teil, Abschnitt V, 1. Berlin, ist der in abgeschnürten glazialen Abflußrinnen entstandene Faulschlamm näher beschrieben. Infolge der Fäulnis des Zellinhaltes der Algen ist der organogene Schlamm gashältig und verbreitet einen widerlichen Geruch.

Selbst in hochgelegenen Alpenseen spielen Algen eine große Rolle und bilden mit dem „Schweb“ einen eigentümlichen tonreichen Faserfilz, der trockengelegt, beim Anschlagen mit dem Hammer zittert. Lose Stücke solcher Schwefeleisen-Gyttja wurden vom Cavelljoch-Bach nach dem Absenken des Lünersees noch beträchtliche Strecken als knollenartige Geschiebe mitgeführt. Eine verwandte Bildung aus dem nordamerikanischen Glazial ist im Achten Teil, Abschnitt VII, Chicago und New York bzw. Newark, als „quaking-sand“ und „bull-liver“ beschrieben.

In den diatomeenreichen gemischten Schlammlagern unter den Torfmooren finden sich die für die geologische Altersbestimmung wichtigen Pollen höherer Pflanzen[1].

Fünfter Teil.

Statische und klimatische Standfestigkeit.

I. Grundbegriffe.

Eine der Hauptfragen bei der Neugestaltung eines Baugeländes oder Bauplatzes von beträchtlichen Höhenunterschieden ist die Standfestigkeit der anzuschneidenden Gebirgsarten. Von ihr hängt das Böschungsverhältnis der Einschnitte, die Massenverteilung, die Anwendung von Stütz- und Futtermauern, die Notwendigkeit von Entwässerungen und vielfach auch die Gründungstiefe ab.

Für die hier behandelten Einzelbauwerke (Hochbauten, Brücken usw.), bei denen meist nur die Zulässigkeit der Anlage oberhalb von Steilböschungen oder an deren Fuß zu beurteilen ist, genügt es, die mannigfaltigen Bestimmungsgrößen unter zwei Hauptbegriffen zu vereinigen: Der statischen und der klimatischen Standfähigkeit, d. h. der

[1] Vgl. Zweiter Teil, Abschn. 12 u. 15.

Standfestigkeit gegenüber der Schwere und der Standfähigkeit gegenüber den Atmosphärilien.

Die Standfestigkeit ist keine absolute Eigenschaft der Gesteinsart; sie wird hauptsächlich von den geologischen und klimatischen Verhältnissen bestimmt, aber auch von der Bauanlage und vom Bauvorgang beeinflußt.

Die statische Standfestigkeit im Augenblick der Bauherstellung oder in einem beliebigen späteren Zeitpunkt wird durch die Gesteinsfestigkeit, die Lagerung, die Absonderungsflächen (Schichtung, Klüftung, Streckung) und die Wasserführung bestimmt; sie entspricht einem gleichbleibenden klimatischen Zustand.

Jede neu gebildete Geländeform wird durch die klimatischen Hauptkräfte Wärmeschwankung und Niederschlag solange umgestaltet, bis Gleichgewicht eintritt, im feuchten Klima meist unter dem Einfluß des Pflanzenwuchses. Der Zeitraum bis zum Erreichen dieses Reifezustandes und die von den Naturkräften geleistete Arbeit bilden Maße für die klimatische Standfähigkeit. Ein Extremfall, bei dem sich auch der Aggregatzustand ändert, mag den Unterschied verdeutlichen. Das Wasser hat bei Temperaturen über Null keinerlei statische Standfestigkeit, im Polargebiet hingegen dient es in Form von Schnee und Eis als Baustoff. Auch im mitteleuropäischen Winter werden Eispaläste oder Schneegrotten als kurzlebige Gelegenheitsbauten hergestellt.

Gesteine, die im warmen und trockenen Klima seit Jahrtausenden in steiler Böschung stehen, müßten im feuchten Klima abwittern und sich böschen und begrünen. Unter dem Einfluß ständiger Grundfeuchte gebildete Geländeformen toniger Massen schwinden und reißen bei andauernder Trockenheit. In jedem Klima treten in längeren Abständen Perioden abnormaler Nässe oder Trockenheit ein[1], denen sich bei genügender Dauer oder öfterer Wiederkehr die Geländeformen anpassen müssen. Darin liegt eine der wichtigsten Ursachen der Bergstürze und Rutschungen. Im milden Winter 1930/31 haben sich in verbauten Gebieten folgende mit dem Verlust vieler Menschenleben und schweren Sachschäden verbundene Katastrophen ereignet: Am 12. November 1930 der Erdrutsch von Lyon; am 27. Dezember 1930 der Abbruch eines Felshügels in Algier; am 2. Januar 1931 der Erdrutsch bei Borge (Norwegen), der den Glommen staute; am 9. Januar 1931 der Felssturz vom Monte Resegoni bei Lecco am Comosee; am 13. Januar 1931 der Bergrutsch bei Huigra in Ecuador und am 20. Januar 1931 ein großer Felsabbruch an den Niagara-Fällen. Die Lehre von den Rutschungen ist aus den Erfahrungen des Eisenbahn- und Wasserbaues hervorgegangen; sie bildet nur einen Teil der für verbaute Gebiete besonders wichtigen Lehre von der statischen und klimatischen Standfestigkeit des Geländes.

II. Statische Standfestigkeit der Felsgesteine und Felsmylonite.

Wäre die Festigkeit von „Fels“ gleichbedeutend mit der Festigkeit des Gesteines im Prüffeld, so müßten alle Hartgesteine in lotrechten

[1] Vgl. Zweiter Teil, Abschn. 12.

Wänden stehen, deren Höhe durch die Druckfestigkeit begrenzt ist, und müßten bei Ausnutzung ihrer Zug- und Scherfestigkeit die Anlage von Halbgallerien zulassen. Erfahrungsgemäß bilden Halbgallerien einen Ausnahmefall. Steilböschungen 5:1 sind auch im harten Gestein nicht häufig zu erzielen, da die Klüftung ein treppenartiges Zurückgehen hinter die geometrische Böschungslinie verlangt.

Die Standfestigkeit gegen die Schwerkraft hängt ab:

1. Von der Entstehungsweise des Gesteines als homogenes Tiefengestein, als Ausbruchsgestein, als Schichtgestein.

2. Von Struktur (Gefüge) und Mineralbestand des Gesteines; dichte und feinkörnige Gesteine sind im allgemeinen standfester als grobkörnige oder stengelige, quarz- und kalkreiche standfester als feldspat- und tonreiche Gesteine.

3. Von der Gleichmäßigkeit und Mächtigkeit der Schichten (Bänke) und von der Beschaffenheit der Grenzflächen. Dickbankige Gesteine sind im allgemeinen standfester als dünnbankige, dünnschiefrige oder blättrige; leicht verwitterbare (tonige) Zwischenmittel vermindern selbst die Standfestigkeit grobbankiger Kalke; narbige und knollige Schichtflächen haben meist größere Haftkraft als glatte.

4. Vom tektonischen Großgefüge des Gebirges; je einheitlicher und je weniger gestört das Gebirge ist, desto standfester sind unter sonst gleichen Bedingungen die Böschungen; trotz allgemeiner Zerrüttung großer Gebirgsglieder, z. B. durch Deckenschub, können einzelne Gesteinsschollen ihre ursprüngliche Festigkeit und scheinbar auch ihre ursprüngliche Lagerung behalten haben.

5. Vom tektonischen Kleingefüge des Gebirges. Raumlage und geometrisches Netz der Klüftung in Erstarrungsgesteinen, Raumlage, zylindrische oder kuppelförmige Faltung, Übereinanderprägung zweier Faltensysteme; enge Verfaltung der Schichtflächen; Klüftung bzw. Ausheilung der Klüfte u. v. a. beeinflussen weitgehend die Standfestigkeit. Gänge und Lagerstätten von frischem Hartgestein können verbindend, solche von aufgeweichtem oder gebrächem Gestein hingegen trennend wirken. In allen Fällen ist die relative Lage der Gefügeelemente gegen die freie Fläche (Böschung) entscheidend.

Weitgehende Zertrümmerung verwandelt das Gestein in einen Mylonit[1]. Frisch aufgeschlossen haben stark verspannte tonfreie Mylonite noch in 10—15 m hohen Böschungen nahezu die statische Standfestigkeit des ursprünglichen Felsgesteins. Infolge Annäherung des Gefüges an den richtungslos großkörnigen Verband hängt die Standfestigkeit weniger als beim Vollgestein von der Lage der Absonderungsflächen gegen die Böschungsfläche ab; um so wichtiger ist die innere Reibung.

6. Vom Feuchtigkeitsgrad des Gesteines (dem Porenwasser) und der Wasserführung längs Schicht- und Kluftflächen (dem Gebirgswasser, im gestauten Zustand auch Grundwasser). Abgesehen von den chemischen Wirkungen vermindert das Wasser die Reibung an den

[1] Vgl. Vierter Teil, Abschn. IV.

Schicht- und Kluftflächen und erzeugt unter Umständen bei tonreichen Gesteinen Quellungserscheinungen.

Eine Überschreitung der statischen Standfestigkeit kann stattfinden, wenn eine Decke schwerer Hartgesteine über wenig verfestigtem Gestein, z. B. über lockerem Sandstein, über Tuff oder Tonschiefer liegt. Abbrüche finden in der Regel nur statt, wenn einer Gesteinsmasse mit gleichsinnig zur Böschung geneigten Absonderungsflächen der stützende Fuß entzogen oder in einer günstig gelagerten Gesteinsmasse durch Unterschrämung ein Überhang erzeugt wird.

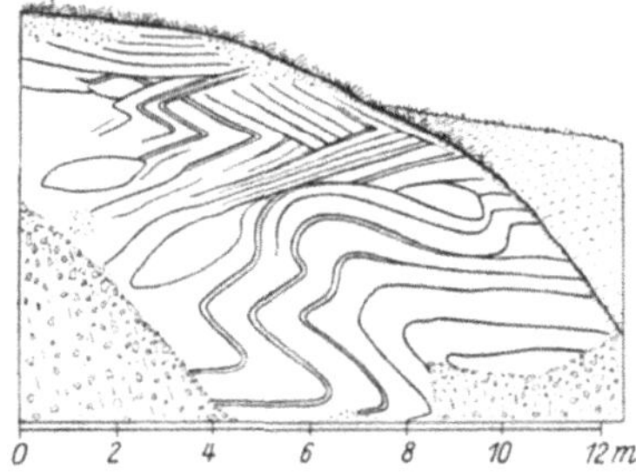

Abb. 38. „Gewundener Einschnitt" im Triasdolomit bei Mißling, Jugoslavien.

Im stark gefalteten und nachher mylonitisierten Gebirge, nach Art der Abb. 38 und im vulkanischen Gebirge ist das Vorhandensein und die Beschaffenheit von Grenz- und Absonderungsflächen oft unberechenbar; die Standfestigkeit ist daher mit besonderer Vorsicht zu beurteilen.

III. Klimatische Standfähigkeit der Felsgesteine und Mylonite.

Die unter 1. bis 6. angeführten geologischen Faktoren sind, allerdings mit verändertem Gewicht, auch für die klimatische Standfähigkeit mitbestimmend. Dazu treten 7. das Klima und 8. die Zeit. Zwischen der statischen und der klimatischen Standfähigkeit wird oft nicht genügend scharf unterschieden. Wenn ein Bauwerk z. B. oberhalb oder unterhalb einer Steilwand zu errichten ist, führt eine unrichtige Einschätzung der klimatischen Standfähigkeit später notwendig zu kostspieligen Sicherungsarbeiten.

Die geologischen Faktoren 1—5 bestimmen vor allem das Verhalten des Gesteines gegen Temperaturwechsel, sowie die Wirkung des eindringenden Wassers. Der Temperaturwechsel erzeugt hauptsächlich ein oberflächliches Absprengen einzelner Gesteinselemente von Staubfeinheit bis zu großen Blöcken. Da er an einer ebenen Böschung mäßiger Höhe an jeder Flächeneinheit in annähernd gleicher Stärke arbeitet, erfolgt die Rückwitterung der Steilwände mit unveränderter Neigung. Gleichzeitig baut sich die Schutthalde höher, wobei die Oberfläche des überdeckten Wandfußes im Querschnitt einer parabolischen Linie folgt[1]. Bei ungestörter Schuttanhäufung tritt das kli-

[1] Beim Bau der Gasteiner Tauernbahn wurde am Südausgang des oberen Klammtunnels und am Nordeingang des Tauerntunnels der Fels im Stollen früher angefahren als die Steilwand über Tag erwarten ließ. Eine theoretische Untersuchung des Verf. ergab für den Vorfuß der geneigten Wände eine Parabelgleichung. Die Abb. 9, 10 u. 13 in „Die Bodenuntersuchung für Bauzwecke" wurden danach gezeichnet. Erstmals hat O. Fisher die Rückwitterungskurve für eine lotrechte Wand abgeleitet. Geol. Magazine Bd. 3 (1866) S. 354 und Bd. 9 (1872) S. 10.

matische Gleichgewicht durch das Selbstbegraben der Steilform unter der Schuttböschung ein (vgl. Abb. 35).

Im geklüfteten Fels reicht die vom Wasser hervorgerufene chemische Zersetzung bis in große Tiefen[1]. Die Standfähigkeit von Gips und Kalk wird außerdem durch die rasch fortschreitende Auflösung des Gesteins beeinträchtigt[2]. Das Tagwasser greift auch mechanisch an und zerschneidet die ursprünglich gleichmäßige Böschung durch Rillen, Rinnen und Gräben. Zwischen der statisch möglichen Steilböschung (5:1), die dem Tagwasser wenig Angriffspunkte bietet, und der mindestens 1:1 geneigten klimatisch standfesten Böschung gibt es im feuchten Klima wenig Zwischenneigungen. Sie entsprechen meist einer Stufenbildung durch den Wechsel harter und weicher Gesteinsbänke, bzw. durch das Kluftnetz, oder dem augenblicklichen Zustand einer im Abflachen begriffenen klimatisch nicht haltbaren Steilböschung.

Die natürlichen Gehänge haben ihre flache Neigung unter der Einwirkung der klimatischen Kräfte während geologisch langer Zeiträume erlangt. Würde ihre Oberflächenneigung die klimatisch standfähige Böschung anzeigen, so könnte man keinen Einschnitt ohne Futtermauern ausführen. Erfahrungsgemäß halten Einschnitte mit günstiger Lage der Absonderungsflächen in Hartgesteinen und halbfesten Gesteinen anfangs mit steiler Böschung. Vulkanische Tuffe, Kalkmylonite und kalkreiche Konglomerate erhärten mitunter an der Luft und bleiben standfest. Andererseits zerfallen manche Gesteine, die bei der Freilegung starke Verspannung und große Härte zeigen, z. B. feingesprenkelte Basalte (Sonnenbrenner), rasch an der Luft. Mergelfels und kurzklüftiger Dolomit sind statisch standfest, wittern jedoch langsam aber unaufhaltsam ab. Sehr ungleichmäßig ist das Verhalten der Sandsteine, der kristallinen Schiefer und der Tiefengesteine. Die jungtertiären schußfesten Tongesteine neigen zur breiigen Verwitterung; metamorph oder diagenetisch verhärtete ältere Tonschiefer sind nicht selten standfest.

Gesteinstürme und sogenannte „Mandeln", die aus gleichmäßig geböschten Hängen aufragen, entsprechen in der Regel wiederverfestigten Zonen von im übrigen nicht standfähigen Felsmyloniten, z. B. von Aschendolomit. Auch die scharfen „Klippen" von ausgelaugtem Kalkgebirge (vgl. Abb. 31) sind mitunter irrtümlich als Anzeichen eines standfesten Gesteines angesehen worden.

Über das Zeitmaß der Abwitterung von Steilwänden liegen keine Beobachtungen vor, da man bei einigermaßen raschem Fortschreiten zur Verkleidung oder zur Abflachung der Böschung gezwungen ist.

Wenn Verwitterung und Wasserwirkung an vorgezeichneten Bahnen, z. B. an tektonischen Flächen, längs tonreichen Schichten oder vom Blitz aufgerissenen Klüften rascher fortschreiten als in der übrigen Gesteinsmasse, so erfolgt die Abflachung zur klimatisch standfesten

— Vgl. auch Hettner, A.: Gebirgsbau u. Oberflächengestaltung der Sächsischen Schweiz. Stuttgart 1887. Forschg. z. deutsch. Landes- und Volksk. Bd. 2 Heft 4 S. 290.

[1] Vgl. Vierter Teil, Abschn. II. 4.

[2] Vgl. Dritter Teil, Abschn. IX. 4.

Böschung durch Bergschlipfe oder Rutschungen. Als auslösende Ursache wirken z. B. Erschütterungen und am häufigsten eine besonders starke Durchnässung.

IV. Statische Standfestigkeit der nicht verfestigten Bildungen.

1. Bindige Massen.

Vulkanische Aschen, Löß, leicht gebundene Sande und Schotter, Grundmoränen, Bändertone u. dgl. halten sich oft durch lange Zeiträume in steiler Wand. Den von F. v. Richthofen in China beobachteten über 300 m hohen Lößwänden entspricht (bei einem Raumgewicht von rund 1,3 t/m^3 für lufttrockenen Löß) ein Basisdruck von 39 kg/cm^2. Im feuchten Klima der europäischen Weingegenden erreichen die Lößwände höchstens 20 m Höhe (mit 2,6 kg/cm^2). Die Unterschneidung derartiger Steilwände läßt bedeutende Zug- und Scherfestigkeit, die Belastung der Pfeiler von höhlenartigen Gewinnungsstätten eine erhebliche Druckfestigkeit erkennen.

Die statische Standfestigkeit von Grundmoränen zeigt sich manchmal auffallend im Landschaftsbild, z. B. in den bekannten Erdpyramiden. Oft stehen alte Gebäude, wie das Schloß Tirol bei Meran, unmittelbar am oberen Rand lotrechter Wände der Grundmoräne. Auch die umgeschwemmte Grundmoräne besitzt manchmal noch große Standfähigkeit; so gibt es in den Anrissen der großen Schwemmkegel des Vinschgau uralte kleine Bewässerungsstollen ohne Auskleidung.

An der Basis großer Bergstürze entsteht beim Festrennen der Sturzmasse ein mylonitähnliches verdichtetes und bei kalkhaltigen Gebirgen auch diagenetisch verfestigtes Gemenge von mehr oder weniger zerriebenem Gestein, das sich in steilen Schluchtwänden hält.

Bei den feinkörnigen Bodenarten hängt die Standfestigkeit in hohem Maße vom Wassergehalt ab. Im Vierten Teil, VI. 3. wurde angeführt, daß sich sogar gut entwässerte tertiäre Schwimmsande in Steilwänden halten.

Um die Standfestigkeit von Einschnittsböschungen in einer gegebenen Geländeform beurteilen zu können, muß die Abgrenzung zwischen dem anstehenden Gebirge und der Schutthülle sowie die Zerklüftungszone bekannt sein; diese Grenzen sind bei Tongesteinen ohne Schürfung schwer zu bestimmen.

2. Mylonite bindiger Massen.

Im Vierten Teil, Abschnitt IV, wurden auch die durch Gebirgsdruck, Eisschub, Verwerfungen, Bodensenkungen usw. innerlich zerrütteten jüngeren Bildungen den Myloniten zugerechnet. Da sie im allgemeinen keine Steilböschungen besitzen, ist die Zerrüttung an der Oberfläche nicht zu erkennen. Im frischen Aufschluß verraten scharfe Verwindungen der Schichten, haarfeine Klüftungen, Rutschspiegel oder Verruschelungen die Durchbewegung der Masse. Es wurde schon erwähnt, daß die Rutschungen im Rosengarten bei Frankfurt a. d. Oder[1] wahrscheinlich in einem nicht standfähigen Mylonit der Grundmoräne liegen.

Da die Wände der Baugruben bröckeln oder ausschalen, werden solche schlechte Stellen sofort gebölzt und dadurch der Beobachtung entzogen. Eine kleine Bodenprobe kann die normale Standfähigkeit vortäuschen. An genügend großen Proben läßt sich die Veränderung oder Auflösung des Gefüges nicht leicht übersehen. Den geologisch jungen Myloniten fehlt im allgemeinen die Wiederverfestigung, sie verhalten sich daher fast wie lose Massen.

3. Röllige Massen.

Der Typus der rölligen Masse ist am schärfsten in der Schüttung reibungsloser, gleichgroßer Kugeln auf waagrechter Unterlage ausgeprägt. Die Schüttung kann sich nur aufbauen, wenn die unterste Lage durch zugfeste Umschließung oder durch Einpressen der einzelnen Kugeln in die Unterlage am Ausweichen gehindert ist. Bei stabiler Einlagerung jeder folgenden Kugelschichte entsteht eine unter 60° gegen den Horizont geneigte Böschung.

Wird eine Kugelschüttung oben durch eine Lage von backendem Feinsand oder Ton abgeglichen, so läßt sie sich nur weiterführen, wenn den waagrechten Kräften in der neuen Basisschichte, ebenso wie in der ursprünglichen, entsprechende Widerstände entgegenwirken. In einer aus waagrechten Schichten von Kugeln und bindigen Zwischenschichten hergestellten Schüttung bestehen demnach waagrechte Kräfte, die beim Aufhören der Widerstände das Zerfließen der Schüttung herbeiführen würden. Als Widerstand genügt eine flacher als 60° geböschte Vorschüttung von nicht rölligen Körpern.

Aus parallelopipedischen Stücken lassen sich, nach dem Vorbild des Ziegelhaufens, Schlichtungen mit lotrechter Böschung aufführen. Im Bauwesen böscht man lose Schüttungen aus Stein 2:3 bis 1:1, geregelte Steingefüge aus unbearbeitetem Stein (Steinwürfe, Steinsätze) 1:1 und aus bearbeitetem Stein 2:1 bis 5:1 (Trockenmauern).

In den natürlichen rölligen Massen kommt die angenommene Kugelschüttung nicht vor, denn sie bestehen aus unvollkommen gerundeten oder kantigen Stücken verschiedener Größe. Das Gleichgewicht stellt sich bei der Anhäufung im Wasser unter einem Böschungswinkel her, der für jedes Schüttungsgut kennzeichnend ist. Bei der Anhäufung in freier Luft führt die lebendige Kraft die großen herabkollernden Stücke über den geometrischen Fuß der Schüttung hinaus. Die großen Stücke reichern sich am Boden an, und die Böschung kehrt ihre hohle Seite nach oben (vgl. Abb. 35). Ähnlich sind die künstlichen Schüttungen gebaut, doch werden die abrollenden Blöcke oder Schollen durch einen nach und nach höher geführten Fußdamm zurückgehalten.

---

[1] Keilhack, K.: Die geol. Gesch. der Gegend von Frankfurt a. O. Helios Bd. 18, Berlin 1901. — Michael, R., u. W. Dienemann: Die Rutschungen im Eisenbahneinschnitt Rosengarten. Jb. preuß. geol. Landesanst. Bd. 47 (1926) Heft 1.

Im Falle ausreichenden Gehaltes an natürlichem Bindestoff erlangen künstliche und natürliche Schüttungen aus kantigem Schutt bald eine leichte Verfestigung, was das Anschneiden solcher Halden weniger gefährlich gestaltet.

Die Oberflächenneigung der Schwemmkegel entspricht dem physikalischen Zustand der Murmassen während der Ablagerung und bildet keinen Maßstab für die Standfestigkeit des Schüttungsgutes; es kann nach eingetretener Entwässerung in einem flachen Kegel ebenso standfest oder standfester sein als in einem steiler geböschten.

Fließendes Wasser schüttet vorwiegend in annähernd waagrechten Schichten auf. Eine Erhöhung der Standfestigkeit durch die waagrechte Schichtung tritt nur bei den bindestoffreichen Schottern der Gletscherflüsse und bei sehr sandreichem Schotter ein.

4. Schlammartige Massen.

Im kleinen häufen sich schlammartige Massen am Fuß tonreicher Gehänge durch Abschlämmung oder als Fließerde an. Wo sie vollständig austrocknen, erlangen sie trotz ihres unregelmäßigen Gefüges etwa dieselbe Standfestigkeit wie alluviale sandige Tone gleicher Kornzusammensetzung.

Im großen kommen schlammartige Bildungen an die Oberfläche beim Absenken oder Austrocknen von Seen und (als geologische Erscheinung) beim Rückzug des Meeres. Bei der Trockenlegung sind die jüngeren Schlammschichten noch locker und wassergesättigt, fließen und rutschen daher, wobei sie Porenwasser ausstoßen. Sie sammeln sich auf flachen Geländeformen mit „Lavastruktur" an und erhärten oberflächlich durch Austrocknung. Unter der Kruste bleibt der Schlamm dann Jahre hindurch flüssig, im feuchten Klima sogar durch geologisch lange Zeiträume. Der Schlamm der eiszeitlichen Zungenbecken ist fast frei von organischen Beimengungen und Gasen, der Schlamm warmer Klimate reich an beiden.

Beim Bau des zweiten Gleises von Salzburg nach Wörgl (1912—1914) wurde die Bundesstraße südlich des Passes Lueg umgelegt. In den Anschnitten traf man unter der Decke von Kalkschutt auf flüssigen Seeschlamm des interglazialen Salzburger Stausees[1]. Um die Straße vom ausfließenden Schlamm freizumachen, mußten zeitweise 40 Arbeiter aufgeboten werden. Ähnliche Schwierigkeiten entstanden (1911—1912) bei der Ausführung des tiefen Gogowenigeinschnittes nördlich der Station St. Veit a. d. Glan. Die Baustelle liegt ebenfalls in einem glazialen Stausee[2]. Unter der Kruste von ausgetrocknetem Ton wurde breiartiger Seeschlamm angeschnitten, der ein bedeutendes Übermaß von Aushub, kostspielige Futtermauern und Entwässerungsanlagen erforderte.

---

[1] Penck, A.: Die interglazialen Seen von Salzburg. Z. Gletscherkde. Bd. 4 1909/10.

[2] Penck, A., u. E. Brückner: Die Alpen im Eiszeitalter. Leipzig 1911. Der Draugletscher, S. 1090, Stausee von St. Veit.

V. Klimatische Standfähigkeit der nicht verfestigten Bildungen.

1. Bindige Massen.

Bei stetiger Änderung der klimatischen Einwirkungen wittern einheitliche Steilböschungen ab, bis die klimatisch standfähige Böschung erreicht ist. Durch Pflanzenwuchs befestigte Böschungen lassen sich etwas steiler halten als entblößte.

Der Abwitterungs- oder Auswaschungsvorgang kann durch verhärtete Schichten, die schirmartig vorkragen, oder durch schützende Blöcke, wie bei den Erdpyramiden, langandauernd gehemmt werden. Hautartige Verhärtungen durch Kalkkarbonat bilden sich z. B. an den Steilwänden des Löß. In feuchten Jahren bricht der Löß in lotrechten Schalen ab, die am Fuß der Wand eine ungefähr 1:1 geböschte Halde von Gehängelehm bilden.

Gleichmäßige, wenig verfestigte Konglomerate wittern allmählich ab und die Wand verschwindet schließlich unter der schotterartigen Halde. Die Druckleitung des Wasserkraftwerkes Andelsbuch an der Bregenzer Ache führte ursprünglich über eine solche Halde, die für anstehend gehalten worden war, und wurde bei einem Unwetter derart unterwaschen, daß sie samt den Festpunkten abrutschte[1]. Ungleichmäßig verfestigte Konglomerate (Nagelfluhen) wittern schirmartig aus und brechen, wenn der Überhang zu groß wird, lotrecht ab. Große Konglomerattrümmer am Fuß der Terrassenschotter des Isonzo haben die Gründung des linken Widerlagers der Isonzobrücke bei Salcano wesentlich erschwert[2].

Am oberen Isonzo ist die über Bändertonen liegende kalkreiche Grundmoräne nächst Serpenizza so standfest, daß sich in dem schmalen Grat zwischen zwei benachbarten Gräben, die sich eintiefen und erweitern, ein stehendes Fenster bilden konnte.

Die in halbharten Tonen durch Erosion entstandenen Steilwände stabilisieren sich durch staffelförmiges Absitzen, die flacheren Formen durch allmähliches Abschlämmen.

2. Mylonite bindiger Massen.

Die zahlreichen Gleitflächen in mylonitisierten Grundmoränen ermöglichen dem Wasser, tief einzudringen und die Masse immer wieder zu erweichen und zum Quellen zu bringen.

Im nördlichen, bis 17 m tiefen Voreinschnitte des Altenburger Tunnels sind merkwürdige Rutschungen im Geschiebemergel aufgetreten. Ob sie auf Mylonitbildung beruhen, geht aus der sonst gründlichen Baubeschreibung[3] nicht sicher hervor. In dem anstehenden, von 4—11 m Lehm überlagerten schwarzgrauen, feinsandigen Geschiebelehm, der sich nur mit der Spitzhaue lösen ließ, und während des Abbaues in

[1] Narutowicz, G.: Das Elektrizitätswerk Andelsbuch im Bregenzer Wald. Schweiz. Bauztg Bd. 55 (1910 I).

[2] Singer, M.: Die Bodenuntersuchung für Bauzwecke. Leipzig 1911.

[3] Oer, A. Freih. v.: Beobachtungen über die Bodendruckverhältnisse in den Einschnitten der sächsischen Staatseisenbahn bei Altenburg. Org. Fortschr. Eisenbahnwes. 1884.

bis 3 m hohen steilen Wänden stand, kamen „vielfache Sandäderchen und bis zu mehreren Kubikmeter haltende Triebsandgallen, stets mit Wasser gefüllt" vor. Bei wechselndem Zutritt von Wasser und Luft zerfiel der Geschiebemergel zu einer lockeren Masse, deren Rauminhalt zu dem des anstehenden Bodens im Verhältnis 327:100 stand. Nach Fr. v. Oer dürften Bändertone an der Liegendfläche des Geschiebelehms als Gleitfläche gewirkt haben, doch seien auch andere mitten im Lehm entstandene Rutschflächen keineswegs ausgeschlossen. Die ungewöhnlichen Druckkräfte, die eine 4 m starke Mauer abscherten, führt v. Oer auf Quellung des Geschiebemergels zurück, der Eisenkies enthielt.

3. Röllige Massen.

Ein wesentlicher Unterschied zwischen statischer und klimatischer Standfähigkeit besteht nur, wenn die Gesteinsstücke bzw. Geschiebe verwittern, wie bei Tonschiefer und Mergel, oder ihre Unterlage erweichbar ist. Letzteres kann ein Ausweichen und Bersten von Halden herbeiführen. Das Verwittern des Schuttes hat nur ein allmähliges Zusammensacken zur Folge. An sandig-schottrigen Massen führen die Tagwässer die feinen Teile von der Oberfläche in das Innere; sie lockern die äußeren Lagen und verfestigen die inneren. Das Gleichgewicht wird in der Regel durch eine Pflanzendecke herbeigeführt.

4. Schlammartige Massen.

Die sehr veränderliche Standfähigkeit hängt vom Wassergehalt ab. Frischer Schlamm fließt wie eine zähe Flüssigkeit, bis er durch ein Hindernis gestaut wird. Nach Bildung einer Erhärtungskruste folgt der Wassergehalt des eingekapselten Schlammes mit starker Dämpfung den klimatischen Schwankungen; unterhalb des Grundwasserspiegels kann sich der flüssige Zustand praktisch unbegrenzt erhalten. Bei vollständiger Austrocknung entstehen tiefreichende Schwindrisse; neuerliche Wasseraufnahme führt dann zum Zerfall, Durchweichen und Fließen. Schlammartige Massen sind daher entweder sehr flach zu böschen und zu begrünen oder durch Mauern und Böschungspflaster standfest zu begrenzen.

Sechster Teil.

Die Untersuchung und Prüfung des Baugrundes.

I. Psychophysische Arbeitsweisen.

1. Das praktische Gefühl.

Ob ein Gelände sich als Baugrund eignet, hängt außer von den geologischen Verhältnissen auch von der Art und Ausführung des Bauwerkes ab. Wer innerhalb eines Stadtgebietes annähernd gleichartige Bauten ausführt, lernt eine Anzahl Bodentypen kennen und kann ihre geographische Verteilung und technologische Behandlung rein erfahrungsmäßig innehaben. Bei den unter wechselnden Verhältnissen im nicht aufgeschlossenen Gelände auszuführenden Bauten prägen sich dem Beobachter immer wiederkehrende Zusammenhänge ein, z. B. zwischen Fels und Schutthülle, Talbodenbreite und Gründungstiefe, Gesteinsaussehen und Standfestigkeit, Pflanzenwuchs und Wasserführung u. a. m. Je zahlreicher die Erinnerungsbilder und je besser sie geordnet sind, desto feiner wird der Erfahrungsmaßstab, den man „das praktische Gefühl“ nennt. Es ermöglicht mitunter überraschend zutreffende Schätzungen der Schuttmächtigkeit, der Tragkraft des Bodens, der Tiefe des Grundwassers usw., die beim bloßen Empiriker meist Zufallstreffer und beim wissenschaftlich geschulten Beobachter das Ergebnis einer morphologischen Analyse sind. Doch sind die besonderen Schwierigkeiten nicht so häufig, daß jedermann sie kennenlernt und nicht so leicht erfaßbar, daß er sie durch Vergleich mit vorangegangenen Erfahrungen voraussagen könnte.

Alle neueren objektiven Methoden zielen darauf hin, die Voraussage unabhängig von der persönlichen Erfahrung überhaupt und vor allem vom subjektiven praktischen Gefühl zu machen. Erreichbar ist vorläufig nur die Ausschaltung von sachlich nicht begründeten Gefühlsurteilen. Zur Auslegung bodenkundlicher oder geophysikalischer Untersuchungen gehört eine ausreichende Erfahrung über die geologische Bedeutung und technische Auswirkung der gemessenen Größen. Auch darüber, ob die gemessenen physikalischen Größen nicht z. B. gegenüber chemischen Wirkungen, gegenüber der geologischen Lagerung u. dgl. völlig in den Hintergrund treten, oder umgekehrt, ist zu urteilen.

2. Die Wünschelrute.

Für die Behauptung, daß die Bodenschätze Strahlen aussenden, die von besonders gearteten Menschen, nicht aber von physikalischen Instrumenten wahrgenommen werden, wurde bis heute kein Beweis erbracht. Bei der Prüfung durch wissenschaftliche Anstalten haben sich Wünschelrute und siderisches Pendel als wertlos erwiesen.

Die Zufallstreffer der fachlich nicht gebildeten Rutengänger folgen, wie R. Grassberger[1] gezeigt hat, dem Gesetz des Glücksspieles. Unter zahlreichen Fällen, die der Verfasser von 1914—1918 nachgeprüft hat, waren nur wenige „Erfolge“. Entweder hatte sich der Rutengänger durch Studium geologischer Werke[2], alter Urkunden oder durch Umfrage, Kenntnis vom Vorhandensein einer Erscheinung verschafft, die er nachher mit der Wünschelrute entdeckte, oder er war trotz des vorgehaltenen Zauberstabes fachlich vorgebildet und arbeitete mit dem „praktischen Gefühl“. Beispiele aus der Baupraxis hat der Verfasser kritisch beleuchtet[3]. So hatte z. B. bei der Dichtung der Gothaer Talsperre (1902—1910) schon der geologische Sachverständige „das Mittel angegeben, das den Erfolg brachte“. Der Rutengänger, ein „Spezial-

---

[1] Grassberger, R.: Die Wünschelrute. Öst. Chem.-Ztg. 1917 Heft 13—15. — Grassberger, R.: Die Wünschelrute, Aberglaube oder Wissenschaft. Wien: 17/2, Braungasse 47 Selbstverlag 1918.

[2] Vgl. Dritter Teil, IV. 1. Natürliche Unterhöhlungen usw. Timavo.

[3] Singer, M.: Wünschelrute u. Wissenschaft. Z. öst. Ing.- u. Arch.-Ver. 1917 Heft 15.

fachmann in Pumpenfabrikation und Wasserversorgung" entdeckte schließlich mit der Rute „einen unterirdischen Wasserlauf, der genau mit dem während der Bauzeit angelegten Wasserhaltungsgraben übereinstimmte". Auf ein derartiges technisches Übersehen hätte man auch ohne Wünschelrute kommen können. Ebenso wenig bedarf es besonderer Gaben, um eine erfolglose Einpressung von Zementmörtel erfolgreich zu machen, indem man statt der zu engen Bohrlöcher solche von ausreichender Weite anordnet[1].

Als okkultes Gesellschaftsspiel wird die Wünschelrute ihren Platz behaupten. Ein Teil des unübersehbaren Schrifttums hat wenigstens als Vorausahnung wissenschaftlicher Möglichkeiten anregend gewirkt, im übrigen ist die Wünschelrute durch die geophysikalischen Methoden theoretisch und praktisch erledigt.

II. Das statistische Verfahren.

In geschlossenen Städten entsprechen den Regelfällen der verschiedenen Bodenarten auch Regelfälle der Gründung. Ein Irrtum im Vergleich der Bodentypen ist kaum möglich; regelwidrige Fälle werden — nicht ohne Fehlschläge — mit großem Zeit- und Kostenaufwand bewältigt.

Das vergleichende Verfahren wurde auf den stets unter neuen Verhältnissen arbeitenden Eisenbahnbau und in Ermangelung geologischer und hydrogeologischer Grundlagen auch auf den Wasserbau übertragen. So wurden Bauformen und Ausführungsweisen, die bei ihrer ersten Anwendung buchstäblich „am Platz" waren, in gänzlich anders gearteten Fällen, wo sie nicht am Platz waren, angewendet. Das Bewährte ist nur dann das Beste, wenn eine geologisch, technisch und wirtschaftlich gleichartige Aufgabe vorliegt.

Darüber enthalten aber die Baubeschreibungen in der Regel so wenig, daß man auch bei nahegelegenen Gründungen nicht einfach die ältere Ausführung nachmachen kann. Auch sind die älteren Pläne nicht immer zuverlässig. So war z. B. in den Ausführungsplänen des 380 m langen Johannestalviaduktes der Eisenbahnstrecke Hannover-Hamen[2] eine Gründungstiefe von 5 m eingezeichnet, die dem Vorentwurf und Kostenanschlag für die in 13,5 m Achsabstand zu errichtende zweigleisige neue Brücke zugrunde gelegt wurde. Probebohrungen vor Aufstellung des genauen Bauentwurfes trafen jedoch tragfähige Bodenschichten erst etwa 14 m unter Geländeoberfläche. Die östlichen Pfeiler konnten unmittelbar auf grauen jurassischen Schieferton, die übrigen nur mit Hilfe von Pfahlrosten gegründet werden.

Zu einem stichhaltigen Vergleich müßten nicht nur die geologischen Verhältnisse der Vergleichsbauten, sondern auch die des Neubaues bekannt sein. Sind aber letztere bekannt, so bedarf es keiner Anlehnung

[1] Schriften des Verbandes zur Klärung der Wünschelrutenfrage Heft 10. Marquardt, E.: Die Sickerungserscheinungen an der Brüxer Talsperre. Stuttgart 1927.

[2] Gaede, Dr.-Ing.: Die zweigleisige Johannestalbrücke usw. Zbl. Bauverw. v. 13. Nov. 1920.

an ältere Ausführungen. Damit ist nachgewiesen, daß die üblichen Vergleiche als selbständige Methode nicht bestehen können.

III. Die bautechnische Untersuchungsweise (Schürfung und Probebelastung).

1. Schürfung.

a) Begehbare Schürfungen.

In der Ebene werden, wo es der Grundwasserstand zuläßt, Probegruben oder Schächte hergestellt, an Lehnen Schlitze und Schurfstollen mit selbsttätiger Entwässerung. Solche Schürfungen müssen in der Regel gebölzt werden, bevor die Wandungen (Ulmen) sorgfältig aufgenommen wurden. Dauernd sichtbar bleibt dann nur die aufgelockerte Sohle. Es sind daher von allen Gesteinsarten Proben mit genauer Angabe der Lage und Mächtigkeit aufzubewahren. Die Raumlage der geologischen Grenzflächen ist während des Abteufens durch Einmessung ihres Schnittes mit Wandungen und Kanten aufzunehmen. Durchschnittsmaße zur Abgrenzung der augenfälligen Gesteinsarten, z. B. Aulehm, Silt und Flußschotter, oder Humus, Hangschutt und Fels, sind ungenügend; von allen Wänden und der Sohle sind naturgetreue Ansichten zu zeichnen, wie es Abb. 19 für einen Aufschluß im Diluvium zeigt oder der Verfasser für Lehnenschlitze angegeben hat[1].

Eine besonders weitgehende Aufschließung des Untergrundprofiles mittelst Schächten, Stollen und Bohrungen wurde bei der Talsperre im Schräh des Elektrizitätswerkes der Stadt Zürich ausgeführt[2].

b) Bohrungen.

Der Erfolg jeder Bohrung hängt von der geologisch richtigen Wahl der Bohrstelle ab.

In der losen Überlagerung, mit Ausnahme von Moor und Kies, kann man mit den im Handel befindlichen Bohrstöcken (Bonitierstöcken, Bodenstechern) 1—2 m tief einmännig bohren; die sogenannten Erdbohrer (mit Schnecke, Löffel und Meißel) erfordern mindestens 2 Mann zur Bedienung und erreichen Tiefen von 6—10 m. Ausreichende Genauigkeit läßt sich nur durch eine große Zahl von Bohrpunkten erzielen, die sich gegenseitig kontrollieren.

Bohrungen bis 30 m Tiefe werden von Bauverwaltungen und -unternehmungen häufig mit eigenem Gerät, aber nicht immer mit ausreichend geschulter Mannschaft durchgeführt. Schon die drehende Bohrung, weit mehr noch die Meißelbohrung, verändert das Bohrgut so stark, daß die Beurteilung besondere Übung erfordert. Jeder Wechsel im Bohrgut und im Bohrwiderstand, das Auftreten von Wasser oder Gas, die aufgewendete Arbeitskraft und -zeit, sowie alle Zwischenfälle, sind sorgfältig zu verzeichnen; die Bohrproben sind in unterteilten Kästchen für die wissenschaftliche Untersuchung aufzubewahren.

---

[1] Die Bodenuntersuchung für Bauzwecke. Leipzig 1911, Abb. 37.

[2] Schardt, H.: Die geolog. Verh. d. Stau- u. Kraftwerkes Wäggital. Eclogae geol. Helvet. Vol. 18 Nr. 4, Basel 1924. — Schweiz. Bauztg. v. 19. Febr. 1921.

Geologisch einwandfreie Aufschlüsse liefert nur die Kernbohrung. Aus lockerem und halbfestem Gebirge einschließlich der Felsmylonite lassen sich brauchbare Kerne nur mit besonderen Bohrgeräten gewinnen, in denen der Kern vor dem Angriff des Spülwassers geschützt ist[1]. Wenn für gewöhnliche Gründungen nur die Mächtigkeit der Überlagerung des Felsgrundes zu bestimmen ist, verwendet man je nach dem Boden Ventilbohrer, Schappe, Schnecken- oder Meißelbohrer. Stimmt die erbohrte Felslinie mit den Beobachtungen über Tag gut überein, so genügt es, den Fels mit dem Meißel 1—2 m tief anzubohren. Besteht der Verdacht, daß Felstrümmer angefahren wurden, so bohrt man tiefer. Wenn die Beschaffenheit des Felsgrundes verläßlich festzustellen ist, so schreitet man zur Kernbohrung, die in der Regel einer Bohrunternehmung übertragen wird.

Schrägbohrungen wurden z. B. von der Schwedischen und Finnländischen Geotechnischen Kommission verwendet, um das Eindringen

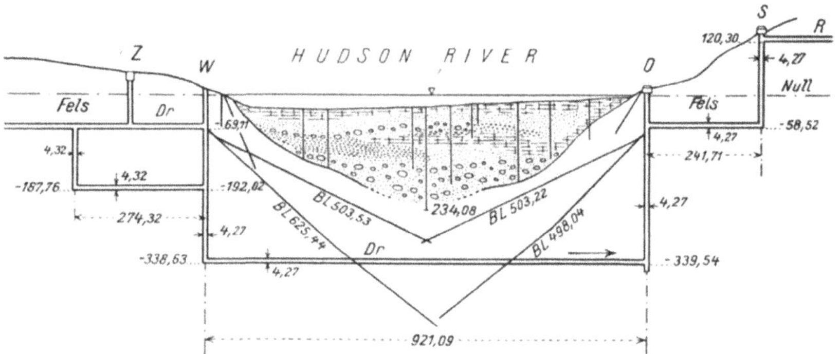

Abb. 39. Bohrungen für die Unterfahrung des Hudson-Flusses durch die New Yorker Wasserleitung (nach Proceed. Inst. Civ. Engrs. New York, Mai 1925).
Dr Druckstollen. *R* Rinnstollen. *BL* Bohrloch (Länge). *Z* Zugangsschacht. *W* Westschacht. *O* Ostschacht. *S* Steigschacht. Maßangaben in Metern.

schwerer Schüttungen in den Moorboden zu erforschen. Im großen fanden sie bei der Aufschließung des Felsprofiles unter dem Hudsonfluß Anwendung (vgl. Abb. 39).

Waagrechte Bohrungen eignen sich hauptsächlich zur Aufschließung der Gebirgsbeschaffenheit von seicht liegenden Lehnenstollen. Flachgeneigte Bohrungen mit eingeschobenen Dränrohren haben sich im deutschen Diluvium zur Entwässerung sandiger Ablagerungen bewährt[2].

c) Probepfähle.

Wo kein Bohrzeug zur Verfügung steht, liefert das Rammen von Holzpfählen einige Anhaltspunkte über die Bodenbeschaffenheit. Im losen Schlamm sinken die Pfähle beim Aufsetzen und bei den

[1] Krusch, P.: Über einen neuen Kernbohrapparat für sonst nicht kernfähiges Gebirge. Z. dtsch. geol. Ges. Bd. 60 (1908) S. 250.

[2] Goetzke, Oberbaurat: Neue Erfahrungen bei Erdarbeiten und bei Dückerbauten. Zbl. Bauverw. 1924 Nr. 15.

ersten Schlägen mit der Handramme jedesmal um einige Dezimeter ein. In der stetigen oder unstetigen Abnahme der auf die gleiche Rammarbeit (Bärgewicht × Hubhöhe × Schlagzahl) zu beziehenden Eindringungstiefe kommt das allmähliche oder schichtenweise Festerwerden des Bodens zum Ausdruck. Tragfähige Schichten kündigen sich durch die Abnahme der spezifischen Eindringungstiefe an. In der Abb. 40 wird die Grenze zwischen Alluvium und Diluvium durch die starke Abflachung im Schaubild der Rammarbeit kenntlich. Das Verfahren läßt sich durch Beobachtung der Schwingungen des Pfahlkopfes sehr verfeinern[1], gibt aber nur den örtlichen Rammwiderstand an; wenn der Probepfahl sich an einem Hindernis zerbürstet oder umbiegt, wird es unverläßlich. Das Abtasten des Untergrundes mit dem Sternschen Vortreibkegel wird im folgenden Abschnitt besprochen.

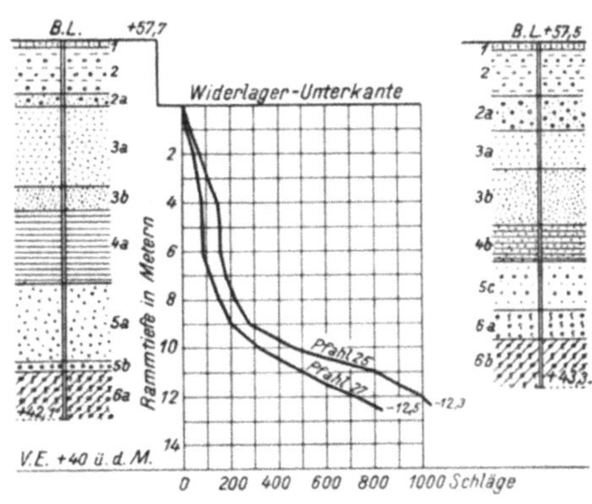

Abb. 40. Rammwiderstand im Alluvium und Diluvium (nach Steude, Zbl. Bauverw. 1928 H. 45 S. 728).
1 Humöser Sand. *2* Gelber kiesiger Sand. *3* Grauer bis brauner toniger Feinsand. *4a* Schwarzer Ton. *4b* Grauer Feinsand und Ton. *5a* Weißer feiner Sand. *5b* Gelber sandiger Kies. *5c* Gelber kiesiger Sand. *6* Grauer bis schwarzer Geschiebemergel.

Eine gemeinsame Schwäche aller bautechnischen Schürfungen liegt darin, daß sie selten an einer geologisch zweckmäßigen Stelle liegen, daß ihre Ergebnisse meist nur unvollständig aufgezeichnet und untereinander und mit den natürlichen Aufschlüssen nicht in geologischen Zusammenhang gebracht werden.

2. Probebelastung.

Zur Bestimmung der wahrscheinlichen Setzung und der zulässigen Bodenpressung sind auf der gereinigten und vor Austrocknung geschützten Baugrubensohle in folgenden Fällen Belastungsproben vorzunehmen:

α) Auf stark preßbarem Baugrund in allen Fällen.

β) Auf wenig preßbarem, gleichmäßigen Baugrund,

1. wenn die tieferen Schichten wenig tragfähig sind;
2. wenn hohe Belastungen beabsichtigt werden;
3. wenn die einzelnen Teile des Bauwerkes wesentlich verschiedene Bodenbelastungen haben.

γ) Auf wenig preßbarem, ungleichmäßigen Baugrund,

1. wenn das ganze Bauwerk im Verband aufgeführt wird, auch dann, wenn die Bodenpressungen dem ungünstigsten Abschnitt des Baugrundes angepaßt werden;

[1] Konrad, M.: Ein neues Pfahlgründungsverfahren und wirtschaftl. Pfahlfundierungen auf neuer Grundlage. Z. öst. Ing.- u. Arch.-Ver. 1913 Heft 8.

2. wenn das Bauwerk wohl, dem Wechsel des Baugrundes entsprechend, durch Bewegungsfugen unterteilt, aber gleichmäßige Setzung aller Teile verlangt wird.

δ) Bei der Verbindung alter Bauwerke mit Einbauten oder Zubauten auf Tonboden jeder Art.

a) Belastung der freigelegten Sohle der Baugrube.

Hierfür hat sich am besten der auf dem Bauplatz herstellbare Belastungstisch bewährt[1]. Ein starrer Stempel von $0{,}3 \times 0{,}3$ m Querschnitt, in lotrechten Führungen, wird am oberen Ende mit Hilfe einer möglichst steifen Plattform belastet. Bei der Lastaufbringung entstehen leichte Stöße und seitliche Bewegungen des Stempels, die Belastungswirkung ist deshalb etwas ungünstiger als unter einem Mauerpfeiler. Um exzentrische Drücke zu erkennen, sind die Einsenkungen an allen vier Ecken des Belastungstisches zu messen. Diese Art der Prüfung erfolgt im unbelasteten Feld, kann aber nur mit großem Aufwand von Zeit und Arbeit an mehreren Stellen angewendet werden und bindet bei Dauerversuchen viel Belastungsmateriale.

Es sind daher verschiedene bewegliche Vorrichtungen zur Baugrundprüfung in Anwendung gekommen. Am verbreitesten sind die „Fundamentprüfer" von R. Mayer (Wien)[2]. Im Bauplatzapparat wird der Belastungsstempel in einem breitflanschigen Zylinder geführt, der auf dem Baugrund lastet, um dessen Aufsteigen zu verhindern. Belastet werden kreisförmige Druckplatten von 5—20 cm² durch auf den Stempel gesteckte Gewichte. Der erzeugte Druck wird in einer Quecksilberpresse gemessen. Der Reiseapparat[3] hat Stockform und verwendet Druckplatten von 1—5 cm²; der Druck wird mit der Hand ausgeübt und an einem eingebauten Federdynamometer abgelesen. Die Apparate liefern durch raches Abtasten des Baugrundes für die gewöhnliche Hochbaupraxis brauchbare Vergleichswerte.

Die Baugrundprüfmaschine Bauart Buchheim und Heister[4] wiegt 36 kg und besteht aus einem doppelten Hebelsystem nach Art der Brückenwaage. Eine Betriebslast von 15 kg genügt, um auf die $20 \times 25 = 500$ cm² große Preßfläche einen Druck von $P = 5000$ kg bzw. $p = 10$ at auszuüben. In diesem Grenzfall erfordert die Maschine Gegengewicht oder Verankerung. Die Einsenkung wird an einem Griotschen Dehnungsmesser aufgezeichnet. Der Apparat erlaubt Entlastungen und Dauerbelastungen.

Der Bodenprüfer von O. Stern[5] drückt mittelst einer 200 mm lan-

[1] In Frankreich scheint man von der Belastung größerer Plattformen, die auf 4 Füßen ruhen, erst 1908 zur Belastungsprobe mit starrem Stempel übergegangen zu sein. Vgl. Génie civ. Bd. 53 (1908) S. 293. In Italien werden noch 3- und 4-beinige Belastungstische verwendet; vgl. Achter Teil, IV. 1. Rom.

[2] Wschr. öst. Ing.- u. Arch.-Ver. 1897 S. 126. — Z. öst. Ing.- u. Arch.-Ver. 1897 S. 673. — Zbl. Bauverw. 1897 S. 427.

[3] Wiener Bauind.-Ztg. Bd. 14 (1896) Nr. 4.

[4] Nitzsche, H.: Baugrunduntersuchung usw. Dtsch. Bauztg., Mitt. über Zement, Beton u. Eisenbeton 1916 S. 166.

[5] Schweiz. Bauztg. Bd 58 (1925) Nr. 16; ferner Öst. Normenausschuß f. Industrie u. Gewerbe (Oenig): Belastung des Baugrundes, Januar 1927; hier ist der Grundriß des Kegels mit 50 cm² angegeben.

gen Kegelspitze von 36,3 cm² Grundriß, bzw. deren Mantel von 250 cm² auf den Baugrund. Diese Prüfnadel bildet den Stützpunkt eines Waagebalkens, dessen Enden eine Plattform mit Gegengewicht tragen. Mit der Vorrichtung läßt sich die „Kegeldruckhärte" des Baugrundes bestimmen, die nur dann als Vergleichsmaß brauchbar ist, wenn der Baugrund nach der Tiefe gleich fest bleibt oder immer fester wird.

Mit Flächen von 100—1280 cm² und größten Flächendrücken von 8—100 at arbeitet die hydraulische Preßvorrichtung der Grün & Bilfinger AG., Mannheim. Ein gleicharmiger Waagebalken, dessen Enden mit eisenbeladenen Rollwagen belastet werden, ist auf einem lotrechten Ständer gelagert. Zwischen Ständerfuß und Druckplatte ist die hydraulische Presse eingebaut; ihr Höchstdruck wird durch das Gewicht von Ständer, Balken und Rollwagen, d. i. rund 10300 kg, begrenzt. Auf Großbaustellen, die von Kranen bedient werden, ist ein rasches Umstellen der Vorrichtung möglich. Die vom Eigengewicht erzeugten Nebenspannungen im Baugrund sinken mit dem Anwachsen des Druckes.

An Stelle der als Gegenkraft auf die hydraulische Presse wirkenden Gewichtsbelastung tritt beim Bodenprüfer Fischer-Manoschek, Wien[1], eine Verspannung. Entweder wird der Stempel durch Ketten mit in den Baugrund gerammten Pflöcken verankert oder gegen als fest vorausgesetzte Bölzungen oder Bauwerksteile verspannt. Hierdurch wird die Vorrichtung leichter und vielseitiger verwendbar, ist aber nicht frei von Nebenspannungen.

Den mechanischen Vorrichtungen ist der Nachteil gemeinsam, daß sie Nebenspannungen im Baugrund erzeugen und nur kleine Flächen belasten, die keine Tiefenwirkung ausüben. Nimmt die Festigkeit des Baugrundes nach der Tiefe zu, so hat dies geringe Bedeutung. Folgen jedoch unter der belasteten Schichte stark zusammendrückbare Ablagerungen, so ist die Setzung des Bauwerkes größer als jene der kleinen belasteten Flächen, vgl. Abb. 61.

Deshalb schritt man in der Baupraxis nach Möglichkeit zur Belastung großer Flächen. So hat z. B. K. Bernhard[2] in Berlin Füllboden, der über einem bis 16 m tiefen, von Diluvialsand überlagerten Moor liegt, mittelst einer 10 m² großen Betonplatte mit 0,45—2 at und A. Eckhoff[3] unberührten Dünensand mittelst Zementblöcken von 1,5 m² Grundfläche mit 6—9 at belastet. Auch aus solchen kostspieligen Versuchen lassen sich richtige Schlußfolgerungen nur dann ziehen, wenn die geologische Beschaffenheit des Baugrundes bis in größere Tiefen, zumindest aber Oberflächenform, Mächtigkeit und unmittelbarer Untergrund der tragfähigen Schichte bekannt sind.

Zwischen der Setzung verschieden großer Flächen unter gleicher spezifischer Pressung besteht für homogene, tiefgründige reine Sand- oder Tonböden das sogenannte Flächengesetz (vgl. Siebenter Teil,

[1] Fischer, K.: Ergebnisse von Baugrundprüfungen. Z. öst. Ing.- u. Arch.-Ver. 1930 Heft 27/28, 29/30 u. 31/32.

[2] Baugrundbelastung. Zbl. Bauverw. 1907 Nr. 36.

[3] Ingenieur, s'Gravenhage 1918 Nr. 19.

Baugrundmechanik). Für den wirklichen, verschiedenartig zusammengesetzten Baugrund ist es durch Belastung möglichst gleichartiger, noch nicht vorbelasteter Stellen mit Druckflächen verschiedener Größe fallweise zu bestimmen.

b) Probebelastung im Untergrund.

Die Geotechnische Kommission der Schwedischen Staatsbahnen[1] verwendet zur Untersuchung der als rutschgefährlich vermuteten Geländeabschnitte außer geologischen und bodenkundlichen Untersuchungen eine technologische Konsistenzprüfung des Untergrundes. Ein Bohrgestänge mit schraubenförmiger Spitze von 38 mm Durchmesser drückt sich anfangs unter dem Eigengewicht, dann unter Belastung von 5, 25, 50, 75 und 100 kg ein; sodann werden 100, 150, 200, 300 und 800 halbe Drehungen ausgeführt. Aus der jeweiligen Lage der Bohrerspitze läßt sich die Widerstandsarbeit berechnen, die im Zusammenhang mit den physikalischen Kennziffern der Bodenproben einen praktischen Maßstab zum Vergleich des untersuchten mit dem technisch bereits ausgeprobten Gelände liefert.

Eine andere mechanisch-technologische Bodenuntersuchung wird, unter Verzicht auf geologische und bodenkundliche Feststellungen, von der „Stern-Gesellschaft für moderne Grundbautechnik"[2] ausgeführt. Ihre „Grundkörpermaschine" ist im wesentlichen eine mit Feinmeßapparaten versehene Vorrichtung zur Herstellung von Ortbetonpfählen in vorgerammten 0,53 m weiten Schächten. Die Rammarbeit des Innenbären und der Verbrauch an Beton, der beim Hochziehen der Verrohrung mittelst Druckluft eingepreßt wird, liefern einen empirischen Maßstab für die Tragfähigkeit des Grundkörpers. Zwecks Untersuchung des Baugrundes werden Probegrundkörper in 20—30 m Abstand unter Aufnahme der entsprechenden Schaulinien ausgeführt; hierdurch gewinnt man einen Maßstab für die Austeilung der weiteren „Grundkörper", zu deren rascher Ausführung die Maschine gut durchgebildet ist. Als Werkzeug zur Baugrunduntersuchung ist sie nur eine mechanisch verfeinerte Form von Probierstange und Probepilote.

Um die Belastungsproben von störenden Einflüssen unabhängig zu machen, lassen K. Terzaghi und A. Wolfsholz-Siemens-Bau-Union über dem zu prüfenden Baugrund in der Tiefe durch Druckwasser eine Höhlung ausspülen. Die Belastungsprobe erfolgt dann unter ähnlichen Verhältnissen wie beim Bauwerk.

IV. Bodenkundliche und bodenphysikalische Untersuchungen.

Die von den deutschen geologischen Landesanstalten (in Preußen seit 1873) ausgeführten bodenkundlichen Untersuchungen werden in den Erläuterungen zur geologischen Karte veröffentlicht oder auf

---

[1] Statens Järnvägars Geotekniska Kommission 1914—22, Slutbetänkande, Stockholm 1922.

[2] Zeißl, I., u. O. Stern: Moderne Grundbautechnik, Berlin 1927.

Anfrage bekanntgegeben. Sie umfassen hauptsächlich die Bestimmung der Korngrößen und des Gehaltes an Kalk und organischen Substanzen. Die Flachlandsblätter sind zugleich als geologisch-agronomische Karte bearbeitet[1].

Die Geotechnische Kommission der Schwedischen Staatsbahnen vergleicht die Standfestigkeit bzw. Tragkraft der Alluvial- und Diluvialböden nach dem Wassergehalt, der Zusammendrückbarkeit und der Konsistenz der Bohrproben.

K. Terzaghi hat die vorwiegend bodenphysikalischen und kolloidchemischen Ergebnisse der Bodenkunde nach der mechanischen Richtung erweitert und zu einer Theorie des lockeren Baugrundes (Schotter, Sand, Mo, Schluff und Ton) ausgebaut[2]. Unter Voraussetzung vollkommener Gleichförmigkeit des Baugrundes lassen sich die Beziehungen zwischen Belastung und Zusammendrückung mit Hilfe bodenphysikalischer Kennziffern berechnen. Bei zusammengesetzten Bodenarten liefern die Laboratoriumsversuche mit analogen Bodenproben Anhaltspunkte für das mechanische Verhalten des Baugrundes, über das der folgende Siebente Teil Näheres enthält.

Es bereitet große Schwierigkeiten, eine Bodenprobe ohne Veränderung ihrer physikalischen Eigenschaften zu entnehmen. Unvorsichtiges Vorgehen kann die Probe mylonitisieren; auch bei Verwendung besonderer Stecher ändert sich das Gefüge. In Bohrlöchern kann beim Ausstechen Wasser in die Probe gepreßt werden.

Im Schlußwort der „Erdbaumechanik" hat K. Terzaghi die Reichweite der bodenphysikalischen Methode genau begrenzt und die Erwartung ausgesprochen, daß nach weiteren Studien die bloße Bestimmung der Fließ-, Plastizitäts- und Schrumpfgrenze (nach Atterberg) sowie der Druckfestigkeit und des Erschlaffungswertes für die Anforderungen des Grundbaues ausreichen werden. Vorläufig genügen die bodenkundlichen und bodenphysikalischen Methoden noch nicht zur selbständigen Untersuchung des Baugrundes[3]. Ihr Wert liegt auch nicht auf diesem Gebiet, sondern in der exakten Formulierung und Lösung der Aufgaben des Erd- und Grundbaues, sowie der Mechanik bildsamer und zähflüssiger Bodenmassen.

V. Geophysikalische Untersuchungen.

1. Die Methoden.

In der praktischen Geophysik werden nicht die Absolutwerte, sondern nur die relativen Unterschiede (Gefälle, Gradienten) von Geschwindigkeiten, Beschleunigungen, Intensitäten oder Potentialen gemessen und

[1] Geschäftsanweisung f. d. geolog.-agron. Aufnahme im norddeutschen Flachlande; hrsgb. v. d. Preuß. Geol. Landesanstalt, Berlin 1908. — Münichsdorfer, F.: Die Bodenkarte Bayerns. Landw. Jahrb. Bayern 1925 Heft 3/4.

[2] Erdbaumechanik auf bodenphysikalischer Grundlage. Wien: F. Deuticke 1925. — Ferner Redlich, Terzaghi u. Kampe: Ingenieurgeologie. Wien u. Berlin: Julius Springer 1929.

[3] Terzaghi, K.: Die Fundierungswissenschaft. Publ. des Inst. of Technology of Massachusetts. Zit. nach A. Bierbaumer: Sammelbericht Nov. 1927.

in Lageplänen dargestellt. Den physikalischen Erscheinungen entsprechen regelmäßige geometrische Bilder, von denen sich einzelne unter vereinfachenden Annahmen mathematisch vorausbestimmen lassen. Aus den Unstetigkeiten und aus den Abweichungen des aufgenommenen Bildes vom theoretischen Bild kann man auf Unstetigkeiten im Untergrund (Gesteinswechsel, Verwerfungen) bzw. auf „störende Ursachen" wie fernwirkende Einlagerungen, domartige Aufwölbungen usw. schließen und geologische Profile entwerfen.

Dieser Fortschritt von außerordentlicher Tragweite kommt in erster Linie der Erforschung von Lagerstätten zugute, deren physikalische Eigenschaften sich wesentlich von jenen ihrer Umgebung unterscheiden. Für die Baugrunduntersuchung sind die geophysikalischen Methoden bisher von geringerer Bedeutung, lassen jedoch eine weitere Entwicklung erwarten. Ihre Bedingtheit und die Grenzen ihrer Leistungsfähigkeit werden folgendermaßen gekennzeichnet[1].

Die geophysikalischen Untersuchungen sind ein oft sehr weitreichendes Hilfsmittel für den praktischen Geologen, dürfen aber niemals eine selbständige Stellung einnehmen. Sie erfordern in allen Stadien die Zusammenarbeit von Physikern und Geologen, es muß immer eine geologische Vorarbeit geleistet werden, oft bis zur qualitativen Lösung der Aufgabe. Der Physiker wählt danach jene Methode oder Verbindung von Methoden aus, die zur quantitativen Lösung geeignet sind. Schließlich hat der Geologe die vermessenen Unterschiede der Leitfähigkeit, Störungszonen usw. zu deuten, was um so notwendiger ist, als gleichen Fernwirkungsbildern verschiedene geologische Ursachen entsprechen können.

Im folgenden werden nur jene Verfahren behandelt, die für bautechnische Aufgaben in Betracht kommen; bezüglich der Einzelheiten sei auf die angeführten Werke verwiesen. Die im verkehrstechnischen und industriellen Bauwesen bereits eingebürgerten seismischen Verfahren wurden im Dritten Teil, Abschnitt V „Erschütterungen des Baugrundes" vom praktischen Standpunkt behandelt, und bedürfen nur allgemeiner Ergänzungen. Was R. Ambronn als „thermische Bodenforschung" bezeichnet, hat hauptsächlich für den Bergbau und den Tunnelbau Bedeutung. Die für den Hochbau und Brückenbau zweckdienlichen Erfahrungen wurden bereits im Dritten Teil, Abschnitt VI „Wärmeverhältnisse im Baugrund" zusammengefaßt.

2. Seismische und akustische Methoden.

a) Seismische Wellen.

Elastische Wellen in festen Erdmassen werden als seismische Wellen bezeichnet. Eine Gleichgewichtsstörung im Innern erzeugt Longitudinalwellen (Verdichtungs- und Verdünnungswellen), die sich mit der

[1] Ambronn, R.: Methoden der angewandten Geophysik (Wissenschaftl. Forschungsberichte, Naturw. Reihe, Bd. 15). Dresden u. Leipzig 1926. — Heine, W.: Elektrische Bodenforschung, ihre physikal. Grundlagen und ihre praktische Anwendung (Sammlung geophysik. Schriften, hrsgb. v. Prof. Dr. C. Mainka). Berlin 1928.

Geschwindigkeit V fortpflanzen; gleichzeitig breiten sich Transversal- oder Scheerungswellen, mit der Geschwindigkeit $\mathfrak{B}$ aus. Wirken zwischen den Molekülen nur Zentralkräfte, und ist die Poissonzahl $\sigma = \frac{1}{4}$, so wird $V : \mathfrak{B} = \sqrt{3} = 1{,}732$[1].

An der Grenze fester Körper mit verschiedenen elastischen Eigenschaften ergeben die longitudinalen und die transversalen Wellen je einen gebrochenen und einen reflektierten Wellenzug. Aus diesen Bewegungen entwickeln sich Oberflächenwellen (Rayleighwellen) mit der Fortpflanzungsgeschwindigkeit $0{,}9194\,\mathfrak{B}$ und Eigenschwingungen der obersten Bodenschichten.

Aus den stark schwankenden Elastizitätszahlen, die an Gesteinsproben und im Anstehenden bestimmt wurden, hat A. Sieberg Mittelwerte für die obersten Erdschichten abgeleitet. Longitudinal- und Transversalwellen pflanzen sich in kristallinen Schiefern und Tiefengesteinen fast doppelt so schnell fort wie in den Sedimentgesteinen; in den archäischen und paläozoischen Gesteinen mehr als doppelt so schnell wie in den tertiären und diluvialen. Die Ausbreitungsgeschwindigkeit der elastischen Wellen wechselt von wenigen hundert bis zu mehr als 6000 m/sek; die durchlaufenen Schichten lassen sich danach im allgemeinen scharf abgrenzen.

Die Fortpflanzungsgeschwindigkeit ist in der Nähe des Erschütterungsherdes kleiner als im Abstand von mehr als 5 km; sie hängt ferner ab vom Winkel gegen das Streichen des zu untersuchenden Gebirgsgliedes und dessen Wassergehalt. Als Erreger werden meist von Bohrlöchern aus Apparate zur Unterwasserschallsendung oder Explosivkörper benutzt, als Empfänger besondere Erschütterungsmesser. Wird die Ankunftszeit der Wellen längs der Versuchsstrecke in einer Reihe von Empfängern, am besten mittelst Saitengalvanometern, registriert, so kann man nach L. Mintrop aus der Laufzeitkurve die Tiefenlage der geologischen Grenzen bestimmen[2].

Seismisch ausgemessene geologische Profile sind mehrfach veröffentlicht worden. In günstigen Fällen sollen die Mächtigkeit der Schichten und die Sprunghöhe von Verwerfungen mit 2—4%, die Neigungsverhältnisse mit 0,5% Genauigkeit angegeben worden sein. H. Mothes[3] hat die Eisdicke des Hintereisferners in der Größenordnung von 200 m mit einer Fehlergrenze von 2—3% bestimmt; bei der Deutschen Grönlandexpedition wurde die Dicke des Inlandeises seismisch mit über 2000 m ermittelt.

R. Ambronn[4] verzeichnet ohne nähere Begründung, daß sich seismische Untersuchungen oft zur Klärung der Gleichförmigkeit und Trag-

---

[1] Vgl. die Ableitungen bei Sieberg, A.: Erdbebenkunde, Jena 1923. — Sieberg, A.: Geol. Einf. in die Geophysik, Jena 1927, sowie bei Ambronn, R.: a. a. O.

[2] Vgl. Wiechert, E.: Untersuchung der Erdrinde mit Hilfe von Sprengungen. Geol. Rdsch. Bd. 17 (1926) Heft 5.

[3] Dickenmessungen von Gletschereis mit seismischen Methoden. Geol. Rdsch. Bd. 17 (1926) Heft 6.

[4] Ambronn, A.: a. a. O. S. 188.

fähigkeit des Baugrundes eignen, und die Erschließung von Tiefenwässern durch Feststellung der Tektonik des Untergrundes erleichtern.

b) Schallwellen

Die Schallwellen oder akustischen Wellen sind Longitudinalschwingungen, die sich im Wasser (bei 8° C) mit 1435 m/sek fortpflanzen. In der Schiffahrts- und Kriegstechnik hat das Senden und Empfangen von Schallwellen ausgebreitete Anwendung gefunden[1]. Den im Berg- und Tunnelbau seit altersher verwendeten Klopfsignalen ist eine verfeinerte Abhorchtechnik mit Geophonen gefolgt. Solche Instrumente werden mit Erfolg zum Abhorchen unterirdischer Gewässer benutzt[2]. Zur Tiefseelotung wird das Behmsche Echolot verwendet.

3. Schweremessung[3].

Der absolute Wert der Beschleunigung der Schwere g kann mittelst Fadenpendel oder Reversionspendel gemessen werden (absolute Schweremessung). Für geodätische Zwecke genügt meist die von R. v. Sterneck ausgebildete relative Schweremessung mit invariablen Pendeln, d. h. die Bestimmung der Änderung von g gegenüber einem gewählten Bezugsort.

Auf dem theoretischen Geoid weicht die Schwerlinie vom Erdradius infolge der Erdumdrehung ab, besitzt demnach eine Horizontalkomponente, die sich mit der geographischen Breite gesetzmäßig ändert. Eine weitere, unregelmäßige Abweichung von der mathematischen Lotrichtung entsteht durch die örtliche ungleichförmige Verteilung der Massen des oberirdischen oder unterirdischen Reliefs und die Unterschiede der Gesteinsdichte. Die relative Änderung der Schwerkraft nach einer beliebig gewählten Richtung s wird als Gefälle der Schwerkraft oder Gradient $\frac{dg}{ds}$ bezeichnet. Zur Messung dient die Drehwaage von R. Eötvös, an deren Waagebalken zwei Platingewichte in verschiedener Höhe angebracht sind. Infolge ihres räumlichen Abstandes wirken an den Endgewichten verschieden große und verschieden gerichtete Schwerkräfte. Der geringfügige Unterschied ihrer Horizontalkomponenten genügt, um den an einem vollkommen elastischen Quarzfaden aufgehängten Waagebalken fühlbar zu verdrehen. Aus dem Verdrehungswinkel lassen sich die Größe der Schwerkraftgradienten, ihre Azimuthe und die Krümmungsgrößen der Niveauflächen der Schwerkraft berechnen. Die höchst temperaturempfindliche Drehwaage konnte ursprünglich nur während der Nachtstunden verwendet werden, die neueren Ausführungsformen eignen sich auch zur Arbeit unter Sonnenbestrahlung.

---

[1] Aigner, F.: Unterwasserschalltechnik. Berlin 1922. — Hentschel: Das Signalisieren mit Schall unter Wasser. Glasers Ann. v. 1. Dez. 1924. — Lübke, E.: Über die neuesten Wasserschallapparate und ihre Anwendungen. Leipzig 1926.

[2] Abhorchen von Gewässern auf Grund der Unterwasserschalltechnik. Zbl. Bauver. v. 15. u. 19. Mai 1920. — Phoneudoskop: Z. Wasserwirtsch. 1911 S. 207.

[3] Vgl. Haalck, H.: Die gravimetrischen Verfahren der angew. Geophysik. Berlin: Gebr. Bornträger 1930 (Slg. geophys. Schriften Bd. 10).

Im annähernd waagrechten Gelände können die Messungsergebnisse unmittelbar zur Konstruktion von Lageplänen des Untergrundes herangezogen werden. Im hügeligen Gelände ist der Einfluß des oberirdischen Reliefs durch Verbesserungen auszuschalten, die für Kreissektoren vom Durchmesser D berechnet werden, und zwar für D bis 100 m auf Grund eines Nivellements (Geländekorrektion), $D = 100$—1000 m aus topographischen Detailkarten (topographische Korrektion), $D = 1000$ bis 40000 m aus Spezialkarten (Kartographische Korrektion).

Die Drehwaage wurde bei größeren Dichteunterschieden zwischen Überlagerung und Grundgebirge und steilem Einfallen der Grenzen mit Erfolg angewendet. Dichteunterschiede längs horizontaler Grenzflächen lassen sich nicht nachweisen. Die Drehwaagemessung eignet sich hauptsächlich für oberflächennahe Objekte. R. Eötvös hat das Felsrelief unter einzelnen Abschnitten der ungarischen Tiefebene in Lageplänen durch Linien gleicher Schwerestörung (Isanomalen oder Isogammen) veranschaulicht, wobei die Dichten von Deck- und Grundgebirge mit 1,8 bzw. 2,6 angenommen wurden.

Für das Dreisamtal bei Freiburg i. Br.[1] wurde unter Annahme einer Dichte von 2,75 für Gneisfels und von 1,95 für die Talauffüllung eine durchschnittlich 20 m unter der Schotteroberfläche verlaufende breite Felssohle bestimmt, in die eine bis 50 m tiefe Rinne eingesenkt ist. Unmittelbare Vergleichsbohrungen fehlen, mit Bohrungen in der Umgebung besteht gute Übereinstimmung.

Einen genaueren Vergleich gestattet eine in Schottland ausgeführte Schweremessung[2]. Aus einigen Bohrungen auf Kohle und Eisenerz war der verschüttete Talweg des River Kelvin 11 km W-N-W von Glasgow bekannt. Zum Vergleich wurde das Untergrundrelief vom November 1927 bis März 1928 während der Nächte an 68 Stationen mittels Drehwaage vermessen. Die Sohle des gegabelten alten Talweges reichte bis etwa 100 m unter Geländeoberfläche. Bei Festhaltung der nach Bohrkernen bestimmten Dichte 2,38 für den kohleführenden Karbonkalk des Untergrundes ergab sich die Dichte der überlagernden diluvialen Tone und Sande mit 1,83. Die Isogammenkarte stimmt mit der geologischen Untergrundkarte bis auf Einzelheiten gut überein, zu deren sicheren Feststellung jedoch das Beobachtungsnetz nicht genügend dicht war.

So wertvoll die Ergebnisse der gravimetrischen Untersuchung für die Tektonik und die Lagerstättenkunde auch sein mögen, so vermag sie die feineren Unterschiede der Dichte und des Wassergehaltes in einem waagrecht gelagerten Baugrund nicht anzugeben. Für die Bestimmung des Untergrundreliefs einer einzelnen Baustelle ist sie im allgemeinen zu zeitraubend und kostspielig. Hingegen könnte die Lage

[1] Holst, H.: Untersuchungen über die Form des Felsuntergrundes des Dreisamtales zwischen Freiburg i. Br. und Kirchzarten auf Grund von Gravitationsmessungen mit der Drehwaage. Ber. Naturforsch. Gesellschaft zu Freiburg i. Br. Bd. 25 (1925).

[2] Mc. Lintock, W. F. P., and J. Phemister: A Gravitational Survey over the Buried Kelvin Valley at Drumry, near Glasgow. Trans. Roy. Soc. Edinburgh LVI. Part. I (1929) N. 7.

des wassertragenden Tegelreliefs oder des älteren Felsuntergrundes in breiten Talzügen und in Ebenen durch eine allgemeine staatliche Vermessung mit der Drehwaage festgestellt werden, was dem Bergbau, der Wasserversorgung und dem Bauwesen im allgemeinen zugute käme.

4. Magnetische Schürfung und Messung.

Die absolute Messung der erdmagnetischen Elemente durch die Landesvermessungen ließ magnetische Störungen erkennen, die im allgemeinen den Schwerestörungen parallel gehen. Zur Schürfung auf ferromagnetische Erze werden die rasch und einfach durchführbaren magnetischen Messungen schon seit mehr als 50 Jahren angewendet. Nach A. Sieberg[1] begnügt man sich für Schürfungszwecke mit relativen Messungen, d. h. man stellt nur die Änderung der Horizontal- und Vertikalintensität gegenüber einer nicht mehr als 500 km entfernten absolut vermessenen Station fest, mitunter wird nur die am besten deutbare Vertikalintensität an 30—3000 Stationen/km^2 gemessen.

Außer den magnetisch wirksamen Erzkörpern lassen sich bei nicht zu mächtiger Überlagerung mitunter indirekt auch die tektonischen Verhältnisse und nichtmagnetische Einlagerungen erkennen. Die Tiefenbestimmung aus magnetischen Störungen und die geologische Deutung sind schwierig und unsicher.

Starke Mißweisungen der Magnetnadel können sich bei geodätischen, forstlichen und geologischen Boussolenmessungen störend geltend machen. So wurden z. B. die schon 1909 beobachteten örtlichen Ablenkungen in der Silvrettagruppe[2] vom Verfasser bei geologischen Vorarbeiten für Wasserkraftanlagen im Gebiet des Zeinisjoches im Jahre 1925 neuerdings wahrgenommen. Sie werden durch eisenhaltige Minerale der kristallinen Gesteine, stellenweise auch durch Vererzung hervorgerufen.

5. Schürfung mittels Messung der Radioaktivität.

Radioaktive Stoffe sind in der Natur sehr verbreitet; bei ihrem Zerfall senden sie α-Strahlen aus positiv geladenen Heliumatomen, β-Strahlen aus negativen Elektronen und γ-Strahlen (Röntgenstrahlen) aus. Die Strahlen werden in den oberen Erdschichten absorbiert und die Anreicherung der Emanation in der Verwitterungsdecke läßt sich als Anzeige verwerten. Als Emanationselektroskope werden die transportsicheren Ein- und Zweifadenelektrometer nach Lutz oder Wulf bevorzugt.

Die Untersuchung von Probeserien längs der großen Tunnels in den Alpen und den Anden hat keine unmittelbare Beziehung der Radioaktivität zu den geologischen Verhältnissen ergeben. Beim Überschreiten von Verwerfungen hat R. Ambronn eine wellenartige Verstärkung der α-Strahlung beiderseits der Bruchlinie festgestellt.

[1] Vgl. außer den vorangeführten geophysikal. Werken Haalck, H.: Magnetische Verfahren der angew. Geophysik. Berlin: Gebr. Bornträger 1927. — Ostermeier, J. B.: Theorie u. Praxis d. magnet. Schürfmethoden. Wien 1927.

[2] Haug, E.: Begleitworte zur Umgebungskarte der Jamtalhütte. Z. D. u. Öst. Alpen.-Ver. Bd. 40 (1909) S. 217.

Der Emanationsgehalt der Bodenluft ist außer vom Radiumgehalt der obersten Erdschichten auch vom Porenvolumen, der Korngröße und der Durchfeuchtung abhängig. Möglicherweise wird sich hieraus ein Verfahren zur direkten Bestimmung dieser bodenphysikalischen Kennzahlen entwickeln lassen. Die stagnierende Luft von Hohlräumen und Schächten soll viel angereicherte Emanation enthalten, im übrigen sind die bisherigen Angaben widerspruchsvoll. Kleine Bodennebel im Gebirge, die an denselben Stellen wiederkehren, sollen an die verstärkte Emanation tektonischer Linien gebunden sein.

Im ganzen hat die leicht durchführbare Messung der Radioaktivität noch keine praktische Bedeutung für die Baugrunduntersuchung erlangt.

6. Elektrische Schürfung.

Werden zwei in den Boden versenkte nicht polarisierbare Elektroden isoliert verbunden, so zeigt ihre Spannungsdifferenz den natürlichen Erdstrom an. In Gebirgsgegenden fließt der Erdstrom fast überall vom Talboden bergan; wenn die Gipfel im Nebel liegen, kehrt sich die Richtung um. An Erzkörpern können örtliche Potentialdifferenzen entstehen, wenn die Hangendfläche von oxydierenden, die Liegendfläche von reduzierenden Wässern bestrichen wird.

Die elektrischen Eigenschaften der einzelnen Gesteine unterscheiden sich in weiten Grenzen[1]. Der Widerstand lufttrockener Zentimeterwürfel in Ohm beträgt bei Kupferkies 0,2, Eisenglanz 0,4, Magnetit 0,6, liegt bei den meisten Nichterzen zwischen 10^6 (Gabbro) und 10^{14} (Quarz) und erreicht bei Glimmer 9×10^{15} und Steinsalz 10^{17}. Im bergfeuchten Nichterz sind obige Widerstandszahlen durch 10^2 bis 10^4 zu teilen. Zersetzung erhöht die Leitfähigkeit der Gesteine. Der Widerstand senkrecht zur Schieferung ist im Mittel 3mal so groß wie jener parallel zur Schieferung. Bei einer Wechselfolge gut und schlecht leitender Gesteine hängt der Widerstand vom Winkel zwischen Schichtungs- und Stromrichtung ab.

Einfache Widerstandsmessungen lassen sich bautechnisch zur Feststellung der Wasserverhältnisse im Gebirge und zur Kontrolle der Versteinung bei der Zementeinpressung verwenden, eignen sich jedoch wenig zur Schürfung auf Lagerstätten.

Die elektrische Schürfung beruht im wesentlichen

a) auf der Ausmessung des elektrischen Feldes eines künstlich durch den Boden gesendeten Stromes (Potentiallinienmethode) oder

b) der Ausmessung des magnetischen Feldes von Wechselströmen oder

c) der Ausbreitung elektromagnetischer Wellen in Nichtleitern, bzw. Reflexion durch elektrisch leitende Einlagerungen oder Überlagerungen.

a) Ausmessung des elektrischen Feldes.

Gleichstrom, der von den nicht polarisierbaren Punktelektroden eines 1—2 kW starken Erregers mit 200—400 V durch den

[1] Vgl. Ambronn, R.: Geophysik. Methoden, 1926, Tabelle 15. — Reich, H.: Über die elektr. Leitfähigkeit von Gesteinen und nutzb. Mineralien. Jb. preuß. geol. Landesanst. 1925. Berlin 1926.

geschlossenen Leiter gesendet wird, ist frei von Induktions- und Influenzerscheinungen, wird aber wegen der umständlicheren Apparatur wenig verwendet.

Wechselstrom in galvanischer Schaltung hat den Vorteil leichter Apparatur. Die nachteiligen Influenz- und Induktionswirkungen der Zuleitung lassen sich ausreichend aufheben oder vermindern. Als Stromquelle für kleine Gebiete dient ein Funkeninduktor von 1000 Per/sek, für größere Gebiete ein Benzin-Dynamo-Aggregat von 1 kW und 500 Per/sek; die Elektroden bestehen aus einfachen Eisenstäben. Von einem willkürlich gewählten Ausgangspunkt aus werden die Potentiallinien durch zwei isoliert verbundene Suchsonden punktweise bestimmt. Das zwischengeschaltete Voltmeter oder Telephon zeigt die jeweilige Spannungsdifferenz an und wird bei gleichem Potential stromlos. In der Nähe der Leitung verursachen die induzierten Wirbelströme eine unscharfe „Verbreiterung“ von Maximum (Stromlinie) und Minimum (Niveaulinie). Zwischen Punktelektroden sind die sich orthogonal durchschneidenden Strom- und Potentiallinien gekrümmt, zwischen Linienelektroden gerade. Ihr geometrisch regelmäßiges Feld wird durch die Unstetigkeiten des Untergrundes in folgender Weise örtlich verzerrt: In guten Leitern (Erzkörpern, Salzwässern) scharen sich die Stromlinien dichter, in schlechten (Quarz, Steinsalz) treten sie auseinander, beides unter allmählichen Verbiegungen. Tektonische Linien und Gänge erzeugen durch Phasenverschiebung kurze scharfe Knicke. Bei geneigter Lage der Elektrodenlinie (-fläche) im Gebirge erzeugt die Geländeform an sich Linienverbiegungen, die sich aber von der Wirkung des Untergrundes unterscheiden lassen. Für verwickelte Fälle empfiehlt W. Heine den Modellversuch im natürlichen Erdreich.

Die Potentiallinienmessung mit galvanisch geschaltetem Gleichstrom oder Wechselstrom bildet nur die Stromverteilung in den obersten Erdschichten deutlich ab, was für Bauzwecke mit Ausnahme hochüberlagerter Tunnels ausreicht.

b) Ausmessung des magnetischen Feldes.

Eine wesentlich größere Tiefenwirkung kommt der Messung des magnetischen Feldes von Wechselströmen zu, das sich aus den Einzelwirkungen des ganzen stromdurchflossenen Raumes zusammensetzt.

Als Aufnahmegerät dienen isoliert auf den Boden gesetzte, räumlich drehbare Spulen, die über ein Telephon geschlossen sind. Wenn die Kraftlinien die Ebene der Spulen senkrecht durchschneiden, entsteht die stärkste Induktion, wenn sie in die Ebene fallen, wird die Induktion Null. Im ebenen Gelände genügt meist die Bestimmung der Horizontalkomponenten des magnetischen Vektors, die zu „Induktionslinien“ verbunden, ein geologisch deutbares Bild ergeben. In allen anderen Fällen wird die Raumlage und Größe des Vektors bestimmt und durch Induktionspfeile dargestellt, die nicht zu verbinden sind.

Das an der Erdoberfläche gemessene Feld eines Punktes besteht aus dem Feld der Leitung, des homogenen Gebirges und des Störungskörpers. Mit Hilfe der theoretischen Schaulinien für die Änderung der Neigung eines magnetischen Vektors beim Überschreiten einer leitenden Einlagerung kann man aus den aufgenommenen Linien die Lage und relative Mächtigkeit leitender Einlagerungen bestimmen. Gesteinswechsel und Gänge lassen sich im allgemeinen genau ermitteln. W. Heine und A. Ebert[1] benutzen den Unterschied des Widerstandes in der Streichrichtung und senkrecht dazu (der Gleichstromwiderstand verhält sich z. B. bei bergfeuchtem Wissenbacher Schiefer wie 1:7), um aus der Neigung des magnetischen Vektors auch die Lagerung abzuleiten.

Statt den Strom durch leitende Verbindung mit dem Boden zu senden, kann er von geschlossenen Leiterschleifen induktiv erregt werden. Die Messung des magnetischen Feldes des im Boden induzierten Stromes erfolgt wie bei der galvanischen Koppelung mittels Induktionsspulen. Das Verfahren erfordert hochgespannte und hochfrequente Wechselströme und hat sich besonders bei Erzschürfungen in Schweden und bei der Feststellung der Salzwasserhorizonte in ölhöffigen Gebieten bewährt.

c) Elektrische Wellen.

Beim elektrodynamischen Verfahren werden nach Art der drahtlosen Telegraphie elektromagnetische Schwingungen ausgesendet, die sich in nichtleitenden homogenen Schichten nach allen Seiten ausbreiten. Die Wellen werden von leitenden Flächen absorbiert, zurückgeworfen und an den Rändern gebeugt. Nichtleitende Schichten von abweichender Dielektrizitätskonstante reflektieren und brechen die Wellen. Diese Veränderungen ermöglichen Messungen mittels Durchstrahlung von Nichtleitern. Wegen der Absorptionskraft feuchter Schichten sind Messungen an der Geländeoberfläche nur in Trockengebieten möglich, Messungen unter Tags nur im nicht leitenden Gebirge, z. B. in trockenen Salzkörpern. Auch die Veränderung der Schwingungsverhältnisse durch benachbarte Leiter bildet die Grundlage eines elektrodynamischen Meßverfahrens (Kapazitätsmethode), das zur Auffindung von Wasser, Rohrleitungen, Kabeln im Boden und zur Bestimmung des Fortschrittes der künstlichen Vereisung oder Versteinung bei Gründungen benutzt wird.

VI. Geologische und morphologische Untersuchungsweise.

Wenn es notwendig ist, sich über die Ausführungsverhältnisse einer Bauanlage ein vorläufiges Bild zu machen, bevor die unmittelbaren Untersuchungen beginnen, kann man schon aus der klimatischen Lage der Baustelle und den topographischen, morphologischen und geologischen Verhältnissen ihrer Umgebung wichtige Schlüsse ziehen. Die Erfahrung lehrt, daß man der Wirklichkeit überraschend nahe kommt, weil dabei vom Großen auf das Kleine, von der allgemeinen auf die örtliche besondere Erscheinung geschlossen wird, und weil trotz schein-

[1] Geol. Rdsch. Bd. 18 (1927) Heft 5.

barer Regellosigkeit der geologischen Verhältnisse in Wirklichkeit nur einige typische Fälle wiederkehren.

In gleicher Weise sieht man bei der vollständigen Baugrunduntersuchung die eigentliche Baustelle vorerst nur als einen untergeordneten Teil des weiteren Baugeländes an, dessen Lagegrößen man aufs genaueste feststellt. Erst wenn das weitere Baugelände geologisch erforscht ist, geht man zu den Einzelheiten der Baustelle über, die sich dann sozusagen von selbst ergeben und durch wenige Schürfungen nachweisen lassen. Änderungen des Bauentwurfes erfordern in der Regel keine neuen Untersuchungen. Ob überhaupt Schürfungen notwendig sind, und in welchem Umfange, hängt hauptsächlich von der Verteilung der natürlichen Aufschlüsse und der Geländegestaltung ab. Wenn sich die geologische Beobachtung im stark bewachsenen Hügelland auf den Verwitterungsboden und die Schuttausstrahlung beschränken muß, kann sie nicht die gleiche Schärfe erreichen wie im Hochgebirge, wo sie von zahlreichen Aufschlüssen und eindeutigen Geländeformen ausgeht. Die geringe Zahl natürlicher, meist an die Flußläufe gebundener Aufschlüsse in der Ebene und im Tafelland wird öfters durch die wenig gestörte Lagerung wettgemacht, die weitreichende Schlüsse gestattet.

Die Methodik der geologischen und morphologischen Untersuchung, die M. Singer[1] ursprünglich mit besonderer Berücksichtigung der Gebirgsbahnen und Wasserkraftanlagen entwickelte, hat sich in gleicher Weise für alle anderen Baugrundaufgaben bewährt. Wo geologische Karten im Maßstab von mindestens 1:75000 vorliegen, kann die geologische Aufnahme des weiteren Baugeländes zumeist entfallen, andernfalls soll sie durch gebietskundige Geologen ausgeführt werden.

Unter allen Umständen ist zur technisch-geologischen Untersuchung und Aufnahme der Baustelle eine der Bauaufgabe angemessene topographische Grundlage großen Maßstabes (Flurkarten, Schichtenplan u. dgl.) erforderlich. Zur Ergänzung oder Überprüfung kann oder muß dann die bautechnische Schürfung, die bodenkundliche und die erdbaumechanische Untersuchung einsetzen.

Bei der praktischen Durchführung liegen häufig besonders einfache Aufgaben vor, oder es sind ausreichende Bauaufschlüsse aus der nächsten Umgebung bekannt. Dann läßt sich die ganze geologische und morphologische Untersuchung so sehr vereinfachen, daß sie als Bauplatzmethode sofort die Lösung der technischen Fragen liefert.

Im geologischen Lageplan der Baustelle sind die unmittelbaren Beobachtungen von den Vermutungen und Konstruktionen deutlich zu unterscheiden, wodurch die anzuschürfenden Stellen kenntlich werden. Am Anstehenden ist das Streichen und Fallen der Schichten und Klüfte, bzw. der Bankung, die Gesteinsstreckung und die Bewegungsrichtung an Harnischen mit den wirklich gemessenen Werten einzutragen, aus denen sich das tektonische Gefüge der Baustelle er-

[1] Die Bodenuntersuchung für Bauzwecke. Leipzig 1911.

gibt. Durchschnittswerte würden die wichtigsten Einzelheiten verschleiern. Gänge, Verwerfungen und Zerrüttungsstreifen sind auffällig einzuzeichnen (Abb. 41). Die Kluftdichte kann durch Zeichen für die von J. Stiny[1] vorgeschlagenen Abstufungen (sehr weitständig bis gehäuftständig) veranschaulicht werden.

Quetschzonen (Mylonite) und Quellen sind stets kenntlich zu machen; erforderlichenfalls sind Zeichen für die Gesteinsfrische und die Wasserführung von Klüften einzusetzen. Die Schutthülle ist möglichst genau vom Anstehenden abzugrenzen. Bei größerer Mächtigkeit der nicht tragfähigen Überlagerung empfiehlt sich die Herstellung eines Untergrundplanes der tragfähigen Schichte[2] oder des Felsgrundes[3].

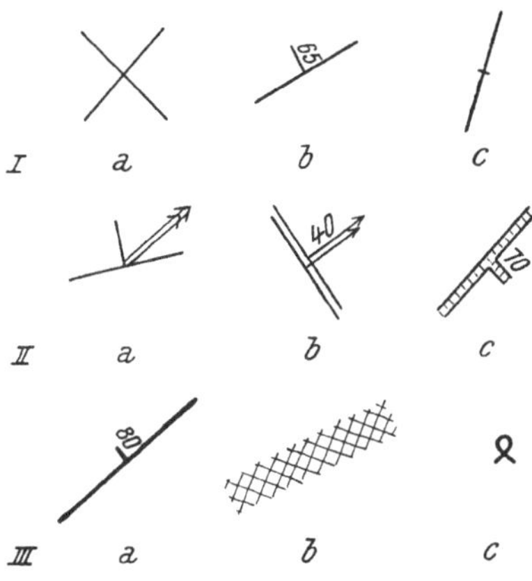

Abb. 41. Zeichen für die Lagerung, Klüftung und Wasserführung des Gebirges.
I a Waagrechte, *b* geneigte, *c* lotrechte Schichtung. *II a* Streckung (Striemung), *b* Klüftung, *c* Gang. *III a* Verwerfung, *b* Zerrüttungsstreifen, *c* Quelle.

Wo wenig Bohrungen zur Verfügung stehen verwendet M. Singer die Methode der Hauptschnitte (vgl. Bodenuntersuchung für Bauzwecke, S. 44 und Abb. 16 a. a. O.) oder der sich kreuzenden Schnitte (vgl. die Untergrundprofile für die Verlegung des Ruetzstollens in Tirol[4]). Die geologischen Schnitte sind, wenn sie genügend deutlich ausfallen, im Maßstab des Lageplanes und ohne Überhöhung zu zeichnen. Im Flachland und bei sehr ausgedehnten Profilen läßt sich die Überhöhung nicht vermeiden. Maßstab und Überhöhungsverhältnis, die in wissenschaftlichen Veröffentlichungen nicht selten fehlen, sind für technische Zwecke unerläßlich.

Von jeder geologischen Aufnahme ist eine entsprechende Anzahl von Gesteins- und Bodenproben zu sammeln, zu bearbeiten und bis nach Abrechnung der Bauarbeiten zu verwahren. Gesteinsproben aus Schächten und Bohrungen werden zweckmäßig als verjüngte Darstellung der Schürfung in fachweise unterteilten Kistchen angeordnet. Die im Baugrund auftretenden Wässer und die säure- oder gipsverdächtigen Böden sind stets chemisch zu analysieren.

Für die geologische Feldaufnahme enthalten die Lehrbücher[5]

---

[1] Stiny, J.: Technische Gesteinskunde, S. 419, 2. Aufl. Berlin: Julius Springer 1929.

[2] Beispiele vgl. Achter Teil Berlin. [3] Vgl. Achter Teil, New York, Chicago.

[4] Die von M. Singer ohne Schürfung entworfenen Studienprofile hat V. Pollack unter Berufung auf die Bauunternehmung K. Innerebner und R. Mayer, Innsbruck, unvollständig veröffentlicht in: Verwitterung in der Natur und an Bauwerken, S. 238 u. 239. Wien: Waldheim-Eberle AG. 1923.

[5] Keilhack, K.: Lehrbuch d. prakt. Geologie, 2 Bde. Berlin 1916, 1918. — Stutzer, O.: Geolog. Kartieren u. Prospektieren. Berlin: Gebr. Bornträger 1919. — Redlich, Terzaghi, Kampe: Ingenieurgeologie. Wien, Julius Springer 1929.

ausreichende Anleitungen. Besonders hervorzuheben sind O. Ampferers Ratschläge für die Aufnahmsarbeit im Hochgebirge[1]. Richtlinien für die bodenkundliche Aufnahme haben u. a. A. Nowacki[2] und E. Heine[3] verfaßt. Für die morphologische Untersuchung sind vor allem die Arbeiten von A. Penck, W. M. Davis, W. Penck, G. Rovereto und E. de Martonne maßgebend[4].

Die Genauigkeit der geologischen und morphologischen Untersuchung hängt von der persönlichen Gleichung des Aufnehmenden, von der Verläßlichkeit der topographischen Unterlage und der richtigen Einmessung ab. Untergrundprofile von 6—23 m Tiefe, die M. Singer ohne Schürfung entworfen hat und die dann durch Schächte oder Bohrungen nachgeprüft wurden, ergaben Fehlergrenzen von wenigen Dezimetern (z. B. zwischen Cles und Mostizzolo an der Linie Trient-Malé; durch die verschüttete Salzachfurche bei Taxenbach[5]; für die Vermuntsperre der Vorarlberger Illwerke u. a. m.). So geringfügige Abweichungen lassen sich nur im Hochgebirge erreichen; in der Ebene muß die Baustellenuntersuchung stets durch Schürfung unterstützt werden.

Siebenter Teil.

Baugrundmechanik.

I. Grundbegriffe.

Ein Körper heißt elastisch, wenn die durch langsam gesteigerte Belastung hervorgerufene Formänderung beim Aufhören der Belastung wieder verschwindet, und plastisch, wenn die ganze Formänderung bleibt. Jede elastische Formänderung ist mit einer bleibenden (plastischen) Formänderung verbunden. Jede äußere Kraft ruft daher dauernde Veränderungen im Gefüge hervor, die im „elastischen" Bereich wegen ihrer Kleinheit außer Betracht bleiben.

Trägt man die Last P (oder die Belastung je Flächeneinheit p) als Abszisse, die zugehörige Formänderung als Ordinate auf, so erhält man ein den Baustoff kennzeichnendes Lastformänderungs-Bild, die Lastsetzungskurve der Baugrundbelastung.

Die Schaulinie durchläuft anfangs einen Bereich, in dem annähernd Proportionalität zwischen Last (bzw. Spannung) und Formänderung

---

[1] Ampferer, O.: Über Methoden der Feldgeologie. Mitt. geol. Ges. Wien Bd. 18 (1925).

[2] Nowacki, A.: Kurze Anleitung zur einfachen Bodenuntersuchung. Zürich: C. Schmidt 1885.

[3] Heine, E.: Die praktische Bodenuntersuchung. Berlin: Gebr. Bornträger 1911. (Bibl. f. naturwiss. Praxis.)

[4] Penck, A.: Morphologie d. Erdoberfläche. Bibl. geogr. Hb. Bd. 1, Stuttgart 1894. — Davis, W. M.: The systematic description of land forms. Geogr. J. Bd. 34 (1909). — Penck, W.: Die morphologische Analyse. Geogr. Abh., hrsgb. v. A. Penck, 2. Reihe, Heft 2. Stuttgart: J. Engelhorns Nachf. 1924. — Rovereto, G.: Trattato di Geologia Morfologica. Milano: U. Hoepli 1924. — Martonne, E. de: Traité de Géographie physique II. Le Relief du Sol. 4e éd. Paris: A. Colin 1926.

[5] Über Talverlegung und Tunnelbau. Öst. Wschr. öffentl. Band. 1915. Heft 35.

besteht. Jenseits der Proportionalitätsgrenze wachsen die Formänderungen rascher als die Belastung, und die Kurve wendet sich bei zähen Körpern allmählich, bei spröden unvermittelt nach abwärts (Linie *B* bzw. *C* in Abb. 42a), bis der Bruch erfolgt. Jene Stelle des Schaubildes, wo schon geringe Laststeigerungen bedeutende Formänderungen herbeiführen, heißt die Fließgrenze, sie scheidet den vorwiegend elastischen vom vorwiegend plastischen Bereich.

Zahlreiche natürliche und künstliche Stoffe sind unter gewöhnlichen physikalischen Verhältnissen plastisch, sie besitzen keinen elastischen Bereich; ihr Schaubild zeigt vom Ursprung an eine stetig zunehmende Krümmung (Linie *A* in Abb. 42a). Sie können aber außerhalb der gewöhnlichen Verhältnisse einen elastischen Bereich besitzen, z. B. Asphalt bei tiefen Temperaturen, und Ton im gefrorenen, lufttrockenen

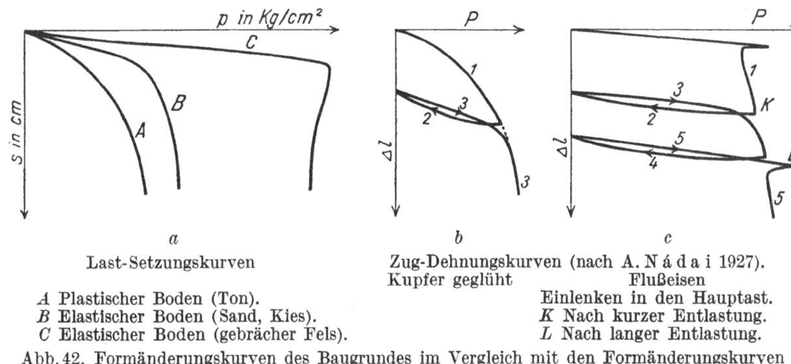

a Last-Setzungskurven
A Plastischer Boden (Ton).
B Elastischer Boden (Sand, Kies).
C Elastischer Boden (gebrächer Fels).

b *c* Zug-Dehnungskurven (nach A. Nádai 1927).
b Kupfer geglüht
c Flußeisen
Einlenken in den Hauptast.
K Nach kurzer Entlastung.
L Nach langer Entlastung.

Abb. 42. Formänderungskurven des Baugrundes im Vergleich mit den Formänderungskurven der Metalle.

oder gebrannten Zustand. Im allgemeinen läßt sich die Fließgrenze der Metalle durch Zufuhr von Wärme, jene der Gesteine und des Holzes durch Zufuhr von Wasser oder Einwirkung von Wasserdampf herabsetzen.

Unter gleichen physikalischen Verhältnissen werden die Festigkeitseigenschaften bekanntlich von den geometrischen Verhältnissen (Form und Abmessungen) bestimmt. Kleine, gedrungene Körper sind nahezu starr, nach einer oder zwei Richtungen übermäßig ausgedehnte Körper werden biegsam bis schmiegsam. Eisenbahnschienen von 44 kg/m schmiegen sich schon unter einer Biegungskraft von 31 kg einem Bogen $R = 150$ m an[1].

Zwecks bleibender Formänderung der Werkstoffe wird der Fließzustand auf physikalischem Wege herbeigeführt; die einzelnen Verfahren bilden den Gegenstand der mechanischen Technologie, die theoretischen Grundlagen liefert die technologische Mechanik. Beide Wissenszweige befassen sich hauptsächlich mit Stoffen, deren Eigenschaften sich durch die Herstellung (Flußeisen, Gußeisen, Beton) oder durch Auslese (natürliche Steine, Holz) beeinflussen lassen.

[1] Ganspöck, A.: Neue Verladungsarten für überlanges Walzeisen auf Eisenbahnwagen. Z. öst. Ing.- u. Arch.-Ver. 1930 Heft 49/50 u. 51/52.

Als Ausgangspunkt der Festigkeitslehre und der technologischen Mechanik[1] dienen Versuche an kleinen zylindrischen oder parallelopipedischen Versuchsstücken, die zwischen einem festen und einem beweglichen Auflager (oder zwei beweglichen Auflagern) auf Zug, Druck, Schub oder Verdrehung (Torsion) beansprucht werden. Gegenstand der Baumechanik ist die Berechnung eines von gegebenen Massenkräften durchströmten Leiterstückes (Stab, Träger, Tragwerk usw.) von bekannten Festigkeitseigenschaften und einer Form, die noch gewisse geometrische Beziehungen zum Probekörper aufweist.

Der Übergang der Kräfte vom Bauwerk in den praktisch unbegrenzten Halbraum der Erde, dessen geologische und technische Eigenschaften im allgemeinen nicht ausreichend bekannt sind, soll durch die Baugrundmechanik erforscht werden. Sie besteht im wesentlichen in der Anwendung der technologischen Mechanik auf geologische Bildungen, deren Raum- und Strukturänderungen nicht mehr vernachlässigt werden können, und deren physikalische Eigenschaften vom Wassergehalt und vom äußeren Druck abhängen. Für die bautechnischen Grundformen des homogenen Sand- oder Tonbodens hat K. Terzaghi eine systematische Festigkeitslehre entworfen[2], die eine genauere Behandlung der erdbaumechanischen Aufgaben gestattet als die bisher als Näherungsmethode verwendete klassische Erddrucktheorie.

Der wirkliche Baugrund enthält, auch wenn er anscheinend gleichförmig ist, im technologischen Sinn stets „ungare Stellen" (Nester) und „Anrisse" (Schwindrisse, Klüfte, Bewegungsflächen). In den meisten Fällen ist er überdies aus Schichten von verschiedenen mechanischen Eigenschaften zusammengesetzt, und der Einfluß der geologischen Lagerung, Auflagerung und Vorbeanspruchung wird auch mechanisch fühlbar. Die Baugrundmechanik hat daher fast immer vielfach unbestimmte Aufgaben zu lösen, für die sich ihrem Wesen nach nur Grenz- oder Vergleichswerte ableiten lassen.

II. Wirkung von Druckkräften auf Körper mit freier Eigengestalt.

1. Spröde und zähe Körper.

Beim herkömmlichen Festigkeitsversuch werden die Probewürfel oder -zylinder zwischen parallele starre Platten eingespannt, deren Annäherung im Probestück Verkürzung und Querdehnung erzeugt. Reibung an den Druckflächen behindert die Querdehnung. Die mittlere Zone spröder Körper wird daher entlang schräger Gleitflächen herausgedrückt; zähe bis plastische Körper stauchen sich faßförmig aus.

An den reibenden Preßbacken bilden sich Druckkegel (bzw. Pyramiden), die einander bei scheibenförmigen Proben durchdringen

[1] Ludwik, P.: Elemente der Technologischen Mechanik. Berlin: Julius Springer 1909.

[2] Terzaghi, K.: Erdbaumechanik auf bodenphysikalischer Grundlage. Wien: F. Deuticke 1925.

(vgl. Abb. 43); die Verspannung vergrößert den Widerstand gegen Zerdrücken. Für schlanke Körper besteht Knickgefahr, d. h. verringerte Festigkeit. Nach den Versuchen von L. Prandtl und F. Rinne[1] wird die Druckfestigkeit der Gesteinsproben erst beim Verhältnis Durchmesser: Höhe wie 1:2,5 bis 1:3,5 unabhängig von der Höhe des Versuchsstückes. Schaltet man zwischen Druckplatte und Probekörper plastisch fließende Platten von Blei oder Wachs und Stearin ein, so erfolgt die Querdehnung nach der ganzen Höhe des Probekörpers annähernd gleichmäßig, und der Zerfall erfolgt nach Prismen parallel zur Druckrichtung. Die Zerdrückungsfestigkeit sinkt dadurch bis auf 37% der Festigkeit zwischen reibenden Gußeisenbacken[2]. Selbst das Ergebnis des technischen Druckversuches hängt demnach von den Abmessungen des Probekörpers und der Art der Auflagerung ab.

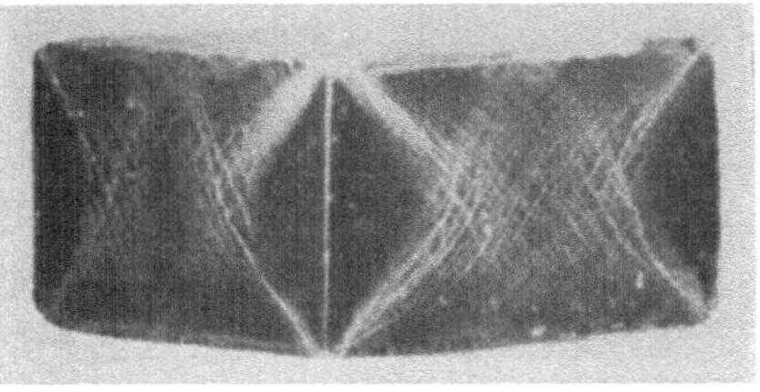

Abb. 43. Quadratisches Paraffinprisma von 36 mm Seitenlänge und 24 mm Höhe, vor dem Druckversuch durchschnitten. Gleitflächensysteme mit Rejtöscher Verspannung zwischen rauhen Druckflächen (aus A. Nádai, Der bildsame Zustand usw. 1927).

Beim Versuch zwischen reibenden Platten wird der Druck anfangs nur an einzelnen Berührungspunkten übertragen, von denen er sich allseitig unter 45° gegen die Druckrichtung fortpflanzt. Längs dieser Druckkegel tritt der Fließzustand ein, und an ihrem Schnitt mit der Oberfläche wird das Material an elementaren Scherflächen ausgequetscht. Steigerung des Auflagerdruckes vermehrt die Berührungsstellen und Fließlinien, bis die ganze Mantelfläche von einem regelmäßigen Netz zweier sich rechtwinklig kreuzender Systeme, den sogenannten Lüders- oder Hartmann-Linien, überzogen ist. Wurde der Probekörper vor dem Versuch durchschnitten, so erscheinen die Fließlinien an beiden Schnittflächen in gleicher Anordnung (Abb. 43).

Bei genügendem Härteunterschied zwischen Preßbacken und Versuchsstück führt jede unendlich langsame und unendlich lange gesteigerte Druckbeanspruchung letzten Endes ein Ausquetschen des Versuchsstückes herbei.

L. Hartmann untersuchte an Metallkörpern eine Reihe technologisch wichtiger Beanspruchungen, von denen einige auch für die Baugrundmechanik bedeutsam sind[3]. An der belasteten Stelle entsteht in allen Fällen infolge Überbeanspruchung eine Fließzone, die die

[1] Kármán, Th. v.: Festigkeitsversuche unter allseitigem Druck. Mitt. über Forschungsarb. Heft 118 S. 49. Berlin: Julius Springer 1912. — Rinne, F.: N. Jb. f. Mineral. Bd. 2 (1903) S. 121. Vergleichende Unters. üb. d. Methoden z. Bestimmung d. Druckfestigkeit v. Gesteinen.

[2] Salemi-Pace, G.: Über die Druckfestigkeit der Gesteine unter dem Einfluß elastischer Substanzen zwischen den Druckflächen. Baumaterialienkunde (Org. Intern. Verb. f. d. Materialprüfungen d. Technik) Heft 12—18, Stuttgart 1902.

[3] Hartmann, L.: Distribution des déformations dans les métaux soumis à des efforts (Extrait de la Revue d'artillerie). Paris: Berger, Levrault & Cie. 1896.

Schneide zylinderartig, den Stempel halbkugel- oder zwiebelartig umgibt. Die Fließlinien zeigen den Strömungsweg der mechanischen Kräfte an. Aus der Fließzone führen die primären Kraftlinien zunächst zu den Stützpunkten (Abb. 44).

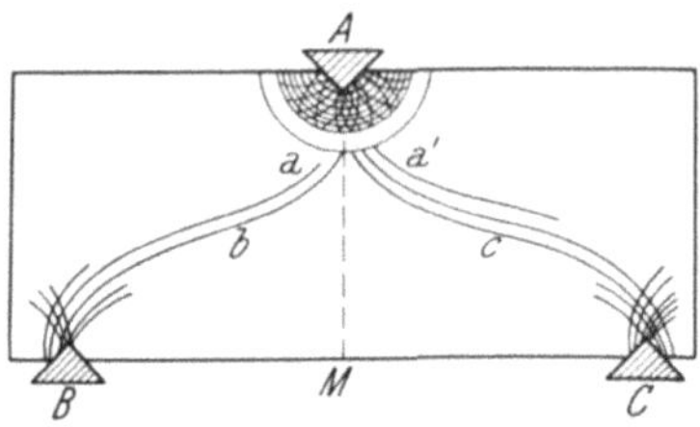

Abb. 44. Fließzonen und Kraftlinien für mäßige Biegungsbeanspruchung (aus L. Hartmann, Déformations 1896).

Wäre der Belastungspunkt mit den Auflagerpunkten durch gerade, auf Rollen gelagerte Stützen verbunden, so müßte zur Herstellung des Gleichgewichtes ein Zugband eingeschaltet werden. Würden sich die Stützen gegen feste Kipplager stemmen, so hätte der Baugrund die entsprechenden waagrechten Kräfte aufzunehmen (vgl. die Zug- und Drucklinien in Abb. 45).

Denkt man sich zwischen die beiden Stützpunkte eines auf Biegung beanspruchten Prismas paarweise neue Stützpunkte eingeschaltet, bis die untere Fläche voll aufliegt, so schalten sich auch die entsprechenden Kraftlinien ein. Ihre Resultierenden gehen durch die Schnittpunkte der beiden Systeme und entsprechen der Ausbreitung der äußeren Massenkraft. In der Abb. 46 ist die von einer schmalen Streifenlast ausgehende Druckausstrahlung bis zur Auflagerfläche dargestellt.

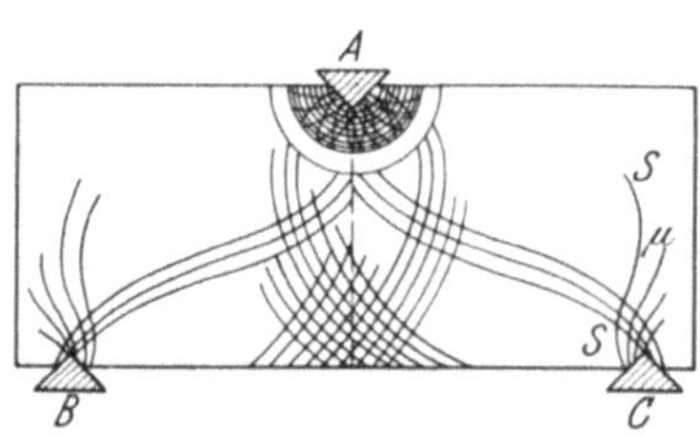

Abb. 45. Fließzonen und Kraftlinien für gesteigerte Biegungsbeanspruchung (aus L. Hartmann, Déformations 1896).

Die Hartmannschen Versuche geben keinen Aufschluß über die Kraftströmung in der Unterlage, weil diese, wie üblich, als starr vorausgesetzt wird. Betrachten wir aber das Versuchsstück als belastetes Element des Halbraumes, tritt also an der unteren Auflagerfläche keine Zustandsänderung ein, so dürfen wir ein der Abb. 46 ähnliches Ausstrahlen in den unbegrenzten Halbraum erwarten.

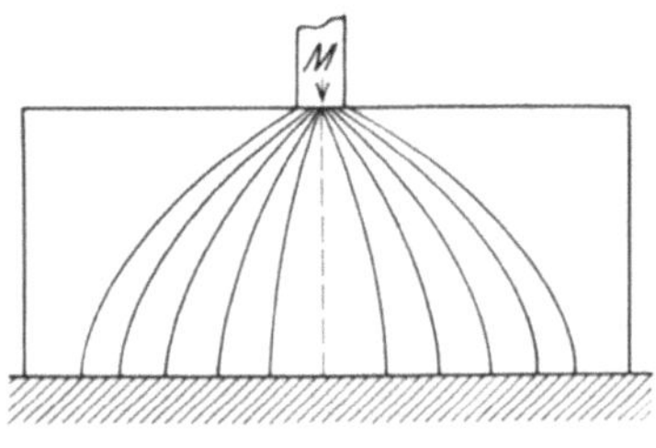

Abb. 46. Ausbreitung der Druckkraft im voll-aufliegenden Versuchsstück (aus L. Hartmann, Déformations 1896).

Die Lüders-Hartmann-Linien wurden hauptsächlich an Metallen studiert. Th. v. Kármán, L. Prandtl und F. Rinne haben die Fließlinien auch an allseitig oder nur von den Endflächen aus gedrückten Gesteinszylindern hervorgebracht. Am einfachsten erhält man anschauliche Drucklinien, indem man eine lockere Rolle von rauhem Pauspapier von den Enden zusammenstaucht („Knicklinien") oder leicht verdreht.

2. Bildsame Körper.

Wenn ein spröder oder zäher Körper durch sehr langsame Belastung innerhalb der Elastizitätsgrenze einen bestimmten Spannungszustand erreicht hat, so kann er seine Gestalt nur ändern, wenn der Belastungszustand geändert wird. Anders ein bildsamer oder plastischer Körper. Nach A. v. Obermayer füllt Schwarzpech ein Gefäß, in das es in kantigen Stücken eingefüllt wurde, zufolge des eigenen Gewichtes mit waagrechtem Spiegel aus und kann aus Bodenöffnungen der Gefäße ausfließen[1].

A. Nádai[2] führt an, daß eine Stahlkugel in einem mit hartem Asphalt gefüllten Gefäß langsam durch die Masse bis auf den Boden sinkt. Harter Asphalt vermag unter dem Einfluß seines Eigengewichtes aus einem umgelegten Faß auszufließen; eine an den Enden hohl gelagerte Siegellackstange erleidet durch ihr Eigengewicht eine bleibende Durchbiegung.

Formänderung unter konstanten äußeren Kräften tritt in engen Grenzen bei der „elastischen Nachwirkung" auf. Als vorherrschende Erscheinung kennzeichnet sie den vollplastischen Zustand. Ein auf dem vollplastischen („preßbaren") homogenen und isotropen Halbraum errichtetes Bauwerk müßte demnach ohne Änderung der physikalischen Verhältnisse des Baugrundes andauernd sinken. Über das Wesen der Plastizität besteht keine einheitliche Anschauung. Sicher ist, daß die Bildsamkeit keine ausschließliche Eigenschaft einzelner Körper ist, sondern bei allen Körpern unter bestimmten physikalischen Verhältnissen herbeigeführt werden kann.

Nach der Theorie bleibt der Rauminhalt während einer verhältnismäßig kleinen bildsamen Verformung konstant. Hingegen ist mit jedem Bruch eine Raumvergrößerung verbunden. Wird diese durch Umschließung des Versuchsstückes verhindert, so lassen sich auch spröde Körper (Gesteine) plastisch umformen. Eine bruchlose Verschiebung der einzelnen Körner oder Korngruppen wird auch ohne Umschließung möglich, wenn sie an vorgebildeten Bewegungsflächen erfolgen kann. Tatsächlich sind die in der Natur vorkommenden plastischen (hereindrängenden oder rutschenden) Massen durch und durch von Gleitflächen (Ruscheln) durchzogen (mylonitisiert).

Die natürlichen Tone sind infolge von Blätterstruktur und Sandgehalt nur selten vollkommen plastisch, sondern zäh bis steif; sie müssen daher für die technische Formgebung durch Frost und Durcharbeitung mylonitisiert werden. Auch der Modellierton erlangt die volle Bildsamkeit erst nach ausgiebiger mechanischer Durcharbeitung, d. h. nach Zerreißen seines natürlichen Gefüges und Bildung von Gleitflächen. Wasserzufuhr vergrößert, Wasserentzug verringert die Bildsamkeit der Tone. Nach den Versuchen von W. Spring[3], der Ton in einer porösen

---

[1] Obermayer, A. v.: Ein Beitrag zur Kenntnis zähflüssiger Körper. Sitzgsber. Akad. Wiss. Wien, Math.-naturwiss. Kl. Bd. 75, April 1877.

[2] Nádai, A.: Der bildsame Zustand der Werkstoffe. Berlin: Julius Springer 1927.

[3] Spring, W.: Quelques expériences sur la perméabilité de l'argile. Ann. Soc. Géol. Belg. XXVIII (1900—1901) Mém. 117.

Tonzelle belastete, nimmt der Ton nur solange Wasser auf, als er sich ausdehnen (schwellen) kann. Durch Steigerung des Druckes von 0 auf 6,2 at verdichtete sich ein Tonschlamm von 70% Wassergehalt unter Wasser zu plastischem Ton von 23% Wassergehalt.

Künstliche plastische Massen werden auf mannigfache Weise aus körnigen Stoffen (der festen Phase) durch innige Vermengung mit flüssigen Stoffen (der flüssigen Phase) erzeugt. Der erforderliche Grad der Bildsamkeit läßt sich je nach der chemischen Zusammensetzung durch reichlichere Zugabe des Bindemittels oder durch Erwärmung der Massen erzielen[1].

Beim Umformen plastischer Massen unter Druck scheidet sich an den Auflagerflächen ein Teil der flüssigen Phase ab, z. B. Fettstoff (Öl) beim Kneten von Plastilin auf einer papierüberzogenen harten Unterlage. Die Vorgänge im Innern der weichen plastischen Massen sind noch nicht endgültig erforscht. Wahrscheinlich tritt der Fließzustand in ähnlicher Weise ein wie bei harten bildsamen Massen.

3. Zusammengesetzte Körper.

Der mögliche Druck auf eine freie Säule aus ungleich festen Scheiben hängt von der Festigkeit der jeweils schwächsten Scheibe ab, weil diese durch die Drucksteigerung zuerst zerdrückt oder ausgequetscht wird. Überragt oder deckt der Preßbacken das Versuchsstück, so ist die Höhenlage der schwachen Stelle innerhalb der Säule ohne Einfluß. Ist aber der Durchmesser des drückenden Stempels (Bauwerkes) kleiner als jener des Versuchsstückes (Baugrundes), so hängt die Grenzbelastung auch von der Lage der weichsten Scheibe ab, da die härteren Scheiben (Überlagerung) den Stempeldruck gleichmäßig verteilen.

Die Verhältnisse ändern sich wesentlich, wenn die zusammengesetzte Säule in den Baugrund versenkt würde, da nun das Ausquetschen der schwächsten Schicht von der Umschließung gehemmt oder verhindert wird[2].

4. Pulverförmige Körper.

Läßt man einen pulverförmigen Körper aus einer Öffnung gegen eine waagrechte Platte ausströmen, so bildet sich ein Kreiskegel mit einem für das Material kennzeichnenden Böschungswinkel. Bewegt sich die Öffnung dabei gleichförmig längs einer Leitlinie, so entsteht aus der einfachen Gleichgewichtsform des Kegels die ebenfalls standfeste technisch wichtige Grundform des Dammes.

Wie sich das Eigengewicht eines rotationssymmetrischen Kegels oder eines axialsymmetrischen Dammes mit der Kronenbreite Null über die Grundfläche verteilt, ist nicht bekannt. Ansätze zur mathematischen Lösung finden sich bei J. Boussinesq[3]; der Versuchsweg wurde von F. M. Exner ohne befriedigendes Ergebnis beschritten[4].

[1] Höfer, J.: Die Fabrikation künstlicher plastischer Massen, 3. Aufl. Wien: A. Hartleben 1908.
[2] Vgl. Abschn. III.
[3] Boussinesq: Application des potentiels. Paris 1885.
[4] Exner, F. M.: Über den Druck von Sandhügeln. Sitzgsber. Ak. Wiss. Wien, Math.-naturwiss. Kl. IIa 1924 Heft 7 u. 8.

Kegelspitze bzw. Dammschneide sind nicht belastungsfähig, da schon die kleinste Last auf der Fläche Null unendlich große Drücke ergibt. Auch die abgestumpften Formen lockerer Schüttungen tragen nur verhältnismäßig geringe Lasten; bei Überlastung quillt die Krone rund um die Last auf, und die Böschungen werden, ähnlich wie bei plastischen Körpern, aufgetrieben.

Ein vollkommenes Platzen oder Auseinanderfließen, wie es an Eisenbahndämmen beobachtet wurde, tritt in reinen trockenen Schüttungen auch bei starker Überlastung nicht ein. Ursache der Bauunfälle ist entweder die Bildung von plastischen Massen, sogenannten „Wassersäcken", im Dammkörper oder das Ausweichen des Untergrundes.

Sehr lockere pulverförmige Körper verhalten sich in mancher Beziehung wie plastische Körper (Preßbarkeit unter Entweichen von Luft, Aufsteigen am Umfang eingedrückter Stempel) oder wie Flüssigkeiten (Aufspritzen unter Stoß, Versinken schwerer Gegenstände)[1].

5. Flüssigkeiten.

Infolge der Oberflächenspannung nehmen zähe Flüssigkeiten im Luftraum die Tropfenform an, auf fester waagrechter Unterlage die Form einer Kreisscheibe mit wulstartiger Umrandung; schon die geringste äußere Last erzeugt ein Auseinanderfließen unter Verdrängung der Flüssigkeit. Die hauptsächliche Gleichgewichtsform tropfbarer Flüssigkeiten ist der Halbraum mit waagrechtem Spiegel, der Lasten nur nach der Schwimmgleichung zu tragen vermag.

Im unendlichen Halbraum erzeugt die schwimmende Last durch Wasserverdrängung eine unendlich kleine, im begrenzten Becken eine fühlbare (isostatische) Spiegelhebung („Aufquellen").

III. Wirkung von Druckkräften auf umschlossene Körper.

1. Spröde und zähe Körper.

Wird die Querdehnung eines festen Körpers durch eine zugfeste Umschließung gehemmt, z. B. jene des Betons durch Eisenumschnürung (béton fretté), so erhöht sich die Druckfestigkeit. Bruchbildung kann nur eintreten, wenn die innere Verschiebung der Molekulargruppen den Bereich der molekularen Anziehung überschreitet. Übt die Umschließung einen ausreichend hohen Druck aus, so wird die zum Bruch erforderliche Raumvergrößerung verhindert.

Nach den Versuchen von Th. v. Kármán[2] werden Marmor und Sandstein, die bei niedrigem Außendruck spröde sind, unter einer axialen Druckspannung von 2600—3100 at vollkommen bildsam, wenn der Außendruck 700—800 at oder rund 25% beträgt. Wurde der durch Glyzerin ausgeübte Außendruck auf 35—50% des 3500—5000 at betragenden axialen Druckes gesteigert, so verhielten sich die Gesteine wie zähe Körper.

---

[1] Vgl. Ehrenberg, P.: Die Bodenkolloide, 3. Aufl. S. 258. Dresden und Leipzig: Th. Steinkopff 1922.

[2] Kármán, Th. v.: Festigkeitsversuche unter allseitigem Druck. (Mitt. üb. Forschungsarb. Heft 118). Berlin: Julius Springer 1912.

F. D. Adams und J. A. Bancroft[1] haben Marmor und andere Gesteine in einer Umschließung aus Nickelstahl bruchlos umgeformt. Alabaster, Marmor und Diabas ergaben keine ausgesprochene Fließgrenze, was dem „zähen Verhalten" bei den Kármánschen Versuchen entspricht. Die scharf ausgesprochene Fließgrenze der übrigen bruchlos umgeformten Gesteine lag zwischen 840 at (Steatit) und 5180 at (Granit). Bildete sich in dem umschließenden Stahlzylinder während der Drucksteigerung ein Riß, so wurde das Gestein als Pulver aus dem Spalt gepreßt. Bei störungsfrei beendeten Umformungen von sogenanntem belgischen Marmor und Solnhofener Kalk fand Adams vor und nach dem Versuch annähernd gleiche Druckfestigkeit.

Ein einfacher, von A. Rejtö angegebener Versuch lehrt, daß sich ein Stück von weichem Kautschuk wie ein harter Körper anfühlt, wenn seine Querdehnung durch Umschließung verhindert ist. Umschlossene Körper, deren Poren von einer unzusammendrückbaren Flüssigkeit erfüllt sind, werden unzusammendrückbar. Großporige (schwammartige) Körper mit lufterfüllten Hohlräumen bleiben unter Umschließung solange zusammendrückbar und elastisch, als sich die Luft zusammendrücken läßt.

2. Plastische (bildsame) Körper.

Eine vollständige Umschließung würde die Bildsamkeit aufheben, wenn nicht luft- oder gaserfüllte Poren oder die Nachgiebigkeit der Umschließung dem Körper eine begrenzte Zusammendrückbarkeit und Verformungsmöglichkeit bewahren würden.

Wird ein plastischer Körper durch einen Kolben gegen eine Öffnung im Deckel eines starren Zylinders gepreßt, so tritt er strangförmig aus (vgl. Abb. 51). Feste Körper, die erst durch hohen Druck in den Fließzustand übergeführt wurden, verhalten sich, wie die Versuche von Tresca, Obermayer[2], Unckel[3] u. a. lehren, ähnlich wie Körper, die schon unter dem Atmosphärendruck plastisch sind.

W. Spring verwendete bei Verdichtungsversuchen einen Verwitterungston, der im feuchten Zustand so weichplastisch war, daß er in mehrere Zentimeter langen Blättern aus den höchstens einige Zehntel Millimeter weiten Fugen der Presse drang[4].

Steifere plastische Massen lassen sich am leichtesten auspressen, wenn sie vorher durchgeknetet oder im Tonschneider durchgearbeitet (mylonitisiert) wurden. Den aus trockenen Pulvern mit 15—20% Flüssigkeit angemachten keramischen Massen, die in Stahlformen gepreßt werden, setzt man 1—6% Öl zu; die Körper werden nur fest,

---

[1] On the Amount of Internal Friction developed in Rocks ... J. Geol. Bd. 25 (1917) Nr. 7 S. 597.

[2] Obermayer, A. v.: Versuche über den Ausfluß fester Körper. Sitzgsber. Ak. Wiss. Wien, Math.-naturwiss. Kl. Bd. 113 April 1904.

[3] Unckel, H.: Über die Fließbewegung im plastischen Material, das aus einem Zylinder durch eine konzentrische Bodenöffnung gepreßt wird. Berlin: Julius Springer 1928.

[4] Spring, W.: Sur les phénomènes qui accompagnent la compression de la poussière humide. Ann. Soc. Geol. Belg. XV. Bulletin (1888).

wenn die Luft entweichen kann. Beim Pressen von Kunststeinen aus pulverförmigem Rohstoff unter 120—150 at Druck erhielt Marpmann[1], wenn die Luft nicht entweichen konnte, Steine mit blättrigen Lagen, hingegen bei Entweichen der Luft ungeschichtete Steine.

H. Unckel beobachtete an mit 23,5% Wasser angemachtem Tonpulver an Stellen höheren Druckes ein Austreten des Wassers aus der Masse. Er verwendete daher eine aus Bienenwachs, zäher Vaseline und Kreide im Verhältnis 9:18:73 (Fließgrenze 0,75 at) hergestellte Versuchsmasse, die keine Ausscheidungen ergab. W. Spring erzielte beim Auspressen von Ton aus der Bodenöffnung eines Zylinders, solange der Wassergehalt mehr als 6% betrug, einen homogenen Tonstrang. Sank der Wassergehalt auf 5—6%, so wurde der Strang blättrig. Es bildeten sich glänzende Gleitflächen, die aber kaum als Beweis für die Ausstoßung von Wasser anzusehen sind, wie Spring vermutete[2]. A. v. Obermayer konnte beim Pressen des Tones von 19% Wassergehalt keine Trennung beobachten[3].

3. Pulverförmige Körper.

Auch die pulverförmigen Körper ändern durch Umschließung ihre mechanischen Eigenschaften. Sandtöpfe unter Lehrgerüsten werden mit Drucken bis 70 und selbst 200 at belastet[4]. Sandsäcke und Zementsäcke sind ein bekanntes Hilfsmittel bei dringenden Abschließungen. Je nachdem der Sand in die zugfeste Hülle eingestampft oder locker eingefüllt wird, entstehen harte oder schmiegsame Verbundkörper.

Bei Versuchen über Größe und Richtung des Erddruckes und über die Verteilung des Druckes im Boden wurde die Wirkung des umschließenden Versuchskastens und der Art der Einbringung nicht immer ausreichend beachtet. Selbst in lockeren Schüttungen bilden sich Tragkörper, und die Entlastung der Bodenfläche kann sich bis zur Silowirkung steigern[5]. Die physikalischen Eigenschaften backender Sande (Formsande, künstliche Sand-Tongemische) lassen sich durch Einstampfen jenen der festen Körper annähern.

Der Erddruck auf eine Stützwand ist ein Sonderfall des Druckes gegen die Wand eines Gefäßes und hängt daher von dessen Durchmesser und vom starren, elastischen oder plastisch-nachgiebigen Verhalten der Gefäßwände und des Gefäßbodens und der Beschaffenheit der Oberfläche ab.

Verdichtung. Bei den Versuchen von K. Terzaghi[6] erwiesen sich Sande mit lufterfüllten Poren in der Umschließung als stark zusammendrückbar; bei einem Druck von 50 at war die Raumverminderung von der Zertrümmerung von Körnern begleitet. Das erzeugte Fein-

---

[1] Marpmann: N. Jb. Mineral. Bd. 1 (1899) S. 93.

[2] Spring, W.: Sur les conditions dans lesquelles certains corps prennent la texture schisteuse. Ann. Soc. Géol. Belg. XXIX (1901) Mém.

[3] Obermayer, A. v.: a. a. O. S. 18.

[4] Ackermann, F.: Der Bau der Sitterbrücke usw. Eisenbau Nov. 1910. Bericht über die II. Intern. Tagung für Brückenbau und Hochbau, Wien 1928. Ref. v. C. Haberkalt in Z. öst. Ing.- u. Arch.-Ver. 1930 Heft 25/26 S. 212.

[5] Terzaghi: Erdbaumechanik 1925. [6] Ebenda S. 87.

gut wanderte offenbar in die Zwischenräume. Locker eingefüllte Sande verminderten ihren Rauminhalt durch Einrütteln stärker als durch den bis 50 at gesteigerten allseitigen Druck. Wassergetränkte Sande lieferten bei den Vorversuchen dieselben Ergebnisse wie trockene, anscheinend weil die Luft erst unter weit höherem Druck vollständig entweicht. Fairbairn ist es schon im Jahre 1854 gelungen, trockenes Tonpulver in einem Zylinder unter 3100 at Druck zu einem harten Gestein zu verdichten[1]. Bei seinen ersten Versuchen erhielt W. Spring aus trockenem Tonpulver nur einen zerreiblichen Körper, hingegen aus feuchtem Tonpulver unter dem gleichen (ziffermäßig nicht angegebenen) Druck eine Art Tonschiefer[2]. Später erzielte er bei 7000—8000 at auch aus trockenem Tonpulver Zylinder von der Festigkeit des devonischen Tonschiefers[3], und der Druck von 10000 at verschweißte das trockene Tonpulver zu einem schlagfesten Block[4].

Eine Sonderstellung nehmen die Schüttungen aus organischen Körnern ein, die Fettstoffe oder Flüssigkeiten umschließen. Unter äußerem Druck platzen die Hüllen, und der plastische oder flüssige Inhalt tritt in die Hohlräume der Schüttung über. Die unter Raumverringerung gebildete Maische ähnelt einer kolloidalen Aufschwemmung und läßt sich nach dem Entweichen der Luft bei vollkommen dichter Umschließung nur wenig zusammendrücken. Ermöglicht man dem plastischen oder flüssigen Inhalt das Entweichen durch den Kolben oder die Wandung des Preßzylinders (wie in den Ölpressen und Weinpressen), so tritt Phasentrennung ein, und es bleibt je nach dem angewendeten Druck ein mehr oder weniger fester Preßkuchen zurück. Es scheint, daß die Trennung der Wasserhüllen von den Mineralkörnern des Tones an ähnliche physikalische Bedingungen gebunden ist[5], im natürlichen Halbraum jedoch die Ausbildung von Gleitbahnen (Hauptschubflächen) zwischen Druckzwiebel und freier Oberfläche begünstigt.

4. Flüssigkeiten.

Am augenfälligsten ist der Einfluß der Umschließung bei Flüssigkeiten. Verfasser hat im Jahre 1903 die Biegungsfestigkeit von Verbundkörpern untersucht, die er durch Füllung von Rindsdärmen mit Sand oder Wasser herstellte. Der Wasserversuch wurde im Jahre 1930 mit einer zarten Fischblase von elliptischem Querschnitt ($2a = 7$, $2b = 5{,}3$ cm) wiederholt, die keinerlei Druckfestigkeit besaß (Abb. 47). Aus der Bedingung des überall gleichen Flüssigkeitsdruckes ergibt sich für die Auflast von 0,7 kg ein Innendruck von 0,073 at und ein Druck

[1] Dinglers polytechn. J. Bd. 134 (1856) S. 315, 316.

[2] Spring, W.: Sur les Phénomènes qui accompagnent la Compression de la Poussière humide. Ann. Soc. Géol. Belg. XV (1888) Bull.

[3] Spring, W.: Quelques expériences sur la perméabilité de l'argile. Ann. Soc. Géol. Belg. XXVIII (1900—1901) Mém. 117.

[4] Spring, W.: Sur les conditions dans lesquelles certains corps prennent la texture schisteuse. Ann. Soc. Géol. Belg. XXIX (1901—1902) Mém.

[5] Vgl. die Ausführungen über das Pressen keramischer Massen, ferner die Versuchsanordnung von K. Terzaghi: Erdbaumechanik 1925 S. 114 Abb. 21 und bei W. Spring a. a. O. 1900/01.

gegen die Kopfflächen von 2,11 kg. Der eigenartige Verbundkörper war bei der Füllung mit leichtem Überdruck prall und hart. Infolge einer anfänglichen Undichtheit der Abbindung wurde er nach geringfügigem Wasserverlust nachgiebig biegsam, wies jedoch keine merkliche Luftblase auf. In diesem Zustand erfolgte die dargestellte Belastung. Eine Verletzung der Umschließung hätte den Ausfluß des unter Druck stehenden Wassers und das vollständige Zusammenklappen des Verbundkörpers herbeigeführt, der ein anschauliches Modell für die im Abschnitt I. 5. des Dritten Teiles beschriebenen Wasserkissen bildet.

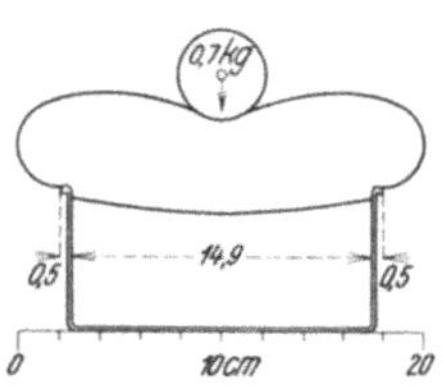

Abb. 47. Wasserkissen, als freiaufliegender Träger belastet.

IV. Die Kraftfelder im Halbraum.

1. Der homogene isotrope Halbraum.

Für die Wirkung einer an der Oberfläche oder in einem versenkten Punkt angreifenden Einzellast hat J. Boussinesq allgemeine Gleichungen aufgestellt, die keine Elastizitätskonstanten enthalten und daher für jeden homogenen Boden gelten[1]. Boussinesq sieht dabei, wie es in der Festigkeitslehre üblich ist, von dem unmittelbar unter der Last liegenden hochbeanspruchten Bereich ab. In leicht verformbaren Körpern erfolgen gerade in diesem Störungsbereich, der sogenannten Druckzwiebel (vgl. Abb. 48a) die stärksten Zusammenpressungen, Schiebungen oder Fließerscheinungen, mit anderen Worten die Setzungen.

Die Druckmessung in Schüttungen ist nur dort möglich, wo wenigstens kleine Bewegungen von Korngruppen stattfinden, d. h. im Bereich der Drucküberschreitung. Außerhalb derselben strahlen die rasch abnehmenden Spannungen theoretisch bis ins Unendliche aus.

Einige Verfasser haben die Ausstrahlung der Kräfte im Halbraum durch Flüssigkeitsströmungen (hy-

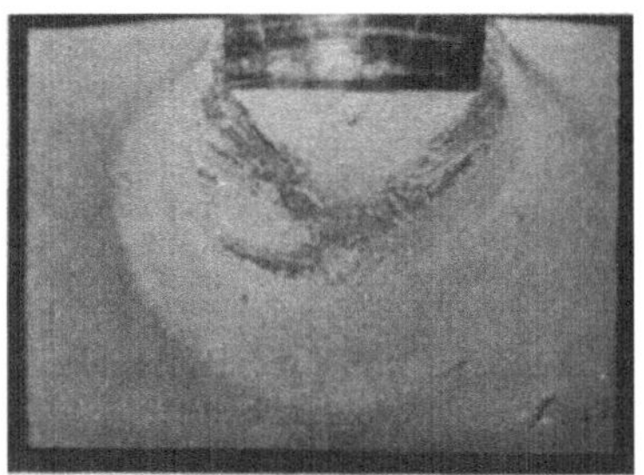
Abb. 48a.

Abb. 48b.

Abb. 48a u. b. Eindrücken eines zylindrischen Stempels in einen durchgeschnittenen Paraffinkörper (aus A. Nádai, Der bildsame Zustand usw. 1927).
48a. Höhenschnitt mit Gleitflächen und Druckzwiebel.
48b. Draufsicht mit radialen Oberflächenrissen.

---

[1] Boussinesq, J.: Application des Potentiels. Paris 1885.

drodynamische Analogien) veranschaulicht. Genauere Vorstellungen ergeben sich aus den schon erwähnten Fließlinien fester Körper. Eine übersichtliche theoretische und praktische Anleitung zum Entwerfen der Kraftfelder hat Th. Wyss gegeben[1]. An den Belastungspunkten („Kraftquellen") strömt die Kraft ein, an den Auflagern („Kraftsenken") verläßt sie den Leiter. Mit Hilfe der Kraftfelder lassen sich die Hauptspannungen und Hauptschublinien allgemein verständlich veranschaulichen. (Abb. 49.) Nach den von den Kanten der Lastfläche ausgehenden logarithmischen Spiralen erfolgt das Abscheren bei Überlastung. Sie spielen daher in den Formeln zur Bestimmung der Tragfähigkeit eine wichtige Rolle. Kraftfelder zur Lösung von Erddruckaufgaben hat H. Pihera ausgearbeitet[2].

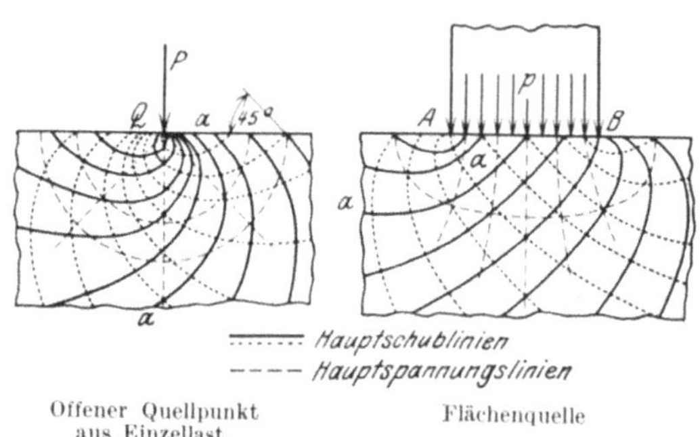

Abb. 49. Hauptschublinien und Hauptspannungslinien im belasteten Halbraum (aus Th. Wyss, Die Kraftfelder 1926).

2. Die Raumgitter.

A. Rejtö hat die vielseitige Anwendbarkeit des einfachen geometrischen Molekularnetzes (nach H. Fischer, 1888) für die Kraftübertragung in festen Körpern theoretisch und versuchstechnisch nachgewiesen[3]. Die Fortpflanzung von Zug und Druck erfolgt nach zwei sich kreuzenden Linienscharen, die mit der äußeren Zug- oder Druckkraft den „Wirkungswinkel" einschließen. In den auf Druck beanspruchten „quasiisotropen" Metallen ist der Winkel zwischen der Druckrichtung und den Gleitlinien kleiner als 45°. P. Ludwik[4], der das Rejtösche Schema im wesentlichen bestätigt, fand eine so geringe Abweichung des Winkels von 45°, daß er seine Näherungsformeln für 45° ableitete. In amorphen Körpern ist das Raumgitter auch theoretisch nach dem Winkel von 45° gebaut; 45gradige Raumgitter sind in der Natur nicht selten zu beobachten.

Werden Kugeln oder Walzen in versetzten Reihen geschlichtet, so liegen ihre Mittelpunkte auf zwei sich kreuzenden unter 60° gegen den Horizont geneigten Scharen paralleler Gerade. Dieses 60gradige Raumgitter läßt sich zur Ableitung von Erddruckaufgaben verwenden, ist

[1] Wyss, Th.: Die Kraftfelder in festen elastischen Körpern. Berlin: Julius Springer 1926.

[2] Pihera, H.: Druckverteilung, Erddruck, Erdwiderstand, Tragfähigkeit. Wien: Julius Springer 1928.

[3] Rejtö, A.: Die innere Reibung der festen Körper, S. 8. Leipzig: Arthur Felix 1897. — Rejtö, A.: Einige Prinzipien der theoretischen-mechanischen Technologie der Metalle, S. 238, 249. Berlin: VDI-Verlag 1927.

[4] Ludwik, P.: Elemente der Technologischen Mechanik. Berlin: Julius Springer 1909.

aber weder durch technologische Erfahrungen noch durch geologische Beobachtung bestätigt. Zur Veranschaulichung einzelner Aufgaben der Baugrundmechanik wird daher im folgenden das Rejtösche Schema verwendet.

3. Der geologische Halbraum.

Den Voraussetzungen des unendlichen homogenen und isotropen Halbraumes würden streng genommen nur sehr ausgedehnte ungeschichtete Massen von durchwegs gleicher Körnung, gleichem Wassergehalt und waagrechter Oberfläche entsprechen.

Im geologischen Halbraum findet sich die ausgedehnte waagrechte Oberfläche hauptsächlich bei jüngeren geschichteten Ablagerungen, in denen Korngröße und Wassergehalt in waagrechter Richtung allmählich und in senkrechter Richtung häufig und unstetig wechseln. Die Inhomogenitäten nehmen meist mit der Annäherung an das schuttausstrahlende ältere Gebirge zu. Gleichzeitig macht sich der Einfluß der schrägen Grenzflächen geltend, weniger im Sinne einer Umschließung als durch einseitige Bodenverdrängung. Benachbarte Bauwerke und Baugruben erzeugen Störungen im Kraftfeld des Neubaues.

Verbleibt zwischen Bauwerkssohle und Felsuntergrund eine weniger feste Schichte, so kann im Sinne der vorstehenden Ausführungen eine Verspannung reibender bzw. ein Ausquetschen plastischer Bodenarten eintreten.

Zu den wichtigsten Aufgaben der Baugrundforschung zählen demnach die Bestimmung der praktischen Reichweite der Spannungsänderung durch eine Baugrube oder eine Baulast in den verschiedenen Bodenarten und des Einflusses der Lagerung auf die Spannungsverteilung.

Vorläufig kann man sich in schwierigen Fällen nach dem von Th. Wyss für technische Aufgaben empfohlenen Verfahren ein Bild der Spannungsverteilung machen. Man zeichnet in die geologischen Schnitte das Kraftfeld für den homogenen, isotropen Boden ein und führt daran die den Inhomogenitäten, Grenzflächen und Störungen entsprechenden Änderungen von Dichte und Form der Kraftlinien durch.

V. Spannungsänderung durch eine Baugrube.

Im homogenen Erdkörper mit waagrechter Oberfläche besteht das Kraftfeld aus den lotrechten Schwerlinien, da sich die durch das Eigengewicht hervorgerufenen waagrechten Pressungen (Erddruck) gegenseitig aufheben. Am Mantel einer zylindrischen Ausschachtung (Brunnen) in rölligen Massen kann das Gleichgewicht der radialen Horizontalkräfte durch gewölbeartige Verspannung, an den Seitenflächen langgestreckter Baugruben nur durch Verstrebung erreicht werden. Über die Spannungsverteilung an der Sohle der Baugrube ist wenig bekannt, trotzdem der Sohlenauftrieb in sehr tiefen oder ausgedehnten Baugruben oft ernste Schwierigkeiten bereitet.

Ähnlich wie bei der Ableitung der Tragfähigkeit (Kurdjümoff, Krey, Pihera) kann man sich über die Erscheinungen an langgestreckten Baugruben in losen körnigen Bodenarten mit Hilfe der

Erddrucktheorie ein Bild machen. Theoretisch anfechtbar, aber anschaulicher ist die Spannungsverteilung im ideellen Rejtöschen Raumgitter, bei dem die Wirkung der Bölzung nicht berücksichtigt sei (Abb. 50).

Die Entlastung der Sohle und der Wände erzeugt Störungsräume, die durch Gittergerade begrenzt sind. Unterhalb des Schnittpunktes C und außerhalb der durch die oberen Ränder A und A_1 gezogenen Gittergeraden tritt keine Änderung ein. Die ungleichen Gitterdrucke erzeugen in den waagrechten Schnitten (z. B. durch F, E, J) gegen die Mitte der Baugrube gerichtete Horizontalkräfte; sie sind nach oben

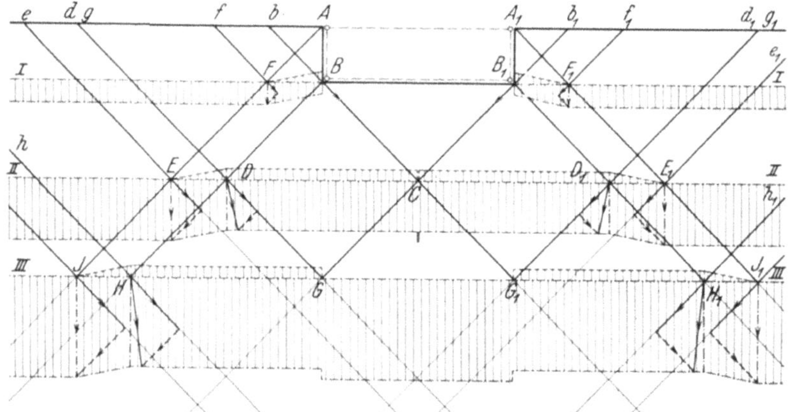

Abb. 50. Spannungsänderung im Boden durch eine Baugrube.

aufgetragen und strichliert begrenzt, die zugehörigen Lotkräfte nach unten und strichpunktiert begrenzt.

Solange das Raumgitter aufrecht bleibt, besteht Gleichgewicht zwischen den Horizontalkräften und den Gitterkräften. Wird das Raumgitter durch Überschreitung der inneren Reibung verformt, so übertragen sich die Horizontalkräfte auf den entlasteten Keil BB_1C und heben die Sohle der Baugrube.

Das Schema läßt auch erkennen, daß die Probebelastung auf der Sohle der Baugrube nur innerhalb des entspannten Bodens BB_1C möglich ist, und daß man die von den Streben der Bölzung überbeanspruchten Stellen zu meiden hat. Die Spannungsverteilung wird viel verwickelter, wenn die Wirkung des Grundwassers bzw. der Grundwasserabsenkung zu berücksichtigen ist.

Anhaltspunkte für das Aufsteigen plastischer Massen an der Baugrubensohle liefern die Versuche von A. v. Obermayer[1] und H. Unckel[2]. Obermayer preßte einen Ton von 19,1% Wassergehalt

[1] Obermayer, A. v.: Versuche über den Ausfluß plastischen Tones. Sitzgsber. Ak. Wiss. Wien Bd. 58, II. Abt., Nov. 1868. — Obermayer, A. v.: Versuche über den Ausfluß fester Körper, insbes. d. Eises unter hohem Drucke. Ebenda Bd. 113, Abt. IIa, April 1904.

[2] Unckel, H.: Über die Fließbewegung im plast. Material. Berlin: Julius Springer 1928.

mit verschiedenen Geschwindigkeiten unter 12—47 at durch Kreisöffnungen (von 3,1 bzw. 4,1 cm Durchmesser) im Deckel eines Druckzylinders nach aufwärts. Ein weicherer Ton ließ sich schon unter 6,68 at durch die 4,1 cm weite Öffnung pressen. Die untere Grenze des Druckes, bei dem der Ausfluß beginnt, sinkt mit zunehmender Öffnung asymptotisch gegen einen Grenzwert. Nimmt man das Raumgewicht des nicht näher gekennzeichneten Tones mit 1,6 und den Grenzdruck mit 3 at an, so würde der Ton an der Sohle eines höchstens 19 m tiefen Schachtes unter dem Druck des Eigengewichtes aufsteigen müssen.

H. Unckel erzielte beim Auspressen von Ölton durch eine 9,5 cm weite Öffnung dieselben Fließformen wie A. v. Obermayer (vgl. Abb. 51). Stets wölben sich die ursprünglich waagrechten Tonschichten gegen die Öffnung hin, bei der der Ton in einem aus konzentrischen Röhren bestehenden Strang ausfließt.

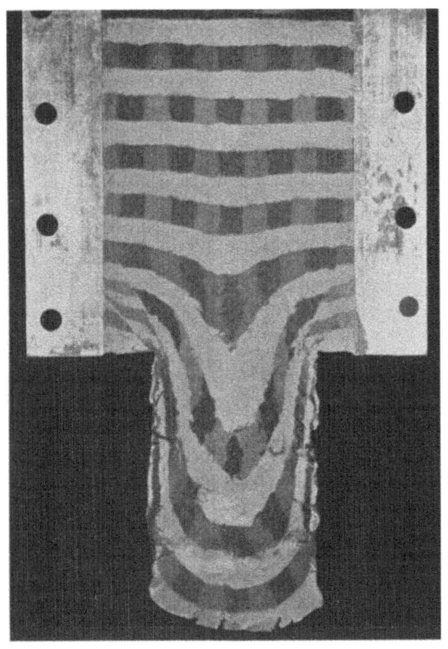

Abb. 51. Auspressen von waagrecht geschichtetem Ölton durch eine Bodenöffnung (aus H. Unckel, Über die Fließbewegung usw. 1928).

VI. Spannungsänderung durch eine Baulast.

Die Baulasten sind selbst bei beschleunigter Herstellung des Bauwerkes als statische Belastung zu betrachten. Massive Bauwerke (Pfeiler) und Bauwerke auf Grundplatten belasten den Baugrund nach Art eines vollen Stempels, Gebäude mit unmittelbarer Gründung der Mauern nach Art eines Hohlstempels.

1. Belastung der freien Oberfläche.

Die Gesetze der Belastung freier Oberflächen durch Stempeldruck sind wegen ihrer Bedeutung für die Härteprüfung (Kugeldruck, Kegeldruck) und für das Eindringen von Werkzeugen in Werkstoffe wiederholt theoretisch und versuchstechnisch untersucht worden. Bedingungsgleichungen für die Lastverteilung an der Druckfläche und ihre Senkung hat u. a. J. Boussinesq[1] aufgestellt. Danach kann eine kreisförmige Druckfläche nur unter einer Belastung eben und horizontal bleiben, die man sich auf einer darüber errichteten Halbkugelschale gleichmäßig

[1] Boussinesq, J.: Application des potentiels, Paris 1885.

verteilt und auf die Lastfläche projiziert zu denken hat. Vom Rand eines gleichmäßig belasteten zylindrischen Stempels laufen die Hauptschubrichtungen im Höhenschnitt und im Grundriß als logarithmische Spiralen aus.

Für das einseitige Ausweichen des Bettungskörpers unter einer belasteten Platte hat J. W. Schwedler 1882 die Gleichung der Gleitfläche aufgestellt[1]. Die Versuche von V. J. Kurdjümoff[2] lehrten, daß das Ausweichen einseitig oder zweiseitig erfolgen kann; die gleiche Erscheinung ergab sich bei den Versuchen von H. Krey[3]. Fr. Engesser[4], J. Schultze[5] und J. Pihera[6] nehmen ein zweiseitiges Ausweichen an.

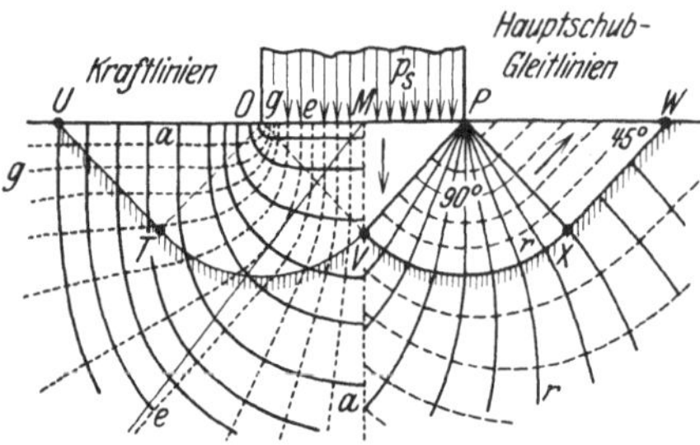

Abb. 52. Kraftfeld in speziell-plastischem Stoff auf elastischer Unterlage (nach L. Prandtl).

L. Prandtl hat für die streifenförmige Belastung die „Stromlinien" und Spannungstrajektorien beim Eindringen eines Druckstempels abweichend vom Rejtöschen Schema der Stichbeanspruchung bestimmt[7] (vgl. Abb. 52).

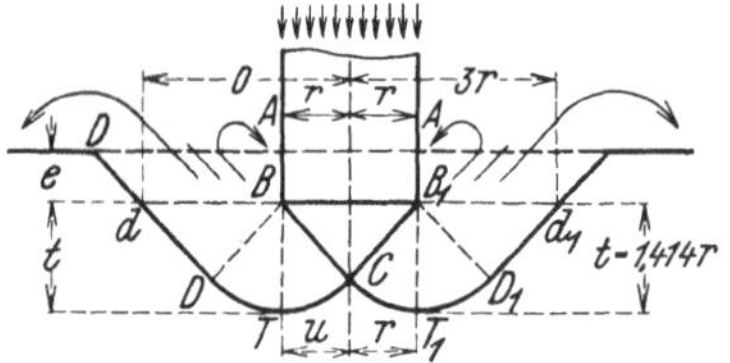

Abb. 53. Prandtl-Henckysches Schema für das Eindringen eines Stempels in eine plastische Masse.

Nach L. Prandtl führt theoretisch schon die kleinste Abweichung des Druckes von der Symmetralen einseitiges Ausweichen herbei. H. Hencky verallgemeinerte die Ableitung und zeigte, daß die Gleitlinien des ebenen Problemes annähernd auch für das rotationssymmetrische Problem (Kreisstempel) verwendet werden können[8], daß also die zulässige Inanspruchnahme unter einem kreisförmigen Fundament nicht wesentlich höher ist als unter einem streifenförmigen.

Kurdjümoff, Krey und Strohschneider[9] haben die Kornverschiebung im belasteten Sand an der Glasscheibe des Versuchs-

[1] Schwedler, J. W.: Über eisernen Oberbau. Zbl. Bauverw. 1891 S. 90.

[2] Kurdjümoff, V. J.: Zur Frage des Widerstandes der Gründungen auf natürlichem Boden. Der Civilingenieur N. F. Bd. 38 (1892).

[3] Krey, H.: Erddruck, Erdwiderstand und Tragfähigkeit des Baugrundes, 3. Aufl., Abb. 144—147. Berlin: W. Ernst & Sohn 1926.

[4] Engesser, Fr.: Zur Theorie des Baugrundes. Zbl. Bauverw. 1893 S. 306.

[5] Schultze, J.: Bodentragfähigkeit. Z. angew. Math. Mech. Berlin 1923.

[6] Pihera, H.: Druckverteilung, Erddruck, Erdwiderstand, Tragfähigkeit. Wien: Julius Springer 1928.

[7] Prandtl, L.: Über die Eindringungsfestigkeit (Härte) plastischer Baustoffe und die Festigkeit von Schneiden. Z. angew. Math. Mech. Bd. 1 (1921) S. 15.

[8] Hencky, H.: Über einige statisch bestimmte Fälle des Gleichgewichtes in plastischen Körpern. Z. angew. Math. Mech. Bd. 3 (1923) S. 241. — Prandtl, L.: Anwendungsbeispiele zu einem Henckyschen Satz über das plastische Gleichgewicht. Ebenda S. 401.

[9] Strohschneider, O.: Elastische Druckverteilung und Drucküberschreitung in Schüttungen. Sitzgsber. Ak.Wiss. Wien, Math.-naturwiss. Kl. Bd. 121 (1912) IIa.

kastens photographisch aufgenommen. Ihre Bewegungsbilder ergaben mit den Bezeichnungen der Abb. 53 folgende Abmessungen:

Verfasser	Tafel	Abb.	Eindringungs-tiefe e d. Stempels	o	u	t	Aus-weichen
Kurdjümoff.....	X	1	$5r$	$5{,}85r$	$3{,}3\ r$	$3{,}33r$	zweis.
Kurdjümoff.....	X	2	$3{,}24r$	$5{,}6\ r$	$2{,}53r$	$2{,}1\ r$	zweis.
Kurdjümoff.....	X	3	$2{,}33r$	$5{,}6\ r$	$3{,}1\ r$	$1{,}9\ r$	eins.
Strohschneider..	—	11b	0	$5{,}5\ r$	$1{,}95r$	$2{,}7\ r$	zweis.
Krey...........	—	144	$0{,}36r$	$4{,}02r$	$1{,}75r$	$1{,}58r$	zweis.
Krey...........	—	146	$0{,}37r$	$4{,}83r$	—	$1{,}84r$	eins.
Prandtl-Hencky .	—	52	0	$3{,}0\ r$	r	$1{,}414r$	zweis.
Raumgitter.....	—	54	0	$5{,}0\ r$	$2{,}0\ r$	$2{,}414r$	zweis.

Die Ableitungen mit Hilfe der Erddrucktheorie führen zu logarithmischen vom Reibungswinkel abhängigen Gleitflächen[1]. Für praktische Zwecke kann man den Störungsbereich, wenn die Breite der Baugrube größer als $2 \times 5r = 10r$ und der Baugrund auf eine Mindesttiefe von $t = 4r$ gleichmäßig ist, nach dem Schema von Prandtl - Hencky (Abb. 53) annehmen; wird eine lockere Schichte über unnachgiebiger Unterlage (Fels) gepreßt, so nähert sich der Störungsbereich mehr dem Schema der Abb. 54.

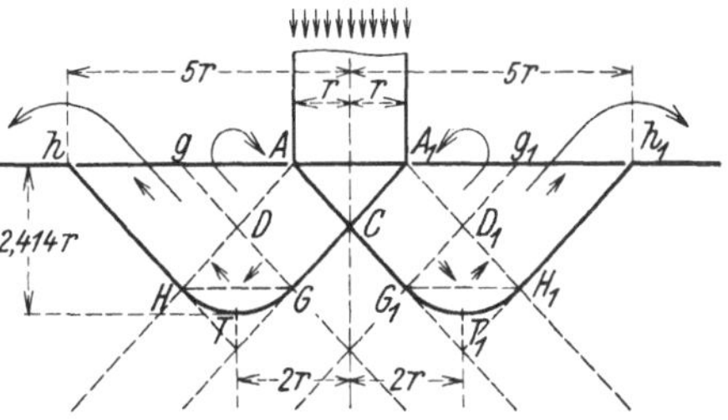

Abb. 54. Raumgitter-Schema für das Eindringen eines Stempels in eine lockere Masse.

Die Zone örtlicher Drucküberschreitung wird bei Metallen durch den Halbkreis unter der Lastfläche[2], bei stark verdichtungsfähigen (lockeren) Böden durch die im Versuchsweg festgestellte Druckzwiebel umgrenzt. Die Druckübertragung setzt sich aber allseitig ausstrahlend in die Tiefe fort.

Im isotropen Baugrund gibt es keine Abbürdung oder „schwebende" Gründung. Die Druckausbreitung erfolgt unter der im Bauwesen üblichen Annahme eines Raumgitters von 45 oder 60° so rasch, daß die Strukturveränderungen keinen großen Abstand von der Stempelfläche erlangen.

Die Gleitflächen, nach denen das Ausquetschen des Baugrundes bei fortgesetzter Steigerung der Belastung erfolgt, bestehen von der kleinsten Belastung angefangen als Flächen größter Scherspannung im Störungsbereich, der jede Baulast umgibt. Bei geschlossener Bauweise schneidet jede neue Baugrube in das Spannungsfeld des Nachbarbaues ein. Die unbelasteten Feuer- oder Giebelmauern sind weniger gefährdet, hingegen senken sich die Endpfeiler der Hauptmauern fast immer sichtbar gegen die benachbarte Baugrube.

[1] Vgl. Schwedler, J. W.: Über eisernen Oberbau. Zbl. Bauverw. 1891 S. 90. — Francke, A.: Über die Tragkraft des Erdreiches. Org. Fortschr. Eisenbahnwes. 1914 S. 44, 59.

[2] Nádai, A.: Versuche über die plastischen Formänderungen von keilförmigen Körpern aus Flußeisen. Z. angew. Math. Mech. Bd. 1 (1921) S. 20.

Tiefe Aufgrabungen z. B. für Rohrleitungen im Spannungsfeld der Hauptmauern müssen daher auch im standfesten Boden durch Bölzungsstreben gut verspannt werden.

2. Belastung auf versenkter Gründungsfläche.

Der Einfluß einer Baulast auf den Baugrund sei im 45grädigen Raumgitter betrachtet. Erreicht das auf der Grundfläche BB_1 (Abb. 50) aufgeführte Bauwerk das Gewicht der ursprünglichen Bodenmasse, so tritt innerhalb der von B und B_1 nach außen gezogenen Gittergeraden wieder der ursprüngliche Zustand ein. In den von den Wänden AB und A_1B_1 ausgehenden Zonen nähern sich die Spannungen dem ursprünglichen Ausmaß nur, wenn die Bölzung gegen das Bauwerk abgestempelt oder der Zwischenraum ausgestampft wird.

Der Unterschied zwischen dem Gewicht des Bauwerkes und dem Gewicht des Erdaushubes bildet die wirksame Baulast. Die lotrechten und waagrechten Kräfte ändern sich im ideellen Raumgitter annähernd in der aus Abb. 50 ersichtlichen Weise. Das gestörte Gitterfeld zwischen AJ und A_1J_1 reicht theoretisch bis ins Unendliche. Die für das Verhalten des Baugrundes maßgebende Zone liegt nach den erwähnten Versuchsergebnissen innerhalb der von H und H_1, gegen die Oberfläche aufsteigenden Gittergeraden Hh und H_1h_1. Bei der Überlastung werden die von $GHgh$ umgrenzten Gitterfelder unter Abscherung längs der Fläche Gg und Hh einseitig oder zweiseitig ausgequetscht. Je tiefer die Grundfläche BB_1 unter der Geländeoberfläche AA_1 liegt, desto größer ist der Gegendruck der Überlagerung und der Scherwiderstand längs der Flächen Gg und Hh. Im grobkörnigen und festgelagerten Baugrund und im Fels wird der Fließzustand nur bei sehr hohen Drücken erreicht, daher die große Tragfähigkeit bei geringer Setzung.

Nach diesem Schema lassen sich Formeln für die Tragfähigkeit kreisförmiger oder streifenförmiger Lastflächen aufstellen. Bei den gewöhnlichen Hochbauten mit 3—4 m tiefen Kellergeschossen hat die Überlagerung meist geringeres spezifisches Gewicht und geringere Scherfestigkeit als die „tragfähige Schichte". Mechanisch ist das Problem für die mathematische Behandlung noch zu wenig geklärt. Hingegen lassen serienweise Versuche über Stempeldruck auf im Verhältnis zur Belastung genügend ausgedehnten einheitlichen und schichtenweise zusammengesetzten Bodenarten wertvolle Ergebnisse erwarten.

Die erfahrungsgemäßen Inanspruchnahmen sind wesentlich niedriger als die theoretischen Grenzlasten, weil sich bei höheren Beanspruchungen in der Praxis die stets vorhandenen Ungleichförmigkeiten des Baugrundes durch einseitiges Ausweichen und Schiefstellung des Bauwerkes geltend machen würden.

VII. Wechselwirkung zwischen Baugrube und Baulast.

Alle Theorien und Versuche lassen übereinstimmend erkennen, daß jede Baugrube und jedes Bauwerk von einem Spannungs- bzw. Störungsbereich umgeben ist, dessen Umgrenzung noch näher zu erforschen sein wird. Je nach dem Abstand freistehender Bauglieder (Säulen, Pfähle) oder Bauwerke sind die Störungsbereiche voneinander unabhängig, berühren oder durchdringen sich.

Bei Reihenhäusern durchschneidet die Baugrube des Neubaues stets den Störungsbereich des Nachbarbaues, die Verbauung soll daher an Lehnen stets von der tieferen nach der höheren Baustelle fortschreiten. Durchschneidungen werden wegen der niedrigen Fließgrenze besonders im Tonboden fühlbar. So ist z. B. die Sohle des Chicago-River durch die seitliche Druckwirkung der an den Ufern errichteten Hochhäuser gehoben worden[1].

Im kleinen liefern die Eisenbahnschwellen ein Bild der durch Stoß verstärkten Wirkung benachbarter Lasten auf einen preßbaren Baugrund, die bis zum vollständigen Fließen führen kann (Abb. 55).

Abb. 55. Aufquetschen der tonigen Dammkrone (nach E. Schubert, Org. Fortschr. Eisenbahnwes. 1899 Taf. XXII).

Die theoretische Untersuchung läßt sich mit Hilfe der Erddrucktheorie oder der Kraftfelder und Raumgitter durchführen.

Ersteres hat J. Schultze für benachbarte Pfeiler versucht[2]; das Schema der Beeinflussung benachbarter Kraftquellen und Senken hat Th. Wyss übersichtlich dargestellt[3]. Die schematisierte Beziehung zwischen örtlich entlasteten oder belasteten Raumgittern läßt sich sinngemäß aus den vorstehenden Abbildungen 43—46, 49, 50 und 52—54 ableiten.

VIII. Fließbewegung und Verdrängung im Halbraum.

1. Versuche.

Zwischen den Flüssigkeiten und den festen Körpern bestehen alle Übergänge, die sich mechanisch nur durch die Größe der Schubfestigkeit k oder die innere Reibung unterscheiden. Erreichen die Hauptspannungen den Grenzwert $s = 2k$, so kommen auch feste Körper ins Fließen. Sinkt die Last Q dabei um den Betrag Δh ein, so leistet sie eine Arbeit $Q \cdot \Delta h$. Im isotropen unendlichen Halbraum könnte das plastische Fließen nur durch den Gegendruck der ausgepreßten Masse zum Stillstand kommen. Breitet sich diese, ohne Spiegelhebung, aus, so muß ein Körper, der dichter ist als die umgebende Masse dauernd sinken.

Im geologischen Halbraum kommt das Sinken eines Bauwerkes zum Stillstand, wenn sich a) entweder die größere Dichte der tieferen

[1] Musil, F.: Die Absteifung von Baugruben für städtische Untergrundbahnen. Org. Fortschr. Eisenbahnwes. 1916 Heft 15.
[2] Schultze, J.: Bodentragfähigkeit. Z. angew. Math. Mech. 1923 S. 19.
[3] Wyss, Th.: Die Kraftfelder in festen elastischen Körpern. Berlin: Julius Springer 1926.

Schichten, b) die Umschließung der belasteten Masse oder c) der Gegendruck der ausgepreßten Masse geltend macht. Im Versuchsgefäß erzeugt die Verdrängung der tragenden Masse durch den einsinkenden Körper eine Auftreibung der Oberfläche (vgl. die Pfeile in Abb. 54), die bei reibenden Massen bleibend ist, bei zähflüssigen jedoch von einem langsamen und bei tropfbar-flüssigen von einem sofortigen Ausgleich bis zur Horizontalen gefolgt ist.

Die Gleichgewichtsform hängt davon ab, ob die Masse unter sofortiger Wiederverfestigung (Rekristallisation) in harten Schuppen und Spänen, in losen Körnern oder in bildsam bleibenden Schichten emporgedrängt wird, bei letzteren überdies vom Vorhandensein einer zugfesten Oberflächenschichte (z. B. Schwingrasen, Abb. 24).

Verfasser hat die Verdrängungserscheinungen beim Eindrücken eines Stempels in die röllige Füllung einer Glaswanne an gefärbten Einzelkörnern verfolgt. Die unmittelbar belasteten Körner werden vom Druckkegel schräg abwärts und auswärts gedrückt und dann an der Prandtlschen Schubfläche schräg nach aufwärts gefördert. Die Wände lenken die Gleitbretter allmählich in die Lotrichtung ab. Jeder Ruck nach abwärts erzeugt eine weiter nach außen liegende Schubfläche, an der neue Körner aufsteigen und die früher geförderten an der Oberfläche gegen den Stempel drängen. Der keilförmige Körper zwischen Schubfläche und Stempel erfährt an allen Flächen einen gleichsinnigen Antrieb und gerät in vollständige Wirbelbewegung. Die an die Oberfläche geförderten Körner häufen sich wallartig an, und um den Stempel bildet sich ein hohler Saugtrichter. Die Erscheinung entspricht vollkommen dem photographisch aufgenommenen Kurdjümoff-Effekt.

Bei einer anderen Versuchsreihe wurde die Glaswanne mit griffigem Mehl gefüllt, der Stempel 19 × 38 mm an der einen Längswand unter Bildung konzentrischer Ringe und Radialrisse 60,5 mm tief eingedrückt, und dann waagrecht mit der 38 mm breiten Seite als Druckfläche gegen die gegenüberliegende Wand bewegt. Hierbei konnte der Druckkörper nach oben ausweichen. Vor der Druckfläche schob sich eine vergrößerte Zone von konzentrischen Ringen mit Spiraltrajektorien vor, bis sie die gegenüberliegende Wand berührte. In diesem Augenblick zerteilte sie sich nach den Hauptschublinien und floß symmetrisch an den Wänden auseinander (Abb. 56a und b).

Die analoge Erscheinung ergab sich beim lotrechten Eindrücken von Stempeln.

Die Versuchsergebnisse erklären auch die von O. Strohschneider durch geringfügiges Eindrücken eines Stempels erzielten photographischen Bewegungsbilder[1]. In der losen Sandschüttung, deren Tiefe gleich dem 3,42fachen Durchmesser des Stempels war, sind die Boussinesqschen Trajektorien der konzentrischen Druckzwiebel durch den Einfluß des Gefäßbodens nur wenig in die Spiralform abgelenkt; im festgestampften Sand, dessen Tiefe nur den 2,24fachen Stempel-

[1] Strohschneider, O.: Elastische Druckverteilung und Drucküberschreitung in Schüttungen. Sitzgsber. Ak.Wiss. Wien, Math.-naturwiss. Kl. Bd.121, Abt. IIa, Febr. 1912, Abb. 2a und 2b.

durchmesser erreichte, zerteilte sich die Druckzwiebel bereits am Gefäßboden, und die Körner bewegten sich nach den Kurdjümoffschen Fließlinien.

Solange kein wesentliches Einsenken erfolgt, bildet sich im isotropen Halbraum unter der Baulast eine „Druckzwiebel" aus schalenförmigen Flächen gleicher Tangentialspannung mit den Hauptschubspannungs- oder Gleitlinien als Spiraltrajektorien. Diese Erscheinung entspricht dem von K. Terzaghi aufgestellten Schema der Bodenverdrängung durch Verdichtung[1] (vgl. auch Abb. 48).

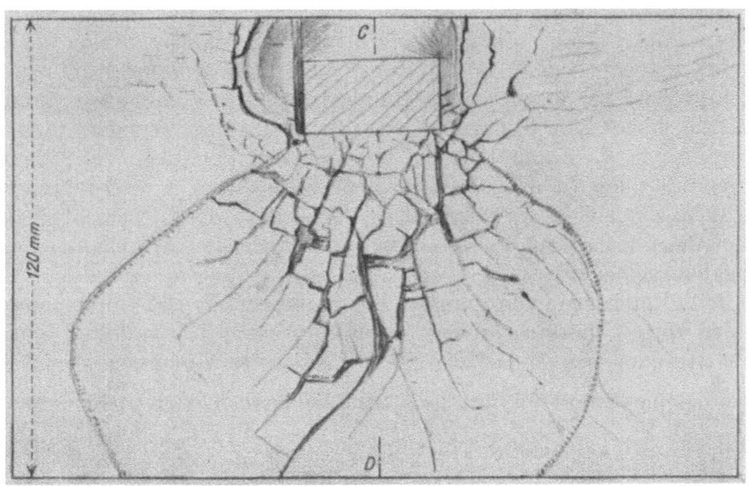

Abb. 56 a.

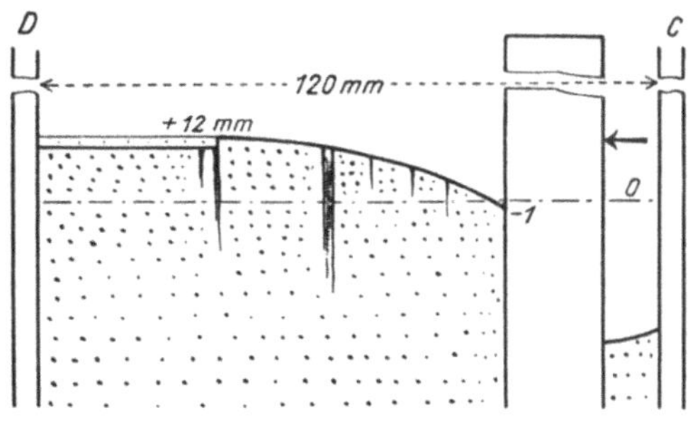

Abb. 56 b.

Abb. 56. Druckzwiebel an der Oberfläche einer lockeren Masse im Übergang zum Kurdjümoff-Effekt.
56 a. Draufsicht auf das Versuchsgefäß.
56 b. Schnitt *CD* durch das Versuchsgefäß.

Wird die Kornbewegung durch starre oder schwerverschiebbare Flächen von geringerer Reibung gehemmt, so gehen die Gleitlinien in die Kurdjümoffschen Fließlinien über, die mit der Reflexion eines Flüssigkeitsstrahles an einer festen Fläche verwandt sind (Wand- oder Bodenwirkung). Ist die Reibung an der festen Grenzfläche größer als die innere Reibung in der belasteten Masse, so tritt Verspannung ein (Auflagerwirkung). Es bedarf einer neuerlichen Drucksteigerung, um die Fließbewegung wieder in Gang zu bringen.

[1] Erdbaumechanik 1925 S. 240, Abb. 46a.

Beim Einsinken einer Baulast in die Überlagerung eines festen Untergrundes erfolgt die Bodenverdrängung im allgemeinen durch Verdichtung; ist die Stärke der Überlagerung kleiner als $3-4\,D$, so erfolgt sie in lockeren Massen nach dem Raumgitterschema Abb. 54 bzw. den Kurdjümoffschen Fließlinien und in elastischer Überlagerung nach den Prandtlschen Linien.

Geölte Holzstempel werden beim Eindrücken in plastischen Ton von diesem röhrenförmig umkleidet[1]. Pulverförmige Körper[2] und, wie die Rammversuche von J. G. v. Schoen[3] und K. Zimmermann[4] lehren, auch gröbere Sande umkleiden ein abgestumpftes Pfahlmodell, ähnlich wie der zähe Ton. Einzelne Zimmermannsche Versuche (a. a. O. Abb. 27 und 31, Rammtiefe 697 mm bei einer Sandtiefe von 930 mm) zeigen unter den Pfahlspitzen den Kurdjümoff-Effekt. A. v. Obermayer hat beim Eindringen des Stempels ein Ausweichen der Tonschichten nach den Seiten beobachtet, jedoch über die Oberfläche der Tonmasse keine Angaben gemacht.

Beim Eindrücken von zylindrischen Stempeln mit dem Durchmesser d in der Mitte zylindrischer, mit weichplastischem Ton gefüllter Gefäße vom Durchmesser D auf die Tiefe z fand der Verfasser: Wenn der Stempelquerschnitt mindestens $\frac{1}{10}$ des Gefäßquerschnittes einnahm, so löste sich der Ton ohne Verformung der Oberfläche schon beim Beginn des Eindrückens vom Gefäßrand und stieg rund um den Stempel gleichmäßig empor. Nahm das Querschnittsverhältnis $f:F$ bis auf $\frac{1}{20}$ ab, so schwoll die Oberfläche anfangs nur rund um den Stempel glockenförmig auf; das Hochsteigen trat erst bei $z > D$ ein. Bis $f:F = 1:50$ bildete sich nur eine kleine Schwellung rund um den Stempel, bei $f:F = 1:100$ sogar eine leichte trichterförmige Einziehung.

2. Beobachtungen an Bauwerken.

Ein bedeutendes Einsinken stempelförmiger Mauerkörper in einen weichplastischen oder zähflüssigen Untergrund ist eine Seltenheit. Die Begleiterscheinungen der ungewöhnlichen Widerlagersenkungen der Oražnica-Brücke[5] sind seinerzeit nicht ausreichend beobachtet worden.

Über die Form von in den Untergrund versunkenen Erd- oder Steinschüttungen geben die mit Hilfe zahlreicher Bohrungen durchgeführten Aufnahmen der schwedischen und finnischen Forscher Aufschluß. Unter der Schüttung wird die Oberflächenschichte wie bei einem Wasserkissen (vgl. Abb. 47) durchgebogen, seitlich derselben steigt sie auf. Zerreißt sie hierbei, wie in Abb. 24, so sinkt das Schüttungsgut je nach dem Unterschied der Dichte entweder steil in die Tiefe oder breitet sich unterhalb

[1] Obermayer, A. v.: Versuche über den Ausfluß plastischen Tones. Sitzgsber. Ak. Wiss., Wien, Math.-naturwiss. Kl. Bd. 58 II. Abt. (1868).

[2] Versuche des Verfassers.

[3] Schoen, J. G. v.: Versuche über die Verdrängung des Bodens beim Einrammen von Pfählen (in lehmigem Sand). Öst. Wschr. öff. Baudienst 1909 Heft 19.

[4] Zimmermann, K.: Die Rammwirkung im Erdreich. Berlin: W. Ernst & Sohn 1915.

[5] Vgl. Achter Teil, VIII. A. 2. Kninsko Polje.

der härteren Kruste aus, formt also sozusagen den Bodenwiderstand plastisch ab. Eine stärkere Neigung des festen Untergrundes, der wie der Gefäßboden im Versuch wirkt, erzeugt eine einseitige Verdrängung (Abb. 57).

Bei wenig geneigtem Untergrund erfolgt die Verdrängung, dem Druck im Schüttungskörper entsprechend, durch zahnwurzelartiges Vordringen nach beiden Seiten (Abb. 58).

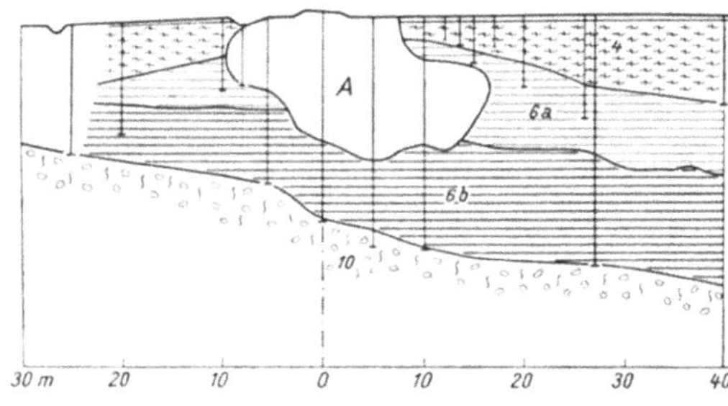

Abb. 57. Einseitiges Vordringen einer Schüttung im Moor entlang dem geneigten Untergrund (nach dem Schlußbericht der Geotechn. Kommission der Schwed. Staatsbahnen von 1922)
A Dammschüttung. *4* Gyttja. *6a* Postglazialer Ton. *6b* Glazialer Ton. *10* Moräne.

Verhindert man das Auseinandergleiten der Schüttung durch eine Prügel- oder Faschinenunterlage, so sinkt der Steinkörper (wie ein Stempel) geschlossen ein[1]. (Abb. 59.)

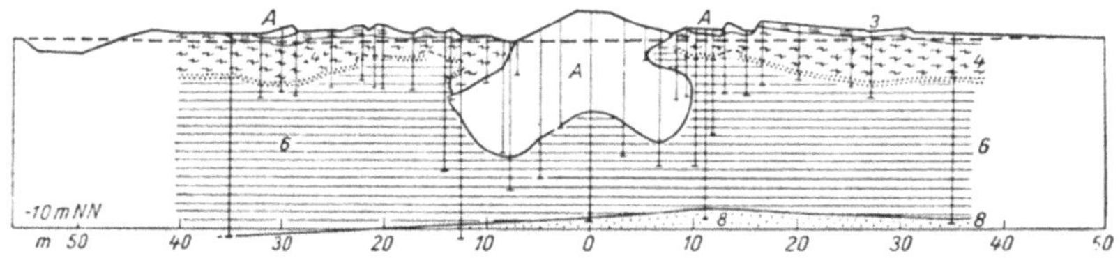

Abb. 58. Beiderseitiges Vordringen einer Schüttung mit freier Unterfläche.

Wenn das Schüttungsgut mit dem Schlamm einen beweglichen Brei bildet, tritt flächenhafte Ausbreitung ein.

Im einzelnen praktischen Fall setzen sich die Formen des Schüttungskörpers entsprechend der oft in kurzen Abständen wechselnden Beschaffenheit schlamm- und torfhaltiger Böden aus den beschriebenen Hauptformen zusammen. Außer dem Vorhandensein oder der Herstellung einer zugfesten Unterlage wirkt auch der technische Vorgang bei der Schüttung mit. Ein viel erörtertes Beispiel bieten die Steinschüttungen im Triester Hafen, in dessen Schlammgrund einzelne Molen sofort, andere nach jahrelangem Bestand versunken sind[2]. Um

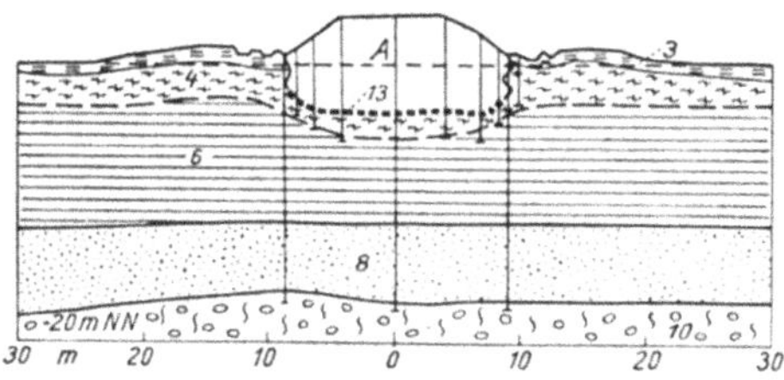

Abb. 59. Lotrechtes Einsinken einer Dammschüttung mit hölzernem Gründungsrost.

Abb. 58 u. 59. Dammschüttungen im Moor über ebenem Untergrund (nach Th. Brenner 1928).
A Anschüttung bzw. Dammschüttung. *3* Torf. *4* Gyttja. *6* Ton. *8* Sand. *10* Moräne. *13* Hölzerner Gründungsrost.

[1] Brenner, Th.: Beispiele von Massenverdrängung durch Bodenbelastung. Fennia Bd. 50 Nr. 19. Helsingfors 1928.

[2] Siehe Achter Teil, VIII. C. Triest und Fiume.

solchen Vorkommnissen vorzubeugen, baggert man zweckmäßigerweise die gefährlichen jungen Schlammschichten ganz oder teilweise aus. Die Steinschüttungen ruhen dann unmittelbar auf dem festgelagerten, z. B. diluvialen Untergrund oder pressen die verbleibende Schlammschichte rasch und ausreichend zusammen.

3. Der Einfluß der Zeit auf den Fließvorgang.

Wird ein Metall einer stetig zunehmenden Belastung unterworfen, so hängt der Verlauf der Last-Formänderungskurve von der Geschwindigkeit v der Belastungssteigerung ab[2]. Ist $v_1 > v_2 > v_3$, so gilt für die einer bestimmten Belastung zugeordneten Formänderungen $\lambda_1 < \lambda_2 < \lambda_3$. Versteht man unter v_3 eine praktisch unendlich langsame Steigerung der Belastung, so entspricht die Kurve v_3 den größten möglichen Formänderungen (Abb. 60).

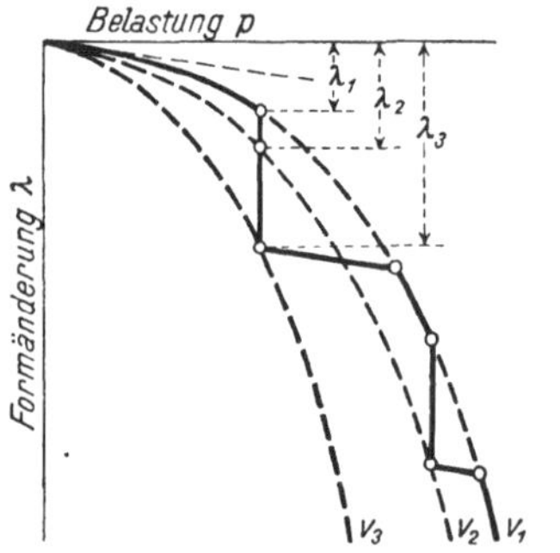

Abb. 60. Abhängigkeit der Formänderung von der Geschwindigkeit v der Belastungssteigerung (nach P. Ludwik 1909).

Wird die Belastungssteigerung (v_1) unterbrochen, so setzt sich die Formänderung bei konstanter Last bis zur Kurve v_3 fort (elastische Nachwirkung). Eine neuerliche Steigerung der Belastung erhöht die Streckgrenze bis zur Kurve v_1, nach der die weitere Formänderung bis zur nächsten Unterbrechung verläuft.

Fels, Schotter und Sand verhalten sich zumeist wie feste elastische Körper, bei denen die elastische Nachwirkung rasch gegen Null abnimmt. Sie kann bei preßbaren Bodenarten lange andauern und bei manchen Stoffen, wie Pech, Eis und Faulschlamm, in dauerndes Fließen übergehen. K. Terzaghi hat (1925) das Nachsinken fertiger Bauten auf Tongrund durch Spannungsänderungen im Porenwasser erklärt und die Methode der Vorausberechnung angegeben. Nachsetzungen lassen sich an fast allen alten Bauten beobachten. Die Nachsetzungen folgen möglicherweise allgemeinen Gesetzen des Fließens unter Überlastung; ihr Ausmaß ist jedoch nur auf sehr lockeren Feinsandböden, auf weichen Tonböden und auf organogenen Böden (Torf, Faulschlamm usw.) von größerer praktischer Bedeutung.

IX. Baugrundbelastung. Setzungen und Bewegungen der Bauwerke.

1. Die Tragfähigkeit des Baugrundes.

a) Belastungsversuche.

Fr. Engesser setzt die „Tragfähigkeit“ eines Baugrundes gleich der (ohne schädliche Setzung) zulässigen Belastung der Flächeneinheit. „Die Tragfähigkeit hängt von der Beschaffenheit des Erdmateriales,

[1] Ludwik, P.: Elemente der Technologischen Mechanik. Berlin: Julius Springer 1909.

von der Gründungstiefe t und von der Größe und Gestalt der Grundfläche F ab[1]." Die Entlastung der Grundfläche durch die Reibung am Umfang wird bei Hochbauten, Brückenpfeilern u. dgl. vernachlässigt.

Wegen der Schwierigkeit, aus den Festigkeitseigenschaften von Versuchskörpern mit freier oder umschlossener Oberfläche auf die zulässige Belastung des geologischen Halbraumes zu schließen, behilft sich die Praxis seit langem mit dem Modellversuch durch Stempelbelastung. Entweder wird ein allseits unter dem Gegendruck der Überlagerung stehender Teil der Baugrubensohle belastet,[2] was zu hohe Werte ergibt. Oder man setzt den Stempel auf eine freigelegte Fläche, innerhalb deren sich die Prandtlsche oder Kurdjümoffsche „Glocke" (vgl. Abb. 52 und 54) frei ausbilden kann, verzichtet also auf den Gegendruck der Überlagerung.

Wenn die unmittelbar belastete Schichte zwischen AB und GH der Abb. 61 aus Sand besteht, ist der Absolutbetrag der Setzung geringer und das Ausquetschen findet erst bei viel größeren Pressungen statt als im Ton.

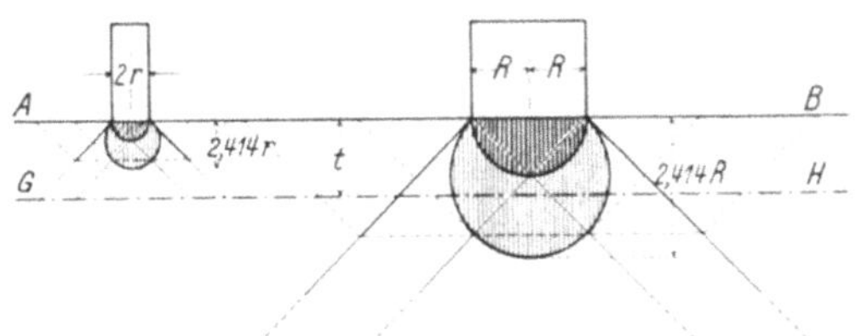

Abb. 61. Schema für die Tiefenwirkung der Baulasten bei gleicher Bodenpressung und verschieden großer Grundfläche (vgl. Abb. 44, 48 u. 54).

Das Maß der Setzung hängt wesentlich von der Tiefe t ab, in der das geologische Profil wechselt, und vom Verhältnis $\frac{2r}{t}$. Wird $t > r$, so vermindert sich der Einfluß des geologischen Profiles auf die Setzung.

Die durch Druckausstrahlung und Wanderung von Bodenteilen ausgeglichene Pressung darf auch die zulässige Inanspruchnahme der tieferen Schichten nicht überschreiten. Wird beispielsweise eine tiefliegende Torfschichte stark zusammengepreßt, so pflanzt sich die Senkung der Grenzfläche — genau so wie die Bodensenkung im Bergbau — aus jeder Tiefe allmählich und abgemindert bis zur Oberfläche fort.

Für alle wichtigeren Bauten soll man sicherheitshalber Belastungsversuche ausführen, die der Techniker jeder anderen Methode vorzieht, obwohl sie nur über das Verhalten der obersten Bodenschichten Klarheit schaffen.

Aus dem Lastsetzungsbild erkennt man, ob die Zusammendrückung des Bodens vorwiegend elastisch oder plastisch erfolgt, und in welchem Maß Nachsetzungen in den obersten Schichten zu erwarten sind. Die Strecke OA der Abb. 62 stellt die Beziehung zwischen der zunehmenden Belastung p und der Gesamtsetzung λ dar, AB die elastische Hebung um den Betrag e während der Entlastung, $OB = b$ die bleibende Setzung.

Wird die Belastung mit der gleichen Geschwindigkeit wie vorher wieder gesteigert, so verläuft die Formänderungskurve im belastet ge-

---

[1] Engesser, Fr.: Zur Theorie des Baugrundes. Zbl. Bauverw. 1893 S. 306.

[2] Jacoby, H. S., u. R. R. Davis: Foundations of Bridges and Buildings, New York 1914, S. 531.

wesenen Bereich flacher als vorher, wie es von der Hebung der Streckgrenze bei den Metallen (vgl. Abb. 42) bekannt ist — und lenkt bei C wieder in den Hauptast der Lastsetzungskurve ein. Zwischen AB und BC entsteht eine Hysteresisschleife[1], deren Inhalt ein Maß für die bleibende Formänderungsarbeit bildet. Die Tangente im Nullpunkt ist nach K. Terzaghi parallel zu den Sehnen der Hysteresisschleifen; cotg α bedeutet den Bettungswiderstand. Die Größenordnung der elastischen Nachwirkung läßt sich mit Hilfe von Zeitsetzungskurven für konstante Belastung (vgl. Abb. 60 und 62) bestimmen.

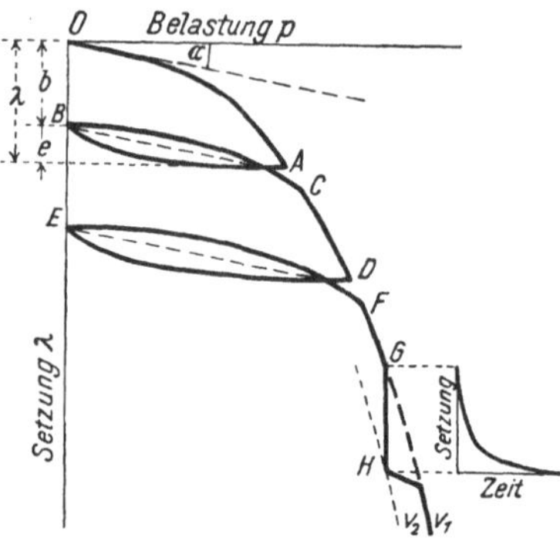

Abb. 62. Belastungs- und Entlastungszyklen und Zeitsetzungskurve (nach K. Terzaghi 1925).

Aus der Lastsetzungskurve lassen sich die Proportionalitätsgrenze und die Fließgrenze entnehmen. In der Regel wird die zulässige Inanspruchnahme des Baugrundes kleiner gewählt als die Proportionalitätsgrenze; sie darf keinesfalls zu nahe an die Fließgrenze reichen.

b) Zulässige Inanspruchnahme.

In der Baupraxis werden die Pressungen je Quadratzentimeter meist ohne Rücksicht auf die Form und Größe der Gründungsfläche, die entweder als Vollstempel (Pfeiler, Platte) oder als Hohlstempel (ringförmiger Grundriß) wirkt, nur nach der Bodengattung abgestuft. Außer dem Zurücktreten der Randwirkung bei großen Flächen wirkt der Druckausgleich durch Abwandern von Bodenkörnern von den stark beanspruchten zu den schwächer beanspruchten Stellen im Sinne dieser vereinfachten Annahme.

Jeder beobachtete Bau ist ein Belastungsversuch im großen. In Ländern mit entwickeltem Bauwesen sind fast immer vergleichbare Erfahrungswerte für die zulässige Inanspruchnahme bekannt, die nach Maßgabe der klimatischen, topographischen, morphologischen und geologischen Lage der Baustelle zu verwenden sind.

Nachstehend sind die erfahrungsgemäßen zulässigen Inanspruchnahmen für trockene Böden in flacher und ungestörter Lagerung zusammengestellt. Im Grundwasser vermindert sich die Tragfähigkeit in allen Fällen, in denen der Kurdjümoff-Effekt eintreten kann, da das Ausquetschen wesentlich von der inneren Reibung abhängt. Korn auf Korn gelagerte grobkörnige Bodenarten, die in der Regel leicht verkittet sind, widerstehen auch im Grundwasser hohen Drücken. Sandige Tone hingegen büßen bedeutend an Festigkeit und Tragfähigkeit ein. In fetten Tonen fehlt die Grundwasserbewegung; wasserführende Sandschichten erzeugen Gleitgefahr.

[1] Hinsichtlich der allgemeinen Bedeutung der Hysteresis sei auf A. Nádai: Der bildsame Zustand der Werkstoffe, Berlin: Julius Springer 1928, verwiesen.

Für die Wahl der Inanspruchnahme zwischen den Grenzwerten gelten im allgemeinen folgende Regeln:

Je jünger eine Ablagerung unter sonst gleichen Verhältnissen ist, desto geringer ist ihre Tragfähigkeit; der obere Grenzwert entspricht daher den älteren, dichteren Bildungen.

Je unruhiger die Lagerung ist, desto geringer wird die Tragkraft. Je jugendlicher eine Störung ist, desto mehr setzt sie die Tragkraft in ihrer Umgebung herab. Zermalmte und zersetzte Felsgesteine besitzen infolge ihrer Verspannung in der Regel eine etwas höhere Tragkraft als die mechanisch ähnlichen schotterigen, sandigen oder tonigen Ablagerungen.

Beim Zusammentreffen zweier oder mehrerer ungünstiger Eigenschaften des Baugrundes kann die zulässige Inanspruchnahme nicht mehr nach der Tabelle eingeschätzt werden.

Baubehördlich zugelassene Inanspruchnahme der häufigsten Bodenarten in trockener Lage

für eine beiläufige Setzung im Sand von 0—1 cm, im Ton von 2—3 cm.

	kg/cm^2
Planmäßig hergestellte Anschüttungen	0,5—1
Jungalluvialer Ton	1
Jungalluvialer Lehm	1
Jungalluvialer Feinsand (Silt)	1—1,5
Jungalluvialer scharfer Sand	2—3
Jungalluvialer Kies und Schotter	3—4
Altalluvialer Feinsand	2
Altalluvialer scharfer Sand	3
Altalluvialer Kies und Schotter	4—5
Dünensand	2
Löß	3
Diluvialer Ton, steifplastisch	2
Diluvialer Bänderton, steifplastisch, glimmerreich	2
Diluvialer Bänderton, steifplastisch, kalkreich	4
Diluvialer Mehlsand	3
Diluvialer scharfer Sand	4—5
Diluvialer Kies und Schotter	4—6
Tonreiche Grundmoräne aus kristallinen Gesteinen oder tonreichen Sedimentgesteinen	2—3,5
Grundmoräne mit höherem Kalkgehalt (Geschiebemergel)	4—6
Grundmoränenüberzug des Felsreliefs (hardpan)	5—7
Jungtertiäre (pliozäne und miozäne) Süßwasser-, Brackwasser und Meerestone, steifplastisch	3—4
Jungtertiäre Feinsande	3—4
Jungtertiäre Sande und Schotter bzw. Gerölle	4—7
Alttertiäre (oligozäne und eozäne) Brackwasser- oder Meerestone (Septarientone), steifplastisch	4—6
Alttertiäre Sande und Gerölle	4—7
Halbfeste Gesteine	8—12
Hartgesteine	15—40

2. Die Setzungen.

Die als zulässig erachtete Setzung richtet sich nach dem vorherrschenden Baugrund, der Bauweise und der Bedeutung des Bauwerkes. Bei schlammigem und stark preßbarem Untergrund werden Setzungen von

0,2—0,3 m zugelassen, gefordert wird nur, daß sie gleichmäßig erfolgen, wofür im allgemeinen folgende Grundsätze gelten:

Ungleich hohe (schwere) Bauglieder sind selbst auf gleichmäßigem Baugrund durch Setzungsfugen zu trennen. Auf ungleichem Baugrund müssen die Pressungen der Bodenbeschaffenheit angepaßt werden; außerdem ist an jedem stärkeren Wechsel der Bodenbeschaffenheit eine Setzungsfuge auszuführen.

Bestehen keine besonders großen Unterschiede zwischen den Baulasten bzw. Pressungen, so macht sich auf gleichmäßigem und tiefgründigem Baugrund hauptsächlich das lotrechte Zusammendrücken geltend. Örtliche Überlastung unter Türmen, Schornsteinen usw. führt notwendig zur seitlichen Bodenverdrängung und stört das Gleichgewicht der angrenzenden Bauwerksteile. Selbst bei gleichmäßigem Untergrund besteht dann die Gefahr des einseitigen Ausweichens und der Schiefstellung der Bauwerke.

Einseitige Bodenverdrängung und Schiefstellung tritt unbedingt ein, wenn sich innerhalb des Druck- oder Störungsbereiches nachgiebige Einschlüsse vorfinden, z. B. Anschüttungen über Schlamm; Torf und Dünen; Schlammsäcke, Schwimmsand und Wasserkissen. Die Baugrunduntersuchung muß daher stets über den belasteten Grundriß hinausreichen. Bekannte Beispiele von Schrägstellungen sind in der Reihenfolge der oben angeführten Ursachen: Der Mühlenbau in Tunis[1], das 1914/15 erbaute Post- und Telegraphengebäude in Zaandam[2], die Jurgens Oil Mill Works in Zwyndrecht (Setzung des Wasserturmes um 0,70 m, Unterfangung 1922)[3], der Münzturm in Berlin[4], der Getreidesilo in Transcona bei Winipeg, Canada[5]. Auch das völlige Versinken eines Strompfeilers der 3 × 112 m weiten Cornwall-Brücke über den Lorenzo-Strom wird auf einen Schlammsack in der im übrigen tragfähigen Grundmoräne zurückgeführt[6].

Eine andere Ursache einseitiger Setzungen ist die Auswaschung feinsandiger Schichten durch Grundwasserströme[7].

In stark geneigten Straßenzügen genügt das ungleich tiefe Einschneiden des Kellers in oberflächlich verwitterte oder erweichte tonige Schichten, um eine staffelförmige Senkung der talseitigen Mauerpfeiler hervorzurufen (Abb. 63). Solche Hangsetzungen sind z. B. in Wien an jedem Abfall zwischen den Terrassen wahrzunehmen. In einzelnen steileren Straßen scheinen virtuelle Gleitungen an älteren Bewegungsflächen beteiligt zu sein[8].

Daß geneigte Flächen des härteren Untergrundes eine einseitige Bodenverdrängung begünstigen, wurde bei den „schwebenden Schüt-

[1] Handb. Eisenbetonbau. III. Grund- und Mauerwerksbau, 2. Aufl. 1910.
[2] Zbl. Bauverw. 1924 Nr. 20.
[3] Engineering, London, v. 8. Febr. 1924; vgl. Achter Teil, V. 4. Die Niederlande.
[4] Vgl. Achter Teil, Abschn. V. 1. Berlin.
[5] Handb. f. Eisenbetonbau. III. Grund- und Mauerwerksbau, 3. Aufl. 1922 nach Engng. News 1913 S. 944.
[6] Engng. News 1898 II. S. 145, 174, 289, 419.
[7] Vgl. Achter Teil, VIII. B. 3. Pisa, der schiefe Turm.
[8] Vgl. Achter Teil, III. 3. Wien, 12. Bez.

tungen" im Schlammgrund gezeigt. Derartige Erscheinungen leiten bereits zum Bodenfließen und zu den Rutschungen hinüber. Hier sei noch auf das Abwandern ganzer Gebäudetrakte des auf schwach geneigtem Gelände errichteten Colegio nacionál in Paraná verwiesen[1].

Nicht jede Zerrüttung des Mauerwerkes ist auf Setzungen des Baugrundes zurückzuführen. Erdbeben, der Schub von Gewölben und Dachstühlen haben an alten Bauwerken häufig Risse und Versackungen erzeugt[2]. Andererseits werden weniger auffällige Erscheinungen oft als Schwindrisse (Putzrisse) angesehen, die in Wirklichkeit durch Verletzung des Druckbereiches der Hauptmauern entstanden sind. Insbesondere im Tonboden kann eine Bodenverdrängung nach neugeschaffenen Hohlräumen eintreten. So wurden z. B. beim Bau der Unterstraßentunnels in Chicago, als ein Unternehmer von der Schildbauweise mit Druckluft zum freien Vortrieb mit Zimmerung überging, zahlreiche Häuser von schweren Senkungsschäden betroffen. Beim Bau bzw. Umbau der Röhrenbahnen in London und beim Bau der Berliner Untergrundbahn gelang es, derartige Bodenverdrängungen fast vollständig zu verhüten.

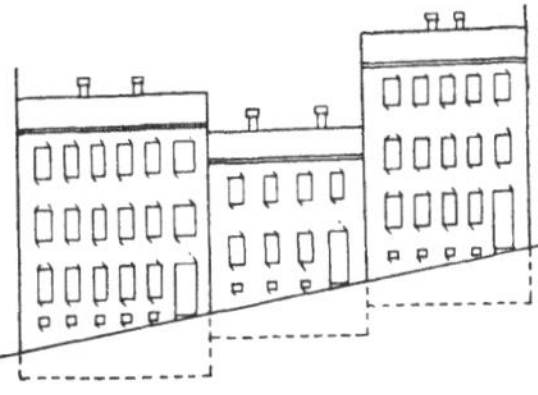
Abb. 63. Hangsetzungen.

Infolge ihrer weitgehenden Abhängigkeit vom geologischen Profil ist die theoretische Behandlung der Setzungen schwierig. Für die häufig auftretende Frage, ob Gebäudeschäden auf Setzungen des Baugrundes oder andere Ursachen zurückzuführen sind, gibt C. Russo praktische Hinweise[3]. Eine strengere Behandlung einfacher Setzungsfälle mit Hilfe der elastischen Kraftfelder hat S. Mastrodicasa angegeben[4].

3. Bewegungen der Bauwerke.

Schwingende Bewegungen, die vom Baugrund auf das Bauwerk übertragen werden und rhythmische Bewegungen infolge von Ebbe und Flut sind im Abschnitt V des Dritten Teiles behandelt. Beispiele finden sich im Achten Teil und seien hier noch durch eine Erfahrung aus London ergänzt.

In einem 6,1 m hoch von Ton überlagertem Tunnel unter der Themse erhielt Sir Basil Mott an einem Vertikaldehnungsmesser eine deutliche Ebbe- und Flutkurve, in der sich noch Spiegelschwankungen von 25 mm abzeichneten. Unterhalb des Themsebettes senkte sich der lotrecht belastete Tunnelscheitel bei Flut und stieg bei Ebbe wieder auf, im Ufergelände rief der von der Böschung her waagrecht fortgepflanzte Druck die entgegengesetzte Erscheinung hervor[5].

---

1 Achter Teil, IV. 2. Abb. 95.

2 Vgl. u. a. Achter Teil, VI. 4. Innsbruck.

3 Russo, C.: Le Lesioni dei Fabbricati, 3. Aufl., Turin 1925.

4 Mastrodicasa, S.: Applicazione delle linee isostatiche allo studio dei fabbricati lesionati per cedimento delle fondazione. G. Genio civ. v. 31. Juli 1922.

5 Wilson, J. S.: The Lateral Pressure and Resistance of Clay. Minut. Proc. Instn. Civ. Engr. London CXCIX (1915) S. 293.

Die Wirkung beweglicher Lasten auf den Baugrund läßt sich meist nur durch erfahrungsgemäße Abminderungen der Inanspruchnahme berücksichtigen. Bei der Standberechnung wird angenommen, daß die durch Wanderung der Verkehrslast hervorgerufenen Verlegungen der Stützlinie im ruhenden Bauwerk erfolgen. Im elastischen Bereich des Baugrundes trifft dies annähernd zu, im plastischen Bereich, der bei plastischen Bodenarten eben immer gegeben ist, ruft jede Verlegung der Last des Bauwerkes kleine Bewegungen im Baugrund hervor. Bewegungen des Auflagers wirken aber notwendig auf das Bauwerk zurück, auch wenn sie durch dessen Starrheit und Massenträgheit gedämpft werden. Jedenfalls überträgt ein Bauwerk mit veränderlicher Stützlinie auf den Baugrund außer dem Druck des Ruhezustandes, ähnlich wie die Eisenbahnschwelle (Abb. 55), auch eine mechanische Arbeit, was die Herabsetzung der Inanspruchnahme erheischt.

An den Trockendocks V und VI der Kieler Werft hat O. Franzius[1] festgestellt, daß jedes Dock bei der Füllung und Entleerung eine vollständige Abwärts- und Aufwärtsbewegung von der Größenordnung 2,5—5 mm als Gesamtkörper ausführt. Die Verbiegung der Docksohle durch Einlassen des Wassers erreichte am Scheitel des Docks V 20 mm, an der Pontonkammer 3 mm. Als Ursache der Bewegungen überhaupt sieht Franzius die Elastizität des Sandes an, als Ursache der Ungleichförmigkeit eine Stufe im ursprünglichen Gelände. Ähnliche Verhältnisse bestehen zweifellos auch bei den Schiffsschleusen.

Eine nicht aufgeklärte Bewegung vollführte der auf klüftigem Sandstein gegründete Mittelpfeiler 6 der Eisenbahnbrücke über den Potomac River bei Charlton[2], deren Felder Fünf-Sechs und Sieben-Acht bereits überspannt waren, als sich beim Vorschieben des 30,5 m weiten Tragwerkes für das Feld Sechs-Sieben der Pfeiler 6 auf einer Seite um 102 mm senkte und nach Entlastung wieder aufrichtete. Unter dem Gewicht einer Lokomotive senkte er sich elastisch um 19 mm. Als Ursache werden schlammerfüllte Spalten unter der Grundfläche vermutet.

X. Stoßartige Inanspruchnahme des Baugrundes (Pfahlgründung).

A. Der Einzelpfahl.

1. Rammarbeit.

Noch weniger als die Statik des Stempeldruckes ist die Dynamik des Eintreibens von Pfählen durch Schlagarbeit erforscht. Bezeichnet A die auf den Stempel oder Pfahl während der Zeit Z übertragene Arbeit, so hängt die Verdrängung allgemein vom Effekt $E = \frac{A}{Z}$ ab. Die Rammarbeit wird, solange der Pfahl noch wenig Widerstand findet, annähernd nach den Gesetzen für den Stoß zweier frei-

[1] Franzius, O.: Messungen von Bewegungen der Trockendocks V und VI der Kais. Werft Kiel. Z. Bauw. 1908 S. 83.

[2] Engng. News v. 27. Mai 1915.

beweglicher elastischer Körper übertragen. Die Formeln für den elastischen Stoß haben folgenden Geltungsbereich[1]:

1. Alle Formänderungen müssen am Ende des Stoßes elastisch ausgeglichen sein.
2. Kein Teil der lebendigen Kraft darf in eine andere Energieform übergehen, der Stoßvorgang muß energetisch umkehrbar sein.
3. Der Stoßvorgang muß beendet sein, bevor sich die Bewegungsgröße der stoßenden Körper durch neu hinzukommende Kräfte ändert.

Diese Bedingungen sind beim Rammstoß nicht erfüllt.

Wenn beim unvollkommen elastischen Stoß zweier Massen M_1 und M_2, die Masse $M_2 = \infty$ und ihre Geschwindigkeit = Null ist, so sagen die Formeln nur aus, daß die kleine Masse mit einer den Elastizitätsverhältnissen entsprechend verkleinerten Geschwindigkeit zurückgeworfen wird und einen Teil ihrer lebendigen Kraft verliert; beim vollkommen unelastischen Stoß kommt M_1 vollständig zur Ruhe. Aus den Schwingungen des Pfahlkopfes und dem Rückprall des Bären lassen sich demnach Schlüsse auf die Elastizität der durchrammten Schichten ziehen.

Steckt ein erheblicher Teil des Pfahles im Boden, so kann man nur eine allgemeine Arbeitsgleichung aufstellen, aus der sich die Summe der Eindringungswiderstände (W) berechnen läßt.

2. Rammformeln.

Die gebräuchlichen Rammformeln haben folgenden Bau[2]. Es bezeichne

R das Gewicht des Rammbären in kg,
h dessen Fallhöhe in cm,
Q das Gewicht des Pfahles (bzw. von Pfahl und Aufsatzstück) in kg,
F den Querschnitt des Pfahles in cm²,
E den Elastizitätsmodul des Pfahles in kg/cm²,
t die Eindringungstiefe des Pfahles in cm,
W den gesamten dynamischen Eindringungswiderstand in kg (an der Spitze angreifend gedacht).

Dann ist die Fallarbeit des Rammbären angenähert gleich der Formänderungsarbeit im Boden (1) + dem Verlust beim Stoß zwischen Rammbär und Pfahl (2) + der Formänderungsarbeit am Pfahl (3):

$$R \cdot h = \underset{(1)}{W \cdot t} + \underset{(2)}{R \cdot h \frac{Q}{R+Q}} + \underset{(3)}{\frac{1}{2} \frac{W^2}{F} \cdot \frac{l}{E}} + x$$

oder $$R \cdot h = W \cdot t + \mathfrak{V},$$

worin $\mathfrak{V}$ die veränderliche Summe der Arbeitsverluste [(2) + (3) + (x)] bedeutet. Letztere Form wurde von Ossant vorgeschlagen und von F. Kreuter und Ph. Krapf mit Hilfe von Rammversuchen den

[1] Berger, Fr.: Das Gesetz des Kraftverlaufes beim Stoß. Braunschweig: Fr. Vieweg & Sohn AG. 1924.

[2] Krapf, Ph.: Formeln und Versuche über die Tragfähigkeit eingerammter Pfähle. Leipzig: W. Engelmann 1906.

Bodenverhältnissen anpaßbar ausgebaut. Auch die starre Engineering News-Formel $R \cdot h = W \cdot t + W \cdot c$ hat analogen Bau.

Löst man die allgemeine Gleichung nach dem Eindringungswiderstand W auf, so erhält man die Formel von Redtenbacher und durch verschiedenartige Bewertung der Arbeitsverluste (2) und (3) die meisten anderen Formeln.

Brix geht von der Arbeitsgleichung $W \cdot t = \frac{1}{2}\frac{Q}{g} \cdot u^2$ aus, worin $u = \frac{R \cdot v}{R + Q}$ die Geschwindigkeit nach dem Stoß des Bären gegen den ruhenden unelastischen und frei beweglichen Pfahl bedeutet. Für u und um so mehr für W ergibt die im Hochbau beliebte Formel zu große Werte. Als Tragkraft darf nur ein kleiner Bruchteil von W zugelassen werden.

Da für die Verdrängungsarbeit beim Stoß gegen einen im Boden steckenden Pfahl kein einfacher Ausdruck besteht, verwendet man die Formel $R \cdot h = W \cdot t + \mathfrak{V}$ und bestimmt die Summe aller Arbeitsverluste $\mathfrak{V}$ durch Rammversuche. Nach Krapfs Ramm- und Belastungsversuchen mit Holzpfählen in dem aus Lehm, Torf und Laufletten bestehenden Schwemmland des Rheintales oberhalb des Bodensees läßt sich die Beziehung zwischen Fallhöhe und Eindringungstiefe als Gerade darstellen, wenn man die Verdrängungsarbeit mit einem vom Baugrund abhängigen Reduktionsfaktor σ einführt.

3. Sicherheitsbeiwerte.

Für das Verhältnis der statischen Grenzbelastung zum berechneten dynamischen Eindringungswiderstand W, d. h. für die Reduktionsziffer $\frac{1}{\sigma}$, fand Krapf Werte von 0,33 bis 0,67.

Nach anderen ohne Rücksicht auf die Bodenbeschaffenheit abgeleiteten Rammformeln beträgt die zulässige Belastung eines Pfahles $\frac{1}{2}$ bis $\frac{1}{12}$ der rechnungsmäßigen Tragkraft. Die Krapfschen Reduktionsziffern liefern die statische Grenzbelastung; als zulässige Inanspruchnahme ist ein wesentlich kleinerer Wert zu wählen, da die langsamen Nachsetzungen nicht ausreichend berücksichtigt sind.

4. Neuere Ergebnisse.

K. Terzaghi unterscheidet den dynamischen Eindringungswiderstand, der während des Eintreibens besteht, von dem statischen, der dem Einpressen des Pfahles unter ruhender Last (Stempeldruck) entgegenwirkt. Wenn die Hohlräume des Bodens von Luft erfüllt sind oder der Bewegung des Porenwassers nur geringen Widerstand entgegensetzen (scharfer Sand, Kies), so erreichen die Spannungen im Boden sofort ihren Endwert. Der Unterschied zwischen statischem und dynamischen Eindringungswiderstand ist in diesem Fall gering, und die Rammformeln liefern unmittelbar die Tragkraft des Pfahles. Zur Verdichtung von Anschüttungen eignen sich die stark konischen Pfähle; in lockeren Sanden erzeugt die Erschütterung eine zusätzliche Verdichtung durch Einrütteln. In Sand oder Kies von natürlicher dichter Lagerung lassen sich Holzpfähle höchstens 5 m tief eintreiben; größere Tiefen sind nur durch Vorbohren oder Einspülen erreichbar.

Wie beim Stempeldruck bildet sich unter dem Pfahl eine verdichtete „Zwiebel" und um den Mantel eine Fließzone. Von der Schlagarbeit wird ein Teil zur Überwindung der Reibung in der Fließzone verwendet („Mantelreibung"), der Rest wird zum Antrieb des Pfahles und zum Eintreiben der Spitze in den gespannten Boden verbraucht („Spitzenwiderstand"). Ist die Spitze in dichtgelagerten Sand oder Kies eingedrungen, so ist der Pfahl im allgemeinen spitzenfest geworden, er trägt einen Teil der Last als Säule. Der durch die Mantelreibung „abgebürdete" Teil der Belastung zylindrischer Pfähle läßt sich durch den Zugversuch bestimmen. Der vom Mantel stark verjüngter Pfähle (Konuspfähle) auf den Boden übertragbare Druck und ebenso die Reibung am Pfahlmantel sind jedes für sich größer als der Widerstand beim Ziehen des Pfahles.

Größenordnung der Mantelreibung gerammter Pfähle nach Zugversuchen.

	Mittelwert in t/m²		Mittelwert in t/m²
Moor	0,7	Weicher Lehm	3—4
Laufletten	1,5	Lose gelagerter Sand	3,5
Sandiger Meeresschlamm	1,8—2	Steifer Ton	6—9
Feinster lehmiger Silt	1,8—2	Festgelagerte Anschüttung aus Lehm, Mergel und Sand	8
Weichplastischer Ton	1,8—2	Reiner Sand	9—12
Sandig-toniger Flußschlamm	3		

In weichen tonigen Böden ist der dynamische Eindringungswiderstand wesentlich größer als der statische. Die Rammformeln liefern daher zu große Werte für die Tragkraft, und deshalb belastet man die Pfähle erfahrungsgemäß nur mit $\frac{1}{6}$ bis $\frac{1}{12}$ des Rechnungswertes. Terzaghi hat eine sorgfältige Analyse des Rammens im plastischen Ton und im Schlamm durchgeführt[1], und erklärt die erfahrungsgemäßen Erscheinungen mit dem Widerstand, den diese Bodenarten der Strömung des durch örtliche Drucksteigerung verdrängten Porenwassers entgegensetzen. Je rascher der Pfahl eingetrieben wird, desto größer ist der hydrodynamische Eindringungswiderstand. Wenn das verdrängte Porenwasser nach längerer Rammpause von der Umgebung aufgenommen wurde, sinkt die scheinbare Tragkraft, und der Pfahl „zieht" wieder.

Im feinsandigen Schlamm wird das reichlich austretende Porenwasser am Pfahlmantel aufwärts getrieben und schmiert ihn. Während der Rammpausen wird es aufgesaugt, die Tragkraft erhöht sich scheinbar, da die ersten Rammschläge anfangs die volle Reibung überwinden müssen. Nach Ziehversuchen ist die Reibung je Flächeneinheit des Pfahlmantels im Schlamm unabhängig von der Pfahltiefe.

5. Einfluß des geologischen Profiles.

Eine Hauptschwierigkeit für die Verarbeitung der Ergebnisse ausgeführter Rammarbeiten liegt darin, daß die geologische Beschaffenheit

[1] Erdbaumechanik 1925.

der durchrammten Schichten und die aufgewendete Rammarbeit nicht ausreichend bekannt werden. Im ehemals vergletscherten Teil Europas werden überwiegend spitzenfeste Pfähle ausgeführt. In Küstengebieten kommen tiefgründige Schlammböden, im Gebiet der nordamerikanischen Vereisung tiefgründige Tonböden vor, in denen der feste Untergrund auch mit 25 m langen Pfählen nicht erreichbar ist. In Delta- und Lagunengebieten wechselt die Bodenbeschaffenheit oft sprunghaft. Abb. 40 zeigt den Zusammenhang zwischen der (bloß durch die Zahl der Rammschläge gekennzeichneten) Arbeit und der Abnahme der Eindringungstiefe mit der Annäherung an den tragfähigen Geschiebemergel.

6. Modellversuche.

Einigen Einblick in den Vorgang bei der Bodenverdrängung gewähren die Modellversuche von J. G. v. Schoen[1] und K. Zimmermann[2], von denen man trotz versuchstechnischer Mängel mit Wahrscheinlichkeit auf die rotationssymmetrischen Erscheinungen schließen darf. Die schon erwähnte Fließzone rund um den Pfahl besteht aus konzentrischen Rohren von Bodenteilen, die der Pfahl aus den durchrammten Schichten mitzieht, und zwar bei stumpfen Pfählen in höherem Ausmaß als bei spitzen.

Zimmermann bestimmte die Verdichtung durch Wägung ausgestochener Bodenproben. Der Bereich der Gewichtszunahme stimmt mit der sichtbaren Verformung der Schichten überein und hat einen Durchmesser von 3—4 D, wenn D den Pfahldurchmesser bezeichnet. Das Höchstmaß der örtlichen Verdichtung war a) bei prismatischen und zylindrischen Pfählen 0,03, b) bei verjüngten Pfählen 0,06.

	a)	b)
Auf den ganzen Verdichtungsring zwischen 4 D und D bezogen, war die durchschnittliche Verdichtung	0,016	0,032
Von der vom Pfahl verdrängten Bodenmasse wurden in den Verdichtungsbereich gedrängt	0,24	0,48
wurden längs des Pfahles geschleppt	0,76	0,52

Die seitliche verdichtende Wirkung stark verjüngter Pfähle war versuchstechnisch doppelt so groß als jene der zylindrischen Pfähle.

Die Gewichtskurve erreicht ihren Höchstwert im Abstand D von der Pfahlachse und ihr Verlauf deutet auf eine Kornverdrängung nach logarithmischen Spiralen, als deren Folge sich die Oberfläche rund um den Pfahl gehoben hat.

In dem im Verhältnis zum Modellpfahl zu kleinen Versuchskasten von Schoen kommt nur die Ausbildung der Druckzwiebel zum Ausdruck, die vom tiefsten vollen Querschnitt des Pfahles ausgeht; weniger deutlich ist die zylindrische Fließzone. Auch die Zimmermannschen Modellpfähle wurden zu nahe an den Boden des Versuchskastens getrieben, dessen Gegenkraft die Zwiebel zum beiderseitigen Abfließen brachte. (Vgl. a. a. O. den Kurdjümoff-Effekt in Abb. 27 und 31; in Abb. 31 am festeren natürlichen Sandboden.)

---

[1] Schoen, J. G. v.: Versuche über die Verdrängung des Bodens beim Einrammen von Pfählen. Öst. Wschr. öff. Baudienst 1909 Heft 19.

[2] Zimmermann, K.: Die Rammwirkung im Erdreich. Versuche auf neuer Grundlage. Berlin: W. Ernst & Sohn 1915.

Bei den Versuchen des Verfassers mit trockenen rölligen Schüttungen ging das Eindrücken des Stempels unter mäßigem Druck vor sich, solange sich die ganze Fließzone wirklich „im Fluß" befand. Wurde der Stempel entlastet, so verspannte er sich derart, daß sich die Versuchseinrichtung daran hochheben ließ; zum weiteren Eindrücken war eine wesentlich größere Kraft erforderlich, bis die Fließzone wieder in Bewegung gebracht war.

7. Vorgänge im Baugrund.

Ein allgemeines Kennzeichen dafür, ob die Fließzone sich beim Aufhören des Druckes bzw. der Rammschläge verspannt, gibt das Verhalten des Hohlraumes nach dem Ziehen des Pfahles. Schließt sich die Öffnung durch Zurückrollen oder plastisches Hereindrängen des Bodens, so übt sie beim Stillstand des Vortriebes einen erhöhten Druck auf den Pfahl oder Stempel aus.

Solange der Baugrund vollkommen homogen ist, wandert die verdichtete Druckzwiebel der Spitze voraus, bis sie an eine widerstandsfähigere Schichte stößt. Der Kurdjümoff-Effekt ist von einer Auflagerwirkung begleitet, die sich durch Bildung eines Gegenkegels ausdrückt wie beim Druckversuch zwischen reibenden Platten (vgl. Abb. 64).

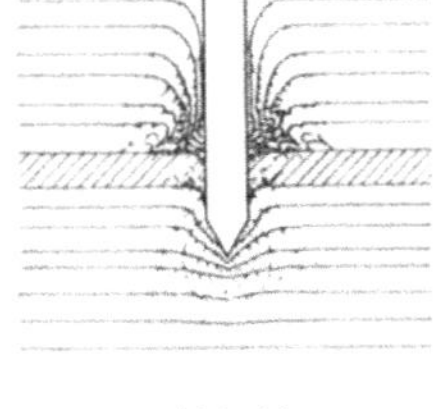

Abb. 64. Vorgänge im Rammgrund.

Die röhrenförmig mitgeschleppten Bodenkörner stauchen sich an der Obergrenze der härteren Schichte, in die nur die Spitze eindringt. Im unterliegenden Boden wiederholt sich der ursprüngliche Vorgang.

Vermag der Pfahl nicht einzudringen, so wird die ganze Schlagarbeit in Schwingungen umgesetzt, der Pfahl wird losgerüttelt; schließlich kommt das Holz oder Eisen selbst ins technologische Fließen, und zwar entweder allseitig (Bürstenbildung) oder einseitig (Pfeifenbildung). Solche Pfähle sind spitzenfest.

Ursprünglich waagrechte Schichten des gleichmäßigen Baugrundes werden bei Annäherung der Spitze durchgebogen, zur Seite gedrückt und schließlich mitgeschleppt. Ist eine weichere, bildsame Schichte eingeschaltet, so wird sie durch die Druckzwiebel ausgequetscht, und die unter Spannung stehende Druckzwiebel dringt in die nachgiebige Zone ein (Knotenbildung). Die Streckung oder Verbreiterung der den Pfahl begleitenden Fließschicht bildet daher den wechselnden Widerstand des Baugrundes in ähnlicher Weise ab wie der in ein vorgebohrtes Loch eingestampfte Ortbetonpfahl[1].

Über die Bodenverdrängung im hochplastischen Baugrund lassen sich derzeit noch keine sicheren Angaben machen, die Erscheinungen dürften ähnlich verlaufen wie im Sand; der Durchmesser des Störungsraumes ist wahrscheinlich kleiner als $3\,D$.

[1] Vgl. die Grundkörpermaschine Sechster Teil III. 2. b.

8. Tragkraft.

Bei genau zylindrischen Pfählen muß erst die Mantelreibung überwunden werden, bevor der Rest der Schlagarbeit auf die kegelförmige Spitze wirkt. Ein stark konischer Pfahl kann als Verbindung einer langen und einer kurzen Pfahlspitze betrachtet werden, die gleichzeitig unter Schlagwirkung stehen. Die untere Druckzwiebel an der Spitze wird von einer weniger verdichteten Druckzwiebel des Mantels umhüllt, der Fließbereich ist breiter als beim zylindrischen Pfahl, die Tragkraft größer (vgl. Kornwanderung und Schleppung im Sand bei den Zimmermannschen Versuchen).

Die Tragkraft wird durch allmählich bis zur Grenzlast gesteigerte Belastung eines Probepfahles bestimmt. Da der Pfahl (= Stempel) auf dem durch das Rammen verdichteten Baugrund steht und auch von der Mantelreibung getragen wird, weicht die Lastsetzungskurve anfangs wenig von einer Geraden ab, biegt aber von der Grenzlast an scharf nach abwärts. Aus der Lastsetzungskurve läßt sich die der zulässigen Setzung des Pfahles entsprechende Belastung oder Tragkraft unmittelbar ablesen.

Aus dem Rammprotokoll lassen sich die entsprechenden dynamischen Widerstände W berechnen. Das Verhältnis $\frac{T}{W}$ liefert den Krapfschen Reduktionsfaktor zur Ableitung der statischen Tragkraft aus dem dynamischen Eindringungswiderstand (siehe Punkt 2 und 3). Es empfiehlt sich, die Beiwerte für die verwendete Rammformel fallweise durch mehrere Belastungsversuche zu bestimmen.

Spitzenfeste Pfähle setzen sich sehr wenig; die Tragkraft wird häufig nach Erfahrungsregeln beurteilt, z. B. in Berlin für Moor und Schlamm über festgelagertem Sand: Wenn ein Pfahl unter dem letzten Schlag eines Bären von 1 t Gewicht und 1 m Fallhöhe weniger als 10 mm eindringt, so beträgt seine Tragkraft für Hochbauten 20—25 t[1]. Weniger eindeutig ist die amerikanische Regel für Brücken: Wenn der Pfahl unter der letzten Hitze (the last few blows) eines Rammbären von 2000 lbs (rund 907 kg) und 25 Fuß (rund 7,6 m) Fallhöhe nur mehr 1 Zoll (25,4 mm) eindringt, vermag er 25 t zu tragen[2].

Für schwebende Pfähle im Schlamm- oder weichen Tongrund ist die durch Versuch ermittelte Lastsetzungskurve mit Hilfe einiger Zeitsetzungskurven auf ihren erst nach längerer Zeit eintretenden Endwert zu reduzieren, der die von Nachsetzungen freie Tragkraft liefert.

B. Pfahlgruppen.

Nach K. Zimmermann ist der mittlere Durchmesser des Störungsraumes im sandigen Boden gleich dem 3—4fachen Pfahldurchmesser D. Die äußeren Störungsgrenzen berühren sich, wenn der Pfahlabstand ebenfalls gleich $3\,D$ bis $4\,D$ beträgt:

für D = 0,2	3 D = 0,6	4 D = 0,80 m
D = 0,3	3 D = 0,9	4 D = 1,20 „

[1] Bernhard, K.: Baugrundbelastung. Zbl. Bauverw. 1907 Nr. 36.

[2] Belastungsnorm des Brückenbüros der National Transcontinental Railway, Canada. Engng. Rec. Vol. 69 (1914) Nr. 14.

Bei den erfahrungsgemäßen Pfahlabständen würden sich daher die Verdichtungszonen gegenseitig beim Rammen nicht mehr beeinflussen, sie sind kritische Mindestabstände.

Schwebende Pfähle werden wesentlich von der Mantelreibung in der Schleppzone getragen, außerdem von den verdichteten Zwiebeln. Bei spitzenfesten Pfählen überschneiden sich die Druckzwiebeln in der tragfähigen Schichte, da aber die Setzung im ganzen unbedeutend ist, hat die Überschneidung keine praktischen Folgen.

Wählt man die Pfahlentfernung kleiner als $3D$ bis $4D$, so wird die Bewegung der Bodenkörner beim Rammen des zweiten Pfahles durch den ersten Pfahl gehemmt, usf. Bei Pfahlgruppen, die von der Mitte gegen den Umfang gerammt werden, ist die Verdrängung nach innen gehemmt, nach außen frei wie im Halbraum. Schreitet das Rammen vom Umfang gegen die Mitte fort, so durchschneidet jeder neue Pfahl den Spannungsbereich seiner Vorgänger, die Umschließung wird immer vollkommener und die Verdichtung des Kernes immer stärker. Beim Rammen der innersten Pfähle wird im organischen Schlamm Wasser ausgepreßt, im plastischen Ton hebt sich die Oberfläche, oder es werden die äußeren Pfähle hochgetrieben.

Die Umschließung einer Baugrube durch eine tiefgerammte Spundwand hat ähnliche Wirkung; wenn eiserne Spundwände eine zugfeste Umschließung bilden, rufen sie eine wesentliche Erhöhung des Eindringungswiderstandes hervor.

Die Tragkraft einer Gruppe oder eines Feldes schwebender Pfähle ist nur dann gleich der Summe der Tragkräfte der Einzelpfähle, wenn der Pfahlabstand größer als $3D$ (bis $4D$?) ist; bei kleinerem Pfahlabstand verteilt sich die Last annähernd gleichmäßig auf eine Fläche, deren Umgrenzung die äußeren Pfahlmittel im Abstand $3D$ umzieht.

Die Tragkraft einer Gruppe oder eines Feldes spitzenfester Pfähle ist so lange gleich der Summe der Tragkräfte der Einzelpfähle, als die Aufteilung der Gesamtlast auf die vorstehend umschriebene Fläche keine Überlastung des tragenden Untergrundes hervorruft.

Achter Teil.

Regionale und topographische Baugrundgeologie.

I. Regelfälle des Baugrundes (Untergrund-Typen).

1. Technische Regelfälle des Baugrundes.

Im Bauwesen setzt man herkömmlicherweise voraus, daß ein Baugrund nach der Tiefe zu immer tragfähiger wird. Entweder indem eine verwitterte und gelockerte Oberflächenschicht allmählich in das anstehende feste Gestein übergeht, oder indem unter einer künstlichen oder natürlichen, nicht tragfähigen Überlagerung in mäßiger Tiefe sprunghaft eine tragfähige Schichte von Ton, Sand, Schotter oder Fels auftritt.

Diese beiden, tatsächlich sehr häufigen Fälle, in denen das Grundwasser nicht wesentlich erschwerend wirkt, werden als „guter Baugrund" bezeichnet, der eine einfache oder natürliche Gründung zuläßt.

Im „ungünstigen Baugrund" hat die Überlagerung so große Mächtigkeit und das Grundwasser so großen Einfluß, daß man zur „künstlichen Gründung" (Absenkung von Brunnen, Schächten, Senkkästen; Pfahlgründung; Grundwasserabsenkung) schreiten muß.

Ein Baugrund, der innerhalb der bauwirtschaftlich erreichbaren Grenzen nach der Tiefe zu weder allmählich noch sprunghaft fester wird, heißt „schlechter Baugrund", die Gründung wird als „schwebend" betrachtet. Als „besonders schwierig" gilt der Baugrund, wenn er unter einer Schuttdecke oder Austrocknungskruste weicher, also weniger tragfähig wird; wenn unter einer tragfähigen Decke eine leicht zusammendrückbare oder verdrängbare Schichte folgt; wenn die Baugrube Sohlenauftrieb erfährt oder gespanntes Grundwasser aufschließt; wenn sich im Untergrund natürliche oder künstliche Hohlräume befinden. Bei Unterlassung ausreichender Untersuchungen treten die geologischen (bzw. topographischen) Eigenheiten als „Überraschungen" oder „Schwierigkeiten" auf, die immer Überschreitungen der Bausumme und nicht selten Fehlausführungen nach sich ziehen.

Die technischen Regelfälle können unter den verschiedensten geographischen und geologischen Verhältnissen vorkommen und reichen daher zur vergleichbaren Kennzeichnung eines Baugrundes nicht aus.

2. Mechanische Regelfälle des Baugrundes.

Wenn die Arbeitsweise der Baustatik und der Baustoffkunde ohne Einschränkung anwendbar wäre, müßte sich das mechanische Verhalten des Baugrundes aus der Baulast und der Beschaffenheit der belasteten Schichte eindeutig vorausbestimmen lassen. Im Siebenten Teil „Baugrundmechanik" wurde gezeigt, daß die Baugrundbelastung im wesentlichen als Stempeldruck auf ungleichförmig zusammengesetzte, verschieden mächtige und verschiedenartig gelagerte, manchmal auch veränderliche Massen zu betrachten ist, und daß das Maß der Setzung infolge Zusammendrückung und seitlicher Verdrängung außer von der unmittelbar belasteten Schichte auch von den unterhalb folgenden Schichten abhängt. Vom mechanischen Standpunkt sind daher folgende Regelfälle zu unterscheiden:

Fall 1. Von der Oberfläche gegen die Tiefe fester werdender Baugrund:

a) allmählich fester werdende sandige und tonige Böden, ferner Hartgesteine unter der Verwitterungsschicht;

b) Überlagerung und tragfähige Schicht in scharfer Abgrenzung.

Da die mechanischen Wirkungen der Baulast mit zunehmender Entfernung von der belasteten Fläche abnehmen, verschwinden sie bei gleichzeitig zunehmender Festigkeit des Baugrundes praktisch in geringem Abstand. Die zulässige Inanspruchnahme richtet sich nach der unmittelbar belasteten Schichte und erzeugt geringe Setzungen; eine Überschreitung der erfahrungsgemäßen Inanspruchnahme vergrößert die Setzung nicht beträchtlich.

Im Falle a) gründet man bei ausschließlich lotrechten Lasten mindestens in der Frosttiefe und unterhalb derselben schon in jener Tiefe, bei der die gewöhnliche Mauerbreite eine zulässige Inanspruchnahme ergibt.

Im Falle b) richtet sich die Gründung nach der Tiefenlage der tragfähigen Schichte und den Grundwasserverhältnissen.

Fall 2. Von der Oberfläche nach der Tiefe weniger fest werdender Baugrund.

a) Allmähliche Abnahme der Festigkeit: In allen über dem Grundwasser liegenden Tonen bildet sich eine von lotrechten Schwindspalten durchzogene Austrocknungskruste. Das Maß der Austrocknung hängt allgemein vom Klima (Niederschlagsverhältnisse, Sonnenbestrahlung, Temperatur, Wind) ab, für einen bestimmten Punkt zudem von seinen Abständen von der Oberfläche und den grundwasserführenden Schichten. In Mitteleuropa reicht die zerklüftete Austrocknungszone meist weniger tief als die Kellergeschosse, die in den steifplastischen Ton hineinreichen. Erfordert das Bauwerk eine tiefere Gründung, so ist die Bodenpressung erforderlichenfalls, dem höheren Wassergehalt bzw. der höheren Plastizität des Tones entsprechend, zu vermindern.

Unter Konglomeratbänken trifft man nicht selten weniger gebundene Kies-, Sand- und Feinsandlagen.

b) Unstetige Abnahme der Festigkeit: Es folgt z. B. auf die harte Austrocknungskruste, Schuttdecke u. dgl. unvermittelt weicher Ton oder Triebsand; oder es liegen unter sandig-schottrigen Schichten Faulschlammschichten, Torfschichten u. dgl. Leichte Bauwerke lassen sich mit sehr geringer Bodenpressung auf den festen Oberschichten gründen; schwere Bauwerke würden die Kruste durchbiegen oder durchbrechen. Ihre Gründung wird in der Regel nur dadurch möglich, daß der Fall b) auf die oberen Erdschichten beschränkt ist, unter denen sich wieder der Regelfall 1 des fester werdenden Baugrundes einstellt.

Fall 3. Von der Oberfläche gegen die Tiefe unregelmäßig wechselnde Festigkeit des Baugrundes.

Die Unregelmäßigkeit kann herrühren a) von der Ablagerung: In Strand- und Deltagebieten wechseln häufig nicht preßbare Geröll-, Geschiebe- und Sandlagen mit stark preßbaren Tonschichten oder organogenen Schichten. In den ehemals vergletscherten Gebieten haben Eiszeiten und Zwischeneiszeiten verschiedenartige Ablagerungen ineinandergeschachtelt. Die Absätze in Gletscher- und Moränenseen, die Einschaltung von Torflagern, Dünen, Wasserkissen usw. erzeugten unberechenbare Einzelheiten. Gründungsverfahren und zulässige Belastung hängen davon ab, in welchem Maß die nachgiebigen Schichten am seitlichen Ausweichen bzw. am Einpressen in Überlagerung und Untergrund verhindert sind.

b) Von der mechanischen Beanspruchung in der geologischen Vergangenheit: Neuere Erfahrungen haben die Verbreitung und Jugendlichkeit der Überschiebungen kennen gelehrt. Längs der tektonischen Schubbahnen sind selbst Hartgesteine zerquetscht (mylonitisiert) und haben ihre ursprüngliche Festigkeit eingebüßt. Ähnliche Wirkungen im kleinen hat das Vorschreiten des Inlandeises auf die oberen, den heutigen Baugrund bildenden Schichten ausgeübt (vgl. Abb. 19). Durch waagrechte Kräfte (Wasserdruck, Gewölbeschub, Seitenkräfte infolge Belastung) können Bewegungen längs alter Scherflächen wiederaufleben.

Alte Rutschmassen am Fuß der Talgehänge und an den Rändern ehemaliger Seebecken sind mitunter erst beim Anschneiden an ihrem Gefüge und der Ineinanderarbeitung verschiedenartiger Bildungen erkennbar. Ihre Oberfläche ist meist tragfähiger als das Innere, in das manchmal noch weiche Massen eingekapselt sind. Gleitgefahr und zulässige Belastung stark durchbewegter Böden (vgl. Abb. 19, 69, 70, 81, 82, 105, 108) lassen sich nur auf Grund genauer Untersuchungen beurteilen.

3. Geologische Regelfälle des Baugrundes.

Die wichtigsten geologischen oder geographischen Typen des Baugrundes, denen eine besondere Einheitlichkeit und weltweite Verbreitung zukommt, sind im zweiten bis fünften Teil des Buches allgemein behandelt. Zur Grundlage der Typenbildung kann man z. B. nehmen a) die Entstehung, b) die Gesteinsbeschaffenheit und c) das Alter der Bildungen.

a) Die Sedimentbildung und ihre faziellen, chemischen und petrographischen Verschiedenheiten, die Bildung von Massengesteinen unter Einwirkung auf das Nebengestein, die Gebirgsbildung (Tektonik), und die Umwandlung der Gesteine durch Diagenese, Metamorphose und Verwitterung, schaffen eine Unzahl von Baugrundtypen.

Technisch maßgebend sind meist: Die Fazies (Tiefsee-, Flachsee-, Süßwasser- oder Festlandsbildung), die Baustoffe (Quarz, Feldspat, Glimmer, Kalk usw.), die Korngrößen (Grobschutt, Gerölle, Schotter, Sand, Schlamm, Ton), häufig auch die Lagerung. Unter den nicht verfestigten Ablagerungen bilden bestimmte Geländegestalten (Moränenwälle, Flußterrassen, Deltas, Schwemmkegel usw.) genetisch und morphologisch ausgeprägte Baugrundtypen.

b) Die Gesteinsbeschaffenheit ist wichtig für das Bauen auf Hartgesteinen und im Schwemmland, zu dem sie den Baustoff geliefert haben. Sie bestimmt die Größenordnung der klimatischen und chemischen Wirkungen und beeinflußt die Geländeformen. Gebiete kristalliner Gesteine, von Sandsteinen, von Tongesteinen und von Kalkgesteinen seien als scharf abgegrenzte Typen angeführt. Als gut erforschtes Beispiel eines Salz- und Gipsgebietes wird die Stadt Lüneburg behandelt. Die meisten Beispiele betreffen nicht verfestigte Bildungen.

c) Vergleichbar sind stets nur Bildungen ähnlicher Entstehung und Gesteinsbeschaffenheit (z. B. Sandsteine, Sande und Tone) und ähnlicher Tektonik. In gefalteten Gebieten ist die geologisch ältere Bildung meist wasserärmer und fester als die jüngere, die Diagenese ist besonders in den Tonen weiter vorgeschritten. In ungestörten

Gebieten mit waagrechter Lagerung ist mit dem höheren Alter nicht immer eine höhere Verfestigung verbunden[1].

In der Oberflächenzone jüngerer Bildungen kann das höhere geologische Alter sogar von geringerer Festigkeit begleitet sein; so ist z. B. der alpine Deckenschotter meist tief verwittert und der ursprüngliche Kornverband durch Auflösung der Kalkgeschiebe gestört. Andererseits sind jungdiluviale kalkreiche Schotter nicht selten zu fester Nagelfluh verkittet.

4. Wirklichkeitsfälle des Baugrundes.

Es gibt kein starres Schema, in das sich alle Baugrunderfahrungen einreihen ließen. In der Praxis bewährt sich am besten die Beurteilung nach der klimatischen, topographischen, morphologischen und geologischen Lage des Baugrundes. Nur wenn drei von diesen vier Lagegrößen unverändert bleiben, kann die vierte technisch verglichen werden. Das gilt sinngemäß auch für die vorstehend angegebenen Regelfälle des Baugrundes.

Das Baugelände großer Städte, Wasserkraftanlagen und Verkehrsbauten umfaßt stets mehrere Baugrundtypen, man sollte daher nicht schlechtweg von einem „Baugrund von Berlin" u. dgl. sprechen. In größeren Baugebieten ist nur die klimatische Lage so wenig veränderlich, daß sie außer Betracht bleiben kann. Bedeutung und Zusammenhang der anderen Lagegrößen ergeben sich am klarsten aus Gebietsbeschreibungen, d. h. aus der topographischen Geologie von Wirklichkeitsfällen. Die wichtigsten Gebiete sind zuerst geologisch, d. h. in der Reihenfolge der Entstehung der einzelnen Schichtglieder geschildert, und sodann technisch, in der entgegengesetzten Reihenfolge, in der die Schichten beim Abteufen der Baugrube angetroffen werden. In den einzelnen Baustellen wiederholen sich die baugrundmechanischen Regelfälle.

In den vorausgehenden allgemeinen Kapiteln sind zahlreiche Bauerfahrungen als Beispiele angeführt, die sich mit Hilfe des Sachverzeichnisses als Ergänzung der gebietsweisen Darstellungen heranziehen lassen. Alle Erfahrungsangaben dienen dazu, die Gefahrenklassen der verschiedenen Baugrundtypen anzudeuten und zu zeigen, daß jede der vier Lagegrößen ausschlaggebend werden kann. Der Lage der großen Städte entsprechend, überwiegen die Beispiele aus dem Binnengebiet; die jüngeren Schwemmlandböden (verlandete Seen, Deltas und Flachküsten) sind ausführlich behandelt. Die Beispiele sind entweder nach dem geologischen Alter der für die Baugrundverhältnisse wichtigsten Bildungen oder nach morphologischen Großformen geordnet. Im technischen Teil gelangt auch die Baugeschichte hervorragender Bauwerke zur Geltung.

II. Salz- und Gipsgebiete.

Lüneburg.

Über die eigenartigen Untergrundverhältnisse von Lüneburg hat Stadtgeometer F. Bicher umfangreiche Erhebungen durchgeführt. Seinen Mitteilungen sei folgendes entnommen.

[1] Vgl. Zweiter Teil 6. und Achter Teil, VIII. B. 1. Leningrad.

1. Geologische Verhältnisse.

Der im allgemeinen aus diluvialen und tertiären Schichten bestehende Untergrund von Lüneburg wird von einem fast senkrecht emporgestiegenen Salz- bzw. Gipshorst durchragt, der bei seinem Aufsteigen die überlagernden Schichten der Trias und der Kreide mit emporge-

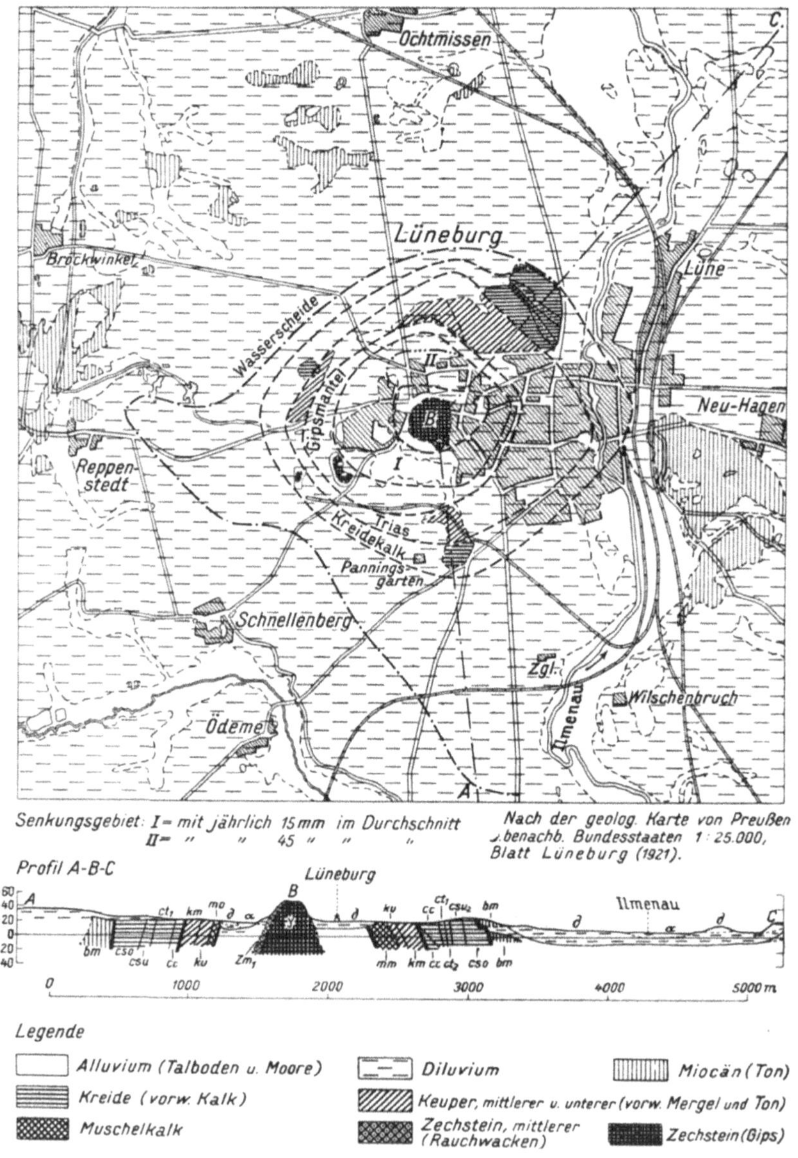

Abb. 65. Geologische Kartenskizze von Lüneburg mit Einzeichnungen von F. Bicher.

hoben hat (vgl. Geologisches Profil der Abb. 65). Unter dem Gipshut steht in etwa 40 m Tiefe (= 23 m unter N. N.) das Steinsalz an, das in den Tiefbohrungen bei 1330 m noch nicht durchsunken ist. Die geringe Tiefenlage des Salzes begünstigt den Zutritt des Tag- und Grundwassers, und die den Horst ummantelnden Kreidekalk- und Triasschichten senken sich trotz ihrer Härte infolge der Auslaugung des Salzstockes. Das Senkungsfeld reicht noch weit über die äußeren Grenzen der Kreideablagerungen hinaus bis zu der über die Höhenrücken des Diluviums verlaufenden natürlichen Wasserscheide (vgl. Abb. 65). Das Einsinkungsgebiet ist durch etwa 20 Tiefbohrungen, über 1200 Flächenbohrungen und mehrere Kalk- und Tongruben gut aufgeschlossen.

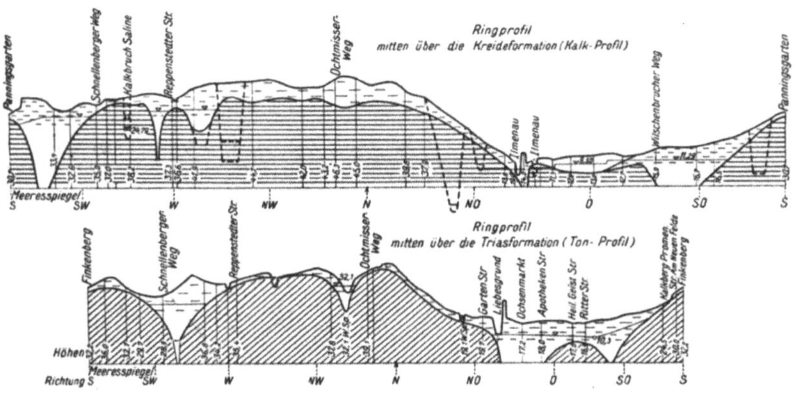

Abb. 66. Lüneburg. Ringprofile von F. Bicher zur Veranschaulichung der hydrogeologischen Verhältnisse. Längen 1 : 60000. Höhen 1 : 6000.

Der Baugrund im engeren Sinne (bis rund 10 m unter Tag) würde, wenn man von der Wirkung des tieferen Untergrundes absieht, allen Ansprüchen genügen. Unter 0,5—1 m Humus liegen diluviale und tertiäre Sande und Tone von stellenweise großer Mächtigkeit. Triebsandnester sind häufig. Im allgemeinen sind die Sande, Tone und Lehme festgelagert, standfest und tragfähig. Ursache der Bodensenkungen ist die auflösende Wirkung des Wassers im Gips- und Salzgebirge. Die über dem Salz auftretenden Senkungen verursachen weit weniger Schaden als die Erdfälle im Gips.

Der Zutritt des Wassers zu beiden Gefahrzonen von unten her ist noch unbekannt; von oben her ist er an die Risse und Spalten im Gebirge und an die Mulden in der Oberfläche der Kreide- und Triasschichten gebunden (vgl. Abb. 66). Die Wasserverhältnisse im tieferen Untergrund sind noch wenig erforscht; die Lage der Solquellen und Süßwasserquellen ist sichtlich von den geologischen Grenzlinien abhängig, an die auch die Senkungserscheinungen und Erdfälle gebunden sind.

2. Bodensenkungen.

Zur Beurteilung der Senkungserscheinungen bedarf es einer ausgreifenden und dauernden Beobachtung und der alljährlichen Wiederholung des Festpunktnivellements. Obschon die Senkungen an sich ziemlich regelmäßig vor sich gehen, lassen die Jahresdurchschnitte

1911	1912	1913	1914	1915	1920	1921	1922	1923	1924	1925	1926	1927	1928
15	9	7	5	11	18	32	19	18	17	14	8	21	8 mm

vermuten, daß das ganze Gebiet sich auch ruckweise setzt. Die einzelnen Bauwerke nehmen an den Bodensenkungen nicht gleichmäßig teil, da die Spannungen im Bauwerk und zwischen den Bauwerken mitwirken. Lüneburg hat zwei Senkungsgebiete: ein großes von rund 130 ha in unmittelbarer Nähe der Hauptsolquelle mit durchschnittlich jährlich 15 mm und ein kleines von rund 14 ha, 0,8 km nördlich der Hauptsolquelle, mit durchschnittlich jährlich 45 mm Senkung. Als Ursache der stärkeren Senkung wird Grundwasserabfluß in einen nahegelegenen 45 m tiefen Kalkbruch vermutet, der in den letzten 30 Jahren vertieft worden ist.

3. Erdfälle.

Im Jahre 1913 ereignete sich nördlich der Solquelle, am sogenannten „Meer" ein großer Erdfall, bei dem 6 ha Stadtgebiet eingestürzt sind. Die der Hauptsolquelle westlich benachbarten „Sülzwiesen" von etwa 14 ha liegen mindestens 18 m tiefer als das umgebende Gelände, was auf einen Erdsturz in alter Zeit zurückzuführen sein dürfte. Man darf nicht alle Schäden an den Häusern dem Salinenbetrieb zuschreiben, der die Sole vorzugsweise aus Tiefen von mindestens 200—300 m bezieht; die Sole hat durchschnittlich 16° C, die in 40 m Tiefe liegende Oberfläche des Salzes gegen 10° C Temperatur. Erdfälle im verbauten Gebiet sind ferner urkundlich überliefert aus den Jahren 1486, 1566, 1592, 1608, 1623, 1650, 1659, 1664, 1670, 1740, 1756, 1787, 1842, 1879, 1883, 1894, 1905, 1914, 1915, 1925 und 1926.

4. Folgen der Bodenbewegungen.

Die von den Senkungen betroffenen Häuser stehen bis zu 17° schief und weisen Risse auf, besonders an den Randlinien des Gipses. Außerhalb des Senkungsgebietes ist die Schiefstellung einzelner Türme, wie z. B. des Johannesturmes mit 2,12 m Überhang nach SW auf 106 m Höhe, unabhängig von ihrer geologischen Lage. Wie bei anderen Türmen in Norddeutschland, dürfte der Erbauer den massigen Turm mit Absicht gegen den vorherrschenden SW-Wind geneigt haben. Gebäude wandern an den Grenzscheidewänden (Feuermauern) bis zu 55 cm in rund 300 Jahren, teils in paralleler Stellung, teils mit Gegen- oder Auseinanderdrehungen der Giebel. Einfriedungsmauern und ganze Häuserfronten verbiegen sich. Maschinenanlagen — insbesondere Kolbenmaschinen erleiden durch die Bodensenkungen empfindliche Betriebsstörungen.

Auch die Randsteine der Straßen sowie die Gas-, Wasser- und Kanalleitungen verbiegen sich; erst in jüngster Zeit sind an einer Stelle auf 80 m Länge 60 cm Ausbiegung beobachtet worden. In den Rohrleitungen sind Übereinanderschiebungen bis 12 cm und Auseinanderziehungen bis 3 cm nichts Seltenes. Die häufigen Undichtigkeiten bei den Gasleitungen erfordern besondere Vorsicht. Bei Undichtigkeiten der Wasserleitungen fließt das austretende Wasser — im Gegensatz zum senkungsfreien Gebiet — unbemerkt in den Untergrund ab, und das Gebrechen wird erst nach Wochen durch das Mitreißen von Sand bemerkbar. Die meist mit geringer Neigung ausgeführten Straßenkanäle verlieren im Laufe weniger Jahre ihre Gefälle und erzeugen dann unhaltbare Zustände.

Da der Grundwasserspiegel nicht im gleichen Maße sinkt wie die Erdoberfläche, geraten die Tiefstellen immer mehr in das Grundwasser, das schließlich in den Kellern auftritt. Künstliche Senkung des Grundwassers würde sofort erhöhte Senkungen der Nachbarschaft herbeiführen. Aus diesem Grunde mußte 1914 der Lüneburger Gipsbruch still gelegt werden, und am sogenannten Schildstein führte die Grundwassersenkung schon 1760 zu einem Prozeß mit der 3,5 km entfernten Ortschaft Reppenstedt wegen Trockenlegung aller Brunnen.

5. Bauweise und Gebäudeerhaltung.

Die meist aus Backsteinen 30 × 14 × 9 cm mit Gipsmörtel gebauten mittelalterlichen Häuser haben im allgemeinen keine besondere Fundierung, aber man hat damals den Senkungen bzw. Rißbildungen durch lange große Eichenbalken begegnet. Nur die auf Bodenschwellen errichteten und ausgefachten Häuser zeigen fast gar keine Zerstörungen, während alle rein massiven Bauten verfallen sind, darunter die Lambertikirche, Marienkirche, Graalhospital, Benediktinerhospital, Langehofhospital, Tafeldeckerhaus, Seminar, Landgericht usw.

Die Bodensenkungen führen selten zum Einschreiten der Baupolizei, da sie meist nur erhöhte Instandhaltungskosten und ein schlechtes Aussehen der Gebäude nach sich ziehen. Die inmitten des Senkungsgebietes stehende Michaeliskirche hat allein in diesem Jahrhundert schon rund eine Million Mark an Reparaturen erfordert. Außerdem haben herabfallender Verputz und Mauersteine schon öfters Personen beschädigt. Öffentliche Bauten sollen in diesem Gebiet nicht mehr errichtet werden.

Nach Stadtgeometer Bicher lassen die neueren Bauwerke hinsichtlich Material und Bauart keinen Vergleich mit den alten Bauwerken zu. Der Zementmörtel soll an Dauerhaftigkeit hinter dem früheren Gipsmörtel zurückstehen, trotz dessen unangenehmer Eigenschaft des Ausblühens. Weder Stampfbeton noch Eisenbeton, noch Holz oder Eisenpfahlroste vermögen den Senkungsvorgängen wirksam zu begegnen. Stahlbauten sind in Lüneburg noch nicht zur Verwendung gekommen. Wer sicher bauen will, soll diesen Untergrund meiden, oder nur leichtes Eichen- oder Eisenfachwerk, 1—2 Geschosse hoch, mit gedrungenem Grundriß und möglichst wenig Massivmauerwerk ausführen.

6. Schutzmaßnahmen.

Die Bodensenkungen haben zur Abgrenzung eines Schutzbezirkes geführt und verlangen besondere baupolizeiliche Vorschriften für: Die Anlage von Bergwerken und tiefen Kalk- und Tongruben, Sprengungen; den Betrieb von großen Grundwasserpumpen; die Anlage von Tiefbrunnen (Salz- und Gipswässer zur Dampferzeugung nicht geeignet!); Tiefbohrungen (im Salz wieder mit Tonkugeln verfüllen!); Betonfundamente im Wasser von hohem Mineralgehalt; den Verkehr mit schweren Dampfwalzen u. dgl.; Rohrleitungen; ferner für hohe Fabrikschornsteine und Türme; Mauerstärken; freitragende Decken und Treppen; das Schleifen (Ziehen) von Schornsteinen; scheitrechte Fenster- und Türstürze usw. Freistehende Brandgiebel sind unzulässig, Auflagerung und Richtung der Deckenträger müssen der Senkungsgefahr entsprechen. Die Beanspruchung der Baustoffe bedarf von Fall zu Fall besonderer Festsetzung, ebenso die Dichtung von Kellern usw. innerhalb des Grundwassers.

Die künftige Entwicklung einer solchen Stadt ist von den störenden Erscheinungen möglichst unabhängig zu gestalten. Die Einteilung des Baugebietes in Gefahrenklassen wird in den meisten Fällen nicht zu umgehen sein. Bei Bebauungs- und Parzellierungsplänen sind die neuen Straßen den geologischen Zonen entsprechend anzuordnen, die Anlage von Durchzugsstraßen für schweren Lastwagenverkehr ist zu vermeiden. Da die völlige Sperrung uralter Stadtgebiete für die Bautätigkeit große wirtschaftliche Schäden nach sich ziehen würde, so wird man bloß die Neubauten möglichst einschränken und das Senkungsgebiet für Sportplätze, Parkanlagen u. dgl. verwerten. Die Vorflut der städtischen Kanalisation soll dieses Gebiet nicht berühren.

Zu den Ausführungen von F. Bicher sei ergänzend bemerkt, daß F. Behme eine, viele Einzelangaben, Quellenschriften und gute Abbildungen enthaltende Beschreibung des Lüneburger Senkungsgebietes veröffentlicht hat[1] und daß beim Umbau des Lüneburger Schlosses[2] Unterschiede in den Fußbodenhöhen von 25—30 cm, und zwischen Erdgeschoß und zweitem Obergeschoß Abweichungen der Umfassungsmauern von der lotrechten um 18 cm festgestellt wurden. Der von F. Bicher so günstig beurteilte Gipsmörtel hatte wohl in trockenen Mauern die Härte von Muschelkalk erlangt; wo er dauernd der Nässe ausgesetzt ist, „besitzt er fast die Weichheit von Löschkalk“ und treibt beim Quellen selbst meterdicke Mauern auseinander.

III. Tertiärbecken.

1. London.

I. Geologische Verhältnisse.

1. Das Londoner Becken.

Der südwestliche Teil von England wird von dem Londoner Tertiärbecken gebildet, das zeitweilig mit den großen Tertiärbecken von Paris und Brüssel in Verbindung war. Ein wiederholter Wechsel von sandigen

---

[1] Behme, F.: Geolog. Führer durch die Lüneburger Heide, 1. Teil. Die Wunder des Untergrundes von Lüneburg. Hannover: Hahnsche Buchhandlung 1929.

[2] Regbm. Warnemünde: Das neue Land- und Amtsgericht in Lüneburg, ein Schloßumbau. Zbl. Bauverw. 1927 Nr. 9 S. 73.

und tonigen Ablagerungen zeigt an, daß die Höhenlage unter dem Meeresspiegel in der Tertiärzeit große Veränderungen erfahren hat.

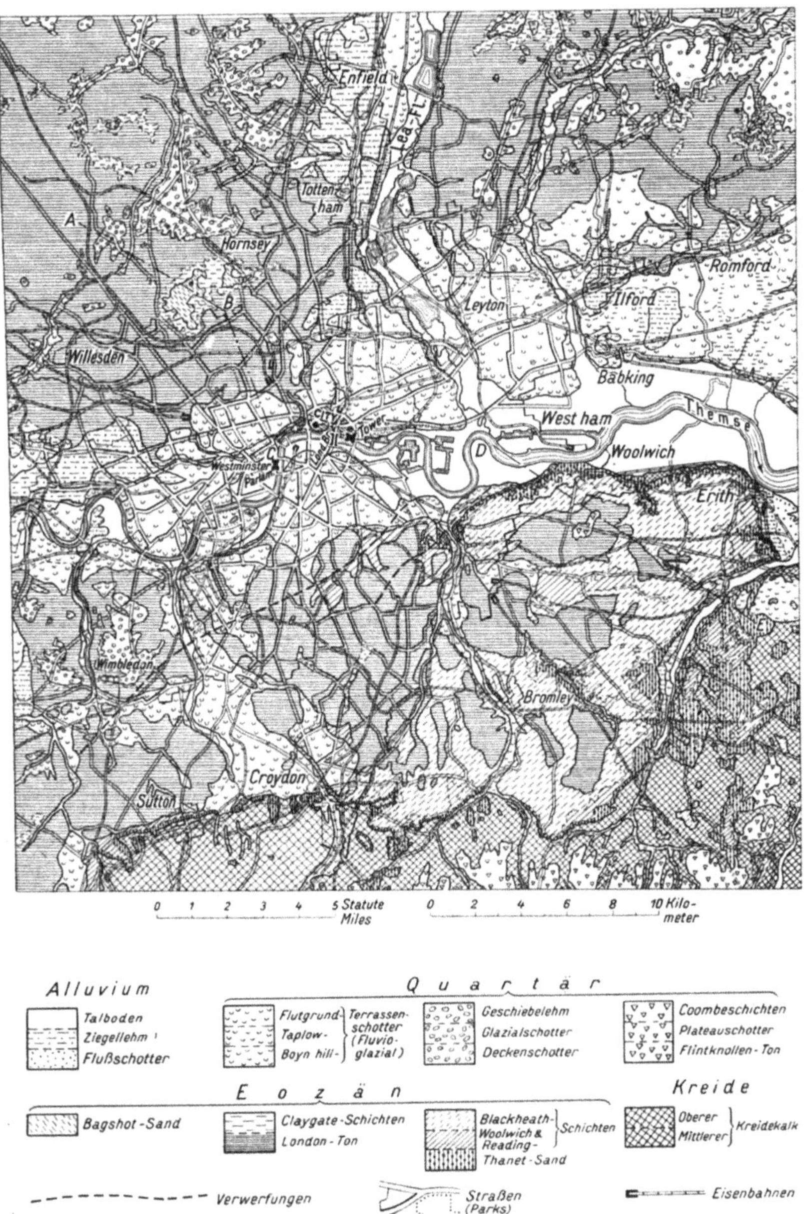

Abb. 67. Geologische Kartenskizze von London (nach den Aufnahmen 1921 bis 1925 des Geological Survey of Great Britain).

Der tiefere Untergrund des Gebietes von London besteht aus oberen und mittleren Kreidekalken und Juragesteinen. In Tiefen von über 300 m wurde der obere alte rote Sandstein des Devon erbohrt. Sämtliche Schichten liegen in äußerst flachen, im Nordflügel wenig und im Südflügel der Mulde etwas stärker gestörten parallelen Faltenzügen, deren Hauptstreichen zwischen WNW und NW schwankt.

Die neue Aufnahme des Londoner Beckens durch den Geological Survey of Great Britain umfaßt vier mit Profilen versehene Kartenblätter im Maßstab 1:63 360 (256 North London, 1925; 257 Romford, 1925; 270 South London, 1921 und 271 Dartford, 1924), nach denen

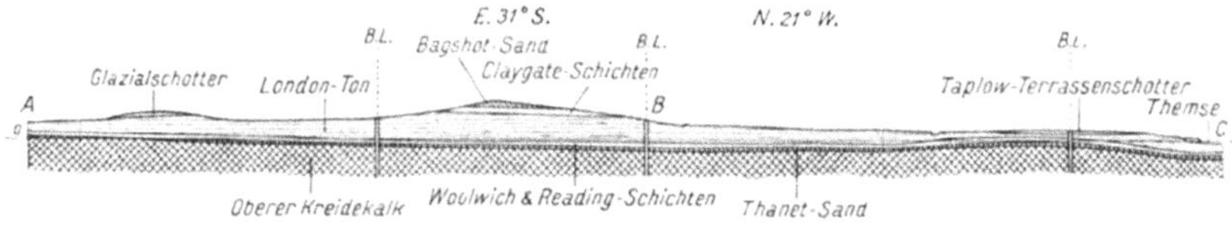

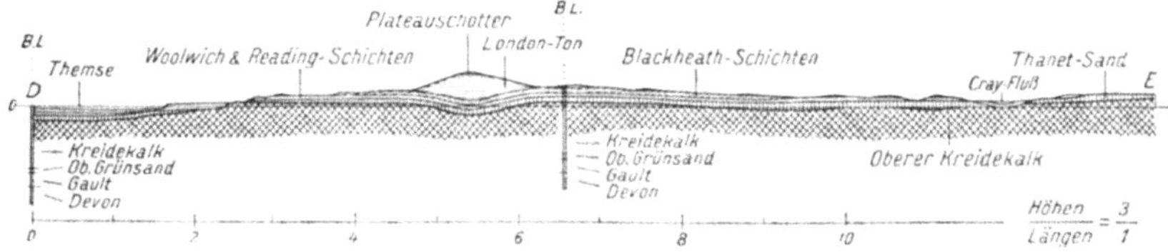

Abb. 68. Geologische Schnitte durch das Stadtgebiet von London (nach den Aufnahmen 1921 bis 1925 des Geological Survey of Great Britain). Lage der Schnitte und Zeichenerklärung s. Abb. 67.

die Abb. 67 u. 68 gezeichnet sind. Zur älteren geologischen Karte hat W. Whitaker ein erläuterndes Werk „The Geology of London usw.", London 1889, herausgegeben, das auch technisch wichtige Einzelheiten und Aufschlüsse beschreibt. In den Erläuterungsheften zur neuen Karte[1] sind außer den Fortschritten in der Kenntnis des Londoner Beckens auch die Baugrundverhältnisse behandelt.

Von den im Untergrund des Londoner Tertiärs anstehenden älteren Gesteinen tritt im Stadtgebiet nur der Kreidekalk, kurzweg „Chalk" genannt, zutage, und zwar am rechten Themseufer, im unteren Tal des Ravensbourne und dann von Croydon gegen Dartford als deutlich im Gelände ausgeprägter Abfall der südlichen Kreidetafel gegen das sanftgewellte Tertiär des Beckens. Der weiße, etwas erdige, flintknollenführende Kreidekalk ist im allgemeinen ein standfestes Felsgestein, aber häufig zerdrückt, zerklüftet oder von tiefgreifenden lehmerfüllten Lösungstrichtern durchzogen. Über dem unregelmäßig abgetragenen Relief der Kreide liegen, gegen Norden noch über die Stadt hinausreichend, tertiäre und quartäre Ablagerungen, die nur zum geringen Teil raudenartig verfestigt sind. London ist demnach vorwiegend auf weichem und zum Teil sogar auf nachgiebigem Grund erbaut.

[1] Memoirs of the Geological Survey of Great Britain; — England und Wales, Explanation of Sheet 256, 257, 270, 271.

2. Das Tertiär.

Zwischen dem unregelmäßigen Relief der Kreide und dem Londonton liegen küstennahe paleozäne Ton-, Sand- und Schotterschichten. Sie beginnen mit den bis 20 m mächtigen marinen Thanetsanden, über denen die bis 25 m mächtigen, aus Sanden, Mergel und Ton bestehenden Woolwich- und Reading-Schichten folgen. Den Abschluß bilden die zum Teil im Mündungsgebiet entstandenen sandig-schottrigen Blackheathschichten, deren Mächtigkeit von wenigen Metern bis 20 m wechselt. Sie bilden einen Übergang zu den Basisschichten des 90—150 m mächtigen eozänen London-Tones, der verbreitetsten und technisch wichtigsten Ablagerung im Stadtgebiet.

Der London-Ton ist ein zäher blaugrauer Meereston (stiff clay), der durch Lagen von Septarien (unregelmäßig geformten Knollen von tonigem Kalkstein mit Schwindrissen) ausgezeichnet ist. An der Basis treten kalkig gebundene Schwarten auf, gegen das Hangende geht die sonst gleichmäßige Färbung in Braun über. Nach C.E.N. Bromehead wird das Hangende dem Alluvialton manchmal so ähnlich, daß man z. B. bei der Gründung des Gaiety Restaurant nur an einer Septarienschichte erkannte, daß man den London Clay erreicht hatte.

Im London-Ton wurden an vielen Örtlichkeiten Gipskristalle (Selenite) und häufig auch Pyrite beobachtet, die dem Grundwasser mörtelangreifende Eigenschaften verleihen können. Zahlreiche Quellen aus dem London-Ton führen $MgSO_4$ (Bittersalz) -haltiges Wasser, sind daher betonzerstörend. Sie werden nach der bekannten Heilquelle „Spa"s genannt und wurden früher ebenfalls für Heilzwecke verwendet.

Während W. Whitaker die gesamten tonigen Ablagerungen bis zu den Bagshot-Sanden als „London Clay" bezeichnete, hat Dewey, 1912, die oberen waagrecht geschichteten Lagen von Ton und hellfarbigen Sanden mit hohlen, eisenschüssigen Geschieben als „Claygate Beds" ausgeschieden, deren Mächtigkeit zwischen 8 und 30 m schwankt.

Das Eozän des Londoner Beckens schließt nach oben mit den bis 9 m mächtigen Bagshotschichten ab, die aus rötlichgelben und weißen deutlich geschichteten Sanden bestehen und mitunter dünne Lagen von Geröllen oder von Pfeifenton enthalten. Die oberste Schichte dieser Seichtwasserbildungen ist aus flintknollenführendem Schlamm entstanden.

Von der Oligozänzeit bis in das Pliozän war das Londoner Becken Festland, und es fehlen daher die entsprechenden Ablagerungen des Pariser Beckens. Das Alter einer aus Verwitterungsrückständen gebildeten Tonschichte mit zahlreichen grünrindigen Flintknollen, die wenig mächtig, aber sehr verbreitet ist, ist fraglich.

3. Das Quartär.

Die große nordische Vereisung hat auch den größten Teil der Britischen Inseln überzogen, die im Norden bedeutende Lokalgletscher aufwiesen (vgl. Abb. 17). In den Grundformen haben die breiten Taleinschnitte der Themse und des Leaflusses bereits bestanden. Die Gliederung der diluvialen Ablagerungen dürfte noch nicht endgültig sein. Die Karten verzeichnen unmittelbar vom Eis abgesetzten Geschiebemergel, der einen älteren Deckenschotter überlagert, grobe Schotter der Abflüsse aus dem Inlandeis und sandreiche aber grobe fluvioglaziale Schotter aus der allgemeinen nordischen Vereisung, die drei deutliche, für die Besiedlung wichtige Terrassen gebildet hat. Die nur wenig über das Hochwasser reichende Niederterrasse und die 6 m über Wasserspiegel liegende Mittelterrasse sind gewöhnlich von dem etwas sandigen Ziegellehm überdeckt, der als alte Alluvialbildung gilt. Die weniger gut erhaltene Hochterrasse liegt durchschnittlich 21 m über dem Themsespiegel.

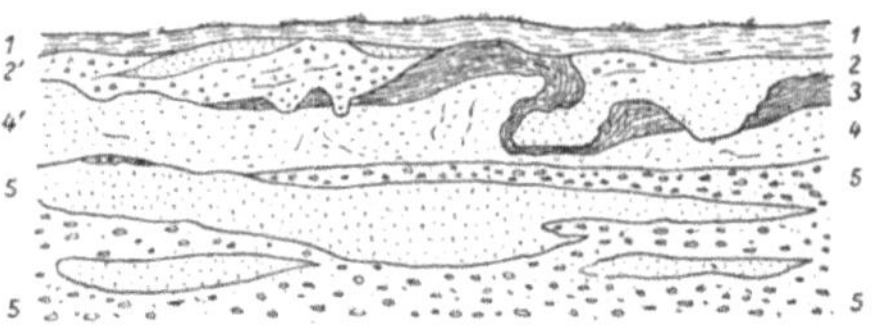

Abb. 69. Gestörte torfhältige Schichten über glazialen Ablagerungen in Hoe Street bei Roxwell (nach W. Whitaker, London I. 1889).

(Im Hangenden: Boulder Clay.) *1* Verwitterungsdecke. *2'* u. *2* Rötlicher Sand und Kies mit grauen Streifen. *3* Schwarzer torfhältiger Ton. *4'* u. *4* Glimmeriger, lehmiger Sand und grauer Lehm. *5* Wechsellagerung von grauem Schotter und Sand, stellenweise eisenschüssig. Der Schotter besteht vorwiegend aus Kieseln sowie kantigen und gerundeten Flintknollen. Einschnittstiefe rd. 3, 6 m. (Im Liegenden: London Ton.)

Bei Gründungsarbeiten und in Einschnitten hat man an vielen Stellen den sogenannten „Trail" aufgeschlossen, den C. E. N. Bromehead folgendermaßen beschreibt[1]:

„Die Bezeichnung wurde im Jahre 1866 von Rev. O. Fisher für abgeglittene und häufig gequälte Massen eingeführt, die auf weiten Flächen die oberste Schicht bilden und die Sohle der kleineren Täler bedecken. Sie scheinen durch das Abgleiten halbflüssiger Massen an den Gehängen entstanden zu sein und lassen sich mit den Fließerden nördlicher Länder vergleichen, d. h. mit den gefrorenen Oberflächenschichten, die beim Auftauen im Sommer an den Hängen samt ihrer Schuttüberlagerung abgleiten. Der ‚Trail' ist häufig mit der Niederterrasse verzahnt, enthält verschleppte Säugetierreste und dürfte hauptsächlich im kalten Endstadium der Eiszeit entstanden sein."

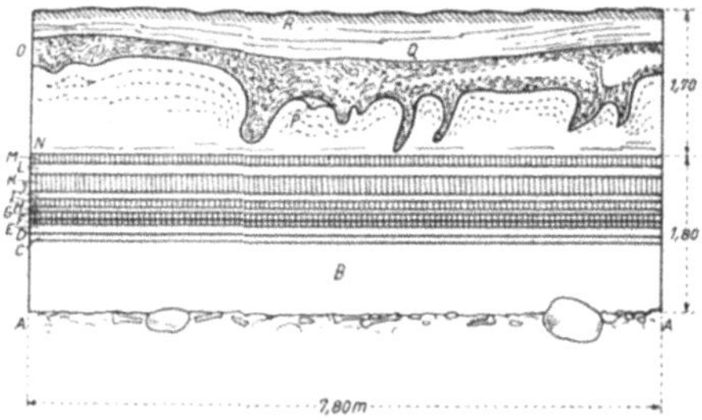

Abb. 70. Verfaltete Sand-, Lehm- und Schlammschichten (*R-N*) über ungestörten Flußablagerungen (*M-A*) bei der Station Clapton (nach W. Whitaker, London I. 1889).

R Verwitterungsdecke.
Q Verrutschter Schlamm (trail).
O Durchbewegter Boden (trail).
P Verschleppte Scholle von London Clay.
N Sand und Lehm verruschelt.

M-K-G Dunkle Sande und Tone.
L-H Hellfarbige Sande und Tone.
J-E Gelber Sand.
I-F-D Roter Sand.
C Fast weißer Sand.
B Bindiger Sand, stellenweise reich an Land- und Süßwasser-Konchylien.
A Kies mit abgerollten Steinwerkzeugen und Knochen, Treibholz und Sandsteinblöcken bis 0,6 m Durchmesser mit Gletscherkritzern.

Unter dem Trail hat sich im Londoner Becken eine paläolithische Landoberfläche mit ganzen Lagen von Steinwerkzeugen erhalten. Die technischen Eigenschaften des Trail wechseln je nach seiner Herkunft aus schottrigen oder tonigen

[1] Memoirs of the Geol. Surv., England and Wales, Explanation of Sheet 256.

Schichten, sind aber im allgemeinen ungünstig. Abb. 69 u. 70 zeigen Beispiele von derartigen gestörten und wenig tragfähigen Schichten.

Als jüngste oder holozäne Bildungen sind vor allem die aus Schotter, Sand und Silt, Sumpflehm, Ton und Torf bestehenden Ausfüllungen der Talböden wichtig. Die Torfschichten liegen vielerorts unter dem Meeresspiegel. Sie enthalten manchmal liegende, mitunter auch stehende Baumstämme; in einzelnen Aufschlüssen sind sie stark gestört. Die Alluvialböden der Themse waren ursprünglich den Überschwemmungen ausgesetzt und wurden später für die Landwirtschaft eingedeicht oder zur Anlage der Docks benutzt. Die alluvialen Sande und Schotter haben wesentlich feineres Korn als die diluvialen. Das Alluvium erreicht im Tilbury Dock, wo drei Torfhorizonte angefahren wurden, bis 15 m Mächtigkeit, gegenüber von Cubitt Town wurden sogar 20 m erbohrt.

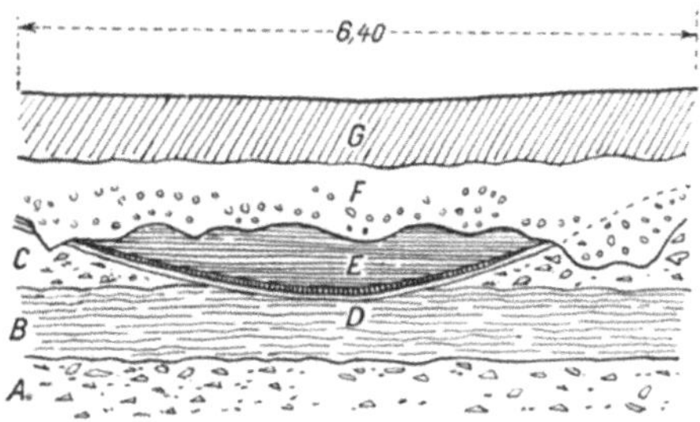

Abb. 71. Paläolithisches Bachbett in postglazialen Ablagerungen (nach W. Whitaker, London I. 1889).
G Verwitterungsdecke.
F Durchbewegter Boden.
E Feiner waagrecht geschichteter Sand.
Dunkles Band: Sandiger Ton.
Helles Band: Dunkelroter Sand, bei
D auf rotem Schotter auflagernd.
C-B-A Schotter und Sand mit steinzeitlichen Resten.

Am Verlauf des Alluviums in der geologischen Karte erkennt man die verschütteten Wasserläufe Tyburn, Fleet und Wallbrook. Im Flußbett des Wallbrook wurde das Mansionhouse auf einem Pfahlrost errichtet und der Untergrundbahnhof „Bankstation" unter großen Schwierigkeiten ausgeführt. In kleineren verschütteten Bachläufen wurden alluviale Ablagerungen mit Steinwerkzeugen und vorrömischen Pfahlbauten sowie Torfschichten mit Resten aus der Römerzeit aufgedeckt (vgl. Abb. 71).

Die als Anschüttung (made ground) erkennbare historische Schicht, zu deren Aufbau der große Stadtbrand von 1666 und die verkehrstechnischen Bauten wesentlich beigetragen haben, besitzt nach W. Whitaker eine normale Mächtigkeit von 0,3—2 m und erreicht stellenweise über 7 m.

4. Grundwasser und Wasserversorgung.

Die Wasserversorgung von London erfolgte ursprünglich aus den großen Quellen und aus Brunnen in den sandig-schottrigen Überlagerungen des London-Tones. Schon im Jahre 1582 begann man Themsewasser hochzupumpen. Besonders für gewerbliche Zwecke wurden tiefe Brunnen gebohrt, die bis in die Kreide reichen, aber nur ergiebig waren, wenn sie wasserführende Spalten trafen. Wie in allen großen Städten, wurden die nahe der Oberfläche gelegenen Grundwasserträger zunehmend verseucht, während der unter dem London-Ton liegende Kreidekalk infolge der steigenden Entnahme immer wasserärmer wurde. Nach den von Wills entworfenen Grundwasserplänen für die Jahre 1878, 1890 und 1911 ist der Grundwasserspiegel im Gebiet von London durchschnittlich in jedem Jahr um mehr als 0,3 m gesunken[1]. In der Hauptsache wird London vom Metropolitan Water Board und einigen kleineren Wasserwerken versorgt, die ergiebige Tiefbrunnen besitzen, jedoch in zunehmendem Ausmaß das Themsewasser heranziehen müssen. Das Wasser für den südlichen Versorgungsbezirk mit 2340000 Einwohnern wurde im Jahre 1914 zu 98% aus der Themse oberhalb Teddington geschöpft. In den Städten, Dörfern und Garten-Siedlungen, die in die Großstadt London einbezogen sind, haben die Hausbrunnen ihre Bedeutung bewahrt. Das rasche Anwachsen der Siedlungen im nichtkanalisierten Gebiet gefährdet jedoch selbst das Grundwasser im Kreidekalk, für das deshalb gesetzlicher Schutz gefordert wird.

II. Bauerfahrungen.

1. Der Baugrund von London[2].

Unmittelbar unterhalb London bildet die Themse breite Sumpfflächen und berührt das erhöhte Gelände nur in einzelnen Schlingen. London wurde augenscheinlich auf dem am weitesten flußabwärts gelegenen, ausgedehnten trockenen und flutfreien Boden der mittleren Schotterterrasse errichtet, wo die Seitentäler bis in den London-Ton einschneiden und aus dem Schotter reichlich gutes Wasser entsprang. Die Stadterweiterung hat sich im letzten Jahrhundert hauptsächlich auf dem trockenen und standfesten Baugrund der Schotterterrassen im Themsetal vollzogen. Die nördlichen Randgebiete der Verbauung erreichen die Grundmoränen, die südlichen den Kreidekalk.

In den tieferen Stadtteilen bildet der London-Ton einen kalten und nassen Boden, besonders wo er in weiten Flächen ohne Schotterdecke und gute natürliche Entwässerung auftritt, wie zwischen Oxshott, Hook und Morden. In den hochgelegenen Gebieten, wie Richmond, Wimbledon und Benhilton (Sutton) sind die Nachteile des Wohnens auf dem Tonboden weniger fühlbar.

Mit Ausnahme der von Torf und Schwimmsand durchzogenen Schwemmlandböden im Talgrund, die meist Pfahlgründung erfordern, hat London einen im allgemeinen guten Baugrund. Hierzu trägt wesentlich die weitgehende Entwässerung durch Brunnen, Siele und Untergrundbahnen bei, der gegenüber die zeitweilige Beunruhigung durch Bauführungen zurücktritt. Das ältere Wohn- oder Geschäftshaus erzeugt allerdings keine besondere Bodenbelastung. Größere Inanspruchnahmen kommen bei den Brücken und Monumentalbauten vor. Die verschiedenaltrigen Sande und Schotter in ebener Lage zeigen, wie überall, ein günstiges Verhalten. An den Lehnen, besonders bei Einschaltung von Tonlassen oder nahe der Auflagerung auf Ton, ist wegen der Grundwasserwirkung Vorsicht geboten.

[1] Memoirs, Sheet 270 S. 72.

[2] Nach W. Whitaker, den Explanations und der angeführten geologischen und technischen Literatur.

2. Alluvium und Diluvium.

Die Alluvialschotter sind meist wasserführend und versumpft, besonders wo sie auf Ton liegen wie in Lower Carshalton.

Im Boulder Clay (Geschiebemergel) des nördlichen Stadtgebietes hat Prof. E.R.Matthews eine bemerkenswerte Erfahrung gemacht[1]. Ein langer, durchwegs mit starker Bölzung versehener Rohrgraben blieb über Nacht offen. Am Morgen waren alle Bölzungshölzer gebrochen und der mit 0,9 m Breite angelegte Graben auf 0,75 m zusammengegangen. Bei allen anderen Arbeiten im Boulder Clay hat Matthews nicht die geringste Schwellung wahrgenommen. Es handelt sich wohl um einen statisch oder klimatisch bedingten besonderen Vorfall, und nicht um eine allgemeine Eigenschaft des Geschiebemergels.

3. Der London Clay als Baugrund.

a) Zusammensetzung und Standfähigkeit.

Der London Clay (London-Ton) hat große örtliche Bedeutung und ist auch für die Entwicklung des Tunnelbaues im nachgiebigen Gebirge und des Unterwassertunnelbaues von besonderer Wichtigkeit.

H.C.Berdinner hat Proben aus einer Tongrube in Woodside untersucht und mit bekannten Horizonten des London Clay verglichen[2].

Anteil der Korngrößen (mm) in %:

Probe Nr.	Sieb-Analyse			Schlämm-Analyse		
	0,5—0,25 Mttl. Sand	0,25—0,1 Feiner Sand	0,1—0,05 Grober Silt	0,05—0,01 Feiner Silt	unter 0,01 Ton	Mittlere Korngröße mm
	I. London Clay, aus der Tongrube in Woodside.					
1	—	—	11,24	32,12	56,64	0,02
2	—	—	8	37,7	54,3	0,017
3	—	—	8,8	35,3	55,9	0,018
4	—	—	36,4	18,95	44,65	0,035
	II. London Clay, Basisschichten.					
5	5,5	10	28	24,7	31,8	0,067
6	2,9	9,6	35,7	22,2	29,6	0,055
7	—	27,9	49	12,8	10,3	0,093
8	—	7,6	61,5	6,9	24	0,058
	III. London Clay, Hauptmasse.					
9	—	—	2,4	14,5	83,1	0,012
10	—	—	1	24,1	74,9	0,0117

Vorkommen,	Beschaffenheit und Horizont:
1 Woodside	Steifer, blaugrauer Ton. 0,9 m über der Grubensohle
2 Woodside	Steifer, blaugrauer Ton. 3 m über der Grubensohle
3 Woodside	Lehmige oberste Schichte,
4 Woodside	„Sand“-Band der obersten Schichten; selenitführend. Als Probe 4 wurde gipsfreies Material untersucht, dessen mechanische Zusammensetzung der ursprünglichen Ablagerung entspricht.

[1] Engineering v. 7. Nov. 1924 S. 676.

[2] Proc. Geol. Assoc. London 1926 XXXVII 4.

	Vorkommen:	Beschaffenheit und	Horizont:
5	Newington, Kent .	Basisschichten	1,5 m über dem Liegenden
6	Upnor	Basisschichten	2,7 m über dem Liegenden
7	Shorne	Basisschichten	1,2 m über dem Liegenden
8	Swanscombe . . .	Basisschichten	0,6 m über dem Liegenden
9	Pinner, Middlesex	. . . .	30 m über dem Liegenden
10	Regent St. Waterloo Place	. . . .	30 m über dem Liegenden.

H. C. Berdinner kommt zu folgender Zusammenfassung:

Höhe über dem Liegenden in m	Horizont bzw. Vorkommen	Beschaffenheit des London Clay
0—3	Basisschichten	Im ganzen eine feinkörnige Ablagerung, jedoch stets mit gröberen Beimengungen (Sand u. Silt)
rund 15	Woodside . .	Feiner toniger, mangelhaft aufbereiteter Silt mit „Sand"-Bändern
30 und darüber	Hauptmasse .	Sehr feine, gut aufbereitete Ablagerungen, die hauptsächlich aus eigentlichem Ton bestehen

Diese Untersuchungen tragen zur Erklärung der Bauerfahrungen im London Clay bei, die Basil Mott in seiner Präsidentenrede in der Institution of Civil Engineers in London mitgeteilt und der Herausgeber des „Engineering" in dem Scherzreim zusammengefaßt hat[1]:

„When the clay is good it is very good,
but when it is bad it is horrid[2]."

Für Häuser, deren Grundwerk durch den Schotter bis in den Ton reicht, besteht die Gefahr, daß die Keller zu Sammelbecken für das aus dem Schotter und Sand zuströmende Wasser werden.

Das Schrumpfen des Tones infolge von Hitze und Trockenheit soll Mauerwerksschäden herbeiführen. An freiliegenden Böschungen schwindet der London-Ton und wird rissig, und beim nächsten schweren Regen gleitet die Oberflächenschichte langsam hangabwärts. Derartige Schlipfe sieht man häufig in den Eisenbahneinschnitten. Im Jahre 1912 traten Rutschungen im Einschnitt der London & Southwest Railway bei Worcester Park ein, andere ereigneten sich bei Streatham Common und Brockley. Die auf geneigter Tonoberfläche errichteten Häuser werden häufig rissig. Die Osthänge der Norwood Hügel haben in den letzten Jahren unter derartigen Rutschungen gelitten.

Ein beachtenswertes Beispiel einer Rutschung war 1921 im Claygate Ziegelwerk (Welch Brothers) zu sehen, wo die längs des Schichtfallens abgleitende Sand- und Tonmasse durch den Widerstand eines harten Tonkörpers in ungeheure Wellen zusammengestaucht worden war.

b) Bau und Umbau der Röhrentunnels.

Über diese in anderen Städten — ohne Bedachtnahme auf den wesentlich anderen Baugrund — zum Vorbild genommenen Bauherstellungen sagt Basil Mott a. a. O.:

„Die Stations-, Kreuzungs- und Mündungstunnels besitzen Lichtweiten bis 9 m Innendurchmesser, auf kurzen Strecken sogar 10,5 m. Die Zahlen zeigen,

[1] Engineering v. 7. Nov. 1924, S. 640ff. bzw. 647.
[2] „Wenn der Ton gut ist, ist er sehr gut,
Doch wenn er schlecht ist, ist er schrecklich."

wie geeignet der London Clay zur Herstellung von Tunnels aller Größen ist, und das Bestehen der Röhrenbahnen ist zum großen Teil dem Vorhandensein und den Eigenschaften des London-Tones zu verdanken. Er ist gewöhnlich hart und sehr zäh, und ich glaube, wenn man ihn sofort vor dem Luftzutritt schützen könnte, würden sich große Tunnelstrecken ohne Auskleidung halten. Unter einigen Teilen Londons, besonders in der City, hat der Ton eine auffallende Eigenschaft, die weiter im Süden oder Westen nicht so hervortritt. Treibt man innerhalb dieses Gebietes eine Stange in den Ton und zieht sie heraus, so schließt sich in ungefähr einer Stunde das Loch vollständig zu,

Die Bildsamkeit war während der Ausführung eines Röhrentunnels durch die City besonders fühlbar. Ungefähr um 15 m gegen die Tunnelbrust voreilend, bemerkte man an der Straßenoberfläche einen Haarriß, der sich infolge der Plastizität des Untergrundes von Stunde zu Stunde erweiterte, während man den Stollen in 18 m Tiefe vortrieb. Es war kein merklicher Gebäudeschaden zu verzeichnen, da die Bewegung langsam und gleichförmig vor sich ging, nachgewiesenermaßen verengerte sich jedoch die Straße um ungefähr 13 mm.

Eine andere Eigentümlichkeit des London Clay bildet eine Quelle steter Befürchtungen für den Tunnelbauer. Die außerordentliche Unregelmäßigkeit der Oberfläche. die durch Bohrungen — das Irreführendste, was es gibt — auch nicht halbwegs zuverlässig vorausbestimmt werden kann."

Von der rund 11900 m langen Tunnelstrecke der City & South London Railway wurden 11700 m zwecks Vereinheitlichung der Betriebsmittel von 3,10 m auf 3,57 m Innendurchmesser unter Aufrechterhaltung des Verkehrs umgebaut. Der Vortriebsschild umfaßte die ganze alte Tunnelröhre. Vor Verkehrsbeginn wurde die neue mit der alten Tunnelröhre behelfsmäßig verbunden. Am 27. Nov. 1923 beschädigte eine Lokomotive einen solchen Abschluß 120 m südlich der Station Borough, worauf 380 m³ Schotter und Sand einbrachen und den Tunnel innerhalb 15 Minuten verschütteten. In der Straße bildete sich eine Pinge von 13,5 m Durchmesser und 4,5 m Tiefe. Als Ursache hat die behördliche Untersuchung eine Oberflächenvertiefung im London Clay festgestellt, die man bereits überfahren zu haben vermeinte, während sich der Vortrieb ihr erst näherte.

c) Tragfähigkeit des London Clay.

Die widersprechenden oder überraschenden Erfahrungen bei Bauten im London Clay sind zurückzuführen auf den Unterschied zwischen der tonreichen Hauptmasse und den sandigen unteren und oberen Grenzschichten, auf die üblich gewesene Zurechnung der Claygateschichten zum London-Ton, auf die Lage des Tones in bezug auf die Gehänge und das Grundwasser, auf tektonische Verwerfungen und auf Änderungen des Gefüges und der Oberflächenform im Gefolge der Eiszeit.

Nach C. E. Fowler[1] sind die Brücken in London fast alle im London Clay gegründet. Die Charing Cross-Brücke hat einen Bodendruck von ungefähr 9,8; die Cannon Street-Brücke von rund 7,1 kg/cm². Da beide starke Setzungen erfuhren, hat man die zulässige Pressung beim Entwurf der Tower Brücke beträchtlich herabgesetzt. Nachdem ein Versuchsbrunnen bei 7,1 kg/cm² noch Setzungen gezeigt hatte, wurde die zulässige Belastung bei Außerachtlassung der Mantelreibung und des Auftriebes mit 4,4 kg/cm² festgesetzt. Die wirkliche Belastung betrug

[1] Fowler, C. E.: Sub-Aqueous Foundations, New York 1914.

nur 1,1—1,2 kg/cm². Aus 5 Brückengründungen im Ton — hauptsächlich im London Clay — mit Bodenpressungen von 4,9—6,1 kg/cm² ergibt sich eine Mittelwert von 5,7 kg/cm².

4. Unterwassertunnels.

Die Untergrundbahnen im Stadtgebiet bleiben, soweit als möglich, im London Clay, hingegen reicht der Scheitel mancher Tunnels unter der Themse bis ins Alluvium, worauf die besonderen Schwierigkeiten der bis 1869 ohne Druckluft vorgetriebenen Unterwassertunnels zum großen Teil zurückzuführen sind.

Die Vervollkommnung der Schildbauweise durch den Kreisquerschnitt und die Anwendung von Druckluft nimmt den neuen Themseunterfahrungen den Charakter des Wagnisses. Um nicht allzu steile Rampen oder tiefe Schächte anlegen zu müssen, erhielten auch die neueren Tunnels nur geringe Überlagerung. Daher schwankte der Luftdruck z. B. in dem 1913 vollendeten Unterwasser-Verbindungstunnel nächst Charing Cross beim Wechsel von Ebbe und Flut um 0,63 bis 1,26 at[1].

Der am 26. Oktober 1912 eröffnete Fußgängertunnel unter der Themse zwischen Nord- und Süd-Woolwich liegt ganz im klüftigen Kreidefels, der mittels Schildvortrieb und Druckluft von 1,25—2 at Überdruck durchfahren wurde[2].

5. Brücken.

In den letzten Jahren zeigten sich an einigen Brücken über die Themse Bewegungserscheinungen, die man anfänglich einem Nachgeben des Baugrundes unter der sprunghaft gestiegenen Verkehrslast zuschrieb. Die Öffentlichkeit war um so stärker beunruhigt, als gleichzeitig in der St. Pauls Kathedrale, dem Wahrzeichen Londons, bedenkliche Risse auftraten. Ähnlich wie nach dem Einsturz des Campanile in Venedig schrieben die Blätter: London sinkt! Aus der amtlichen Untersuchung und den Mitteilungen erfahrener Ingenieure ergibt sich folgendes:

Die im 18. Jahrhundert und in der ersten Hälfte des 19. Jahrhunderts erbauten gewölbten Brücken sind, vermutlich wegen der Schwierigkeit der Wasserhaltung, im Alluvialschotter gegründet worden, von dem aus man 6 m lange Pfähle in den London-Ton rammte. Die Pfahlköpfe wurden durch einen Schwellenrost mit 18 cm starkem Bohlenbelag verbunden, auf dem das Mauerwerk ruht. In dem bei der Absenkung des Brunnens für die Rochester Brücke (1911—1914) aufgedeckten alten Pfahlwerk waren Eichen- und Ulmenholz ganz gesund, das Buchenholz war vollständig vermodert[3]. Bei der im Jahre 1749 eröffneten alten Westminster Brücke traten im Jahre 1856 so starke Pfeilersetzungen ein, daß man die mehr als 100jährige Steinbrücke durch die heutige eiserne Bogenbrücke ersetzte. Sie hat bisher den

---

[1] Engng. Rec. v. 17. Jan. 1914 S. 70.
[2] Engineer vom 1. Nov. 1912.
[3] Robson, J. C.: Engineering v. 2. Mai 1924 S. 584.

außerordentlich gestiegenen Anforderungen standgehalten und wird seit 1924 in verschärfter Weise erprobt und überwacht.

Die im Jahre 1817 dem Verkehr übergebene gewölbte Waterloo Brücke ist auch auf einem derartigen Rost gegründet. Seit über 50 Jahren werden Setzungen des vierten Pfeilers vom Surrey Ufer beobachtet[1], die Themse tiefte sich infolge der Einengung durch Pfeiler und Ufermauern bedeutend ein, und von 1882 bis 1884 wurden die im Schotter über London Clay gegründeten Pfeiler durch Betonflöze vor Unterwaschung geschützt. Im Juni 1923 hatte die Setzung der Pfeiler rasch zugenommen. Der Grafschaftsrat sperrte die Brücke zeitweilig ab und veranlaßte nach Errichtung einer Hilfsbrücke den vollständigen Umbau. Wie nun sichergestellt ist, bildete das Morschwerden des Schwellrostes, bei dem auffallenderweise Buchenholz verwendet worden war, die Hauptursache der Setzungen, während die Risse in der Aufmauerung durch Aussparungen in den Spandrillmauern und durch die Verkehrserschütterungen entstanden sind. An der mittleren Pfeileröffnung wurden elastische Hebungen und Senkungen von 3,2—4,8 mm beobachtet, die der wechselnden Wasserbelastung des London-Tones bei Ebbe und Flut entsprechen[2]. Der Verfall der Brücke ist nicht auf diese periodischen Bewegungen des Baugrundes, sondern auf die angegebenen technischen Ursachen zurückzuführen.

Die im Jahre 1831 vollendete London Bridge ist in derselben unzulänglichen Weise gegründet worden. Sie soll sich bald danach an der stromabwärtigen Seite um fast 0,3 m gesetzt haben[3]. Aus der rund 100jährigen Lebensdauer der Schwellenroste zieht Basil Mott den Schluß, daß auch die London Bridge dem baldigen Umbau entgegenreift.

6. Monumentalbauten.

Wie schon erwähnt, wurden auch bei der St. Pauls Kirche[4] Veränderungen des Baugrundes vermutet. St. Pauls Cathedral liegt auf der mittleren Schotterterrasse und ist die dritte Kirche an der gleichen Stelle. W. Whitaker[5] verzeichnet das folgende Profil ohne Angabe der fehlenden Mächtigkeiten: „Harter Ziegellehm 1,2—1,8 m, trockener Sand, wasserführender Sand mit Muscheln, Schotter, Ton (London-Ton)". C. E. N. Bromehead[6] führt nachstehende Bohrung in St. Pauls an: Anschüttung 2,40 m, heller Ziegellehm 2,55 m, grober Schotter 4,05 m, brauner Sand 3,90 m, Schotter 0,90 m, zusammen bis zu dem 2 m tief braun gefärbten London-Ton 13,80 m. Bei sorgfältiger Gründung waren daher Setzungen im Terrassenschotter, auch wenn er starke Sandschichten enthält, nicht zu erwarten.

Die Gründungssohle der Kirche soll 3,60 m unter dem Kirchhofgelände liegen, während die angrenzenden neueren Geschäftshäuser

---

[1] Thorpe, W. H.: Engineering 1924 II. S. 102.
[2] Mott, Basil: Engineering v. 7. Nov. 1924.
[3] Thorpe, W. H.: Engineering 1924 II. S. 102.
[4] Engineering v. 2. Jänner 1925. — Zentralbl. Bauverw. v. 30. Dez. 1925.
[5] Whitaker, W.: London II, 329, nach S. Wren, 1750.
[6] Bromehead, C. E. N.: Expl. Sheet 256 S. 47.

7,50 m tief, d. h. im Terrassenschotter gegründet sind. Die Kirche wurde auf dem Schutt ihrer Vorläuferinnen und auf dem Ziegellehm mit umgekehrten Gewölben gegründet. Angeblich soll im Jahre 1831 die Wasserhaltung beim Bau eines städtischen Sammelkanals an der Südseite der Kirche eine Lockerung der unterliegenden Sandschichten bewirkt haben.

Bei der Untersuchung der Kirche wurde nachgewiesen, daß schon beim Bau Setzungen auf dem ungleichmäßigen Untergrund eingetreten und in der Höhe des Hauptgesimses, des steinernen Umganges und der Brustmauern der Trommel durch Aufmauerung ausgeglichen worden waren. Seither hat der Baugrund nicht nachgegeben. Auch die Verkehrserschütterungen verursachten keinen Schaden. Aber die acht großen Pfeiler, die die Kuppel tragen, haben bloß eine 0,3 m starke Schale von gutem Mauerwerk, das Innere besteht aus einem Füllwerk mit nicht abgebundenem Kalkmörtel. Durch nachträgliche Ausnehmungen ist das Außenmauerwerk noch verschwächt worden, so daß es unter der Überlastung beim Anschlagen abspringt wie das Knallgebirge im Tunnel. Auf jedem Pfeiler ruhen 13440 t, die durchschnittliche Inanspruchnahme des Mauerwerks beträgt am Pfeilerfuß 16,4 kg/cm^2 und an den Gewölbeanläufen 27,3 kg/cm^2. Die Pressung des Baugrundes wird auf 5,5 kg/cm^2 geschätzt.

Die Bewegungen der Risse und die Formänderungen der Kuppel folgen dem Gang der mittleren Jahrestemperatur. Das Bauwerk vollführt überdies als Ganzes lotrechte Bewegungen, die von den Gezeiten abhängen dürften.

Durch Auspressung der Pfeiler mit Zementmörtel und Aufziehen neuer Spannringe auf die Kuppel ist das Bauwerk wieder standfest gemacht worden[1]. Zur fortgesetzten Beobachtung dienen Höhenmarken, die von einem bis in den London Clay gegründeten Pfeiler aus nachgemessen werden.

Die durch ungleiches Nachgeben des Baugrundes entstandenen Setzungen konnten, wie erwähnt, schon während der Hochführung des Baues ausgeglichen werden. Alle später eingetretenen Schäden wurden durch technische Mängel der Bauführung verursacht[2].

7. Baustoffe.

London besitzt kein ausreichendes Vorkommen von Baustein. In älterer Zeit wurden außer dem nicht wetterbeständigen Kreidekalk auch Findlinge aus den Glazialablagerungen und selbst Flintknollen verwendet.

In den Kalksteinbrüchen, z. B. im Camden Park[3] fand bei beträchtlicher Überlagerung Pfeilerabbau statt. Die aufgelassenen Steinbrüche haben jedoch nicht entfernt jene Bedeutung für den Baugrund, wie die unterirdischen Steinbrüche in Paris.

---

[1] Engineer Bd. 139 (1925 I) S. 33 u. 205. Engineer Bd. 150 (1930 II) S. 443.

[2] Harvey, W.: Saint Paul's Cathedral, its Structure, Defects and Repairs. Engineer Bd. 139 (1925 I) S. 129.

[3] Whitaker, W.: I S. 116.

Guter Betonschotter findet sich hauptsächlich in den Schotterterrassen, die auch scharfen Bausand liefern. Außerdem werden die geeigneten Glieder der Tertiärschichten auf Sand ausgebeutet.

Wegen der allgemeinen Verbreitung des Ziegelbaues sagt man, „London sei aus Lehm" erbaut. Als Rohstoff dienen der spätplistozäne (oder altalluviale?) Ziegellehm, der im Osten und Nordosten Londons streckenweise zur Gänze abgebaut ist, ferner die jungalluvialen, diluvialen und tertiären Tone. Die Claygateschichten werden wegen ihres Sandgehaltes und der Wasserführung an ihrer Untergrenze dem fetteren London-Ton der Hauptmasse vorgezogen. Zur Auskleidung des zweiten Belsizetunnels fanden neben den blauen Klinkern aus Staffordshire auch aus dem Ausbruch gebrannte rote Ziegel Verwendung[1].

2. Paris.

I. Geologischer Bau des Stadtgebietes.

1. Das Pariser Becken.

Zwischen dem paläozoischen Kettengebirge der Bretagne, dem kristallinen Zentralplateau und den Vogesen nimmt das Pariser Becken den größten Teil des nordwestlichen Frankreich ein. Gegen Norden steht es mit dem Brüsseler Becken in Verbindung. Rund um die vorherrschend eozänen und oligozänen Ausfüllungen des Muldentiefsten, dem das Pariser Stadtgebiet angehört, treten die Kreide- und Juragesteine des tieferen Untergrundes zutage. Von den überhöhten Rändern strömen die Flüsse gegen die Seine, die den größten Teil des Pariser Beckens entwässert.

Das Pariser Becken gehört zu den besterforschten Tertiärgebieten. Aus der großen geologischen und paläontologischen Literatur sei nur die zusammenfassende Arbeit von Paul Lemoine, Géologie du Bassin de Paris, Paris 1911, erwähnt, die nähere Quellenangaben enthält. In vorbildlicher Weise sind auch die Baugrundverhältnisse von Paris aufgenommen und bearbeitet worden. Eine umfassende Gesamtdarstellung auf geologischer Grundlage hat Emile Gerards in seinem Werk: „Paris Souterrain", 1908, gegeben.

2. Das Eozän.

Das Liegende des Eozän besteht aus marinen Kalken der Oberkreide, die unter 2—3° gegen Nordosten fallen. Sie werden im Stadtgebiet nur von den tiefen Bohrungen erreicht. Die überlagernden Eozän- und Oligozänschichten weisen eine äußerst sanfte Großfaltung auf. Bestimmend für die Entwicklung des Pariser Tertiärs sind die wiederholten Hebungen und Senkungen der Landoberfläche, die zur abwechselnden Ablagerung von Festlands-, Lagunen- und Meeresbildungen geführt haben. Gegen das Ende des Oligozän hebt sich das Gebiet endgültig über den Meeresspiegel, es beginnt die Herausarbeitung der heutigen Bodengestalt durch die Erosion.

[1] Forchheimer, Ph.: Englische Tunnelbauten, Aachen 1884.

Abb. 72 zeigt die im Stadtgebiet zutage tretenden geologischen Bildungen, Abb. 73 ihre Lagerung. Über der Kreide liegen die Mergel von Meudon und die obere Abteilung des alteozänen Landéniens, das Sparnacien; es beginnt in den Mulden mit Süßwasserkonglomeraten, darüber liegt der 25 bis 60 m mächtige, in Lagunen abgesetzte Argile plastique. Der Argile plastique beginnt mit bunten Tonen, die Hauptmasse besteht aus graublauen Tonen (glaises), die häufig

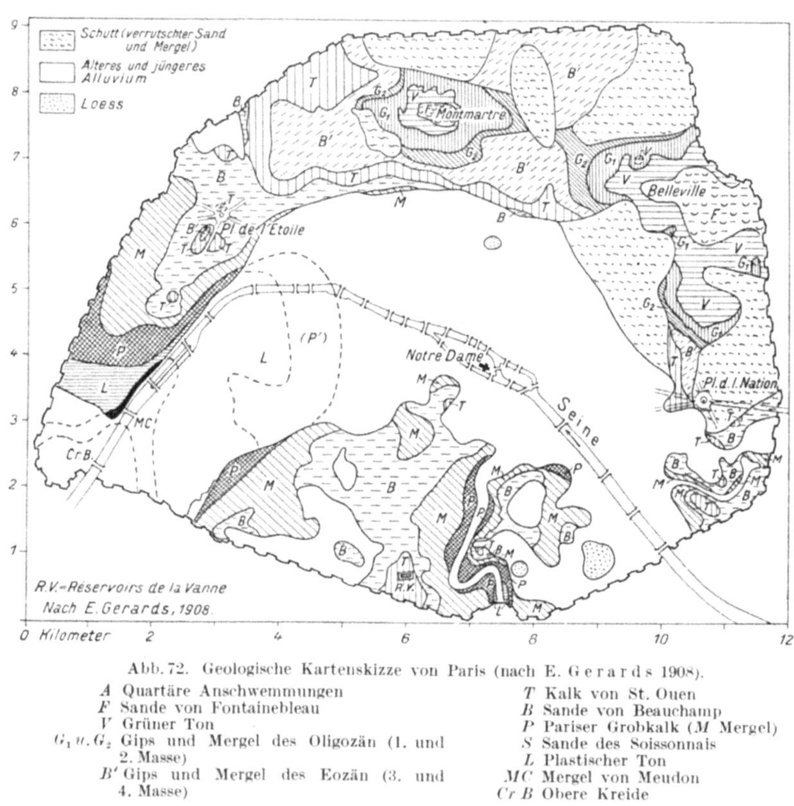

Abb. 72. Geologische Kartenskizze von Paris (nach E. Gerards 1908).

A Quartäre Anschwemmungen
F Sande von Fontainebleau
V Grüner Ton
G_1 u. G_2 Gips und Mergel des Oligozän (1. und 2. Masse)
B' Gips und Mergel des Eozän (3. und 4. Masse)
T Kalk von St. Ouen
B Sande von Beauchamp
P Pariser Grobkalk (*M* Mergel)
S Sande des Soissonnais
L Plastischer Ton
MC Mergel von Meudon
Cr B Obere Kreide

Gipskristalle führen. Es folgen die brackischen Quarzsande von Auteuil und lignit- und pyritführende Letten (fausses glaises), die den Sanden des Soissonais entsprechen.

Die nächste, praktisch überaus wichtige Abteilung bildet das Lutétien, die Stufe des Calcaire grossier oder Grobkalkes. Der untere 8—9 m mächtige Grobkalk ist eine Meeresbildung, der obere 3—5 m mächtige Grobkalk enthält Süßwasser- und Brackwasserbänke. Über den Kalkbrüchen liegen marine Mergel und Quarzsandsteine (Caillasses), die durch Absatz von Kalk, Gips oder Kieselsäure aus den Sickerwässern verfestigt sind. Die Gesamtmächtigkeit des Lutétien beträgt 26—42 m.

Das rückflutende Meer des Bartonien setzt die 12 m mächtigen Sande von Beauchamp ab, die Sandsteinbänke enthalten. Eine neuerliche Hebung des Landes führt wieder zur Entstehung von Lagunen, in denen sich der 8—10 m mächtige Kalk oder Travertin von St. Ouen bildet, der mitunter Gips einschließt (vgl. Abb. 74). Er wird von den marinen, 0,5—2 m mächtigen Sables de Cresnes überlagert, die das Liegende der untersten oder 4. Gipsmasse sind. Im Gegensatz zu den

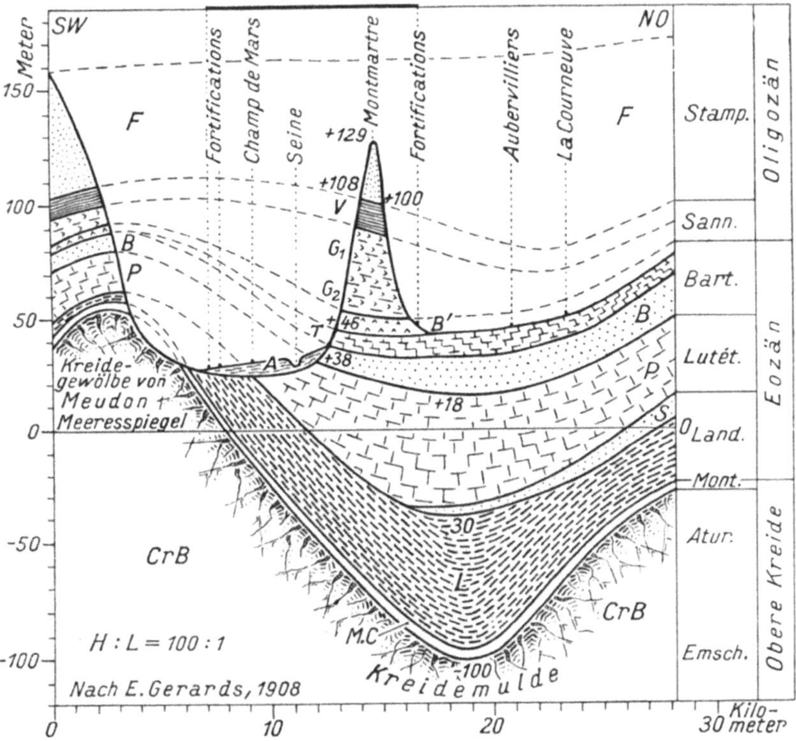

Abb. 73. Geologischer Schnitt durch das Gebiet von Paris (nach E. Gerards 1908). Die eingeschriebenen Buchstaben haben die gleiche Bedeutung wie in Abb. 72.

häufigen bänder- oder linsenartigen Einschaltungen von Gips in die Lagunenbildungen, bezeichnet der Ausdruck „Masse" ein abbauwürdiges Vorkommen. Marine Pholadomyenmergel trennen die vierte von der dritten Gipsmasse, die von blättrigen marinen Mergeln mit Lucina inornata überlagert wird. Die Lucinenmergel schließen das Bartonien und zugleich das nummulitenführende Eozän nach oben ab.

3. Das Oligozän.

Die oligozänen Bildungen bestehen im Stadtgebiet nur aus den Lagunenbildungen des Sannoisien und dem marinen Stampien. Die höheren Süßwasserbildungen des Chattien sind abgetragen.

Das Sannoisien umfaßt im Liegenden die 6—7 m mächtige zweite Gipsmasse, eine 3—5 m starke Mergellage (marnes à ménilites), die 12 bis 15 m mächtige erste oder oberste Gipsmasse (haute masse du gypse), über der sich die 8—10 m mächtigen pyritführenden marnes supragypseuses gebildet haben. Diese Mergel bestehen aus den Cyrenenmergeln von 1—2 m und dem grünen Ton (glaise verte) von 8—9 m Mächtigkeit. Auf den Anhöhen hat sich noch der in einem Süßwassersee

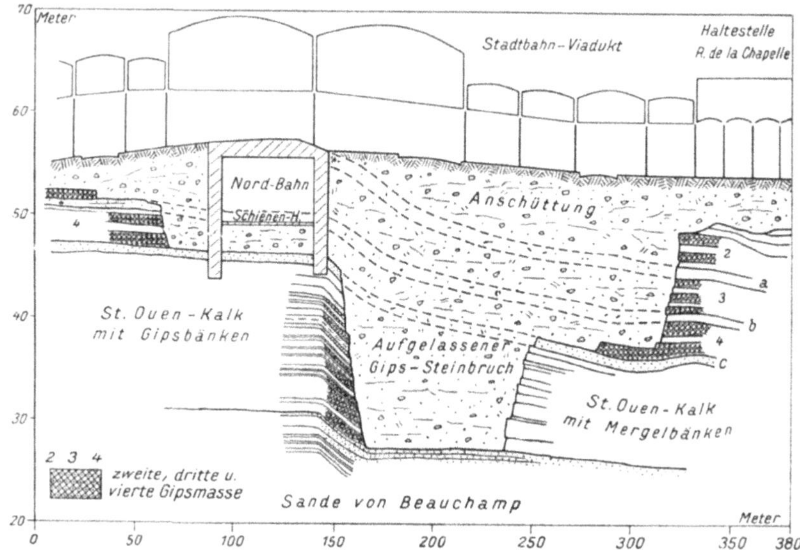

Abb. 74. Schnitt durch die aufgelassenen Gipssteinbrüche entlang des Boulevard de la Chapelle (nach E. Gerards 1908).
a Mergel mit Lucina inornata. *b* Mergel mit Pholadomya Ludensis. *c* Grüne Liegendsande des Gips.

gebildete, häufig kieselige Calcaire oder Travertin de la Brie erhalten, der 1—4 m mächtig ist.

Zur obersten Stufe des Stampien (oder Rupélien), in der die letzte Meeresüberflutung des Pariser Beckens bestand, gehören die kartographisch nicht ausgeschiedenen, bis 3 m starken Austernmergel und die Sande von Fontainebleau oder oberen Sande. Sie bilden an einzelnen Punkten der Umgebung landschaftlich hervortretende Sandsteinfelsen, im Stadtgebiet besitzen sie nur 10—11 m Mächtigkeit und enthalten Einlagerungen von Dünensanden.

4. Das Jungtertiär (Miozän und Pliozän).

Das Miozän des Pariser Beckens beginnt mit Kalk- und Mergelabsätzen des großen Aquitansees; darüber folgen, mit Ausnahme der Küstengebiete, nur Flußablagerungen. Aus dem Stadtgebiet sind die miozänen Bildungen infolge der gegen das Ende des Aquitans einsetzenden Ausräumung des Talsystems der Seine verschwunden. Aus dem gleichen Grunde hat das Pliozän, die Zeit der großen Ströme und der

Vulkanausbrüche in der Auvergne, im Stadtgebiet keine Ablagerungen hinterlassen.

5. Das Altquartär.

Auch das Pleistozän ist für Paris vor allem eine Zeit der Erosion, in der die Hügel von Montmartre, Chaumont usw. herausmodelliert werden. Das Stadtgebiet war nicht vereist.

Unter dem Alluvium der Seine liegen diluviale Schotter, mit unregelmäßig verteilten Sandstein- und Granitblöcken. Einzelne 0,3 bis 0,4 m starke Lagen des Schotters („calcins") sind kalkig gebunden.

Der Löß bildet eine höchstens 4 m starke Decke von untergeordneter Bedeutung (vgl. Abb. 72).

6. Das Jungquartär.

Das ausgedehnte Alluvium der Seine, auf dem die tieferen Stadtteile liegen, ist wenig mächtig. Infolge des ausgeglichenen Gefälles lagert die heutige Seine nur mittelfeine Mörtelsande und tonigen Schlamm ab.

Zu den Bildungen der Jetztzeit gehören auch die großen Verrutschungszonen (vgl. Abb. 72). Wo die Täler harte, flachliegende Bänke durchschneiden, wie die Sandsteine von Fontainebleau, die auf nicht verfestigten Sanden liegen, oder den Travertin de la Brie, der leicht verwitternde Tone überdeckt, bildet die nachbrechende harte Decke an den Gehängen ganze Blockströme. In den oberflächennahen Lagunenbildungen wird der Gips vom Sickerwasser fortgeführt, die ausgelaugten Mergel, Tone und Sandsteine versacken und kommen leicht ins Gleiten. Der unterirdische Abbau des Gipses hat ebenfalls tiefgreifende Zerrüttungen des Bodens nach sich gezogen.

Die historische Schichte ist infolge der bewegten Vergangenheit der Altstadt stellenweise sehr mächtig; die Schuttlage erreicht bei der ehemaligen Bastille 10 m; beim Bau der Stadtbahn wurden selbst 15 m starke Schuttmassen angefahren. Die alten Schächte und Stollen reichen jedoch noch viel tiefer und bereiten oft ungewöhnliche Schwierigkeiten.

7. Grundwasser und Quellen.

Das Grundwasser hatte früher große Bedeutung für die Trinkwasserversorgung, und 1876 besaß Paris noch über 30000 Brunnen; doch haben schon die Römer im Aquädukt von Arcueil Trinkwasser aus entfernten Gebieten zugeführt. Mächtige Grundwasserbecken finden sich im Alluvium der Seine und über dem Argile plastique. Außerdem bilden die zwischen den Sanden, Kalksteinen und Gipslagern eingeschalteten Tone Grundwasserträger von geringerer Bedeutung. Auf dem rechten Seineufer trifft man wenige Meter unter der Oberfläche auf Grundwasser, auf dem rasch ansteigenden linken Ufer sind die Brunnen oft 15—20 m und selbst 35 m tief.

Das Grundwasser von Paris ist hart und enthält häufig über 1 g/l Mineralstoffe, die Quellen von Montmartre und Buttes-Chaumont, die schon im Jahre 1000 nach Paris geleitet wurden, sind stark gipsführend.

Bedenklicher wurde in späterer Zeit die überaus starke Verjauchung des Grundwassers in den mangelhaft kanalisierten alten Stadtteilen.

Gegenwärtig empfängt Paris[1]

a) Trinkwasser aus den Quellen im Seine- und Mauregebiet.

Gewässer	Bauzeit	Leitungslänge in km	Zufluß m^3/Tag
Dhuis	1865	131	20000
Vanne	1867—1874	173	119000
Avre	1891—1893	102	108000
Loing und Lunain	1898—1924	73	100000
Voulzie			100000
		zusammen	447000 m^3/Tag = 5,18 m^3/sek

b) Nutzwasser aus den artesischen Brunnen.

Örtlichkeit	Bohrzeit	Mächtigkeit d. Tertiärs m	Bohrloch Tiefe m	Ausfluß m^3/Tag	Temp. C°
Grenelle	1833—1841	44	548	400	27,5
Passy	1855—1866	50	586,5	2600	28
Place Herbert	1863—1891	124,3	718	15	30
Butte-aux-Cailles	1863—1903	58,2	582,4	1600	—
			zusammen	4615 m^3/Tag = 0,053 m^3/sek	

c) Flußwasser.

Marne: Filterwerk Saint-Maure . . . 150000 m^3/Tag
Seine: Filterwerk Ivry . . . . 150000 „
zusammen 300000 m^3/Tag = 3,47 m^3/sek

Der Gesamtbedarf betrug somit im Jahre 1926 rund 752000 m^3/Tag = 8,70 m^3/sek, und war im Durchschnitt 1907—1926 alljährlich um 100000—150000 m^3/Tag gestiegen.

Für gewerbliche Zwecke erschließen private Bohrbrunnen das mitunter artesische Grundwasser über dem Argile plastique. Auch die obere Kreide hat im Stadtgebiet artesisches Wasser geliefert; der 1869 ohne Zwischenfall erbohrte 580 m tiefe Brunnen der Raffinerie Say reicht jedoch, ebenso wie die öffentlichen artesischen Brunnen, bis in den Grünsand.

Die von den Gipsbildungen beeinflußten Schwefel- oder Schwefeleisenwässer des Stadtgebietes haben mörtelangreifende Eigenschaften. Mineralquellen entspringen in Belleville aus dem Calcaire grossier und in Batignolles aus gebundenem Sand über dem Argile plastique.

II. Der Baugrund von Paris.

1. Allgemeine Baugrundverhältnisse.

Die Kulturschichte von Paris ist gut erforscht, verursacht aber noch immer Überraschungen und endet nicht wie anderwärts an der Oberfläche des „gewachsenen" Bodens, sondern begreift auch die im

[1] Sentenac: Science et Industrie 1927 Nr. 160.

Anstehenden ausgeführten unterirdischen Anlagen in sich (vgl. 2. Abgebaute Lagerstätten und III. Bauerfahrungen).

Von den Bildungen der Jetztzeit sind die natürlichen Verrutschungszonen (vgl. Kartenskizze Abb. 72) hervorzuheben, vor allem im Gipsgebiet, wo „die überlagernden und die ausgelaugten Formationen nur mehr einen wirren Haufen der verschiedenen Gesteine bilden" (Gerards). Technisch gleichartig verhält sich das Gelände über den eingebrochenen oder gesprengten Gipsbergwerken, das den Untergrundbahnen Schwierigkeiten bereitet hat. Gerards berichtet, daß die durch Auslaugung von Gips entstandenen Hohlräume unter der Place Martin-Nadaud von gänzlich durchweichten Mergeln und wasserführenden Feinsanden ausgefüllt waren, die sich beim Tunnelvortrieb wie Schwimmsand verhielten. Man teufte längs der Widerlager unter Wasserhaltung knapp nebeneinander Schächte bis auf den festen Mergel ab und füllte sie mit Beton. Die weichen Massen setzten sich hinter den beiden Pfeilerreihen so fest zusammen, daß sich Scheitel- und Sohlengewölbe in voller Sicherheit herstellen ließen.

Im Alluvium bereitet vor allem der hohe Grundwasserstand Schwierigkeiten. Unter der Place de la République, 1,7 km nordöstlich des heutigen Flußbettes, wurde ein Sumpf angefahren, der aus einem Altarm der Seine entstanden und mit Mauerschutt verfüllt worden war. Infolge der reduzierenden Wirkung der organischen Stoffe hatten sich darin aus dem Gips beträchtliche Mengen von kristallisiertem Schwefel gebildet. Im rechten Widerlager der Solferino-Brücke[1] traf man in Niederwasserhöhe auf scharfen feinkörnigen Sand mit Süßwasserkonchylien und Pflanzenresten, der reichlich Schwefelwasserstoff entwickelte.

An der Grenze zwischen Alluvium und Tertiär finden sich postdiluviale Fließböden[2] und Reste jüngerer Lehnenrutschungen.

Im Diluvium des Talbodens enthalten die „graviers du fond" zwischen den 0,3—0,4 m starken Konglomeratbänken große Sandstein- und Granitblöcke. Die Lößdecke der Anhöhen ist höchstens 4 m mächtig.

Das oberste Glied des Oligozän im Stadtgebiet sind die Sande von Fontainebleau. Ihrem Ursprungsgestein Granit entsprechend, bestehen sie aus feinen Quarzkörnern und spärlichen Glimmerschüppchen. Örtlich enthalten sie Bänke von hartem Quarzsandstein, der als Straßenpflaster verwendet wird. Die nicht verfestigten Feinsande werden in trockenen Lagen oft von Kaninchen durchwühlt. Diese Sande enthalten ehemalige Dünen und sind bei Grundwasserzutritt als Schwimmsande gefürchtet, die durch die sorgfältigsten Zimmerungen und Hinterstopfungen dringen und auch Bohrungen gefährden.

Die den Gips überlagernden pyritführenden und von Gipsschnüren durchzogenen Mergel (marnes supra-gypseuses) verwittern zu fließerdeähnlichen Massen und sind kein verläßlicher Baugrund.

Die von einer Tondecke geschützten, noch unverritzten Gips-

[1] Allg. Bauztg. Bd. 26 (1861) S. 97.

[2] „trail", vgl. 1. London, Abschnitt I. 3.

massen des Oligozän und des Eozän bilden einen stand- und tragfähigen Baugrund. In entblößten Lagen sind die Gipsmassen von Orgeln und Lösungstrichtern, ähnlich der Abb. 27 durchzogen; aus den Mergeln ist der Gips oft ausgelaugt, so daß ursprünglich durch Gips getrennte Bänke nun unter Minderung der Festigkeit aufeinanderliegen.

Der Calcaire de Saint-Ouen südlich Montmartre und der Calcaire grossier von Passy sind von Lösungsschlünden und Grundwasserbächen durchzogen.

Der Argile plastique nimmt gierig Wasser auf und haftet an der Zunge. Wird er im Boden durchfeuchtet, so faltet er sich und weicht aus. Die auf den sandig-tonigen, häufig Lignit und Pyrit führenden Hangendschichten des Argile plastique (den fausses glaises) gegründete Invalidenbrücke ist wiederholt durch Bewegungen des Baugrundes schadhaft geworden und mußte 1888 fast vollständig umgebaut werden. Zwischen den Caissonschneiden der Eckpfeiler des Eiffelturmes und dem Argile plastique wurde daher eine genügend starke Schichte von Alluvialschotter belassen[1].

Die obere Kreide liegt im Stadtgebiet so tief, daß sie nur von den Brunnen erreicht wird. Trotzdem sie im allgemeinen Wasser liefert, enthält sie auch klüftige Zonen, die Wasser schlucken, was gelegentlich zur Entwässerung von Kellerräumen durch Versitzbrunnen ausgenutzt worden ist.

Aus der geologischen Beschaffenheit allein lassen sich in Paris noch keine ausreichenden Schlüsse auf das Verhalten des Baugrundes ziehen. Denn im heutigen Stadtgebiet liegen nicht nur zahlreiche von Tag aus abgebaute Gewinnungsstätten von Baustoffen, sondern es sind bei den wiederholten Stadterweiterungen auch große Flächen einbezogen worden, unter denen sich ausgedehnte und manchmal in zwei oder drei Stockwerken übereinanderliegenden Netze unterirdischer Steinbruchstollen befinden.

2. Abgebaute Lagerstätten.

Die häufigen Schwankungen des Meeresspiegels hatten einen raschen Fazieswechsel und dementsprechend geringe Mächtigkeit der abbauwürdigen Gesteine zur Folge. Lagerung und Geländegestaltung bedingen verhältnismäßig schmale Ausbisse der baustofführenden Schichten, und selbst an den Flanken der Hügel begegnete der Tagbau einem übermäßigen Abraum. Die geologischen Verhältnisse zwangen daher im allgemeinen zum unterirdischen Abbau, der die Baugrundverhältnisse um so ungünstiger beeinflußt, als viele aufgelassenen Baue vollständig verschollen sind.

Sand. Außer den Mörtelsanden des Alluviums werden die sandigen Schichten des Tertiärs für Bauzwecke und als keramische Rohstoffe ausgebeutet. Die Arena der Römerstadt Lutetia in der Rue Monge soll in eine alte Sandgrube eingebaut sein. Die feinen Quarzsande von Fontainebleau werden hauptsächlich für Bauzwecke gewonnen,

[1] Les Fondations de la Tour de 300 m etc., La Semaine des Constructeurs Jhg. 11, S. 519.

die darin auftretenden Sandsteine als Mauer- oder Pflastersteine. Die Sande von Beauchamp sind gebundene, feine helle Meeressande, die in den obersten und in den untersten Schichten oft strichweise zu Kalksandsteinen erhärtet sind. Nach oben gehen sie in mergelige oder kalkreiche Lagunenbildungen über. Die Sande von Beauchamp werden meist für keramische Zwecke und stets in offenen Gruben gewonnen.

Ton. Die Tone der jüngeren Schichten werden in offenen Gruben abgebaut: Der Löß als Töpferlehm und zur Ziegelerzeugung; die oligozänen Cyrenenmergel (glaises vertes) in 1,5 m hohen lotrechten Strossen für Ziegel und Dachziegel; die hangenden weißen Mergel der marnes supra-gypseuses zur Zementerzeugung.

Der in den Mergeln zwischen der ersten und zweiten Gipsmasse und im unteren Drittel der zweiten Gipsmasse vorkommende weiße Ton wird als Walkerde (terresméctique, savon du soldat) gewonnen.

Ausnahmsweise sind auch die obengenannten keramischen Tone bergmännisch abgebaut worden. So ist man beim Bau einer Villa zwischen der Rue de Bellevue und der Rue de Mouzaia, in einer Tiefe von 26,3 m auf einen unterirdischen bis 5,20 m hohen Abbau von Zementmergeln aus den oberen marnes supra-gypseuses gestoßen. Auf dem Hügel Sainte-Geneviève wurden nächst dem Pantheon bis 30 m tiefe verschüttete alte Schächte angefahren, die von gallo-romanischen Töpfern bis zum Grobkalk abgeteuft worden waren, um die hangenden Mergel zu gewinnen.

Die wichtigste Lagerstätte für die Ziegelindustrie ist der Argile plastique, der in den Arrondissements XII bis XVI amphitheatralisch in Strossen abgebaut wurde. Im übrigen herrschte wegen der tiefen Lage des Argile plastique (vgl. Abb. 73, *L* Plastischer Ton) der bergmännische Abbau vor. Aus dem Pyrit der Hangendschichten gegen den Calcaire grossier wurde im 18. Jahrhundert ein „Vitriolgeist" hergestellt. Zwischen den Réservoirs de la Vanne und der Clinique des Aliénés wurden damals auch die Lignitnester der Hangendschichten abgebaut und rund 4500 m³ taubes Gestein in die Steinbruchstollen im Calcaire grossier gestürzt.

Der eigentliche Tonbergbau sucht die mittleren reinen Tonschichten in Abbautiefen bis 35 m auf. Von einem Schacht wurden strahlenförmig kleine Stollen von höchstens 50 m Länge vorgetrieben und der Ton in Prismen von 20 kg Gewicht gefördert. Aus den sandigen Hangendschichten brach manchmal Wasser ein, und im Süden von Paris haben sich einige Schlagwetterkatastrophen ereignet[1]. Die Tonbergwerke im Stadtgebiet wurden im Jahre 1860 eingestellt, und die Stollen haben sich so vollkommen geschlossen, daß sie nur noch durch das Anfahren alter Bölzungshölzer kenntlich werden.

Gips. Die alten Gipsbrüche liegen im rechtsufrigen Stadtgebiet. Die Gewinnung erfolgte ursprünglich im Tagbau, doch nötigte der hohe Abraum bald zum Stollenvortrieb oder zur Aufschließung mittels Schächten. Die Stollenhöhe richtet sich nach der Mächtigkeit der

[1] Vgl. Dritter Teil, X. Gas im Baugrund.

Massen und beträgt in der obersten Masse 8—12 m, erreicht jedoch auf dem Montmartre nächst der Sacré-Coeur-Kirche 16—18 m. In den tieferen Gipsmassen schwankt die lichte Höhe zwischen 1,5 und 5 m und ausnahmsweise 5—8 m. Die 6 m breiten Stollen werden schachbrettartig derart angelegt, daß der ausgesparte Pfeilergrundriß ungefähr ein Viertel der Abbaufläche einnimmt. Gegen das Dach kragen die Pfeiler bogenförmig aus.

Die oberen Bänke des zähen Gesteins wurden auf 2 m Höhe herausgehauen, die Decke wurde abgestützt, worauf man die Sohle durch Sprengung mit Pulver tiefer legte. Der Gips wurde in großen Blöcken herausgearbeitet und in alter Zeit auch als Baustein verwendet.

Baustein. In Tagbauten wurden außer den schon erwähnten Sandsteinbänken nur der Calcaire de la Brie als Baustein oder Mühlstein und der Calcaire de St. Ouen als Baustein gebrochen, mitunter hat man auch die eingeschlossenen Gipslager abgebaut (Abb. 74). Die aufgelassenen Steinbrüche wurden zugeschüttet.

Die geologische Stufe des Calcaire grossier, des Hauptbausteines von Paris, umfaßt eine große Zahl mariner und lagunarer Schichten von 45 m Mächtigkeit, in denen alle Abstufungen der Korngröße und der Bindung vom losen Sand bis zum harten Fels vertreten sind. Die eigentlichen Bausteinlager sind 15—20 m mächtig. Die von den Steinbrucharbeitern als Werkstein gesuchten und mit besonderen Namen belegten Bänke sind durch weichere Zwischenschichten (bousins) getrennt, der Abbau erfolgte daher mitunter in zwei bis drei Stockwerken.

Bei der bergmännischen Gewinnung stehen zwei Abbauweisen im Gebrauch. Entweder legt man zwei sich annähernd senkrecht schneidende Stollensysteme an, zwischen denen roh behauene Pfeiler (piliers tournés) stehen bleiben, deren Gesamtquerschnitt meist kleiner ist als der Hohlraum, d. h. es wird nicht viel mehr als das halbe Lager gewonnen. Die Lichthöhe des Pfeilerabbaues hängt wie beim Gips von der Mächtigkeit der guten Bänke und der Zwischenmittel ab, beträgt mindestens 1,50 m, hauptsächlich 3—4 m und ausnahmsweise sogar 7 m. Bei der anderen Bauweise (par hagues et bourrages) wird die ganze Bank herausgenommen und der Hohlraum mit Abraum und zugeführtem Versatz zwischen Trockenmauern verfüllt, wobei stollenartige Gänge für die Förderung verbleiben. Die Decke des Abbaues wird stellenweise durch Pfeiler aus Trockenmauerwerk unterstützt. Die Abbauhöhe beträgt gewöhnlich 2 m und nicht mehr als 3 m.

Die Steinbrüche befinden sich größtenteils auf dem linken Seineufer und liegen oberhalb des Grundwasserspiegels. Zur Lüftung und Förderung dienten Schächte, von denen manche zur Anlage von Treppen benutzt wurden, da die Steinbruchstollen später als Versteck oder Zuflucht dienten.

3. Die Bodensenkungen.

In den Steinbrüchen, die sich zur Zeit ihrer Anlage außerhalb des Stadtgebietes befanden, wurden die Sicherungsmaßnahmen nur nach Erfordernis des eigenen Betriebes durchgeführt. Es traten Bodensenkungen (dégradations) ein, deren zeitlicher und räumlicher Verlauf außer vom Gebirge auch wesentlich vom Abbauvorgang abhängt.

In den Gipsbergwerken des rechten Seineufers witterten Pfeiler und Firste ab, die Decke senkte sich und stürzte schließlich ein, wobei sich an der Oberfläche Erdfälle (Pingen) bildeten.

Die im Pfeilerbau betriebenen alten Steinbrüche im Calcaire grossier haben im allgemeinen standgehalten oder nur unterirdische glockenförmige Firstverbrüche (fontis) erlitten. Mitunter hat die Überlagerung in größerem Umfang nachgegeben. Bei den nur durch Versatz (hagues et bourrages) gehaltenen ausgedehnten Steinbruchdecken, die wie die Laugwerkfirste des Salzbergbaues „Himmel" heißen, hat sich die Senkung meist schon während des Abbaues bruchlos vollzogen, wobei sich die Stollenhöhe in der Mitte des Baues von 2,2 auf 1,80 bis 1,60 m vermindert hat. An der äußeren Abbaugrenze ruht der „Himmel" auf unverritztem Gebirge, reißt daher bei der Senkung und stellt sich schräg. In dieser gestörten Randzone treten die glockenförmigen Verbrüche am häufigsten auf. Tagebrüche haben sich in der Regel ereignet, wenn die Überlagerung infolge von Niederschlägen durchweicht war. Die allgemeine Senkung der Himmel war in Paris schon 1907 zur Ruhe gekommen, während die örtlichen Einbrüche noch immer unvermutet auftreten können.

Die das „Zuwachsen" der Tonbergwerke begleitenden Massenbewegungen wirken sehr nachteilig auf die Überlagerung. Befinden sich oberhalb Steinbrüche im Grobkalk, so erfahren selbst die Pfeilerbauten starke Verbrüche. Ist die 12—15 m mächtige starre Decke des Grobkalkes unversehrt, so bildet sich an ihrer Unterseite beim Zuquellen des Tonbergbaues ein ausgedehnter 0,6—0,8 m hoher Hohlraum, den die Kalkbänke freitragend überspannen, solange sich die Belastung nicht ändert.

Merkwürdige Schichtablösungen in der Überlagerung der Steinbrüche wurden beim Bau der Stadtbahn aufgedeckt. Die unteren Bänke waren bis auf den zusammengesessenen Versatz durchgebogen, während die oberen infolge ihrer Verspannung und Zugfestigkeit nicht nachgegeben hatten. Zwischen beiden war ein Hohlraum von 7—8 cm entstanden, der die Stadtbahn hätte gefährden können. Eine ähnliche Gesteinsablösung wurde in einem nicht ausgebauten Verbruch über dem Tunnel de la Pommeraie an der Grenze der blauen Liasmergel gegen den unteren Oolithkalk beobachtet[1].

4. Die Sicherung des Baugrundes im unterhöhlten Gebiet[2].

Steinbruchdienst.

Schon im 17. Jahrhundert wurden Schutzbestimmungen für die von Steinbrüchen unterwühlten Straßen erlassen, die planmäßige Verwaltungsarbeit begann jedoch erst im 18. Jahrhundert. Da die Einbrüche Straßen und Gebäude gefährdeten, ließ der Stadtrat ab 1772

[1] Siegler: Travaux de réparations de tunnels, Revue générale des chemins de fer Nov. 1907.

[2] Vgl. den nachstehenden Abschnitt III. 5.

die alten Steinbrüche vermessen und errichtete 1777 den „Service de l'Inspection des Carrières", dem der Architekt Charles Axel Guillaumot als Generalinspektor vorstand. Noch am Tage seines Dienstantrittes entstand gegenüber dem Luxembourg, oberhalb der Grobkalksteinbrüche, ein 20 m tiefer Einbruch (Fontis), der ohne sein Eingreifen ein Haus verschlungen hätte. Im Juli 1778 fanden 7 Personen auf der Hochflur von Ménilmontant durch einen plötzlichen Erdfall den Tod in den Gipssteinbrüchen. Es wurde sofort die Abtragung der vom Einsturz bedrohten Windmühlen und Häuser verfügt, und im nächsten Jahre brachte man die großen Hohlräume durch Sprengung der Pfeiler in den Gipsbrüchen zum Einsturz. Ein großer Einsturz in den Grobkalkbrüchen von Arcueil zwang 1784 zur teilweisen Umlegung der Wasserleitung der Marie von Medici.

Nach dem Tod Guillaumots (1807) ging die Überwachung der Steinbrüche dauernd an die Bergingenieure über. Die unterirdischen Abbaue in Paris wurden im Jahre 1813 verboten. Bei der Einverleibung der Vororte (1860) gelangten neuerdings unterirdische Steinbrüche in das Stadtgebiet, und der letzte Gipsbruch in den Buttes-Chaumont wurde erst 1873 aufgelassen.

Die Bedeutung des Steinbruchdienstes sei durch einige Ziffern beleuchtet. Im Jahre 1896 umfaßte das Stadtgebiet 7802 ha, das erforschte Stollengebiet im Grobkalk 771 ha oder rund 10%, die abbaufähige Fläche 3140 ha oder 40% des Stadtgebietes. Unter Aufsicht standen folgende Stollen: 90985 m unter öffentlichen Straßen, 44095 m unter den Grundstücken der Stadt und des Staates und mehr als 150000 m unter privaten Grundstücken. Das erforschte Stollennetz betrug gegen 300 km und verteilte sich auf vier in sich abgeschlossene Steinbruchgebiete, in denen die kleinste Überlagerung 2,5 m und die größte gegen 30 m beträgt. Die vollständig verbauten Hauptstollen hatten im Jahre 1908 eine Gesamtlänge von 100 km, die anderen Stollen waren nicht vollständig gesichert.

Das Sprengen der Gipssteinbrüche wurde bis 1840 fortgesetzt, trotzdem die verstürzten Massen lange brauchen, bis sie zur Ruhe kommen. Von 1900 bis 1908 hat man bei den 15 km langen Bauten unter den öffentlichen Wegen nur mehr wenige Hohlräume angetroffen. Das Gipsgebiet hat keine Stollen, doch muß man z. B. in Montmartre bis 40 m tief fundieren, um den tragfähigen Baugrund zu erreichen.

Neu entdeckte Stollen werden sofort vermessen und in die Evidenzpläne eingetragen. In den Wirren des Jahres 1871 ist das reichhaltige Archiv des Steinbruchdienstes verbrannt. Die im ersten Atlas souterrain im Maßstab 1:1000 veröffentlichten Aufnahmen von 1777—1859 haben sich erhalten. Von den zwischen 1859—1870 erschlossenen und unzugänglich gewordenen Steinbrüchen bestehen keine Pläne mehr.

Auch in neuerer Zeit wurden noch private Gebäude durch Tagebrüche zerstört, und zwar in der Rue de la Santé die Häuser Nr. 60, 62 und 64 am 21. Juni 1876 und die Häuser Nr. 77, 79 und 81 am 29. April 1879. Im Passage Gourdon stürzten am 9. Mai 1879 drei Häuser ein. Schuldtragend waren in diesen Fällen die Bauunternehmer, die es unterlassen hatten, den Baugrund zu sichern. Seit 1881 müssen auch private Grundbesitzer, die ihre Bauten selbst zu sichern haben, die Stollenaufnahme einliefern.

Von 1893 bis 1912 ließ der Stadtrat einen neuen „Atlas des carrières souterraines de Paris“ im Maßstab 1:1000 herausgeben. Der Atlas umfaßt 115 Blätter, die einzeln käuflich sind. Zur wissenschaftlichen Ergänzung begann der Service des carrières 1905 mit der Herausgabe einer „Carte géologique détaillée de Paris“ im Maßstab 1:10000.

Sicherungsvorgang bei Bodensenkungen und Einbrüchen.

Zugangsschächte in Hof- oder Gartenflächen werden nach Beendigung der Arbeit verschüttet; Schächte, die als Stützpunkte dienen, werden ausbetoniert.

Steinbrüche mit Pfeilerabbau. Wenn die Firste gut erhalten sind, genügt es, unter den gerissenen Stellen oder in der Mitte der Hohlräume Schutzpfeiler von 1,2 × 1,2 m Querschnitt einzubauen. Die Stellung der Pfeiler ist bei gewöhnlichen Gebäuden vom Grundriß unabhängig, bei hohen oder schwer belasteten Bauten oder schwacher Überlagerung soll sie den Hauptmauern entsprechen.

Ist die Firste bereits verbrochen, so müssen die Mauern punktweise durch Betonschächte bis auf die anstehende Steinbruchsohle abgestützt werden. Glockenförmige Firstbrüche werden an den Rändern mit Pfeilern unterfangen, der Hohlraum wird je nach der Belastung des Baugrundes mit trockenem Versatz oder mit Beton ausgefüllt.

Steinbrüche mit Versatz. Liegt der Stollenscheitel 5—6 m unter Kellersohle, so baut man lotrecht unter den Hauptmauern und Stützpunkten des Gebäudes Mauerpfeiler ein. Ist der Abstand geringer, oder ist der Himmel gelockert, so führt man Pfeiler bis auf die Stollensohle und verbindet sie unter den Mauern durch Mauerwerk oder Beton.

Sind übereinanderliegende Steinbrüche zu verbauen, so stellt man die Pfeiler lotrecht übereinander und vergrößert den Querschnitt in den unteren Stockwerken. Der übliche Pfeilerquerschnitt ist 1,20 × 1,50 m. Glockenförmige Verbrüche werden wie beim Pfeilerabbau verbaut.

Sicherungsarbeiten bei Gipsbrüchen. Die Gewinnung erfolgte stets mittels Pfeilerbau; die Zuschüttung der Gipsbrüche erwies sich als ungenügend, da sie sich stark setzte und der Himmel danach freilag. Wie erwähnt, wurden die großen Höhlungen durch Sprengung verstürzt. Die Unterfangung ist im Gipsgelände besonders schwierig und kostspielig. Bei leichten Bauten begnügt man sich mit dem Zustampfen der Hohlräume, größere Baulasten müssen durch Betonsäulen auf den anstehenden Untergrund übertragen werden (vgl. III. Bauerfahrungen). Da im alten Steinbruchgelände die Möglichkeit von Bodenbewegungen und Firstbrüchen besteht, kann die einfache Flachgründung versagen. Die Pfeilerzahl läßt sich jedoch wesentlich vermindern, wenn die Säulenköpfe durch eine Eisenbetonplatte verbunden werden.

Vor 1914 schwankten die Kosten für den Quadratmeter des gesicherten

Baugrundes je nach den örtlichen Verhältnissen zwischen 12 und 58 Fr. und machten einen großen Teil der Gesamtbaukosten aus.

III. Bauerfahrungen.

In seinem Werk „Paris souterrain“ hat E. Gerards eine Fülle von Erfahrungen aus alter und neuer Zeit vereinigt.

1. Hochbau.

Linksufriges Steinbruchgebiet. Architekt François Mansard machte im Jahre 1647 beim Bau der Kirche Val-de-Grâce die damals überraschende Erfahrung, daß er den größten Teil der Bausumme auf die Verbauung der unter dem Baugrund entdeckten 1880 m alten Steinbruchstollen aufwenden mußte.

Beim Bau der Pariser Sternwarte im Jahre 1672 wurde das Vorhandensein von unterirdischen Steinbrüchen rechtzeitig erkannt. Man behielt die Baustelle bei, sicherte sie durch Ausbau von 1000 m Stollen und mächtige Stützpfeiler und erschloß die „carrières de l'Obsérvatoire“ durch einen zylindrischen Treppenschacht, der zu astronomischen und physikalischen Beobachtungen dient.

Die sogenannten Katakomben des Pantheon (1764—90) sind ausgewölbte Grüfte im Kellergeschoß.

An den Baustellen des Palais du Luxembourg und des Odéon war der Grobkalk nicht abgebaut worden, weil er fast beständig vom Grundwasser erreicht wird. Der höher gelegene Jardin du Luxembourg erstreckt sich über einem Netz von Steinbruchstollen, von denen 2372 m wenigstens teilweise ausgebaut sind.

Auch andere stark unterhöhlte Gebiete sind zweckentsprechend in Parkanlagen oder in Friedhöfe umgewandelt worden. Unter dem botanischen Garten wurden 815 m Stollen gesichert, unter dem Montsouris-Park 2610 m. Im Untergrund des Montparnasse-Friedhofs befinden sich über 7700 m gesicherte Stollen. Das Ossuaire, ein Beinhaus, ist durch Verbindung mit alten Steinbruchstollen erweitert worden.

Rechtsufriges Steinbruchgebiet. Der für die Weltausstellung 1878 errichtete Trocadero-Palast steht zum Teil über einem im Pfeilerbau ausgebeuteten Steinbruch, dessen Stollen bis 4 m Lichthöhe haben. Die Unterfangungspfeiler erhielten mindestens 3 m Kantenlänge; die vier Pfeiler unter dem rechten Turm haben 800 m^3 Gesamtinhalt. Diese Sicherungsarbeiten kosteten mehr als 300000 Fr. Im Garten des Trocadero wurden später noch zahlreiche Unterfangungen ausgeführt und bei der Weltausstellung 1900 benutzte man die gesicherten Stollen zur Schaustellung von Nachbildungen der berühmtesten unterirdischen Bauwerke.

Gebiet der Gipsbrüche auf dem rechten Ufer. Das bemerkenswerteste Beispiel bieten die Bauten im Gipsgebiet von Montmartre. Unter der kleinen Kirche von St. Pierre ist die oberste Gipsmasse fast 20 m mächtig und wird 44 m hoch von marnes supra-gypseuses, glaises vertes, calcaires de la Brie, Austernmergeln und den Sanden von Fontainebleau überlagert. In unmittelbarer Nachbarschaft trägt der Montmartrehügel die von 1875—1891 erbaute Sacré-coeur-Kirche, deren Kuppel 80 m hoch aufragt. Der urkundlich seit dem 14. Jahrhundert betriebene Gipsbergbau ist nicht bis unter die Kirche vorgedrungen. Um das mächtige Bauwerk gegen Rutschungen der von den alten Tagbauten angeschnittenen Lehne zu sichern, wurde es auf 83 Pfeilern gegründet, die über 40 m tief bis auf den festen Fels reichen. Dieser Unterbau, den Emile Zola in seinem Roman „Paris" eine „unvergleichlich interessante Wunderwelt" genannt hat, verschlang 3500000 Fr.

Um die Kosten der Grunderwerbung für die Erweiterung des Friedhofes Père-Lachaise hereinzubringen, plante man im Jahre 1854 den Abbau des unterhalb liegenden Gipses durch Anlage neuer Katakomben. Unmittelbar vor der Vergebung der Arbeit wurde 1860 der Friedhof dem Pariser Stadtgebiet einverleibt, in dem der Betrieb unterirdischer Steinbrüche durch Gesetz verboten ist.

Die von den Fremden viel besuchten Katakomben von Paris sind ein Teil der ausgebauten und durch Stiegen zugänglich gemachten Steinbruchstollen im Grobkalk.

2. Straßen.

Wie schon erwähnt, gaben die Einbrüche in den Straßen von Paris und Umgebung den Anstoß zu einer gesetzlichen Regelung des Steinbruchbetriebes und zur Errichtung der „Inspection des carrières". Senkungen oder Einbrüche in den heutigen Großstadtstraßen ziehen den Bruch von Kanälen, Gas- und Wasserleitungen usw. sowie Verkehrsstörungen nach sich. Aufsehenerregende Verbrüche bei Unwetter haben sich z. B. am 30. Juli 1880 auf dem Boulevard Saint-Michel und am 15. Juni 1914 in der Rue de la Rouelle ereignet[1].

In geringem Abstand von der Häuserflucht des Boulevard St. Michel führt ein Sammelkanal, in den ein Hauptstrang der Vanne-Wasserleitung eingebaut ist, über nicht untermauerten Steinbruchboden. Der Regen bewirkte eine Setzung, die den Bruch des Sohlengewölbes und des Wasserleitungsrohres herbeiführte. Vor den Häusern Nr. 79 und 81 öffnete sich ein 18 m langer, 7 m breiter und 11 m tiefer Schlund, über dem sich das aufgehende Mauerwerk freitragend hielt. Die Gebäude standen über bekannten Einbrüchen aus früherer Zeit und waren mit Betonsäulen bis auf den Steinbruchboden unterfangen, die Schlammflut hatte jedoch 2 Säulen weggerissen und samt den Pflastersteinen 100 m weit in die Stollen fortgespült. Die Stadt wurde zur Zahlung der gesamten Wiederherstellung verurteilt.

Die Gesamtlänge der Abwasserkanäle betrug nach Sentenac im Jahre 1927 über 1700 km; die durch die alten Steinbrüche gefährdeten Kanalstrecken sind sorgfältig gegen Versackung gesichert.

Bei der Anlage neuer Straßen sind die verrutschten Hänge des Montmartrehügels in Bewegung geraten. Die steile Böschung wurde durch eine Eisenbetonfuttermauer gestützt, deren Versteifungsrippen sich gegen Grundpfähle stemmen[2].

---

[1] Paris Streets Undermined by Flood from Broken Sewers. Engng. Rec. v. 4. Juli 1914.

[2] Loup: Nouv. Ann. de la Constr. 1910 N. 671.

3. Wasserbauten.

Die Wasserleitung von Arcueil war in den Jahren 1612—1630 ohne Sicherungsarbeiten über altes Steinbruchgelände geführt worden. Im Mai 1784 ereignete sich ein Einsturz, der zur teilweisen Verlegung der Leitung zwang. Um einer Wiederholung vorzubeugen wurden 2202 m Stollen unterfangen.

Sicherungsarbeiten großen Stiles wurden von 1868—1874 beim Bau der Réservoirs de la Vanne ausgeführt (vgl. Abb. 72). Das zu unterfangende Rechteck war 265 m lang und 136 m breit und befand sich über einem mit Versatz zwischen Trockenmauern abgebauten alten Steinbruch. Da die Überlagerung über 29 m mächtig und der Steinbruchhimmel in gutem Zustand war, beschränkte man sich auf die Verbauung des Hohlraumes. Von 21 Arbeitsschächten aus wurden die Hohlräume aufgesucht, um im Steinbruch unter jedem der 1800 Pfeiler der Hochbehälter einen quadratischen Pfeiler von 1,5 m Seitenlänge zu mauern. Man stieß auf 5 Verbrüche von 8,10 bis 11,85 m lichter Höhe. Die Bruchstellen wurden ausgeräumt und ausgezimmert, die eingebrochenen „Himmel" untermauert, die Schächte selbst mit Beton zugefüllt (siehe Abb. 75). Die Summe der Pfeilerquerschnitte beträgt 28% der überbauten Fläche. Die Baugrundbelastung über Tag war 1,33 kg/cm², die Pfeilerbelastung durch das Bauwerk 4,75 und durch die Überlagerung 5,60 kg, die Druckbeanspruchung daher 10,35 kg/cm².

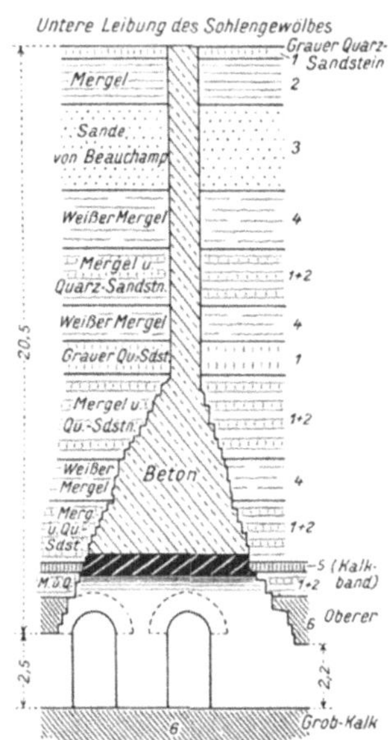

Abb. 75. Hochbehälter der Vanne-Wasserleitung, Verbauung eines Firstverbruches in den unterhalb gelegenen Grobkalk-Steinbrüchen (nach E. Gerards 1908).

Die Unterfangung erforderte u. a. 21300 m³ Bruchsteinmauerwerk, 32300 m³ Aushub, 11900 m³ gestampften Versatz und kostete mehr als 900000 Fr.; sie hat sich vollkommen bewährt.

4. Brücken[1].

Vom Eintritt in das Stadtgebiet bis zum Pont Alexandre III wird der Untergrund der Seine vorwiegend von Mergel- und Kalkbänken des calcaire grossier gebildet, von da ab vom Argile plastique und den Mergeln von Meudon, schließlich von Oberkreide. Quartäre Schotter von 2—3,5 m Mächtigkeit überlagern Eozän und Kreide, deren Schichten nicht überall bis zu höherer Tragfähigkeit verfestigt sind.

[1] Ann. Ponts Chaussées Bd. 2 v. 1836 S. 365; 1854 S. 105, 251; 1859 S. 114; 1876 S. 337; 1880 S. 483; 1891 S. 885; 1898 S. 165, 245, 311; 1900 S. 232; 1906 S. 4, 43, 88, 335. — Génie civ. 1892 S. 358; 1893 S. 297; 1894 S. 177; 1896 S. 17, 177; 1897 S. 129; 1902 S. 185.

Die Pfeiler der ältesten Wölbbrücke, des Pont Neuf (erbaut 1578 bis 1604), wurden mit Schwellrosten auf teilweise gebundenen Alluvialschottern, der „falaise" des Seinetales, gegründet. Da sich der Fluß bis 1885 um 1,9 m eingetieft und den losen Schotter unter der falaise ausgewaschen hatte, mußte ein Pfeiler im Nebenarm der Seine mittels Druckluft bis in die Mergel des Grobkalkes gegründet werden. J.R. Perronet errichtete die Pfeiler des Pont de la Concorde (1787—1791) auf Pfahlrosten. Infolge der geringen Mächtigkeit des Alluviums werden alle Pfähle spitzenfest; sie reichen z.B. beim Pont de Grenelle 3,5—4,5 m tief in die sandigen Hangendschichten des Argile plastique; die Brücke der Gürtelbahn in Ivry (1852—1854) steht auf 12—14 m langen Pfählen. Seit dem Bau des Pont Saint-Michel (1857—1859) verwendete man hölzerne Senkkästen. Beim Pont Sully (1880) erreichten die Senkkästen bei den Mittelpfeilern in der großen Seine die Mergel des Grobkalkes, in der kleinen Seine konnten sie wegen des starken Wasserandranges den darüber lagernden Grobschotter nicht völlig durchsinken.

Seit der Weltausstellung 1878 wurden die Strompfeiler meist mit Druckluft gegründet und z. B. beim Pont Alexandre III (1896—1900) rund 2 m tief in die lagenweise verfestigten Sande des untersten Lutétien eingebunden; die Stadtbahn- und Straßenbrücke (1903—1906) an der Stelle des alten Passysteges wurde durchschnittlich 15,3 m unter Seinespiegel gegründet. Wegen der ungünstigen Erfahrungen bei der Invalidenbrücke (vgl. Abschnitt II. 1) wurden die Caissons für die Mirabeau-Brücke durch den 3—6 m mächtigen Argile plastique und zersetzte Schichten der Oberkreide bis (16 m unter M. W.) in feste flintführende Kreidekalke abgesenkt.

5. Eisenbahn- und Tunnelbau[1].

Die oberirdisch in das Gebiet von Paris eindringenden Eisenbahnen und die Gürtelbahn hatten noch eine gewisse Freiheit der Linienführung. Die im Jahre 1898 begonnene Stadtbahn (Le Métropolitain), die hauptsächlich als Unterpflaster- oder Untergrundbahn angelegt ist, hat eine vom Stadtplan und vom Verkehrsbedürfnis auferlegte Trasse und dementsprechend außerordentlich schwierige Baugrundverhältnisse.

Die älteren Linien mußten ihre Kunstbauten gegen Bodensenkungen im Steinbruchgebiet und gegen den zerstörenden Einfluß der Gipswässer (eaux séléniteuses) sichern, der Métro stieß außerdem beim Bau auf die unterirdischen Kanäle und Leitungen, die alten Baureste der historischen Schicht, er mußte in das Grundwasser tauchen und die Seine an vier Stellen unterfahren.

Im linksufrigen Gebiet der Kalksteinbrüche standen unter der Eisenbahn Paris—Sceaux zwischen Place Denfert und der Stadtgrenze rund 1900 m Stollen unter Überwachung; die 1892—93 ausgeführte Fortsetzung von Place Denfert bis zum Palais de Luxembourg erforderte die Sicherung von 2000 m Stollen mit einem Kostenaufwand von

[1] Vgl. den vorstehenden Abschnitt II. 4.

450000 Fr., und die Verbauung von 22 Firstverbrüchen. Im gleichen Gebiet waren die um 1908 ausgeführten Erweiterungsbauten des Monparnassebahnhofes der Westbahn mit großen Unterfangungsarbeiten verbunden. Zur Sicherung der Tunnels wurde unter jedem Widerlager ein Stollen gemauert und außerdem das Sohlengewölbe in der Mitte durch Pfeiler unterstützt. Unter 3,5 km der Pariser Gürtelbahn liegen z. B. 6576 m Sicherungsstollen.

Im rechtsufrigen Gipsgebiet hatte besonders der weder abgedeckte noch verfugte Tunnel von Belleville unter Gipswässern zu leiden. Infolge der leichten Löslichkeit fein verteilter Gipskristalle wirkt selbst die Bewässerung des Parkes der Buttes-Chaumont nachteilig auf den unterhalb gelegenen Tunnel.

Bei den Stadtbahnbauten im Steinbruchgebiet (1898—1905) wurde die Sicherung hauptsächlich nach den vom Service des carrières aufgestellten Grundsätzen[1] vorgenommen. Wenn die besonders zähe 0,6 m starke Kalkbank („roche“), die man als Firste oder Himmel beläßt, ihre Festigkeit bewahrt hatte, trieb man unter der Bahnachse einen Mittelstollen vor, und unterstützte den „banc de roche“ im Längenabstand von 4 m durch 1,20 m breite Querrippen, die beiderseits um je 0,5 m über die Außenleibung vorspringen. Den Mittelstollen begrenzen zwei 0,5—0,6 m starke Längsmauern. Das Abstützungsverhältnis von 0,28, das Keller 1878 für die Réservoirs de la Vanne theoretisch begründet hat, wurde auf 0,29—0,30 erhöht, da die geringere Belastung den Einfluß der Erschütterungen nicht auszugleichen vermag. Wo die Firste nicht vollkommen zuverlässig war, wurden die Querrippen unter dem Widerlager durch 1—2 m starke Längsmauern verbunden. Alte Verbrüche oder Schächte wurden vom Untersuchungsstollen umfahren, durch einen Mauerring umschlossen und mit einer Eisenbetondecke überbrückt.

Wo zwei Stockwerke zu sichern waren, wurden die Pfeiler lotrecht untereinander angeordnet und die unteren um 0,10 m verstärkt. Wenn das Zwischenmittel geringmächtig oder gelockert war, wurden die Pfeiler in einem durchgeführt.

Unter den Stationen, deren Regelquerschnitt 18,14 m äußere Breite hat, wurden in je 6 m Abstand von der Mittelaxe links und rechts zwei Suchstollen mit 0,5 m starken Seitenmauern vorgetrieben. Die Querrippen erstrecken sich von der Innenfläche der Stollen 3 m gegen die Mitte und 3,5 m nach außen, und wiederholen sich in 4 m Abstand. In der Mittelaxe wird das Sohlengewölbe noch durch Pfeiler von 1,2 m im Geviert unterstützt. Bei rissiger Firste wurden die äußeren Enden der Querrippen durch 1 m starke Mauern verbunden. Im übrigen wurde wie in der laufenden Strecke verfahren.

Unter Steinbrüchen mit eingesunkenem Himmel werden die glockenförmigen Firstbrüche bis höchstens 10 m² Grundrißfläche und die alten Schächte in der oben beschriebenen Art umfahren und verbaut. Bei größeren Verbrüchen werden die 1,2 m starken Pfeiler durch Ge-

[1] Wickersheimer & Weiss: Notice sur la consolidation des carrières etc., Annales Mines 1903.

wölbe oder Eisenbetonplatten verbunden, der Stadtbahntunnel ruht demnach auf einem unterirdischen Viadukt. Der größte Firstverbruch hatte 13,5 m Höhe und 650 m³ Hohlraum.

Bei ausgedehnten Verbrüchen genügt die Umschließung nicht, da das gelockerte Gebirge unter dem Schub der elliptischen Gewölbe nachgibt. Man muß das Tunnelprofil durch gemauerte Widerlagsrippen verstärken, die durch Pfeiler bis auf die Steinbruchsohle abgestützt sind. Unter den Bahnhöfen stellt man die Widerlager auf Pfeiler 2 × 2 m, die Sohlengewölbe auf Pfeiler von 1,2 × 1,2 m und verbindet die Pfeilerköpfe durch Gewölbe oder Eisenbetonplatten. Außerdem werden nach Bedarf Verstärkungsrippen angeordnet, die wieder mit Pfeilern 1,2 × 1,2 m unterfangen werden (siehe Abb. 76).

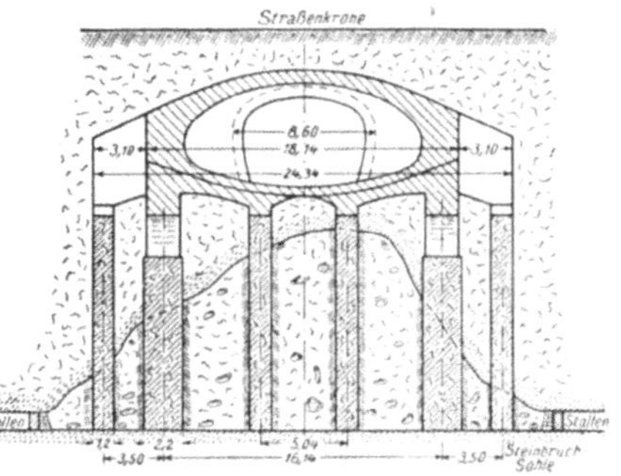

Abb. 76. Pfeilergründung einer Station der Untergrundbahn über einem Firstverbruch in den alten Steinbrüchen (nach L. Troske 1905).

Die Unterfahrungen der Seine und die zugehörigen Rampenstrecken des Métro wurden mit Druckluft ausgeführt. Die Unterwassertunnel der Linie 8 und Nord-Süd A beim Pont de la Concorde wurden mit Schildvortrieb hergestellt, jene der Linie 4 und der Linie 8 beim Pont-Mirabeau durch Absenken und Verbinden eiserner Caissons.

Der Versuch, die Untergrundstrecken in Paris nach der in London bewährten Schildbauweise auszuführen, hat nicht befriedigt[1], da der dem London Clay altersnahe und technisch ähnliche Argile plastique in Paris tief unter dem Baugrund liegt. In seiner mannigfach zusammengesetzten Überlagerung und der von zahlreichen Kunstbauten durchzogenen historischen Schichte mußte man zum Vortrieb mit Stollenzimmerung übergehen.

Die bis zu 4 m in das Grundwasser tauchenden Strecken im Alluvium sind unter Grundwasserabsenkung ausgeführt worden. Die 9 m unter den Grundwasserspiegel reichenden Stützpfeiler für die Kreuzung der drei übereinanderliegenden Tunnels der Stadtbahnlinien 3, 7 und 8 auf der Place de l'Opéra mußten mit Druckluft gegründet werden.

Auf den zweigleisigen Tunnel längs der Seine zwischen dem Bahnhof Quai d'Orsay und dem Pont St. Michel wirkt bei Hochwasser ein äußerer Wasserdruck von 7 m, und es wird zum Schutz des Mauerwerks Wasser eingelassen. Trotz dieser Vorsichtsmaßnahme hat das flußseitige Widerlager einer 44 m langen Strecke im April 1926 unter dem Schub des Sohlengewölbes nachgegeben und mußte durch eine ebene Eisenbetonplatte ersetzt werden[2].

[1] Vgl. Abschnitt 1. London.

[2] Zbl. Bauverw. 1927 Nr. 51.

3. Wien.

I. Geologischer Bau des Stadtgebietes.

1. Das Wiener Becken.

Wien liegt am Westrand des großen pannonischen Beckens, an das sich zwei kleinere Senkungsfelder, das außeralpine Becken zwischen der böhmischen Masse und der Flyschzone, und das inneralpine Becken oder die Wiener Bucht zwischen der Flyschzone und der Zentralzone der Ostalpen anschließen.

Im inneralpinen Becken sind die nördlichen Kalkalpen zwischen der Thermenlinie im Westen und dem Leithagebirge im Osten in große Tiefen abgesunken und erscheinen erst 30 km nördlich der Donau wieder in einzelnen Ausläufern. Die Ausfüllungen dieses Beckens gehören dem Jungtertiär (Neogen) und dem Quartär an.

Die Flyschzone bildet in den westlichen und nördlichen Randbezirken der Stadt die Oberfläche bzw. den Felsuntergrund. Das ältere Siedlungsgebiet liegt über den in die Tiefe gesunkenen Kalkalpen. Südlich von Wien wurden nahe der Thermenlinie in Liesing bis 190 m u. d. M. marine Tone des Torton (Badener Tegel) erbohrt. Im Hof der Brunner Brauerei (233 m) wurde eine Bohrung 26 m ü. d. M. im Badener Tegel eingestellt; ein zweites bloß 550 m von der Kalkzone entferntes Bohrloch (253 m) durchsank die sarmatischen und marinen Strandbildungen, traf bei + 22 m Gosauablagerungen, bei — 61 m den Trias-Kalk und bei — 97 m die Werfener Schiefer, in denen es 109 m u. d. M. endet. Die Mächtigkeit der Ablagerungen in der Mitte des ständig nachgesunkenen Beckens wird auf mehr als 1000 m geschätzt.

Zu Beginn der Miozänzeit, im Aquitan, bildeten sich die im Süßwasser abgesetzten lignitführenden Tone von Pitten, die im Stadtgebiet nur in Spuren erscheinen. Im jüngeren Miozän spiegelte das Meer am Alpenrand etwa in Höhe 450. Es verlor später den Zusammenhang mit dem großen Mittelmeer und ging unter Aussüßung durch die Flüsse in das bei 400 m spiegelnde sarmatische Binnenmeer über. Im Pliozän schritt die Aussüßung weiter fort, und im pontischen See, der noch salzhaltig blieb, hob sich der Spiegel auf 450 m. Das Sinken des Wasserspiegels vollzog sich ruckweise; in der jüngeren Pliozänzeit wurde das Wiener Stadtgebiet von dem Vorläufer der Donau und von Wildbächen überströmt. In der Diluvialzeit floß die Donau schon im heutigen Gebiet, und auf den trocken liegenden Terrassen wurde der Löß angeweht. Seither haben sich keine großen geologischen Veränderungen vollzogen, jedoch technisch wichtige Umbildungen des Gewässernetzes und der Kleinformen des Geländes.

Der Wiener Boden lag vom jüngeren Miozän (Torton) bis zum mittleren Pliozän unter Wasser. Die äußeren Stadtbezirke waren richtiges Strandgebiet, die inneren küstennaher Meeres- bzw. Seeboden und schließlich Schwemmland. Blöcke, Gerölle und Geschiebe kamen am Gebirgsrand zum Absatz, die feinen Sande am Fuß der Halden und die kolloidalen Sinkstoffe mit den feinsten Glimmerblättchen erst im tiefen Wasser als Ton oder Tegel. Beim Sinken des Wasserspiegels verrutschten die Strandhalden und die von den alten Gewässern gebildeten Mündungsdeltas.

Jede der drei Hauptbildungen, die marine, die sarmatische und die

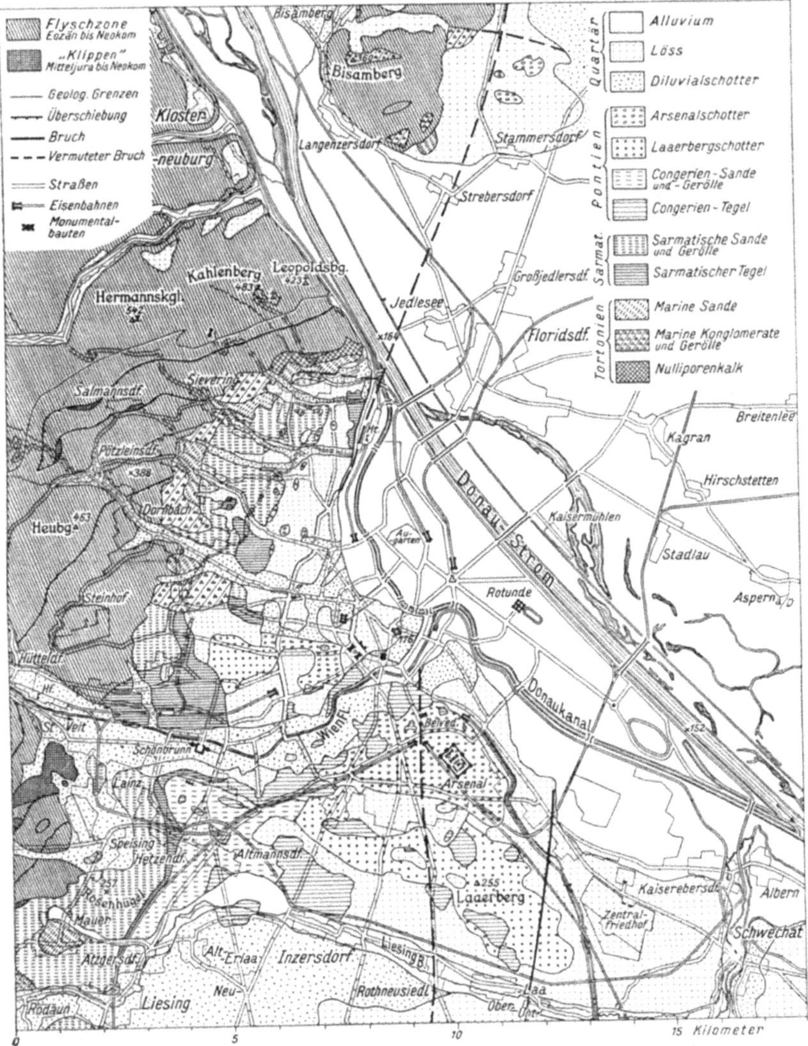

Abb. 77. Geologische Kartenskizze von Wien (nach der geologischen Karte von F. X. Schaffer 1:25000. Wien 1904. Randgebiete nach der geologischen Karte der Umgebung von Wien 1:75000. Wien 1928).

pontische Stufe, umfaßt daher gleichaltrige aber faziell verschiedene Ablagerungen, die petrographisch das im wesentlichen auf die Wiener Sandsteinzone beschränkte gemeinsame Nährgebiet erkennen lassen.

An der Erforschung der ineinandergeschachtelten und häufig verrutschten verschiedenaltrigen Bildungen der Beckenausfüllung haben eine große Zahl österreichischer und auch ausländischer Geologen gearbeitet. Dem Altmeister der österreichischen Geologenschule, Eduard Suess verdanken wir neben zahlreichen Einzelforschungen das mit einer Bodenkarte 1:13000 ausgestattete Werk „Der Boden der Stadt Wien", Wien 1862. Das seither von 10 auf 21 Bezirke erweiterte Stadtgebiet hat F. X. Schaffer in seiner „Geologie von Wien", Wien 1906, beschrieben und in einer geologischen Detailkarte 1:25000 dargestellt. Die seit 1906 erzielten Fortschritte sind in den Arbeiten von L. Kober, „Geologie der Landschaft von Wien", Wien 1926, F. X. Schaffer, „Geologische Geschichte und Bau der Umgebung Wiens", Wien 1927, und in der vom Geologischen Institut der Wiener Universität herausgegebenen geologischen Karte der Umgebung von Wien, 1:75000, Wien 1928, zusammengefaßt.

Die folgenden Ausführungen beruhen vor allem auf den angeführten Werken, dann auf den geologischen und technischen Einzelschriften und eigenen Erfahrungen.

2. Der alpine Felsrand.

In der Abb. 77 erscheint der Alpenrand in der Flyschzone (Inoceramenschichten und Glaukoniteozän der „Wienerwalddecke" und Seichtwasserkreide der „Klippendecke") vom Donaudurchbruch zwischen

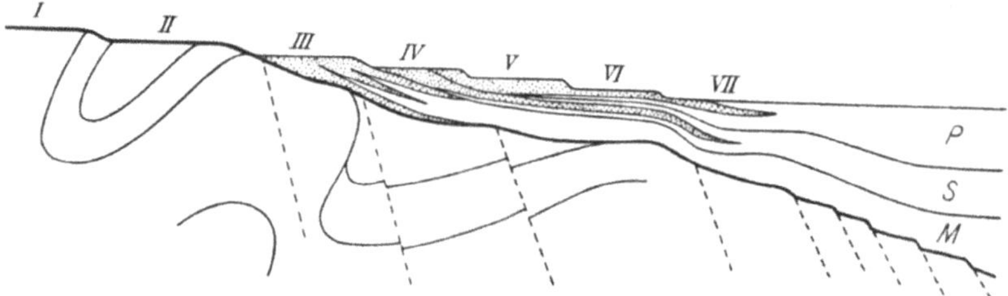

Abb. 78. Schematischer Schnitt durch den Westrand des Wiener Beckens mit den alten Terrassen I bis VII (nach F. X. Schaffer 1927).
P = pontische, S = sarmatische, M = marine Bildungen. Die schottrig-sandigen Strandbildungen punktiert, die tonigen Bildungen weiß, das durch die Falten und Verwerfungen angedeutete Grundgebirge ist die Flyschzone des Alpenrandes.

Kahlenberg und Bisamberg bis zu den Jura- und Kreideklippen von St. Veit und dem Bruchrand der Kalkzone westlich Rodaun.

Im allgemeinen ist der Alpenrand ein nur wenig überlagertes Felsgebirge von mittlerer statischer und geringer klimatischer Standfähigkeit, das mit Ausnahme der zur Vorsicht mahnenden Steilhänge und verstürzten Anschnitte einen sehr tragfähigen Baugrund bildet. Das Flyschgebiet, in das die beiden obersten Terrassen — die Kobenzl- und die Nußberg-Terrasse — eingeschnitten sind (vgl. Abb. 78) ist nur schütter und meist villenartig verbaut.

3. Die marinen Bildungen.

Die marinen Ablagerungen werden zum Torton gerechnet. Sie sind das Liegende der Beckenauskleidung und bilden im Stadtgebiet einen bis 1,5 km breiten Gürtel von Strandbildungen mit Lithotamnien- (Nulliporen-) Kalken und Amphisteginenmergeln, Geröllen und 28 bis 40 m mächtigen Sanden, die teilweise zu Stein verfestigt sind. In größerer Entfernung vom Strand schalten sich Tone ein (vgl. Abb. 78), während der in einer Wassertiefe von etwa 100 m gebildete Badener Tegel nur im tieferen Untergrund der Stadt auftritt. Die vom Alpenrand 1800 m entfernte Brunnenbohrung im Ottakringer Brauhaus hat die marinen Bildungen in 244 m Tiefe nicht durchsunken.

Die Grenze gegen das Sarmat wird mitunter durch Verwerfungen gebildet (z. B. Kulmgasse, Wilhelminenstraße, Wurlitzergasse im XVI. Bezirk), bei denen Sprunghöhen bis 23 m festgestellt worden sind.

4. Die sarmatischen Bildungen.

Die Aussüßung der Meeresbucht war anscheinend nur örtlich von einer stärkeren Erosion der marinen Schichten begleitet und führte in der Fauna eine auffallende Verarmung der Arten bei großem Reichtum an Individuen herbei. Im allgemeinen wird ein oberer (Muschel-Tegel) und ein unterer Tegel (Rissoen-Tegel) unterschieden, zwischen denen Sand- und Schotterschichten (Cerithiensande) eingeschaltet sind.

Die Mächtigkeit der sarmatischen Sande beträgt auf der Türkenschanze, wo einzelne Bänke zu festem Muschelsandstein verkittet sind, über 30 m und ist im allgemeinen groß. In den sarmatischen Schichten wurde am Ostbahnhof 127 m (1839—1845) bzw. 223 m (1909), am Getreidemarkt 100 m tief gebohrt, ohne den Badener Tegel zu erreichen. Im Brunnen der Gasanstalt Fünfhaus wurde die Gesamtmächtigkeit des von einzelnen Sandschichten und harten Bänken durchzogenen sarmatischen Tegels mit 142 m erbohrt.

Die sarmatischen Schichten sind als Lagerstätten von Baustein, Bausand und Ziegelton sowie wegen ihrer Wasserführung wichtig.

5. Die pontischen Bildungen.

Die pontischen Bildungen liegen mit ähnlichem Fazieswechsel schalenartig über den sarmatischen Schichten. Ihre Mächtigkeit ist nahe der Anlagerungsgrenze gering, erhöht sich allmählich gegen die tieferen Stadtteile, wo sie mit fast 100 m erschlossen ist und auf 150 m geschätzt wird; südlich der Stadt wurde sie in Leopoldsdorf a. d. Schwechat mit 600 m erbohrt.

Normalprofil nach Th. Fuchs: Unmittelbar über dem Sarmat liegt die oft nur $^1/_2$ m starke sogenannte Grenzschicht von feinem lichtgrauen tonigen Sand mit einer Mischfauna. Darüber folgen Sande mit Geröllen und Blöcken und ein dichter, speckiger, blauer Tegel von 20—30 m Mächtigkeit mit Ostrakoden und kleinen Cardien. Durch eine neuerliche Sand- und Geröllage abgegrenzt lagern darüber die 40 m mächtigen Sand- und Tegelschichten mit Congeria Partschi und Melanopsis Martiniana. In dieser Abteilung tritt außerhalb des Stadtgebietes häufig ein abbauwürdiger lignitführender Horizont auf. Die nächsthöhere Abteilung mit Congeria subglobosa P., Melanopsis Vindobonensis Fuchs und Cardium Carnuntianum P. enthält 8—12 m mächtige, durch Sandsteinschichten getrennte Tegellagen von insgesamt 50 m Mächtigkeit. In manchen Aufschlüssen ist der Tegel von bandartigen weichen Muschellagen durchzogen. Den Abschluß der nach oben sandreicher werdenden Tegel („Schließ") bilden 20 m feine Sande mit

Konkretionen und eingeschwemmten Säugetier- und Pflanzenresten. Mitunter sind ihnen Süßwasserkalke oder Torfkohlen eingeschaltet.

Im Profil der Inzersdorfer Ziegelei am Wienerberg sind die Tegel bis 13,5 m unter Gelände gelb gefärbt, die unteren Tegelschichten sind grau, grünlichgrau, blaugrau bis blau. In diesem Profil treten zwischen 5,4 und 6,7 m unter der Oberfläche weiße Kalkkonkretionen, zwischen 16,5 und 17,8 flache Mergelkonkretionen auf. Nach unten schließt das Profil zwischen 29,3 und 29,5 m mit einer kalkreichen Mergelplatte ab; sie liegt auf Wiener Sandsteingeröllen, die gespanntes Wasser führen.

Die chemische Zusammensetzung der pontischen, sarmatischen und marinen Tegel, die sämtlich der Flyschzone entstammen und in Küstennähe abgelagert wurden, wechselt nach den Analysen von E. v. Sommaruga[1] nur unwesentlich.

Analysen von E. v. Sommaruga, 1866.

Bestandteile	Pontischer Tegel Inzersdorf	Sarmatischer Tegel Heiligenstadt	Mariner Tegel von Baden
Kieselsäure	50,14	53,30	51,89
Schwefelsäure	0,731	0,836	0,552
Kohlensäure	4,81	2,22	2,46
Chlor	0,007	0,006	0,007
Tonerde	13,18	15,27	12,64
Eisenoxydul	7,62	9,10	7,22
Kalk	3,85	6,34	5,86
Magnesia	0,50	0,86	0,37
Kali	0,89	0,71	1,86
Natron	5,14	2,24	2,69
Manganoxydul	Spur	Spur	Spur
Phosphorsäure	Spur	Spur	Spur
Glühverlust	12,28	8,82	14,03
	99,148	99,702	99,579
Davon in Salzsäure			
löslich	13,248	—	—
unlöslich	63,62	—	—

Dem Sinken des Wasserspiegels entsprechend, übergreifen feine gelbe tonreiche Congeriensande den pontischen Tegel, der den wichtigsten Grundwasserhorizont des Stadtgebietes bildet.

6. Die pliozänen Schotter.

Vom mittleren Pliozän an hat der Vorläufer der Donau Quarzschotter von der böhmischen Masse herangeführt und zwei Erosionsterrassen geformt: die mittelpliozäne Laaerberg-Terrasse und die oberpliozäne Arsenal-Terrasse. Laaerberg- und Arsenalschotter haben sich in den nördlichen Bezirken nur in kleinen Inseln erhalten. Auf der Schmelz und vom Wiener Berg bis zum Goldberg bilden die Laaerbergschotter, im VII. Bezirk und in den oberen Teilen des IV. und III. Bezirkes, sowie im X. Bezirk die Arsenalschotter große zusammenhängende Decken. Die „Belvedere-Fauna" der älteren Literatur wurde nach F. X. Schaffer in den glimmerigen Sanden der Arsenal-Terrasse gefunden.

[1] Chem. Zusammensetzung d. Wiener Tegels. Jb. geol. Reichsanst. 1866 S. 68.

7. Das Diluvium.

Die eiszeitliche Donau bildete die „Innere Stadt- und Simmeringerterrasse" heraus, die im Norden der Stadt später abgetragen wurde und im Südosten beim Zentralfriedhof 2500 m Breite erreicht. In der inneren Stadt und am rechten Wienufer haben die kleineren Bäche des Alpenrandes und der Wienfluß den Congerientegel 8—18 m hoch mit Plattel- oder Lokalschotter aus dem Wiener Sandstein überschüttet. Nördlich und südlich davon liegen die meist sandreichen Quarzschotter der Donau, denen ungefähr 25% Flyschschotter beigemengt sind. Die diluvialen Schotterschichten sind als Grundwasserträger und als tragfähiger Baugrund wichtig.

Der Löß bedeckt ausgedehnte Flächen. In Heiligenstadt und im X. Bezirk ist durch Zuwehen von Altarmen bzw. Tümpeln geschichteter gelblich-brauner Pseudolöß entstanden, der Lignit und Knochenreste führt. Die gesamten, durch sandig-schottrige Lagen unterteilten Löß- und Pseudolößbildungen erreichen in Heiligenstadt mehr als 20 m, sonst 2—10 m Mächtigkeit.

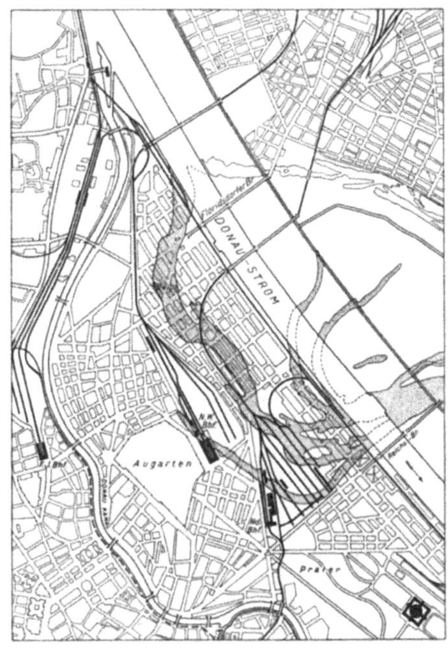

Abb. 79. Ausschnitt aus dem Stadtplan des II., XX und XXI. Bezirkes; ungefähr 1:71000. Punktiert die verschütteten, weiß die offenen Altarme beiderseits des Donaudurchstiches.

8. Das Alluvium.

Das verwilderte Aufschüttungsgebiet der Donau wurde durch die Donauregulierung von 1869—1875 für die Besiedlung erschlossen. Der Hauptstrom erhielt ein gestrecktes, zur Abfuhr von 10500 m³/sek ausreichendes Bett, und der dem Abhang der inneren Bezirke nächstgelegene Altarm wurde zum Donaukanal (Höchstwasser 900 m³/sek) umgestaltet. Die Arme am rechten Ufer des Durchstiches einschließlich des den Prater von der Leopoldstadt scheidenden Fugbaches wurden — mit Ausnahme einiger Reste im Prater — verschüttet. Am linken Ufer der Donau bestehen noch offene Altarme (vgl. Abb. 77 u. 79).

Die mittlere Mächtigkeit des Alluviums der Donau beträgt am rechten Ufer gegen 10 m, am linken 10—15 m, über den Untergrundmulden bis 20 m. Östlich des Stadtgebietes wurde im Marchfeld eine dem Rußbach folgende, 5 bis 15 km breite, von Schotter und Sand erfüllte Mulde erbohrt. Die Tegeloberfläche konnte bei Leopoldsdorf in 57 m Tiefe und nächst Lassee in 30 m Tiefe nicht erreicht werden.

Normale Zusammensetzung des Donau Alluviums von 20 m Mächtigkeit nach F. X. Schaffer: 4 m Silt (= glimmerige Sinkstoffe der Hochwässer, vom tonigsandigen Schlamm bis zum feinen Quarzsand); bis 12 m von Sandlagen durchzogene Flußschotter mit rundgeschliffenen nuß- bis kopfgroßen Geschieben; 4 m Driftton (fluviatiles Umwandlungsprodukt des darunter liegenden Congerientegels).

Das Alluvium des Wienflusses reicht vom Schwemmkegel an der Mündung in den Donaukanal flußauf bis zur Magdalenenbrücke und besteht aus ziemlich sandreichem Plattelschotter der Sandsteinzone. Infolge des Geschieberückhaltes im Tullnerbacher Weiher und in den Hochwasserschutzbecken bei Weidlingau führen die Hochwässer nur mehr Sinkstoffe.

Der Ottakringer Bach hat an seinem ursprünglichen Übertritt auf die Stadtterrasse einen flachen Kegel aufgeschüttet (vgl. Abb. 80). Ähnliche Aufschüttungen der kleineren Bäche, die heute überwölbt sind, können sich in einzelnen Baustellen nachteilig geltend machen.

9. Die Kulturschichte.

Wie die meisten europäischen Großstädte hat sich Wien aus einem befestigten Kern schalenartig durch Einbeziehung der umliegenden Vorstädte und Ortschaften entwickelt. Das Wachstum der Stadt war durch den Donaustrom einseitig gehemmt. Die Wohnviertel entwickelten sich gegen den Alpenrand, die Industrieviertel gegen die südliche Ebene. Das linksufrige Alluvialland wurde erst nach der Donauregulierung und hauptsächlich von Industrieanlagen dichter besiedelt. Im März 1929 hat die Stadtgemeinde dort über 200 ha Grund zur Errichtung einer Gartenstadt erworben.

Das alte Gewässernetz im Stadtgebiet wurde vollständig verändert; die verkehrsstörenden Unebenheiten (alte Uferränder, Böschungen der Terrassen usw.) wurden ausgeglichen. Die Befestigung des Stadtkernes ist vom Schutt der mehrmals verwüsteten Vorstädte umgeben. Das Ausschußfeld oder Glacis ist von 95 m im Jahre 1632 bis auf 450 m im Jahre 1683 erbreitert worden[1]. Der Untergrund des Glacis ist von der Alserstraße bis zum Stadtpark von türkischen Minengängen durchwühlt, die besonders bei der Löwelbastei ein dichtes Netz bilden und im Jahre 1683 bis unter die Minoritenkirche reichten. Nach 1683 wurden von der Oper gegen den Wienfluß gemauerte Minengänge angelegt, die bis 11,5 m unter dem Boden liegen. In 11 m Tiefe unter Straßenhöhe durchsetzen jüngere Minengänge den Schottenring. Über die Katakomben der alten Pfarrkirchen und die mehrgeschossigen Keller in der inneren Stadt wird im folgenden berichtet.

Die alten 10 Bezirke wurden 1704 mit dem Linienwall und dem 3,6 m tiefen Liniengraben umzogen; durch den Bau der Gürtellinie der Stadtbahn sind Wall und Graben fast ganz verschwunden. In der Boden-

[1] Petermann, R. E.: Wien von Jahrh. zu Jahrh. Wien: Gerlach & Wiedling 1927.

karte von Ed. Suess sind die ausgedehnten Anschüttungsflächen vom Schottenring rund um die innere Stadt bis zur Wienflußmündung und entlang des Kranzes älterer Sand- und Schottergruben eingezeichnet, der sich durch die tieferen Teile des IV., V. und VI. Bezirkes zieht. Die damaligen Gewinnungsstätten lagen näher zur Außengrenze der Bezirke III bis IX und sind nun ebenfalls verschüttet.

Von 1892—1901 wurde beim Bau der Wiener Stadtbahn und der Wienflußregulierung die Höhenlage der benachbarten Straßen stark verändert, am meisten nächst dem Hauptzollamt, wo vorher die Radialstraßen unter der Verbindungsbahn hindurch führten, während sie jetzt die um 6,8 m tiefer gelegte Stadtbahn auf Brücken überschreiten. Die Sohle des zur Abfuhr von 600 m³/sek ausgestatteten Wienflußbettes wurde im Stadtgebiet abwärts fortschreitend von 0,5—3 m vertieft[1].

10. Die Wasserversorgung von Wien.

Bis 1873 wurde das Nutzwasser hauptsächlich aus artesischen Brunnen, das Trinkwasser aus Hausbrunnen bezogen, die aus dem zunehmend verseuchten Untergrund schöpften. Daneben bestanden einige kleine Zuleitungen aus nahe gelegenen Quellengebieten und das Grundwasserschöpfwerk der Kaiser-Ferdinands-Wasserleitung am Donaukanal. Ed. Suess hat den innigen Zusammenhang dieses Zustandes mit häufigen Seuchen überzeugend nachgewiesen, und es ist vor allem ihm zu danken, daß die 90 km lange Hochquellenleitung aus dem Rax- und Schneeberggebiet gebaut wurde, die im Winter rund 50000 und im Sommer bei 150000 m³/Tag des besten Quellwassers nach Wien führt. Nach der Einverleibung des XXI. Bezirkes im Jahre 1905 wurde die am 2. Dezember 1910 eröffnete 170 km lange zweite Hochquellenleitung errichtet, die aus den in 700—800 m Seehöhe gelegenen Salzaquellen bis 200000 m³/Tag liefert. Zur Niederwasserzeit pumpt das Schöpfwerk in Pottschach aushilfsweise noch 13000 m³/Tag keimfreies Grundwasser in die Hochquellenleitung, und ein weiterer Grundwasserzuschuß von 8600 m³/Tag kann durch das Schöpfwerk in Matzendorf erzielt werden. Als Nutzwasser wird filtriertes Wasser des Wienflusses aus dem Stauweiher bei Unter-Tullnerbach im Ausmaß bis zu 25000 m³/Tag in die westlichen Stadtgebiete geleitet.

Die Aussichten der artesischen Bohrungen in Wien sind nach Ed. Suess (1862) nicht so günstig wie in London oder Paris, weil die wasserführenden Schichten vom Beckenrand gegen die Mitte rasch auskeilen und kein so ausgedehntes Einzugsgebiet haben wie jene der großen Tertiärbecken. Th. Fuchs nimmt außerdem eine Zerstückelung der wasserführenden Schichten durch das staffelförmige Absinken der Beckenausfüllung an, eine Ansicht, die von H. Hassinger und G. A. Koch (1907) bekämpft wird. Die Ergiebigkeit der älteren artesischen Brunnen ist wegen Versandung der Bohrlöcher oder wegen Erschöpfung rasch gesunken. Betriebe, bei denen der Gas- und Salzgehalt der in großer Tiefe erbohrten Wässer dem Gebrauch nicht ab-

[1] Paul, M.: Z. öst. Ing.- u. Arch.-Ver. 1915 Heft 17/18.

träglich ist, arbeiten auch in neuerer Zeit mit tiefen Bohrbrunnen. Da sich das Wasser nur ausnahmsweise über das Gelände erhebt, hängt die Ergiebigkeit auch von der Pumpenleistung ab. Die Wiederholung der Bohrungen in der Simmeringer und in der Ottakringer Brauerei, die von 1887—1895 sechs Bohrbrunnen ausführen ließ, spricht mehr für eine Verschlammung der Bohrlöcher als für eine Erschöpfung der nur mehr an wenigen Punkten abgezapften gespannten Wässer.

II. Der Baugrund von Wien.

1. Kennzeichnung der Lagegrößen.

Klimatische Lage. Wien hat ein durch den Weinbau gekennzeichnetes Klima von 623 mm mittlerer Jahresniederschlagshöhe. Die Temperatur beträgt im Jahresmittel 9,4° C, im Monatsmittel für Juli und August rund 20°. Am freiliegenden Gelände macht sich die Häufig-

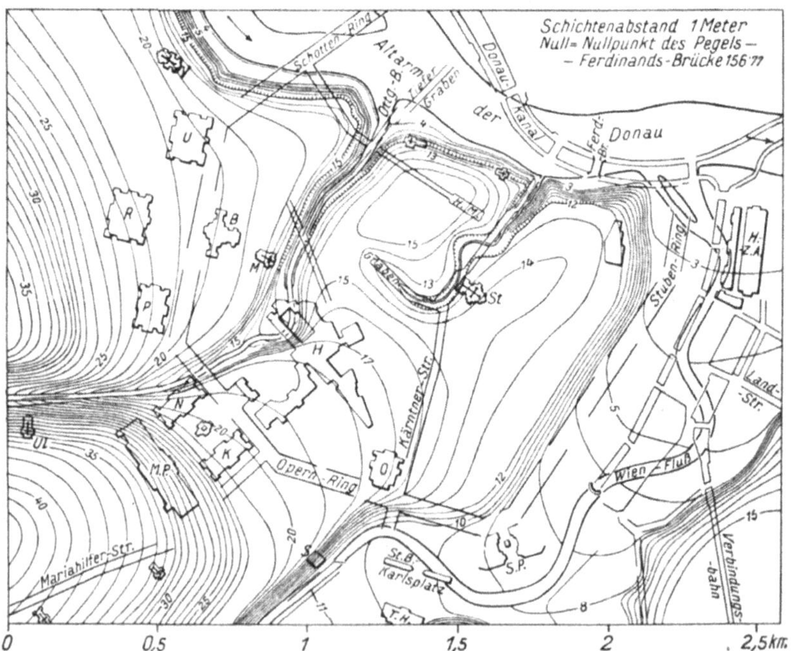

Abb. 80. Der ursprüngliche Boden der Altstadt von Wien (nach A. Wallner, Dtsch. Rdsch. Geogr. XXXV, 1913).

Ottg B Ottakringer Bach	*B* Burgtheater	*O* Oper
St Stephanskirche	*M* Minoritenkirche	*Ul* Ulrichskirche
V Votivkirche	*N* Naturhistorisches Museum	*S* Sezession
U Universität	*K* Kunsthistorisches Museum	*TH* Technische Hochschule
R Rathaus	*MP* Messepalast (früher Hofstallungen)	*SP* Schwarzenbergplatz
P Parlament		*HZA* Hauptzollamt

keit der Winde und der große Unterschied zwischen Nord- und Südlage geltend. In den hochgelegenen Randbezirken ist die Jahresschwankung des Grundwassers gering, hingegen hat die klimatische Schwankung des Grundwasserspiegels von 1900—1930 (bei 694 mm mittlerem Niederschlag) 10—11 m erreicht.

Topographische Lage. Die ursprüngliche Topographie der alten Bezirke läßt sich aus den Stadtplänen und Geländedarstellungen im „Historischen Atlas des Wiener Stadtbildes“[1] entnehmen. Die Höhenangaben im Stadtgebiet werden auf den Nullpunkt des Pegels Schweden-(Ferdinands-) Brücke von 156,723 m Seehöhe bezogen. Als Beispiel für die praktische Bedeutung der Topographie ist in Abb. 80 die ursprüngliche Bodengestalt der inneren Stadt wiedergegeben. Man kann die allgemeine topographische Lage der einzelnen Baustellen daher ziemlich einfach bestimmen; eine Unterlassung kann kostspielige Folgen haben (vgl. XIX. Bez. Heiligenstadt). Die technisch wichtigen Einzelheiten lassen sich nur durch eine Baugrunduntersuchung feststellen.

Morphologische Lage. Teile des III. und IX. Bezirkes, sowie der ganze II. und XX. Bezirk liegen auf dem jungen Schwemmland der Alluvialterrasse. Der erst 1905 einbezogene XXI. Bezirk liegt auf dem linksufrigen Alluvialgebiet der Donau. Alle anderen Stadtteile liegen auf diluvialen oder älteren Bildungen, in denen sich nach F. X. Schaffer folgende Terrassen erhalten haben (vgl. Abb. 78):

Nr. und Bezeichnung der Terrassen	Höhe des ob. Terrassenrandes in m über dem	
	N.P. Pegel Schwedenbrücke 156,723	Meeresspiegel
a) Terrassen des pontischen Sees:		
I. Kobenzl-Terrasse	233	390
II. Nußberg-Terrasse	205	362
III. Burgstall-Terrasse	155	312
IV. Laaerberg-Terrasse	100	257
V. Arsenal-Terrasse	55	212
b) Terrassen der Donau:		
VI. Stadt-(Diluvial-)Terrasse	15	172
VII. Prater-(Alluvial-)Terrasse	4	161

Die Seeterrassen sind als waagrecht anzusehen, die Donauterrassen folgen dem Flußgefälle. Im allgemeinen entsprechen die Oberflächen der Terrassen einem Gleichgewichtszustand des Geländes; die Hänge können verrutscht sein und aus durchbewegtem Boden bestehen.

Geologische Lage. Die alten, in der ersten Anlage tektonischen Verrutschungen folgen dem Beckenrand und setzen sich über das Stadtgebiet hinaus gegen Norden und Süden fort. Abb. 81 zeigt eine merkwürdige Aufpressung des sarmatischen Tegels nächst dem Mündungsdelta des Krottenbaches. Die Taschen von jungpliozänen Schottern im darunterliegenden Tegel werden durch Verrutschungen erklärt. Auf der Laaerbergterrasse haben Th. Fuchs und F. X. Schaffer steile Verfaltungen von Laaerbergschotter und Congerientegel beobachtet (vgl.

[1] Hrsgb. v. Max Eisler. Wien: Staatsdruckerei 1919. — Vgl. auch Oberhummer, E.: Die geogr. Lage v. Wien, in Wien, sein Boden, seine Geschichte. Wien: Wolfrum-Verlag 1924.

Abb. 82). Verrutschungen dürften schon im Delta eingetreten sein, das der Vorläufer der Donau über dem schlammigen Grund des zurückweichenden pannonischen Sees aufgeschüttet hat. Aus der südlichen Wiener Bucht hat Ed. Suess eine Rutschung im Delta des Triestingbaches beschrieben[1]. Verrutschungen sind ferner an übersteilen Erosionsböschungen entlang des früheren Gerinnes der Donau erfolgt und ereignen sich noch heute am rechten Steilufer unterhalb der Stadt.

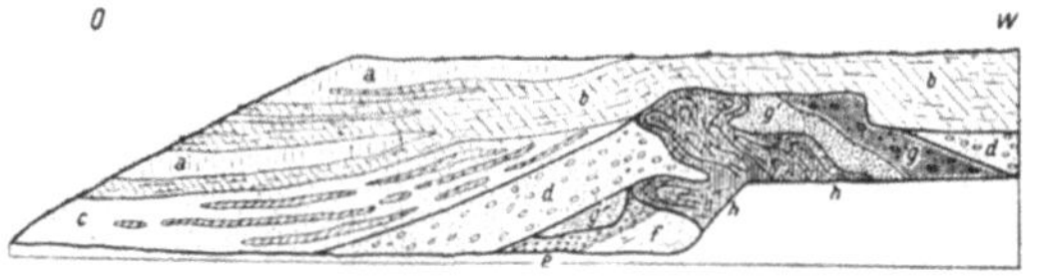

Abb. 81. Aufpressungen des sarmatischen Tegels in der Kreindlschen Ziegelei in Heiligenstadt (nach Th. Fuchs, Sitzgsber. Akad. Wiss. Wien, Math.-naturwiss. Kl. Bd. 111. Abt. I, 1902). *a* Löß. *b* diluvialer Lokalschotter. *c* toniger Feinsand mit umgeschwemmten sarmatischen Conchylien und Geröll-Lagen von Quarz- und Sandsteinschotter. *d* Quarzschotter mit untergeordneten Wr. Sandsteingeschieben. *e* grünlichgrauer Tegel mit zerdrückten Cardien (Congerien-Sch.). *f* feiner gelber Sand mit Melanopsis impr. und Congeria triang (Congerien-Sch.). *g* mergeliger Sand mit sarmat. Conchylien. *g'* feiner scharfer Sand (Sarmat). *h* blauer Tegel mit zerdrückten sarmat. Bivalven, gekröseartig gefaltet.

2. Die Kulturschichte.

In den weniger umgestalteten Teilen der inneren Stadt beträgt die Anschüttung 2—3 m, in der Hofburg 5—7 m und erreicht an der Stelle des alten Stadtgrabens 10—12 m und am Kärntner Tor (Oper) sogar über 17 m. In den äußeren Bezirken ist die Kulturschichte im allgemeinen weniger mächtig, bei den verschütteten Gewässern und Gewinnungsstätten wurden jedoch häufig 5—7 m Anschüttung durchfahren. An den Terrassenrändern und im hügeligen Stadtgebiet wurden zur Verringerung der Steigungen bedeutende Straßenhebungen durchgeführt. Wo sie unvollendet blieben, liegt der Eingang der Neubauten 1—2 m über Straßenhöhe (z. B. Wollzeile, Zenogasse u. a.).

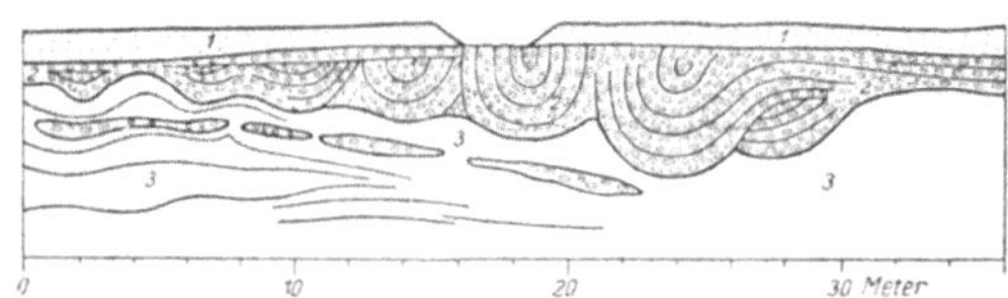

Abb. 82. Verfaltung von Laaerbergschotter und Congerientegel der Laaerbergterrasse (nach F. X. Schaffer, Geologie von Wien, II, 1906) *1* Löß. *2* Laaerbergschotter. *3* Congerientegel.

Katakomben und Keller. Aeneas Sylvius schrieb um die Mitte des 15. Jahrhunderts[2]: „die Keller seien so weit und tief, daß man sagt, Wien sei nicht minder tief unter als auf der Erde erbaut". Die kleinen, die Kirchen umgebenden Friedhöfe mußten häufig neu belegt werden; für die ausgegrabenen Gebeine, besonders aber als bleibende Ruhestätte der Vornehmen, wurden unterirdische Grüfte angelegt. Die Katakomben von St. Stephan erstrecken sich innerhalb der Kirche zwischen den Türmen und dem Hauptaltar, durchbrechen die Kirchenfundamente an drei Stellen und laufen unter dem Stephansplatz einerseits bis unter das Deutsche Haus und andererseits gegen das erzbischöfliche

[1] Öst. Ing.- u. Arch.-Ver., Ber. d. Aussch. f. d. Wasserversorgung Wiens. S. 34/35. Wien 1895.

[2] Suess, E.: Der Boden der Stadt Wien. Wien 1862.

Palais[1]. Ähnliche „Katakomben" liegen unter den alten Pfarrkirchen St. Michael, St. Augustin und bei den Schotten.

Dreigeschossige Keller wurden bei Umbauten aufgedeckt am Stephansplatz, in der Plankengasse und Am Hof; sie bestehen heute noch u. a. Am Hof (Urbanikeller), in der Schulerstraße, zwischen Neuem Markt und Seilergasse.

Die Katakomben und Keller der inneren Stadt liegen im Löß, dürften aber bis in den Plattelschotter reichen. In den früheren Vororten enthalten die von Weingärten bedeckt gewesenen Geländeflanken tiefe Keller, z. B. in der Gumpendorfer Straße. Am lößbedeckten Steilabfall zwischen Nußdorf und dem IX. Bezirk befinden sich noch immer große Kellereien.

Abgebaute Lagerstätten. Die langjährig betriebenen Gewinnungsstätten lassen sich aus alten topographischen Plänen feststellen, die nur einzelnen Bauten dienenden „Gstetten" entziehen sich der Nachforschung. Die verschütteten Ziegelgruben im Löß und im pontischen Tegel sowie die Schottergruben im Diluvial- und Arsenalschotter der Bezirke I—X sind in der Karte von E. Suess (1862) verzeichnet. F. X. Schaffer (1906) beschreibt Gewinnungsstätten in den übrigen Bezirken, wo auch pontische, sarmatische und marine Sande gegraben wurden. Steinbrüche befanden sich vereinzelt in sarmatischen Sandsteinen, häufiger im Sandstein der Seichtwasserkreide. Für die Monumentalbauten arbeiteten Steinbrüche im Nulliporenkalk außerhalb des Stadtgebietes.

Verschüttete Wasserläufe. Von Nußdorf begleitete ein Donauarm den Wagram über Heiligenstadt bis in die Gegend des Franz-Joseph-Bahnhofes. Der sogenannte Salzgriesarm wurde schon im 14. und 15. Jahrhundert trocken gelegt. Die Fortsetzung des Nordarmes bei den Weißgärbern wurde 1693 verlandet; Reste fand E. Suess (1862) in Erdberg. Die kleineren Nebenarme in der Leopoldstadt wurden im 16. Jahrhundert abgedämmt und verschüttet.

Während die in alter Zeit abgeschnürten Arme unter Bildung organischer Schlammschichten allmählich verlandeten, wurden die vom Donaudurchstich 1869—1875 abgeschnittenen Altarme zum größten Teil mit reinem Baggergut verschüttet.

Der Wienfluß war vom Meidlinger bis zum Gumpendorfer Wehr am linken Ufer, vo da ab bis zur Wiedner Hauptstraße am rechten Ufer von einem Mühlbach begleitet; ein Seitenarm umfloß das heutige Freihaus. Ottakringerbach und Alsbach dienten lange Zeit zur Speisung des Stadtgrabens und wurden schließlich, ebenso wie die kleineren Bäche überwölbt und in das städtische Kanalnetz einbezogen. Die noch erweisbaren Veränderungen hat E. Suess (1862) verzeichnet.

Massengräber. Vor den Befestigungen der Altstadt liegen tiefe Massengräber, besonders aus den Türkenkriegen von 1529 und 1683. Nächst den Häusern Kärntnerstraße 48 und 50 befand sich der alte

---

[1] Grundriß bei M. Bermann: Alt- und Neuwien. Wien 1880, und Senfelder, L.: Die Katakomben bei St. Stephan, 2. Aufl. Wien 1924.

Colomans-Freithof und vor dem Kärntner-Tor (Oper) die Pestgrube. Aus den Baustellen Elisabethstraße 3 und 5 wurden in den Jahren 1861 und 1862 zahlreiche Wagenladungen von Gebeinen weggeführt und neu bestattet (E. Suess, 1897).

Ehemalige Ablagerungsstätten. Die alten Städte liefern oft merkwürdige Beiträge zur Chemie des Baugrundes. Vor dem Jahre 1835, wo das Kanalnetz auch in die älteren Gassen einzudringen begann, „hatten die Häuser anfänglich brunnenartige Vertiefungen, die entweder in trockenem Mauerwerk aufgeführt oder nur in festem Erdreich gegraben wurden, und die man schloß, wenn sie gefüllt waren, um eine andere neben derselben anzulegen. Später hatten die Häuser Senkgruben, welche man von Zeit zu Zeit entleerte[1]". Beim Umbau des Grabenhofes stieß man auf einen mittelalterlichen Turm mit 4 Schächten, die wohl als derartige Möring (Möhrung) gedient hatten[2]. Auch E. Suess erwähnt (1862) die alten Senkgruben, „die bei Bauten in der inneren Stadt oft viele Klafter tiefe Grundaushebungen notwendig machten".

Abfälle, Kohlenschlacken, Schutt und Aushub von Bauten wurden viele Jahre hindurch zur Anschüttung tiefliegender Geländeabschnitte oder aufgelassener Sand- und Tongruben benutzt. Im Winter kam mitunter auch der mit Straßenschmutz vermengte Schnee hinzu, der das von organischen Stoffen und salzreicher Asche durchsetzte Gemenge durchfeuchtete.

3. Das Alluvium.

Die in gestautem Wasser oder vom Hochwasser abgesetzten feineren tonigen und glimmerigen Sande und die ähnlichen Randzonen der Schwemmkegel sind kein verläßlicher Baugrund. Der Silt des Donaualluviums wechselt von rund 2 m bis über 8 m Mächtigkeit. Zwischen 5 und 6 m Tiefe wurde im Donaualluvium des II. Bezirkes eine Zille aufgedeckt; unter der ehemaligen Stubentorbrücke fand man 1864 und 1899 in 9 m Tiefe im Delta des Wienflusses Betonböden von römischen Naumarchien.

Besonders ungünstig sind die versumpften und allmählich verlandeten Altarme[3]. Im XI. Bezirk erinnern der Seeschlachtbach und die Flurnamen Neurissen, Gröret (Röhricht) und Pfaffenau an die jugendliche Entstehung des über 3 km breiten Schwemmlandes.

Im ehemals verwilderten Stromgebiet des XXI. Bezirkes enthalten die Alluvialschotter zwischen leicht gebundenen sandreichen Schichten röllige, von Grundwasserströmen ausgewaschene sandfreie Lagen und im Stauwasser schwarz oder rostrot gefärbte Schotterbänder. Das Hangende wird stellenweise von einer wenige Zentimeter starken, durch Eisenocker gebundenen Konglomeratkruste gebildet, über der Sumpflehm (mit Schilfstengeln und Treibholz) oder Silt liegt.

Nach den Auszählungen Schaffers in den Örtlichkeiten Krieau und Praterspitz bestanden von je 100 (ungefähr 70 mm großen) Geschieben des Alluvialschotters im Durchschnitt 62 aus Quarz, 12 aus Kalk oder

---

[1] Allg. Bauztg. Bd. 9 (1844) S. 137. [2] Allg. Bauztg. Bd. 46 (1881) S. 96.

[3] Vgl. Abschnitt III.: XIX. Bez. Heiligenstadt.

Dolomit und 26 aus Hornstein, Lydit, Granit, Gneis, Amphibolit, dunkelrotem Sandstein oder Flysch.

4. Das Diluvium.

Von Hütteldorf bis Lainz hat F. X. Schaffer etwa 10 m mächtige Halden von Bergschutt festgestellt. Im Aushub für die Häuser in der unteren Prinz-Eugen-Straße (Heugasse) fanden sich bedeutende Mengen von Hornblendeschieferblöcken[1]. Die Hauptmasse des Diluviums besteht aus der Lößdecke und dem Diluvialschotter.

Der Löß. Äolischer Löß, der einen guten Baugrund bildet, findet sich auf der Oberfläche der Terrassen und Bergrücken in einer Mächtigkeit von wenigen Metern; im Windschatten der Täler erreicht er mehr als 20 m Mächtigkeit. Der reine Löß besteht meist aus mehr als 50% feinstem Quarzsand, 10—30% kohlensaurem Kalk und 10—20% Tonerde, der Rest entfällt auf untergeordnete Bestandteile. Nahe der Oberfläche ist der Kalk durch die Tagwässer ausgelaugt. Der Gehängelöß ist reicher an Tonerde und enthält Lagen von eingeschwemmtem Sand oder Schotter, er neigt zur Absitzung und ist weniger tragfähig als der äolische Löß.

Pseudolöß mit Mooslagen, Wirbeltierresten und Konchylien war in den Ziegeleien von Heiligenstadt in mehr als 7 m Mächtigkeit aufgeschlossen, außerdem auf dem Laaerberg. In der Gußhausstraße und in der Streichergasse hat man im Löß eine Schichte von fossilreichem Süßwasserkalk angetroffen. Nach F. Dehm ist ein Teil des zwischen der Hyrtl- und der Haymerlegasse gelegenen Offiziersgebäudes der Infanteriekaserne auf der Schmelz „wegen des sumpfigen Geländes“ auf Pfählen gegründet worden.

Eine, die Gleichmäßigkeit des Baugrundes beeinträchtigende Erscheinung sind die sogenannten Lößtaschen im Untergrund, die z. B. in der Draschegasse 5—6 m tief in den Congerientegel, beim Süd- und Ostbahnhof 5 m tief in den Arsenalschotter eingreifen.

Der Diluvialschotter. Sowohl die Lokalschotter wie der Quarzschotter gelten bei genügender Mächtigkeit und ungestörter Lagerung als guter Baugrund. Die Quarzschotter sind meist regelmäßig geschichtet, enthalten starke Lagen von scharfem Sand und gelbliche tonig gebundene Lagen von umgeschwemmten älteren Schottern. Den Quarzschottern sind im Mittel 25% zersetzte Flyschgeschiebe beigemengt. In der Säulengasse hat man im Plattelschotter eine 0,2 starke Lage von porösem erdigen Süßwasserkalk angetroffen. Im Untergrund der Votivkirche deuten „wellig durcheinander gewundene Lagen von Lehm und Schotter“ auf alte Verrutschungen.

5. Die pliozänen Schotter.

Arsenalschotter. Sie sind in der älteren Literatur mit den darunterliegenden knochenführenden glimmerigen Sanden der Congerienstufe als „Belvedereschichten“ zusammengefaßt worden. Die von F. X. Schaf-

[1] Karrer, F.: Geol. d. Kaiser Franz-Josef-Hochquellen-Wasserleitung. Abhandl. Geol. Reichsanst. Bd. 9 (1877).

fer als „Arsenalschotter" abgetrennten Bildungen sind gut geschichtete hellgraue bis gelbliche Quarzschotter von weniger als Faustgröße mit groben glimmerarmen Quarzsanden. Ihre Mächtigkeit beträgt in den westlichen Bezirken meist 2—4 m, im oberen Teil der Wieden und im X. Bezirk bis 10 m und soll in der Gegend des Belvedere und des Botanischen Gartens über 20 m erreicht haben.

Die Arsenalschotter enthalten 20—25% Wienersandsteingeschiebe und wurden in so großem Umfang für Bauzwecke abgegraben, daß man heute nur mehr wenige unverritzte Lager antrifft, die noch das ursprüngliche günstige Verhalten als Baugrund bewahrt haben. Obwohl die Arsenalterrasse von geologischen Störungen und natürlichen Verrutschungen weniger betroffen wurde als die Laaerbergterrasse, treten die Quarzschotter nicht überall in tragfähigen Lagern, sondern auch in Taschen und Rinnen der Congerienschichten auf (z. B. obere Alserstraße). Außer auf die Mächtigkeit ist bei der Baugrunduntersuchung daher auch auf die waagrechte Verbreitung der Schotter und auf die Stellung der Geschiebe zu achten.

Laaerbergschotter. Im Gelände fallen diese Quarzschotter wegen der nagelfluhartigen Verkittung durch ein rotes tonig-sandiges Bindemittel auf. In den roten oberen 2—3 m starken Schichten enthalten sie 96% Quarzgerölle. Die bis 10 m Mächtigkeit aufgeschlossenen tieferen Schichten sind hell und locker; sie enthalten 10—15% Flyschgerölle, sind von Sandlagen durchzogen und zeigen Kreuzschichtung; Kalkschotter fehlen. Am Laaerberg liegen darüber noch 4 m feine lichtgelbe tonige Sande, 4—5 m roter Lehm und 10 m hellbraune siltartige Sande, die in Löß übergehen. In den westlichen Bezirken sind die Laaerbergschotter 3—5 m mächtig. In Gersthof und auf der Türkenschanze bilden sie bis 5 m tiefe Taschen im sarmatischen Tegel, und am Laaerberg treten ungewöhnliche Verfaltungen mit dem Congerientegel auf (vgl. Abb. 82).

Laaerbergschotter in ungestörter Lagerung sind ein tragfähiger Baugrund.

6. Die pontischen Ablagerungen.

Schon die Lage der Baustelle gibt im Sinne der Abb. 78 einen allgemeinen Anhaltspunkt über die im Baugrund zu erwartende Ausbildung. Gröbere Sande und Gerölle finden sich in 8—10 m Mächtigkeit am rechten Ufer des Wienflusses nahe der Stadtgrenze. In den darüberliegenden Tonen treten an jedem Wechsel in der Beschaffenheit konkretionäre Sandsteinplatten auf, die druckverteilend wirken.

Der Congerien- oder Inzersdorfertegel tritt nur im südlichen Stadtgebiet zutage, bildet jedoch an beiden Donauufern den größten Teil des Untergrundes. In der Bodenkarte von Ed. Suess ist die Tegeloberfläche in den Bezirken I und III bis X durch Höhenlinien dargestellt, die die unterirdischen Steilränder und alten Wasserläufe kenntlich machen. Unter der Ringstraße liegt z. B. eine Mulde, die einer alten Donauschlinge entspricht. Über die Tegeloberfläche in den äußeren Bezirken und an der Donau hat F. X. Schaffer[1] zahlreiche Angaben gemacht.

Im Profil der Inzersdorfer Ziegelei schwankt der Gehalt an Quarzsand von 6,6—29,3 m Tiefe unregelmäßig zwischen 4 und 50%. Noch größere Schwankungen in den Absatzverhältnissen haben die nur 20 m voneinander entfernten Bohrungen am Ostbahnhof ergeben[2]. Die wenig sandhaltigen Tone von Inzersdorf sind glimmerreich und sehr plastisch. Einzelne Tonschichten führen kohlige Substanzen, kristallinischen Schwefelkies und Gipskristalle. Der sandarme und sehr plastische „Kugeltegel" zwischen 22,5 und 24,2 m enthält jedoch wenig Glimmer[3].

Der Congerientegel ist im allgemeinen ein tragfähiger Baugrund, doch ist er gegen Überlastung und Grundwasserstau empfindlich und neigt an Abhängen zum Absitzen. Eine merkwürdige Bewegung im pontischen Tegel ist unter III. Bauerfahrungen beschrieben (vgl. Abb. 83 u. 84).

7. Die sarmatischen Ablagerungen.

Die Zusammensetzung des Sarmat hängt wieder wesentlich von der Lage gegen den alten Strand ab, die Tragkraft bei gleicher Fazies von der Lage auf der Flur oder dem Steilrand der Terrassen. Im nördlichen Teil des Beckenrandes liegen die sarmatischen Gerölle (vgl. Abb. 78) auf den marinen Strandbildungen, gegen das Wiental zu im allgemeinen unmittelbar auf dem Flysch, den man jedoch beim Bau der Breitenseer Kavalleriekaserne in 10 m Tiefe noch nicht erreicht hat. Der nördliche Beckenrand wird von sarmatischen Sanden begleitet, unter denen in Heiligenstadt, im alten Wagram der Donau, der Tegel zutage tritt.

Der von der Vorortelinie in zwei Tunnels von 212 und 688 m unterfahrene Türkenschanzpark ist eine gärtnerische Umgestaltung der 30 m tiefen Schreiberschen Sandgruben. Hier beginnen die küstennahen Ablagerungen in der Tiefe mit grünlichem Tegel, darüber folgen Flyschgerölle und -konglomerate, Bänke von Muschelsandstein und mächtige Lagen von feinen hellgelben bis rotbraunen Sanden, die in einzelnen Schichten tonhaltig sind. Das Verhalten dieser Schichten hängt wesentlich vom Entwässerungszustand ab. In den Einschnitten der Vorortelinie erwiesen sich die in den Tegel eingeschalteten feinen Sande als Schwimmsande. Auch im Türkenschanztunnel bereitete der Vortrieb in den ungenügend entwässerten sarmatischen Sanden große Schwierigkeiten.

Der 746 m lange Tunnel zwischen der Station Ottakring und der Haltestelle Breitensee der Vorortelinie liegt bereits vollständig im blauen Tegel, der dann gegen das Wiental von sandigem, grauem und

[1] Schaffer, F. X.: Geologie von Wien, II. u. III. Teil, 1906.

[2] Toula, F.: Die Brunnenbohrungen der Staatseisenbahngesellschaft. Verh. geol. Reichsanst. 1913 Nr. 6.

[3] Bodenkundliche und erdbaumechanische Untersuchungen von pontischem Tegel und Schließ siehe: Stiny, J.: Rutschungen, Gebirgsdruck usw. Int. Z. Bohrtechnik Wien 1928 Nr. 8. — Fischer, K.: Ergebnisse von Baugrundprüfungen. Z. öst. Ing.- u. Arch.-V. 1930 Heft 27—32.

braunem Tegel überlagert ist[1]. In der Winkelmannstraße und den Parallelstraßen zeigen die Häuser starke Hangsetzungen; sie stehen anscheinend auf der beweglichen Grenzschichte. Im Wienflußbett unterteuft der sarmatische Tegel den Congerientegel bei der Nevillebrücke flußab der Stadtbahnhaltestelle Margarethengürtel.

8. Die marinen Ablagerungen.

Die Sonderung der küstennahen Ablagerungen nach dem Korn folgt den gleichen Gesetzen wie bei den sarmatischen und pontischen Bildungen. Die marinen Bildungen liegen schalenartig auf den Flyschgesteinen, doch haben H. Küpper und C. A. Bobies in der Krapfenwaldgasse ein unter 9—20° gegen die Flyschunterlage gerichtetes Einfallen beobachtet, das sie auf örtliche Störungen zurückführen[2].

In den fossilreichen Randbildungen finden sich außer Geröllen und Konglomeraten auch Nulliporenkalke und Amphisteginenmergel. Die marinen Sande sind meist hellfarbig, feinkörnig und quarzreich und mitunter sandsteinartig verfestigt. Tegelbildungen treten schon in geringer Entfernung vom Gebirgsrand auf. Bei der Gasanstalt in Fünfhaus wurden 16 m von weichem grauen Marintegel durchbohrt, im „Eisernen Brunnen“ in Ottakring treten die Tegel zwischen Sanden und Schottern in höchstens 10 m starken Lagen auf; auch im Brunnen des Pötzleinsdorfer Badhauses wechseln Tegel und Sande.

Die marinen Strandbildungen sind im allgemeinen wegen des Vorwaltens von Gerölle, Sand und felsartig verfestigten Bänken sowie der guten Entwässerung der hochgelegenen Terrassen ein sehr tragfähiger Baugrund. Wo die oft feinen, glimmerigen Sande mit Tegel wechsellagern, kann der Baugrund ungleichmäßig und, infolge der Wasserführung, auch nachgiebig oder rutschgefährlich werden.

9. Das Wasser im Baugrund.

Bis zur Eröffnung der ersten Wiener Hochquellenleitung versorgten sich die Wohnhäuser hauptsächlich aus Schöpfbrunnen, die gewerblichen

[1] Stiny, J.: Rutschungen, Gebirgsdruck usw. Int. Z. Bohrtechnik 1928 Nr. 8:

Ergebnisse der bodenkundlichen Untersuchung zweier Proben des zähen sarmatischen Tegels von Wien XIII, Cumberlandstraße:

Kornzusammensetzung:	a		b
Sand	3,9		3,5
Mo	34,4		36,4
Schluff	57		56,2
Rohton	4,7		3,9
	100%		100%
Erdfeuchtigkeit	13,9	bis	15,1
Bildsamkeitsziffer	15,4	„	16,8
Stoffdichte, ofentrocken	2,58	„	2,60
Raumgewicht	1,75	„	1,76
Porenraum	0,176	„	0,186
Wassergehalt %	20		19,4
Schubfestigkeit kg/cm²	0,98		1,05

[2] Verh. Geol. Bundesanstalt Wien 1926 Nr. 10.

Betriebe mit Hilfe von Bohrbrunnen. Ein zusammenhängender Grundwasserstand konnte sich nur bilden, wo mächtige Sand- und Schotterschichten über einem Tegelrelief liegen, vor allem in der Alluvial-, der Inneren Stadt- und der Arsenalterrasse. Ed. Suess hat die Grundwasserverhältnisse der alten 10 Bezirke und ihre Abhängigkeit vom Wasserstand der Donau (a. a. O.) in vorbildlicher Weise dargestellt.

Durch die Donauregulierung, die Wienflußregulierung, die Einwölbung der Lehnenbäche, den Ausbau der Sammel- und der Zweigkanäle, ferner die Einschnitte und Tunnels der Wiener Stadtbahn sind die Grundwasserverhältnisse weitgehend, und zwar vorwiegend durch Senkung des Grundwasserstandes, geändert worden. Im gegenteiligen Sinne hat die Einstellung der Grundwasserentnahme nach Eröffnung der Hochquellenleitung im Jahre 1873 gewirkt. Die Katakomben von St. Stephan, deren Trockenheit in den älteren Beschreibungen hervorgehoben wird[1], wurden durch das Ansteigen des Grundwassers so feucht, daß man sie vollständig räumen mußte. Die betonierten Widerlager der Wienflußregulierung haben ungeachtet der beiderseits angelegten Sammelkanäle einen merklichen Grundwasserstau erzeugt, z. B. nächst der Haltestelle Karlsplatz.

Die Wässer aus dem pontischen Tegel führen häufig Schwefelwasserstoff (hepathische Wässer) und Gips, sind daher mörtelangreifend; auch die Wässer aus dem sarmatischen Tegel enthalten häufig Gips. Im allgemeinen nimmt der Mineralgehalt der Grundwässer von den hochgelegenen Bezirken gegen die Donau zu, bis Vermengung mit dem weichen Donaugrundwasser stattfindet. In der Alluvialterrasse wird der Grundwasserstand nur von den langandauernden Hochwässern beeinflußt, und zwar weit weniger infolge der Durchlässigkeit des Alluviums, als infolge des Einströmens von Wasser durch die verschütteten Altarme. In größerer Entfernung vom Strom ist selbst der Einfluß langandauernder Hochstände gering. Die Gesetzmäßigkeit der Grundwasserbewegung ist auch im XXI. Bezirk durch die Kanalisation gestört, aus der das Abwasser bei hohen Wasserständen in die Donau überpumpt wird.

Im rechtsufrigen Stadtgebiet überwiegt der Einfluß der bewegten Oberfläche des Geländes und des Tegeluntergrundes sowie der verschwundenen Wasserläufe stellenweise die entwässernde Wirkung der Kanalisation. Entlang der ausgewaschenen Wasserwege wurden wiederholt starke Grundwasserströme angefahren (vgl. „Bauerfahrungen“).

III. Bauerfahrungen[2].

I. Bezirk (Innere Stadt).

Im Innern der Altstadt wurden die Bauschwierigkeiten durch alte Bachläufe, Befestigungswerke und Keller verursacht. In der Kärntner-

[1] Vgl. Perger, A. R. v.: Der Dom zu St. Stephan in Wien, Triest 1854.

[2] Die abgekürzten Hinweise (Ed. Suess 1862, Ed. Suess 1897, F. Dehm, R. Kafka) bedeuten: E. Suess: Der Boden der Stadt Wien, Wien 1862; E. Suess: Der Boden der Stadt Wien und sein Relief. Gesch. d. Stadt Wien, hrsgb. von Altertumsverein, 1. Bd., Wien 1897. — Dehm, F.: Über die

straße 12 reichen die Grundmauern des Hauses Gerstner bis 10,65 m unter Gehsteig. Bauschwierigkeiten beim Porzellanhaus Wahliß (Nr. 17) entsprangen dem schlechten Zustand des Nachbarhauses[1]; gemeinsame Feuermauern erschwerten öfters den Umbau alter Stadthäuser.

Alte Hofburg. Der Baugrund der alten Hofburg besteht aus 2 m Löß über Plattelschotter; durch den Franzenshof zieht das alte Bett des Ottakringer Baches (siehe Abb. 80). Im Jahre 1763 wich der Boden unter dem 1726 vollendeten Prunksaal der Nationalbibliothek gegen die Festungswerke aus. Zwei lateinische Inschriften am und im Gebäude erinnern an die 1769 beendeten Unterfangungsarbeiten[2].

St. Stephansdom. Nach dem topographischen Plan der Inneren Stadt steht die romanische Nordwestfront der Kirche auf der Böschung des ehemaligen „Grabens" (vgl. Abb. 80); das viel umstrittene gotische Riesentor ist wahrscheinlich ein stützender Vorbau. Der übrige Baugrund besteht unter einer etwa 4 m mächtigen Anschüttung aus 2—4 m Löß über Lokalschotter, der östlich der Kirche zutage tritt. Im Aushub für den unvollendet gebliebenen Nordturm soll man Mammutknochen gefunden haben[3].

Der „erste Schlag zur Grundfeste" der Stephanskirche soll 1359 geführt worden sein. Da an der Stirnseite der alten Kirche schon die zwei Heidentürme standen, verlegte der Meister die beiden Haupttürme an die Enden des Querschiffes. „Es wird auch nicht mit einer Silbe erwähnt, ... welch einen Umfang diese Grundfeste habe, in welche Stockwerke sie geteilt sei, wie viele Gewölbe sie zähle und wie diese geordnet seien, davon hat selbst derjenige, der diese unterirdischen Hallen besuchte, noch keinen rechten Begriff, da sich bisher noch kein, auch nur flüchtiger Situationsplan derselben vorfindet" ... „Der Bau dieser massenhaften Grundfeste dauerte an 6 Jahre, immerhin eine kurze Zeit für ihre gewaltige Tiefe und Ausdehnung[4]". Perger scheint die Katakomben als Teil der Grundfeste angesehen zu haben. Der gegenwärtige Dombaumeister, Oberbaurat Ing. August Kirstein, nimmt eine größere Ausdehnung der Grundfeste an, als Kaspars Katakombenplan[5] vermuten läßt.

Die Angabe, daß spätere Meister „von dem Plan des großartigen

---

Fundierungsverhältnisse in Wien. Z. öst. Ing.- u. Arch.-Ver. 1899 S. 393. — Kafka, R.: Erfahrungen über künstl. Fundierungen in verbauten Stadtgebieten Österreichs. Z. öst. Ing.- u. Arch.-Ver. 1910 Nr. 29 u. 30. — Raummangels wegen können die Quellenschriften nicht vollständig angeführt werden; Angaben über Baukünstler, Bauzeit usw. siehe u. a. Winkler, E.: Techn. Führer durch Wien, 2. Aufl., Wien 1874; Techn. Führer durch Wien, hrsgb. v. öst. Ing.- u. Arch.-Ver. Wien 1910; Leixner, O.: Wien, ein Führer durch die Donaustadt. Wien: Artaria-G. m. b. H. 1926.

[1] Wschr. öst. Ing.- u. Arch.-Ver. 1879 S. 63.

[2] Dreger, M.: Baugeschichte der kk. Hofburg in Wien. Öst. Kunsttopogr. Bd. 14. Wien 1914.

[3] Neumann, A.: Geschichte der Stadt Wien, hrsgb. v. Altertumsverein, Wien Bd. 3 (1907) 2. Hälfte.

[4] Perger, A. R. v.: Der Dom zu St. Stephan in Wien, Triest 1854.

[5] Abgebildet bei L. Senfelder: Die Katakomben bei St. Stephan, 2. Aufl. Wien: Hölder-Pichler-Tempsky A-G. 1924.

Baumeisters, des Urhebers, so abgewichen, daß man alles abtragen mußte, was (von 1405) bis 1407 am Turm gebaut worden sei", dürfte sich auf die statischen Verhältnisse des aufgehenden Mauerwerks beziehen, da jeder Hinweis auf eine ungleichmäßige Setzung fehlt.

Im Jahre 1444 wurde die Grundfeste zu dem zweiten (unvollendeten) Turm begonnen, der Pest wegen liegen gelassen und erst im Jahre 1450 neuerdings in Angriff genommen. „Die Grundfeste war ‚zehn Daumellen' tief" (rund 7,75 m) gegraben und wurde „bei gutem trockenen Wetter mit breiten Steinen und Werkstücken und gutem Zeug" binnen sechs Wochen bis zur Höhe des Erdbodens aufgemauert[1]".

Nach vorstehenden Angaben sind die Türme von St. Stephan mit breitflächigen, aus großen Werksteinen bestehenden Grundfesten im diluvialen Lokal- oder Plattelschotter der Stadtterrasse gegründet. Die von 1359—1433 währende Bauzeit des Hauptturmes und die von mindestens 1444—1456 ausgedehnte des Nordturmes ermöglichten die Ausgleichung allfälliger stärkerer Setzungen im Mauerwerk.

Monumentalbauten an der Ringstraße. Aus dem Erlös der durch die Schleifung der Befestigung gewonnenen Gründe wurde der Stadterweiterungsfond mit der Aufgabe geschaffen, das neue Wien mit Monumentalbauten zu schmücken. Mit Ausnahme der Votivkirche und des Rathauses wurden die in örtlicher Reihenfolge besprochenen Monumentalbauten vom Stadterweiterungsfond zwischen 1861 und 1894 errichtet.

Die Gründungsarbeiten längs des Donaukanales und der Ringstraße stießen auf dreierlei Erschwernisse: das Grundwasser und seine Schwankungen, die Zuschüttung von Stadtgraben und Salzgriesarm der Donau und ausgedehnte Minengänge aus der Türkenzeit.

Die Grundmauern des Hauses Werderthorgasse 9 reichen z. B. 7,9 m unter den Gehsteig und werden von einem Pfahlrost getragen. Das Untergeschoß ist durch umgekehrte, auf Betonplatten liegende Ziegelgewölbe gegen Grundwasserauftrieb geschützt.

Der Bauplatz der Börse liegt zwischen dem Salzgriesarm und dem alten Stadtgraben. Die Gründung reicht 11,6—12 m unter Straßenhöhe. Der im Stollen ausgeführte Entlastungskanal an der Mündung der Wipplinger Straße in den Schottenring traf in 11 m Tiefe schlammige Ablagerungen und erhielt eine Pfeilergründung. Unter den Nachbargebäuden Schottenring 14 und Maria-Theresien-Straße 10 sind die durch die Anschüttung gerammten Holzpfähle vermodert, die Gebäude mußten unterfangen werden. Andere Gebäude, wie das Sühnhaus, Schottenring 7, und die Länderbank, Hohenstaufengasse 3, erhielten zweigeschossige Keller.

Vor dem Schottentor lag die Sohle des 74 m breiten Stadtgrabens im Jahre 1839 rund 11,4 m unter Straßenhöhe. Der an dieser Stelle (1912) errichtete Palast des Wiener Bankvereines besitzt eine bis 17 m tiefe und teilweise zu vier Kellergeschossen ausgebaute Gründung auf Diluvialschotter bzw. pontischem Tegel.

Beim Bau der Gebäudegruppe Mölkerbastei-Franzensring (Ring des 12. November) wurde ein 3 m breiter und 5 m hoher unterirdischer Gang durchschnitten, der gegen das neue Rathaus führte. Rathaus und Universität, die auf diluvialem Plattelschotter gegründet sind, liegen im Minenfeld der Türkenkriege.

Die Votivkirche befindet sich abseits der Ringstraße und der Türkenminen. Die westliche Ecke der Baugrube zeigte 5 m Diluvialschotter mit gegen Osten

[1] Perger, A. v.: a. a. O. S. 13/14.

geneigter und zum Teil welliger Schichtung. Im östlichen Teil war die Schichtfolge: 0,95 m Schutt, 1,25 m Humus, 0,6 m Erdreich, 0,95 m grober Schotter und Sand, 1,25 m gelber, lettiger Lehm, 0,8 m grober und feiner Schotter und Sand, 1,60 m wellig durcheinander gewundene Lagen von Lehm und Schotter, 0,5 m Lehm und 0,6 m fester Diluvialschotter, zusammen 8,50 m; im Diluvialschotter wurde noch ein 1,9 m tiefer Versuchsschacht abgeteuft. Am Chorbau genügte eine Gründungstiefe von 5 m, gegen die Türme nahm sie auf 10,1 m zu. Zum Ausgleich der Setzungen wurde über den Bruchsteinfundamenten eine durchlaufende Quaderschichte versetzt und vollkommen waagrecht abgemeißelt.

Das neue Burgtheater liegt im Bereich verstärkter Angriffsarbeiten der Türken gegen die Löwelbastei; es erhielt 3 Kellergeschosse. Wegen der zahlreichen Minengänge wurde der benachbarte Zubau der Bodenkreditanstalt auf einem Netz von Betontragpfählen gegründet. In beiden Fällen besteht der Baugrund aus Anschüttung über Löß und Plattelschotter.

Das Reichsratsgebäude, dessen Grundmauern 10—11 m unter Gelände reichen, grenzt an den vom Ottakringer Bach aufgeschütteten flachen Kegel, auf dem der Justizpalast, das naturhistorische Museum und Teile des kunsthistorischen Museums liegen.

Unter der neuen Hofburg machten sich über dem 8 m mächtigen Plattelschotter ebenfalls die alten Festungswerke und die Türkenminen geltend. Die Erschwernisse häuften sich beim Bau des Opernhauses, das über einer mittelalterlichen Tongrube und dem östlichen Teil der Kärntner-Bastion steht. „Vom Straßenpflaster abwärts traf man dort 14,85 m Anschüttung von Mauerschutt und Erde, dann 0,3 m Aufschüttung von Schotter, darunter 1,9 m dunklen nassen Letten mit Pferdeknochen, 0,6 m Lokalschotter und schließlich in 17,70 m Tiefe den blauen pontischen Tegel." Die große Höhe der Untergeschosse entspricht den ungewöhnlichen Gründungsverhältnissen. Im Löß der Augustinerstraße wurden in 5,7 m Tiefe drei römische Gräber entblößt (Ed. Suess 1897).

Am Kärntnerring 8 wurde 11 m unter dem Pflaster, unterhalb der Minengänge, ein altes Fluder aufgedeckt. In der Bösendorfer- (früher Gisela-) Straße 6 und 8 erschloß die Baugrube der Handelsakademie 9,5 m Schutt, der in 8 m Tiefe viele Menschen- und Pferdeskelette enthielt; darunter Lokalschotter. Der zweigeschossige Keller des Grand Hotels reicht in der Maximilianstraße 11 m unter Straßenhöhe.

Die Kunstgewerbeschule am Stubenring wurde unter Verlegung des Cholerakanales auf mit Erdbogen überspannten Pfeilern gegründet. Im Zubau Wollzeile des Österreichischen Museums für Kunst und Industrie liegen zwischen Kellersohle und Plattelschotter 9 m Anschüttung; Gründung auf Beton-Blechrohrpfählen von max. 40 t/Pfahl und 1,65 m hohem Eisenbetonrost[1]. Ein Teil des Wohnhauses Biberstraße 20 wurde auf Betonpfählen gegründet, die durch 11 m Anschüttung und den Schlamm des Glacisgrabens in den Plattelschotter reichen.

Der Baugrund des Kriegsministeriums, Stubenring 1, besteht aus 9,2 m Füllboden über dem feinen Alluvialschotter des Wienflußdeltas; der Bau wird von Straußpfählen getragen.

Auf dem Franz-Joseph-Kai zwischen Rotenturmstraße und Schwedenplatz folgt unter 4—5 m Schutt der wenig tragfähige Silt von 2—2,5 m, dann sandiger Alluvialschotter. Unter den donauseitigen Hauptmauern wird der tragfähige Schotter mittels 3,5 m langen Holzpfählen erreicht.

II. Bezirk (Donauinsel Leopoldstadt und Brigittenau).

(Verschüttete Arme der Donau, Siltdecke.)

Der tragfähige Alluvialschotter wurde im neuen Dianabad (obere Donaustraße. 93/95, eröff. 1916) rund 8 m unter dem Erdgeschoß erreicht. Beim Nordwestbahnhof liegt der Alluvialschotter 7,5 m unter Schwellenhöhe, beim Nordbahnhof 7,8 m unter Straßenhöhe; über dem Schlamm und Silt der Altarme (siehe Abb. 79) stehen die Mauern auf Pfahlrosten.

[1] Siess: Öst. Wschr. öff. Baudienst 1908 Heft 19.

Die Auffüllung mit rölligem Baggergut wurde bei älteren Bauten bis zum Alluvialschotter ausgehoben, so beim Linienamt Stadlauer Brücke und der Kaiserin-Elisabeth-Gedächtniskirche südöstlich der Reichsbrücke. In neuerer Zeit führt man, wie beim Fabrikbau XX. Dresdner Straße 55, Beton-Blechrohrpfähle bis zum Alluvialschotter.

III. Bezirk (Landstraße).

(Altarm der Donau, Anlandungen des Wienflusses; Anschüttungen.)

Die Pfarrkirche zu St. Othmar unter den Weißgärbern ruht in 5 m Tiefe mit 1 m starker Betonplatte auf Alluvialschotter. Ein Vierungspfeiler des Turmes mußte durch eine 2 m starke Betonplatte in 12 m Tiefe und durch Pfähle unterstützt werden[1]. Bei einem Wohnhaus nächst dem Hauptgebäude der Donaudampfschiffahrtgesellschaft vermoderten die Holzpfähle und Lärchenroste infolge Sinkens des Grundwasserspiegels innerhalb 12 Jahren; die Unterfangung konnte im Trocknen ausgeführt werden (F. Dehm).

Das Postpaketbestellamt, Vordere Zollamtstraße 1, traf unter 2,5—3 m Anschüttung bis 7,5 m lettige und lehmige Anlandungen, dann wasserreiche Alluvialschotter des Schwemmkegels des Wienflusses an (F. Dehm). Weiter flußaufwärts machten die bei der Regulierung hergestellten Anschüttungen im ehemaligen Wiental Pfahlgründungen (z. B. Haus der Industrie, Schwarzenbergplatz 4) oder sehr tiefe Aushebungen notwendig.

Anschüttungen bedenklicher Art beeinträchtigten den Wohnhausbau Hagenmüllergasse-Göllnergasse (1927). Der natürliche Baugrund besteht aus 0,8—1,3 m lehmigem, 0,0 bis 0,7 m sandigem Silt und ab 2—3 m Tiefe aus tragfähigem Alluvialschotter der Donau. Der Bau steht auf 540 Ortbetonpfählen von 1,8—3,5 m Länge; unter der Unterkante der Betonroste liegt noch 0,4—1,6 m Anschüttung. In der Umgebung einer Schichte von Ofenschlacke (Lösche) verstärkten sich die Wirkungen der im Boden gebildeten 0,02% Natriumnitritlösung und der Gipswässer, der Beton wurde zermürbt und zusammengedrückt. Es traten Setzungen bis 25 cm und Lotabweichungen bis 10 cm auf. Die wenigen mit einem Blechmantel versehenen Pfähle waren ausreichend erhärtet. Zur Unterfangung wurden 1 m weite Betonbrunnen bis zum Alluvialschotter geführt.

In den hochgelegenen Teilen des Bezirkes ist z. B. das Fröschelhaus, Jacquingasse 29, 5—6 m tief in der Anschüttung der ehemaligen Schottergruben vom Belvedere, am oberen Rand einer tiefer hinabreichenden Böschung gegründet (F. Dehm). Auch das im Kammergarten des Belvedere 1924/25 errichtete Richard-Strauß-Haus liegt über Schottergruben und erforderte eine Gründung mit Eisenbetonpfählen[2].

IV. Bezirk (Wieden).

(Anschüttungen im Wiental; ausgedehnte ehemalige Ton-, Sand- und Schottergruben.)

Karlskirche. Nach der Bodenkarte von Ed. Suess steht die Kirche auf Congerientegel, und zwar am Nordrand der Mondschein-Ziegelei, die schon im Jahre 1408 Dachziegel für St. Stephan geliefert hat. Die Steilwand zwischen den Höhenlinien 86 und 88 Klafter (= 163,4 und 167,2 m Seehöhe) tritt knapp an den östlichen Turm heran. Bei den Kanalbauten der Umgebung wurde unter der 1,5—3,5 m starken Anschüttung fast durchweg Plattelschotter (in der Paniglgasse, Karlsgasse und Alleegasse in 4 m Mächtigkeit) aufgeschlossen. „Zum Bauplatz wählte man eine Anhöhe, die bisher unverbaut und zu Weingärten verwendet worden war“[3]. Bei der Restaurierung 1814—17 wurden die Hauptmauern des Kirchenganges unterfangen, da sie „mit großer Verwegenheit“ auf den Gewölben alter Weinkeller errichtet waren[4].

---

[1] Luntz, V.: Allg. Bauztg. Bd. 46 S. 83.

[2] Z. öst. Ing.- u. Arch.-Ver. 1926 Heft 5/6.

[3] Lind, K.: Allg. Bauztg. Bd. 45 S. 9.

[4] Holey, K.: Baugeschichte der Kirche St. Karl Borromäus in Wien. Z. öst. Ing.- u. Arch.-Ver. 1907 Nr. 29 u. 30.

Im Erweiterungsbau des Polytechnischen Institutes (jetzt Technische Hochschule, Karlsplatz 13) mußten im Jahre 1839 unvorhergesehene tiefe Gründungen und Erdgurten ausgeführt werden. In der Gußhausstraße 10 reicht die Hauptmauer des Eckhauses Karlsgasse rund 10 m unter Gehsteig.

Die Elisabethkirche auf dem Karolinenplatz steht am Rand einer bis auf den Tegel ausgebeuteten Sand- und Schottergrube. In der Karolinengasse gibt es „sprechende Stiegen", in der Blechturmgasse nicht beabsichtigte Neigungen der Plattengründungen[1]; Beton-Blechrohrpfähle in Verbindung mit einer Stampfbetonplatte gaben dem Haus Schönburggasse 44/46 eine standfeste Gründung über den verschütteten Tongruben (R. Kafka).

V., VI., VII. Bezirk (Margarethen, Mariahilf, Neubau).

(Verschüttete Tongruben, alte Keller und Grundwasserströme.)

Zwischen Hundsturmer Straße und Griesgasse fließt ein bachartiger Grundwasserstrom aus dem Arsenalschotter über den Congerientegel zum Plattelschotter des Wientales (F. Dehm).

Aus den Cerithiensanden der Schmelz fließt Grundwasser teils gegen die Seillergasse, teils gegen die Mariahilfer Linie (E. Suess). Die 7 m tiefe Baugrube des Warenhauses „Stafa" wurde durch eine Betonplatte und 50 cm starke Umfassungsmauern gegen Grundwasserandrang geschützt[2]. Starker Grundwasserzulauf herrschte ferner in den Baugruben Mariahilfer Straße 117 und in und neben der Casa piccola, Mariahilfer Straße 1b.

Am Abhang zwischen Mariahilfer Straße und Wiental liegen wasserreiche Sande und Schotter über dem Congerientegel, der bei Grundwasserstau unter der Gebäudelast plastisch ausweicht. Einzelne Häuser über verschütteten Tongruben in der Mittelgasse, Wallgasse und Aegydigasse wurden auf Piloten gegründet[3]. Auch das Raimundtheater liegt über einer abgebauten Tongrube. Unter 5 m Anschüttung wurde ein „Konglomerat aus Lehm und Tegel, gemischt mit vielen Kalksteinen" angetroffen, darunter eine 0,8 m starke Sandschichte mit gespanntem Wasser, die als „Wasserkissen" auf dem Congerientegel liegt. Nach dem ersten Regen verhielt sich die „Konglomeratschichte" wie eine weiche Kautschukplatte: „Bei der geringsten Belastung drückte sich der Boden ein, um an der Nebenstelle ebenso hoch sich aufzublähen" (F. Dehm).

VIII. u. IX. Bezirk (Josefstadt, Alsergrund).

(Ehemalige Gewinnungsstätten, Grundwasserbäche, gestörte Schotter.)

In der Josefstädter Straße 31 stieß man auf eine 5—6 m tiefe ausgebeutete Gewinnungsstätte im Diluvialschotter (F. Dehm). Die Baugrube des Leihamtes Feldgasse 6 erschloß einen Grundwasserbach, der über den Congerientegel zur Alserstraße fließt (Stadtbauamt).

In der Zufüllung der alten Ziegelei von Michelbeuern (obere Währinger Straße, Eisengasse und Lustkandlgasse) wurden die Wohnhäuser ursprünglich auf Holzpfählen, später auf Stampfbetonplatten gegründet (F. Dehm).

Im Steilabfall von der unteren Währinger Straße zum Donaukanal hat das Wohnhaus Newelka, Berggasse 8, Wasagasse 16, unter 12 m „Schutt" 3 m sandfreien rölligen Diluvialschotter angeschnitten[4]. Es handelt sich wahrscheinlich um eine Böschungsrutschung im Zusammenhang mit den beschriebenen Stauchungen im Baugrund der Votivkirche.

XII. Bezirk (Meidling).

(Gleitung im pontischen Tegel.)

Der Bäckereitrakt der Konsumgenossenschaft Wien u. Umgebung, Betriebe, in der Fockygasse hat ein Souterrain und einen Unterkeller. Auf dem Nachbar-

[1] Hdb. Eisenbetonbau Bd. 3: Grund- u. Mauerwerksbau, 2. Aufl. 1910 S. 13.

[2] Mikula, H.: Bau des Warenhauses Mariahilfer Zentralpalast. Beton u. Eisen 1912 Heft 6 u. 8.

[3] Suess, E.: 1862 S. 170 u. 249.

[4] Dehm, F.; ferner Allg. Bauztg. Bd. 44 S. 63.

grundstück stand zur Bauzeit ein ebenerdiger Riegelwandbau. In der Mitte der Fockygasse liegt 2 m unter Straßenkrone ein Hauptstrang der Hochquellenleitung, aber kein Kanal.

Der Baugrund bestand aus Anschüttung und leichtem, mit Schotter gemischten Lehmboden von zusammen 1,20 bis 1,50 m Höhe. Unmittelbar darunter bis zur Fundamentsohle und tiefer wurde der sogenannte Inzersdorfer Tegel sichtbar, der sich wie eine Seife schneiden ließ. Der Tegelblock war durch drei weiße, sich klebrig anfühlende, 1—2 cm starke, wasserschwitzende und verwitterte Muschellagen im Gefälle von 5—10% unterteilt. Trotz starker Bölzung hat sich ein Block von Inzersdorfer Tegel in der ganzen Breite der Baugrube an einer Abrißfläche losgelöst und ist auf den schlüpfrigen Muschelschichten ohne Zwischenrisse gegen die Baugrube gerutscht. Die Bölzung wurde bis 10 cm tief eingedrückt, wobei einzelne bis 30 cm starke Streben geknickt wurden. Nach Auswechslung der Bölzung wurde der gewaltige Schub durch eine gewölbeartig verstärkte Feuermauer aufgenommen. Während des Rohbaues und auch später wurde keine weitere Erdrutschung beobachtet. Ohne die Muschelschichten hätte sich der blaue Tegel auch ohne Bölzung senkrecht anschneiden lassen (vgl. Abb. 83 u. 84). (Mitt. des Herrn Stadtbaumeisters Arch. Alois **Rous**.)

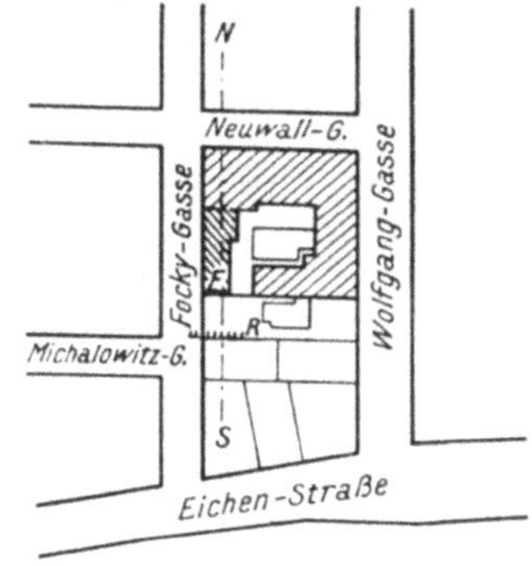

Abb. 83. Lageskizze (ungefähr 1:4400).

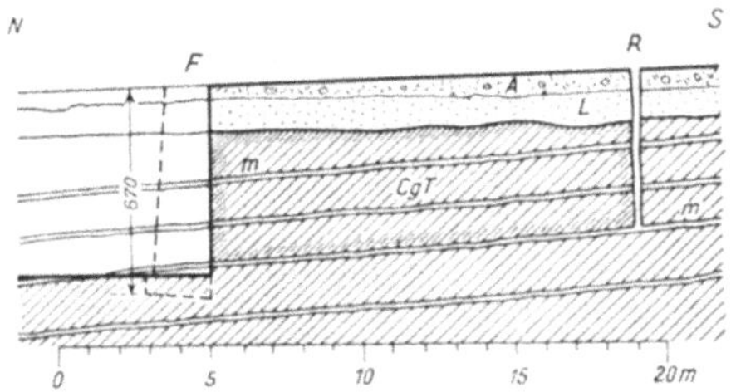

Abb. 84. Schnitt N—S durch den losgelösten gegen die Baugrube geglittenen Tegelblock.

Abb. 83 und 84. Gleitbewegung im pontischen Tegel auf wenig geneigter, vorgezeichneter Bahn (nach A. **Rous**).

XIX. Bezirk (Nußdorf und Heiligenstadt).

(Grenzschichte von sarmatischem und pontischem Tegel; sarmatischer Schwimmsand; Faulschlamm im Altarm der Donau.)

Bei Nußdorf und Heiligenstadt grenzt das Alluvium unmittelbar an den Steilabfall der Arsenalterrasse; die Innere Stadtterrasse ist durch einen Arm der Donau abgetragen worden, der in den Stadtplänen von 1709 und 1770 als der „Alte Arm" bezeichnet ist. Zwischen dem Donaukanal und der Terrasse erscheinen in den Katasterplänen von 1868 noch die „Mooslacken" (Moos = Moor), einige kleinere Tümpel und der dem Altarm folgende Nesselbach. Auf der Terrasse stehen die Meteorologische Zentralanstalt und die Villen der Hohen Warte. An dem schon früher von Ziegeleien angeschnittenen Hangfuß wurde 1867 eine Materialentnahme für die Anschüttung des Nordwestbahnhofes eröffnet, aus der sich später die Kreindlschen und Hauserschen Ziegeleien entwickelten. Die Fossilfunde und die verwickelten Lagerungsverhältnisse wurden von den Wiener Geologen wiederholt beschrieben. Th. **Fuchs** hat auf die Aufpressung des sogenannten „stehenden Tegels" am Fuß des verrutschten Hanges aufmerksam gemacht (vgl. Abb. 81), **Bobies** und **Küpper** vermuten, daß hier eine tiefgehende Störungslinie vom Bisamberg herüberzieht (vgl. Abb. 77). Nesselbach und Krottenbach wurden in das Kanalnetz eingeleitet, die Tümpel zugeweht oder zugeschüttet; nur die Mooslackengasse und die Halteraugasse erinnern noch an die alte Topographie des

Gebietes, in dem sich die ungünstigen Bauerfahrungen in auffallender Weise gehäuft haben.

Das Stauwehr bei Nußdorf. Zum Schutz der tieferen Stadtteile gegen Hochwasser und Eisgang der Donau wurde 100 m stromab des Sperrschiffes von 1894 bis 1898 ein 40 m weites bewegliches Schützenwehr mit Schleußenbrücke errichtet. Nach den Erfahrungen beim Bau des Sperrschiffes und der Donaubrücken war eine Fundierungstiefe von 11—13 m unter Null in Aussicht genommen, wobei man ohne Rücksicht auf die Seitenreibung mit einem Bodendruck von 8 kg/cm² rechnete[1]. Vor Baubeginn kündete eine Bohrung[2] das Vorhandensein einer ungewöhnlich mächtigen Einlagerung von nicht tragfähigem tonigen Sand zwischen dem pontischen und dem sarmatischen Tegel an. Der linksuferige Caisson erreichte den tragfähigen sarmatischen Tegel erst 25,5 m unter Null, die anschließenden Schneiden liegen entsprechend dem Anstieg der Randbildungen höher (vgl. Abb. 78 u. 85). Da die Senkkasten vom linken zum rechten Widerlager 257, 249, 249 und 365 m² Grundrißfläche aufweisen, sind hierdurch große Mehrkosten entstanden[3].

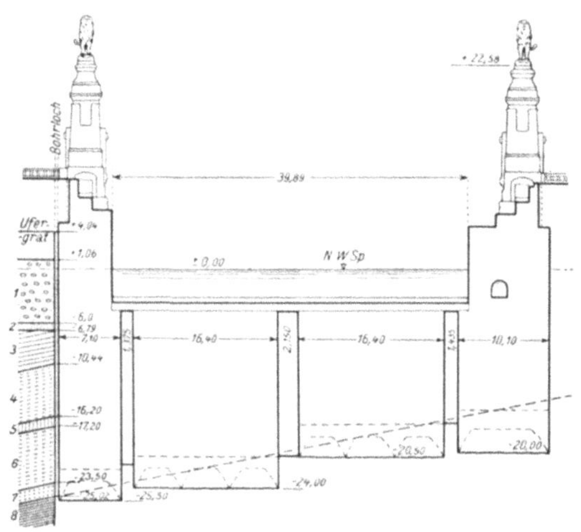

Abb. 85. Höhenschnitt durch das Stauwehr bei Nußdorf (nach O. Abel und der Denkschrift der Bauunternehmung Brüder Redlich und Berger. Wien 1920).

1 Schotter mit Sand gemengt. *2* Sand mit Holzresten. *3* Congerientegel. *4* Schlammsand. *5* Letten. *6* Schlammsand. *7* Grüner Wellsand mit Schotter. *8* Sarmatischer Tegel.

Die Erdbewegungen auf der Hohen Warte. Auf der Arsenalterrasse liegen oberhalb der Hauserschen Ziegelei die Rothschildschen Gärten. An der Böschung ist ein Schulweg angelegt, dessen Pfeiler im sarmatischen Sand gegründet waren und während eines Regens im März 1901 abgerutscht sind. Seit 1906 zeigten sich in den Gärten Risse; im März 1909 bildeten sich klaffende Spalten und bis 1 m hohe Senkungen. Im amtlichen Auftrag vorgenommene Bohrungen ergaben eine 22—25 m hohe Überlagerung des sarmatischen Tegels durch sarmatische Sande und durchlässigen diluvialen Lehm.

Das auf der Tegeloberfläche angesammelte Wasser findet in der trockenen Jahreszeit seinen Ausweg gegen den Einschnitt der Grinzinger Straße, wo die Weinkeller der Firma Spitzer, der Kanal für den Nesselbach und der Schulhausneubau (1901) als Sammler wirken. Wie bei der Vorortelinie erwies sich der wassergeschwängerte sarmatische Sand auch hier als Schwimmsand. In der nassen Jahreszeit verstärkte sich der Seitendruck des Wassers auf die von alten Trennungsflächen durchzogene und durch den Abbau verschwächte Tonwand und löste die Bewegung aus. Überdies hat der bachartige Ablauf des Grundwassers Auswaschungen in den feinen sarmatischen Sanden erzeugt. Nach Einstellung des Ziegeleibetriebes bildete sich in der abflußlosen Tongrube die sogenannte „Hauserlacke“,

[1] Thaussig, S.: Über die Arbeiten zur Umwandlung des Wiener Donaukanals usw. Z. öst. Ing.- u. Arch.-Ver. 1897 Nr. 14.

[2] Heller, Mayer, Schrötter: Luftdruckerkrankungen Bd. 2, Wien 1900.

[3] Vgl. Redlich & Berger: Die Tiefbauarbeiten bei der Herstellung der Wehr- und Schleusenanlage in Nußdorf b. Wien, Wien 1920.

die durch Schwefelgeruch und rotes Wasser auffiel. Als Ursachen wurden im Juli 1923 Schwefelbakterien und Algen festgestellt.

Die Wohnanlage auf der Hagenwiese. Im Juli 1927 ließ die Gemeinde Wien zwecks Linderung der Wohnungsnot auf einer rund 1000 m langen und 100 m breiten Fläche des beschriebenen Alluvialbodens drei- bis vierstöckige Hochbauten aufführen. Zur Beschleunigung der Arbeiten wurden sämtliche Mauern auf konischen Ortbetonpfählen und Eisenbetonunterzügen gegründet. Bei der Hochführung des Baues traten in dem an der Heiligenstädter Straße gelegenen Teil Setzungen auf, die sich trotz Verbreiterung des Mauerfußes fortsetzten und örtlich bis 36 cm erreichten. Der vom Gemeinderat eingesetzte Sachverständigenausschuß fand folgendes Bodenprofil: Humus, darunter Anschüttung bis 3 m, dann (verrutschten oder verblasenen) Löß und stellenweise bis 1,4 m Silt; in 1—4 m Tiefe unter Kellersohle Alluvialschotter der Donau, 3—10 m mächtig, darunter Tegel. In dem von den Setzungen betroffenen Streifen lag unter dem lößähnlichen Lehm eine 1—2 m starke federnde schwarze Schlickschichte mit Pflanzen- und Tierresten. Der „schwarze Schlick“ verlor beim Trocknen an der Luft 30% seines Gewichtes und entspricht nach seiner chemischen Zusammensetzung einer diatomeenreichen, von Schwefelalgen und Lößstaub durchsetzten Sapropelschichte, die sich in den „Mooslacken“ gebildet hatte. Nachdem die Last der darüber befindlichen Mauern auf beiderseits bis in den Alluvialschotter abgeteufte Rohrbrunnen übertragen war, hörten die Setzungen auf.

Die Gründungsschwierigkeiten am Nußdorfer Wehr sind auf die geologische Randlage der Baustelle, die Erdbewegungen auf der Hohen Warte auf alte Bewegungsflächen und die unzulängliche Abfuhr des Grundwassers zurückzuführen und die Senkungen beim Wohnhausbau auf der Hagenwiese auf die Außerachtlassung der alten Topographie und die zu weitgehende Mechanisierung des Gründungsverfahrens.

IV. Küstennahe Pliozän- und Quartärgebiete.

1. Rom.

I. Geologischer Bau des Gebietes von Rom.

Das Tibertal trennt die erloschenen Vulkane der Monti Laziali in eine nördliche und eine südliche Gruppe. Die nördliche, anscheinend ältere Gruppe besitzt eine vollständige Umrahmung von pliozänen Bildungen, die der südlichen, den Albanerbergen, fehlt.

In der Umgebung von Rom ist das untere Pliozän durch die marinen schlierähnlichen blauen Mergel des Vatikan, das obere durch die gelben Schotter- und Sandschichten des Monte Mario vertreten, in die als Anzeichen bradyseismischer Krustenbewegungen Tonbänke mit Meeresfossilien eingreifen. Am rechten Tiberufer besitzen die blauen Mergel große Verbreitung; am linken sind sie nur am Fuß des Monte Pincio und nordwestlich von Punta d'Anzio bekannt. Unter der Altstadt liegen sie wahrscheinlich in großer Tiefe. An der Küste tritt bei Palo und Anzio über den blauen Mergeln ein muschelführender Sandkalk („macco“) auf, der zum mittleren Pliozän gerechnet wird. Das sandig-schottrige Oberpliozän ist meist von vulkanischen Ablagerungen bedeckt.

Das Quartär beginnt im Binnenland mit den ausgebreiteten Absätzen eines Pflanzen und Süßwasserfossilien führenden Kalktuffes, dem als Baustein geschätzten Travertin von Tivoli. An der Küste bilden die quartären Ablagerungen Strandterrassen und Dünen. Von den gewaltigen Veränderungen des Gewässernetzes zeugen die Schotterdecken, deren Reste 40—50 m über dem Meeresspiegel auf den römischen Hügeln liegen.

In einzelnen Becken scheint seit dem Pliozän nach allmählicher Aussüßung eine Verlandung vor sich gegangen zu sein, an der auch die vulkanischen Massen teilnehmen. Der Ursprung der Tuffdecke, aus der die Erosion die Hügel von Rom herausgeschnitten hat, wurde von Sc. Breislak im Stadtgebiet vermutet, G. B. Brocchi[1] nahm Herkunft aus den Monti Cimini und untermeerische Verbreitung der Tuffe an. E. Clerici[2] verwies auf die zusätzliche Verfrachtung der Aschen durch den Wind und folgerte aus dem Fossilgehalt der Begleitschichten, daß die römischen Tuffe in Sümpfen und Maremmen abgelagert wurden. Nachwirkungen der vulkanischen Zeit äußern sich in der Travertinbildung, die sich noch heute fortsetzt, in Thermen („im Tal der Nymphe Egeria") und Mineralquellen.

Dem Alluvium des Tiber sind besondere geologische Züge eigen: die Aufschüttung in einem Sumpfgebiet und das Bestreben des küstennahen Flusses, bei gleichbleibendem Querschnitt seine Sohle entsprechend dem Vorrücken des Deltas zu erhöhen. Im Stadtgebiet führt „der blonde Tiber" nur gelben feinen Sand von Quarz, Muskowit, Pyroxen und kohlensaurem Kalk.

Wasserversorgung. Die Wasserversorgung (vier Leitungen, erbaut 312—127 v. Chr.) und die Entwässerung (Cloaca maxima) von Rom gehören zu den größten Leistungen des Ingenieurwesens im Altertum. Nach G. B. Brocchi beträgt die von der Schuttdecke abhängige Brunnentiefe im Alluvialgebiet 3—4 m (nach neueren Bohrungen bis 9 m), im stark zertalten Tuffgebiet 25—40 m. Im ehemaligen Sumpfgebiet ist das Wasser minderwertig und nicht selten steigen Gase (57% CH_4, 25% CO_2, 18% N) auf. Wo die Sande vom Monte Mario auf den Mergeln des Vatikan auflagern, treten Quellen auf.

Im Jahre 1914 besaß Rom drei städtische Wasserleitungen (Acqua Vergine oder di Trevi, Acqua Felice und Acqua Paola Traiani) und eine private Zuleitung (Acqua Marcia), die am 31. Dezember 1909 zusammen 3,17 m^3/sek lieferten[3].

II. Der Baugrund von Rom.

1. Klimatische Lage.

Entsprechend der geographischen Breite (41° 55), geringen Entfernung vom Meer (22 km) und Höhenlage (Mittel des Tiberalluviums + 15 m, der Tuffhochfläche über + 50 m) ist das Klima von Rom milde, Schnee und Temperaturen unter 5° C sind selten. Die Standfähigkeit der Tuffe („tarpeischer Fels") wird außerdem durch austrocknende Winde begünstigt. Unter noch günstigeren klimatischen Verhältnissen bildet der ähnliche Tuff in Sorrent 50 m hohe, fast lot-

---

[1] Brocchi, G. B.: Dello stato fisico del Suolo di Roma, Mem. p. serv. d'illustr. alla Carta geogn. Roma 1820.

[2] Clerici, E.: Boll. Soc. Geol. Ital. XXXVIII (1919).

[3] Giardi, Ing. T.: Die städtische öffentliche Wasserversorgung von Rom. Ann. Soc. Ing. ed Arch. Ital. 1914, N. 10.

rechte Wände. Hingegen ist in der Seehöhe 303 m (in Valmontone 40 km südöstlich von Rom) in der Weihnachtsnacht 1914 eine Tuffmasse samt 8 Häusern infolge Durchfeuchtung der mergeligen Unterlage abgeglitten[1].

2. Topographie.

Der Nullpunkt des Pegels von Ripetta, auf den die Höhen in Rom bezogen werden, liegt 0,971 m über dem Meeresspiegel.

Im ursprünglich verwilderten Alluvialgebiet ist eine große Zahl von Sümpfen geschichtlich überliefert[2]. Sie wurden teils entwässert (Cloaca maxima), teils zugeschüttet, wodurch sich die Flutspitzen der Hochwässer erhöhten. Das Gefälle des Tiber steht derart unter dem Einfluß von Gezeiten und Sturm, daß Uferangriff und Anlandung wechseln; ein Unwetter führte 1788 zum Verschwinden der kleinen Tiberinsel. Das Katastrophenhochwasser von 1900 hatte den Arm östlich der großen Tiberinsel fast vollständig verschüttet.

Obwohl die bauliche Entwicklung Roms genau erforscht ist[3], bereitet die ungeheuer ausgebreitete und starke Schuttdecke noch immer überraschende Bauschwierigkeiten. Das Alluvialgebiet diente ursprünglich nur zur Ablagerung von Schutt, der 4—5 m hoch angehäuft ist. Auf dem Palatin erreichte man den Tuff erst 13 m unter dem Schutt des Cäsarenpalastes. Zwischen Quirinal und Viminal fand man im Gäßchen S. Felice in 13 m Tiefe ein antikes Straßenpflaster und beim Bau der Nationalbank (1886) 10—20 m Anschüttung. Antike Bauten, wie die Triumphbögen des Titus und des Konstantin stehen selbst wieder auf Ruinen. Als Schutthügel innerhalb des Alluvialgebietes erwiesen sich auf dem linken Ufer der Monte Giordano, der Monte de'Cenci und der Monte Citorio, unter dem das Alluvium etwa in Höhe +10 erreicht wurde; auf dem rechten Ufer bestand der bei der Tiberregulierung abgetragene Monte Secco ganz aus Marmorabfällen[4].

Einschnitte und Abgrabungen haben den Baugrund stark beeinflußt. So soll der Capitolin unter Trajan durch einen tiefen Einschnitt vom Quirinal abgetrennt worden sein. Außerordentliche Bedeutung besitzen die alten Aushöhlungen im Tuff. Die eigentlichen Katakomben[5] bilden ein Labyrinth von 0,6—1,2 m breiten Stollen, deren Höhe sich nach der Gesteinsbeschaffenheit richtet. Die abgewickelte Länge wird von Michele de Rossi auf 876, von P. Marchi auf 1200 km geschätzt. Die meisten Katakomben sind in die leicht gewinnbare aber standfeste tufa granulare gehauen, mitunter in 4 bis 5 Stockwerken; vereinzelt gibt es kräftig ausgemauerte Strecken im Schwemmland. Die oberflächennahen Stollen sind häufig mit Erde verfüllt. Größere halbkreisförmige Hohlräume entstanden durch die Gewinnung der Pozzolanerde (Arenariae) und durch die Steinbrüche

---

[1] Russo, C.: Le Lesioni dei Fabbricati, 3. Aufl. Torino 1925.

[2] Einzelheiten bei G. B. Brocchi.

[3] Vgl. Jordan: Topographie der Stadt Rom im Altertum. Berlin 1871—1907.

[4] Clerici, E.: Sugli Scavi per le Fondazioni del Palazzo pel Parlamento in Roma. Boll. Soc. Geol. Ital. XXVII (1908).

[5] Kraus, Fr. X.: Roma sotteranea. Freiburg i. Br. 1873.

(Lapicidinae) der Alten. Ulmen und Firste dieser später als Zuflucht- und Begräbnisstätten benutzten Hohlräume sind oft durch Mauerpfeiler gestützt.

3. Morphologie.

Wo der Aschen- und Schlackenmantel der Albanerberge in die Hochfläche der Campagna romana übergeht, kommen rundum die gleichen basaltischen und leuzitischen Tuffe zum Vorschein wie im Stadtgebiet. Ein fast 10 km langer Lavastrom weist vom ehemaligen Krater des Albaner Sees geradlinig gegen die Stadt. Am Aufbau der mächtigen

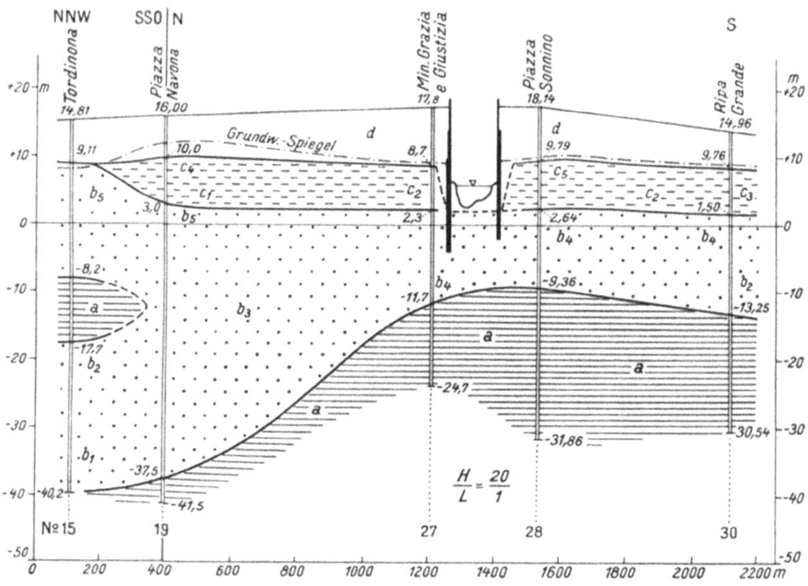

Abb. 86. Schnitt durch das Tibertal von der Engelsburg im Norden zur Eisenbahnbrücke von Trastevere im Süden (nach L. Maddalena u. E. Palumbo 1928).
Zeichenerklärung zu Abb. 86 u. 87: *d* Anschüttung. c_1—c_6 Alluvialton, Silt und gelbe Mergel. b_1—b_5 Feiner gelber Sand mit Mergellagen, gelbe oder blaue torfführende Sande. *a* Blaue torfführende Mergel.

Tuffhochfläche sind auch die nordwestlich von Rom gelegenen Vulkane beteiligt.

Der Tiber hat in die Tuffhochfläche der Campagna ein 1,2—1,5 km breites Tal eingeschnitten, das sich an der Mündung des Teverone auf 3 km erweitert. Kleinere Gräben zerlegen die Tuffhochfläche des linken Ufers in die Hügel Pincio, Quirinal, Viminal, Esquilin, Caelius und Aventin, während der Capitolin als Inselberg aufragt. Zwischen Palatin und Aventin fließt ein zugeleiteter Arm der Marrana. Am rechten Ufer bestehen der Vatikan und der von Tuff bedeckte Gianicolo hauptsächlich aus unterpliozänem Mergel.

Die ursprünglichen Kleinformen des Geländes sind infolge der baulichen Umgestaltung und wiederholten Zerstörung der Stadt kaum erkennbar.

Im großen bilden die der Tuffhochfläche angehörenden sieben Hügel am linken Ufer, das früher versumpfte Alluvialgebiet und die Mergellehnen des rechten Ufers drei formenkundlich und geologisch unterschiedene Baugebiete.

4. Geologische Beschaffenheit.

a) Historische Schichte. Der Einfluß der beschriebenen Schuttanhäufungen und Aushöhlungen auf die Gründungsverhältnisse wird unter III. an Beispielen erläutert.

b) Alluvium und älteres Quartär. Das Schwemmland des Tiber besteht aus tonigen und feinsandigen Ablagerungen von stark wechselnder Beschaffenheit. Als Vorarbeit für die geplante Untergrundbahn[1] wurde der .Untergrund durch Schächte bis zum Grundwasser und sodann durch 13—58 m tiefe Bohrungen aufgeschlossen. Unter 6—8 m Alluvialton und Silt bohrte man bis 38 m (bis — 41,5) in einer aus feinem gelben Sand mit Mergellagen, gelben oder blauen torfführenden Sanden und schließlich blauen torfführenden Mergeln bestehenden Schichtfolge, ohne die marinen pliozänen Mergel zu erreichen. Der torfführende Mergel bildete Linsen im Sand (Abb. 86); an anderer Stelle griff der verkittete torfführende Sand linsenartig in sandigen, torf- oder kalkknotenführenden Mergel ein (Abb. 87). Die Sande waren vorherrschend tonig, hatten Korngrößen von weniger als 1 mm Durchmesser und führten Wasser unter leichtem Druck. In den Mergeln fanden sich stets Torf oder Lignit und feine Sandlagen; sie wurden erst in größerer Tiefe wasserdicht. Tonreichere Schichten sind durch Zersetzung vulkanischer Bildungen an Ort und Stelle oder durch Umschwemmung entstanden und enthalten stellenweise travertinähnliche Zwischenlagen. In anderen Schächten waren die sandig-tonigen Ablagerungen in ähnlicher Weise verflochten wie im Untergrund von Venedig (vgl. Abb. 120).

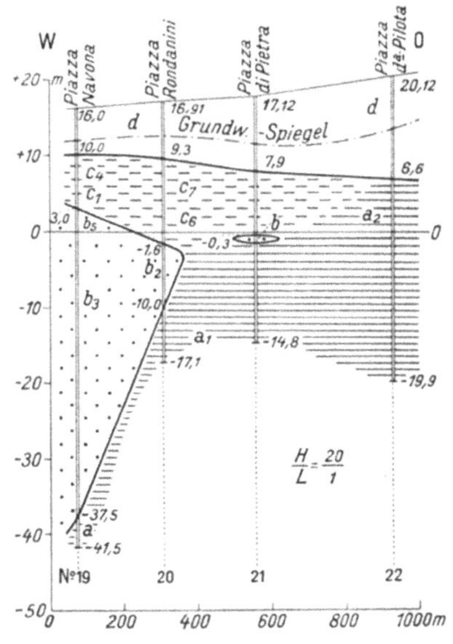

Abb. 87. Schnitt durch die Altstadt von Rom. Anschluß an das N-S-Profil (Abb. 86) im Bohrloch 19 (nach L. Maddalena u. E. Palumbo 1928).

Nach den Bohraufschlüssen lassen sich die alluvialen Ablagerungen von den altquartären Sumpf- und Flußbildungen und den vermutlich spätpliozänen torfhaltigen Mergeln nicht abgrenzen. In den Bauaufschlüssen war das Jungalluvium in der Regel so ungünstig, daß sehr tiefe Gründungen ausgeführt wurden.

[1] Maddalena, L., u. E. Palumbo: Sull' Esame geognostico del Sottosuolo di Roma. Riv. Tecn. delle ferrovie Ital. v. 15. Juli u. 15. Dez. 1928.

c) Quartäre Tuffablagerungen. Während der vulkanischen Tätigkeit des Albanergebirges dürfte das linke Tiberufer sich allmählich gesenkt haben; innerhalb der beschriebenen Anschwemmungen konnte sich Travertin in größerer Mächtigkeit nicht bilden.

Die vulkanischen Tuffe umfassen nach G. B. Brocchi folgende technisch wichtige Abarten:

1. Tufa litoide, gelblich- bis rötlichbrauner Felstuff mit Einschlüssen von bimssteinähnlicher oder glasiger Lava und von Kalkstein. Dickbankiges Hauptgestein des Capitolin; von den Römern als Baustein bevorzugt (Saxum quadratum).

2. Tufa granulare, schwärzlichbrauner bis gelblichgrauer zerreiblicher Tuff, eine Anhäufung vulkanischer Schlacken (große verkittete Lapillikörner, Lavabrocken, häufig mehlartige Flecken von Leuzit, mitunter mit Pflanzenresten), bildet die Hauptmasse der linksufrigen Hügel, enthält Lagen der gesuchten Pozzolanerde und ist stark von Stollen ausgehöhlt.

3. Tufa terroso, erdiger Tuff, gelblich, sehr zerreiblich, durch Verwitterung aus 2. entstanden.

4. Tufa ricomposto, ein zusammengeschwemmtes und verfestigtes Haufwerk von Tuff, Sand, Schotter und Travertin.

Die Tufflager besitzen eine vom Absatz in Becken oder an Gehängen herrührende waagrechte oder geneigte Schichtung mit Schwindspalten; die Umwandlung in Ton erfolgt gangnetzartig. E. Clerici hat innerhalb der im Sumpfbecken abgesetzten Tuffe eine große Zahl quartärer Diatomeenlager nachgewiesen.

d) Marines Pliozän. Am linken Tiberufer wurden die unterpliozänen Mergel am Fuß des Monte Pincio (nach E. Clerici) und in den Kellern unter dem tarpeischen Felsen (nach G. B. Brocchi) aufgeschlossen, wo sie Kalkbänke enthalten und von oberpliozänen marinen Sanden überlagert werden. Letztere fehlen sonst im Baugrund des linken Ufers. Die in den artesischen Bohrungen auf der Piazza Barberini und nächst Villetta Massimo nach R. Canevari in den Höhen +10,6 und +24,8 (oder 17,4 m) angefahrenen Mergel sind wahrscheinlich quartär.

Die über dem Alluvialboden des rechten Ufers aufsteigenden Gehänge bestehen aus unterpliozänem Mergel, während die Sande von Monte Mario die wenig besiedelten höheren Lagen einnehmen.

III. Bauerfahrungen.

1. Historische Schichte (Schuttdecke, Katakomben).

Gründung des Finanzministeriums[1]. Wegen des hohen Grundpreises von 265 Lire/m² in der Altstadt wurde zwischen den Thermen des Diocletian und dem Castro Pretorio ein gegen die Via Venti Settembre gelegener Baugrund von 53000 m² um 73000 Lire erstanden.

Es war bekannt, daß in den schutterfüllten Tälern der benachbarte Zentralbahnhof stellenweise bis 14 m und einige Häuser der Via Nazio-

[1] Canevari, R.: Notizie sulle Fondazioni dell' Edificio pel Ministero delle Finanze in Roma. Atti della Reale Acad. dei Lincei Rom Bd. 2, Sez. IIa (1875).

nale bis 16 m tief gegründet werden mußten. Auf der Hochfläche hatte man den Tuff stets in geringer Tiefe getroffen. Innerhalb der verbauten Fläche von 36000 m² ergaben die 9 Probeschächte eine Schuttdecke von 6,40—12,40 m, und man legte daher folgende Höhen fest: Parterrefußboden 62, Souterrain 56, obere Kellersohle 53, untere Kellersohle 50. Im Frühjahr 1872 begann man, die Baugrube in voller Fläche bis 55,8 auszuheben. In den Tiefen 49,5—48,4 stieß man auf alte Pozzolanstollen, und es traten Einbrüche und Nachbrüche ein. Der ganze Boden war von einem Gewirre von Hauptstollen und Nebenstollen durch-

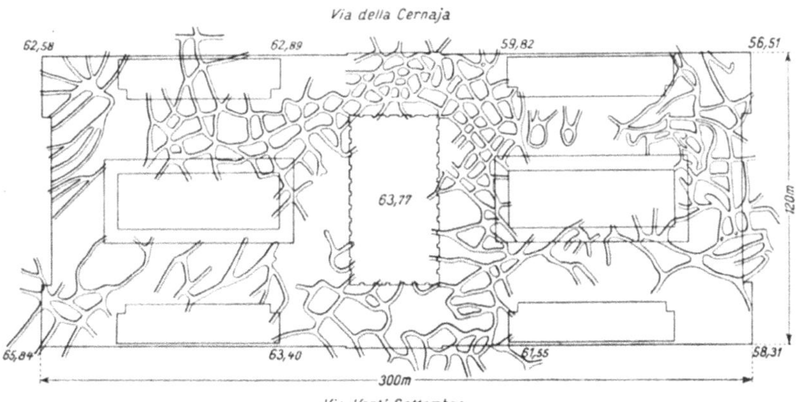

Abb. 88. Stollennetz eines zweigeschossigen Pozzolana-Bergwerkes unter dem Grundriß des Finanzministeriums in Rom, mit den Geländehöhen (nach R. Canevari 1875).

zogen (Abb. 88 u. 89) und von schmalen Such- oder Entwässerungsstollen begleitet (Abb. 90), und man mußte die Mauern bis auf die alte Steinbruchsohle in Höhe 46,50 führen. Trotzdem man nicht mehr als 5 at Bodenpressung zuließ, traten verhängnisvolle Nachbrüche ein. Die folgende Gegenüberstellung der Gründungsarbeiten beweist, daß ein billiger Baugrund mangels ausreichender Baugrunduntersuchung recht teuer werden kann.

	Bauzeit	Aushub m³	Mauerwerk m³
Voranschlag	12 Monate	267000	36000
Ausführung	26 „	385000	75000
Überschreitung %	117	44	108

Erdfälle. Da sich während der erhöhten Bautätigkeit nach 1870 wiederholt schwere Unfälle durch Einbrüche der alten Pozzolanbergwerke ereigneten, wurde die Zuschüttung der noch bekannten Schächte angeordnet. Südlich der Stadt wird am rechten Ufer in der Gegend des Monteverde noch über im Betrieb befindlichen Tuffbergwerken gebaut[1]; am linken Tiberufer sind alte Abbaue ohne Belastung

[1] Russo, C.: Le Lesioni dei Fabbricati, S. 10. Torino 1925.

infolge Verwitterung der Überlagerung eingestürzt. A. Susinno[1] empfiehlt Pfeilergründung auf der Sohle des Steinbruches, wobei die Schächte und Brunnen mit besonderer Vorsicht abzuteufen und zu zimmern sind.

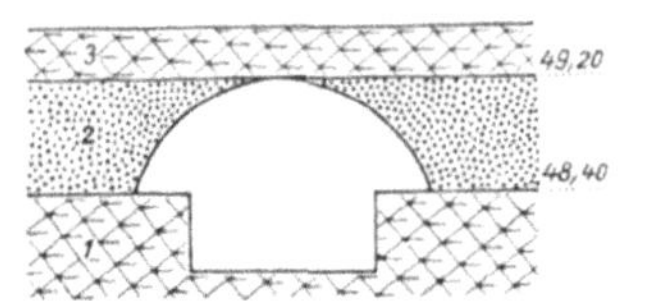

Abb. 89. Hauptstollen in den tieferen Pozzolanaschichten (nach R. Canevari 1875).
1 und *3* Fester erdiger Tuff.
2 Schwarze Pozzolana.

Nach den starken Frühjahrsregen 1925 ereigneten sich auch Einbrüche über den alten Kanälen und bei der nicht geregelten Verlegung von Leitungen. Die Königliche Kommission von Rom hat für die Untersuchung der alten Kanäle 500000 Lire ausgesetzt. Susinno schlägt vor, in dem zerwühlten Boden gemauerte Leitungskanäle mit ausschließlichem Wegerecht herzustellen.

Setzungen. Das riesige Denkmal für Viktor Emanuel auf dem von Stollen durchzogenen Capitolin (Piazza Venezia) hat bis in die Grundmauern reichende Setzungsrisse erfahren[2]. Der gegen den Tiber gelegene Flügel wurde 24 m unter Straßenhöhe auf Tuff-Fels gegründet. Der Baugrund des linken Flügels besteht von oben bis zum Grundwasser aus 15—17 m Ton, tonig zersetztem Tuff und Pozzolanerde, 12 m lockerem Sand und 2 m Schotter (fluviatiles Quartär). Die Grundmauern reichen bloß 13 m tief und wichen seitlich aus, weshalb in der Via Marforio eine 9 m starke Umfassungsmauer errichtet wurde. Drei Belastungsversuche auf dem umliegenden Baugrund ergaben Fließgrenzen von 9—14 kg/cm² mit Setzungen von 10 bis 15 mm; es liegt daher einer der mechanischen Regelfälle 2 oder 3 vor (Achter Teil, Abschnitt I. 2).

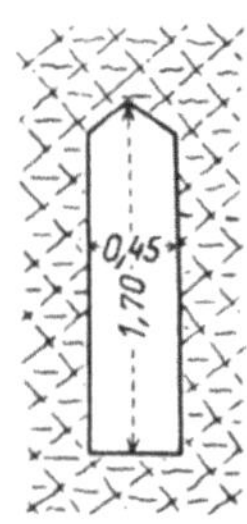

Abb. 90. Römischer Suchstollen im oberen standfesten Tuff (nach R. Canevari 1875).

2. Alluvium und Altquartär.

Unter jungvulkanischen Bildungen, ausgetrocknetem Alluvialton oder Anschüttungen liegen in der Regel wasserdurchzogene feinsandig-tonige Bildungen. Nach R. Ingria[3] wurden schon die Bauwerke des Altertums auf Pfahlrosten oder Betonplatten gegründet.

Justizpalast auf dem Alluvium des rechten Tiberufers, landeinwärts von Bohrloch 15 im Profil Abb. 86. Der Monumentalbau ruht auf einer 2—2,5 m starken Stampfbetonplatte, die ungefähr in Höhe + 5 m auf einer 5 m mächtigen Schichte von Alluvialton aufliegt; darunter wasserführender torfhaltiger Feinsand[4]. Unter einem Grundriß von rund 120×180 m wirkt eine höchstens 2,5 m starke Platte statisch nur wie

---

[1] Susinno, A.: Aproposito di tre frane verificatosi recentemente in Roma. Ann. Lav. pubbl. S. 283 N. 3 (1925): derselbe, Fondazioni delle opere in muratura, ebenda, S. 5 N. 1 1931.

[2] Russo, C.: Le Lesioni dei Fabbricati, 3. Aufl. Torino 1925.

[3] Ingria, R.: Le Fondazioni, Milano, Ulrico Hoepli (1912).

[4] Zbl. Bauverw. 1889 S. 174 u. 504 (Grundriß 155 × 180); Baugrund nach A. Bierbaumer, Z. öst. Ing.- u. Arch.-Ver. 1929 S. 309, ferner Maddalena u. Palumbo (a. a. O.).

eine dünne Mörtelschichte, die ungleiche Setzungen nicht zu verhindern vermag. Tatsächlich ist der Ostflügel nach allen Richtungen von Setzungsrissen durchzogen[1].

Tiberregulierung. Die Nähe der Küste erschwert die Erhaltung eines beständigen Hochwassergerinnes in der Stadt. Die seit 1876 mittels Druckluftgründung errichteten großen Kaimauern wurden durch das Hochwasser vom 2. Dezember 1900 (+16,17 m über Null von Ripetta) auf langen Strecken unterkolkt. Hinter den abgesunkenen Mauern wurden auf 8,5—11 m langen, durch eine Betonplatte verbundenen Pfählen stärkere und höhere Mauern errichtet[2]. Am rechten Ufer (Lungo Tevere Farnesina) abgesenkte Caissons erreichten in 6—9 m Tiefe den Ton (pliozäne Mergel?). Die neuen Ufermauern haben sich bis Februar 1902 am linken Ufer um 2—60 mm, am rechten nur um 0—3 mm gesetzt[3].

Die Margherita-Brücke und die anschließenden linksufrigen Mauern bis zur Cavour-Brücke senkten sich von 1902—1911 um max. 1 cm im Jahr. Auch einzelne Strecken der rechtsufrigen Mauer haben sich merklich gesetzt[4].

Tiberbrücken. Die Pfeiler der alten Sublicio-Brücke, die in Caissons abgetragen wurden, standen auf großen Travertinblöcken, die durch bleiüberzogene Eisenklammern verbunden waren.

Die mittels Druckluft gegründeten Widerlager der Garibaldi-Brücke (2×54 m lichte Weite) durchsanken bis 18 m unter Flußsohle, alluviale Sand- und Tonschichten mit Mauerwerksresten. In 16 m Tiefe fand man eine Bronzestatue aus der Zeit des Diocletian.

Trotzdem die aus 3 Öffnungen bestehenden Tiberbrücken mittels Druckluft 15—25 m unter Niederwasser gegründet wurden, sind Setzungen und Gewölbeschäden eingetreten. Ursache war die Überlastung der zwei Mittelpfeiler; die Gesamtsetzungen betrugen z. B. bei der Umberto-Brücke[5] vom linken zum rechten Widerlager 58, 200, 227 und 19 mm. Bei der Verbindungsbrücke zwischen den Bahnhöfen Trastevere und Termini[6] (3 Öffnungen von zusammen 101,3 m senkrechte lichte Weite) verbreiterte man daher die Senkkästen und führte sie nur bis in die kolksichere Tiefe von 16 m unter NW hinab. Die Flügelkammern stehen auf Pfahlrosten.

Die Risorgimentobrücke[7] besteht aus einem Eisenbetonbogen von 100 m Spannweite und 10 m Pfeilhöhe. Der Alluvialsand reicht von +12,6 bis +6,6, dann folgen bis —4,2 bzw. —6,4 tonige und mergelige Sande mit Lagen von feinem Kies, schließlich bis —15 san-

[1] Russo, C.: Le Lesioni dei Fabbricati. Torino 1925. Fußnote auf S. 209.

[2] Ingria, R.: Le Fondazioni. Milano: Ulrico Hoepli 1912.

[3] Barbieri, U.: Livellazione di Precisione eseguita sui muraglioni del Tevere in Roma. Ann. Soc. Ing. Arch. Ital. 1902 S. 77.

[4] Cassinis, G.: Ann. Soc. Ing. Arch. Ital. 1911 S. 397, 402.

[5] Susinno, A.: Fondazioni delle opere in muratura. Ann. Lav. pubbl. 1931 N. 1 S. 5.

[6] La nuova Stazione di Trastevere ed il ponte ferroviario sul Tevere in Roma. G. del Genio civ. 1911 S. 543.

[7] G. Genio civ. 1911, S. 337. — Quesnel, L.: Le Pont du Risorgimento, sur le Tibre, à Rome. Ann. Ponts Chauss. 1912 I. S. 41.

diger Ton mit Schlammtaschen. An Stelle der ursprünglich geplanten Gründung auf 14 m langen Pfählen wurde jedes Widerlager auf 72 Kompressolschächte gestellt, die den Bogenschub mit Hilfe von Widerlagerrippen aufnehmen. Am Ufer reichte die Baugrube bis zum Niederwasser + 6,58, die Unterfläche der Compressolschächte bis + 0,5, die Köpfe bis + 7,5 und stieg landwärts bis + 10,5 m an. Die Kompressolpfähle stecken zur Gänze in feinem Alluvialsand, ihre Unterfläche ruht auf gröberen Sandschichten. Gegen das Grundwasser wurden die Schächte durch Einrammen von Ton geschützt, der Untergrund wurde durch Einrammen großer Mengen unnachgiebigen Schuttes verdichtet. Zwischen die eisenbewehrten Tragpfähle wurden 5,5 m lange Kompressolpfähle gerammt, die 2,5—4,5 m in die Sohle der Baugrube eingreifen.

3. Pliozänmergel.

Nach dem Profil von Giovanni Zezi[1] stehen die Peterskirche und der Vatikan nahe der Auflagerung der Sande von Monte Mario auf den unterpliozänen Mergeln, und die Berninischen Kolonnaden auf dem Alluvium. Brocchi beschreibt mehrere Überfallquellen, die angeblich „durch in den Boden eingewühlte unterirdische Schlünde“ in das Gelände der Basilika eindrangen und später zur Wasserversorgung abgeleitet wurden. Das Museo Pio Clementino steht auf teils losen, teils verkitteten marinen Sanden. Hinter der Sakristei der Peterskirche beißen die blauen pliozänen Mergel aus, die Bänkchen und Kristalle von Gips einschließen, ferner Zähne, Tellinen, Balanen, Pinienzapfen und bituminöses Holz mit Schwefelkies. Beim Aushub der Fundamente der Peterskirche fand man im Mergel Stücke von schwarzem versteinerten Holz. Im benachbarten Valle dell'Inferno hat A. Susinno mittels Belastungstisch von 4×100 cm² Druckfläche auf den vatikanischen Mergeln, unter allmählicher Steigerung der Pressung bis 16 kg/cm² erhalten:

unter dem Tischfuß	1	2	3	4
	Einsenkung in Millimetern			
bei erreichter Voll-Last	60	79	33	26
unter gleichbleibender Last, 48 Stunden später	70	123	88	34

Der Lastsetzungskurve entspricht eine Fließgrenze von etwa 11 kg/cm²; unter den Tragpfeilern der Kuppel von St. Peter beträgt die Bodenpressung 14 kg/cm² (A. Susinno, a. a. O., 1931). Im Oktober 1928 berichteten die Zeitungen von Rissen in der Kuppel, die durch längere Zeit unverändert blieben; hingegen erweiterten sich die Risse in der Vorhalle der Basilika. Architekt L. Beltrami sieht die Ursache in der ungleichmäßigen Verteilung der Kuppellast auf die 16 Strebepfeiler, deren Steinschnitt zudem ungünstig ist. Er lehnte die vorgeschlagene Zementeinpressung ab und führte die Wiederherstellung durch Auswechslung der gesprungenen Travertinquadern durch[2].

[1] Mitgeteilt in Karrer, F.: Der Boden der Hauptstädte Europas. Wien: A. Hölder 1881.

[2] Bibliografia di Edilizia N. 7, Beil. 2. Atti del Sindicato prov. fasc. Ingegneri di Milano, Nr. 11, Nov. 1931; ferner Ann. Lav. pubbl. 1931 N. 9 S. 834.

2. Gebiet des argentinischen Quartärs.

Übersicht.

Das Tafelland des La Plata-Flusses besitzt annähernd waagrechte Lagerung. Unter dem quartären Löß (Pampalehm) treten in den Steilufern des Paraná die sandigen und tonigen Ablagerungen des Pliozäns zutage. Infolge der epirogenetischen Hebungen und Senkungen, die bis ins Quartär andauerten, greifen Meeresbildungen in das heutige Festland ein. Zwischen dem oberen Pliozän und dem oberen Quartär hat nach G. Rovereto[1] ein zweimaliger Übergang vom Wüstenklima zum feuchten Klima stattgefunden. Während der Trockenperioden entstanden in der Nähe der alten Strandlinien, Erhebungen und Flußaufschüttungen Sanddünen, in größerer Entfernung wurde der feinkörnigere und tonreichere Staub als Wind- oder Sumpflöß angeweht. Besonders im Löß des Oberquartärs treten häufig durch Kalk, Eisenoxyd oder Kieselabsatz verhärtete Bänke auf, die sogenannte Tosca, deren Bildung durch einen Jahresniederschlag von 400—600 mm begünstigt wird. Im Bauwesen werden außer dieser diagenetischen Verhärtung im Löß auch andere verfestigte Bänke als „Tosca" bezeichnet.

Die folgenden Bauerfahrungen beziehen sich auf vier Städte des La Plata-Beckens zwischen dem 35° und dem 31° südl. Breite, mit einem Jahresmittel des Niederschlages von 800—850 mm und der Temperatur von 16—18° C. In Buenos Aires kommen Temperaturen unter Null nur selten vor. Die starke Sonnenstrahlung und anhaltende Luftströmungen trocknen den Boden der Pampa (Grassteppe) bis in beträchtliche Tiefe aus.

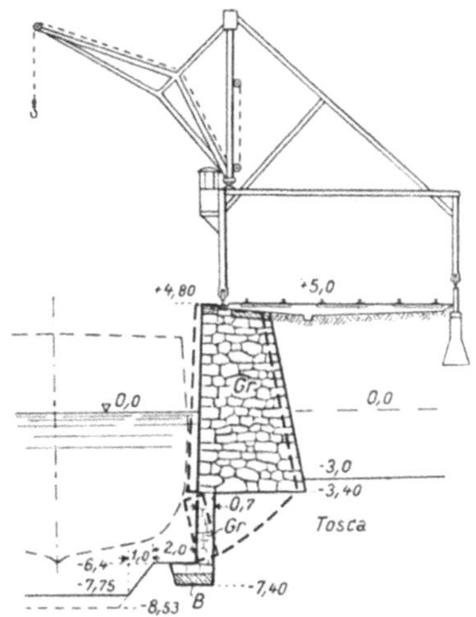

Abb. 91. Kaimauer des großen Docks in La Plata (nach B. J. Schnack 1914).

La Plata.

Die Hauptstadt der Provinz Buenos Aires liegt, ebenso wie die Bundeshauptstadt Buenos Aires, am 20 m hohen Abfall der Pampa gegen den La Plata-Strom. Der Kanal des Hafens von La Plata schneidet in das obere Ensenadense ein, dessen Tosca so hart war, daß sie vor dem Baggern von Schiffen aus durch Sprengung gelockert wurde[2]. Die Gewinnungsfestigkeit hat offenbar dazu verleitet, die lotrecht

[1] Rovereto, G.: Studi di Geomorfologia Argentina. IV. La Pampa. Boll. Soc. Geol. Ital. XXXIX (1920).

[2] Münch, H.: Der Bau des Hafens von La Plata. Wschr. öst. Ing.- u. Arch.-Ver. 1888 S. 162.

mit etwa 1,5 at belastete „Tosca“ wie ein Hartgestein nur wasserseitig zu verkleiden (Abb. 91). Rechnungsmäßig bestand zweifache Sicherheit gegen Gleiten. Im Januar 1914 stürzte ein beträchtlicher Abschnitt der Kaimauer des großen Docks ein, kurz nachdem ein Überseedampfer dort ein- und ausgeladen hatte. Am Unfallstage war der Wasserspiegel rasch um 2,4 m gesunken; die ohne Entwässerungsschlitze ausgeführte Mauer hat die Tosca abgeschert und ist nach bogenförmigem Vorrücken eingestürzt[1].

Buenos Aires.

Die Hafenviertel am La Plata-Strom und an seinem Zufluß Riachuelo liegen zum Teil auf jungquartären Bildungen (Schlammsand, Dünensand und mergeligen Tonen), in denen Pfahlgründung vorherrscht[2]. Der größte Teil der Bundeshauptstadt liegt, den Wasserspiegel bis 20 m überragend, auf dem 10—15 m mächtigen oberquartären gelben oder rötlichen Löß der Pampa (Bonaerense in Abb. 92). Mit den neueren großen Saugbaggern ließ sich der zähe nachquartäre Ton im Fahrkanal des La Plata in großen Klumpen heben und durch Rohrleitungen fördern[3]. Die Hafenbecken von Buenos Aires erreichen die Hangendsande des unteren Quartärs (Tarijense). Beim Bau der Untergrundbahn in der Terrasse von Buenos Aires wurde der Löß des oberen Quartärs mittels Löffelbagger von 75 t Aushub je Stunde gewonnen, obwohl man unter 0,3—3 m Erde und Löß auf harte Tosca stieß. Der 8—10 m tiefe Einschnitt für den Stahlrahmentunnel hielt ohne Bölzung stand. Oberhalb der Kreuzung mit dem im vollen Querschnitt ausgebrochenen Tunnel der Westbahn arbeitete der Löffelbagger ohne gegenseitige Störung, trotzdem zwischen Tunnelscheitel und Einschnittsohle nur 1 m Tosca verblieb[4].

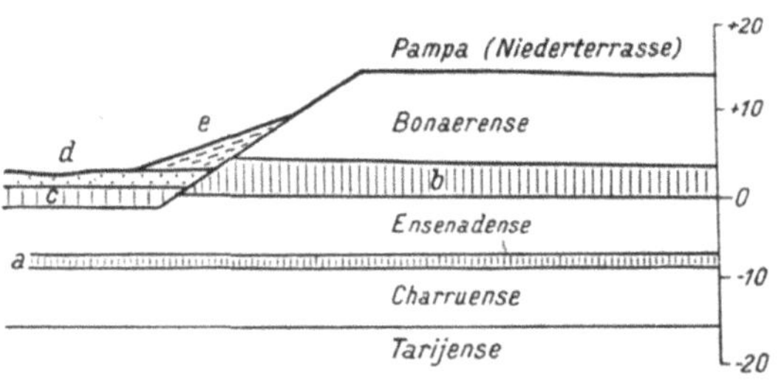

Abb. 92. Schematisches Profil der Terrasse von Buenos Aires und der Ablagerungen im Riachuelo-Tal (nach G. Rovereto 1914).

Gegenwart *e* Hangschutt, *d* Schlamm und Dünensand (3—4 m), *c* marine mergelige Tone (im La Plata-Strom über 25 m).

Oberes Quartär Bonaerense (Wind- und Sumpflöß), *b* Meereseinbruch des Belgranense (0,5—6 m).

Mittleres Quartär Ensenadense (obere Abteilung Sumpflöß, Tosca-Bank; untere Abteilung Windlöß), *a* Meereseinbruch des Postcharruense; Charruense (Steppenbildungen).

Unteres Quartär Tarijense (Wüstensande, Dünen).

---

[1] Schnack, B. J.: Derrumbe del muro de atraque del Gran Dock de La Plata. Ingenieria, Buen. Aires H. 13 (1914) S. 211.

[2] Beispiel einer Gründung auf spitzenfesten Pfählen: Descargador de carbón en la Ribera Sud del Riachuelo, Buenos Aires. Ingenieria, Buen. Aires XX (1916) N. 2.

[3] Rees, van: Verbesserung des Fahrwassers des La Plata-Flusses. Ingenieur, Haag Nr. 27 1912 I. S. 589.

[4] Lavis, F.: Railways and Subways at Buenos Aires. Engng. Rec. v. 29. Nov. 1913.

Die älteren, meist zweistöckigen Wohnhäuser nutzten die Tragfähigkeit des Löß nicht aus, bei den neueren Hochhäusern wird er (wie der europäische Löß) mit 3 at belastet. Beim Bau eines siebenstöckigen, von einem Turm überhöhten Hauses in der Avenida de Mayo stieß man auf zahlreiche „schwarze Schächte von hohem Alter" (Gräber oder Humusorgeln?); sie wurden mit auf die Tosca gestützten Betonkörpern ausgefüllt und mit Eisenbetongrundplatte überspannt[1].

Rosario.

Rund 290 km flußauf von Buenos Aires erhebt sich auf dem rechten Ufer des Paraná in der Höhe von 20 m die zweitgrößte Wohn- und Hafenstadt Argentiniens. Der Riesenstrom führt bei einem Gefälle von $0{,}033\,^0/_{00}$ ein Niederwasser von 6000 und bei etwas erhöhtem Gefälle ein Höchstwasser von 25000 bis 30000 m^3/sek. Gegenüber der Stadt liegt die 4 km lange Insel Espinillo, die jährlich um rund 100 m flußabwärts wandert[2] und 1899 stadtseitig nur von 49% der Wasserführung umflossen war.

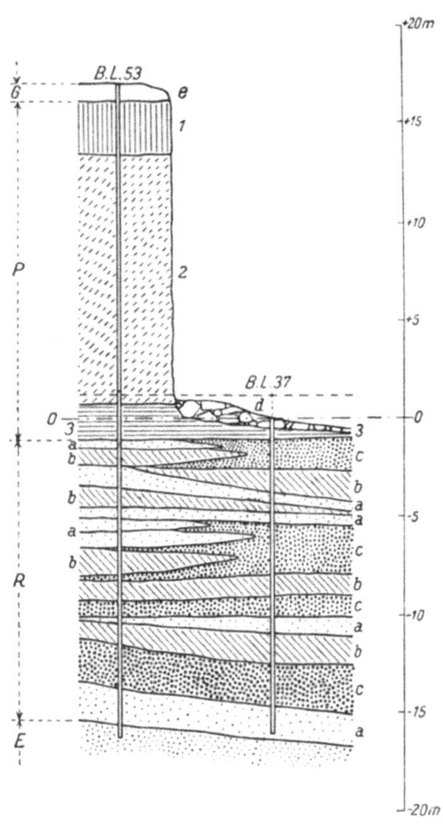

Abb. 93. Profil des Steilufers im Stadtgebiet von Rosario nach den Bohrungen (B. L.) (nach J. Frenguelli 1926).

G Ablagerungen der geologischen Gegenwart: *e* Humus, *d* Schlamm und Sturzblöcke.

P Pampeano, Quartär: *1* (Bonaerense) Windlöß, *2* (Prebelgranense) Pampaschlamm mit Tosca, *3* (Preensenadense) fluviatiler Löß.

R Rionegrense, Ober-Pliozän: *a* teils lose, teils eisenschüssige Sande, *b* Ton und tonreiche Feinsande, *c* Schwimmsande.

E Entreriense, Unter-Pliozän: Quarzsande der Dünen am Saum der Meeresüberflutung.

Die Abb. 93 und 94 erläutern den geologischen Bau der Pampa. Seit der Regulierung des Paraná flossen 78% der Wassermengen durch den unzulänglichen Arm zwischen der Insel und dem Steilufer. Der Strom hat sich von 1899 bis 1922 um 16 m eingetieft und bedroht die Industriebauten oberhalb des Bruchufers. Der Zustand ist um so bedrohlicher, als die Sohle des Stromes unter den

[1] Mancini: Der Palast der Gesellschaft „Immobiliaria" in Buenos Aires. Ann. Soc. Ing. Arch. Ital. N. 24 (1911).

[2] Segovia, F., u. E. L. Corthell: Die Flüsse Paraná, Uruguay und La Plata. IX. Int. Schiff.-Kongr. Düsseldorf 1902 (Zéro local = + 2. 14 Riachuelo).

schwimmsandführenden Flußablagerungen des Rionegrense die wassergetränkten Dünensande am Saum des marinen Entreriense erreicht

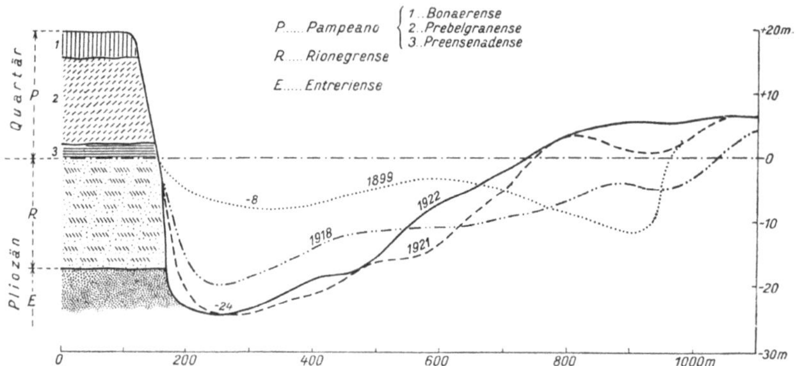

Abb. 94. Schematisches Profil des Paraná-Flusses an der Prallstelle bei der Zuckerraffinerie oberhalb der Stadt Rosario (nach J. Frenguelli 1926). Einzelheiten mit gleicher Bezeichnung siehe Abb. 93.

hat. Zum Schutze der Stadt wird die Verminderung der Wasserführung im Hauptarm durch Wiedereröffnung der Querrinne oberhalb der Insel Espinillo vorgeschlagen[1].

Paraná.

140 km flußauf von Rosario hat das rechte Ufer bei Santa Fe nur mehr die Seehöhe 16. Mit Ausnahme untergeordneter Bauwerke auf dem Alluvium des Überschwemmungsgebietes, die auf Pfählen stehen, herrscht in Santa Fe die unmittelbare Gründung auf dem oberen Löß vor, der die meist losen Fluß- und Meeressande des oberen Tertiärs überdeckt.

Das linke Ufer erhebt sich innerhalb der Stadt Paraná auf 60 m Seehöhe. Wie in Rosario schneidet der Strom in die pliozänen Bildungen ein, während die Hochflur vom Löß gebildet wird.

Im Abstand von fast 500 m vom oberen Uferrand wurde von 1905 bis 1908 der weiträumige einstöckige Bau des Colegio nacionál de Paraná aufgeführt[2]. Anfang 1908 entstanden im Ost- und Westflügel und im freistehenden Turnsaal große Risse, denen man erst durch Schließen, dann durch Ketten zu steuern suchte, bis sich der Ostflügel plötzlich loslöste und in den umliegenden Häusern Risse entstanden. Die einzelnen Teile des Kollegiums bewegten sich in Richtung der Pfeile *a*, *b* und *c*, außerdem bestand eine Gesamtbewegung in der Richtung δ (Abb. 95).

In der Ufersteilwand unterschieden die Ingenieure von unten nach oben nur Ton, harte Bänke („Tosca") und quartäre „Pampaerde". Zwei anfangs 1911 ausgeführte Bohrungen der Geologischen Landesanstalt

[1] Frenguelli, J.: Las Barrancas del Puerto de Rosario, Buenos Aires 1926.

[2] Castiñeiras, J. R.: Consolidación del Edificio del Colegio Nacionál de Paraná, Boletín de Obras Públicas de la Rep. Argentina, Buenos Aires VII. Bd. (1912) 2. Sem., N. 1 u. 2.

und die spätere Erforschung der Umgebung[1] bestätigen den Erklärungsversuch von J. R. Castiñeiras. Der Haupttrakt steht über einem von Schlamm- und Windlöß (*P*) verdeckten (in der Abb. 95 überhöht gezeichneten) unterirdischen Hügel von wasserführendem Sandstein (9), der auf gipshaltigem Seeton (8) aufliegt. Darunter folgen terrestrische kalkhaltige Bildungen und vulkanische Aschen (7) und schließlich austernführende Ablagerungen des oberpliozänen Meereseinbruches (6 = Rionegrense).

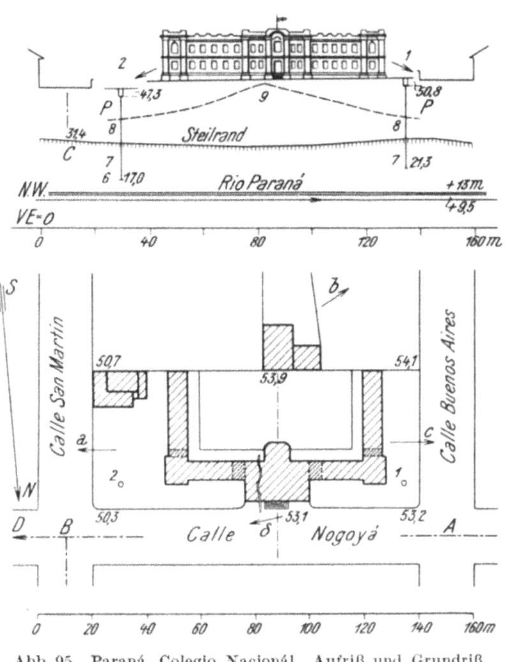

Abb. 95. Paraná, Colegio Nacionál. Aufriß und Grundriß (nach J. R. Castiñeiras 1912).

Infolge Überlastung ist die Lößdecke rund um den festen Stützpunkt seitlich ausgewichen. Durch Abtragung der im Grundriß dunkel schraffierten Teile hat man das Gebäude in Einzelbauten zerlegt. Überdies wurden die Grundmauern mit bis 5 m hohen Eisenbetonkonsolen unterfangen, die den Boden nur mit 0,5 at belasten. Die Kosten wurden auf rund 600000 Schweizer Franken veranschlagt. Die wohl vereinzelt dastehende Gebäudebewegung hängt möglicherweise mit dem Wiederaufleben alter Bewegungsflächen zusammen, da hier der große Paranábruch durchstreicht[2].

V. Gebiet der nordeuropäischen Vereisung.

Aus der Karte der Endmoränen und Urstromtäler (Abb. 20) läßt sich die glazialgeologische Lage der wichtigsten norddeutschen Städte entnehmen. Bei den küstennahen Orten machen sich die spät- bis postglazialen Niveauveränderungen der Yoldia-, Ancylus-, Litorina- und Mya-Zeit (vgl. Abschnitt VIII. B. 1. Leningrad) besonders geltend. Im allgemeinen bilden die tragfähigen Glazialablagerungen eine Hochfläche mit tiefliegendem Grundwasserstand, während die darin eingesenkten jüngeren Talungen vom weniger tragfähigen, grundwasserdurchzogenen Alluvium erfüllt sind.

[1] Frenguelli, J.: Geología de Entre Rios. Boletín de la Acad. Nac. de Ciencias Córdoba Arg. XXIV (1920) 1 u. 2.

[2] Frenguelli, J.: La Falla del Río Paraná y la Estructura de sus Labios. Revista Univers. Buen. Aires XLIX u. L (1922).

Berlin z. B. liegt in dem als „Warschau-Berliner Haupttal" bezeichneten Zweig des norddeutschen Urstromtales, dessen flacher Talboden von dem unverhältnismäßig kleinen Spreefluß und seinen Zubringern durchflossen, aber wie die seichten Seebecken beweisen, nicht mehr beherrscht wird. Hamburg liegt im untersten Abschnitt desselben Urstromtales, aber hier beherrscht der mächtige Elbstrom fast das ganze tiefliegende Marschland und schränkt die Bildung von Seen Tümpeln und Moorland wesentlich ein. Lübeck schließlich liegt auf dem Boden eines in die Endmoränenlandschaft der jüngsten Vergletscherung eingesenkten Stausees (Abb. 102).

In allen drei Städten entspricht das Alluvium meist dem wenig oder gar nicht tragfähigen Baugrund, hingegen das Diluvium dem tragfähigen Baugrund, der sich unmittelbar oder durch Pfähle erreichen läßt. Nur an einzelnen Stellen liegt die glaziale Landoberfläche auch für die Pfahlgründung zu tief (vgl. insbesondere Berlin). Das Alluvium umfaßt die verschiedensten Bodengattungen vom tragfähigen Kies bis zum halbflüssigen Diatomeenschlamm; außerdem erlangen bald die Dünensande, bald die alluvialen Tone größere praktische Bedeutung. Bei allen Städten des norddeutschen Flachlandes besteht der Baugrund aus den genannten Bildungen in wechselnder Zusammensetzung und Festigkeit. Nur in einzelnen Gebieten erheben sich das Tertiär oder ältere Felsarten bis zur Gründungstiefe oder zur heutigen Landoberfläche.

1. Berlin.

I. Geologischer Bau des Stadtgebietes.

1. Übersicht.

Das ältere Berlin liegt auf dem von Dünen und Mooren durchzogenen Talboden der Spree, aus dem der spätdiluviale Talsand in großen Flächen auftaucht. An den Gehängen des Urstromtales, die sich durchschnittlich 10—12 m über den Talboden erheben, treten unter dem oberen Geschiebemergel auch die unteren Diluvialablagerungen zutage. Die diluvialen Hochflächen, das Barnim im Norden und das Teltow im Süden, die von der Ringbahn überschritten werden, sind heute in das verbaute Stadtgebiet einbezogen.

Durch die Arbeit zahlreicher Geologen ist die Gliederung der unregelmäßig wechselnden Ablagerungen von Geschiebemergel, Kies, Grand, Sand und Ton klargestellt worden. Viel dazu beigetragen haben die umfangreichen, wissenschaftlich ausgewerteten Vorarbeiten für die Entwässerung von Berlin, für die Stadtbahn und die Untergrundbahnen. In Fortführung der Arbeiten von A. Kunth hat K. A. Lossen eine zusammenfassende Darstellung der Geologie von Berlin gegeben[1]. Die Preußische Geologische Landesanstalt hat eine geologische Karte der Stadt Berlin 1:15000 herausgegeben (vgl. Abb. 96).

[1] In Reinigung und Entwässerung Berlins, H. 13. Lossen, K. A.: Der Boden der Stadt Berlin nach seiner Zugehörigkeit zum norddeutschen Tiefland usw. Berlin 1879. 3 Abb. und 1 Atlas mit geol. Karte 1:10000 und zahlr. Profilen 1:500/5000.

In den Erläuterungen zu den von 1879—1885 erschienenen Blättern Spandow, Tempelhof, Teltow und Berlin der geologischen Spezialkarte

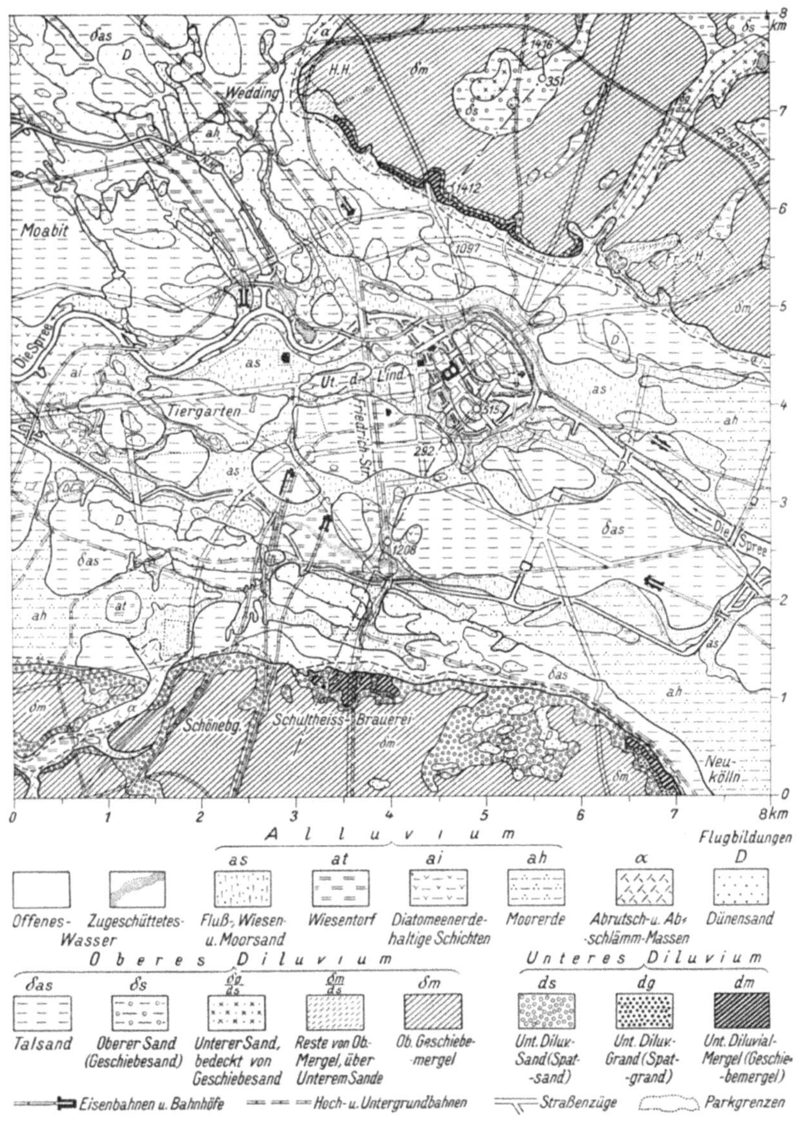

Abb. 96. Geologische Kartenskizze von Berlin (nach der geologischen Karte der Stadt Berlin, hgb. v. d. Preuß. geol. Landesanstalt, Berlin 1885).

1:25000 sind bereits mechanische und chemische Analysen der Diluvialbildungen enthalten.

Die Ergebnisse der zahlreichen Flach- und Tiefbohrungen werden wissenschaftlich verarbeitet (vgl. das Profil Abb. 97). Zwischen Karte und Profil bestehen infolge Einbeziehung neuer Bohrungen oder verschiedener Beurteilung der Bohrproben kleine Abweichungen.

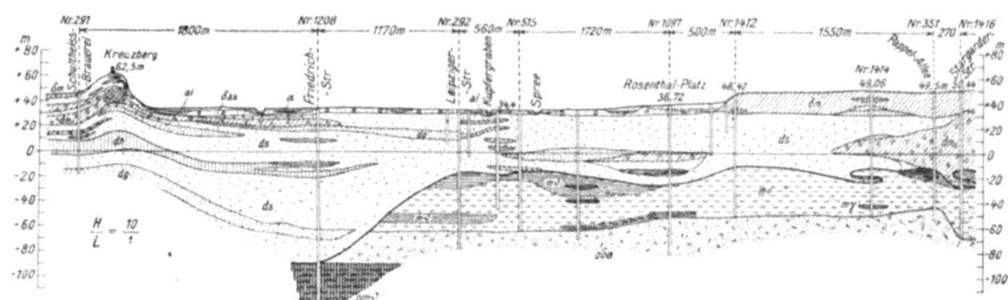

Abb. 97. Geologischer Schnitt durch das Spreetal bei Berlin vom Kreuzberg bis Bahnhof Schönhauser Allee (nach G. Berendt 1897).

Zeichenerklärung für Alluvium und Diluvium siehe Abb. 96, ferner *dh* Diluv. Tonmergel. *m* Miozän. *o* Oligozän. *mϑ* Kohlenletten. *mz* Braunkohle. *mσ* Kohlensand. *mγ* Kohlenkies. *ooσ* Oberoligoz. Meeressand (Glimmersand). *omϑ* Mitteloligoz. Septarienton.

Abb. 98 gibt einen Ausschnitt aus dem 4,6 km langen geologischen Profil der elektrischen Hoch- und Untergrundbahn vom Nollendorfplatz bis Westend wieder. Der obere Geschiebemergel von 25 m größter

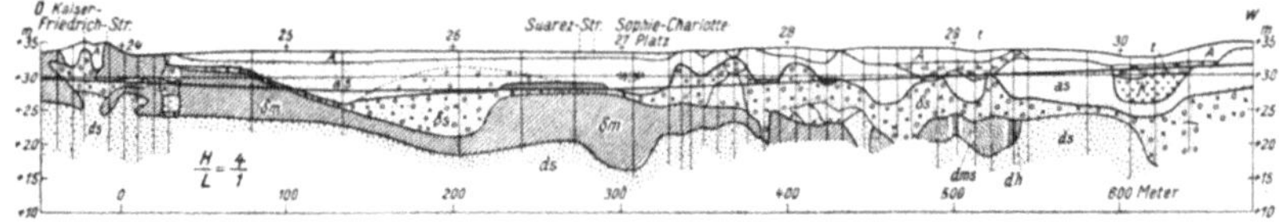

Abb. 98. Geologisches Profil einer Teilstrecke der Berliner Untergrundbahn längs der Bismarckstraße in Charlottenburg (nach F. Kaunhowen 1906).

Zeichenerklärung wie bei Abb. 96, ferner *A* Anschüttung. *t* Niedermoortorf. *k* Faulschlammkalk. *dh* Unterer Diluvialton. *dms* Unterer Mergelsand.

Mächtigkeit setzt hier stellenweise unvermittelt gegen (aufgepreßte?) Sandpfeiler ab. Die lotrecht schraffierten Streifen, z. B. unter der Suarez-Straße, bedeuten Bernstein und Braunkohlengerölle führende Zusammenschwemmungen.

2. Der tiefere Untergrund.

Unter dem Diluvium wurden mit 35 bis 45 m Mächtigkeit quarz- und glimmerreiche Sande der miozänen märkischen Braunkohlenformation erbohrt, die einzelne Kiesbänke, Braunkohlenflözchen und Lettenbänke enthalten. Im Liegenden folgen oberoligozäner Meeressand (Glimmersand) von 40—50 m Mächtigkeit, mitteloligozäner Septarienton, von mehr als 120 m Gesamtmächtigkeit und unteroligozäner Glaukonitsand. Die Bohrung Nr. 1208 durchsinkt bis 126 m Tiefe die diluviale Ausfüllung des Urstromtales, die infolge der Erosion unmittelbar auf dem Septarienton liegt.

Aus den im unteroligozänen Glaukonitsand endigenden, bis 250 m tiefen Bohrungen stieg 1,5—3 % ige Salzsole auf, die nach O. v. Linstow auf Bruchspalten aus den permischen Salzlagerstätten zuwandert. Durch die neueren bis 486 m tiefen Bohrungen ist erwiesen, daß der vortertiäre Untergrund im Westen der Linie Oranienburg-Wedding-Teltow von Lias und Keuper und östlich dieser Linie von Kreidegesteinen gebildet wird[1].

Zwischen dem Miozän und der diluvialen Überlagerung zeigen die Bohrungen eine 2—20 m mächtige Grenzzone, in der die Braunkohlenbildungen durch den Eisdruck aufgepreßt, überkippt und über das Diluvium überschoben sind (vgl. z. B. Profil Abb. 97, rechts). In den tieferen, vom Eisdruck kaum mehr beeinflußten Tertiärschichten herrscht flache Lagerung.

3. Das Diluvium.

Im Stadtgebiet ist das Diluvium hauptsächlich aus Bauaufschlüssen und Bohrungen bekannt, K. A. Lossen (a. a. O. S. 970—1071) und G. Berendt unterschieden nur Ablagerungen des oberen Diluviums (Kennzeichen δ) und des unteren Diluviums (Kennzeichen d) (Abb. 97). Im Profil erscheint links teils oberhalb, teils unterhalb Normalnull eine (Paludina diluviana Kunth führende) Tonmergelbank, die nach neueren Forschungen der älteren Zwischeneiszeit angehört. Was tiefer liegt, entspricht sonach der ältesten Eiszeit bzw. dem Tertiär. In der rechten Profilhälfte (B. L. 1414) liegt unter dem oberen Geschiebemergel δm eine lotrecht schraffierte Einschaltung von Tonmergel, die dem jüngeren Interglazial entsprechen dürfte, das sonst durch die torfigen bis humösen Sande des an Landsäugetieren reichen Rixdorfer Horizontes vertreten ist.

Schematische Gliederung des Berliner Diluviums nach F. Wiegers.

III. Eiszeit	Rückzugsbildungen (Talsand) oberer Geschiebemergel Vorschüttungssand (Spatsand)
III./II. Jüngeres Interglazial	Torf und Sande mit Paludina Duboisi Mss.
II. Eiszeit (Haupteiszeit) . .	Rückzugsbildungen (Glindower Bänderton) Unterer Geschiebemergel Vorschüttungsbildungen (Unt. Diluvialsand und -Grand).
II./I. Älteres Interglazial . .	Kalkfreie Tone und Faulschlamm Paludinenbank (mit Paludina Diluviani Kunth) Kalkreicher feiner Sand
I. Eiszeit	Rückzugsbildungen Unterster Geschiebemergel Älteste Vorschüttungssande und mechanische Mischzone mit Tertiärschollen.

Das Ursprungsgestein der Hauptmasse des Diluviums sind die nordischen Granite, Porphyre und Gneise. Gegen den Rand der Vereisung sind ihnen die aus dem deutschen Mittelgebirge stammenden „südlichen Schotter" beigemengt.

[1] Z. dtsch. geol. Ges. Mber. Bd. 74 (1922) Nr. 3/4.

Die unmittelbaren Ablagerungen des Inlandeises bestehen nicht immer aus typischem ungeschichteten Geschiebemergel (Blocklehm), sondern auch aus Sand- und Schottermoränen und geschichteten Kiesrücken (Åsar, Oser), die von den Gletscherflüssen unter dem Eise angeschüttet wurden. Diese Bildungen unterlagen starken mechanischen Veränderungen durch die Eisüberlagerung; so wird z. B. der das Teltow um rund 15 m überragende Kreuzberg (Abb. 97) als Aufpressung des oberen und mittleren Glazials gedeutet. Außerdem hat jede Eiszeit die lockeren Bildungen der vorangegangenen Eis- und Interglazialzeit durch einseitigen Druck und Umschwemmung verändert; an den Ablagerungen der letzten Eiszeit hat die Erosion der Alluvialzeit und die Verwitterung gearbeitet. Was in der Kartenskizze (Abb. 96) als oberes und unteres Diluvium bezeichnet ist, entspricht der dritten (letzten) und der zweiten (mittleren) Vereisung. Die oben erläuterten tieferen Schichtglieder des Profiles (Abb. 97) kommen als Baugrund nicht mehr in Betracht.

Bei der Umschlämmung der Grundmoräne durch die Schmelzwässer wurde Sand der verschiedensten Korngrößen abgelagert. Die zwischen Barnim und Teltow ausgebreiteten, aus der jüngsten Grundmoräne ausgeschwemmten sandigen Ablagerungen werden Talsand genannt. Unter Spatsand sind die an rotem oder gelbem Feldspat reichen nordischen Vorschüttungssande der ersten (und der zweiten) Vereisung zu verstehen. An der Grenze zwischen den ausgelaugten alluvialen und den vor Verwitterung geschützten diluvialen Bildungen steigt der Kalkgehalt sprunghaft an, was zur Grenzbestimmung benutzt wird.

4. Das Alluvium.

Im Talboden ist die umgestaltende und anlandende Tätigkeit des Wassers nicht bedeutend; sie äußert sich aber am Fuß von Barnim und Teltow durch eine langgestreckte Zone von „Abrutsch- und Abschlämmassen“ (vgl. die Kartenskizze Abb. 96). Die Spree und ihre Nebenflüsse, Panke im Norden und Rudower Wiesengraben im Süden der Stadt, durchflossen die vielgestaltige, von der letzten Vergletscherung hinterlassene Landoberfläche, in deren Vertiefungen sich Seen gebildet hatten, die zu Sümpfen und Moorwiesen verlandeten.

Nach dem Rückzug der letzten Vereisung häufte der Wind den Flugsand zu ausgedehnten Dünenzügen an, die aus der Havelebene in das trichterartig erweiterte Spreetal eintraten und in diesem gegen SO verschwinden. Von dem reinen aus Pflanzenfasern gebildeten kohlenstoffreichen Torf (Wiesentorf, Fenntorf at) bestehen durch Zunahme der mineralischen Beimengungen alle Übergänge bis zum Moorsand (as) und zur Moorerde (ah).

Eine besondere Stellung durch die ungünstige Beschaffenheit und die große Mächtigkeit nimmt der von Chr. G. Ehrenberg ursprünglich als „Infusorienerde“, später als Bacillarienerde oder Diatomeenerde bezeichnete Faulschlamm (Sapropel) ein, dem der Wind organischen und unorganischen Staub zuführt. Über den absterbenden und zu Boden sinkenden Algen der stehenden Gewässer erneuert sich fortwährend eine lebende Schichte. Je nach dem Vorherrschen von Kieselalgen (Diatomeen) oder Kalkalgen entsteht Kieselgur oder Faulschlammkalk.

Die eigentliche Kieselgur ist kalkfrei, enthält aber häufig Einlagerungen von Sumpferz und Vivianit und im allgemeinen 5—25% anorganische und 16—29% organische Beimengungen. „Der größtenteils bereits in Fäulnis übergegangene Zellinhalt der Algen durchtränkt den ganzen Kieselgur, daher der widrige Geruch der frisch erbohrten oder mit Wasser angerührten Masse und die mehrfach bemerkte Entwicklung von entzündlichem Gas[1]“. Die reine Diatomeenerde erreicht selten über 3 m Mächtigkeit.

Die „Fenne“ und Moorwiesen durchziehen rinnenartig den Niederungsboden, in den tiefe Sumpftümpel oder Modderlöcher eingesenkt sind. Ihre Verbreitung erinnert an ein überstautes, in einzelnen Abschnitten vielleicht glazial abgeriegeltes Gewässernetz. Der bautechnisch verrufene „Berliner Modderboden“ wurde z. B. beim Eilgutschuppen des Lehrter Bahnhofes unter 1,25 m Schutt und 3,14 m Torf in einer Mächtigkeit von 16,95 m erbohrt, aber nicht völlig durchsunken. Bei der Markthalle wurde der feste Baugrund erst in 25 m Gesamttiefe angetroffen; der tiefste Kessel unter der Augenklinik reicht 32 m unter Gelände[1].

Die Böschung der Modderlöcher hatte im Markthallenfenn von 17—57° Neigung und erreicht in dem sorgfältig abgebohrten Gebiet der Museumsinsel 90° und darüber. Steilböschungen und Überhang können sich nur durch Ausstrudelung im gefrorenen Diluvialsand oder durch Einsanden großer Eisblöcke gebildet haben[2].

Die Mächtigkeit der Kulturschicht beträgt in den ältesten Stadtteilen und im Sumpfgelände über 6 m, im Durchschnitt nur 1,5 m und auf den Hochflächen noch weniger. Alte Pfahlwerke im Talgrund und Reste alter Bauwerke im übrigen Gebiet erschweren mitunter den Aushub.

5. Das Grundwasser.

Im Stadtgebiet liegt der mittlere Oberwasserspiegel der Spree auf +32,3, der Unterwasserspiegel auf +30,5. Der Grundwasserspiegel senkt sich von den Hochflächen allmählich gegen das streckenweise ausgedichtete Gerinne der Spree.

G. Berendt (a. a. O. S. 25—28) hat aus Brunnenbeobachtungen für den Abstand des Grundwassers von der Oberfläche folgende Mittelwerte gefunden:

Stadtgebiet	Abstand in m		
	größter	kleinster	mittlerer
Nördliche Hochfläche	18,12	7,22	11,93
Zwischen der nördlichen Hochfläche und der Spree	8,08	3,46	5,04
Im Panketal (Gesundbrunnen)	7,36	2,94	5,02
Zwischen Spree und Landwehrkanal	3,68	1,93	3,09
Landwehrkanal und südliche Hochfläche	3,12	1,65	2,57
Südliche Hochfläche (n. K. A. Lossen a. a. O. 1079)	17,7	6,3	—

[1] Lossen, K. A.: a. a. O. 1040—42.

[2] Hesemann, J.: Die Untergrundverhältnisse im Gebiet der Museumsinsel in Berlin. Jb. preuß. geol. Landesanst. Bd. 50 (1929).

Vor der Anlage der Wasserleitung schöpften die Brunnen das Wasser hauptsächlich aus den Talsanden und den darin eingesenkten Alluvialrinnen. Der darunter liegende „untere Diluvialsand“ enthält große Vorräte von Grundwasser, die aber, wie in allen Stadtgebieten, allmählich verseucht wurden. Der feinkörnige miozäne Braunkohlensand ist ausspülbar und liefert verfärbtes Wasser, die tiefen Fabriksbrunnen werden daher bis in den etwas gröberen oberoligozänen Meeressand fortgesetzt. Der darunter liegende Septarienton ist wasserleer und bildet den Abschluß gegen die unter Druck stehende Salzsole der unteroligozänen Sande.

6. Die Wasserversorgung.

Die Wasserversorgung von Berlin erfolgt durch die großen Grundwasserschöpfwerke im Spree- und Havelgebiet. Im Jahre 1856 wurde durch eine englische Gesellschaft die erste Pump- und Filteranlage vor dem Stralauer Tor in Betrieb gesetzt. Ab 1873 übernahm die Stadtgemeinde selbst die Wasserversorgung und speist nun Groß-Berlin durch eine 4000 km Rohrlänge umfassende Riesenanlage[1]. Im Jahre 1930 wurden den 1200 Tiefbrunnen der Schöpfwerke Müggelsee, Wuhlheide, Stolpe, Tegel, Spandau, Jungfernheide und der 7 kleineren Anlagen 158 000 000 $m^3 = 5\ m^3$/sek Grundwasser und aus dem Müggelsee noch 20 000 000 $m^3 = 0{,}634\ m^3$/sek Oberflächenwasser entnommen. Damit wurden 3 500 000 Einwohner versorgt; für die 800 000 Bewohner der Südbezirke kommt die Charlottenburger Wasser- und Industriewerks AG. auf. Im Spreetal bestehen außerdem gegen 1000 Eigenbetriebe mit zus. 40 000 000 m^3 Jahresentnahme.

Die Filterbrunnen liegen in der 30—60 m mächtigen Auffüllung der Urstromtäler und reichen zumeist bis in den grobkörnigen unteren Diluvialsand, der eisenhaltige Mineralkörper enthält. Das Grundwasser hat 11—12 deutsche Härtegrade und muß vom Eisen- und Mangangehalt durch Belüftung und Filterung befreit werden.

Auf Grund des Generalberichtes von Rudolf Virchow und des Entwurfes von J. F. Hobrecht wurden 1873 die Bauarbeiten für die Entwässerung von Berlin begonnen, die als Großleistung des städtischen Tiefbaues bekannt sind. Die Abwässer werden auf 36 Rieselgüter mit einer Gesamtfläche von 27 500 ha geführt[2].

II. Der Baugrund von Berlin.

1. Topographische Lage.

Nach einem Stadtplan von 1698[3] waren das ursprüngliche Berlin am rechten Spreeufer, das alte Cöln zwischen Spree und Kupfergraben und der Friedrichswerder westlich des letzteren von einem Wassergraben umzogen. Weiter gegen Westen lagen hinter einem Erdwall die Dorotheenstadt und die Friedrichstadt, das andere Gelände war

[1] Berliner Städtische Wasserwerke AG., 1856—1931. Internat. Industrie-Bibliothek, 42. Bd. VII. Jahrg. Berlin: Max Schröder, 1932.

[2] Hahn, H., u. F. Langbein: Fünfzig Jahre Berliner Stadtentwässerung 1871—1928, Berlin 1928 (mit Lit.-Verz.).

[3] Berlin und seine Bauten 1896, Abb. 9.

noch unverbaut. Im Mittelalter soll die Stadt von einer 9 m hohen Mauer mit bis 25 m hohen Wehrtürmen umgeben gewesen sein. Außerhalb des 15 m breiten Grabens an der Berliner Seite wurden später ein bis 10 m breiter Erdwall und ein zweiter Graben angelegt. Unter Friedrich Wilhelm I. (1713—1740) wurden die alten Festungswerke beseitigt und die erweiterte Dorotheen- und Friedrichstadt mit einer 3,14 m hohen Zollmauer umgeben. Sie wurde erst 1802 vollendet und nach 1865 beseitigt. Die Verbauung der Altstadt erfolgte mit engen Wallstraßen; an der Stelle zweier Bastionen wurden der Hausvogteiplatz und der Spittelmarkt angelegt. In der Abb. 96 sind die größeren zugeschütteten Wasserflächen angegeben. Die Lage der von der Verbauung überholten Sand- und Tongruben muß fallweise festgestellt werden.

2. Morphologische Lage.

Die Entstehung von Berlin wird mit der kaum 5 km breiten Engstelle des versumpften Talbodens in Zusammenhang gebracht. Da Sandinseln die Anlage von Straßen begünstigten, wurde aus dem wichtigen Übergang bald ein Knotenpunkt des Verkehres. Bis 1870 ganz im versumpften Talboden gelegen (Niederstadt), hat sich seither die Stadt in großem Ausmaß über die nördliche (Barnim) und die südliche diluviale Hochfläche (Teltow) ausgedehnt (nördliche und südliche Hochstadt).

Der sogenannte „schlechte Berliner Baugrund“ beschränkt sich auf Teile der Spreeniederung und der in die diluvialen Hochflächen einschneidenden Seitentäler. Auf dem Geschiebemergel des Barnim liegen außerhalb der Ringbahn größere Moor- und Torfflächen.

3. Geologische Lage.

Die geologische Beschaffenheit des Baugrundes drückt sich schon in der morphologischen Gliederung aus: erstens Niederungsboden mit hochliegender Oberfläche des Talsandes und mit Dünen, die beide als guter Baugrund gelten; zweitens Niederungsboden mit von Torf und Faulschlamm erfüllten Fennen und Modderlöchern, die schwierige und teuere Gründungen erfordern; drittens die diluvialen Hochflächen, die trotz der Schichtstörungen im Diluvium im allgemeinen einen tragfähigen Baugrund bieten; viertens die vom Alluvium erfüllten Mulden und Rinnen auf den Hochflächen und fünftens die Abrutsch- und Abschlämmassen am Fuß der Hochflächen.

Um den tragfähigen Baugrund von Berlin darzustellen, müßte man sich das ganze jüngere Alluvium entfernt denken: Die Karte würde dann die kuppige Diluviallandschaft der letzten Vereisung und die vom Wasser erzeugten Rinnen und Anschwemmungen zeigen. Derartige Untergrundpläne sind mit Hilfe von Schurfbohrungen für die Kanalisation, die Stadtbahn und die Untergrundbahnen, sowie für einzelne Hochbauten entworfen worden. Aus der großen Zahl von Bohrungen, Brunnengrabungen und Bauaufschlüssen, die bei der Preußischen Geologischen Landesanstalt gesammelt werden, läßt sich im Vorhinein ein angenähertes Bild der geologischen Beschaffenheit jeder einzelnen Baustelle gewinnen. Die Einzelheiten müssen aber wegen der sehr veränderlichen Beschaffenheit des Alluviums und Diluviums und wegen der Schichtstörungen stets unmittelbar erhoben werden.

4. Das Wasser im Baugrund.

Auch die Grundwasserverhältnisse und ihre Schwankungen sind so weit bekannt, daß man den allgemeinen Bauentwurf danach abstellen kann. Die in früherer Zeit gefürchteten Bauten im Grundwasser gehören infolge der Fortschritte in der Grundwasserabsenkung (vgl. Abb. 99) und der Grundwasserabdichtung nicht mehr zu den ungewöhnlichen Ausführungen. In Berlin wird die Grundwasserabsenkung dadurch begünstigt, daß der Talsand mit zunehmender Tiefe immer grandiger (grobkörniger) wird.

Der ungünstigen Einwirkung organischer Säuren auf frischen Beton ist z. B. bei der Querung der Moorlöcher in der Friedrichstraße und bei der Gründung der Haltestelle Stadtpark der Untergrundbahn in Schöneberg durch Baumaßnahmen begegnet worden. Das im unzersetzten Geschiebelehm hier und da auftretende Schwefeleisen führt durch Umsetzung mit kohlensaurem Kalk zu örtlichem Gipsgehalt der Sickerwässer.

III. Bauerfahrungen.

1. Hochbau.

Die Baugeschichte Berlins[1] spiegelt gleicherweise die allmählichen Fortschritte im Grundbau und in der Kenntnis des Baugrundes. In den Bauten des Mittelalters und der Renaissance offenbart sich ein bedeutendes technisches Können. In der Barockzeit trat das Konstruktive gegen die künstlerische Formgebung zurück, was zu schweren Bauunfällen führte.

Im Jahre 1701 begann Andreas Schlüter[2] mit der Erhöhung des 44 m hohen alten Münzturmes auf 110 m. Er ließ den Turm mit 2,5 m dickem Mauerwerk ummanteln, und als sich 1705 die Ecke gegen Schloßfreiheit und Lustgarten setzte, mit einem zweiten 2,8 m starken Mauermantel umgeben. Außerdem wurden Verankerungen und Abstützungen mit Hilfe massiger Mauerkörper durchgeführt. Am 3. Juli 1706 hing der auch im Mauerwerk geborstene Turm nach der Schloßfreiheit um 0,785 m, nach dem Lustgarten um 0,47 m über. Nachdem die 15 m hohen beiden Obergeschosse abgetragen waren, hörte die Setzung auf, die bis dahin in je 8 Tagen 65 mm betragen hatte. Nach Schlüters Angaben war der alte Turm auf Eichenpfählen errichtet, für die Ummantelungen wurden die Pfähle Mann an Mann geschlagen, „bis sie auf 100 Schläge nichts mehr gewichen". Trotzdem sank die gegen das Zeughaus sehende Ecke, „weil unter dem festen Grund ein Schlamm (?) verborgen liege, etwa von weichendem Triebsand oder von Quellen, wie er dann erfahren habe, daß ehemals die Spree solle daselbst geflossen sein". Der als Gutachter berufene Mathematiker L. C. Sturm

[1] Woltmann, A.: Die Baugeschichte Berlins bis auf die Gegenwart. Berlin 1872.
[2] Adler, F.: Aus Andreas Schlüters Leben. Z. Bauwes. 1863 S. 13 u. 383.

erklärte, daß die Gründung teils auf altem Fundamentmauerwerk, teils auf liegenden und teils auf stehenden Rosten, auch auf Mann an Mann-Pilotagen und durch Unterfangung mit Quadern erfolgt sei. Vor allem aber habe der Architekt die Natur des Grundes vor dem Baue nicht genugsam und gebürend untersucht. Der bereits 66 m hohe Turm wurde abgetragen und Schlüter seiner Stellung enthoben.

Woltmann berichtet, daß der Einsturz neuer Prachtgebäude zu jener Zeit nichts Außergewöhnliches war. Ähnliches sei bei der Parochialkirche (1695—1714) und am Zeughaus (1695—1706) vorgekommen. Auch in der Folgezeit häuften sich die Baugebrechen. Die beiden 70,6 m hohen Kuppeltürme auf dem Gendarmen-Markt wurden rissig, und der eine, bis zu den Säulen des Tambours hochgeführte, stürzte am 28. Juli 1781 ein. Auch der deutsche Dom drohte einzustürzen, und es mußte von beiden Türmen der innere runde Teil abgetragen werden[1]. An diesen Bauunfällen trägt anscheinend nicht der Baugrund, sondern die mangelhafte Gewölbetechnik schuld[2].

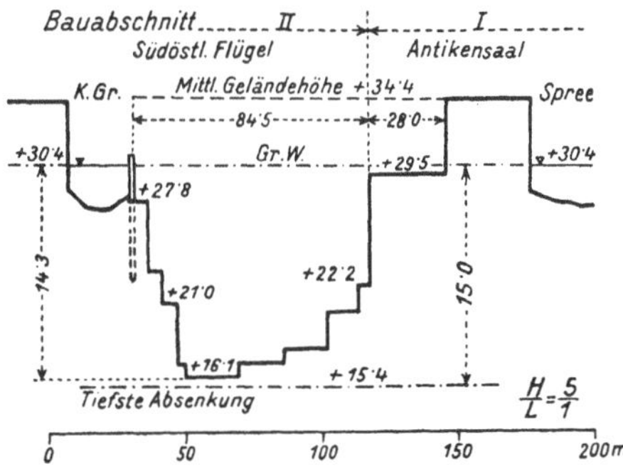

Abb. 99. Querschnitt der Baugrube für den Neubau des Deutschen und Antiken Museums (nach Hb. f. Eisenbetonbau 1922).

Unter C. F. Schinkel (1781—1841) sind die konstruktiven Aufgaben wieder zur Geltung gekommen. Um den Baugrund für das Alte Museum zu schaffen, verlegte er einen Arm der Spree und errichtete das Gebäude auf einem Pfahlrost. Beim Neubau des Deutschen und Antiken Museums im Jahre 1910 kam der südliche Flügelbau, für den aus „wirtschaftlichen Gründen" keine Baugrunduntersuchung gemacht worden war[3], über ein angeblich 30—50 m breites und über 60 m (?) tiefes Modderloch zu liegen. Der Wasserbauverwaltung gelang es, das mittels Schichtenlinien dargestellte Modderloch durch ein schiefes im Scheitel 2 m starkes Gewölbe von 28 m Lichtweite zu überbrücken. Abb. 99 zeigt die riesenhafte Baugrube, aus der zwecks Absenkung des Grundwassers um 15 m zeitweilig 950 l/sek gepumpt werden mußten[4]. Für die Gründungsarbeiten waren ursprünglich 560000 M. veranschlagt, die wirklichen Kosten beliefen sich auf rund 5000000 M.[3].

Der Zusammenhang zwischen Baugrund und Bauerfolg läßt sich auch an einigen älteren Erfahrungen zeigen. Das von 1861—1869 errichtete Rathaus[5], dessen Turm bis zur Flaggenspitze 97 m hoch

[1] Perdisch, A.: Die beiden Türme auf dem Gendarmenmarkt zu Berlin. Allg. Bauztg. 1868 S. 276 u. 1869 S. 280.

[2] Hüde, v. d., u. Hennicke: Der Umbau der neuen Kirche in Berlin. Z. Bauwes. 1883 S. 158.

[3] Dtsch. Bauztg. 1913 S. 146.

[4] Hb. Eisenbeton, III. Grund- u. Mauerwerkb. 3. Aufl. 1922.

[5] Meyer, L. A.: Das neue Rathaus zu Berlin. Z. Bauwes. 1882 S. 301—330.

ist, steht mit normalen Mauerfundamenten auf Dünensand und Talsand. Im gleichen Zeitraum wurde auch das Rothe Schloß bei den Werderschen Mühlen nächst der Schleuse mittels Kasten, Brunnen und Pfahlrosten durch Moor und Torf hindurch in 8,5—15 m Tiefe sachgemäß auf tragfähigem Kies gegründet. Im Jahre 1865 stürzte der Getreidespeicher auf dem Alexanderplatz infolge der Senkung einer Mittelstütze ein. Das Gebäude stand nach der geologischen Karte auf Fluß-, Wiesen- und Moorsand. Der Einsturz eines Hauses in der Wasserthorstraße[1] und des Druckereigebäudes, Kronenstraße 37[2], die beide auf Talsand stehen, sind auf mangelhafte Bauausführung bzw. Überlastung und Verletzung eines Säulenfundamentes zurückzuführen.

In dem Werk „Berlin und seine Bauten", 1896, wird empfohlen, den Sand (in der frostfreien Tiefe von 1—1,2 m) mit nicht mehr als 2,5 kg/cm² zu belasten, obwohl bei älteren Kirchtürmen 2,6—3,3, bei der Kuppel des Königlichen Schlosses (auf Talsand) und der Synagoge (auf Dünensand und Talsand)[3] 3,7 und beim Stadtbahnviadukt sogar 4,5 kg/cm² zugelassen worden sind. Im nachgiebigen Baugrund ist von altersher der Pfahlrost verwendet worden. Wo das Rammen die Nachbarhäuser gefährdete, wurden ab 1789 gemauerte Senkbrunnen verwendet, statt deren später hölzerne Senkkasten in Übung kamen. Die Summe der Querschnitte dieser Tragpfeiler belief sich z. B. beim Wohnhaus Friedrichstraße 31, das auf stark abschüssigem Baugrund steht, auf 44%, beim Lehrerhaus Friedrichstraße 229 auf 50% der bebauten Fläche.

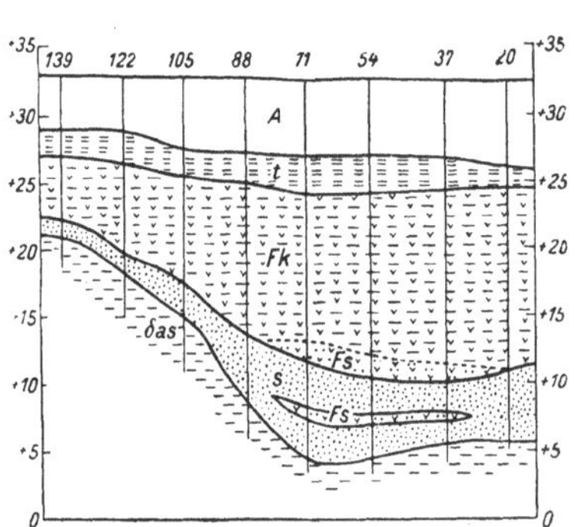

Abb. 100. Schnitt durch den Untergrund des Pathologischen Instituts von Bohrung 139 bis 20 (überhöht), (nach P. Range 1907).
A Anschüttung. t Torf. Fk Faulschlammkalk. Fs Sand. Faulkalk (Diatomeenerde). s Alluvialer Sand. δas Diluv. Talsand.

Die Sandschüttungen im Moorgrund haben sich wegen der nachträglichen Sackungen nicht bewährt. Durchgehende Betonplatten über preßbarem Grund wurden sowohl im Trockenen als unter Wasser ausgeführt, z. B. bei den Speichern des Proviantamtes in der Paulstraße und dem Neubau des Patentamtes in der Louisenstraße (Oberfläche Diatomeenerde). Unter den nördlichen Türmen und der Kuppel des Reichshauses (Fluß-, Wiesen- und Moorsand) ruht die 1,4 m starke Betonplatte auf schräge gerammten Pfählen; auch die 2 m starke Betonplatte der Pharmakologischen Universitätsanstalt (Diatomeenerde) wird von einem Betonpfahlrost getragen.

Unter der bis 7 m mächtigen Anschüttung beim Pathologischen Institut[4] waren der Torf auf eine Mächtigkeit von 1,5—3 m, der

[1] Z. Bauwes. 1866 S. 311. [2] Z. Bauwes. 1878 S. 311.
[3] Vgl. auch Z. Bauw. 1866 S. 313.
[4] Runge, P.: Der Untergrund des Pathologischen Institutes der Königl. Charité zu Berlin. Jb. preuß. geol. Landesanst. Bd. 28 (1907) Heft 3.

Faulkalk (Sapropelkalk) auf 4—14 m zusammengepreßt (Abb. 100). Die Oberfläche des tragfähigen Talsandes lag an der tiefsten Stelle etwa 29 m unter der Oberfläche. Der nach zahlreichen Bohrungen gezeichnete Untergrundschichtenplan läßt eine in der Alluvialzeit verlandete seitliche Bucht der Spree erkennen. Im Querschnitt Abb. 100 deuten die Bohrlöcher förmlich die richtige Bauweise für das aus einer weichen preßbaren Überlagerung und einem tragfähigen Untergrund zusammengesetzte Gelände an: den Pfahlrost mit verbindenden Tragrippen oder durchlaufender Platte aus Eisenbeton. Diese Bauweise gestattet auch den Einbau grundwassersicherer Kellerräume und ist seither herrschend geworden. Beispiele dafür finden sich fortlaufend in den Fachzeitschriften und im Handbuch für Eisenbetonbau; hier sei nur daran erinnert, daß die Ortbetonpfähle im Faulschlamm und Moor einen Schutz gegen Säureangriff brauchen.

Zu den älteren Bauwerken, deren Gründung durch die Diatomeenerde (Faulschlamm, Faulkalk u. dgl.) erschwert wurde, zählt auch die Markthalle, die später zum Zirkus Renz, dann zum Olympiatheater und schließlich zum Großen Schauspielhaus umgebaut worden ist[1]. Innerhalb der Bebauungsbreite sinkt der tragfähige Baugrund von 8 m Tiefe im Westen auf 27 m im Osten. Es dürfte sich, ähnlich wie bei der Museumsinsel um ein oberflächlich mit Hausmüll und Schutt verfülltes „Modderloch" handeln. Die Pfahlreihen unter den Umfassungsmauern der alten Markthalle und die Gruppenpfähle unter den Innenstützen waren außen leicht angefault. In einem benachbarten Kessel wurden ältere Pfahlfundamente unter Grundwasserabsenkung freigelegt, wobei die durch das Rammen herbeigeführte Veränderung der ausfüllenden Schichten sichtbar wurde. Die Pfähle waren an der Oberfläche gesund, das innere Gefüge wurde jedoch an der Luft vollständig zunderartig.

Als neuzeitliche Ausführung sei schließlich der Neubau des Druckereibetriebes Ullstein in Berlin-Tempelhof erwähnt. Das auf sehr ungleichmäßigem Baugrund am Ufer des Teltowkanals errichtete Gebäude ist teils auf Betonpfählen, teils auf Betonblöcken gegründet, der Turm ruht auf einer 2,05—2,7 m starken Eisenbetonplatte[2].

2. Verkehrsbauten.

Bei den älteren Anlagen waren in der Regel schwer belastete, aber im Vergleich zum Hochbau kleine Gründungen von Widerlagern und Pfeilern auszuführen. Der Bau der Unterwassertunnels und der Stationen der Untergrundbahnen erforderte jedoch großflächige und schwierige Gründungen. Die Tunnelbauten fallen nicht in den Rahmen dieses Buches, auch haben diese hervorragenden technischen Leistungen geologisch nichts Neues zutage gefördert.

---

[1] Leithof, O.: Konstruktives vom Großen Schauspielhaus zu Berlin. Zbl. Bauverw. 1923 Nr. 85/86.

[2] Ein Industriebau. Von der Fundierung bis zur Vollendung. Hrsgb. vom Bauwelt-Verlag 1927. Vgl. Zbl. Bauverw. 1927 S. 627.

Die meisten Straßenbrücken[1] sind auf Betonkörpern zwischen Spundwänden gegründet. In der von 1864—1865 für den Eisenbahn- und Straßenverkehr mit eisernen Dreigelenksbogen erbauten Moltkebrücke traten bald nach Betriebsbeginn Verdrückungen des Tragwerkes ein, die sich auch fortsetzten, nachdem die Brücke ab 1871 nur mehr dem Straßenverkehr diente. Da 1885 auch der linke Strompfeiler in Bewegung geraten war, wurde die Brücke durch eine steinerne Wölbbrücke ersetzt.

Das Gemeindegebiet von Oberschöneweide wird von einem von der Spree ausgehenden morastigen Graben durchschnitten[2]. Es war nicht möglich, den Bebauungsplan den geologischen Verhältnissen anzupassen und das nasse, stichfeste Moor mußte von der Siemensstraße auf 90 m Länge gequert werden. Da die ursprünglich auf Sandschüttung hergestellte Straße infolge des Einbaues der Kanäle versackte, entschloß man sich zu der viaduktartigen Herstellung der Straße auf bis 12 m langen Mastpfählen von 10 — 50 t Belastung je Pfahl (vgl. Abb. 101).

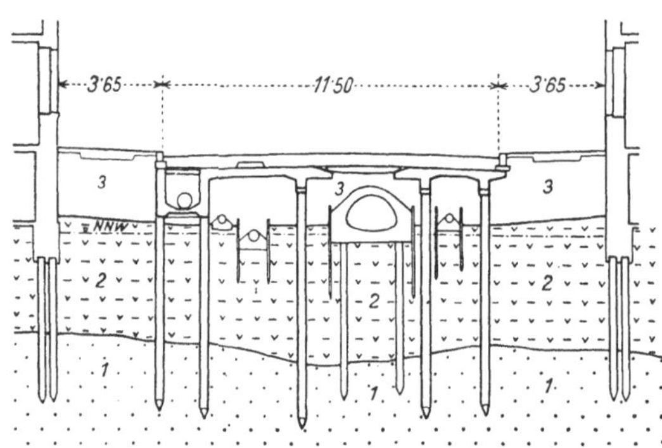

Abb. 101. Gründung der Siemensstraße in Oberschöneweide (nach J. Th. Hamacher 1913).
3 Anschüttung. *2* Torf und Moor (Faulschlamm). *1* Talsand.

Von den Eisenbahnbrücken der Berliner Stadtbahn[3], die ungefähr dem Lauf der Spree folgt, ist zu erwähnen: Das Baugelände wurde auf 30 m Breite in je 20 m Abstand mittels Ventilbohrers untersucht; nach den Bohrergebnissen wurden Schichtenpläne des Untergrundes gezeichnet. In den meisten Strecken stand wenige Meter unter der Oberfläche tragfähiger scharfer Sand an, dessen Beanspruchung mit 4,5 kg/cm² zugelassen wurde. Bei der Haltestelle Börse, zwischen Stollstraße und Spree und zwischen Louisenstraße und Lehrter Bahnhof, wo sich die moorbedeckten Faulschlammlager befinden, wechselt die Tiefenlage des tragfähigen Sandes und sinkt z. B. im Humboldthafen auf 60 m Entfernung von 3—18 m (1:4) unter Wasserspiegel, und zwischen Louisen- und Carlstraße in 30 m Abstand von 5,5—21 m (1:2) unter Geländeoberfläche.

---

[1] Berlin und seine Bauten, 1896.

[2] Hamacher, J. Th.: Fundierung der Siemensstraße in Berlin-Oberschöneweide. Techn. Gemeindebl., Berlin 5. Juni 1913.

[3] Wex, J.: Bericht über die erzielten Leistungen und aufgewendeten Kosten bei den Rammarbeiten auf einer Viaduktstrecke der Berliner Stadtbahn. Z. Bauwes. 1880 S. 267.

In der Viaduktstrecke wurden gegründet:

durch direktes Mauern (bis 3 m Tiefe)	4593 m	57,3%
desgleichen im Grundwasser mit Sohlstücken zwischen Spundwänden	773 „	9,7%
mittels Betonieren zwischen Spundwänden (von 3—7 m Tiefe)	1406 „	17,6%
mittels Senkbrunnen (von 3—7 m Tiefe)	633 „	7,9%
mittels Pfahlrost (mehr als 7 m Tiefe)	559 „	7,5%
	7964 m	100,0%

Die vier östlichen Pfeiler der Humboldthafen-Brücke sind auf Beton zwischen Spundwänden mit einem Sohlendruck von 3,8 kg/cm², die beiden westlichen auf tiefen Pfahlrosten mit einem Druck von 20 t je Pfahl gegründet.

Aus den Versuchen über den Zusammenhang zwischen der Fundamentverbreiterung mit dem Anlauf A, der Bodenpressung p und der Einsenkung e

Anlauf A	1:1,15	1,43	1,73	2,12	2,6
Bodenpressung p kg/cm²	2,4	3,2	3,3	3,25	5,3
Einsenkung e mm . . .	1,0	1,1	1,8	1,5	2,9

wurde gefolgert, „daß ein aus feinkörnigem, dicht gelagertem Sand bestehender Baugrund bei 1—2 m Fundamenttiefe unbedenklich mit 3 kg/cm² gleichmäßig belastet werden darf, während in den meisten Fällen eine Belastung bis 5 kg noch angängig sein wird“. Diese Werte sind ohne Kennzeichnung des geologischen Alters und der Lagerung dieser Sande sowie der Versuchsanordnung in viele Handbücher und Formelsammlungen übergegangen.

Von den 65 Straßenüberbrückungen der Stadtbahn wurden zwei als durchlaufende Blechträger auf drei Stützen und 40 als durchlaufende Blechträger auf vier Stützen ausgeführt. Die Säulen sind mit Vorrichtungen zum Anheben ausgestattet, als höchste Pressung auf den Baugrund wurden 2 kg/cm² zugelassen. Setzungen sollen nur in geringem Umfang eingetreten sein.

Im Zug der vom Nollendorfplatz ins Schöneberger Südgelände führenden elektrischen Untergrundbahn wurde die Haltestelle Stadtpark im Fenngelände des „Schwarzen Grabens“ errichtet[1]. Wegen der damals aufsehenerregenden Betonzerstörungen im Osnabrücker Moor und ähnlichen Erfahrungen wurden die Grundmauern der Haltestelle in Spundkästen hergestellt und von der Sohle bis über den Grundwasserspiegel mit einem Klinkerbelag und einer zweifachen Asphaltpappschicht verkleidet. In diese wasserdichte Umhüllung wurde dann der Beton eingestampft. Die Spundbohlen wurden rund 1,65 m in den tragfähigen Baugrund eingetrieben, um die Mauern gegen waagrechte Drücke im Moor zu sichern. Bei der Zuschüttung des Fenngeländes barst die Torfdecke erst unter einer mehrere Meter hohen Erdlast. Beim Einsacken wurde das Wasser nach allen Seiten quellenartig herausgepreßt und drang auch in die Baugrube der Haltestelle ein. Durch die Anschüttung

[1] Gerlach, F.: Die elektrische Untergrundbahn der Stadt Schöneberg. Berlin 1911.

der Kufsteiner Straße quer über das 15—20 m tiefe Moor wurde der Boden beiderseits zur Seite gedrängt und wellenförmig aufgetrieben.

Die Nord-Südlinie der Untergrundbahn[1] war ursprünglich als Röhrenbahn nach Londoner Vorbild geplant, doch zeigte die von 1895 bis 1899 zwischen Stralau und Treptow hergestellte 160 m lange Probestrecke für den Tunnel unter der Spree, daß über und neben dem Tunnel Sackungen eintraten, daß der Tunnel nicht dicht blieb und daß sich der Schildvortrieb für die Geschäftsstraßen nicht eigne.

Im Frühjahr 1910 wurde zur Verbindung der Spittelmarktlinie mit der Spree der erste Spreetunnel zwischen Spundwänden, die bis 2,5 m unter Tunnelsohle reichten, in offener Baugrube ausgeführt. Eine 0,8—1 m starke, von den Notauslässen der Kanäle stammende Schlammschicht kleidete das Flußbett der Spree wasserdicht aus, so daß die Grundwasserabsenkung mittels 14 m unter die Tunnelsohle reichenden Rohrbrunnen erzielt werden konnte. Nachdem der Wassereinbruch vom 27. März 1912 gewältigt war, erhielt das Flußbett eine Nachdichtung mit 2000 m² Segeltuch, das mit Erde überdeckt wurde.

Bei der Unterfahrung der Spree in der Mittellinie der Weidendammer Brücke wurde der Tunnel in drei Bauabschnitten in einem von Seitenwänden eingefaßten und mit einer wasserdichten Decke abgeschlossenen Kasten unter Grundwasserabsenkung hergestellt. Die Unterfahrung des Landwehrkanales neben der Belle-Alliance-Brücke begegnete nur technischen Schwierigkeiten. Für den Spreetunnel an der Jannowitzbrücke wurde im Flußgrund eine 1,20 m tiefe Rinne ausgebaggert, in der eine auf den eisernen Spundwänden aufgelagerte eisenbewehrte Betondecke hergestellt wurde.

Unter der Friedrichstraße wurden zwei gewaltige Modderlöcher angefahren, die ursprünglich mit unterirdischen Brücken aus säurefestem Nickelstahl von 60 m bzw. 3 × 42 m Stützweite hätten übersetzt werden sollen[2]. Da der Sandgehalt des Faulschlammes im Moorland südlich der Spree mit der Tiefe zunahm, ergab sich folgende Lösung. Man verzichtete auf das Erreichen des bis 30 m unter Straßenhöhe gelegenen diluvialen Untergrundes, führte den Tunnel als gegen Sackungen widerstandsfähige versteifte Röhre aus und überhöhte den Lichtraum derart, daß der Baugrund durch den Kunstbau nicht stärker belastet wurde als vorher. In der zweiten 230 m langen Moorstrecke südlich der Besselstraße reichten Torf und Faulschlamm ohne Sandlagen auf 16 m Tiefe. Die Tunnelröhre wurde auf Mastpfählen gegründet, die zum Schutz gegen die Moorwässer mit asphaltierten Jutegeweben umwickelt sind. Der dem Moorwasser ausgesetzte dreigleisige Untergrundbahnhof Belle-Alliance-Straße wurde mit Traßzusatz ausgeführt und auf dem „Berliner Sand" gegründet[3].

---

[1] Krause, Fr.: Die städtische Nord-Südbahn in Berlin. Zbl. Bauverw. 1923 Nr. 27/28.

[2] Z. VDI v. 7. Nov. 1914.

[3] Schroedter, A.: Untergrundbahnhof Belle-Alliance-Straße. Bauing. 1924 S. 495.

Bei der Fortsetzung der Nordsüdbahn nach dem Teltow[1] zeigte sich, daß die zur Absteifung der Baugrube eingerammten Träger, die auf Geschiebemergel trafen, aus ihrer Richtung gedrängt oder schlingenförmig umgebogen wurden. Zwischen der Belle-Alliance- und der Gneisenaustraße drang der wasserreiche Sand durch die Fugen in die Baugrube. Um die Bildung von Hohlräumen unter dem mehrere Meter höher liegenden Tunnel der Strecke nach Neu-Kölln zu verhindern, wurde dieser Tunnel mit Beton umpreßt.

An den von 1914—1916 hergestellten Versuchsstrecken für die Ufermauern des Spandauer Schiffahrtkanals[2] hielten weder die 13 m langen Spunddielen aus Eisenbeton noch die 10 cm starken hölzernen Spundpfähle dicht. Unter der zähen Torfschicht wurde der sandigmoorige Boden ausgespült, so daß Einsturztrichter von 1—1,8 m oberem Durchmesser entstanden. Durch Nachdichtung der Spundwände gelang es, den beweglichen Boden völlig abzuschließen.

2. Hamburg.

I. Geologischer Bau des Stadtgebietes.

1. Übersicht.

Hamburg liegt in demselben Urstromtal wie Berlin (vgl. Abb. 20), nimmt aber nur das rechte Elbufer ein. Entsprechend der Lage im

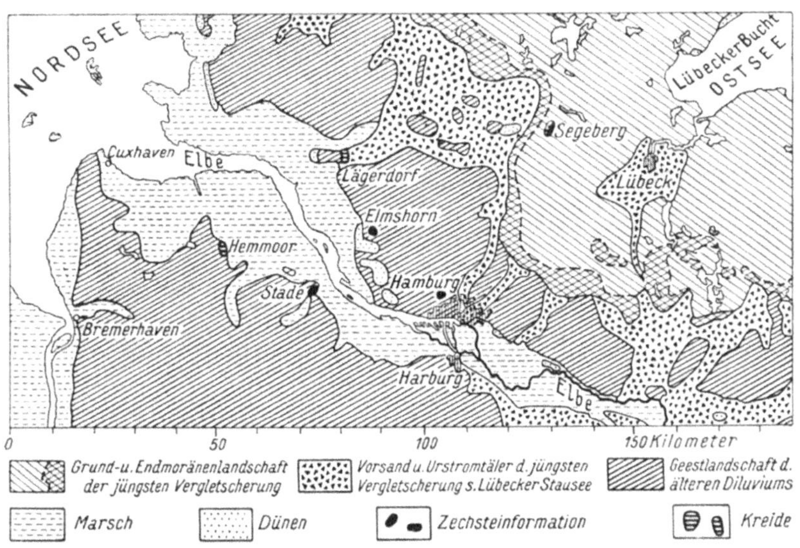

Abb. 102. Geologische Landschaftsgliederung des unteren Elbe-Gebietes (nach W. Wolff 1921).

[1] Honroth: Erweiterung der Berliner Nordsüdbahn in Richtung Tempelhof. Zbl. Bauverw. 1926 Nr. 11.

[2] Schroedter, A.: Die Stütz- und Ufermauern am Südufer des Spandauer Schiffahrtskanals. Bauing. 1924 S. 423.

Mündungstrichter ist das breite Alluvial- oder Marschland im natürlichen Zustand nur teilweise flutfrei. Die diluviale Hochfläche, die sich 15—40 m über Normalnull erhebt, wird in Hamburg „Geest" genannt. Würden Hamburg und Harburg zu einem Stadtgebiet vereinigt, so entspräche morphologisch die Hamburger „Geest" dem Berliner Barnim, die Harburger Geest dem Teltow, die breite Marschlandschaft dem Niederungsboden der Spree. Das versunkene und vom Diluvium verhüllte ältere Gebirge taucht nördlich und westlich von Hamburg in Inselbergen der Zechstein- und Kreideformation auf (vgl. Abb. 102). Der unmittelbare Untergrund von Hamburg wird von miozänen Ablagerungen gebildet.

Um die Erforschung der Geologie des Hamburger Gebietes haben sich besonders C. Gottsche[1] und E. Koch[2] verdient gemacht. Die von der Preußischen Geologischen Landesanstalt herausgegebenen Blätter Allermöhe (1910), Wandsbek (1913), Wedel (1913) und Hamburg (1915) der Spezialkarte 1:25000, letzteres mit dem Profil Abb. 103) und die zugehörigen „Erläuterungen" sind eine vorbildliche geologische Landesbeschreibung. Von den technisch wichtigen Einzeluntersuchungen sei nur jene über den Elbtunnel erwähnt, der das Profil Abb. 104 entnommen ist[3]. Das Tunnelprofil ist nach den wirklichen Aufschlüssen gezeichnet und vergrößert den Abschnitt St. Pauli-Steinwärder des Hauptprofiles, das nur auf einzelnen Bohraufschlüssen beruht.

2. Der tiefere Untergrund.

Der tiefere Felsuntergrund steigt innerhalb des Stadtgebietes in der Kallmorgschen Ziegeleigrube südwestlich des Vorortes Langenfelde bis in den Baugrund auf (vgl. Profil Abb. 103). Unter einem Mantel von festem grauen Ton ragen graue dickbankige Gipsfelsen des oberen Zechsteines auf. Ungefähr 900 m südwestlich der Tongrube wurde der Zechsteingips in 88,5 m Tiefe erbohrt. Der Bahrenfelder See gilt als vorgeschichtlicher Erdfall im Gips. Im Jahre 1834 hat sich 300 m südwestlich davon ein großer Erdfall ereignet. Der weitere Verlauf des Zechsteines im Untergrund ist nicht bekannt.

In Langenfelde und St. Pauli reicht das Tertiär bis in den Baugrund, in größeren Teilen des Stadt- und Hafengebietes liegt es 20—40 m unter der Oberfläche. Gliederung und Lagerung werden durch die Abb. 103 gekennzeichnet. Der Glimmerton (auch „Hamburger Ton" genannt) ist meist grauschwarz, fett und glimmerreich, besitzt einen geringen, von Schalresten stammenden Kalkgehalt und enthält viel Schwefeleisen und, durch Umsetzung, auch Gips. Außer in Langenfelde wird der Glimmerton auch oberhalb Reinbeck in Tongruben abgebaut.

---

[1] Gottsche, C.: Der Untergrund Hamburgs. Hamburg in naturw. und medizin. Beziehung. Hamburg 1901.

[2] Koch, E.: Die prädiluviale Auflagerungsfläche unter Hamburg und Umgegend. Mitt. Min. Geol. Staatsinstitut Hamburg Heft 6, Hamburg 1924. — Beiträge zur Geologie des Untergrundes von Hamburg und Umgebung. Ebenda Heft 9. Hamburg 1927.

[3] Horn, E.: Die geologischen Verhältnisse des Elbtunnels usw. Jb. Hamburger wiss. Anstalten Bd. 29 (1911). Hamburg 1912.

3. Das Diluvium.

Im Urstromtal, das 300 m unter den Meeresspiegel hinabreicht (vgl. Abb. 103), wurde auch das älteste Diluvium erbohrt, die Austiefung der gewaltigen, vom heutigen Elbebett unabhängigen Rinne ist daher vorglazial und wahrscheinlich pliozän. Das Diluvium ist durch ein älteres marines und ein jüngeres terrestrisches Interglazial in eine älteste (drittletzte), mittlere (von unentschiedenem Alter) und eine jüngste Eiszeit unterteilt. Der älteste und der mittlere Geschiebemergel haben sich nach den Bohrungen nur in geringer Mächtigkeit erhalten, das ältere Glazial besteht daher überwiegend aus Sand und Kies. W. Wolff (Erl. z. Blatt Wandsbeck) sieht in den Bohrergebnissen keinen verläßlichen Beweis für das Vorhandensein des ältesten Geschiebemergels. Zweifellos ist das ältere Diluvium durch den Eisdruck vielfach in Schollen losgerissen und verbogen worden.

Der obere Geschiebemergel erreicht in der Geest mehr als 40 m Mächtigkeit. An der Oberfläche ist er 1,5—3 m tief zu Lehm und lehmigem Sand verwittert und entkalkt, dann bis 5 m bräunlich, aber noch kalkhaltig, darunter grau oder blaugrau und sehr fest. In der Verwitterungszone sind die Geschiebe oft zu mürbem Grus

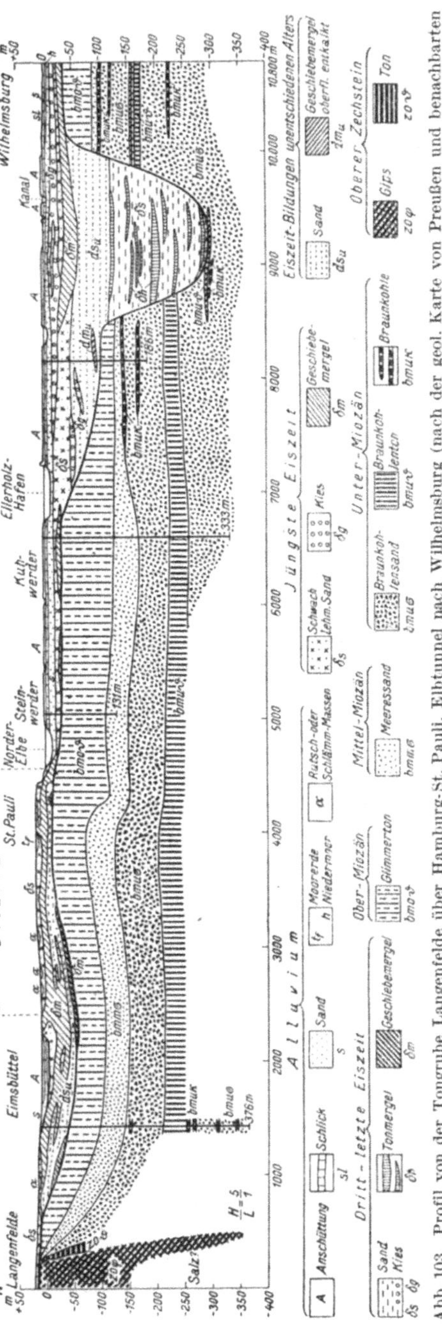

Abb. 103. Profil von der Tongrube Langenfelde über Hamburg-St. Pauli, Elbtunnel nach Wilhelmsburg (nach der geol. Karte von Preußen und benachbarten Bundesstaaten, 1 : 25000, Blatt Hamburg 1915).

verwittert (Erl. Blatt Wedel, S.32). Sandeinlagerungen sind häufig; in Wandsbek liegt unter der 8 m starken Oberbank ein 3—6 m mächtiges Mittel von Sand. Hingegen führte eine Brunnenbohrung beim Rauhen Haus 50 m tief durch einheitlichen Geschiebemergel. In den Geschiebesanden reicht die Verwitterung mindestens 3—5 m, und oft gegen 20 m unter die Oberfläche.

In dem auf der Geest gelegenen Winterhuder Stadtpark besteht das jüngere Interglazial aus einer dünnen Decke von Moorerde, 2,7 m Sand, 0,10 m Kies, der gekröseartig in den darunterliegenden 0,5—3 m mächtigen Torf eingesunken ist; nach der Tiefe folgt ein 3—4 m mächtiger grauer tonig-sandiger Kalk mit Konchylien, der teils auf Diluvialsand, teils auf Geschiebemergel aufruht.

4. Das Alluvium.

Das Alluvium tritt im Elbtal als breiter Marschboden auf, im Alster-, im Flottbecktal und den anderen Bachtälern der Geest hauptsächlich als Flachmoor. Die zahlreichen Moore in den Mulden auf der Hochfläche der Geest wurden größtenteils abgetorft. Das Elbealluvium ist durchschnittlich 9 m mächtig. In 12—15 m Tiefe erreicht man diluvialen Geschiebesand und kalkhaltigen Kies. An der Oberfläche liegt der 1—4 m mächtige Schlick, darunter vorwiegend grauer, weicher Sand mit organischen Beimengungen und eingeschalteten Moor- und Sapropelschichten. Während des Hochwassers kommen in den ruhigen Buchten Schlicksande und Schlicktone zum Absatz, deren Tongehalt von 18,8 bis 89,2% schwankt[1]. Sie enthalten nach Br. Doss kolloidales Eisensulfidhydrat; es gibt dem unzersetzten Schlick (Klei) seine schwarzgraue Färbung, die an der Luft rasch in braun übergeht. Der geschichtete kalkhaltige Schlicksand wird Schäwer (Schiefer) genannt und ist ebenfalls sulfathaltig.

Am Fuß des hohen Elbufers zwischen Schulau und Blankenese liegen vor der Ausmündung der kleinen Schluchten altalluviale Lager von Flachmoortorf, deren Sohle unterhalb Falkenstein bis 7,9 m, bei Blankenese bis 5 m unter Normalnull erbohrt worden ist. Einzelne Stadtteile wie der alte Hamburger Brook, der Hammerbrook und die Bruchgebiete von Horn, Schiffbeck und Steinbeck-Ohlenburg liegen auf der hoch angeschütteten Moorzone längs der alten Marsch.

Die in der schematischen Übersichtskarte (Abb. 102) sichtbaren Dünen enden westlich von Hamburg auf der Geest bei Blankenese und erscheinen erst wieder östlich der Stadt am Fuße der Geest und auf den Elbmarschen, wo sie für die Anschüttung in Billwerder abgetragen wurden.

Die Kulturschichte hat in den alten Stadtteilen normal 1—6 m Mächtigkeit. Am Steinthorwall hat die 13,2 m unter der Straßenoberfläche gelegene Sohle des Hochbahntunnels die Grundfesten des

[1] Schucht, F.: Das Wasser und seine Sedimente im Flutgebiet der Elbe. Jb. preuß. geol. Landesanst. Bd. 25 (1904).

alten Steintores nicht überall unterteuft. Der Kulturschichte sind auch die ausgedehnten Aufhöhungen zuzurechnen, die in neuerer Zeit u. a. über dem Torfgrund des Hammerbrook hergestellt wurden. Das mittlere Gezeitenspiel beträgt bei Hamburg 2,1 m. Das alte Elbegebiet wurde sturmflutfrei auf + 9,2 m, das übrige Gebiet flutfrei auf + 6,9 m über Hamburger Null, d. i. rund 5,7 bzw. 3,4 m über Normalnull aufgehöht[1].

5. Die Wasserversorgung.

Die Wasserversorgung von Hamburg erfolgte in älterer Zeit aus Einzelbrunnen und kleinen Quelleitungen, später wurde der steigende Bedarf durch Wasserkünste (Pumpwerke und Kläranlagen) an der Alster und Elbe gedeckt. Das erste große Grundwasserschöpfwerk auf der Billwärder Insel und die Filteranlage auf der Insel Kaltehofe wurden 1891—1893 errichtet. In den alluvialen und jungdiluvialen Sanden der Niederung ist das Grundwasser reichlich, aber von geringer Güte. Das Elbwasser[2] hat eine natürliche Härte von 8°, die sich infolge der Abwässer der Kaliindustrie, der Mansfelder Gewerkschaft usw. bei Niederwasser auf 20,1° erhöht. Zur Wasserversorgung wird daher das reine Grundwasser der vom Diluvium erfüllten alten Talrinnen oder der miozänen Braunkohlensande entnommen, die weiches, aber oft hepathisches (SH_2 führendes) Wasser liefern.

In der Geest bestehen zwei Grundwasserstockwerke, von denen jenes der oberen Sande bei Niederwasser in die Elbe abfließt und bei Hochwasser zurückgestaut wird. Aus dem tieferen, von der Elbe nur wenig beeinflußten unteren Grundwasserstockwerk dürfte das Wasser in die prädiluvialen Talrinnen übergehen. Das Geestwasser hat rund 12 Härtegrade.

Die Stadtwasserkunst[3] versorgte Hamburg bis 1905 ausschließlich mit filtriertem Elbwasser, dessen Temperatur von 0—24° C schwankt. Das Schöpfwerk Billwärder Insel mit dem Filterwerk Kaltehofe vermag bis 360000 m³ täglich zu fördern. Umfassende Bohrarbeiten und Dauerschöpfversuche erwiesen die Möglichkeit des Überganges zur Grundwasserversorgung. Das 1905 errichtete Grundwasserwerk Billbrook besaß 1921 zehn artesische Brunnen von 220 bis 284 m Tiefe, in denen sich das Wasser 18 m über Gelände erhebt, und 30 Brunnen von 15 bis 94 m Tiefe, deren Wasserspiegel 0,6 m unter Gelände liegt. Von 1906 bis 1922 wurden durchschnittlich im Tag 28000 m³ enteisentes Grundwasser nach Rottenburgsort geliefert. Die in Curslak und Altengamme errichtete Grundwasseranreicherung liefert seit 1924 mit Hilfe von 256 Brunnen von 13 bis 90 m Tiefe täglich 100000 m³. Beide Werke decken bereits 75% des Bedarfes. Erweiterungsbauten sollen Hamburg völlig unabhängig vom Elbewasser machen[4].

---

[1] Hamburg und seine Bauten, 1918—1929. Hamburg 1929.

[2] Schertel, O., in: Hamburg und seine Bauten Bd. 1. Hamburg 1914.

[3] Seit 1924 ersetzt durch die Hamburger Wasserwerke G. m. b. H. Melhop, W.: Historische Topographie von Hamburg Bd. 2. Hamburg 1925.

[4] Hamburg und seine Bauten, 1918—1929. Hamburg 1929.

6. Die Gasquelle in Neuengamme.

Am 3. November 1910 erschloß eine Wasserbohrung bei Neuengamme in 248 m Tiefe im miozänen, sandigen und tonigen Mergel eine mächtige Gasquelle, die mit etwa 27 at Überdruck hervorbrach, sich durch Zufall entzündete und erst am 2. Dezember 1910 verschlossen und nutzbar gemacht werden konnte[1]. Das Gas besteht aus: 91,5 Methan, 2,1 Aethan, 1,5 Sauerstoff, 0,3 Kohlensäure und 4,6 Stickstoff und besitzt einen Heizwert von 8400—9360 WE/m³. Zwei im Abstand von 2 bzw. 3 km bis 400 m abgeteufte Bohrlöcher ergaben weder Wasser noch Gas. Bei völligem Abschluß betrug der Gasdruck anfangs 27 at, sank bei einer mittleren Tagesentnahme von 69000 m³ Ende 1913 auf 23 at und Ende 1915 auf 15 at. Als der Quelle 1917 wegen des Kohlenmangels bis zu 200000 m³/Tag entnommen wurden, fiel der Druck von 12 auf 3 at. Im Jahre 1919 sank der Druck auf 0,8 at, die Entnahme auf 9,5 Millionen m³/Jahr.

Ein im November 1919 in 10 m Abstand niedergebrachtes 280 m tiefes Bohrloch hob die Leistung im Jahr 1920 auf 26,3 Mill. m³; der Druck am neuen Rohr betrug anfangs 6,9 at, sank aber Mitte 1923 auf 0,16 at, die Entnahme auf 16000 m³/Tag. Bis Ende 1922 hatte die Gasquelle insgesamt 198 Mill. Kubikmeter geliefert. Das Gas ist größtenteils als Zusatz von 16% dem Steinkohlengas der Hamburger Gaswerke beigemengt worden. Nach freundlicher Mitteilung der Hamburger Baupolizei hat sich die Gesamtlieferung bis Januar 1929 auf 212 Mill. Kubikmeter erhöht; Wasser oder feinste Bodenbestandteile werden vom ausströmenden Gas nicht mitgerissen, Bodensenkungen sind nicht beobachtet worden.

II. Der Baugrund von Hamburg.

1. Topographie.

Ähnlich wie in Berlin gliedert sich der Baugrund in drei Hauptzonen, den alluvialen Talboden der Elbe, die diluviale Hochfläche oder Geest und das Alluvium der Seitentäler Alster, Bille usw.

Die erste Anlage der Stadt[2] wurde durch den gegen die Moore vorspringenden Sporn der Geest zwischen Alster und Bille begünstigt. Unter Führung holländischer Baumeister wurde die Altstadt im versumpften, von Kanälen durchzogenen Marschland größtenteils auf Pfählen errichtet. Hamburg war schon im 13. Jahrhundert von einer turmbewehrten Stadtmauer umgeben. Von 1499 bis 1504 und dann von 1616—1626 unter holländischen Wallmeistern, wurde die Befestigung umgebaut. Ihre Ausgestaltung zog sich bis 1774 fort, wobei alte Werke und Türme geschleift wurden. Ende 1804 begann die Abtragung der Befestigung; während der französischen Besetzung von 1810—1815 unterbrochen, erfolgte dann eine neuerliche Ausgestaltung der Werke und der Bau der Verbindungsbrücke nach Harburg. Von 1820 bis 1825

[1] Schertel, O., in: Hamburg und seine Bauten Bd. 1 (1914) S. 19. — Ferner Melhop, W.: Historische Topographie von Hamburg Bd. 2 (1925) S. 301.

[2] Neddermeyer, F. H.: Topographie der Freien und Hansa Stadt Hamburg. Hamburg 1832.

ließ der Senat die Bastionen größtenteils abtragen und neue Straßenzüge anlegen. Der alte Stadtgraben und die Wälle blieben zweckentsprechend als Gartenanlagen erhalten. Ihr nordöstlicher Teil verschwand durch die Ausgestaltung der Verkehrsanlagen und den Bau des Hauptbahnhofes 1900—1906.

2. Alluvialgebiet.

Der Marschboden breitet sich beiderseits der Elbe mit nahezu waagrechter, zwischen 0,3 und 1,7 m über Normalnull liegender Oberfläche aus und hat am Hamburger Ufer eine mittlere Breite von rund 8 km. Nach C. Gottsche ist die oben etwa 4 m mächtige Schichte tonig (Marschklei), die untere mehr sandig. Auf dem Marschboden können nur untergeordnete leichte Bauwerke unmittelbar gegründet werden, die normalen Baulasten erfordern bereits Pfahlgründung. Auf die Einlagerung von stark zusammendrückbaren Torf- und Sapropelschichten (Setzungen!) und die Sulfatbildungen (Betonzerstörungen!) wurde schon bei den geologischen Verhältnissen hingewiesen. Im größten Teil des Marschlandes haben sich wiederholt natürliche Umlagerungen durch Wasser und Eis oder künstliche durch die jahrhundertelang fortgesetzten Wasserbauten vollzogen. Die zur Verbauung bestimmten Marschflächen werden mit dem in den Häfen und in der Norderelbe gewonnenen Baggergut aufgehöht.

Auf der Geest und in den Seitentälern sind alluviale Flachmoore verbreitet, die sich nicht als Baugrund eignen. Die tiefliegenden Flächen in Winterhude und Barmbeck werden mit den aus der Alster gebaggerten Schlamm- und Sandmassen (im Durchschnitt von 1900—1915 jährlich 48000 m³) aufgehöht[1].

Im Hauptprofil (Abb. 103) erscheinen auf der Geest mehrfach Rutsch- oder Schlämmassen (α), die durch Einebnung des diluvialen Reliefs entstehen und geringere Tragfähigkeit besitzen als die auf ursprünglicher Lagerstätte befindlichen gesteinsgleichen Bildungen.

C. Klasing hat merkwürdige Veränderungen des Baugrundes beobachtet[2].

„Es sind 2307 Höhenpunkte vorhanden, die dauernd geprüft und ergänzt werden. Dabei wurde festgestellt, daß sich viele an Gebäuden angebrachte Höhenbolzen gesenkt, einzelne an Futtermauern befestigte aber gehoben haben. Die Senkungen zeigten sich besonders stark in der Marsch. Es gelang durch Eintreiben eiserner Rohre bis in den tragfähigen Boden, der sich in Tiefen von 5—22 m findet, auch hier sichere Höhenpunkte, sogenannte Rohrfestpunkte, zu schaffen. Von diesen Rohrfestpunkten sind 29 Stück vorhanden, die über die Marsch verteilt sind und sich meistens in der Nähe von Pegeln befinden. Die Verfeinerung der Messungen führte zu Beobachtungen, die nur mittelbar mit den auszuführenden Aufgaben zusammenhingen. So konnte beispielsweise festgestellt werden, daß während der Zollanschlußbauten die Meßlinien im Freihafengebiete zwischen den neu geschaffenen Wasserflächen stets länger wurden. Ob diese Bodenausdehnung aber durch die Wirkung von Feuchtigkeit und Frost, durch die unendlich vielen für Kai- und Futtermauern eingerammten Pfähle oder durch andere Ursachen bewirkt wurden, konnte nur vermutet, aber nicht festgestellt werden. Auch andere seitliche Verschiebungen konnten an Stellen, wo man sie im allgemeinen nicht

[1] Melhop: Histor. Topographie von Hamburg Bd. 2 (1925) S. 195.
[2] Hamburg und seine Bauten Bd. 2 (1914) S. 150.

vermutet, beobachtet werden. So wurden die an der tiefliegenden Verbindungsbahn stehenden Gebäude, wahrscheinlich durch die fortwährenden Erschütterungen der vielen vorüberfahrenden Eisenbahnzüge, nach der Lücke hingedrängt, die in ihrer Mitte freigeblieben war, und an anderer Stelle bewegte sich ein auf Sandschüttung errichtetes Einzelhaus nach und nach um etwa 10 cm seitwärts, vermutlich, weil es auf einer geneigten Gleitfläche stand. Die Spitze des Nikolaiturmes neigte sich wohl wegen des schlechten Baugrundes vom Jahre 1876, dem Anfange der Beobachtungen bis zum Jahre 1883 um 0,11 m nach Süden, blieb aber von da an nahezu unverändert[1]. Der Wasserturm auf der Sternschanze senkte sich durch die Füllung der beiden übereinanderliegenden großen Wasserbehälter um 7 mm, derjenige beim Waisenhause, mit nur einem Behälter um 1 mm."

3. Diluvialgebiet und Miozän.

Das Diluvium bildet entweder im Untergrund des Alluviums, oder frei zutage liegend den größten Teil des tragfähigen Baugrundes von Hamburg. Über den Geschiebemergel, der in Hamburg mitunter durch Sprengung oder mit dem Druckluftmeißel gelöst werden muß[2], sowie über die verschiedenen Sande und Kiese und die interglazialen Ablagerungen wurde das Erforderliche bereits gesagt; im übrigen sei auf die Ausführungen über Berlin verwiesen.

Schließlich wird auch der oberflächennahe Glimmerton des oberen Miozän (der „Hamburger Ton") streckenweise zum Baugrund (vgl. das Profil des Elbtunnels Abb. 104). Wichtiger als für die Ausführung der Bauwerke ist das Tertiär, wie schon erwähnt, für die Gewinnung von Grundwasser.

III. Bauerfahrungen.

1. Hochbauten.

Im wesentlichen entsprechen die Baugrunderfahrungen den im ganzen norddeutschen Diluvium wiederkehrenden, die bei Berlin ausführlich beschrieben wurden. Nur die besonderes tiefen Moorlöcher scheinen dem Hamburger Untergrund glücklicherweise zu fehlen. Selbst im Moor- und Torfgrund konnten von altersher die größten Bauaufgaben mit Hilfe des Pfahlrammens bewältigt werden. Der Eisenbetonbau entwickelte sich nach 1899 rasch zur herrschenden Bauweise.

In der von zahlreichen Wasser-, Befestigungs- und Regulierungsbauten umgewühlten historischen Schichte treten mitunter Bauschwierigkeiten ein. Die auf Marschboden erbauten alten Stadtteile liegen etwa 4—5 m über Normalnull. Bei der Gründung des im Alstertal gelegenen Rathauses (erbaut 1886—1897)[3] fand man im Moor einen alten, unter dem gegenwärtigen Elbspiegel gelegenen Übergang aus Reißig und Flechtwerk. In den von vielen alten Wasserläufen durchzogenen Baugrund wurden 4000 Holzpfähle gerammt und durch eine 1 m starke Betonplatte verbunden. Unter dem Turm, der bis zum Knauf 102 m

[1] Anm.: Im Hdb. Eisenbetonbau Bd. 3, 3. Aufl. (1922) S. 44, wird angegeben: „Gerade in Hamburg, wo das Verfahren, ganze Gebäude auf zusammenhängenden Platten zu gründen, sehr oft Anwendung fand, sind Schiefstellungen solcher Bauten gar nicht selten."

[2] Stein, W.: Erweiterungsbauten der Hoch- und Untergrundbahn in Hamburg. Zbl. Bauverw. 1928 Heft 11.

[3] Hamburg und seine Bauten Bd. 2 (1914).

hoch ist, sind die Grundfesten auf 2,5 m verstärkt; einzelne „wasserdicht" hergestellte Kellerräume werden künstlich entwässert.

Trotz des hohen Grundwasserstandes besitzt Hamburg ausgedehnte und tiefe wasserdicht hergestellte Keller. Unter der St. Annenkirche, die 1891—1901 im Elballuvium des Hammerbrooks auf tiefreichendem Pfahlrost mit Betonplatte gegründet wurde, wird der durchlaufende Keller als Fruchtlager ausgenutzt. Die von 1750—1762 im Alsteralluvium erbaute und nach dem Brand von 1907—1912 wieder hergestellte Michaeliskirche, besitzt einen Gruftkeller, unter dem noch 4 m tiefe Hohlräume für 269 Einzelgräber liegen.

Im Alsteralluvium liegen noch folgende Bauten: Das von 1910 bis 1912 auf Pfählen errichtete Versmann-Haus am Rathausmarkt mit einem Keller und einem heiz- und lüftbaren Unterkeller aus Beton; das Haus der Norddeutschen Versicherungsgesellschaft, Alterwall 12 (erbaut 1908—1909), das unter dem Untergeschoß noch einen für Betriebszwecke dienenden Tiefkeller enthält; das Europahaus am Alsterdamm (erbaut 1909—1913) auf Pfahlrost und eisenbewehrter Betonplatte mit wasserdichtem Keller; das Generaldirektionsgebäude der Hamburg-Amerika-Linie am Alsterdamm wurde 1901 auf Holzpfählen und einer 1—1,85 m starken Stampfbetonplatte gegründet, die ins Grundwasser tauchte. Wegen Überlastung des alten Grundwerkes wurde das Gebäude mit Hilfe von Straußpfählen unterfangen, die gegen den chemischen Angriff des Moorwassers gesichert sind[1].

Von den Gründungen im Marschland des Elballuviums seien noch angeführt: Der Gasbehälter Hamburg-Tiefstack (früher Billwärder Ausschlag), dessen in Kreisringen angeordneter Tragrost auf quadratischen 30 cm starken Eisenbetonpfählen ruht[2]. Ferner die 1920 erbaute Brücke über den Billhorner Kanal, deren Pfeiler mittels elliptischer Senkbrunnen durch Sand, Moor- und Kleiboden bis —6,54 NN gegründet wurden[2]. Der von 1922—1924 errichtete Eisenbetonbau des Ballinhauses ruht auf 1400 Holzpfählen von durchschnittlich 10 m Länge[3]. Nahe dem Fuß der Geest wurde an der Fischertwiete, die zweimal überbaut wurde, das mächtige Chilehaus errichtet. Da der tragfähige (altalluviale) Baugrund in wechselnder Tiefe liegt, schwankt die Länge der spitzenfesten Eisenbetonpfähle von 3—13 m. Insgesamt wurden 18000 laufende Meter Pfahllänge eingerammt, wodurch 2000 m³ Boden verdrängt wurden[4].

Auch auf der Geest können die alluvialen und die interglazialen Torfmoore Gründungsschwierigkeiten verursachen. So wurde z. B. beim Bau der Schiffsbauversuchsanstalt in Barmbeck[5] am Nordende des großen Troges unter 6—7 m feinem Sand der letzten Vergletscherung eine 1 m mächtige interglaziale Moorschichte angetroffen, die ausgebaggert wurde, um die Sohle auf dem unnachgiebigen Sand und Kies des mittleren Diluviums zu gründen. Der Unterbau des Schleppwagens wurde

---

[1] Beton u. Eisen 1921 Heft 9/10 u. 12/13.
[2] Hdb. Eisenbetonbau Bd. 3, 3. Aufl. 1922.
[3] Zbl. Bauverw. 1924 Nr. 32. [4] Zbl. Bauverw. 1925 Nr. 2.
[5] Hdb. Eisenbetonbau Bd. 3, 3. Aufl. 1922.

auf Straußpfähle gestellt. In Fuhlsbüttel, einem nördlichen Vorort auf der Geest, erforderte der Gasbehälter eine Sohlenplatte aus Eisenbeton[1].

2. Die Hamburger Pfahlregeln.

Aus den langjährigen Erfahrungen mit der Gründung auf Holzpfählen hat sich die sogenannte Hamburger Faustregel herausgebildet. Sie ist nur für spitzenfeste Pfähle, die altalluvialen Sand oder diluviale sandig-schottrige Ablagerungen erreichen, anwendbar. Nach Dipl.-Ing. Schätzler besteht bei Verwendung einer Dampframme mit 1500 kg Bärgewicht und 3,5 m Fallhöhe folgende Beziehung[1]:

Pfahldurchmesser	35	40	45 cm
Eindringung beim letzten Schlag kleiner als	25	20	15 mm
Zulässige Pfahlbelastung	35	40	45 Tonnen

Bei Ahrensberg auf der östlichen Geest übersetzt die Walddörferbahn zwischen km 5,5 und 6,5 eine oberflächlich von Torf und Sapropelschichten erfüllte Mulde zwischen diluvialen, von Geschiebemergel überzogenen Lehm- und Kieswällen. Der Tonboden reicht bis 28 m unter Geländeoberfläche. Die Haltestelle und der Durchlaß für den Hopfenbach waren zum Teil auf Sand, zum Teil auf verhältnismäßig festen wasserhaltigen Tonboden zu gründen. Um ungleiche Setzungen zu verhindern, wurde der Tonboden durch Pfähle verdichtet[2]. Nils Buer stellt in Übereinstimmung mit K. Terzaghi fest, daß die Tragfähigkeit wegen des Schließens der Mantelfuge beim Rasten und des Wiederöffnens beim Weiterrammen nicht nach den üblichen Formeln berechnet werden darf. Er empfiehlt eine Probebelastung durch 14 Tage, die im vorliegenden Fall bei 30 t Pfahlbelastung ein Einsinken um 18 mm ergab, und das Rammen möglichst vieler Schrägpfähle.

Die verhältnismäßig geringe Mächtigkeit des Alluviums ermöglicht es, den tragfähigen diluvialen oder tertiären Untergrund überall mit Pfählen zu erreichen. Nach Dr.-Ing. Ehlers werden im Hamburger Hafen grundsätzlich alle Pfähle in den tragfähigen Untergrund gerammt. „Schwimmende Pfahlroste, bei denen die Tragfähigkeit nur durch die Reibung der Pfähle und Bohlen erreicht wird, werden nicht angewendet“[3]. Bei den Dückdalben und Eisbrechern schlägt man die Pfähle zur Erhöhung der Standfestigkeit waldrecht, d. h. mit dem Wurzelende nach unten[4].

Die Gründung der Kaimauern und der Speicherbauten im Marschgebiet erfolgt auf Holz- oder Eisenbetonpfählen.

3. Der Elbtunnel.

Hinsichtlich der Umgestaltung und des Ausbaues der hamburgischen Eisenbahnanlagen sei auf die baugeschichtliche Darstellung von W. Melhop[5] verwiesen, in der auch bemerkenswerte Erfahrungen in der Kulturschicht beschrieben sind.

---

[1] Hdb. Eisenbetonbau Bd. 3, 3. Aufl. 1922.
[2] Nils Buer: Pfahlrammung im Tonboden. Bautechn. 1927 S. 253.
[3] Hamburg und seine Bauten Bd. 2 (1914) S. 55.
[4] Nach Schwabe, G., in: Hamburg und seine Bauten Bd. 2 (1914) S. 94.
[5] Historische Topographie usw. Bd. 2 S. 322—463.

Als besondere bautechnische Leistung sei schließlich der Zweiröhrentunnel unter der Elbe zwischen St. Pauli und Steinwärder angeführt[1] (vgl. Abb. 104). Im Geschiebemergel und im obermiozänen Glimmerton von St. Pauli konnte der Fahrschacht unter Wasserhaltung ausgeführt werden, im Alluvium des Steinwärder mußte, wie beim Unterwassertunnel, Preßluft verwendet werden. Durch Ausblasen der Preßluft im feinen Alluvialsand entstand der im Profil ersichtliche Sand- und Wassereinbruch, der ohne Verlust an Menschenleben ablief.

In den alluvialen Sanden wurde bei —21,5 m ein bearbeitetes Stück Hirschgeweih gefunden, in der Kiesschichte zwischen —12 und —19 m fanden sich Baumstämme, menschliche Kulturreste, das Schädeldach eines Menschen und das Hinterhaupt eines kleinen Wales. An der Grenze von Diluvium und Tertiär war der Glimmerton stark zerklüftet, oberflächlich aufgeschürft und enthielt eingepreßte Fetzen von Geschiebemergel. Das Alluvium zeigte eine Mächtigkeit von 25 m, aus der E. Horn auf eine mindestens gleich große Senkung zur Litorinazeit schließt. Der Schlick allein erreicht 10 m Mächtigkeit, seine tieferen Lagen enthalten eine rein marine, dem älteren Alluvium angehörige Fauna.

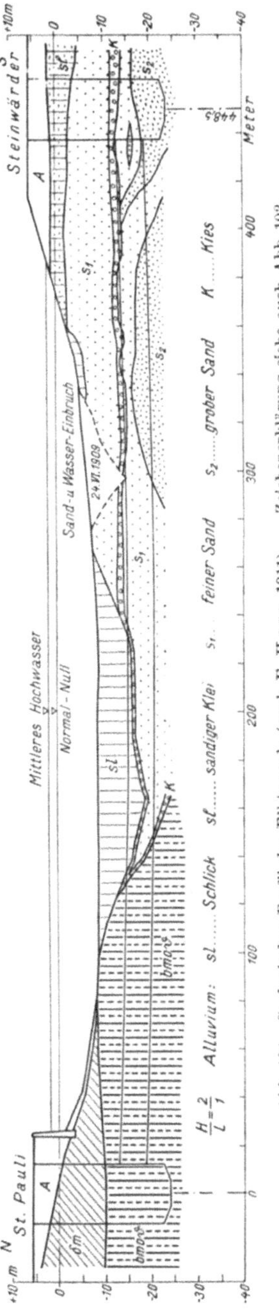

Abb. 104. Geologisches Profil des Elbtunnels (nach E. Horn 1911). Zeichenerklärung siehe auch Abb. 103.

3. Lübeck.

Die Abb. 20 u. 102 lassen erkennen, daß Lübeck in einem ehemaligen Zungenbecken zwischen der südlichen und der nördlichen baltischen Endmoräne liegt, das ursprünglich gegen Süden in das Oder-Elbe-Urstromtal entwässerte. Im heutigen flach schüsselförmigen Becken verlaufen die kleineren Wasserläufe zentripetal gegen die Beckenmitte, während die Hauptentwässerung durch die dem

[1] Horn, E.: Die geologischen Verhältnisse des Elbtunnels usw. Jb. Hambg. wiss. Anstalten Bd. 29 (1911). Hamburg 1912.

älteren Talsystem fremde, bei Lübeck hakenförmig umbiegende Trave gegen die Ostsee gerichtet ist.

Die den diluvialen Hochflächen von Berlin oder der Hamburger Geest vergleichbare kuppige Landschaft der oberen Grundmoräne ist vom Stadtkern Lübecks im Westen rund 4 km, im Osten rund 8 km entfernt. Die Baugrundverhältnisse werden demnach wesentlich von der Beschaffenheit des alten Beckenbodens bestimmt, die von P. Friedrich und C. Gagel erforscht worden ist[1].

Das Stadtgebiet wird durch die Trave (Stadtgraben, Travehafen und Elbe-Trave-Kanal) und die seeartig gestaute Wakenitz gegliedert, und weist große Flächen von zugeschütteten Gewässern auf. Längs der Trave ziehen sich alluviale Torfflächen von 400—500 m Breite hin, das übrige Gelände wird hauptsächlich vom oberen Beckenton, dem Beckensand (= Talsand) und dem unteren Beckenton der letzten Vereisung eingenommen. Die Altstadt ist auf einem N-S gerichteten 10—16 m hohen, schuttbedeckten Rücken von Beckenton erbaut. Alte Prügelwege über Moore wurden bis 4 m unter der heutigen Fahrbahn gefunden.

Der obere Geschiebemergel tritt nur in zwei kleinen Rücken im Westen von Lübeck zutage, läuft jedoch in mäßiger Tiefe als undurchlässiger Untergrund der Beckenbildungen durch. Seine sehr veränderliche Mächtigkeit beträgt 5—20 m und darüber, dann folgen wasserführende geschichtete Sande. In einzelnen Bohrungen wurde im Liegenden der Sande ein unterer Geschiebemergel angefahren. In Tiefen von 22—38 m unter Normalnull, meist aber erst ab —50 m hat man pliozänen bis miozänen Sand und mitteloligozänen Ton erbohrt.

Als tragfähiger Baugrund kommen im wesentlichen nur die diluvialen Beckenbildungen und der obere Geschiebemergel in Betracht, die von alluvialen, nicht tragfähigen Bildungen überlagert sind. Die von P. Friedrich ursprünglich vorgenommene Einteilung in den 1—4 m mächtigen oberen Beckenton, die 0,4—6 m mächtigen Beckensande und den 5—10 m mächtigen unteren Beckenton läßt sich nicht überall durchführen, da die Sande nach oben und unten mit dem Ton verzahnt sind und im unteren blauen Ton mächtige Sandlager vorkommen. C. Gagel faßt die Beckenbildungen als einheitlichen, den flachen Böschungen des Untergrundes angeschmiegten Absatz des Gletscherschlammes und der von der nördlichen baltischen Moräne ausgewaschenen Sande im Zungenbecken auf. Sowohl der obere wie der untere Beckenton sind häufig gestaucht, aufgerichtet und enthalten Fetzen von Geschiebemergel.

Von diesen, im norddeutschen Diluvium sehr verbreiteten Schichtstörungen durch Eindruck unterscheiden sich die in der Abb. 105 dargestellten Stauchungen von Tonschichten dadurch, daß diese in dem

[1] Friedrich, P.: Der geologische Aufbau der Stadt Lübeck und ihrer Umgebung. Katharineum zu Lübeck 1909, Beil. zu Progr. 967. — Geolog. Spezialkarte von Preußen und benachb. Bundesstaaten 1 : 25000. Blatt Hamberge (1915) mit Erläuterungen von C. Gagel und J. Schlunck; Blatt Lübeck (1915) mit Erläuterungen von P. Friedrich und C. Gagel. Berlin 1915.

etwa 100 m langen Aufschluß zwischen ungestörten Bändertonen liegen. James Geikie und de Geer führen die merkwürdige Erscheinung auf schwimmende Eisblöcke zurück, die auf Grund gerieten und den noch weichen Schlamm zum Gleiten brachten[1]. Auch Quellungsdruck wurde als Ursache angesehen[2].

Der Kalkgehalt des hauptsächlich zu Ziegeln verarbeiteten oberen Beckentones beträgt im Mittel 10%. Nach den Schlämmanalysen besteht er fast ausschließlich aus Bestandteilen unter 0,5 mm Korngröße, unter denen die allerfeinsten unter 0,05 mm über 90% ausmachen.

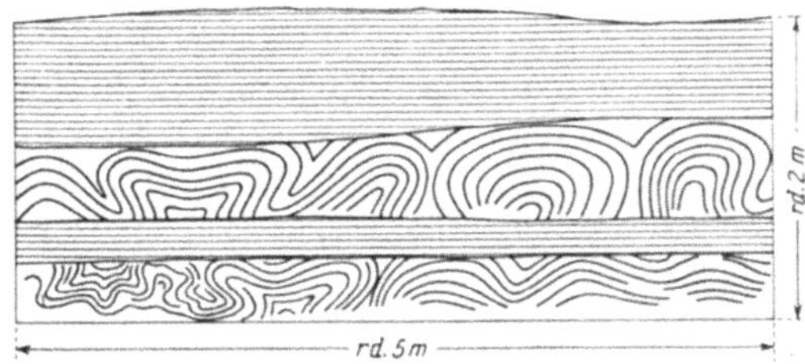

Abb. 105. Tongrube Leban, gestauchte Tonschichten zwischen ungestörtem Bänderton (nach C. Gagel, Erl. z. Geol. Karte v. Preußen, Blatt Hamberge 1915).

Eine dünne Schichte von Dryaston mit arktischen Pflanzenresten überzieht stellenweise den oberen Beckenton.

Darüber lagert ein schräg- bzw. kreuzgeschichteter Sand, der von P. Friedrich als Absatz des letzten Eisvorstoßes betrachtet wird. Sonach sind alle Sedimente des Lübecker Stausees diluvial und entweder schon unter der Eisdecke oder während des Abschmelzens der Inlandeisdecke abgelagert worden.

Unter dem Katharineum liegt über einem mehr als 4 m mächtigen Beckenton ein auf 30—60 cm zusammengepreßter postglazialer Moostorf und darüber kalkfreier Sand (Dünensand?) der nach C. Gagel bereits postglazial ist. In den großen Mooren hat der Torf nur 3—5 m Mächtigkeit, die kleinen Moore der Geschiebemergellandschaft sind hingegen oft 12—15 m tief und enthalten im Untergrund häufig Faulschlamm. Die dunkle humose Mudde des verschütteten ehemaligen Travetales führt marine Conchylien.

Im Querprofil Travemünde-Priwail wurde die Sohle des von Seesand erfüllten Urstromtales der Trave erst 57 m unter dem Meeresspiegel erbohrt. Näher zur Stadt bildet die wahrscheinlich von Schmelzwässern ausgestrudelte Sohle eine unregelmäßig auf- und absteigende Linie.

4. Die Niederlande.

I. Geologischer Bau.

Abgesehen von den südlichen Landesteilen, in denen sich das ältere Grundgebirge bis 300 m über den Meeresspiegel erhebt, sind die Niederlande eine Schwemmlandbildung der jüngeren geologischen Zeit. Vom Jungtertiär bis in das ältere Diluvium haben Rhein, Maas und

---

[1] Erläuterungen zu Blatt Hamberge 1915.

[2] Vgl. Sachs, G., u. E. Seidl: Örtlicher Massenausgleich unter der Wirkung örtlich angreifender Kräfte in Technik und Geologie. Naturwiss. 13. Jg. (1925) H. 49—50.

Schelde, vom Süden kommend, ein Delta aufgeschüttet[1], dessen Oberfläche in Süd-Limburg 100 m über, bei Haarlem 50 m und bei Schoorl 150 m unter Null des Amsterdamer Pegels liegt. Seit dem Miozän sinkt das Land, und zwar im Nordwesten stärker als im Südosten. Nach dem Fossilbestand überschritt die Meerestiefe nie 60—70 m, die Senkung wurde demnach durch die Anschüttung ausgeglichen. Am Ende der Pliozänzeit bildeten die Niederlande und ein Teil der Nordsee ein Festland, über das ein Arm des Rheines nach der Ostküste Englands floß.

Das Diluvium[1].

Die große nordische Vereisung hat nach A. Penck bis gegen Rotterdam und 'sGravenhage gereicht (vgl. Abb. 17). J. Lorié und J. Martin ziehen die Südgrenze nächst Utrecht bzw. Amsterdam. Ein sicherer Vergleich der niederländischen mit den alpinen Vereisungen ist noch nicht möglich. Wahrscheinlich wurde das von Süden herangeführte fluviatile Diluvium mit Gesteinen des Rhein-Maasgebietes von der Günz- bis zur Mindeleiszeit abgelagert, während das nordische Diluvium mit skandinavischen Gesteinen seine größte Ausbreitung in der Rißeiszeit erlangte. In der folgenden (dritten) Interglazialzeit entstanden in den eisfrei gewordenen Niederungen Torflager (t_1), auf den Erhebungen der Löß und in den Buchten der westlichen und nordwestlichen Küste die Flachseebildungen der „Eemstufe".

Während der Würmeiszeit wurden dann die Niederterrassenschotter abgelagert. In den Bohrungen bei Amsterdam beträgt die stark wechselnde Mächtigkeit des südlichen Schotterdiluviums: obere, grobe Abteilung —14 m bis —31 = 17 m; mittlere, feine Abteilung (erstes Interglazial) —31 bis —55 = 24 m; untere, grobe Abteilung —55 bis —171 = 116 m.

Die vom fenno-skandinavischen Inlandeis abgesetzten Bildungen bestehen wie in Norddeutschland aus erratischen Blöcken, Grundmoränen, Endmoränen, Schotter, Sand, Ton; gegen Süden pflügte das nordische Eis immer mehr Bestandteile des Rhein-Maasdeltas auf, wodurch das sogenannte „gemischte Diluvium" entstand. Die Bezeichnung „Sanddiluvium" ist ein Sammelname für Diluvialsande südlicher, nordischer und gemischter Herkunft.

Nach der letzten Eiszeit lagerten Rhein und Maas in den tief in das alte Delta eingeschnittenen und verzweigten Gerinnen ihre Flußtone ab, und in den verlassenen Urstromtälern bildeten sich Hochmoore (t_2), wie das Bourtanger Moor.

Abgesehen von der interglazialen und der postglazialen Torfschichte (t_1 bzw. t_2) besteht demnach der Untergrund der inneren Niederlande aus tragfähigen Diluvialbildungen. Sie ruhen auf feinen Meeressanden mit Tonlagern des oberpliozänen Amstélien, dessen oberste Schichten in den mittleren Niederlanden aus Flußabsätzen bestehen. Nächst Utrecht wurde die Oberfläche des Amstélien bei —152, die

[1] Molengraaff, G. A. F., u. W. A. J. M. van Waterschoot: Niederlande Hdb. Region. Geol. 1. Bd. 3. Abt. 12. Heft. Heidelberg 1912.

Liegendfläche bei —240 m erbohrt; bei Amsterdam die Oberfläche bei —190 m, während die Liegendfläche bei —335 m noch nicht erreicht war.

Das Alluvium.

In der Postglazialzeit reichte eine mit Dünen besetzte Nehrung von Calais bis Texel. Die Niederlande bildeten ein Haff (ähnlich dem Kurischen Haff oder der Lagune von Venedig), dessen Alluvialboden aus Inseln bestand, die durch Fluß- und Meeresarme getrennt waren[1]. Dieser rund 100 km breite Küstenstrich, von dem zwei Drittel unter Fluthöhe liegen[2], und zwar stellenweise bis 5,1 m (Polders), muß ständig gegen das Andrängen der Nordsee verteidigt werden.

Die alluvialen Flußabsätze verzahnen sich mit marinen Strandbildungen und den hinter Dünen entstandenen Torflagern. Als Ursache sind neben den Einbrüchen der Sturmfluten durch die Nehrung (vgl. Zweiter Teil, 3. Junge Krustenbewegungen), nach Ansicht der holländischen Forscher allmähliche weit ausgedehnte oder zwischen Bruchlinien vor sich gehende begrenzte Senkungen und Hebungen des Landes anzusehen.

Nach der Aussüßung des Haffes entstanden die „alten Niedermoore“ (t_3), über denen sich während einer Landsenkung der blaue Meereston absetzte. Heute erreicht der Bohrer die alten Niedermoore in Süd- und Nordholland bei —12 m, vereinzelt aber bei —19 m (Ymuiden) oder gar —23 m (Wyk-aan-Zee).

Nach Anschlickung des Haffbodens bildete sich über dem Meereston das zusammenhängende „jüngere Niedermoor“ (t_4), das infolge der langsamen Senkung des Untergrundes eine Mächtigkeit von 6 m erreicht hat. Es wird als Grenze zwischen Plistozän und der Jetztzeit (Holozän) angesehen, in der der Mensch die Nehrung befestigt, die Flüsse geregelt, die tiefsten Teile des Haffs (Polders) eingedeicht und entwässert und die Moore abgetorft hat.

Van der Sleen gliedert die alluvialen Bildungen der Dünenreihe von Nord- und Südholland in

a) die Dünenformation, die zwischen +1 m und —10 bis —12 m auf Strandsanden, Flußton oder Meereston liegt; die feinen Quarzsande der älteren Dünen sind entkalkt, jene der jüngeren enthalten bis 30% Muschelgrus;

b) die Strandformation aus weißen bis gelblichen rundkörnigen Meeressanden;

c) die Haff-Formation aus einer Wechselfolge blaugrauer, toniger Feinsand- und sandiger oder fetter Tonschichten, bis —25 m reichend und die Torflager t_3 und t_4 umschließend.

Beim Zusammenpressen oder seitlichen Verdrängen der Torfschichten kommen die lockergelagerten Dünen unter den Meeresspiegel und führen dann gespanntes Wasser. Der Bruch des Vliete

[1] Blaupot ten Cate, D. H. S.: Is Nederland uit een haff ontstaan? Ingenieur, Haag 1912 Nr. 11.

[2] Carey, A. E.: Die Gewinnung von Küstenland in Holland. Minut. Proc. Instn. Civ. Engr. London CLXXXIV (1911) Pap. 3885.

Polder, Noord Beveland, am 11. September 1889 soll von reinem „Diluvialsand“ ausgegangen sein, dessen Grundwasser unter der Decke von alluvialem Flußlehm einen mit dem Meeresspiegel schwankenden Überdruck von 1,8 m aufwies[1]. An den Steilböschungen der Inseln im Scheldedelta entstehen, meist nach Hochfluten und bei tiefer Ebbe, im reinen feinen Quarzsand segmentförmige Schalenbrüche oder tiefgreifende Muschelbrüche[2], wie bei der schnellen Absenkung von Binnenseen. F. Müller sagt (a. a. O. S. 82)[2], daß die Scheidung von Alluvium und Diluvium „nicht allzu scharf genommen wird“. Vermutlich treten die gefürchteten Uferbrüche ein, sobald die untergegangenen Dünen von der Brandung freigelegt werden.

II. Bauerfahrungen.

Wird die Lage des Ortes oder der Baustelle innerhalb des Alluvial- oder Diluvialgebietes beachtet, so werden die für den Binnenländer oft

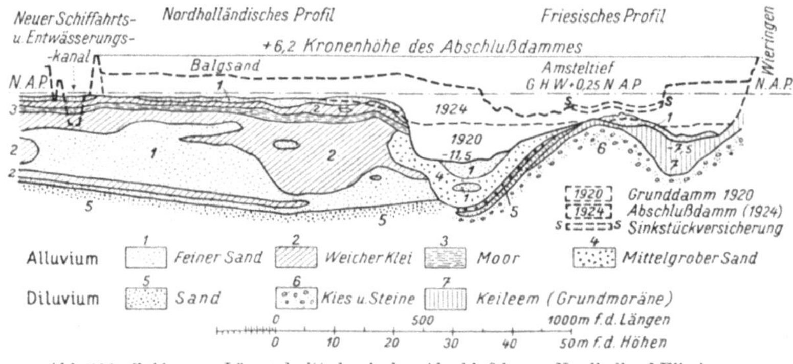

Abb. 106. Zuidersee. Längsschnitt durch den Abschlußdamm Nordholland-Wieringen (nach Zbl. Bauverw. 1928 Nr. 49 u. 50).

fremdartigen Bauerfahrungen leicht verständlich. Zur Erläuterung genügen wenige Beispiele.

Nordholland.

a) Der Abschlußdamm in der Zuidersee. Die holländischen Ingenieure begnügen sich nicht mit der Abwehr des von den Geologen befürchteten Meereseinbruches, sondern erobern auch den größten Teil der zu Beginn des 13. Jahrhunderts von einer Sturmflut unter Wasser gesetzten ehemaligen Polders der Zuidersee zurück. Von diesem großartigen Werk sei hier nur das geologische Profil des Abschlußdammes[3] wiedergegeben, in dem die Grenze zwischen der friesischen Glaziallandschaft und dem

[1] Hogerwaard, B. G.: De oeververdediging in Zeeland since 1860. Zit. nach R. O. van Manen, in der Diskussion zu A. E. Careys Vortrag. Minut. Proc. Instn. Civ. Engr. London CLXXXIV (1911) Paper 3885.

[2] Müller, F.: Das Wasserwesen der niederländischen Provinz Zeeland. Berlin: W. Ernst & Sohn 1898. Die sonstigen geologischen Angaben des Buches sind unverwendbar.

[3] Schmidt, R.: Abschluß und Trockenlegung der Zuidersee. Zbl. Bauverw. 1928 Nr. 49 u. 50.

(nordholländischen) Profil der Haff-Formation erscheint Abb. 106. Die Torfbildung beschränkt sich im Bereich der Vereisung auf das 1—2 m mächtige „jüngere Niedermoor", im übrigen besteht das Alluvium bis —15 bzw. —19 m aus weichem Klei und feinem Sand (Balgsand). Über der Haff-Formation hat der Damm Sackungen erfahren und Bodenverdrückungen von im Mittel 2 m hervorgerufen.

Im friesischen Profil wird das ältere Diluvium von der Grundmoräne der letzten Vereisung, dem „Keileem" und alluvialen Sanden überlagert.

b) Amsterdam und Umgebung. Die Stadt liegt am Nordrand des alten Rheindeltas landseits der alluvialen Nehrung, hinter der sich über dem älteren Alluvialton das zusammenhängende Niedermoor ausbreitet. Der Amstelfluß und zahlreiche Kanäle (Grachten), zerlegen die Stadt in etwa 100 Inseln. Die gewöhnlichen Hochbauten sind auf 4—6 m langen Holzpfählen errichtet, die bis in den Alluvialton reichen.

Das Hafengebiet[1] besteht von der Oberfläche bis —9 (oder —10) vorwiegend aus weichem Klei (Schlamm der Zuidersee, Niedermoor und Flußton über älterem Seeton), von —10 bis —20 m aus festem Klei und scharfem Sand (der ältere Seeton reicht nicht unter —10 m, das ältere Holozän nicht unter —15 m; darunter postglaziale feine Sande) und von —20 bis —30 m aus Kies, hartem Klei und muschelführendem Ton (unteres Postglazial; darunter muschelführender Ton und grob- bis mittelkörnige Sande der Eemstufe).

Die Gründung der Kaimauern erfolgte früher entweder ohne Baggerung auf Sandschüttungen, die den Schlamm verdrängen, oder zweckmäßiger auf Sandschüttungen, die erst nach teilweiser oder vollständiger Ausbaggerung des Schlammes hergestellt werden. Die 1920 und 1921 erbauten Kaimauern sind auf bis 22 m langen Holzpfählen gegründet, die 5 und 8 m tief im Sand stecken[2]. Die offen abgesenkten Eisenbetonkästen für die Hauptpfeiler der Drehbrücke über den Ringdeich[3] erreichten „die feste Sandschichte" bei —13,5 m.

c) Grundwasserabsperrung bei Ymuiden. An der Ausmündung des Amsterdamer Schiffahrtkanales in die Nordsee[4] besteht der Baugrund bis in große Tiefe aus muschelführendem feinen Sand, der von Klei- und Moorschichten durchzogen wird. Für die Grundwasserführung waren drei je 2, 4 und 5 m mächtige Kleischichten in den Tiefen von rund 18,4, 40 und 100 m maßgebend. Oberhalb —18,4 und unterhalb —100 m war das Wasser versalzen, dazwischen süß. Eine normale Grundwasserabsenkung beim Bau der neuen Seeschleuse hätte zum Eindringen von Salzwasser in das industriell ausgenutzte Süßwasser

[1] Bos und Kühler: Die Verbesserung des Grundes für den Bau von Kaimauern in Amsterdam. Ingenieur, Haag (1911) Nr. 1; in Klammern beigefügt ist die in der geologischen Karte der Niederlande 1 : 50000, Blatt 25, 1927—1928, dargestellte Beschaffenheit des Untergrundes.

[2] Brennecke-Lohmayer: Grundbau 2. Bd. (1930) S. 135—138.

[3] Oyen, J. W. Th. van: Die Eisenbahnen im Haarlemer Polder und Umgebung. Ingenieur, Haag (1911) Nr. 25.

[4] Hensen, C.: Erfahrungen mit eisernen Spundwänden (System Larssen) beim Bau der neuen Seeschleuse in Ymuiden. Zbl. Bauverw. 1926 Nr. 37.

geführt. Um die Möglichkeit des Wasserabschlusses zwischen den oberen Kleischichten zu prüfen, wurde ein Schacht von 5 × 5 m bis —13 m ausgehoben und dann eine 26 m lange Larssenspundwand unter Vorspülung 1 m tief in die zweite Kleischichte eingerammt, deren Oberfläche bis —38 m reicht. Die Grundwasserabsenkung gelang, ohne daß Salzwasser in das Süßwasser eindrang.

Südholland.

a) Rotterdam. Die Stadt liegt in der alluvialen Haff-Formation etwa 10 km südlich der von A. Penck angegebenen Oberflächengrenze des nordischen Diluviums, das sich unter Tags mit dem Rheindelta verzahnt. Der tragfähige Sanduntergrund ist aber 13—19 m hoch von dem hinter dem Dünengürtel entstandenen „jüngeren Niedermoor", jungalluvialem schlickartigen Klei und Sand überlagert. Infolgedessen werden die Hochbauten niedrig gehalten und durchwegs auf Pfählen gegründet.

Die älteren Kaibauten im Hafen von Rotterdam[1] waren auf Sinkstücken und lotrecht mit 10 t beanspruchten 0,3 m starken Tannenpfählen errichtet, die durch die waagrechten Kräfte der Hinterfüllung überlastet waren; einzelne Abschnitte der Kaimauern wurden bis 1,75 m wasserwärts geschoben, andere stürzten unvermutet ein. Man verwendete später 0,4 m starke Pitchpinepfähle, die bei 4,5 facher Sicherheit mit 45 t belastet wurden, oder baggerte den Moorboden bis —17,3 m aus und ersetzte ihn durch Sandschüttung. Schließlich ging man zur Versenkung von schwimmend angelieferten Eisenbetonkaissons über, die auf durch Baggerung, Sandschüttung oder Pfahlrost vorgerichtetem Baugrund aufruhen.

Das 1921—1922 erbaute Lagerhaus Thomsen[2] steht auf 17—20 m langen Pfahlgruppen, die wegen der Gruppenwirkung nur mit 6 t je Pfahl belastet sind.

Die Pfeiler der viergleisigen Eisenbahnklappbrücke über die Delfshavensche Schie bei Rotterdam[3] stehen auf Pfählen, die durch Ton und Torf des jüngeren Niedermoores bis zum Sandboden in 14 m Tiefe reichen und durch eine Eisenbetonplatte verbunden sind. Um ein Vorschieben des Widerlagers durch den Erddruck zu verhindern, ist die Pfahlgründung landwärts um je 33 m verlängert; dahinter ruht der Damm auf einem Sandkoffer.

b) Zwyndrecht an der Maas. Die nachträglichen Bohrungen bei den von starken und ungleichmäßigen Setzungen betroffenen, in der alluvialen Haff-Formation liegenden Jurgens Oil Mill Works[4] durchsanken: 4,5 m sandige Anschüttung, 13 m Torf „mit etwas Ton" des jüngeren

---

[1] Ysselsteyn, H. A. van: Der Hafen von Rotterdam, 3. Aufl. Rotterdam 1908. — Die Erweiterung des Hafens von Rotterdam, Génie civ. von 5. Jan., 6. u. 13. Dez. 1924; sowie Ann. Lav. pubbl. 1925 N. 7.

[2] Brennecke-Lohmeyer: Grundbau Bd. 2 (1930).

[3] Van der Burg: Ingenieur, Haag (1912) S. 195.

[4] Vgl. Siebenter Teil, IX. 2. Die Setzungen.

Niedermoores, darunter 5 m feinen (alluvialen) Sand und schließlich festgelagerten groben Sand und Schotter des diluvialen Maas-Rheindeltas.

VI. Innen- und Randgebiet der alpinen Vereisung.

1. Die glazialgeologische Lage der Städte.

Während die nordische Vereisung sich flächenhaft ausgebreitet hat und heute durch die Ost- bzw. Nordsee von ihrem Ursprungsgebiet getrennt ist, befinden sich in den Alpen und ihrem Vorland Nährgebiet, Gletscherbetten, Zungenbecken und Schotterfelder auf verhältnismäßig engem Raum beisammen (vgl. Abb. 17).

Der äußerste Vorstoß jeder Vergletscherung ist durch Moränenwälle (Stirnmoränen) gekennzeichnet, vor denen die Gletscherflüsse Schotterfelder aufgeschüttet haben. Gegen das Gebirge zu liegen Grund- und Seitenmoränen, die bei den Schwankungen des Gletscherstandes meist zerstückelt und umgeformt wurden (Drumlins und Kames). Beim Rückzug der Gletscher wanderte die Aufschüttung von Schotterterrassen in den Tälern nach aufwärts. Im Vorland entstanden hinter den Endmoränenwällen große Seen, von denen einzelne durch Verlandung und Tieferlegung des Abflusses erst in kleine Restseen und schließlich in Torfmoore übergingen. Durch das versumpfte Flachland fließt heute der Gebirgsfluß in seinem aufgeschütteten Schotterbett.

Dieser Vorgang hat sich in drei (oder vier?) großen Eiszeiten wiederholt, wobei die älteren Ablagerungen ganz oder teilweise ausgeräumt wurden und nach Alter und Entstehung oft schwer zu trennende Verknüpfungen von Gletscher-, Fluß- und Seeablagerungen entstanden.

Ein umfassendes Bild der alpinen Vergletscherung, auf das hinsichtlich Theorie und Einzelvorkommen verwiesen werden muß, haben A. Penck und E. Brückner[1] entworfen.

Die großen Talsysteme, aus denen die Gletscher in das Vorland übertreten, haben in der jüngeren Tertiärzeit bereits bestanden, denn im tieferen Untergrund der Alpenstädte finden wir neogene Ablagerungen. Die Schuttausstrahlung erfolgte in sehr flachen Schwemmkegeln, die sich z. B. am Nordrand der Alpen mit wenig ausgeprägten Tiefenlinien (Ixen) zu ausgedehnten Schotterfeldern zusammenschließen.

Die Baugrundverhältnisse sind im großen durch die Lage der Siedlung im glazialen System bestimmt. Wie die folgenden Beispiele zeigen, bestehen bei aller Mannigfaltigkeit des glazialgeologischen Baues infolge des Überwiegens einzelner Ablagerungen meist einfache und klare Verhältnisse.

2. Zürich.

(Jung-Endmoräne am Abschluß eines inneralpinen Sees.)

Das Baugelände. Der Felsgrund des Zürichsees liegt mindestens 80 m unter dem glazialen Seeboden. Eine Wallmoräne des Linthgletschers, die dem Zürichstadium der jüngsten (Würm-) Eiszeit angehört, um-

[1] Die Alpen im Eiszeitalter. Leipzig: Ch. H. Tauchnitz 1901—1909.

säumt, mitten durch die Altstadt gehend, das Nordende des Sees. Diese Endmoräne wird von der Limmat, dem Abfluß des Sees, durchschnitten; der Grundwasserstrom des Limmattales erhält jedoch keinen Zulauf aus dem Seebecken[1]. Im Stadtgebiet nimmt die Limmat am linken Ufer die gefällsstarke und sinkstoffreiche Sihl auf, die eine höher gelegene Parallelfurche westlich des Züricher Sees entwässert und mit den vom Uetliberg kommenden Wildbächen, nördlich der Moräne, eine junge Aufschüttungsebene bildet (Kiesboden von Außersihl). Ihre südwestliche Fortsetzung in Herdern ist z. T. versumpft und erfordert Pfahlgründung.

Nach den Nivellements der letzten 20 Jahre haben sich die Fixpunkte im Bereich des alten Seebodens um mehr als 2 cm gesenkt; am Fuß steilgeböschter alluvialer Schuttanhäufungen wurden Gleitbewegungen und anscheinend auch Auftrieb beobachtet.

Die Bauwerke. Die hochgelegenen östlichen Stadtteile stehen auf einem Überzug von älterer oder jüngerer Grundmoräne, der die sarmatischen Molassesandsteine und Mergel verhüllt. Die neueren Hochschulgebäude wurden nach Abdeckung von 0,5—1,5 m Grundmoräne auf festem Sandstein gegründet.

Das Doppelgebäude Kantonsschule-Chemisches Universitätslaboratorium zwischen Rämistraße und Zürichbergstraße hatte eine schwierige Gründung, da es über den verschütteten Gräben des Rämibollwerkes liegt[2].

Das Kunsthaus am Heimplatz übergreift gegen die Rämistraße den durch die Moräne getriebenen Tunnel der rechtsufrigen Zürichseebahn; 7 Rippenbalken mit Gegengewölben überbrücken den Tunnel und bürden die Baulast mit 1,5—2,3 at Pressung auf die Moräne ab[3]. Der Tunnel hat nur 6,5 m Überlagerung, es traten daher Bodensenkungen ein, die zur Überführung der städtischen Leitungen mittels einer Kanalbrücke aus Eisenbeton nötigten[4].

Ulmbergtunnel und Wollishofer-Tunnel der linksufrigen Zürichseebahn führen gleichfalls mit sehr geringer Überlagerung durch die Moräne; sie wurden zum Teil offen hergestellt[5].

Hohe und steile Anschnitte von durchnäßter Grundmoräne haben im Jahre 1770 bedeutende Hangrutschungen in Zürichberg-Oberstraß ausgelöst. In der Altstadt wurden die Moränen, die einst als natürliche Festungswälle willkommen waren, in der St. Annagasse um 3—4 m abgetragen[6].

Im allgemeinen bildet die Grundmoräne einen sehr tragfähigen Baugrund, enthält jedoch mitunter Einlagerungen von beweglichem Schlammsand oder „Schlihsand" (= Quicksand), z. B. in der Baugrube des Warenhauses Jelmoli (Ecke Seidengasse-Sihlstraße) und im Wollis-

---

[1] Hug, J.: Geolog. techn. Untersuchungen auf dem Gebiete der Stadt Zürich. Schweiz. Bauztg. v. 13. Jänner 1923 S. 10.
[2] Schweiz. Bauztg. v. 7. Jänner 1911 S. 6.
[3] Schweiz. Bauztg. v. 15. April 1911 S. 206.
[4] Schweiz. Bauztg. v. 12. März 1921 S. 119.
[5] Schweiz. Bauztg. v. 5. März 1927 S. 123.
[6] Vgl. Erster Teil, Abschn. 6, „regrading".

hofer Tunnel. In der Grundmoräne kommen auch Lagen von Bänderton vor.

Bei der mit Druckluft bis zur Höhenkote 402 m geführten Gründung der Walchebrücke[1] (Limmatspiegel 406,9 m, mittlerer Seespiegel 408,6 m) traf der Eisenbeton-Kaisson des linken Pfeilers unter 0,4 m Kies in Höhe 405,2 die Grundmoräne, der Kaisson des rechtsufrigen Pfeilers durchsank 0,6 m Kies und eine 0,2 m starke mit Fäulnisstoffen durchsetzte Schichte und erreichte die Grundmoräne erst bei 404,3 m.

Außerhalb der Stadt wurde bei der Station Rapperswyl unter dem Schuttkegel der Jona ein blauer Ton mit spärlichen polierten und geschrammten Geschieben angeschnitten, der unterhalb der Verwitterungs- und Austrocknungskruste in der Einschnittssohle aufquoll und erst mit sehr flacher Böschung standhielt[2].

Der von Bachanschwemmungen und der Verbauung verdeckte, 3—10 m mächtige postglaziale Seeschlamm, der die Moräne überlagert, hat nächst den Stationen Horgen und Wädenswyl wiederholt Ufereinbrüche herbeigeführt[3].

„Im untersten Teil des Züricher Sees und seinen dortigen Uferstrecken gleicht die Seekreide die Unebenheiten der hügeligen, unterliegenden Moränen aus und hat 2—12 m Mächtigkeit. Jede Hausfundation daselbst (Zürich 2: Alpenkai, Mythenstraße, Alfred-Escher-Straße) muß durch die Seekreide in die unterliegenden Moränen herabgepfählt werden[4]". So wurde z. B. die neue Tonhalle am Alpenkai auf 2120 Pfählen von 0,21—0,25 m mittlerem Durchmesser und 5—12 m Länge errichtet, die mit 10—15 t belastet sind[5]. Auch die Wasserkirche, deren Baugrund ursprünglich eine kleine Insel in der Limmat war, steht auf einem Pfahlrost[6].

Die Baugrube für das Verwaltungsgebäude der Schweizer Rückversicherungsgesellschaft am Mythenkai wurde mittels Eimerbagger ausgehoben. In den Jahren 1885—1886 war hinter die Kaimauer 2 m hoch Seeschlamm eingepumpt und mit 2 m Anschüttung überdeckt worden. Darunter wurden anstehende Seekreide und schlammiger Sand des Seebodens angetroffen, die trotz der Nachbarschaft des Sees dichthielten. Auf 1250 Holzpfählen von 12—20 m Länge, die bis in eine feste Sandschichte gerammt wurden, ruht eine armierte Sohlenplatte mit wasserdichten Umfassungswänden[7].

Von den Plattengründungen wird die Bodenplatte des Kulissenmagazines des Züricher Stadttheaters unter den Hauptmauern durch

---

[1] Locher, F.: Zum Bau der Walchebrücke in Zürich. Schweiz. Bauztg. v. 5. Juli 1913 S. 5.

[2] Moser, R.: Die sogenannten Rutschungen von Rapperswyl. Schweiz. Bauztg. Bd. 24 S. 40 und Heim, A.: Geol. d. Schweiz Bd. 1 S. 250.

[3] Heim, A.: Geol. d. Schweiz Bd. 1 S. 433.

[4] Heim, A.: a. a. O. S. 426.

[5] Waldvogel, C.: Denkschrift z. Einweihung der Neuen Tonhalle in Zürich. Zürich 1895.

[6] Schweiz. Bauztg. v. 13. Juni 1925 S. 307.

[7] Lüscher, G.: Schweiz. Bauztg. v. 9. Dezember 1911 S. 324.

3 m lange Verdichtungspfähle unterstützt[1]; das Gebäude der Schweizer Nationalbank zwischen Bahnhofstraße und Börsenstraße steht auf einer einfachen Eisenbetonplatte[2]. Auch die Grundwasserabsenkung zwischen Träger- und Bohlenwänden kommt zur Anwendung[3].

3. Gmunden und Lindau.

Eine ähnliche glazialgeologische Lage wie Zürich besitzt die Stadt Gmunden am Traunsee[4]. Sie liegt ebenfalls an einer das Nordende des Sees umsäumenden Jung-Endmoräne, die vom Seeabfluß durchschnitten wird.

Die äußersten Jung-Endmoränen des Rheingletschers umsäumen den Bodensee 22 km westlich bzw. 35 km nördlich der heutigen Ufer, und im Zwischenraum finden sich zahlreiche Moränenhügel (Drumlins). Die durch eine Holzbrücke mit dem Ufer verbundene Stadt Lindau liegt auf einer Drumlin-Insel[5] und bildet somit ein bescheidenes Gegenstück zur glazialgeologischen Lage von Boston.

4. Innsbruck.

Einen wesentlich anderen Typus der inneralpinen Stadt verkörpert Innsbruck[6].

Das Baugelände. Der Felsuntergrund des tektonisch veranlagten und beckenartig erbreiterten Tales wurde von einer in 560 m Seehöhe angesetzten Bohrung in 200 m Tiefe nicht erreicht[7]. In den eigenartigen Hochfluren der Hungerburg und des Mittelgebirges tritt stellenweise der präglaziale Talboden in Felsköpfen zutage. Er wird von unterer Grundmoräne, interglazialen Brekzien (Hötting, Mühlau), fluvioglazialen Sanden und Schottern und einer oberen, oft lehmbedeckten Grundmoräne überlagert. Ausgedehnte Einschaltungen von Mehlsanden und Bändertonen beweisen den zeitweiligen Bestand von Stauseen. In die diluviale Verschüttung hat der Inn ein neues breites Tal eingeschnitten, wobei er, dem Vorstoß der Sill ausweichend, am Fuß der Hungerburg die Felslehne anzufressen sucht.

Die alten Stadtteile Hötting und Wilten besitzen erhöhte Lage; Anspruggen und die Neustadt von 1281, das heutige Alt-Innsbruck, wurden in versumpften Auen errichtet. Seiner Lage auf dem Alluvium des Inn und dem flachen Schwemmkegel der Sill entsprechend, hat Innsbruck

Nach J. Blaas[1] besteht das Alluvium des Inn aus bis kopfgroßen geschichteten Flußschottern mit Sandlinsen; es ist von einem 1—2 m mächtigen gelblichen sandigen Seeschlamm überdeckt. In Wilten und Pradl breitet sich darüber der flache Schwemmkegel der Sill aus. Sillschotter und Innschotter werden gewöhnlich mit 4 at belastet, ohne daß Setzungen eintreten. In Pradl, wo die Sillschotter nur mehr eine dünne Schutzdecke bilden, preßt sich die lehmig-feinsandige Zwischenlage schon unter geringerer Belastung um 1 cm zusammen[2]. In alten Gassen von Wilten und Hötting ist die Höhenlage der Hauseingänge unregelmäßig, den Murablagerungen angepaßt (H. Bobek).

Das Gerinne der Sill ist vollständig ausgedichtet, und das Grundwasser des Inn fließt mit einem von der Gestalt des Sillkegels unabhängigen Spiegel in der Tiefe durch[2].

Die Bauwerke. Die einzelnen alten Bauwerken vorgesetzten Strebepfeiler sind Verstärkungen nach den Erdbeben[3] von 1670, 1689 und 1727. Einige Häuser im vormals befestigten Stadtgebiet zeigen stärkere Setzungen; am Marktgraben und am Burggraben hängen sie mit den verschütteten Wehrgräben zusammen[4]. Das Eckhaus Saggengasse 2 dürfte auf zusammendrückbarem Auboden stehen. Setzungen infolge Überlastung von Pfeilern zeigen die Häuser Universitätsstraße 14 und Herzog-Friedrich-Straße 29, Wirkungen des Gewölbeschubes das Haus Universitätsstraße 12. In der Maria-Theresien-Straße entstanden die meisten Sackungen bei der Herausnahme von Pfeilern in den ebenerdigen Räumen. Die Senkung der Mittelachse des unveränderten vierstöckigen Reihenhauses Nr. 20 scheint wieder auf zu hohe Inanspruchnahme des Alluviums zu deuten.

5. Villach.

Noch einfacher liegen die Verhältnisse in Villach, das zur Gänze auf den ausgedehnten Schotterfluren der Drau steht, und dessen Altstadt von einem aus der Drau abgezweigten Stadtgraben umschlossen war[5]. Draubett und Altarm liegen im Alluvialschotter. Innerhalb eines Kranzes von Kiesmoränen steht die übrige Stadt auf waagrecht geschichteten Diluvialschottern; sie überlagern einen 20—30 m mächtigen rostgelben Deltaschotter, unter dem der Mittelpfeiler der Eisenbahnbrücke über die Drau in blauem Ton gegründet ist.

6. Klagenfurt.

Die einst vom Draugletscher durchflosene Wörtherseefurche wurde bei Klagenfurt von dem sehr flachen Schwemmkegel der Glan ab-

---

[1] Blaas, J.: Der Boden der Stadt Innsbruck. Ber. nat.-med. Ver., Innsbruck 1890/91.

[2] Herrn Stadtbaudirektor Ing. Riegler, Innsbruck, sei auch an dieser Stelle für Mitteilungen aus seiner Bauerfahrung bestens gedankt.

[3] Schorn, J.: Die Erdbeben von Tirol und Voralberg. Z. Ferdinandeum III. Folge 46. Heft. Innsbruck 1902.

[4] Hammer, H.; Innsbruck in seiner baugeschichtlichen Entwicklung. Forsch. u. Mitt. z. Gesch. Tirols u. Vorarlbergs. 16. Jahrg. Innsbruck 1919.

[5] Grueber, P.: Villach. Öst. Wschr. öff. Baudienst Bd. 14 (1908) Taf. 80 Abb. 2.

gedämmt. Ihre Schotteraufschüttungen haben den Abfluß des Sees, die Glanfurt, gegen die Sattnitz gedrängt, an deren Fuß die Brücken der Karawankenbahn noch alte Schlammablagerungen antrafen.

Die gegen den See gekehrte sandreiche Randzone des Kegels bildete früher das heute entwässerte Weidmannsdorfer Moos, aus dem vom Eis geschliffene Felshöcker („Sieben Hügel") aufragen. Die Endmoränen des alten Draugletschers ziehen rund 35 km flußab von Klagenfurt quer über das Drautal[1].

Der Untergrund der geschlossen verbauten Stadt wird von Sand und Schotter der Glan gebildet. Der 91,7 m hohe Turm der Stadtpfarrkirche und die beiden Türme des Landhauses werden von je vier hochbelasteten Eckpfeilern getragen, deren Gründung nicht näher bekannt ist, aber auf hohe Tragfähigkeit des Baugrundes deutet. Die auf der schwach geneigten Ebene gelegene Stadt war bis 1809 befestigt[2]. Die angeschütteten Wälle sind zum Teil noch erhalten (z. B. Heiligengeist-Schütt), die Stadtgräben wurden größtenteils verschüttet und in Straßen und Gartenanlagen verwandelt. Infolge unzulänglicher Gründung über dem ehemaligen Stadtgraben erlitt das Haus Bismarckring 9 starke Versackungen. Zur Füllung der Wassergräben führten Zuleitungen vom Lendkanal und von der Glan in die Stadt, die noch als Feuerbäche bestehen. Für die einzelne Baustelle ist daher die Kenntnis der alten Topographie von Wichtigkeit.

7. Salzburg.

Geologische Lage. Der weitausgreifende Bogen der Jung-Endmoränen des Salzachgletschers wird von der Salzach 42 km flußab der Stadt durchschnitten. Er dämmte vormals einen interglazialen See ab, der in mehr als 500 m Höhe spiegelte; das Zungenbecken reichte bis in den Paß Lueg.

Die Stadt Salzburg liegt auf dem von Inselbergen überragten Seeboden, den die Salzach von Süden und die Saalach von Südwesten her mit Geschieben überschüttet haben. Zwischen den Schotterterrassen, Schwemmkegeln und dem älteren Gebirge erstrecken sich ausgedehnte Moore mit Torfstichen (Leopoldskron, Schallmoos).

Der Kapuzinerberg und die kleine Felskuppe des Bürgelsteins am rechten Ufer, ferner der Nonnberg und der Festungsberg am linken Ufer bestehen aus Hauptdolomit und Kössener Schichten. Ein Felssporn soll bis in das linke Widerlager der Karolinenbrücke reichen[3]. Das Schartentor bezeichnet die Grenze zwischen den Kössener Schichten und der geologisch vielumstrittenen Salzburger Nagelfluh, die Mönchsberg und Rainberg aufbaut. Am Sockel der beiden Berge treten kohlenführende Sandsteine und Mergel der Gosauformation zutage. Im

---

[1] Vgl. Der Draugletscher bei A. Penck u. E. Brückner: Die Alpen im Eiszeitalter 1062ff.

[2] Hermann, H.: Klagenfurt, wie es war und ist. Klagenfurt 1832.

[3] Laut freundlicher Mitteilung des Salzburger Lokalforschers Josef Eder, der bei der Fundierung als Polier tätig war. Fugger und Kastner berichten nur von einem jungen Konglomerat, das beim Sprengen zerfiel.

Almstollen, der sich an der Liegendfläche der Nagelfluh durch den Mönchsberg windet, bilden sie das Hangende von Dachsteinkalk und Hauptdolomit des Festungsberges.

Die Nagelfluh besitzt eine regelmäßige, unter 20—30° vorwiegend gegen Nordwesten fallende Schichtung; ihre 0,6—1,2 m mächtigen Bänke lieferten früher den Hauptbaustein von Salzburg. A. Penck betrachtet die Nagelfluh als Rest eines zwischen der Mindel- und der Rißeiszeit im Salzburger Stausee abgesetzten Deltas. In die lotrecht abgearbeitete Nagelfluh des Mönchsberges sind die Laubengänge der Sommerreitschule (jetzt Festspielhaus) eingeschnitten; bei der Erweiterung des Neuthortunnels wurde die alte Spitzbogenfirste beiderseits bogenförmig unterschrämt; eine derart hohe Standfestigkeit ist sonst den glazialen Konglomeraten nicht eigen.

Verwitterung, möglicherweise auch unvorsichtiges Anschneiden haben im Jahre 1756 in der Gstättengasse einen Abbruch der Nagelfluh herbeigeführt, dem die Markuskirche, ein Alumnat und 13 Häuser mit über 300 Menschen zum Opfer fielen[1]. Seit im Jahre 1765 wieder drei Häuser zerstört wurden, werden die Nagelfluhwände sorgfältig überwacht.

In den an die Inselberge geschmiegten Gassen (Gstättengasse, Steingasse, Linzergasse) stehen die Häuser teils auf Fels, teils auf den Abwitterungshalden. Nach dem Abtragen der alten Gebäude des Stiegelkellers geriet die steile Halde des Festungsberges in Bewegung.

Untergrund. Die Tiefenlage des älteren Felsgrundes ist nicht bekannt. Eine als ergebnislos eingestellte Bohrung im Kurhaus[2] durchfuhr 5,7 m Anschüttung und Alluvium, dann 1,9 m blaugrauen Schwimmsand mit Glimmerblättchen, der bis 57 m Tiefe in immer sandärmere Tone übergeht, also wahrscheinlich Seeschlamm und interglazialen Bänderton. Von —57 bis —65,6 wurde fast sandfreier, lichtgelblich-grauer kalkreicher Ton durchbohrt; darunter der Reihe nach bis 77 m: sandhaltiger Ton, eisenschüssiger, sehr kalkreicher Ton mit abgerundeten Gesteinstrümmern, zwei Konglomeratbänke und gelber Lehm; diese Angaben deuten auf die Grundmoräne der Mindeleiszeit.

In den 50 m flußab der heutigen Karolinenbrücke ausgeführten Bohrungen[3] reichte das schotterig-sandige Alluvium am linken Ufer bis —6,8, am rechten bis —9,4 m (unter Straßenhöhe?), darunter folgte Lehm mit wenig Sand bzw. Sand mit „Wasserlehm", ferner „Wasserlehm", weicher Lehm bzw. weicher Schlier (?), also anscheinend dieselben Seeablagerungen wie im Kurhausbrunnen.

Hingegen verliefen zwei Bohrungen 2,5 km bzw. 4 km südlich

---

[1] Bühler, A.: Salzburg und seine Fürsten, 2. Aufl. Bad Reichenhall 1895. — Eder, J.: Salzburgs wichtigste Daten und Wappen. Ed. Höllrigl, Salzburg 1924, verzeichnet Felsstürze 1666, 1669, 1750.

[2] Wolf, H.: Artesischer Brunnen in Salzburg. Verh. geol. Reichsanst. 1867 Nr. 5 S. 109. — Bayer, R.: Das Bade- und Kurhaus in Salzburg. Allg. Bauztg. B. 37 (1872) S. 353.

[3] Fugger, E., u. K. Kastner: Naturwissenschaftl. Studien u. Beobachtungen in und um Salzburg. Salzburg 1885.

Leopoldskron[1] von —6,75 bis —12,40 bzw. von —4,70 bis —24,5 m unter Gelände im diluvialen Sand und Schotter.

Beim Neubau des Halleiner Wehres[2] reichte der Alluvialschotter nur 2—3 m unter die Sohle der Salzach, darunter wurden bis 28 m Tiefe diluviale Schotter mit Konglomeratbänken erbohrt, in die am linken Ufer feine graue Sande mit gespanntem Wasser eingelagert waren. Das schwere Geschiebe hat danach oberhalb Salzburg den Seeschlamm mindestens bis in die angegebenen Tiefen verdrängt.

Baugrund. Im Baugrund von Salzburg[3] treten mannigfachere Erscheinungen auf als in jenem von Innsbruck.

Außer den schon beschriebenen Inselbergen sind in Salzburg noch folgende Baugrundzonen zu unterscheiden: die jungdiluvialen Schotterfluren der Salzach und der Saalach, die an den Hängen der Inselberge mit Moränenresten der letzten Vereisung verknüpft sind. Auf diesem „lehmigen Schotter" liegen Nonnthal, das westliche Riedenburg, Maxglan, der größte Teil des rechtsufrigen Salzburg, Schallmoos und Gnigl. Zwischen der linksufrigen Diluvialterrasse der Salzach und dem flachen Saalachkegel ist das Untersberger Moor eingeschaltet, zwischen der rechtsufrigen Terrasse und den Ausläufern der Kreideflyschhügel das Schallmooser Moor. Schloß Leopoldskron, am Nordende des Untersberger Moores, ist im 6—8 m mächtigen Torfmoor auf Pfählen errichtet. Nach den Bohrungen[4] besteht der Untergrund des Untersberger Moores aus Diluvialschotter, dessen wellige Oberfläche von einer 0,2—0,6 m starken Lettenschichte und 1,25—6,25 m Torf bedeckt ist. Brennbares Gas[5], das den Bohrlöchern entströmte, erlosch schon nach 14 Tagen. Im östlichen Teil von Riedenburg liegt zwischen den steilen Nagelfluhwänden des Mönchsberges und des Reinberges ein kleines Moor mit 0,5—6 m Torfdecke. Ein Teil der Häuser ist auf Pfählen, ein anderer unmittelbar auf Diluvialschotter mit 1—1,5 m mächtigen Lehmlagen gegründet.

Ähnlich ungünstige Verhältnisse bestehen in der Umgebung des Hauptbahnhofes und im Verschubbahnhof Gnigl. Dort waren die alten Bauernhäuser auf liegenden Rosten errichtet. Von den neueren Hoch- und Kanalbauten erlitten die meisten starke Versackungen; auch das Aufnahmsgebäude der Station Gnigl ist aus dem Winkel geraten. Als Ursache wird Schwimmsand angegeben, wahrscheinlich ist auch Torf oder Faulschlamm im Untergrund oder die so häufige Überlastung derartiger Böden beteiligt.

---

[1] Fugger, E.: Die Torfgase im Untersbergmoore. Mitt. Ges. Salzb. Landeskunde Bd. 19 (1879) S. 168.

[2] Wehrbau in Hallein. Wasserwirtsch. 1929 Heft 16, u. freundl. Mitteilung des Herrn Zivilingenieurs Hans Roth, Wien.

[3] Fugger, E., u. K. Kastner: Naturwissenschaftliche Studien und Beobachtungen in und um Salzburg. Salzburg 1885.

[4] Fugger, E.: Die Torfgase im Untersbergmoore. Mitt. Ges. Salzb. Landeskunde Bd. 19 (1879) S. 168.

[5] Analyse siehe Fugger E., u. A. Petter: Die Bodentemperaturen im Leopoldskronmoor bei Salzburg. Naturwissensch. Studien u. Beobachtungen aus und über Salzburg. Salzburg: H. Kerber 1885.

Südlich von Salzburg bildet die Diluvialterrasse einen 10—11 m hohen Abfall gegen die alluvialen Anschwemmungen der Salzach. Im stark veränderten Gelände der Stadt prägt sich diese Stufe am deutlichsten in der Anlage des Makartplatzes aus.

Zwischen Mönchsberg und Kapuzinerberg verschmälert sich der alluviale Talboden; die Kaianlagen beider Ufer sind angeschüttet. In der Schwarzstraße[1] mußten mehrere Gebäude, die in der Anschüttung oder im Jung-Alluvium auf Pfählen gegründet sind, unterfangen werden. Auch über den verschütteten alten Stadtgräben hat man seinerzeit auf Holzpfählen gegründet. Da sich die Salzach seither um 3,20 m eingetieft hat, kamen die Pfähle über Grundwasser und sind abgefault.

8. München[2].

Das Baugelände[3].

Glazialgeologische Lage. Ungefähr 15 km südlich der Stadt liegen die Endmoränen der vorletzten Vergletscherung oder Rißeiszeit und etwas näher zum Gebirge bei Schäftlarn die Jung-Endmoränen der letzten oder Würm-Eiszeit. München liegt demnach auf der außeralpinen Schotterflur. Der fluvioglaziale Deckenschotter, eine Ablagerung der älteren Eiszeit, mit 5 m tiefen Verwitterungslöchern ist nur am Südrand von München bei Kanalarbeiten aufgeschlossen worden.

Neogener Untergrund. Unter der ganzen Stadt erstreckt sich der jungmiozäne bis altpliozäne „Flinz“, er bildet den Grundwasserträger, und flußab von München, wo er die Geländeoberfläche erreicht, sind ausgedehnte, bis 7 m mächtige Torfmoore (Dachauer und Erdinger Moos) entstanden. Die tiefere Abteilung des Flinz besteht aus tonreichem Mergel, die obere aus festgepacktem, glimmerreichen und fast wasserundurchlässigem Feinsand, im Bauwesen „Schweissand“ genannt.

In der Abb. 107 sind die Flinzsande nur in der westlichen Profilhälfte abgegrenzt, die aus mehr als 550 Bohrungen des Kanalbauamtes genauer bekannt ist. Die Oberfläche von Flinz und Flinzsand verläuft in sehr flachen Wellen und nähert sich der Straßenfahrbahn nur unter dem Odeonplatz bis auf 4 m. Der Flinzsand hat dort nur 0,23 m Mächtigkeit, schwillt aber in der Umgebung auf 5,25—11 m an.

Diluvium. Vor dem Moränenwall der Rißeiszeit wurden die fluvioglazialen Hochterrassenschotter aufgeschüttet und bei der letzten Vergletscherung zum großen Teil wieder abgetragen. Am rechten Isarufer reichen sie in der Hochterrasse von Bogenhausen in voller Mächtigkeit von 10 m und mit einem Längsgefälle von 3,25‰ bis an die Ober-

[1] Herrn Stadtbaudirektor Ing. L. Straniak sei für freundliche Mitteilungen und Zugänglichmachung von Bauakten auch an dieser Stelle bestens gedankt.

[2] Geogr. Breite 48°, Geogr. Länge 9° 15 östl. v. Paris, Seehöhe 517 m, Jahresniederschlag 876 mm, mittlere Jahrestemperatur 7° C.

[3] Penck, A., u. E. Brückner: Die Alpen im Eiszeitalter S. 176, Der Isargletscher, mit Karte.— Münichsdorfer, F., u. O. M. Reis: Beiträge zur Kenntnis der Geologie von München u. Umgebung. Geognost. Jahresh. Bd. 34 (1921), München 1922.

fläche. Unter der für die Hochterrassenschotter kennzeichnenden 2—3 m starken Decke von Löß und Lößlehm sind sie 1—2 m tief zu

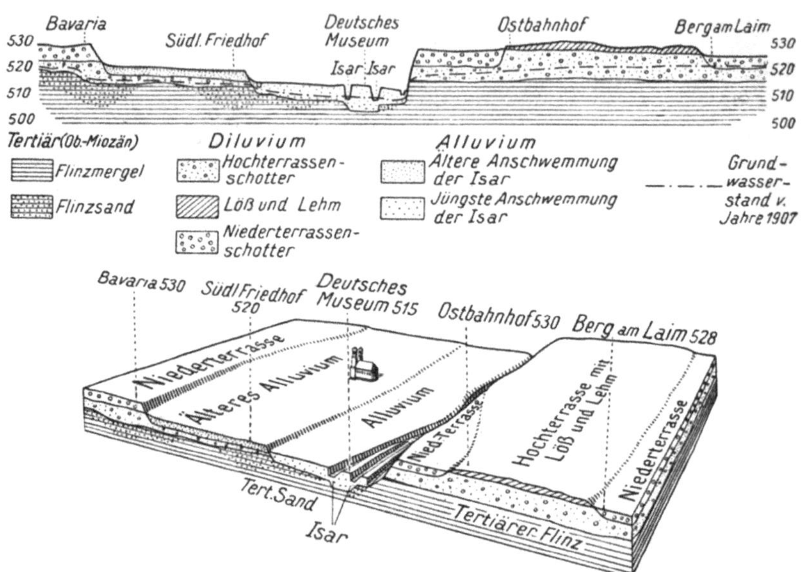

Abb. 107. Geologisches Querprofil durch München von F. Münichsdorfer und Blockdiagramm von M. Schuster, Geogn. Jahresh. Bd. 34 (1921) München 1922. Links Westen, rechts Osten, 28 fach überhöht.

steinigem Lehm verwittert. Stellenweise reicht die Verwitterung trichter- oder röhrenförmig viel tiefer (geologische Orgeln). Die tieferen Schichten sind meist gut verkittet. Häufig enthalten die sandreichen Hochterrassenschotter steilgestellte Geschiebe, ein Zeichen langsamer Massenbewegung (Abb. 108).

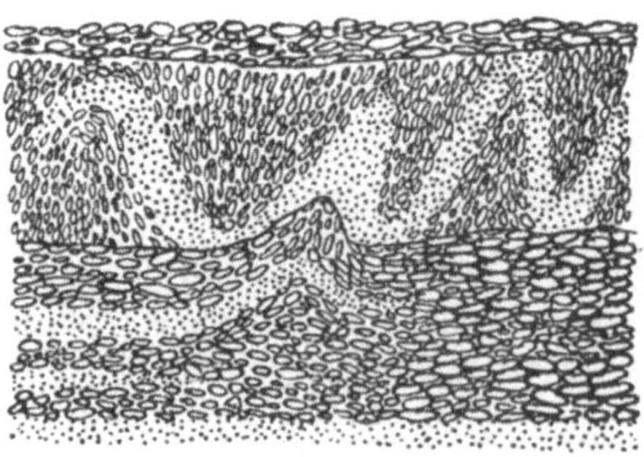

Abb. 108. Steilgestellte Geschiebe im Hochterrassenschotter des Luitpold (Nord-) parkes, München (nach O. M. Reis, Geognost. Jahresh. Bd. 34 (1921). München 1922.

In dem hauptsächlich am linken Isarufer ausgebreiteten Stadtgebiet bilden die Hochterrassenschotter die Unterlage der jüngeren Schotter.

Fluvioglazialen Ursprungs sind auch die **Niederterrassenschotter**, die von den Würmmoränen ausstrahlen und die sogenannte Münchener Ebene mit $4{,}65^0/_{00}$ Längsgefälle bilden. Sie sind gröber und weniger sandreich als der Hochterrassenschotter, sind nicht verkittet und bloß 0,2—0,4 m tief verwittert.

Alluvium. Nach dem Abschmelzen der letzten Vergletscherung tiefte sich die Isar in die Niederterrasse ein und arbeitete in altalluvialer Zeit die Altstadt-Terrasse heraus, die im geologischen Querschnitt Abb. 107 durch die Liebfrauenkirche kenntlich ist. Der Fluß verlegte sein Bett in jüngerer Zeit gegen Osten, wodurch die tiefste Terrasse und das Isarbett mit seinen Inseln entstanden. Ein fast unverändertes Längsgefälle (2,47 und $2{,}41^0/_{00}$) unterscheidet Alt- und Jungalluvium von den glazialen Bildungen.

Bauerfahrungen.

Niederterrasse und Altalluvium bilden den wegen seiner Gleichmäßigkeit und großen Tragfähigkeit oft als Beispiel eines guten Baugrundes angeführten „Münchener Schotter“.

In den flachen Oberflächenmulden des Flinz fließt das Grundwasser teils zu den Ausbissen im Isarbett, teils in das Erdinger Moos. Auf der linksufrigen Niederterrasse beträgt die jährliche Grundwasserschwankung[1] 0,9 m, im Alluvium unter dem Einfluß der Isar 1,6 m.

Rund um den Königsbau (1826—1835)[2] wurde in 2,9 m Abstand von den Grundmauern ein 0,88 m weiter und 1,90 m hoher gewölbter Entwässerungsstollen ausgeführt, der an der Ostseite in den Stadtbach mündet. Seine Sohle liegt 4,1—4,7 m unter Straßenhöhe, die Gesamtlänge beträgt 298 m. Über den aus Ziegeln hergestellten Grundmauern des Schlosses wurden zum Druckausgleich zwei 0,6 m starke Quaderscharen aus Nagelfluh versetzt, die vor dem Versetzen der Sandsteinquadern abgeglichen und durch einen Teer- und Schweissandbelag isoliert wurden.

Für die einzelnen Baustellen sind in München außer den durch die Stadttore angedeuteten alten Befestigungen, in den südlichen und westlichen Stadtteilen die zum Schwabinger Bach führenden „äußeren Bäche“ und die im Eisbach zusammenlaufenden „inneren Bäche“ wichtig.

Infolge ihres großen Gefälles und der von 280—1300 m³/sek anschwellenden Hochwässer hat sich die Isar nach der Regulierung bis 1885 an der Bogenhauser Brücke um 4,50 m eingetieft[3]. Der die kleine Isar überspannende Bogen der Maximilianbrücke mußte wegen der Eintiefung umgebaut werden[4]. Der ab 1881 eingerichteten Schwemmkanalisation kam die Sohlenvertiefung der Isar sehr zu statten.

Nach der Hochwasserkatastrophe von 1899 wurde mit dem Bau von Ufermauern begonnen. Von 1910—1912 wurde der Fuß der bis 30 m hohen Steilwände in der Nagelfluh zwischen Marienklause und der Großhesseloher Eisenbahnbrücke durch Rammpfähle und Ufermauern gesichert.

Die durch alte Einbauten vor der Abtragung bewahrte Isarinsel bot

---

[1] Niedermayer: Festschrift zur 71. Vers. dtsch. Naturf. u. Ärzte, München 1899.

[2] Allg. Bauztg. Bd. 2 (1837) S. 17, 35.

[3] Niedermayer: a. a. O.

[4] München und seine Bauten, hrsgb. vom bayr. Arch.- u. Ing.-Ver. München 1912.

dem Deutschen Museum keinen günstigen Baugrund[1]. Der Flinzmergel wurde erst in 10—12 m Tiefe erbohrt und war in wechselnder Mächtigkeit von festgepackten Flinzsanden überlagert, die ein Wasserstrahl von 8—10 at Druck nicht durchdringen konnte. Darüber lagen der lose Isarschotter, alte Einbauten und Anschüttung mit städtischen Abfallstoffen. Das schwer belastete Bauwerk wurde daher auf 1600 Eisenbetonpfählen gegründet. Ausgeführt wurden Straußpfähle von 0,3 m Bohrlochdurchmesser mit 30—40 at Belastung; eisenbewehrte gerammte Wolle-Pfähle, die beim letzten Schlag des 3—4 t schweren Bären unter 0,8—1 m Hub noch 18 mm in den Flinzsand eindrangen; dünne Verhärtungen im Flinzsand konnten in drei Hitzen durchrammt werden, worauf die Pfähle noch mehrere Meter tiefer zogen. Für den Turm wurden innerhalb einer Fläche von 14 m × 14 m 123 Züblin-Pfähle gerammt. Die Verspannung wurde so groß, daß man für die letzten Pfähle Löcher mittels eines Eisenrohres vorrammen wollte, das dann einem Zug von 250 t widerstand; die Pfähle wurden daher mit 50—55 t belastet.

9. Graz.

Geologische Lage. Die Zentralzone der Alpen bricht nördlich von Graz in ähnlicher Weise gegen die Pannonische Tiefebene ab wie die nördliche Kalkzone bei Wien, und das jungtertiäre Meer dringt mit vielen Buchten in die steirischen Alpen ein. Quer durch die Gebirgsketten fließt heute dort die Donau, hier die Mur; morphologisch entspricht der Schloßberg von Graz dem Bisamberg bei Wien, das Grazer Schotterfeld dem Marchfeld. Beide liegen außerhalb des vergletschert gewesenen Gebietes. Der Murgletscher endete 2—3 km oberhalb Judenburg[2].

Untergrund. In der Durchbruchsstrecke der Mur von Bruck a. d. M. bis Graz wurde die Oberfläche des alten Gebirges vom Wehr des Kraftwerkes Pernegg schon 8—12 m unter der Flußsohle erreicht. Rainerkogel und Kalvarienberg im Norden und der Schloßberg im Herzen der Stadt sind Aufragungen des silurisch-unterdevonischen Grundgebirges. Erosionsleisten umsäumen den Kalvarienberg in Höhe der heutigen Flußsohle und den Schloßberg rund 5—7 m unter Mursohle[3]. Im übrigen ist das paleozoische Gebirge beckenartig ausgetieft. Die artesische Bohrung auf dem Kaiser-Joseph-Platz endete in 91,10 m Tiefe, jene bei St. Peter südlich von Graz in 161,2 m Tiefe im jungtertiären Ton.

Die alluviale, diluviale und neogene Beckenausfüllung bildet den Baugrund von Graz.

Brückenbauten über die Mur und die 1925 begonnenen Aufgrabungen für die Einführung der Schwemmkanalisation boten Gelegenheit zur Überprüfung der älteren Arbeiten. Nach den Untersuchungen von

---

[1] Hdb. f. Eisenbeton. III. Grund- und Mauerwerksbau, 3. Aufl. Berlin: W. Ernst & Sohn 1922.

[2] Penck, A., u. E. Brückner: Die Alpen im Eiszeitalter. Leipzig 1901—1909, Karte bei S. 1072.

[3] Hilber, V.: Das Tertiärgebiet um Graz, Köflach u. Gleisdorf. Jb. geol. Reichsanst. Bd. 43 (1893) S. 355.

B. Granigg[1], H. Mohr[2] und E. Clar[3] besteht der tiefere Untergrund von Graz aus sarmatischen Ablagerungen. Als vorläufige Grenze nimmt H. Mohr an der Kalvarienbergbrücke die Mergel in Höhe 340 an und E. Clar die im Stadtgebiet bei 296 und bei St. Peter in 270—280 m Seehöhe unvermittelt einsetzende Vermergelung des Tones.

Der pontische „Tegeluntergrund" besteht aus grünlichem oder blaugrauem Ton und glimmerreichem sandigen Letten. Er wurde an der Kalvarienbergbrücke 4 m unter Flußsohle bzw. 9 m unter Ufergelände erreicht. Nach E. Clar[4] wird der Tegel im Norden der Stadt von 5—7,5 m Schotter bedeckt, am Geidorfplatz und in der Elisabethstraße von 2,5—3,7 m. Von hier sinkt die Tegeloberfläche allmählich gegen Westen und gegen Süden und erhebt sich am Jakominiplatz örtlich wieder auf 2,5 m unter Gelände.

Unter dem rechten Ufer der bogenförmig gegen den Schloßberg ausgreifenden Flußstrecke ist in den Tegel ein alter tiefer Murlauf eingeschnitten. Die Tegeloberfläche liegt dort 21—27 m unter dem oberen Stadtboden.

Baugrund. F. Heritsch[5] betrachtete die Altersgliederung der Grazer Schotter noch als ungeklärt. Nun hat A. Tornquist vier durch ihren Höhenabstand vom Meeresspiegel gekennzeichnete Schotterfluren festgestellt[6]. Die 24 m-Terrasse der Rißeiszeit (nur an der Ostseite des Schloßberges erhalten); die 14 m-Terrasse der Würmeiszeit (oberer Stadtboden mit Hauptbahnhof und Universität); die 7 m-Terrasse der Nacheiszeit (unterer Stadtboden mit Lazaretkaserne und Landhaus); die 5 m-Terrasse des Jungalluviums (das tiefste Baugebiet längs der Mur). Die 14 m-Terrasse ist von 1—2 m Lehm, die 7 m-Terrasse von einer lehmigen Sandschicht bedeckt. Darunter bilden die dicht gepackten Murschotter einen tragfähigen Baugrund.

Am linken Ufer sind die Murschotter streckenweise durch lehmige Sande und Quarzschotter der Schwemmkegel einiger Bäche verdrängt.

Mit der Murregulierung waren beträchtliche Verlegungen der Gerinne verbunden. Im linken Widerlager der Schönaubrücke[7] traf man statt des erwarteten tragfähigen Murschotters lockeren, sandarmen Schotter der vormaligen Grazbachmündung, der ungewöhnlichen Wasserandrang brachte und eine Verdichtung durch Pfähle erforderte.

Infolge der schon im Zweiten Teil, Abschnitt 5 erwähnten starken

[1] Granigg, B.: Öst. Z. Berg- u. Hüttenwes. 1910, zit. nach [4].

[2] Mohr, H.: Die Baugrunduntersuchung für die neue Kalvarienbrücke in Graz usw. Jb. geol. Bundesanstalt Bd. 77 (1927) S. 63.

[3] Clar, E.: Zur Kenntnis des Tertiärs im Untergrund von Graz. Verh. geol. Bundesanst. 1927 Nr. 9 S. 184.

[4] Clar, E.: Das Relief des Tertiärs unter Graz. Mitt. d. Naturwiss. Ver. f. Steiermark 68. Bd. 1932 (vor dem Erscheinen vom Herrn Verfasser in dankenswerter Weise mitgeteilt).

[5] Heritsch, F.: Geologie der Steiermark, 2. Aufl., S. 65ff. Graz 1922.

[6] Tornquist, A.: Entstehung und Beschaffenheit des Grazer Stadtbodens. Festbuch der Stadt Graz 1928.

[7] Mohr, H.: a. a. O. S. 64.

Eintiefungen der Mur[1] senkte sich der Grundwasserspiegel, wodurch viele Brunnen trockengelegt oder beeinträchtigt wurden[2]. Im Jahre 1924 offenbarten sich bedeutende Bauschäden[1] am Jahnschen Palais, Stadtkai 47, das auf Resten der alten Stadtmauer errichtet ist. Auch das Justizgebäude und Bauten am rechten Ufer setzten sich, weil die Pfahlroste über Grundwasser gelangt und verfault waren.

Ob die nach V. Hilber[3] in den Sandgruben Langegasse und Schönaugasse in 4—5 m Tiefe gefundenen Eisen- und Bronzegegenstände auf die Mächtigkeit der jüngsten Aufschüttung schließen lassen, ist nicht feststellbar. Die Bohrung auf dem Kaiser-Josefs-Platz durchsank 8,53 m Anschüttung[4], wohl eine ausnahmsweise, durch die alten Wehrgräben bedingte Mächtigkeit der historischen Schichte.

Die Aufdeckung mächtiger Holzstämme 0,4—0,5 m unter dem Rasen der Karlau[5] und die Pfahlgründung der Stadtmauer deuten auf eine starke natürliche und künstliche Aufschüttung in geschichtlicher Zeit.

VII. Gebiet der nordamerikanischen Vereisung.

A. Binnengebiet.

Chicago.

I. Geologischer Bau des Stadtgebietes[5].

Glazialgeologische Lage. Chicago liegt am Innenrand der Moränen, mit denen der Illinoiszweig des großen Labradorgletschers das Becken des Michigansees umgürtet hat (Abb. 21). Den Außenrand bilden Ablagerungen der älteren Eiszeit, die in Spuren oder durch die letzte Vereisung umgearbeitet, die Valparaisomoräne des jüngeren Glazials unterlagern.

Vom See steigt eine 24 km breite Ebene sanft gegen die Valparaisomoräne an, aus der sie bei der allmählichen Rückbildung des glazialen Stausees (Lake Chicago) zum heutigen Michigansee durch Wellenschlag herausgewaschen wurde. Die langandauernden Hochstände sind durch drei alte Strandlinien gekennzeichnet (Glenwood-Stage 18 m, Calumetstrand 11—12 m und Tolestonstrand 6 m über dem heutigen Seespiegel). Außerdem ist die Verebnungsfläche durch eine flache Wasserscheide und eine große Zahl sanfter Rücken gegliedert. Es

---

[1] Mohr, H.: a. a. O. S. 72ff. Grundwassersenkung von der Mitte des 16. Jahrh. bis 1924 um 3,70—4,20 m. — Holzmaier, K.: Die Schönaubrücke in Graz. Z. öst. Ing.- u. Arch.-Ver. 1928 Heft 15/16 S. 127; örtliche Eintiefung der Mursohle von 1882—1914 max 4,10 m.

[2] Hoernes, R.: Bau u. Bild der Ebenen Österreichs, S. 1109. Wien: F. Tempsky 1903. — Bemerkenswerte Mitteilungen über das Grundwasser auch bei F. Iwolf u. K. F. Peters: Graz, Geschichte u. Topographie, S. 55ff. Graz 1875.

[3] Hilber, C.: a. a. O. S. 353. 356. 365.

[4] Iwolf, F., u. K. F. Peters: Graz, Geschichte u. Topographie, S. 61. Graz 1875. Vgl. die Bezeichnungen Augarten, Schönaustraße und Karlauer Gürtel.

[5] U. S. Geol. Surv. Chicago Folio No. 81. Washington 1902. — Leverett, Fr.: The Illinois Glacial Lobe, Monographs U. S. Geol. Surv. Vol. 38, Washington 1899.

sind hauptsächlich Rückzugsmoränen und alte 3—4,5 m hohe Strandwälle, die parallel zum Ufer laufen, dann Nehrungsspitzen zwischen jüngeren und älteren Wällen. Besonders im südlichen Stadtgebiet sind die alten Strandbildungen von Dünen gekrönt. Die Entstehungsgeschichte erklärt den Reichtum der Ebene von Chicago an Sand und Kies verschiedener Korngrößen und Lagerung, und die Ausbreitung der glazialen Tone von der Valparaisomoräne bis in das Seebecken.

Die Entwässerung des Gebietes gegen den Desplaines River im Südwesten war in geschichtlicher Zeit unterbrochen. Seit 1900 ist die Verbindung mit dem Mississippisystem durch den Chicago-Entwässerungs- und Schifffahrtkanal wieder hergestellt. Das geschlossen verbaute Gebiet erhebt sich am Strand nur um 1,5 m, an den Chicagoflüssen um 2,7 m und im Mittel um 5,8 m über den durchschnittlichen Seespiegel (177,10 m). Jüngere Seetone sind dort nicht bekannt und man nimmt an, daß die feineren Seeablagerungen durch den Südwestabfluß (Chicago Outlet) abgetriftet wurden. Das südliche, zum Lorenzostrom entwässernde Gebiet der verzweigten Calumetflüsse ist eine teils offene, teils versumpfte und vertorfte Süßwasserlagune. Der Glazialton ist hier infolge der Herkunft aus dem devonischen Schiefer von Indiana nahezu geschiebefrei, jedoch kalkreich. Die seichten Uferstrecken werden seit 1909 aufgehöht[1].

Untergrund. Das Becken des Michigansees ist bei Chicago bis auf die silurischen dunklen dolomitischen Niagarakalke ausgeschürft; von den devonischen Schiefern der Umgebung sind nur Spuren nachgewiesen. Das unruhige Relief des Niagarakalkes taucht im Stadtgebiet in einzelnen Kuppen auf, in denen Stein- oder Schotterbrüche betrieben werden; im Südwesten bildet es den erhöhten Rand des Seebeckens und wird bei Sad Bridge vom Desplaines River durchbrochen. Ing. S. G. Artingstall hat nach den Brunnen-, Bohr- und Bauaufschlüssen einen Schichtenplan des Felsuntergrundes von Chicago entworfen; im nördlichen Teil der mittleren Stadt liegt die Felsoberfläche in einer talartigen Austiefung 30—38 m unter dem Seespiegel.

Baugrund. Im eigentlichen Stadtgebiet besteht der Baugrund oberflächlich aus den erwähnten Moränenrücken und den 1,5—6 m mächtigen Sand- und Kiesanhäufungen, die überall auf dem eingeebneten glazialen Ton aufruhen. In der Literatur wird entweder angegeben, daß der Ton nahe der Oberfläche steifplastisch sei (Austrocknungskruste) und in der Tiefe weich, oder es wird von einer nach der Tiefe zunehmenden Zähigkeit berichtet. Nach Fr. Leverett überlagert ein jüngerer, weicher, blauer Ton (Clay), der nur kleine Geschiebe führt, einen älteren harten geschiebereichen Ton (hardpan). 90% der Geschiebe des oberen Tones stammen aus dem Niagarakalk des Untergrundes und nur 10% aus älteren kristallinen Gesteinen von Canada. Unter dem Mikroskop besteht ein großer Teil der Grundmasse aus kantigen oder leicht gerundeten Körnern von Kalkstein. Der Ton enthält Lagen und Linsen von gröberen und schärferen bis feinen Sanden

[1] Zbl. Bauverw. 1928 S. 410.

(Schwimmsanden), deren Wassergehalt die Hausbrunnen speist. In den Ziegelgruben[1] bestehen die oberen 10 m aus sandigem Ton mit bloß 0,5% an haselnuß- bis kopfgroßen Kalkgeschieben. Darunter liegt eine Schichte, die bis zu 60% aus nuß- bis eigroßen Kalkgeschieben besteht. Im ganzen Profil treten Lagen von Tonschlamm auf. An der Oberfläche finden sich Anhäufungen von Rundblöcken. Die Entkalkung und Gelbfärbung des blaugrauen Tones reicht auf den Moränenrücken 1—1,8 m, unter den Sanden der Ebene kaum 0,1—0,6 m tief. Gleichmäßige feine Tonarten kommen in Chicago nicht vor.

Unter dem Ton liegt der 3—6 m mächtige harte braune Geschiebemergel oder Hardpan, der häufig vom Fels noch durch eine wasserführende, mitunter durch Eisenocker verkittete Sand- und Blockschichte getrennt ist.

II. Bauerfahrungen.

Die Bauerfahrungen entsprechen der geologischen Gliederung des Baugrundes.

Stollenbauten. Die günstigen Eigenschaften des gebirgsnahen kalkhaltigen, glazialen Tones äußern sich beim Bau tiefliegender Stollen. Die 2,5 bis 2,8 m weiten Kreisstollen zur Wasserentnahme aus dem Michigansee ließen sich bei sehr raschem Vortrieb ohne Schild oder Zimmerung aushöhlen und durch einen Ziegelring aussteifen. Der 16 km lange South West Lake and Landtunnel in 38,1 m Tiefe wurde im Kalkfels angelegt[2].

9—12 m unter den Straßen Chicagos liegt im plastischen oberen Ton das Tunnelnetz einer 0,61 m spurigen Frachtenbahn[3], das im Jahre 1911 fast 100 km erreicht hatte. Laut Vorschrift soll der äußere Scheitel des 1,8 m breiten und 2,3 m hohen Tunnels mindestens 8,2 m unter Straßenhöhe liegen, bei der Ausführung begnügte man sich mit 5,8 m. Längs der Hauptstrecken, die unter Druckluft vorgetrieben wurden, entstanden keine Setzungen. Bei der Herstellung von Querstrecken und Anschlüssen mit gewöhnlichem Stollenvortrieb senkten sich die Straßen um 0,3—0,6 m und das Marshall Field Wholesale erlitt 0,10 bis 0,15 m weite Risse.

Gründungen. Nach dem Stadtbrand von 1871 wurden die neuen Häuser mit Bruchsteinmauerwerk 3,6 m unter Straßenhöhe im ausgetrockneten Ton gegründet. Von 1882—84 gründete man wesentlich seichter auf mit Schienen oder Trägern verstärkten Betonplatten von 1,4—1,7 at Bodenpressung. Zum erstenmal wurde die harte Kruste beim Fair-Building durchsunken und das Kellergeschoß auf weichem Ton gegründet. Nachher wurde es üblich, bis zu 8 Kellergeschossen auszuführen. Rammpfähle wurden nur bei freistehenden Bauten verwendet. Die Gründung zylindrischer Pfeiler mittels Caissons, bei denen der Aushub der Verkleidung um 1,2 m vorauseilt, wurde erstmals 1892 beim Stock Exchange Building ausgeführt und wurde bald allgemein (Durchmesser von 1,2—3,6 m). Wird Hardpan angetroffen, so erweitert man die für Fels

[1] Chicago Folio No. 81 (1902). [2] Engng. News vom 26. Okt. 1907.
[3] Engng. News vom 13. Juli, 20. Juli, 24. Aug. und 5. Okt. 1905 und 5. Jan. 1911.

bemessenen Zylinder kegelförmig. Bei Belastung des weichen Tones mit 1,45—1,60 at ist innerhalb 4 Monaten eine Setzung von 0,13—0,20 m zu erwarten[1]. Hardpan wird mit 7, Fels meist mit 30 at belastet[2].

Tiefgründung der Neubauten ist häufig mit Unterfangung der Anrainerbauten verbunden. Als der Schmalspurfrachttunnel in der Dearborne Straße (Schienenhöhe 12,2 m unter Straßenhöhe) gebaut wurde, erlitt das 16 Stock hohe Unity Building[3] vom Dach zur Straße einen Überhang von 0,69 m; das Haus wurde mit offenen Senkbrunnen unterfangen, die auf Fels stehen.

Von bemerkenswerten Bauerfahrungen seien noch angeführt: Unter dem neuen Kopfbahnhof der Chicago- und Nordwestbahn[4] westlich der Vereinigung der Chicagoflüsse traf man zwischen der Anschüttung und dem blauen Ton auf weichen Schlamm. Der Glazialton ist vorwiegend fest, enthält jedoch weiche Stellen und Schwimmsandnester. Der Hardpan liegt 25,9 m, der Fels 36,6 m unter Straßenhöhe. Gründung auf Brunnen mit Betonfüllung.

Die Pfeiler der Dearbornstraßenbrücke über den Hauptlauf des Chicago River[5] ergaben folgendes Profil (Tiefen in m unter Mittelwasser): Flußsohle von 2,1—4,3 weicher Flußschlamm; 4,3—12,2 (bzw. 13,7) weicher Ton, plastisch wie ölreicher Glaserkitt; 13,7—19,7 steifer und bröckliger Ton; ab 19,7 Hardpan; darunter in wechselnder Stärke „miners Loam“ (Versatzlehm), Schwimmsand und Geschiebe; Felsoberfläche am Südufer bei 29 m, am Nordufer bei 32 m.

In den Voreinschnitten zum Lasallestraßentunnel unter dem Chicago River[6] war der steife blaue Ton, der mit einem besonderen Stecher (Bonnell Knife) herausgeschnitten wurde, so klebrig, daß man die gewonnenen Stücke und die Fördergefäße mit Sand bestreuen mußte.

Das Gelände der Brücke der Baltimore & Ohio Railway über den Calumet River[7] lag unter Wasser. Die sechs offen abgesenkten zylindrischen Betonpfeiler von $d = 3{,}66$ m durchfuhren bis 5,5 m Schwimmsand (Dünensand?), dann undurchlässigen blauen Ton bis zur Felsoberfläche bei — 19,8 m.

Im Sumpfgelände längs des Calumet-Sag-Kanals[8] traf man in 3 bis 6 m Tiefe ausgedehnte Torflager. Im Sagtal lag unter der Fruchterde eine 1,5 m starke Verwitterungsschicht von gelbem Lehm. Dann folgte blauer zäher Glazialton, in dem manchmal eine 0,3—1,5 m starke Schicht von an der Luft zerfließendem silthaltigen Ton auftrat („bull-liver“). Zuunterst lag oft brauner Ton (hardpan), der sprengfest verkittete Schotter und Blöcke enthielt.

---

[1] Ewen, J. M.: Gebäudegründungen in Chicago. Engng. News vom 12. Okt. 1905.

[2] Jensen, J. N.: Hardpan and Other Soil Tests. — Bearing Power of Soil under Foundations, Engng. News v. 6. März 1913. Ferner Jacoby u. Davis: Foundations of Bridges and Buildings. New York 1914.

[3] Setzung und Verstärkung des Unity Building. Engng. News vom 8. Febr. 1912.

[4] Engng. News v. 17. Aug. 1911.

[5] Engng. Rec. v. 14. Juli 1907.

[6] Engng. Rec. v. 24. Dez. 1910.

[7] Engng. Rec. v. 22. Febr. 1913.

[8] Engng. Rec. v. 16. Mai 1914 S. 562.

B. Küstengebiet.

1. New York und die Nachbarstädte.

I. Geologischer Bau des Stadtgebietes[1].

Das Felsgerüst der Halbinsel Manhattan, die New York City trägt, besteht aus steilgestellten Falten archäischer Gesteine; von der Südspitze bis zum Zentralpark hauptsächlich aus dickbankigen, grobkristallinen Glimmerschiefern (Manhattan Schists), von da ab gegen Norden auch aus grobkristallinen Kalken und Dolomiten (Inwood Dolomite), schiefrigem Quarzit (Lowerre Quartzite) und als tiefstem Glied, aus schwarzweiß gebändertem Fordham-Gneis. Gangartig erscheinen Granodiorit, Pegmatit, Diorit und Serpentin. Westlich des Hudson liegen über dem alten Grundgebirge 10—15° gegen Westen fallende triassische Sandsteine und Schiefer (Newark-Gruppe) mit mächtigen Diabas- und Basalteinschaltungen und im Süden von Staten Island Kreidegesteine. Hudson, East River und die Avenues der Städte folgen dem Streichen der Gesteinszüge (Abb. 109). Nur an wenigen Stellen tritt das Felsgerüst aus der Decke von Glazialablagerungen und jüngerem Schwemmland zutage. Eine mächtige Stirnmoräne (Terminal Moraine) der letzten Vereisung (Wisconsin-Eiszeit) umzieht das Gebiet von New York und teilt den Liman des Hudson als Engstelle („narrows“) in „Upper Bay“ und „Lower Bay“.

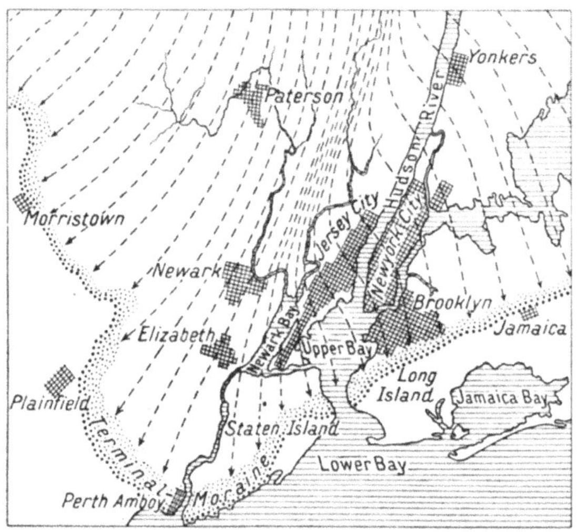

Abb. 109. Glazialgeologische Lage New Yorks und der Nachbarstädte. Eisbewegung und Stirnmoräne der letzten Eiszeit (nach U. S. Geol. Surv. New York City Folio No. 83. Washington 1902).

Südlich des Stirnwalles liegen nur geschichtete fluvioglaziale Sande und Schotter, nördlich des Walles ist die Moräne zerstückt und zu sandigschottrigen Bildungen umgeschwemmt; unmittelbar über dem Felsuntergrund hat sie sich oft in größerer Mächtigkeit als „hardpan“ erhalten. Größere Tonlager sind selten.

Die Tiefenlage des Felsuntergrundes hat W. H. Hobbs nach

[1] Nach U. S. Geol. Surv. New York City Folio, Nr. 83, 1902, und Reeds, Ch. A.: The Geology of New York City and Vicinity. Ann. Museum of Nat. Hist. Guide No. 56, New York 1925.

Bohrungen und Bauaufschlüssen in Schichtenplänen und Profilen dargestellt[1].

Ein Längsschnitt durch Manhattan (Abb. 110) zeigt unmittelbar über dem Fels Laufsand und Schwimmsand, dem gegen die Oberfläche gröbere Sande und Schotter folgen. Die ungewöhnliche Tieflage der Felssohle unter den Tälern (vgl. Abb. 39, Hudson), die trichterförmig, erweiterte und unterseeisch verlängerte Abflußrinne des Hudson, der

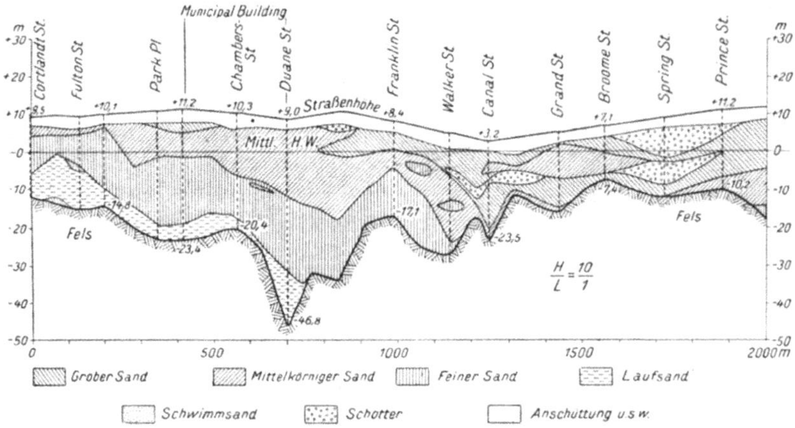

Abb. 110. Ausschnitt aus dem Profil von Manhattan (New York City) entlang des Broadway (nach W. H. Hobbs, The Configuration of the Rock Floor of Greater New York. U. S. Geol. Surv. Bull. No. 270. Washington 1905).

160 km breite Seichtwassergürtel (Shelf) u. a. m. deuten auf eine geologisch junge Landsenkung von mehr als 60 m.

Im nördlichen Manhattan ist die Glazialdecke nur wenige Fuß mächtig, so daß die Bauten normal auf Fels gegründet werden; an der Südspitze liegt die Felsoberfläche 12—36 m unter dem Meeresspiegel; über Ausfurchungen erreicht das Glazial bis 55 m Mächtigkeit. Die von Entkalkung und Umfärbung begleitete Verwitterung reicht meist 0,6—1,2 m unter die Oberfläche.

II. Bauerfahrungen.

Mit der zunehmenden Gebäudehöhe vollzog sich der Übergang von der Flachgründung auf Rosten und Platten zur Tiefgründung auf Caissons oder zylindrischen Pfeilern (vgl. Abb. 2). In den beweglichen grundwasserführenden Ablagerungen wird meist unter Druckluft gearbeitet. Schwierig gestaltet sich oft die Unterfangung seicht gegründeter Anrainerbauten durch bis zum Fels geführte Stahlrohre oder Brunnenpfeiler.

Das Grundwasser lag auf der Manhattan-Halbinsel früher zwischen 3 und 9 m unter der Oberfläche. Da es durch Kanalisation, Leitungs-

[1] Hobbs, W. H.: The Configuration of the Rock Floor of Greater New York. U. S. Geol. Surv. Bull. No. 270. Washington 1905.

anlagen und Untergrundbahnen beträchtlich gesenkt wurde, faulen die Holzpfähle älterer Häuser ab.

Gründungen auf Fels.

Die unter Schwimmsand, Sand und Kies begrabene Felsoberfläche ist oft unregelmäßig geneigt, von schlammerfüllten Rinnen durchzogen und stark zersetzt; der Pfeilerfuß wird mit Drucklufthämmern, bei Stahlrohrgründungen mit besonderen Meißelgestängen, eingeebnet[1]. In den Einschnitten und Tunnels der Untergrundbahn haben sich im zersetzten oder klüftigen Fels schwere Bauunfälle ereignet[2]. Unter dem 236 m hohen Woolworth Building wurde der Fels erst in 35—36 m Tiefe erreicht und mit 24 at belastet[3]. An der Baustelle des New Municipal Pier im North River fällt der Fels, wie die bis —18 m reichenden Schichtenlinien des Untergrundplanes erkennen lassen, steil in die Tiefe[4]. An anderer Stelle war es möglich, die Kaimauer auf einer Verflachung des Felsreliefs zu gründen (Abb. 111).

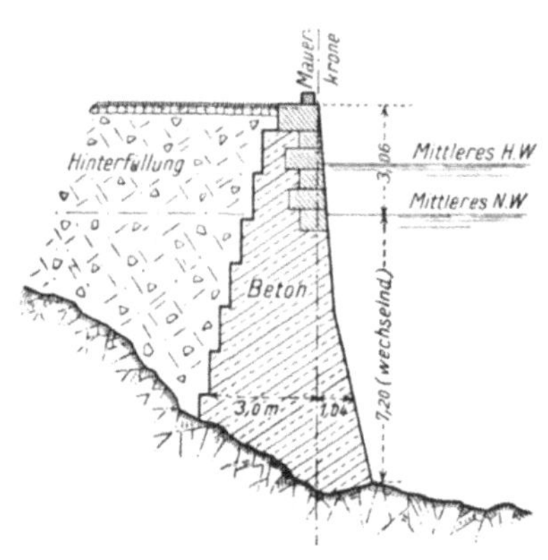

Abb. 111. Kaimauer im Hafen von New York (nach C. E. Fowler, Sub Aqueous Foundations, New York 1914).

Tiefliegender Felsuntergrund besitzt häufig einen Überzug von hack- bis sprengfester Grundmoräne (Hardpan). Die unter Druckluft abgesenkten Betonpfeiler des Whitehallgebäudes, Batterypark, wurden in 13—14 m Tiefe teils auf Fels, teils auf Hardpan gegründet[5].

Die Druckluftsenkkästen des Singer Building (Liberty Str.-Broadway) durchsanken bis 21,3 m Tiefe nacheinander Sand, Laufsand, Ton, eine Blocklage und unmittelbar über dem Fels eine 6,1—7,6 m mächtige Decke von Hardpan. Um jede Setzung auszuschließen, wurde der Fels bloß mit 15 at belastet[6].

Die nahe dem East River in weichem und nassen Grund gelegene Baustelle des Seamen's Church Institute (South Street und Coenties Slip) wurde zuerst durch Eisenbeton-Caissons umschlossen; innerhalb der

[1] New York, Williamstreet 58. Engng. Rec. 1911 II No. 11, 307. — New York, West Twenty-sixth Str. 130—140. Engng. Rec. v. 8. Okt. 1910. — New York, West 55th Street; Abraum 3 m. Engng. Rec. v. 26. April 1913.

[2] Rock Slide causes Second Collapse of Subway Decking. Engng. Rec. v. 2. Okt. 1915, 429. — Firstbruch im Old Slip-Tunnel unter dem East-River. Engng. Rec. v. 11. Dez. 1915.

[3] Gardner: Die Fundierung des Woolworth-Building. Engng. Rec. 1911 II No. 9, 256. — Holtzmann: Design of Woolworth Building. Engng. Rec. v. 5. Juli 1913.

[4] Largest Steamship Pier on Manhattan Island. Engng. Rec. v. 1. Aug. 1914, 120.

[5] Engng. Rec. v. 18. Juni 1910, 792.

[6] Die Gründung und Erweiterung des Singer Building. Engng. Rec. v. 3. Febr. 1907.

Umschließung konnten die Brunnen durch den Hardpan offen bis zum Fels in 12,2 m Tiefe abgesenkt werden[1].

Gründungen auf Hardpan.

Ecke Broad and Beaver Street wurden die unter Druckluft ausgeführten Betonpfeiler des American Bank Note Building, die Schwimmsand und einzelne Tonschichten durchfuhren, 9,1—11,3 m unter Straßenhöhe auf festem Hardpan gegründet[2]. Ungewöhnlich günstig war der Hardpan unter dem Equitable-Haus; unterhalb 13,7 m wassererfülltem Sand erreichte die Caisson-Schneide den Hardpan, der eine undurchlässige harte und dichte, die Druckluft haltende Decke bildete; die Pfeiler konnten ohne weitere Absenkung 4,9—6,1 m unter die Schneide vertieft werden[3].

Um die 15,2 m langen Stahlspundwände in der Harlem River Section der Untergrundbahn bis zur Felsoberfläche niederzubringen, mußte eine Mannschaft den darüber lagernden blockreichen Hardpan unter den Spitzen weggraben, während die zweite oben nachrammte[4].

Unter dem aus Schlamm, Blöcken und Treibholz bestehenden Alluvium des Passaic River konnten die Stahlspundwände noch 1,2 bis 1,5 m tief in blockreiche Grundmoräne eingetrieben werden, auf der der Drehzapfenpfeiler, 9 m unter MW. gegründet wurde[5].

In einem Pfeiler des Hauses der Feuerversicherungsgesellschaft in Newark war die rot gefärbte Grundmoräne von einer 1,8—2,1 m starken Schichte von „Zittersand“ (Quaking-Sand) oder „Rindsleber“ (Bull's liver) überlagert, einer faserigen und zähen, aber nicht tragfähigen Schwefeleisen-Gyttja (vgl. Chicago). Die Gründung erfolgte in 8,5 m Tiefe auf dem 6 m mächtigen Hardpan, der den rotbraunen Newark-Sandstein (Trias) überkleidet. An einer anderen Stelle bildete gebundener wasserführender Schotter ein unterhöhltes Dach über dem Hardpan; auch im Fels wurde ein Hohlraum (Gletschermühle?) erbohrt[6].

Gründung auf Fels und Sand.

Eine Gründung, die teils auf Fels, teils auf Sand ruht, besitzt das Municipal-Building. Bei der Voruntersuchung mittels Spülbohrung war, mit einem Höhenfehler von 25,6 m, ein Block für Fels gehalten worden, dessen ungefähre Lage sich aus dem 1905 veröffentlichten Profil von W. H. Hobbs (vgl. Abb. 110) hätte nachprüfen lassen. Weitere Spülbohrungen lehrten, daß sich der Fels im nördlichen Teil der Baustelle jäh bis 39,6 m unter Straßenhöhe absenkte. Da die Bauordnung nur eine Belastung des Sandes mit 4 at zuläßt, sollte die Gründung bis zum Fels geführt werden. Nun erst erschlossen Kernbohrungen den Fels unter der Nordecke zwischen 48,8 und 54,9 m Tiefe. Es wurde daher der südliche Teil auf Fels, der nördliche auf Sand gegründet.

---

[1] Engng. Rec. v. 27. Jan. 1912, 105. [2] Engng. Rec. v. 6. Juli 1907.
[3] Engng. Rec. v. 18. April 1914, 448. [4] Engng. Rec. v. 15. Mai 1915, 617.
[5] Difficulties in Placing the Substructure for a Swing Bridge. Engng. Rec. v. 8. März 1913, 268.
[6] Engng. Rec. v. 25. Nov. 1911.

Ein Pfeiler von 3,3 m Durchmesser, der durch Sand abgesenkt worden war, wurde probeweise belastet. Unter der Caissonschneide (— 12,40 m) verblieben bis zum Fels noch 24 m Sand. Die Belastung wurde im ersten Zyklus von 2 at nach je 24 Stunden um 1 at bis 6 at gesteigert, dann durch 7 Tage konstant gehalten und danach rasch auf 1 at vermindert. Im zweiten Zyklus wurde die Belastung ebenso bis 10 at fortgeführt, wieder 7 Tage konstant erhalten, dann wurde rasch entlastet. Die 8,45 m² messende Gründungsfläche hat sich bei 6 at um 11,1 mm, bei 10 at um 23,8 mm gesetzt. Obwohl die normale Tragkraft des ungestörten Sandes auf 15 at veranschlagt wird, erfolgte die Ausführung mit 6 at[1].

Gründung im Schwimmsand.

Eine Brunnengründung in der West 55th Street traf unter Sand mit eingebetteten Rundblöcken auf überaus feinen, beweglichen und druckhaften „Quicksand". Der Schwimmsand zeigte Sohlenauftrieb, trotzdem die Spundwandschneiden dem Aushub immer um 0,6 m voraneilten. Bei der zweistufigen Grundwasserhaltung füllten sich die Zwischenbehälter mit Sand, ein Zeichen, daß der Sand infolge zu weitmaschiger Filterkörbe in Bewegung geraten war[2].

Gründungen im Alluvium und auf Anschüttungen.

In dem jungen Schlamm des Municipal Pier sanken die 27,5 m langen Holzpfähle unter dem Eigengewicht tief ein; durch Anschrauben von 9 m langen Kanthölzern 0,13 × 0,15 m („lagging") ließ sich eine ausreichende Tragfähigkeit erzielen[3].

Der rechtsufrige Lüftungsschacht des in den Schlamm gebetteten Hudsontunnels steht auf (mit einer Blechhaut und Spiralbewehrung versehenen) Eisenbetonpfählen von 0,6 m Außendurchmesser, die durch 9 m Wasser und 67 m Schlamm abgesenkt wurden; sie sanken bis 24 m durch ihr Eigengewicht[4].

Der geringe Eindringungswiderstand des Schlammes hat es ermöglicht, den außen 10,67 m messenden Schacht 4 für den Bau des Rapid Transit-Tunnels unter dem East River als Hohlzylinder unter Belassung eines Kernes von 7 m Durchmesser abzusenken, ohne daß eine hemmende Zunahme der Mantelreibung fühlbar wurde[5].

In der Vorstadt Bronx am linken Ufer des Harlem River wurden die Grundmauern fünfstöckiger Häuser auf Doppelreihen von Holzpfählen errichtet, die durch junge Anschüttung in 3,6—4,3 m schwarzen Schlamm und Pflanzenmodder und 1,2—1,8 m Silt gerammt waren. Die Belastung von 20000 kg/m erzeugte Setzungen bis 0,15 m und Lotabweichungen von 0,15—0,18 m. Die Unterfangung erfolgte mittels 0,23 m weiten Stahlrohren, die eine 0,6 m starke Geröllschicht durchfahren und auf dem Fels aufsitzen. Zur Kennzeichnung des

---

[1] Engng. News v. 6. Jan. 1910, 7. Nov. 1910, Engng. Rec. v. 18. Febr. 1911, 7. Sept. 1912.

[2] Engng. Rec. v. 26. April 1913. [3] Engng. Rec. v. 25. Juli 1914, 113.

[4] Engng. Rec. v. 24. April 1915, 522.

[5] Engng. News Rec. v. 8. Febr. 1923, zit. nach Zbl. Bauverw. 1923 S. 367.

Umfanges der Aufhöhungen sei angeführt, daß die Bronx Terminal Company in Hunts Point 7700000 m³ anschütten ließ, um ein Dockgelände zu schaffen[1]. Bei einem Fabriksbau in Long Island City[2] wurde die 5 m mächtige Anschüttung in offener Baugrube durchfahren; durch den darunter liegenden Alluvialschlamm wurden Holzpfähle in den Diluvialsand gerammt; der Fels lag mindestens 10 m unter Gelände.

Aus besonderen Gründen werden noch immer Flachgründungen ausgeführt. So wurde das Haus 418—426 West 25th Street, Manhattan, auf Gegengewölbe gestellt, deren ebene Unterfläche auf Laufsand aufliegt[3].

2. Boston.

I. Geologischer Bau des Stadtgebietes.

In der durch Inseln gegen die Massachusetts Bay abgeschlossenen Bucht von Boston lagern drei große Flüsse ihre Sinkstoffe ab: Der Charles River, an dessen linkem Ufer Cambridge liegt, nördlich davon der Mystic River und im Süden der Neponset River. Sie kommen von der umrandenden, seenreichen, bis 60 m hohen Halbebene, deren Oberfläche von der letzten großen Vereisung geformt wurde. (Vgl. die glazialgeologische Lage von Boston in Abb. 21.) Nach dem allgemeinen Rückzug der Wisconsin-Vereisung lag noch eine Eiszunge im Bostoner Becken und ihre Stirnmoräne sperrte den Abfluß gegen das offene Meer[4]. Stadt und Hafen gehören der an Salzmarschen reichen und von Grundmoränenrücken (Drumlins) überragten Küstenebene an, deren Entstehung sich in 5 Abschnitten vollzog[5].

1. Über dem von Grundmoräne überzogenen Felsgrund des Süßwasser-Stausees (Lake Shawmut) bildeten sich die Sanddeltas der Flüsse und aus dem Gletscherschlamm (glacial-flour) entstanden die fossilfreien blauen Bändertone des Untergrundes von Boston.

2. Nach völligem Abschmelzen des Eises lag der Ton frei und seine Oberflächenschichte erhärtete durch Oxydation. Die Erosion der Flüsse ebnete die Deltas und zerschnitt den Ton (z. B. Sandfläche in 11,3 m Tiefe an der Longwood-Brücke, Brookline, und Strudellöcher in der Oberfläche des Tones der Back Bay).

3. Gleichzeitig entstanden außerhalb der Gerinne über dem glazialen Sand oder Ton ausgedehnte Lager von Süßwassertorf.

4. Infolge allmählicher Senkung des Landes bildete sich über dem Torf eine Schlammschichte, die bis zu 50% Muscheln eines wärmeren Klimas enthält; darüber liegt jüngerer Schlamm mit geringerem Gehalt an Muscheln des heutigen Klimas. Seit Beginn der Torfbildung beträgt die Senkung mindestens 13 m und dauert, ebenso wie der Schlammabsatz, bis in die Gegenwart fort.

5. Das Gelände wird durch menschliche Tätigkeit verändert. Nach

[1] Nach Corthell, L.: Engng. Rec. v. 11. April 1914, 569.

[2] Engng. Rec. v. 31. Mai 1913, 606. [3] Engng. Rec. v. 28. Dez. 1911.

[4] Emerson, B. K.: Geology of Massachusetts and Rhode Island. U. S. Geol. Surv. Bull. 597 (1917).

[5] Shimer, H. W.: Post-glacial History of Boston. Proc. Amer. Acad. Arts Sciences Vol. 53 (1918) N. 6.

der Höhenlage eines prähistorischen Fischwehres unter der Boylston Street dürfte das Land seit 2000 oder 3000 Jahren um 4,9—5,5 m gesunken sein[1]. Von praktischer Bedeutung wird erst die Abschnürung einzelner Becken durch die Dammbauten der „Boston and Roxbury Mill Corporation" (1821), die 4,6—6,1 m mächtige Verschüttung der Back Bay (1862—1872), schließlich die planmäßige Anschüttung längs der Küste, unter der die ursprünglichen Halbinseln und Inseln nicht mehr erkennbar sind[2].

Das Gezeitenspiel beträgt in Boston ungefähr 3 m; der Grundwasserspiegel liegt im ebenen Gelände und in der Anschüttung 1,5—2,5 m über dem mittleren Meeresspiegel.

Die Beschaffenheit des Baugrundes hängt daher wesentlich von der topographischen Lage der Baustelle und von der morphologischen Lage gegenüber den alten Ufern der Bucht, ihren Zuflüssen und ihrem Felsuntergrund ab[3].

II. Der Baugrund von Boston.

Anschüttung und historische Schichte (made land). Über den Salzmarschen, die den mittleren Meeresspiegel nur um 0,15 m überragen, hat sie die geringste, über den alten Buchten die größte Mächtigkeit, häufig 4—6 m. In Dover Street traf das Stammsiel unter der Anschüttung auf alte Hafenbauten.

Schlamm („Silt", mud). Unter „Silt" wird ein stark zusammendrückbarer, geschichteter, durch organische Beimengungen schwarzgrau gefärbter toniger Feinsand mit vielen Glimmerschüppchen verstanden, der meist 2—6 m mächtig ist. In alten Buchten scheint auch Faulschlamm (mud) aufzutreten. So wurde zwischen Clapp Street und Magazine Street beim Sielbau eine 6—26,2 m tiefe Schlammulde festgestellt. Die Schotterschüttung, die das Holzrohr trägt, trieb den Schlamm beiderseits 2,4—5,2 m hoch empor. In trockener Lage soll sich der (muschelreiche?) Silt in 3 m hohen steilen Wänden halten. Auf „Silt" liegende Fundamentplatten sacken in der Mitte um 0,15—0,30 m; es sollen auch Hebungen durch Wasserauftrieb (?) eingetreten sein.

Torf. Die Süßwassertorflager bilden mit Ausnahme der Flußgerinne überall die Unterlage des Schlammes; sie sind mitunter sandhaltig. Mächtigkeit meist 0,3—1,5 m; größte Mächtigkeit 8,5 m; in der oberen Abteilung aufrechte Föhrenstämme (Church Street)[4]. Torf und Silt sind die Ursache der langsamen Setzung ganzer Küstenstriche (vgl. Zweiter Teil, Abschnitt 3).

Diluvialsand und -schotter. Meist reiner oder kiesiger Sand; Mächtigkeit 2—6 m; vereinzelt mit Taschen von Torf. Vorkommen beschränkt auf die Umgebung der Flußmündungen und der Drumlins, die bis zum Fels reichen.

[1] Shimer, H. W.: a. a. O.

[2] Vgl. die Auszüge aus der De Costa-Karte von 1775 bei Shimer und bei Clarke, E. C.: Main Drainage Work of the City of Boston, 2d ed. Boston 1885.

[3] Worcester, J. R.: Über die Gründungsverhältnisse in Boston. Engng. Rec. v. 21. Febr. 1914, 228.

[4] Manley, L. B.: Boylston Street Subway in Boston. Engng. Rec. v. 3. Jan. 1914, 16.

Glazialer blauer Bänderton. Oberfläche erodiert, Liegendfläche abhängig von der Grundmoräne und dem Felsrelief, Mächtigkeit sehr veränderlich, häufig 18—30 m. Nach Shimer entstand der Ton als Niederschlag der Gletschertrübe; W. C. Alden fand in vergleichbaren Seetonen 90% kantige Quarz- und Feldspatteilchen von unmeßbar kleinem bis zu 0,5 mm Durchmesser[1]. Beim Bau der Stammsiele ließen sich Stollen und Schächte unschwer ausführen, trotzdem der Ton mitunter Adern und Taschen von Sand enthält. Unter der Austrocknungs- oder Erhärtungskruste ist der Ton plastisch.

Grundmoräne. Sie besteht hauptsächlich aus der durch das Eis abgeschürften Verwitterungsrinde der während der Tertiärzeit freigelegenen Felsoberfläche. Mächtigkeit häufig 7—9 m. In den Drumlins (z. B. Beacon Hill, Copps Hill, Fort Hill, Mount Vernon Street) war sie im Stollen undurchlässig und standfest. Im Westschacht des Sieltunnels unter der Dorchester Bay trat in der blockreichen Grundmoränendecke des Felsgrundes ein Wassereinbruch ein.

Felsuntergrund. Der Felsuntergrund besteht aus stark gefalteten karbonischen Gesteinen: nördlich des Charles River aus hartem grauen Cambridge-Schiefer (Tonschiefer), südlich hauptsächlich aus dem älteren Roxbury-Konglomerat (Tillite, Konglomerate, Sandsteine und Schiefer), das sich beim Stollenvortrieb unter der Dorchester Bay günstig verhalten hat.

Die Felsoberfläche ist sehr unregelmäßig gestaltet. In Squantum Neck erhebt sie sich einige Meter über den mittleren Ebbespiegel, am Ost- und am Mittelschacht des Sieltunnels liegt sie zwischen —12 und —13, am Westschacht bei —34,5 m. Ein ähnlicher Abfall gegen das Festland besteht weiter nördlich. In der Hafeneinfahrt reichten die Schieferklippen Tower Rock und Corwin Rock früher bis 5,6 bzw. 4,9 m unter Ebbespiegel[2]. Unter dem Neubau des Massachusets Technological Institute wurde die Felsoberfläche in 36,6—41,2 m Tiefe erbohrt; die Verwitterungsrinde war 4,3 m stark[3].

III. Bauerfahrungen.

In Boston herrschte früher die Gründung auf liegenden Rosten oder kurzen Pfählen vor. Infolge des Zusammendrückens von Schlamm und Torf kamen häufig unregelmäßige und beträchtliche Setzungen vor. Aus Rücksicht auf den schiefen Turm der Old South Church wurde die Untergrundbahnstation westlich Dartmouth Street mittels Stahlspundwänden und Betonplatte auf dem Silt errichtet, wobei eine Setzung um 0,08 m zugelassen wurde[4].

Offene Baugruben wurden zwischen Eisenspundwänden unter Wasserhaltung bis 16,5 m Tiefe ausgeführt[5].

---

[1] Alden, W. C.: The Physical Features of Central Massachusetts. U. S. Geol. Surv. Bull. 760 (1924).

[2] Herschel, C.: Felssprengung in der Hafeneinfahrt von Boston. Z. Bauwes. 1868 S. 44.

[3] Crosby, W. E.: Engng. Rec. v. 21. August 1915, 235.

[4] Engng. Rec. 3. Januar 1914, 16.

[5] Engng. Rec. 1911 II N. 18, 498.

Nach den Versuchen von W. E. Crosby[1] zerknickten oder zerbürsteten Pechtannenpfähle beim Durchrammen von Grobsand oder Kies, während Eichenpfähle noch 1,8—5,8 m in den Ton eindrangen; die Eindringungstiefe schwankte selbst bei benachbarten Pfählen um 3—4,5 m. Unter ruhender Last gilt eine Setzung von $^1/_{16}''$ (0,0016 m) als unschädlich, eine Setzung von $^1/_4''$ (0,0063 m) als Grenze der Brauchbarkeit. Beim Ausziehen von Holzpfählen des alten Grundwerkes unter dem Zollamt[2] riß ein Pfahl unter 35 t Zug; die Eindringungstiefe im Ton war überraschenderweise bloß 1,7 m und bei später gezogenen Pfählen gar nur 0,6—0,9 m. Nach dem Ziehen der ersten Pfähle ließ die Verspannung des Baugrundes rasch nach.

Um die Setzung von Nachbargebäuden zu vermeiden, verwendet man zur Tiefgründung offen abgesenkte Brunnen, die mit 0,9 m kleinstem Durchmesser ausgeführt wurden. Unter dem Mittelbau des Zollamtes[3] war der Bänderton trocken, hart und mit der Picke schwer zu lösen; im Schacht zeigte er weder Abblätterung noch Sohlenauftrieb. Die Pfeiler wurden 3 m oberhalb der Felsoberfläche im Geschiebemergel gegründet, der sich unter Caissonsschneide auf 3,6 m Höhe allseits um 2,1 m ausweiten ließ.

Als zulässige Belastung empfiehlt J. R. Worcester[4] für weichen Ton und allseits umschlossenen Laufsand 2,5 at; für wenig plastischen blauen Ton mit oder ohne Feinsandgehalt 3,5 at; für festgelagerten feuchten Sand, harten sandigen Ton und harten blauen Ton 5 at; für trockenen harten gelben Ton, Geschiebemergel, trockenen Sand oder Schotter 6 at.

Bei den Neubauten des Massachusetts Institute of Technology[5] wurden belastet: Die Anschüttung mit 0,4 at, Sand und Schotter durch kurze Tragpfähle mit 0,7 at und die Oberfläche des gleichmäßigen, wenig plastischen Tones mit 1,9 at.

Bei der Probebelastung im Mittelbau des Zollamtes[6] hat der hackfeste Ton in 1,8—2,10 m Tiefe einer mittels Holzstempel von 0,15 × 0,15 m Querschnitt ausgeübten Belastung von 9,5—16,5 at ohne Setzung widerstanden.

VIII. Jungquartäre Schwemmlandbildungen.

A. Schwemmlandböden im Binnenland.

1. Alpine Becken.

In der jüngsten geologischen Vergangenheit sind zahlreiche Talseen durch Verlandung zu Talweitungen geworden. Selbst bei der Zuschüttung der Gebirgsseen durch schweres Geschiebe wird der Schlamm

[1] Crosby, W. E.: Engng. Rec. v. 21. August 1915, 235.
[2] Engng. Rec. v. 18. Febr. 1911, 185.
[3] Worcester, J. R.: Engng. Rec. 1911, II. 298.
[4] Engng. Rec. v. 21. Febr. 1914, 228.
[5] Engng. Rec. v. 21. August 1915, 235.
[6] Engng. Rec. v. 18. Febr. 1911, 185.

nicht immer vollständig verdrängt. So sind z.B. die zwischen Felshöckern am Rand des ehemaligen Wörtherseebeckens gelegene Brücke der Karawankenbahn über die Glanfurt und die benachbarte Durchfahrt auf Pfahlrosten gegründet. Der unter Sturzschutt oder Geschiebeabsatz begrabene Seeschlamm der Tauerntäler wurde bereits erwähnt (Brücken der Tauernbahn bei Klammstein, Dorfgastein und oberhalb Badgastein auf Holzpfählen; Krafthaus des Mallnitzwerkes bei Obervellach auf Ortbetonpfählen).

Der Schlamm an den Ufern des Bodensees und im verlandeten Seebecken erfordert Flachgründungen mit sehr geringer Bodenpressung oder Pfahlgründungen; lehrreiche Beispiele aus diesem Gebiet hat M. Heimbach beschrieben[1]. Das Maria-Martha-Stift bei Lindau, dessen Baugrund aus 2,5—3 m Aufschüttung und 10—12 m ganz weichem Seeschlamm über tragfähigen Diluvialablagerungen besteht, wurde auf Holzpfählen mit Eisenbetonaufsatz gegründet. Am Nordrand des Deltas der Bregenzer Ache folgen unter einer 8—9 m mächtigen Schotterschichte zunächst eine 1,6—2,8 m starke Sandschichte, dann 4—5 m zusammengepreßter Seeschlamm, darunter Laufletten, der bis 19,5 m unter Seespiegel erbohrt ist. Das 50 m von der Kaimauer entfernte Post- und Telegraphengebäude in Bregenz[2] wurde mit Bodendrücken von 3—6 at in der hangenden Schotterschichte gegründet. Nach der Bauvollendung im Jahre 1894 senkte sich das Gebäude bis 1896 örtlich um 0,34 m; im Jahre 1911 betrug die Gesamtsetzung an den äußeren Gebäudeecken 0,19—0,70 m. Mit Hilfe von unmittelbar unter Gelände angesetzten Eisenbetonkonsolen wurde die Bodenpressung im Schotter auf 1,5 at verringert, auf den Schlammuntergrund entfiel nur mehr eine sehr geringe Pressung, so daß nach einem Jahr vollständiges Gleichgewicht erreicht war.

In Hard, wo das Delta der Bregenzer Ache an das Rheindelta grenzt, wechselt die Bodenbeschaffenheit sprunghaft. Ein Fabrikbau auf altem Seegrund erforderte eine gegliederte Eisenbetonplatte von 0,2 at Bodenpressung, die nur 350 m davon entfernte Fabrik von S. Jenny steht auf einer Eisenbetonplatte von 0,85 at Bodenpressung und der 550 m von der erstgenannten Fabrik achewärts gelegene Wasserturm ist mit 2,5 at Bodenpressung auf einer tragfähigen Kiesschicht errichtet. In Hohenems, rund 14 km vom Bodensee und 1,8 km vom Rhein entfernt, traf man beim Bau der Stickereifabrik sehr weichen Letten, durchsetzt mit Torfschichten in bunter Reihenfolge und darunter Laufletten. M. Heimbach meint, daß selbst 20 m tief eingetriebene Pfähle die langsame Talwärtsbewegung des Untergrundes nicht aufhalten können und gründete die Stickereifabrik auf einem biegungsfesten geschlossenen Kasten aus Eisenbeton mit 0,35, das Maschinenhaus auf einer Platte mit 0,2 at Bodenpressung. Ungefähr 1,7 km von Hohenems besteht der Baugrund aus Torf mit einer dünnen Lettendecke;

---

[1] Heimbach, M.: Moderne Gründungen auf Schlamm- und Moorboden. Öst. Wschr. öff. Baudienst 1912 Heft 22 u. 23.

[2] Heimbach, M.: Die Rekonstruktion der Fundamente des Post- und Telegraphengebäudes in Bregenz. Allg. Bauztg. 1913 Heft 2.

die älteren, auf Pfahlrosten errichteten Gebäude der AG. für Textilindustrie erfuhren Setzungen bis 1 m. Bei den Neubauten wurde der nachgiebige Boden durch kasettenartige Rippen an der Unterseite der Betonplatte umschlossen und mit 0,25 at belastet.

Vor der stauenden Barre von Seen mit starker Sinkstoffzufuhr bilden sich ebenfalls Schlammböden. Zumindest in Ufernähe ist dann die Pfahlgründung der Flachgründung vorzuziehen[1].

2. Kninsko Polje.

Außer von der Sortierung der Korngrößen und dem Wassergehalt wird das Verhalten der jungen Schwemmlandböden von ihrem Gehalt an organischen und anorganischen Kolloiden bestimmt. Wohl die vielsagendsten Erfahrungen haben sich auf dem engen Raum um Knin in Dalmatien ergeben. In der Abb. 112 sind die niedrigen Hügel zwischen Kerka und Butišnica, die aus gipsführenden Werfener Schiefern, jungtertiären und quartären Süßwasserbildungen bestehen, sowie das höher aufragende Lias- und Kreidekalkgebirge westlich der Butišnica durch Schraffen von den (weißen) Schwemmlandböden unterschieden. Kerka und Orašnica bilden südlich und östlich von Knin ein verzweigtes Polje (Feld); Butišnica und Radljevac durchströmen das versumpfte Kninsko Polje. Das südliche, in der Mitte der Talauffüllung gelegene Widerlager der 25 m weiten Kerkabrücke[2] wurde auf einem liegenden Rost mit 1 at Bodenpressung ausgeführt; die einseitige Senkung der südlichen Widerlagerflucht betrug im ersten Jahr 0,5 m und steigerte sich in den nächsten 14 Jahren auf 0,68 m. Unter dem nördlichen Widerlager hat man 16,3 m unter Talsohle Fels erbohrt, die Oberflächenschichten enthalten Sand und Gerölle; das Widerlager erfuhr keine

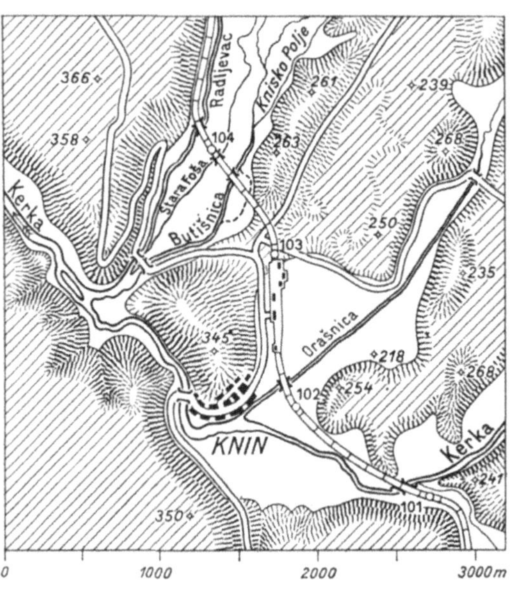

Abb. 112. Lageskizze der Eisenbahnbrücken bei Knin (Dalmatien).

[1] Vgl. Achter Teil, VI. 2. Zürich und 3. Gmunden; ferner Schachner, J.: Hotel Austria in Gmunden. Allg. Bauztg. Bd. 43 (1878) S. 14.

[2] Bierbaumer, A.: Vorschläge für die Beurteilung von Flach- und Pfahlgründungen. Z. Öst. Ing.- u. Arch.-Ver. 1929 Heft 19/20, 27/28, 29/30.

nennenswerte Setzung, trotzdem 4,5 m unter Fundamentsohle eine 6,6 m starke Moorschichte durchzieht, die von Sand durchsetzt sein dürfte.

Die beiden Widerlager der Oražnicabrücke wurden ohne ausreichende Baugrunduntersuchung auf doppelten Bohlenrosten mit 1 at Bodenpressung errichtet. Vom Beginn der Aufmauerung an sanken beide Widerlager ziemlich gleichmäßig und stellten sich schief (Abb. 113). Die Setzung verlangsamte sich bei konstanter Belastung, nahm aber bei jeder Belastungsteigerung wieder zu und erreichte Ende Juni 1887 am Kniner Widerlager bei einer Belastung von rund 1,1 at bereits 4,2 m. (Abb. 114).

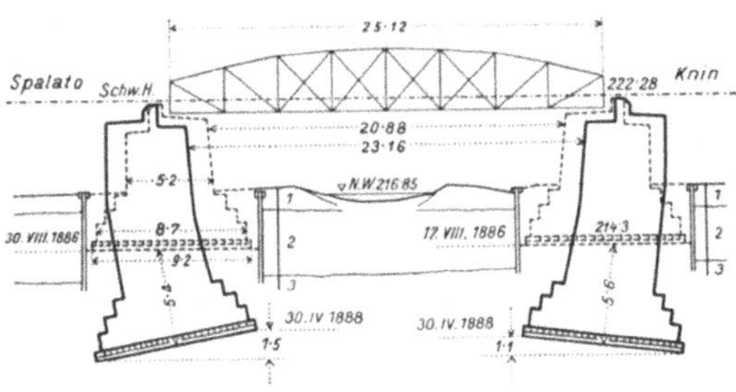

Abb. 113. Oražnica-Brücke bei Knin.
------- Entwurf. ——— Ausführung.
1 Humus.
2 Lehmiger Schlamm mit Moorerde.
3 Feiner Flugsand mit kleinen Muscheln.

Ende April 1888 hatten sich die Widerlager bei anscheinendem Gleichgewicht um 5,4 bzw. 5,6 m gesetzt[1]. Im September 1895 ruhte das Tragwerk noch auf Holzunterlagen; Ende 1901 befand sich die Brücke seit einigen Jahren in Ruhe, die Auflagerquader wurden wahrscheinlich zwischen 1898 und 1901 versetzt. Anfangs Dezember 1913 war das Tragwerk nach Aufzeichnungen des Verfassers 0,8—1,2 m, im Mittel 1 m über den typengemäßen Auflagerquadern gelagert. Die Gesamtsetzung hatte also damals schätzungsweise 7 m erreicht.

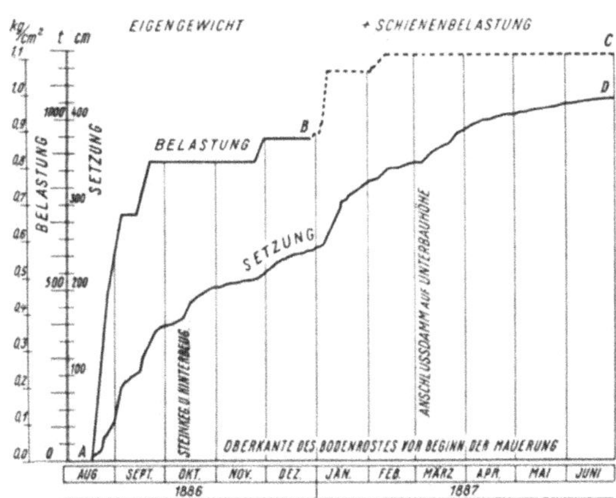

Abb. 114. Oražnica-Brücke bei Knin. Zeitbelastungs- und Zeitsetzungskurve für das Kniner Widerlager.

Etwa 600 m südlich der Brücke liegt ein sogenanntes Millionenloch, in dem die Dammschüttungen anfangs versanken und dann anhaltend versackten. Vermutlich steht die Oražnicabrücke über Diatomeenschlamm mit Lagen von Moortorf, sowie tonigen und feinsandigen Hochwasserablagerungen, die als Oberflächenschichten irreführten.

[1] Wschr. Öst. Ing.- u. Arch.-Ver. 1888 S. 342.

Bei der Fortsetzung der Eisenbahn von Knin nach Pribudić wurden längs der Übersetzung des Kninsko Polje vermeintlich neogene Süßwassermergel erbohrt, in Wirklichkeit waren es quartäre Beckenausfüllungen.

Probebelastungen des „Mergels" mit einem Stempel von 400 cm^2 Querschnitt ergaben:

Wasserlauf	Tiefe unter Gelände m	Belastung kg/cm^2	Senkung mm	Dauer Stunden
Butišnica	2,8	0,57	0	—
		1,00	6	—
		1,80	44	60
Radljevac	5,4	0,90	0	—
		1,80	16	—
		4,75	173	240

Auf Grund einer Proberammung von 10—12 m langen Holzpfählen mit 28—34 cm Kopfstärke, entschloß man sich zur Gründung mittels 13 m langer Züblinpfähle von 40 cm eingeschriebenem Durchmesser. Unter der ruhenden Last von 43,2 t sank ein in 3 m tiefer Baugrube gerammter Züblinpfahl am ersten Tag 7 mm ein; innerhalb 22 Tagen fanden Nachsenkungen bis 13,3 mm statt, die während weiterer 5 Tage nicht mehr wuchsen. Nach vollständiger Entlastung verringerte sich die Setzung auf 5,1 mm. Die verwendete Universaldampframme hatte direkt wirkenden Dampfbär von 5000 kg Gewicht, 0,5 m Hubhöhe und 40—60 Schlägen je Minute. An den äußeren, den Talflanken benachbarten Widerlagern der drei Brückenöffnungen von 31,5; 31,5 und 22,5 m Stützweite stieß eine größere Zahl von Pfählen auf Hangschutt und mußte abgeschnitten werden. Die Pfahlköpfe wurden durch 1 m starke Betonplatten verbunden; die Widerlager zeigten keine Setzung. Die Widerlagerflügel der Butišnicabrücke wurden ohne Pfähle auf 1 m starke Eisenbetonplatten gestellt, die einen Bodendruck von 1,46 bis 1,61 at ausübten.

3. Mexico City.

I. Entstehungsgeschichte.

Die Stadt Mexico liegt unter dem 19° nördl. Breite in 2277 m Seehöhe und hat eine mittlere Jahrestemperatur von 15,4°. Die ausgedehnten ursprünglich abflußlosen Seen des von quartären Ablagerungen erfüllten Hochtales von Mexico werden von einem Jahresniederschlag von 250—500 mm gespeist. Zur Diluvialzeit war das Klima wesentlich feuchter[1]; der Lago de Texcoco reichte bis an die umrandenden alten Vulkangebirge (siehe Abb. 115) und enthielt nach C. G. Ehrenbergs Untersuchungen[2] nur Süßwasser. In geschichtlicher Zeit führten die

[1] Jäger, F.: Forschungen über das diluviale Klima in Mexiko. Petermanns Mitt. Erg.-Heft 190 (1926).

[2] Ehrenberg, C. G.: Über mächtige Gebirgsschichten, vorherrschend aus mikroskopischen Bacillarien unter und bei der Stadt Mexiko. Abh. preuß. Akad. Wiss., Berlin 1869.

durch einen Damm geschiedenen Seen Xochimilco und Chalco Süßwasser, die anderen salziges Wasser.

Im 15. Jahrhundert teilten die Azteken das große Becken durch einen 15 km langen Damm in den Lago de Mexico im Westen, dem sie das

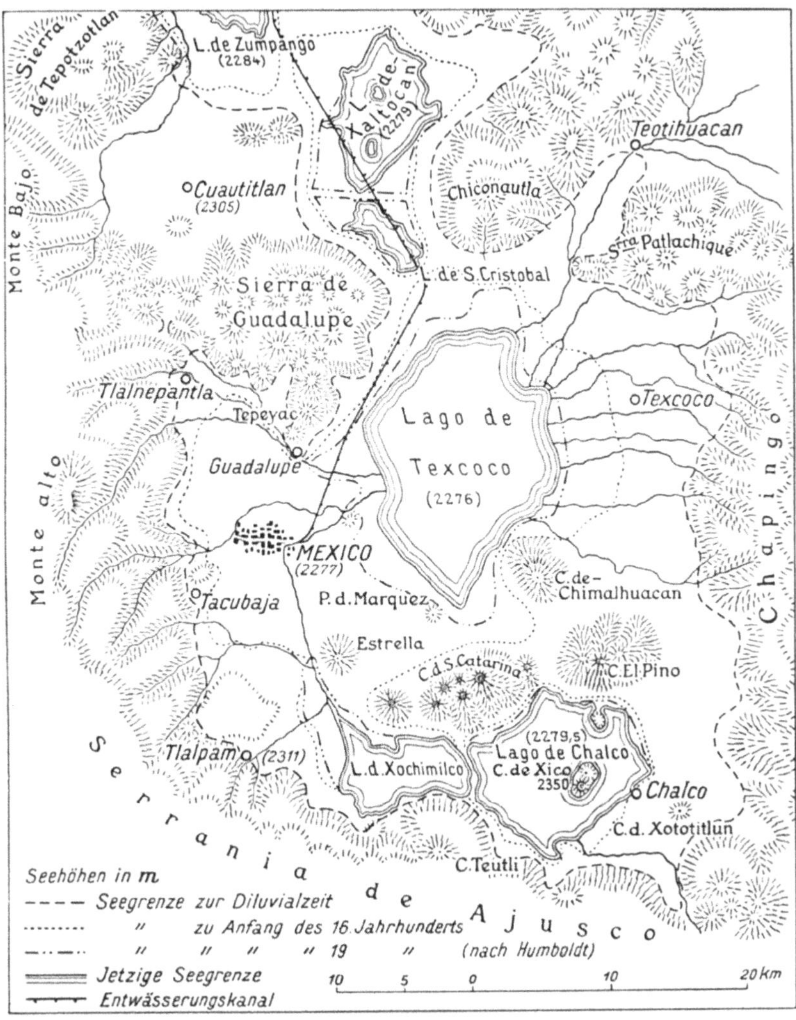

Abb. 115. Geologisch-morphologische Lage der Stadt Mexico (nach J. Felix u. H. Lenk 1890). Der Entwässerungskanal fließt nach Norden zum Tulafluß.

Süßwasser der südlichen Seen zuführten, und den Lago de Texcoco im Osten, der der Versalzung und Verlandung verfiel. Hernán Cortes ließ die Wälder abholzen; großartige Entwässerungsarbeiten verminderten die Wasserflächen, die im Sommer von jedem Quadratmeter in

24 Stunden 3500 g Wasser verdunsten[1]. Das Klima wurde steppenartig, und eine aus Soda, Glaubersalz und Kochsalz bestehende Ausblühung des Bodens (tequesquite) behinderte den Pflanzenwuchs. Das warme Seichtwasser begünstigte die außergewöhnliche Entwicklung der Kieselalgen (Diatomeen = Ehrenbergs Bacillarien), und die höheren Wasserpflanzen bildeten schwimmende Pflanzenmatratzen (Chinampas). Aus organischen gallertigen bis schaumigen Ausscheidungen in Verbindung mit Fliegeneiern und -larven entstand eine Art Schaumkalk, die „eßbare Erde" (ahuautle) von Mexico.

Die alte Topographie von Mexico City kennt keine Kunstbauten. Das „aztekische Venedig" war an der tiefsten Stelle des abflußlosen Hochtales auf einer Insel des Texcoco-Sees erbaut, durch 3 Landwege mit dem Ufer verbunden und von Kanälen durchzogen.

Die Stadt dehnte sich später über den östlichen Seeboden aus, und im Jahre 1607 begann man die Lagunenstadt in eine „europäische Stadt" zu verwandeln. In alter Zeit soll der Texcoco-See die Stadt einmal 7 m hoch überflutet haben, und noch am 1. August 1925 setzte er die Hauptstraßen so hoch unter Wasser, daß die Motoren der Straßenbahn und der Autos versagten[2]. Bei Niederwasser verpesteten die Abwässer der Stadt und die organischen Bildungen die seichten Lagunen, Gesundheitswesen und Hochwasserschutz erforderten daher gebieterisch eine gründliche Entwässerung.

Morphologisch liegt die Stadt Mexico auf der Austrocknungskruste einer seit Anfang des 17. Jahrhunderts künstlich trockengelegten Süßwasserlagune. Die Flüsse San Joaquin und Los Morales mündeten früher in die Lagune westlich der Stadt; durch ihre Deltas entstand eine Nebenlagune, die heutige Umgebung von Chapultepec, die durch Abzugskanäle entwässert wurde. An der Verlandung der Lagunen wirken vulkanische Staubablagerungen und die erwähnten Lebewesen mit. Im Jahre 1856 wurde die Ausführung des von Ingenieur F. de Garay entworfenen 50,4 km langen Entwässerungskanales beschlossen, das Abfuhrvermögen des 8970 m langen Haupttunnels jedoch von 33 auf 17,5 m³/sek herabgesetzt. Nach vielen Stockungen wurde diese, die gesundheitlichen Übelstände beseitigende Anlage am 17. März 1900 eröffnet. Die Entwässerung des Stadtgebietes litt weniger durch Erdbeben als durch Bodensenkungen. Infolge des raschen Wachstums von Mexico City ist ein weiterer Ausbau der Entwässerung notwendig geworden.

Die geologische Lage der Stadt Mexico ist aus dem schematischen Profil (Abb. 116) ersichtlich. Die Gebirgsumrandung des Hochtales besteht nur im Norden aus Kreideablagerungen, im übrigen aus Ergußgesteinen. Die Stadt liegt inmitten eines Gebietes sehr großer Erdbeben-

---

[1] Poumarède: Die Stadt Mexico usw. Notizblatt zur Allg. Bauztg. Bd. 5 (1864) Nr. 17.

[2] Duran, N.: El pavoroso problema del desagüe de la Ciudad. Revista mex. Ing. arquit. IV (1926) 387. — Vgl. auch Gefäll, W.: Der große Entwässerungskanal des Hochtales von Mexico und seine Geschichte. Öst. Wschr. öff. Baudienst 1911 Nr. 22.

häufigkeit[1]. Von den Vulkanen im Süden der Stadt stammen die mineralischen Bestandteile der bis 240 m Tiefe durchbohrten Ausfüllung des Beckens, in der bis 1883 im Stadtgebiet allein 483 artesische Brunnen niedergebracht waren. Gegenwärtig wird die Stadt aus zwei Wasserleitungen versorgt.

C. G. Ehrenberg hat in den Bohrproben aus Tiefen bis 110 m durch Tonschichten getrennte, 1—10 m mächtige Lager von grauer oder weißer Infusorienerde (Kieselpanzer von Diatomeen, Tripel) bestimmt. Von den gleichzeitig auftretenden weichen und schalenlosen Lebewesen dürfte der Bitumengehalt einzelner Tonschichten stammen. Im 149 m tiefen Brunnen in der Casa de moneda wurde von 61,17 bis 62,01 m Tiefe eine zwischen vulkanischem Sand und Gerölle eingeschlossene Torfschicht durchbohrt. Reiner Tripel tritt unterhalb der Torfschicht auf[2]. In den Bohrprofilen werden nur die obersten Schichten als „Schlamm" bezeichnet, offenbar weil der Feuchtigkeitsgrad zwischen den Wasserhorizonten nicht beachtet wurde; im Bohrloch Casa de moneda wird schon bei 16,76 m kompakter mergeliger Ton mit Cyprisschalen verzeichnet. Als Wasserhorizonte machen sich die Bimssteinlagen und vulkanischen Gerölle geltend; die Tuffe sind ton- oder mergelartig zersetzt. Wahrscheinlich bestehen manche Schichten aus hochkolloidalen Schlämmprodukten vulkanischer Aschen (Bentoniten). Das geologische Alter der tieferen Beckenausfüllungen ist nicht bekannt.

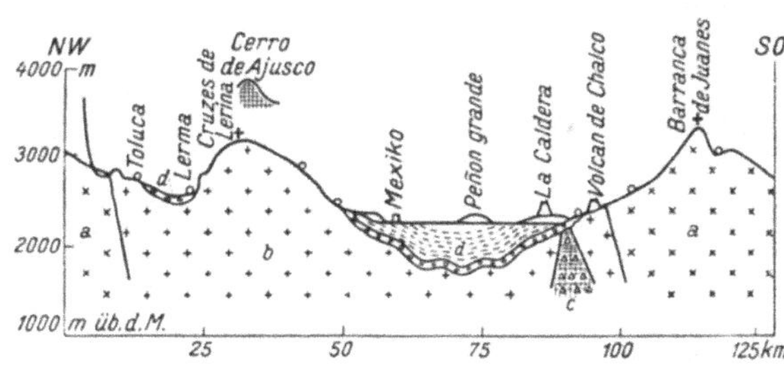

Abb. 116. Profil durch das Hochtal von Mexico (nach C. G. Ehrenberg und Burkart 1869).
d Jungquartäre und diluviale Beckenausfüllung. *c* Basaltische Lava. *b* Schwarzer Porphyr und Mandelstein. *a* Grauer und roter Porphyr.

Der Talboden ist 6—9 m hoch von verschwemmten vulkanischen Massen bedeckt; die Sinkstofführung der Flüsse ist so bedeutend, daß für die vollständige Verlandung des Texcoco-Sees im Jahre 1868 nur ein Zeitraum von 30 Jahren veranschlagt wurde[3], was allerdings nicht eingetroffen ist. In den Einschnitten des Entwässerungskanales enthält die Humusschicht altindianische Kulturreste. Darunter folgen Kalktuffe und Süßwasserkalke, dann Sand- und Geröllschichten mit Knochen diluvialer Säugetiere, gelblicher bis rötlicher Mergel und schließlich, bis 28 m Tiefe, tuff- und mergelähnliche Gesteine. Die Thermenabsätze von Ixtlan und der Tuff des Pennon bei der Hauptstadt sind postglazial. Unter „toba" werden mächtige Schichten aus tonig gebundenen Bimssteinstücken verstanden, die sich als Baustein verwenden lassen[4]. Tech-

[1] Aquilera, J. G.: Les Volcans de Mexique etc. X. Intern. Geol. Kongreß, Mexico 1906.

[2] Felix, J., u. H. Lenk: Beiträge zur Geologie u. Paläontologie der Republik Mexico, 1. Teil. Leipzig: A. Felix 1890.

[3] Ehrenberg a. a. O. S. 31.

[4] Ehrenberg a. a. O. S. 2.

nisch wichtig sind die als Tepetate bekannten vulkanischen Breccien, die durch Steppenkalk verkittet sind[1]. Mit dem gleichen Namen werden auch dünnschichtige tonig-mergelige Seeabsätze benannt.

Über den merkwürdigen magnesiahaltigen Ton von Mexico, den man 1904 auch bei der Gründung des Parlamentes angetroffen hat, wurde schon im Vierten Teil (VI. 5. Ton) berichtet. Dem außerordentlichen Schwellvermögen entspricht auch das ungewöhnliche Schwinden, das die seit Jahrhunderten fortgesetzte Austrocknung des alten Seebodens begleitet. Zu dieser Hauptursache der Bodensenkung kommt die zunehmende Belastung der Kruste durch die Verbauung und schließlich, wie in Venedig, die Wirkung der artesischen Brunnen.

II. Bauerfahrungen.

Es ist bekannt, daß die Gebäude der Stadt Mexico langsam einsinken, und es wurde sogar berechnet, daß Mexico City nach 400 Jahren unter den Spiegel des Texcoco-Sees gesunken sein werde[2]. Das rasche Auskeilen stark zusammendrückbarer oder verdrängbarer Schichten organischen Ursprungs zwischen ausgedehnten Lagen von wenig zusammendrückbaren vulkanischen Auswurfstoffen führt häufig zur Schiefstellung von Bauwerken.

Die Bohraufschlüsse und der zeitliche Verlauf derartiger Senkungen (vgl. Abb. 114), geben keinen Anlaß zu übertriebenen Befürchtungen. Senkungen von rund 1 m haben sich auch in Canada, in Holland, in Hohenems und an anderen Orten ereignet. Der Setzungsunterschied zwischen Mitte und Enden der vor 200 Jahren errichteten Montanistischen Hochschule in Mexico beträgt rund 1 m, der Betrag der gesamten Setzung ist nicht bekannt[3].

Auch diese Formänderung erscheint nicht unerklärlich, wenn man sie mit der des Colegio Nacionál in Paraná vergleicht (Abb. 95).

Der freistehende dreistöckige Palast des Ministeriums für öffentliche Arbeiten und Telegraphie[4] hat 5000 m^2 verbaute Fläche und wurde 1904—1911 auf Anschüttung über Schlammgrund erbaut. Für die Flachgründung mit dem Baugrund angepaßten einzelnen Betonplatten, die durch Eisenträger versteift sind, war eine mittlere Bodenpressung von 1 at zugelassen und eine Senkung von 0,35 m vorausberechnet; erzielt wurde eine gleichmäßige Setzung von 0,3 m.

Wenn man die Lage der einzelnen Baustellen gegen die alten Strandlinien, Wasserläufe und Deltas, sowie die seit der Grundwassersenkung verstrichene Zeit in Betracht zieht, so unterscheiden sich die Gründungen in Mexico City dem Wesen nach nicht von den Gründungen auf anderen sehr jungen Schwemmlandböden.

[1] Freudenberg, W.: Geologie von Mexiko, S. 141. Berlin, Gebr. Borntraeger 1921.

[2] Menzel, Donald H.: Science and Invention in Pictures Vol. 13 (1925) N. 6, New York.

[3] Terzaghi, K. v.: Ingenieurgeologie, S. 505. Wien: Julius Springer 1929.

[4] Cassinis, G.: Der Palast des Ministeriums für öffentliche Arbeiten und der Telegraphie in Mexico. Ann. Soc. Ital. Ing. ed Arch. S. 417. Roma 1902.

B. Flachküsten, Lagunen- und Deltagebiete.

1. Leningrad.

I. Geologischer Bau des Stadtgebietes.

Nach seiner geographischen Gestalt scheint Leningrad eine typische Deltastadt zu sein. Die 67 km lange Newa ist aber nur ein Abfluß des Ladogasees (5 m ü. d. M.), und ihre Sinkstoff- und Geschiebefüh-

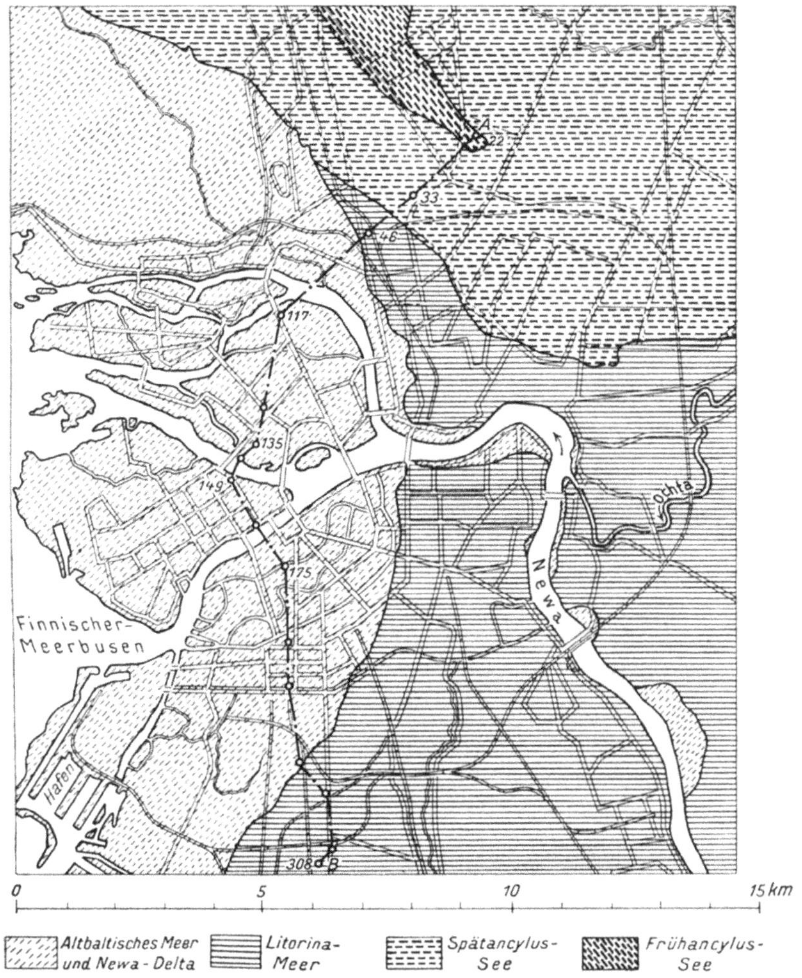

Abb. 117. Geologische Kartenskizze von Leningrad (nach S. A. Jakovleff 1926).

rung reicht nicht zur Bildung eines Deltas aus. Leningrad ist in Wirklichkeit auf einer von der Newa inselförmig zerschnittenen Küstenniederung erbaut, deren Fortsetzung gegen Nordwesten noch Strandwall und Dünen besitzt (Abb. 117). Der innere Bau dieses, in geologisch junger Zeit über Wasser gelangten Meeresbodens wurde von der nordeuropäischen Vereisung und den ihr folgenden Ereignissen bestimmt. Wie an den anderen Flachküsten nimmt das Pflanzenleben wesentlichen Anteil an der Bildung der jüngeren Bodenschichten. Sorgfältige, auf zahlreiche Bohrungen und Nivellements gestützte Untersuchungen von S. A. Jakovleff[1] haben die jüngere geologische Geschichte des Gebietes von Leningrad klargestellt.

Das Quartär von Leningrad (früher Petersburg) liegt unmittelbar auf obersilurischem blaugrünen Laminarienton. In einer Brunnenbohrung im Narvaschen Stadtteil[2] hatte das Quartär eine Mächtigkeit von 27 m, der Laminarienton von 91 m, die darunter folgenden (kambrischen?) Sandsteine mit Tonzwischenlagen von 82 m; in 200 m Tiefe

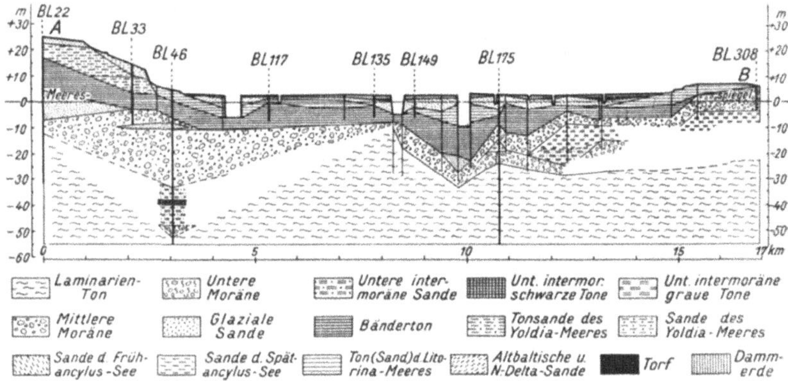

Abb. 118. Geologischer Querschnitt durch Leningrad (nach S. A. Jakovleff 1926).

wurde archäischer Gneis erbohrt. In dem in Nordsüdrichtung durch die Stadt geführten Schnitt AB (Abb. 118) liegt der höchste Oberflächenpunkt des Laminarientones bei —10 m, der tiefste Punkt bei —52 m, die Muldensohle zwischen BL 149 und BL 175 bei —33,5. Die Mächtigkeit der quartären Überlagerung beträgt an diesen Punkten 12 m, 57 m und 35,5 m. Als Baugrund kommen daher nur die diluvialen und postdiluvialen Ablagerungen in Betracht.

Die Zahl der russischen Vereisungen steht noch nicht endgültig fest. Nach S. A. Jakovleff wurden vor der älteren Eiszeit geschichtete Sande und Schotter abgelagert, die aber nur aus dem Bohrloch der Kalinkinbrauerei und dem Caisson der Eisenbahnbrücke in Ochta bekannt sind. In der Regel liegt über dem silurischen Laminarienton der hellgraue Geschiebelehm der unteren Moräne (erste Vereisung). Es folgen bis 35 m mächtige Meeres- und Süßwasserbildungen der ersten Zwischeneiszeit (untere intermoräne Sande, schwarze und graue Tone der Abb. 118); diese Tone stoßen Sumpfgas und Schwefelwasserstoff

[1] Jakovleff, S. A.: Quartärablagerungen und Relief der Stadt Leningrad und ihrer Umgebungen. Leningrad 1926.

[2] Helmersen: Der artesische Brunnen in St. Petersburg. Zit. nach F. Karrer: Der Boden der Hauptstädte Europas. Wien: A. Hölder 1881.

aus. Der Geschiebelehm der mittleren Moräne (zweite Vereisung) ist durch Humusgehalt dunkelgrau bis schwarz gefärbt; er ist meist 4—6 m, örtlich aber bis 50 m mächtig. In der zweiten Zwischeneiszeit gelangten die nicht überall entwickelten (oberen) fluvioglazialen Sande und die (unteren) 4—13 m mächtigen marinen bituminösen Bändertone zum Absatz. Die obere Moräne (dritte und letzte Vereisung) bildet nur eine 1—2,5 m starke, nicht mehr zusammenhängende Decke von Geschiebelehm mit verwitterten Granitgeschieben. Gleichzeitig entstanden unter dem Schmelzwasser am Gletscherrand zur Endmoräne gehörige Sand- und Geröllrücken (Kames).

Im Endstadium der letzten Vereisung bildeten die Schmelzwässer den (nach Funden von Süßwasserfischen benannten) Fischsee, in dem sich die oberen Bändertone absetzten. Wo die obere Moräne fehlt, gehen die unteren Bändertone in die oberen über (wie in Abb. 118).

Nach dem Ablauf des Fischsees sank die Newaniederung und das Yoldiameer setzte im Vordringen weiße Sande und schluffartigen Diatomeenschlamm ab. Ihre Überlagerung durch Sande mit Brackwasser- und Süßwasserdiatomeen zeigt eine neuerliche Hebung des Landes an. Dieser Phase gehören auch die im Ochta Becken (Mitte des Ostrandes der Abb. 117) gefundenen Fichtenwälder an, die bei der nächsten Senkung, durch die der Ancylussee entstand, unter Sand und sandigem Lehm begraben wurden.

Mit dem Frühancylussee beginnt die Herausarbeitung der heutigen Landformen von Leningrad. Gleichzeitig mit dem Absatz der Sande bilden sich in den seichten Uferstrecken mächtige Torfmoore, deren Ausbreitung durch den Rückgang des Spätancylussees gefördert wird.

Eine neue Senkung führt das Litorinameer tief in die Newaniederung. Es setzt über dem Torf der Spätancyluszeit dunkelgraue fein- und mittelkörnige Sande und Schlamm mit Cardium edule ab; eine vom Litorinameer begrabene Torfschichte fand sich bei Kronstadt 4,5 m unter dem heutigen Meeresspiegel. Im Baugrund machte sich der beim Vordringen des Litorinameeres abgelagerte Faulschlamm (Gyttja) sehr nachteilig geltend. Während des Rückzuges bildeten sich auf den vom Meer verlassenen Flächen neue Torflager.

Als „altbaltisches Meer“ kehrte die See zurück und verlandete auch den Litorinatorf. Am Lachtaer Sumpf fand man (NW-Küste außerhalb der Karte Abb. 117): jüngeren Sphagnumtorf 1—3 m, Lehmsand des altbaltischen Meeres (Vorstoß) 1—2 m, begrabenen Segge- und Grastorf 0,5—1,2 m, Lehmsand des Litorinameeres (Vorstoß) über 1 m. Die Bildung des jüngeren Sphagnumtorfes, die wieder bei der Ladogatransgression überdeckt wurde, fällt in den Beginn der geschichtlichen Zeit.

Aus den altbaltischen Sanden wurden die Dünen des Finnischen Meerbusens ausgeblasen, die prähistorische Wohnsitze enthalten; sie sind von Meeressanden der letzten baltischen Transgression bedeckt, die bis gegen 500 n. Chr. währte. Nachher hat sich das Gebiet von Leningrad wieder langsam gehoben; der Zuwachs der „Deltainseln“ während der letzten 150 Jahre und die Beobachtungen am Kronstädter Pegel galten lange Zeit als Beweis einer Fortdauer der Hebung. Eine genauere Prüfung der Stadtvermessungen von 1864 und 1911 und der Schwankungen des Meeresspiegels von 1841 bis 1923 führten jedoch zur Feststellung, daß das Gebiet von Leningrad im Sinken begriffen ist.

Im Gebiet von Leningrad bestehen folgende Terrassen, die vom Südosten gegen Nordwesten ansteigen (Abb. 117): Der ehemalige Boden des altbaltischen Meeres mit den tiefstgelegenen Stadtteilen bis zum Abstieg der Fontanka und dem Sampsonjewskijprospekt (im Südosten 3—4 m, im Nordwesten 12 m ü. d. M.). Auf der folgenden, von den Ablagerungen des Litorinameeres gebildeten Terrasse (im Südosten 4—5 m, im Nordwesten 18 m ü. d. M.) liegen der Wyborger Stadtteil, Ochta und der Roschdestwensky-Ligowsche Stadtteil. Im Norden von Leningrad bilden die Ablagerungen des Spät- und des Frühancylussees eine bis 25 m ansteigende, noch wenig verbaute Terrasse.

II. Bauerfahrungen.

Über die Bauerfahrungen in Leningrad liegen nur spärliche Mitteilungen vor. Es ist bekannt, daß Peter der Große im Jahre 1703 begann, in dem damals noch versumpften Mündungsgebiet der Newa mit Aufgebot Zehntausender von Arbeitern Häuser und Straßen auf Pfahlrosten zu errichten. Wegen des Massensterbens der Arbeiter sagt man, Petersburg sei „auf Knochen erbaut“[1]. Wenn der Westwind das Wasser der Newa zurückstaut, werden die tiefliegenden, von Kanälen durchzogenen Stadtteile überschwemmt. Besonders verheerende Hochfluten ereigneten sich 1824 und 1924.

In den oberen Schichten des Baugrundes treten die schon erwähnten Lager von Torf, Diatomeenschlamm und Schluffsanden auf (vgl. die ähnlichen Verhältnisse in den Niederlanden, in Berlin, in Boston), was in der Regel Pfahlgründung erfordert. Auf den jüngeren tonigen Sanden des Litorina- und des altbaltischen Meeres kann (wie in Venedig) der Schwellrost genügen. Schwere Baulasten müssen durch Brunnen oder Caissons auf den tragfähigen Bänderton oder die mittlere Moräne übertragen werden. Wo die obere Moräne oder fluvialglaziale Ablagerungen in genügender Mächtigkeit erhalten blieben, sind auch seichte Gründungen möglich.

Italienische und französische Architekten wurden zur Errichtung der Paläste und Kirchen herangezogen, auch Andreas Schlüter war kurze Zeit in Petersburg tätig[2].

Die vom Architekten Montferrand von 1817—1858 erbaute Isaakskirche[3], deren Mittelbau von einer 102 m hohen Kuppel gekrönt ist, steht auf „schlechtem Baugrund“. Die Köpfe der 0,28—0,30 m starken und 6,4 m langen Pfähle, die mit einem 1150 kg schweren Bären in Abständen von 0,75 m (unter der Kuppel) bis 1 m (unter den Flügeln)

---

[1] Radó, A.: Führer durch die Sowjetunion. Berlin 1928.

[2] Rohde, R.: Bemerkungen über russische Baukunst und Technik. Zbl. Bauverw. 1892. — Wallé, P.: Schlüters Wirken in Petersburg. Zbl. Bauverw. 1901 S. 126.

[3] Bericht von Stüler in Z. Bauwes. 1860 S. 624. — Hilbig, H. (nach Montferrand): Allg. Bauztg. 1886 S. 73.

eingerammt wurden, liegen 7,1 m unter Gelände. Statt des üblichen Schwellwerkes wurden über den ganzen Baugrund zwei Scharen von 0,58 m hohen Granitquadern in Zementmörtel verlegt. Darüber erhebt sich eine 4 m starke Mauerwerksplatte, die unter den Pfeilern aus Quadern, im übrigen aus Bruchsteinen hergestellt wurde. Der massige Unterbau hat das Entstehen von ungleichmäßigen Setzungen und von Rissen nicht verhindert.

Beim Umbau des Geschäftshauses am Newskiprospekt Nr. 21 hat O. Fröhlich[1] die Pfeiler auf durchlaufende Fundamentbalken aus Eisenbeton gestellt und als „Bettungsziffer für den Petersburger Baugrund" annähernd $K = 5\ kg/cm^3$ angegeben, d. h. eine Belastung von $5\ kg/cm^2$ würde eine Setzung von 1 cm hervorbringen. Daß dieser Wert nur örtlich gelten kann, geht aus der geologischen Beschreibung hervor.

An Stelle der Isaak-Schiffbrücke über die Newa wurde 1844 eine 329 m lange Brücke mit 7 Gußeisenbogen und Granitpfeilern in Angriff genommen, die auf Pfahlrosten gegründet sind[2]. Die Widerlager der 1880 erbauten Alexanderbrücke stehen auf Pfahlrosten, die Mittelpfeiler auf pneumatisch bis 12,8 m Tiefe abgesenkten Caissons[3]. Die Hauptpfeiler der von 1896—1903 errichteten Troitzkibrücke zwischen dem Marmorpalais und der Peter und Paulfestung wurden rund 22,3 m unter Nullwasser (15 m unter Flußsohle) mittels Druckluft gegründet[4]. Für die Pfeiler der Ochtabrücke (erbaut 1906—1911) war eine Druckluftgründung bis 25,5 m vorgesehen[5].

Die natürliche Wassertiefe vor der Newamündung beträgt nur 3 m. Um größeren Schiffen die Zufahrt zum Petersburger Hafen zu eröffnen, wurde ein 56 km langer und 5,3—6,1 m tiefer Schiffahrtskanal nach Kronstadt gebaut und später auf 8,5 m vertieft[6]. Die Molendämme des an den Hafen anschließenden Teiles stehen auf Steinkisten, der äußere Kanal ist bloß gebaggert.

Um den $5\ m^3/sek$ betragenden Wasserbedarf von Leningrad zu decken, hat G. Thiem[7] die Gewinnung von Grundwasser aus der Hochfläche von Gatschina oder der Diluviallandschaft nördlich der Stadt vorgeschlagen; der Rest sollte dem Ladogasee entnommen werden. Gleichzeitig sollte der Duma im Jahre 1913 ein Projekt für die Einführung der Kanalisation vorgelegt werden.

2. Venedig.

I. Geologischer Bau des Gebietes von Venedig.

Die Lagune. Von Udine bis Padua ist das Meer nur 40—60 km vom Fuß der Alpen entfernt, die adriatischen Küstenflüsse führen daher reichlich Geschiebe. Der Wellenschlag der Süd- und Südostwinde

---

[1] Berechnung von Fundamenten unter Berücksichtigung der Elastizität des Baugrundes. Beton u. Eisen 1913 S. 318, 336.
[2] Allg. Bauztg. Bd. 9 (1844) Ephem. 128.
[3] Z. Bauwes. 1880 S. 416. [4] Zbl. Bauverw. 1904 S. 42.
[5] Zbl. Bauverw. 1905 S. 401 u. 1909 S. 10.
[6] Z. Bauwes. 1880 S. 416. — Zbl. Bauverw. 1906 S. 132.
[7] J. Gasbeleuchtung, München 1913 Nr. 18 S. 420 und 1920 S. 467.

schürft die jungen Absätze auf, und die Oberflächenströmungen führen den Sand unter dem Einfluß der Bora gegen die Ostküste Italiens. Nur der Isonzo im Norden und der Po im Süden sind imstande, ihr Delta über die abgeglichene Küstenlinie vorzubauen; dazwischen liegen die großen Lagunen von Venedig und Comacchio. Sie verdanken ihren Bestand nicht nur dem Schutz des Strandwalles (Lido), sondern auch der künstlichen Ableitung der sandführenden Gewässer[1]. Einzelne Teile der Lagunen haben sich gesenkt, so daß ganze Ortschaften versumpften; nächst dem Hafen von Malamocco liegt der Lagunenboden im Mittel 18 m, in einer unter 45° geböschten Hohlform jedoch 48 m unter dem Meeresspiegel[2]. Durch die Öffnungen im Lido strömt Salzwasser in die offene Lagune (Laguna viva); jene Teile, die von der gewöhnlichen Flut nicht mehr erreicht werden, bilden die versandete und versumpfte Lagune (Laguna morta, vgl. Abb. 119). Nur solche Kanäle bleiben dauernd frei, die von der Flut in etwa 3 Stunden durchlaufen werden.

Abb. 119. Venedig. Lageskizze des Strandwalles (Lido) und der Lagunen.

Aus den zahlreichen Zeugnissen über bedeutende Änderungen der Höhenlage alter Bauten gegen den Meeresspiegel wird von mehreren Forschern auf ein langsames Sinken der Schwemmlandküste geschlossen[3]. Ed. Suess folgert nach umfassender Prüfung der verbürgten Nachrichten, daß, abgesehen von örtlichen Senkungen und Gleitungen, seit sehr langer Zeit keine wesentliche Veränderung eingetreten ist[4].

Der Baugrund. Venedig wurde auf den höchsten Inseln des Küstenwalles erbaut, die durch Anschüttung bis 1,5 m über Flut erhöht wurden.

---

[1] Zendrini, B.: Memoria stor. dello stato antico e moderno delle Lagune di Venezia, 2. Bd. Padua 1811. — Veronese, G.: Le Botte delle Trezze ed il Canal di Cuori. Ingegneria, Milano 1925 N. 4.

[2] Rovereto, G.: Geologia morfologica, Bd. 2. Mailand: Ulrico Hoepli 1924.

[3] Bullo, C.: Il lento e progressivo abassamento del suolo nella Venezia marittima. L'Ateneo Veneto XXX, Vol. 1, Fasc. 2, Venedig 1907.

[4] Suess, E.: Antlitz der Erde, Bd. 2 (1888). (Vgl. Zweiter Teil, Abschnitt 3).

An der Erhaltung des Lido und dem Schutz gegen Versandung[1] wird seit Jahrhunderten gearbeitet, die gesundheitlich wichtige Durchflutung der Kanäle sorgfältig aufrechterhalten. Die älteste Eisenbahnverbindung mit Mestre (erbaut 1841—1846) führt über den gewölbten 3601 m langen Viadukt (222 Bogen), dessen Pfeiler auf 80000 Lärchenholzpfählen ruhen, die 2,5 m tief in Ton und Schlamm gerammt sind. Von 1845 bis 1867 soll der Viadukt eine Auflandung um 0,22 m und von 1845—1900

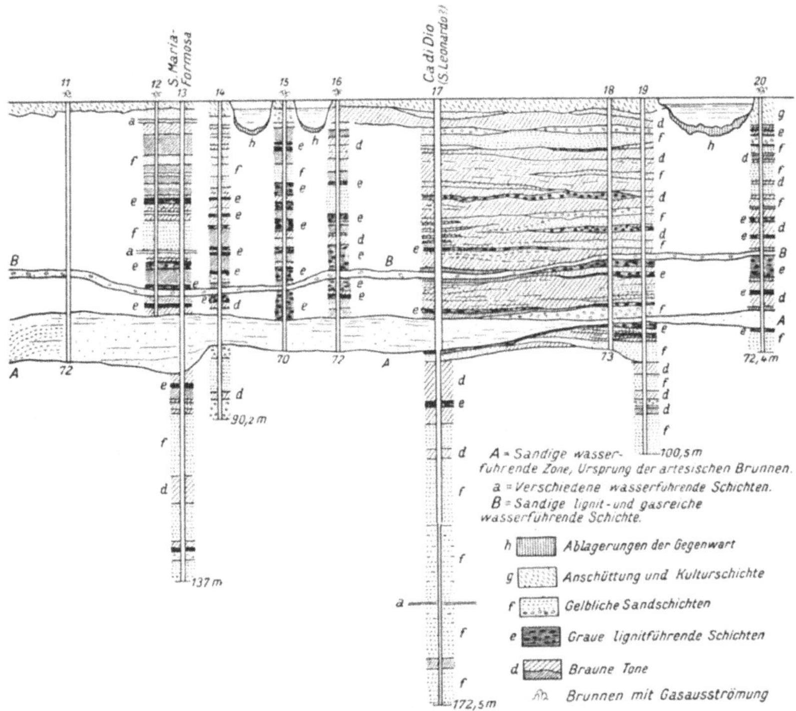

Abb. 120. Venedig. Untergrund nach den artesischen Bohrungen. Ausschnitt aus dem Profil von Degoussée und Laurent (nach A. Tylor 1872).

von 0,35 m verursacht haben[2]. Im Juli 1930 wurde beschlossen, parallel zur Eisenbahnverbindung eine Straßenbrücke mit einem Kostenaufwand von 82500000 L zu bauen, die bis 1937 vollendet sein soll.

Die Lagune von Venedig bildet den Nordrand des Etsch- und Podeltas, ihr Untergrund ist ähnlich gebaut wie jener von Pisa, reich an zusammendrückbaren Torflagen, Gas und Schwimmsand. Die Mächtigkeit der quartären Bildungen über dem subapenninen Tertiär wurde bis 172 m erbohrt und wird auf 300 m geschätzt[3] (vgl. Abb. 120). Die

[1] Kovatsch, M.: Die Versandung von Venedig und ihre Ursachen. Leipzig 1882.

[2] Relazione della Commissione incaricata dello studio della questione concernente il congiugimento di Venezia colla Terrafirma. Venezia 1903.

[3] Degousée, J.: Guide du Sondeur, S. 452. Paris 1847. — Tylor, A.: Formation of Deltas. The Geological Magazine Vol. IX (1872) S. 499.

ineinander übergehenden Meeres-, Brackwasser und Süßwasserablagerungen sind annähernd waagrecht geschichtet und enthalten z. B. bei Sta. Maria Formosa fünf wasserführende Schichten. Der Gehalt an Gas[1] (79,5% Sumpfgas, 16,5% Stickstoff, 4% Kohlensäure) ist so groß, daß der Strahl von Sand, Schlamm und Torf aus einer Brunnenbohrung nächst San Agnese 40 m hoch emporschoß; der Ausbruch hielt einige Stunden an, rundum senkten sich Boden und Häuser[2].

II. Bauerfahrungen.

Bodensenkungen. Zahlreiche artesische Bohrungen, die nach Jahrzehnten versiegten, hatten rasch verlaufende Bodensenkungen zur Folge, während die über Schlamm und Torf errichteten Bauwerke ganz allmählich einsinken[3]. Der als Vergleichsebene verwendete Streif von grünen Algen an den Häusern (il Piano della Comune alta marea) ist daher nicht verläßlich, auch die Fixpunkte des Genio Civile zeigen fortwährend Verstellungen. Aus den bis 1,69 m unter der „Comune" gelegenen alten Fußböden der Markuskirche wird für den Zeitraum 829 bis 1907 eine Senkung um 3,19 m abgeleitet. Da die Senkung der übrigen Bauten ein Mittel von 1,08 m ergibt, sind 3,19—1,08 = 2,11 m auf Überlastung durch die Kuppel zurückzuführen. Noch deutlicher wird der Anteil des Stempeldruckes an den eingebauten oder freistehenden Glockentürmen; so ist der Campanile dei Frari um 30 cm tiefer eingesunken als die Kirche, deren Setzung auf 6 cm im Jahrhundert veranschlagt wird[4].

Schiefe Türme. Die Senkungen erfolgen nicht gleichmäßig, daher hat auch Venedig seine schiefen Türme[5]. Den ältesten (S. Pietro di Castello) hat Albrecht Dürer im Jahre 1500 gezeichnet. Der von 1587 bis 1593 auf einem Pfahlrost erbaute Turm von San Giorgio dei Greci hatte im Jahre 1617 einen Überhang von 0,81 m erreicht. Ein Gutachten von 1774 erklärte erst einen Überhang von 2,63 m für gefährlich. Nach dem stützenden Anbau einer Kapelle soll sich der Turm nicht mehr bewegt haben.

Die Neigung des Turmes von S. Maria de Zobenigo, vom Erdboden bis zum ersten Gesimse gemessen, nahm von 1753—1764 um 0,45 m, von 1764—1771 nur mehr um 0,04 m zu. Auch sonst sollen die starken Schrägstellungen innerhalb der ersten 10 Jahre zur Ruhe kommen. Der Turm, der durch einen benachbarten Brunnen gefährdet war, wurde nach 1775 abgetragen. Die schwache Neigung des von 1544—1546 erbauten Campanile di San Stefano gilt als unschädlich. Einige alte

---

[1] Bizio, G.: Analisi del gas uscente dei pozzi artesiani di Venezia. Atti dell' Istituto veneto di scienze, lettere ed arti 1861.

[2] Hauer, F. v.: Wasserausbruch bei einem artes. Brunnen in Venedig. Jb. geol. Reichsanstalt Bd. 16 (1866) Verh. S. 65. Zit. nach Suess, E.: Antlitz der Erde Bd. 2 S. 561.

[3] Bullo, C.: a. a. O.

[4] Donghi, D.: La ricostruzione del Campanile di San Marco a Venezia. Giorn. Genio Civ. 1913 N. 6.

[5] Occioni-Bonaffons, G.: Nil sub sole novum. Storie di Campanili, L'Ateneo Veneto XXVI Vol. 1, Fasc. 2 (1903).

Türme sind plötzlich eingestürzt, z. B. der Campanile della Carità auf der kleinen Insel San Giorgio Maggiore und der zweimal eingestürzte und wiedererbaute Campanile di S. Angelo, der nach dem dritten Aufbau durch Untergraben geradegerichtet, binnen 24 Stunden seinen dritten Einsturz erfuhr.

Der Campanile von San Marco. Ein denkwürdiges baugeschichtliches Ereignis ist der Einsturz des 100 m hohen Campanile von San Marco am 14. Juli 1902. Das Pfahlwerk unter dem Campanile soll aus dem Jahre 912 stammen; er wurde 1070 als Warte vollendet und erst 1173 durch die Glockenstube gekrönt[1]. Nach der Überlieferung hätte der Turm eine ungeheuer ausgebreitete und tiefe Gründung besitzen sollen[2]. G. Boni stellte 1885 fest, daß die Grundfeste keine 7 m unter das damalige Pflaster reiche, das rund 90 cm über dem Pflaster vom Jahre 1300 lag. Der Turm war daher seit der Erbauung mindestens 1 m tief eingesunken. Nach den genauen Untersuchungen anläßlich des Wiederaufbaues[3] stand der alte Turm auf Mann an Mann gerammten 1,5 m langen Pfählen aus Pappelholz, deren 0,26 m starke Köpfe durch einen Rost aus 12 cm starken Eichenbohlen verbunden waren. Darüber erhob sich ein 3,5 m hoher, außen von 7 Quaderscharen umkleideter Block von Bruchsteinmauerwerk, auf dem als ursprünglich sichtbarer Turmfuß 5 Quaderstufen von zusammen rund 1,5 m Höhe den Übergang zum aufgehenden Ziegelmauerwerk bildeten. Der Baugrund bestand aus der allmählich aufgebrachten 0,8—0,9 m hohen Anschüttung, 1,8 bis 2 m schwarzem Schlamm, 1 m sandigem Ton, 2 m porösem muschelführenden Ton, 1,5 m dichtgelagertem rötlichen tonigen Sand (dem sogenannten Caranto) und (bis 1,50 m erbohrt) aus bläulichem und tonigen groben Sand[4]. Die Pfahlspitzen reichten nach Donghi bis zum Caranto, die Setzungen erfolgen daher durch Zusammendrücken der tiefer gelegenen Schichten.

Als Ursache des Einsturzes hatte schon die Untersuchungskommission von 1903 den schlechten Zustand des ungleichartigen, wiederholt beschädigten, mangelhaft ausgebesserten und ungünstig belasteten Mauerwerks bezeichnet, ferner die unbegreifliche Entfernung der eisernen Zugbänder und Anker im Jahre 1898, endlich die Herstellung eines waagrechten Schlitzes oberhalb der Loggia des Sansovino zwecks Auswechslung von Quaderplatten. Am 13. Juli 1902 hatte eine Sachverständigenkommission keine Gefahr gefunden; am 14. Juli wurde der Platz abgesperrt und gegen 10 Uhr vormittags stürzte der Turm in sich zusammen. Unter dem rund 30 m hohen Trümmerhaufen waren 20 m des aufgehenden Mauerwerkes stehen geblieben. Ein im Augenblick des Einsturzes aufgenommenes Lichtbild zeigt den Turmfuß in Staub gehüllt, das Füllmauerwerk quer auseinanderweichend und den oberen Aufbau im Zerfall nach unter 45° geneigten Scherflächen

[1] Gattinoni, G. R.: Il Campanile di Venezia. Venezia 1912.
[2] Bericht der Kommission zur Untersuchung der Ursachen des Einsturzes des Glockenturmes von San Marco. Bolletino Ufficiale del Ministero dell'Istruzione Pubblica, 29. Jan. 1903 S. 177ff.
[3] Donghi, D.: a. a. O.
[4] Russo, C.: Le Lesioni dei Fabbricati, 3. ed. Torino 1925.

(Rejtö-Linien). Im Fundament des alten Campanile hatte sich die Nordostecke gegenüber der Südwestecke um 10 cm gesenkt, der Turm besaß einen Überhang von 80 cm gegen den Uhrturm. Prof. Jorini ermittelte das auf der 222 m² großen Gründungssohle lastende Turmgewicht mit 14400 t, die durchschnittliche Pressung mit 6,4 at, die Randpressungen bei 300 kg/m² Winddruck mit 4,16 und 8,64 at.

Für den Wiederaufbau galt der Leitsatz „dov'era e com'era" („wo er war und wie er war"). Pfahlwerk und Rost blieben erhalten, vom Grundmauerwerk wurden nur die angegriffenen Außenschichten entfernt. Man vergrößerte jedoch die Gründungsfläche auf 407 m². Unter dem äußeren Mauermantel von 185 m² wurden zwischen Spundwänden 3076 Lärchenpfähle von 0,21 m mittlerem Durchmesser und 4—7 m Länge Mann an Mann gerammt; ihr Querschnitt nimmt 58% der Fundamentverbreiterung ein. Der Raum zwischen den angekohlten Pfahlköpfen wurde 0,4 m tief gereinigt, mit Beton ausgestampft und die ganze Fläche mit einem Rost aus 24 × 29 cm starken Eichenbalken überdeckt. Darüber erhebt sich die mit dem alten Mauerkern gleichartige Ummantelung, die stufenförmig und auf 1,35 m freiliegend zum Turm zurückspringt. Bei Aufrechterhaltung der äußeren Erscheinung konnte das Gesamtgewicht durch zeitgemäße Bauweisen so weit verringert werden, daß die mittlere Pressung nur mehr 3,2 at und die Randpressungen bei Sturm 2,08 und 4,30 at betragen. Die Spitzen der längsten Pfähle erreichen bei 8 m unter dem Pflaster des Markusplatzes eine Bank von grobem bläulichen tonigen Sand. Am 25. April 1912 erfolgte die feierliche Einweihung des neuen Turmes.

Sonstige Bauwerke. Donghi erwähnt, daß die Bibliothek des Sansovino auf einem Bohlenrost ohne Pfahlverdichtung erbaut ist. Die Anwendung der kurzen Pfähle in Venedig hängt mit dem Auftreten des Caranto zusammen. Wo diese tragfähige Sandschichte nicht tiefer liegt als 6 m wurde auch mittels Senkkasten oder Brunnen gegründet[1]. Bei den Hafenbauten hat man früher Wasser- und Schwimmsandeinbrüche durch umfangreiche Betonschüttungen bekämpft (R. Ingria, 1912), in neuerer Zeit wurden Eisenbetoncaissons schwimmend zugeführt, versenkt und ausbetoniert[2].

Ungleichmäßige Setzungen in der Chiesa dei Frari und in anderen venetianischen Bauten bewogen die Kommission zur Erhaltung der Baudenkmale genaue Nivellements ausführen und Vergleichslinien mit Zeitangaben anbringen zu lassen[3]. Im Jahre 1928 erforderte die erste Kuppel der Markuskirche größere Ausbesserungsarbeiten.

Ungeachtet der örtlichen Setzungen der Deltaschichten wird die Unterfahrung des Canal Grande in einem betonierten Röhrentunnel von 4,50 m Innendurchmesser geplant, dessen äußere Laibung bloß 0,5 m unter der Sohle des 4 m tiefen Kanales liegen soll[4].

---

[1] Venturelli, H.: Über die Gründung der Einfassungsmauer eines Bassins bei der Insel S. Giorgio in Venedig. Allg. Bauztg. Bd. 4 (1839) S. 86.

[2] Curtini, E.: Der Regulierungsplan des Hafens von Venedig. Politecn., Milano 1912 N. 15.

[3] Mostro di casa, S.: G. Genio civile 1922, Fußnote auf S. 420.

[4] Ann. Lav. pubbl. 1924, S. 99.

3. Pisa.

I. Geologischer Bau der Arnoebene.

Die Stadt soll um 800 oder 900 v. Chr. am Meeresstrand erbaut worden sein. Zur Zeit Strabos war Pisa 3,7 km von der Küste entfernt, während der Abstand 1894 schon 12,4 km betrug[1]. Pisa steht daher auf einem im geologischen Sinne noch jungen Schwemmland. Der Arno durchschneidet an der Küste einen 4—5 km breiten Wall von Dünen, an den gegen Pisa ehemalige Lagunen und Sümpfe und die stellenweise durch Kolmation erhöhte landwirtschaftlich nutzbare Ebene anschließt. Diese Zonen sind beim Vorrücken des Deltas auch über den Baugrund von Pisa gewandert, der zum Teil noch von Sümpfen umgeben ist.

Der Untergrund der Ebene besteht aus Alluvialton mit einer Lagunenfauna und enthält Torfschichten, die als Ursache der starken Setzungen der Eisenbahndämme und Hochbauten gelten. In Cascina, flußauf von Pisa, fand man beim Bau des Entwässerungskanals waldrecht stehende Eichenstämme, deren Holz sich noch verarbeiten ließ. An Meeressalzen und Kohlensäure reiche Wässer deuten auf untergegangene Salzlagunen. Ehemalige Dünen im Untergrund und tiefliegende Sand- und Schotterschichten führen gespanntes Wasser. Sechs über die Arnoebene verteilte Tiefbohrungen zeigen folgende Verhältnisse: Das Grundwasser stand in Pontedera und Cascina 9—9,5 m unter der Oberfläche. In 49,3 m bzw. 52 m Tiefe wurde grober Schotter angefahren, aus dem das Wasser bis über Tag stieg. In Pisa wurde etwa 31 m unter dem Niederwasser des Arno artesisches Wasser erbohrt, in Stagno wieder in 52 m Tiefe. Die obersten Bodenschichten bestanden flußauf von Pisa in Pontedera und Cascina aus 10,5 m bzw. 9 m weichem Ton, dann folgten bis 49 bzw. 52 m Tiefe Sand- und Schotterschichten mit Lignitflözen. In Pisa wurden zu oberst 6 m Anschüttung durchfahren, dann ebenfalls rezente und quartäre Strandbildungen (blaue Brackwassertone mit Cardium edule Linné und Sandschichten mit verkieseltem Holz); bis 72 m Tiefe unter Niederwasser folgten feine Lagunensande und Dünensande. In Stagno nahe der Küste wurde von 70—170 m Tiefe pliozäner Meereston mit feinen Glimmerschüppchen erbohrt[2].

II. Bauerfahrungen am schiefen Turm.

Die Bauten in und um Pisa werden von altersher auf tiefreichenden Pfahlrosten errichtet. Man hielt daher den schiefen Turm von Pisa für eine verwegene Architektenlaune, bis Rohault de Fleury[3] und

[1] Gioli, G.: Il Sottosuolo delle Pianure di Pisa e di Livorno. Boll. Soc. Geol. Ital. XIII (1894).

[2] Das in der Z. Öst. Ing.- u. Arch.-Ver. 1929 Heft 19/20 veröffentlichte Profil durch den schiefen Turm von Pisa, das in 44 m Tiefe Felsgrund zeigt, beruht nach freundl. Mitteilung des Herrn Ministerialrates Ing. Dr. Bierbaumer auf einer willkürlichen Annahme.

[3] Rohault de Fleury, G.: Les Monuments de Pise au Moyen Age, Paris 1866 2 Tomes.

die amtliche Kommission von 1912[1] nachwiesen, daß der Turm ursprünglich lotrecht begonnen wurde. Der Turmbau währte mit Unterbrechungen von 1174—1350. Bei jeder Erhöhung, aber auch während der Ruhepausen und nach der Vollendung vergrößerten sich Setzung und Überhang. Im Jahre 1865 lag die Eingangsschwelle des Glockenturmes im Mittel 2,40 m tiefer als die ursprünglich gleich hohe des Domes.

Die Kommission von 1912 machte auf Grund von Ausschachtungen, Bohrungen und Grundwasserbeobachtungen folgende wichtige Feststellungen: Die Grundmauern stehen ohne Pfahlrost auf der von der

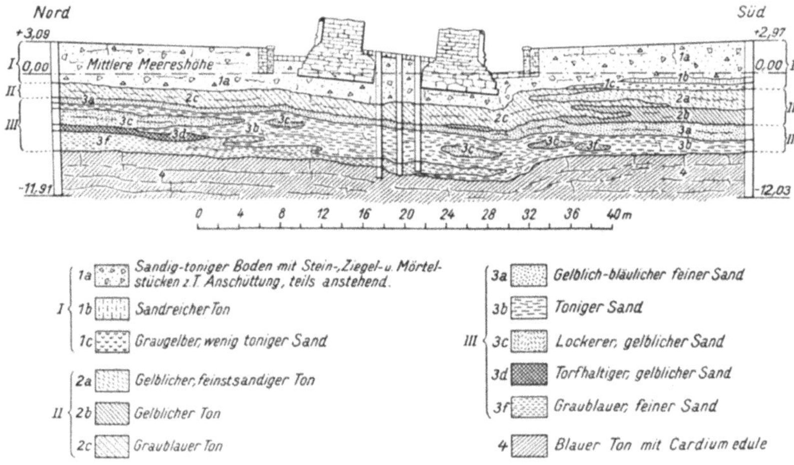

Abb. 121. Schnitt durch den alluvialen Untergrund des schiefen Turmes zu Pisa (nach M. Canavari, Firenze 1913).

Anschüttung nicht abgrenzbaren Oberflächenschichte des ehemals versumpften Lagunengeländes (1—3 d, vgl. Abb. 121). Sie haben äußere und innere Fundamentabsätze; zwischen letzteren verblieb ein Erdkern von 4,52 m Durchmesser. Der Campanile ist nach Süden geneigt; infolge des Ausgleiches im Mauerwerk zeigt die hohle Seite der Achse gegen Norden. Das Gesimse des 7. Umganges liegt 46,395 m über dem Fußboden und hat einen Überhang von 4,511 m. Das Erdbeben vom 4. August 1846 hat keinen Schaden verursacht, die Risse und Sprünge sind durch Blitzschläge und Verwitterung entstanden. Der im übrigen gute Bauzustand spricht für sehr stetige und schwache Bewegungen.

Baugrund. Es werden die im Profil (Abb. 121) gekennzeichneten Schichtgruppen I—IV unterschieden. Die Korngrößenbestimmungen[2] ergaben an der Basis der Schichtgruppe I 98,35% zwischen den Durchmessern von 0,38—0,007 mm und in der Gruppe III 94,54% zwischen 0,21 und 0,004 mm; wirksamer Korndurchmesser nach Allen Hazen unter 0,015 mm. Die Mächtigkeit der dichten Brackwassertone (4) von großer waagrechter Verbreitung wurde nicht bestimmt.

[1] Relazioni compilati della Commissione tecnica per lo studio delle condizioni presenti del Campanile di Pisa. Pisa 1912.

[2] Canavari, M.: Studi geologici del sottosuolo del Campanile di Pisa. Firenze 1913.

Grundwasser. Infolge der waagrechten Ausdehnung der tonigen Schichten 2 und 4 bestehen unter der Stadt zwei voneinander unabhängige Grundwasserhorizonte. Der obere innerhalb der Schichtgruppe I bewegt sich mit freiem Spiegel, der untere in der Schichtgruppe III enthält leicht gespanntes Wasser. Bei der aus „Schönheitsrücksichten" unternommenen Freilegung des Turmfußes im Jahre 1838 wurde die Schlackenanschüttung bis + 0,05 m über Meeresspiegel entfernt, wonach die Bauwerkssohle im Mittel nur mehr 0,73 m unter der Oberfläche lag. Die im Becken aufquellenden Wässer konnten bis 1912 nicht mehr vollständig verdämmt werden.

Belastung des Baugrundes. Bei lotrechter Stellung des Turmes wäre die 282 m^2 messende Sohle durch das Eigengewicht von 14,486 t durchschnittlich mit 5 at belastet. Unter dem Druck eines Nordwindes von 150 kg/m^2 beträgt die größte Randpressung rund 10 at.

Ursachen der einseitigen Setzung. Die Zusammendrückbarkeit des Untergrundes wechselt von Stelle zu Stelle, aber nicht derart, daß innerhalb des Durchmessers von 19,5 m erhebliche Unterschiede entstehen könnten. Es ist sicher, daß seit Beginn der Gründung Auswaschungen an der Südseite den ersten Anstoß zur Senkung gegeben haben. Nach Einstellung der Wasserhaltung sank der Turm infolge des Zusammenpressens der Hohlräume durch die wachsende Mauerlast. Damals füllte man das Gebäude bis zum höchsten Grundwasserspiegel (+ 2,12 m) mit Erde und Schlacke auf.

Nach den Messungen der Kommission fördern die Quellen fortgesetzt tonige Bodenteilchen und einzelne Sandkörner zutage, deren Menge mit den Grundwasserständen schwankt. Aus der Hauptquelle im Turmfundament ließen sich in 365 Tagen 0,234 kg Trockensubstanz abscheiden. Die kolorimetrischen Untersuchungen sprechen für größere Hohlräume im Untergrund. Die in der Abb. 121 ersichtliche Einsenkung der Schichten wurde durch das Gewicht des Turmes hervorgerufen. Nach Untersuchungen von V. Tognetti darf die Bodenpressung im Schwemmland von Pisa 1 at nicht überschreiten. Als der Campanile seinen ersten Säulenumgang erreicht hatte, übte er bereits eine Pressung von 2 at aus und überschritt dadurch die Grenzbelastung.

Die Kommission hat Beobachtungspunkte anbringen lassen, die unter möglichst gleichartigen Verhältnissen nachgemessen werden. Von 1918—1926 hat sich der Überhang um 8,3 mm vergrößert, somit um rund 1 mm im Jahre[1].

Dieser wohl kühnste Belastungsversuch mittels Hohlstempels, der jemals unternommen wurde, hat daher sein Ende noch nicht erreicht, und es werden immer neue Vorschläge zur Herstellung des endgültigen Gleichgewichtes gemacht[2].

---

[1] Cicconetti, G.: Misura dello strapiombo del Campanile del duomo di Pisa. Ann. Lav. pubbl. 1927 N. 3.

[2] Susinno, A., der Mitglied der 2. Turmkommission war, berichtet in den Ann. Lav. pubbl. v. 15. 1. 1931 S. 19—30: Der Überhang des Turmes hat von 1911 bis 1926 um 11,3 mm, d. i. um 0,7 mm im Jahr, zugenommen. Belastungsversuche in nächster Nähe des Turmes erzeugten bei 10 kg/cm^2 Pressung an den

C. Schlammböden an Steilküsten.

1. Triest.

Golf von Triest. Bei Triest fallen die Kreidekalke der Karsthochfläche von Duino-Sistiana gegen Südosten steil zum Meer ab. Zwischen Triest und Pirano bilden eozäne Mergel und Sandsteine eine fruchtbare Hügellandschaft, in deren Buchten die Wildbäche das oberflächlich feste, sandig-tonige Schwemmland der Salzgärten angeschüttet haben. Der Golf von Triest hat nur 23 m größte Tiefe, der Abstand des Isonzodeltas von der istrianischen Felsküste beträgt bloß 19—20 km.

Das geschlossen verbaute Gebiet von Triest liegt auf den Hügeln der eozänen Flyschzone, ihren Uferhalden und den Bachanschwemmungen. Die Hafenanlagen wurden vorwiegend auf tiefgründigem Schlammboden errichtet. Das Felsrelief setzt sich unter den losen Bildungen, meist in 21—26 m Tiefe, in einer alten Brandungsplatte fort. Je nach dem Abstand vom Ufer beträgt die Wassertiefe 8—16 m und die Mächtigkeit des Schlammes bis 18 m und darüber.

Über Herkunft und Zusammensetzung dieser Schlammassen ist wenig bekannt. Wahrscheinlich wandern die Sinkstoffe des schotterreichen Isonzodeltas in die Meeresbuchten und vereinigen sich dort mit den Sinkstoffen der Wildbäche. Von den Karstwässern (Timavo u. a.) werden dem Meer hochkolloidale Tone zugeführt. Die Buchten der Adria sind reich an niederen Meerestieren und in den Hafenbecken häufen sich auch organische Abfälle an.

Hochbauten in Triest. An den Hochbauten der Altstadt, die auf Fels, auf Strandhalden oder festeren strandnahen Anschwemmungen stehen, sind keine wesentlichen Setzungen erkennbar. Starke Versackungen treten erst in der Nähe der Kaimauern auf; am Rathaus (municipio) und am Hafenkommando (capitanato) hat sich der Mittelbau infolge Überlastung stärker gesenkt als die Flügel.

Im ebenen Stadtgebiet galt es als Regel, nicht tiefer als 1,60 m, ausnahmsweise 2,20 m zu gründen, da der Boden unter der Austrocknungskruste weicher wird. Als Baugrundbelastung wurde 1 at zugelassen; zum Druckausgleich dienten liegende Roste aus Eichenbohlen mit ausgemauerten Feldern und 2—3 Scharen von möglichst langen Sandsteinquadern[1]. In der zweiten Bauperiode des Triester Hafens erzielte man den Druckausgleich durch 0,85—1,20 m starke Platten von Santorinbeton[2]. Beim Ausbau des nördlichen Hafens (1887—1893) konnten die meisten Hochbauten in offener Grube gegründet werden; Schwierigkeiten bereiteten nur die alten Steinwürfe unter dem Zentralmaschinenhaus und den Lagerhäusern 18 und 19. Einzelne Lagerhäuser auf dem Delta der Wildbäche Martesin und

je 1662 cm² messenden Füßen des dreibeinigen Belastungstisches Einpressungen von 0,526, 0,465 und 0,29 m. Auf Grund eines günstigen Vorversuches hat die Kommission Zementeinpressungen in den Baugrund vorgeschlagen.

[1] Pertsch, N.: Über die Bauart in Triest. Allg. Bauztg. Bd. 4 (1839) S. 335.

[2] Buzzi, L.: Die Triester Zollanschlußbauten. Z. Öst. Ing.- u. Arch. Ver. Bd. 43 (1891) S. 172.

Klutsch stehen auf spitzenfesten, 3—4fach aufgepfropften Pfählen, die bis zur 25 m unter Wasserspiegel liegenden Brandungsplatte reichen.

Als das alte Statthaltereigebäude abgetragen wurde, fand man, daß die Hauptmauern überraschenderweise von bloß 1 m langen schwebenden Pfählen getragen worden waren. Die Baugrube des neuen Statthaltereigebäudes wurde mit einer Pfahlwand umschlossen, da der Schlamm von den Anschüttungen in früherer Zeit nicht ausreichend verdrängt worden war. Das neue viergeschossige Statthaltereigebäude[1] steht auf einer 2 m starken Betonplatte, die von 0,3 m starken, 5—10,5 m langen Holzpfählen getragen wird. Dabei ist vorgesorgt, daß Pfähle von besonders großem Eindringungswiderstand und eine den Baugrund querende alte Kaimauer keine Steigerung der Bodenpressung hervorrufen können, die unter der Betonplatte 3 at beträgt. Im Sommer 1929 ließ das Gebäude keine Setzungen erkennen. Der Pfahlrost war gewählt worden, weil der auf einem Lärchenschwellrost gegründete gegenüberliegende Lloydpalast[2] eine größte Setzung von 15 cm und Setzungsunterschiede von 6 cm aufwies; der Baugrund bestand bis 29 m Tiefe aus weichem Schlamm, der seeseitig noch vor 30 Jahren, landseitig noch vor 100 Jahren unter Wasser gelegen war.

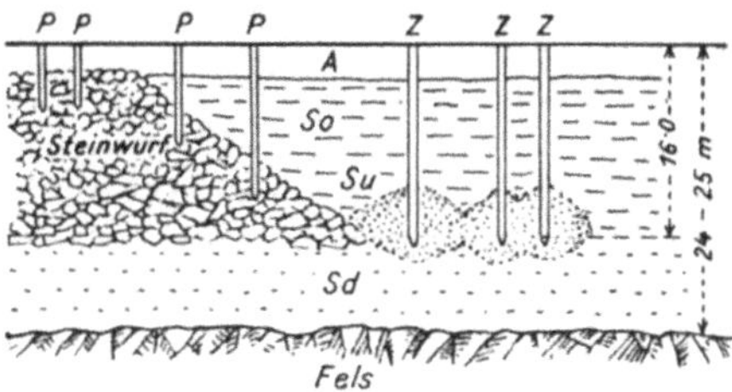

Abb. 122. Triest, Hotel Savoy-Excelsior. Schematischer Längenschnitt durch die Gründung. *A* Anfüllung. *So* Sandiger und lehmiger Schlamm, naß und weich. *Su* Sandiger und lehmiger Schlamm, naß, etwas fester. *Sd* Feiner lehmiger Sand. *P* Züblinpfähle 38 cm Durchm. *Z* Züblinpfähle 46 cm Durchm. mit Spülrohr 4,5 cm.

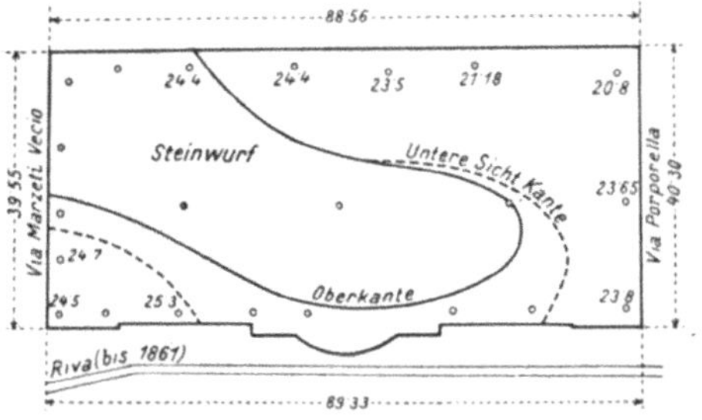

Abb. 123. Triest, Hotel Savoy-Excelsior. Grundriß des alten Steinwurfes unter dem Baugrund. Riva (del Mandracchio) verbreitert 1904—1914. Die Zahlen innerhalb des Grundrisses bedeuten Bohrlochtiefen. (Abb. 122 u. 123 nach Hdb. Eisenbetonbau Bd. 3, 3. Aufl. 1922).

Die neueren, auf Eisenbetonpfählen errichteten Bauten lassen keine Versackungen erkennen. Unter dem Hotel Savoy-Excelsior, landseits der 1914 auf Pfählen erbauten neuen Riva del Mandrachio stießen die Pfähle ebenfalls auf einen alten Steinwurf. Die außerhalb gelegenen 15 m langen Pfähle konnten durch Zementeinpressung in den hier offenbar sandigen Meeresschlamm verstärkt werden[3] (Abb. 122 u. 123).

Triester Hafenbauten. Der Ausbau des Triester Hafens erfolgte in den Bauperioden 1878—1883, 1887—1893 und 1901—1915. In der

[1] Artmann, E.: Die Fundierung des neuen Statthaltereigebäudes in Triest. Öst. Wschr. öff. Baudienst 1902 Heft 42 u. 43.

[2] Hdb. Architektur III. Teil, Bd. 1 S. 337.

[3] Hdb. Eisenbetonbau Bd. 3, 3. Aufl. 1922 S. 269.

ersten Bauperiode hat der Projektsverfasser, Ing. Pascal, die Erfahrungen von Marseille am Ostrand des großen Rhonedeltas ohne Prüfung der geologischen und morphologischen Voraussetzungen auf Triest übertragen. Unter den auf dem festen Sand- und Tongrund von Marseille bewährten Bautypen geriet der Schlamm des Triester Hafens in Bewegung, einzelne Molen und Riven erlitten waagrechte Verschiebungen bis 100 m, andere eigenartige Formänderungen, die langwierige und kostspielige Wiederherstellungsarbeiten erforderten. Außerdem litten die Mauerkörper durch chemischen Angriff des Seewassers.

Die Normalprofile wurden später durch teilweises Ausbaggern des Schlammes verbessert, dessen Ausweichen durch vorgelegte Steinbermen verhindert werden sollte. Es gelang nicht, die waagrechten Verschiebungen zu verhindern, und am 5. September 1905 versank ein Teil des neuen Molo della Sanità. Ein 1886 begonnener kleiner Molo im Petroleumhafen von San Sabba hielt nach mehrmaligem Versinken und Wiederaufbau erst im Jahre 1900 stand.

Die Ursache der großen Bauschwierigkeiten soll in einer besonderen Beschaffenheit des sehr ungleichmäßigen Schlammes von Triest liegen. Während z. B. ein Versuchspfahl unter der Belastung von 22 t in 8 m Tiefe stecken blieb, fand in bloß 2 m Abstand ein 16 m langer Pfahl noch keinen erheblichen Widerstand[1]. Das Delta der Bäche Martesin und Klutsch, in dem man grobsandige Ablagerungen erwarten sollte, erwies sich beim Bau des Nordhafens womöglich noch weniger standfest als der reine Seeschlamm[2].

Demgegenüber vertrat N. Nádory[3] die Ansicht, daß ausschließlich die Bauweise schuld trage, weil mit den Steinwürfen unter den künftigen Kaimauern begonnen und dadurch der Schlamm nicht nur nach außen, sondern auch in das Innere der Moli gedrängt wurde. Die Auffüllung, allenfalls auch noch Aufbauten, überlasten den eingekapselten, nicht verdichtungsfähigen Schlamm, der die Umfassung schließlich sprengt. Der Schlamm müsse, wie dies in Fiume geschah, durch Schüttung vom Kern gegen den Rand unter dem ganzen Grundriß verdrängt werden. In Fiume schienen die Verhältnisse nur deshalb besser zu sein, weil der obige Bauvorgang eingehalten wurde. Ein Versuch, davon abzugehen, habe zum selben Mißerfolg geführt wie in Triest. Erfahrungen beim Bau des Bodenseehafens in Bregenz bestätigen die Ansicht Nádorys, die auch den Erfahrungen bei Dammschüttungen im Moor entspricht.

Die dritte Bauperiode des Triester Hafens brachte einen wesentlichen Fortschritt durch Steigerung der Baggertiefe von 12 bis auf 28 m unter Wasserspiegel und die Verstärkung der Außenbermen. Bauwerke, bei

[1] Schoen, J. G. v., in der Diskussion über die neuen Hafenbauten in Triest. Z. Öst. Ing.- u. Arch.-Ver. 1906 Nr. 1, 2, 4, 18 u. 20.

[2] Bömches, F.: Der Bau des neuen Hafens von Triest. Z. Öst. Ing.- u. Arch.-Ver. 1879.

[3] Vgl. Nádory, N.: Ausgestaltung des Hafens von Triest. Z. Öst. Ing.- u. Arch.-Ver. 1905 Nr. 41 u. 42. — Diskussion über die neuen Hafenbauten in Triest. Z. Öst. Ing.- u. Arch.-Ver. 1906 Nr. 1, 2, 4, 18 u. 20.

denen zwischen der Sohle des Steinwurfes und dem Felsgrund bloß eine Schlammschichte von 4 m verblieb, haben sich gut bewährt[1].

Beim Molo Bersaglieri (früher Sanità) hatte man bei —26 m noch keinen Felsgrund angetroffen. Unter der 11—14 m tiefen Baggergrube waren mehr als 12 m Schlamm verblieben, und der Molo hat bis 1925 stark durch Gleitungen und Setzungen gelitten.

Unter dem Molo VI war bis —28 m gebaggert worden; die trotzdem aufgetretenen Setzungen und Ausbauchungen wurden durch die große Kantenpressung (5,14 at) der voll auf Fug versetzten Betonquader herbeigeführt, die stark durch chemischen Angriff gelitten hatten. Bei der Wiederherstellung durch Vorsatzmauern wurde die Kantenpressung auf 3 at ermäßigt.

Bei den jüngsten Bauten im Hafen von Triest wurden Brunnen bis zum Felsgrund abgesenkt und am Kopf durch Eisenbetonträger verbunden, jedenfalls die wirksamste Art, die Bauwerke von der Beschaffenheit des Schlammes und von Ufergleitungen unabhängig zu machen.

Wenn sich aus den zahlreichen Bohrungen das unruhige Relief des Felsuntergrundes bestimmen ließe, würde sich wahrscheinlich zeigen, daß die besondere Beweglichkeit des Schlammes im Triester Hafen von älteren Ufergleitungen mitbestimmt wird, die bei geringfügigen Veränderungen oder Belastungen der Oberfläche wieder aufleben können.

2. Fiume.

Fiume oder Rjeka, beide Namen bedeuten Fluß, liegt westlich der Fiumara, d. i. die Mündung der Rečina. Dieser Fluß entspringt in 18 km Entfernung von der Küste in Höhe 1350 m und fällt vom Grobniker Steinfeld auf 10 km Lauflänge um 300 m zum Meere (3% Gefälle). Die Fiumara besitzt ein Delta, von dem die Meeresströmungen den Sand längs der Küste, hauptsächlich gegen Südosten verfrachten. 4 km westlich der Fiumara besteht der Meeresboden wieder aus Sand, dazwischen liegt das Hafengebiet in einem 20—40 m tiefen, von Schlamm erfüllten toten Winkel. So berechtigt der von N. Nádory erhobene technische Einwand ist, so scheint doch der Hafengrund von Fiume günstiger zu sein als jener von Triest. Nach den Bohrungen[2] geht der grünliche zähe Schlamm schon 29—32 m unter Meeresspiegel in schlammigen und tonigen Sand über, von —40 oder —41 bis —45 folgt dunkelgrauer, sandiger Ton, der auf geröllführenden Strandhalden des Karstkalkes aufliegt; letzterer wurde in 45—46,6 m Tiefe angetroffen. Trotzdem der Schlamm bloß 6—8,7 m mächtig und zähe ist, hat sich die Verlängerung des Molo Maria Theresia um max. 19 m gesetzt; auch die Riva II glitt auf der mehr als 17% geneigten Schlammunterlage gegen das Meer. Es sind demnach Gleitungen des Schlammes an Steilküsten auch unter diesen günstigeren Verhältnissen nicht ausgeschlossen.

---

[1] Periani Pietro: Notizie sul porto di Trieste e sui lavori che in esso si stanno eseguendo per consolidamento dei manufatti. Ann. Lav. pubbl. 1925 N. 9.

[2] Sántay, L.: Der Hafen von Fiume. Z. Öst. Ing.- u. Arch.-Ver. 1882 S. 135.

Sach- und Ortsverzeichnis.

Die Seitenzahlen 1—214 beziehen sich vorwiegend auf die allgemeine Theorie und Praxis des Baugrundes, die Seitenzahlen 215—375 auf die Bauerfahrungen in den einzelnen Gebieten und Städten.

Aare, Tieferlegung 33.
—, Epigenese 40.
Abbau mit Pfeilern 78, 79, 232, 242.
— mit Versatz 79, 81, 242.
Abbruch (-rutschung) von Halden und Schwemmkegeln 47, 48.
Abbürdung 23, 191, 207.
Abflußrinnen (vgl. Epigenese, Urstromtäler) 46, 59, 167, 337.
—, verschüttete 114.
Abgleitung in den Niederlanden 28.
Abhorchtechnik 166.
Ablagerungen fließender Gewässer 44, 125.
— stehender Gewässer 47, 109.
—, alluviale 61, 124, 125.
—, diluviale 53, 117.
—, eluviale 122, 123.
—, künstliche 111, 129, 264.
—, organische 127.
—, tertiäre 52.
—, vortertiäre 116.
Abrutschmassen 47, 48, 296, 299, 313.
Abschlämmassen 37, 152, 153, 296, 299.
Absitzen der Tonwände 153.
Absonderung im Löß 139.
Absonderungsflächen von Gesteinen 149.
Abtragung der Gebirge 24, 25.
Abwandern von Bodenkörnern 200.
— von Gebäudeteilen 203, 290.
Abwehungen 34.
Ackerboden (s. Bodenkarten).
Adsorptionsdehnung 141.
Aeolische Bildungen s. Löß, Wind.
Agrargeologie 4, 19.
Akaustobiolithe 127.
Alabaster 182.
Alaska 98.
Algen 109, 144, 145.
Algier 146.
Alhuampa (Bohrloch) 24.
Alkali-Plains 102.
Alluvialton 126, 225, 292.
Alluvium (s. Sand, Schlamm, Schotter, Silt) 61, 131, 225, 227, 230, 237, 239, 257, 264, 278, 284, 292, 296, 310, 313, 321, 329, 334, 341, 345, 346, 350, 369.
Alm 127, 144.
Alpentäler 38, 39, 40.
Altarme 15, 239, 257, 264, 273.
Altbaltisches Meer 361.
Alter der Ablagerungen 20, 215.
Altern der Ablagerungen (s. Diagenese).
— der Bauwerke 12.
Amphibolit-Mylonite 120.
Amsterdam 28, 71, 321, 323.
Analyse, mechanische 139.
—, morphologische 155, 171.
Ancylussee 61, 361.
Anhydrit 75, 102.
Anschlämmzonen s. Abschlämmassen.
Anschüttungen (vgl. Gründungen) 50, 85, 90, 129, 151, 161, 206, 225, 259, 271, 272, 273, 279, 311, 346, 348.
Antwerpen (Schwimmsand) 136.
Anwehungen 34.
Arbeit, mechanische, des Eises 31.
— — der Gewässer 32, 38, 42.
— — des Windes 34, 82.
Argentinien 24, 41, 77, 138, 287—291.
Arnoebene (s. Pisa).
Asar 296.
Aschen, vulkanische 149.
Aschendolomit 149.
Aschenhalden 103, 129.
Asphalt 109, 175, 179.
Atmosphäre 24.
Auflagerung der Bauwerke 5, 13, 177.
Auflagerwirkung an Gefäßwänden 195.
Auflandung (Kolmation) 33, 50, 369.
Auflockerung über Hohlräumen 79.
— des Sandes 135.
Aufnahme, geodätische 8.
—, geologische des Baugeländes 20, 21, 172, 173.
Aufpressungen im Delta 48.
— im Glazial 57, 296.
Aufschlüsse 31, 172.
Ausbruchsbeben 89.
Ausdichtung der Gerinne 65, 306, 329.
Auseinanderfließen von Dämmen 181.
— von Schüttungen 197.
Ausführungspläne, unzuverlässige 156.
Auspressen von Ton 182, 188.
Auspressung von Wasser durch Frost 95.
— — durch (Gebirgs-) Druck 36, 68, 183, 184.

Auspressung von Wasser durch Pfähle 211.
Ausquetschen des Baugrundes 191, 193.
Austrocknungskruste 62, 125, 152, 154, 213, 356, 372.
Auswaschungen 66, 68, 80, 202, 371.
Ausweichen, ein- u. zweiseitiges 190.

Bacillarienerde s. Diatomeen, Faulschlamm.
Bakterien 111.
Baltimore 28, 88.
Bänderton 32, 116, 119, 153, 154, 328, 347, 349, 350, 361.
Bankung 115, 147, 172.
Barnim (Berlin) 296, 299, 308.
Basalt 149.
Basenaustausch 103.
Batholithen 30.
Bauaufgaben 1.
Bauaufschlüsse 21.
Bauaufwand 2.
Baubeschreibungen 156.
Bauerfahrungen 2, 12, 15, 136. — Örtliche, s. Baugrund, ferner Orts- und Gebietsnamen.
Baugelände 6, 8, 9, 145, 172.
Baugeschichte 10, 11, 300.
Baugruben 117, 151, 187, 189, 192.
Baugrund, abschüssiger (vgl. Modderlöcher) 302.
—, guter (schlechter) 212.
—, nachgiebiger 302.
—, preßbarer 159, 183, 187, 189, 198.
—, städtischer 1, 15.
—, unzuverlässiger 31.
Baugrundarchiv 22.
Baugrundbelastung 46, 159, 198, 341, 368, 371.
Baugrundbestandteile, schädliche 102.
Baugrunderschütterungen 81.
Baugrundforschung 10, 113.
Baugrundgeologie 24.
Baugrundkarten 20.
Baugrundklassen 16, 37, 220.
Baugrundlehre s. Vorwort.
Baugrundmechanik 174, 176.
Baugrundprüfmaschine 160.
Baugrundregelfälle 211, 214.
Baugrundtragfähigkeit 198.
Baugrundtrockenlegung 65.
Baugrunduntersuchung 154, 157, 163, 171, 301, 345, 353.
Baugrundwirklichkeitsfälle 215.
Baugrund von (des, der) s. Orts- und Gebietsnamen, insbesondere
Amsterdam 323.
Berlin 292—307.
Boston 347—350.
Bregenz 351, 374.
Buenos Aires 288.
Chicago 338—342.
Fiume (Hafen) 375.
Gmunden 328, 352.
Graz 336—338.
Hamburg 307—317.
Hard 351.
Hohenems 351.
Innsbruck 328, 329.
Klagenfurt 329.
Kninsko Polje 352—354.
La Plata 287.
Leningrad 359—363.
Lindau 328, 351.
London 220—233.
Lübeck 317—319.
Lüneburg 215—220.
Mexico City 354—358.
München 333—336.
Newark 345.
New York 342—347.
Niederlande 319—325.
Paraná 289—291.
Paris 233—251.
Pisa 369—371.
Rom 277—286.
Rosario 289.
Rotterdam 324.
Salzburg 330—333.
Triest 372—375.
Venedig 363—368.
Villach 329.
Wien 252—277.
Ymuiden 323.
Zürich 325—328.
Zwyndrecht a. d. M. 324.
Baulast 189, 192, 306.
Baulinie 9.
Baumechanik 176.
Bauordnung 9.
Bauplatzmethode 172.
Bauschwierigkeiten 10, 113.
Baustoffe 5, 113, 118, 146, 214.
Bauzonen 9.
Baumbestand 82.
Bauten auf Fels 113.
— im Grundwasser 65, 300.
Bauweise, erdbebensichere 90.
Bauwerke 3, 5, 12, 81.
Bayern, Dreiecksvermessung 29.
Beaver Park Sperre (Epigenese) 40.
Bebauungspläne 9, 220.
Befestigungen (alte) 136, 237, 258, 271, 272, 298, 310, 312, 326, 329, 330, 333, 335.
Belastung, zulässige 115, 117, 201, 206, 305, 350.
Belastungsprobe 161.
— von Pfählen 210.
Belastungssteigerung 198.

Belastungsversuche 199, 305, 346.
Belastungsvorrichtungen 160.
Belastungswirkung 161.
Belastungszyklen 175, 198, 200, 346.
Bentonit v. Mexico City 357.
Bergbau 13, 78.
Bergfeuchte 140.
Berggrus 122.
Bergmehl 132.
Bergsand 122, 132.
Bergschlipf 150.
Bergschotter 122.
Bergschutt 121.
Bergstürze 38, 123, 150.
Berg- und Bodenkunde 112.
Berlin 10, 11, 59, 86, 95, 111, 202, 210, 292—307.
Bernina-Hospiz (Temperatur) 94.
Beton, Schutzmaßnahmen 305.
Betongut, schädliche Bestandteile 102.
Betonsenkkasten 24, 323, 324, 368.
Bettungswiderstand 200, 363.
Bettwiderstand 31, 32.
Bewegung des Baugrundes 28, 240, 313.
— der Bauwerke 71, 202, 231, 290, 314.
Bewegungsbahnen, tektonische 31, 214, 291.
Bildsamkeit 174, 177, 179, 182, 184, 189, 193, 196, 198.
Bindige Massen 150, 153.
Biolithe 127.
Biologie des Baugrundes 13, 63, 105, 111, 239.
Bisamratten 112.
Bittersalz 102, 223.
Bitterwässer 223.
Bjelasnica (Temperatur) 93.
Bläherde 97.
Blähung (Quellung) 141, 142.
Blätterschiefer 120.
Blattverschiebungen 88.
Blockhalden 37.
Blocklehm s. Boulder clay.
Boden (vgl. Baugrund) -bewegungen 4, 89.
Bodeneis 96, 97.
Bodenfärbung 103.
Bodenfließen 60, 71, 97.
Bodenforschung 4.
Bodenfrost 94.
Bodenkarten 6, 19.
Bodenkolloide 101.
Bodenkunde 4, 6, 112, 162.
Bodennebel 169.
Bodenproben 22, 61, 163, 173.
Bodenprofil 19.
Bodenprüfer 160, 161.
Bodenschrumpfung durch Entwässerung 66.
Bodensenkungen (vgl. Krustenbewegungen, Landsenkungen) 13, 75, 78, 80, 136, 217, 242, 249, 326, 340, 347, 348, 356, 358, 364, 366.
Bodentemperatur 91, 93.
Bodenunruhe 81.
Bodenverdrängung 193, 196, 202, 209, 323.
Böden, durchbewegte 214.
—, phytogene 127, 198.
Bohrmuscheln 112.
Bohrungen 20, 21, 24, 86, 117, 141, 157, 158, 220, 229.
Bölzung 192.
Borge, Norwegen (Erdrutsch) 146.
Böschungen 47, 116, 148, 150, 151, 152, 180, 228, 297.
Boston 328, 347—350.
Bottnischer Busen 27.
Boulder Clay (vgl. Geschiebemergel) 60, 227.
Brackwasserbildungen 35.
Bradysismus 27, 277.
Brandungsarbeit 34, 35, 42.
Brandungsplatte 42, 372.
Braunkohlenformation 39, 52, 68, 137, 294, 295.
Bregenz 351, 374.
Bregenzer Ache 153, 351.
Brekzien (Breschen) 115.
Bruchflächen 79.
Bruchzone 89.
Bruchlose Umformung 179, 181.
Bruchufer 33, 289.
Brücken s. Gründungen.
Brüssel 52, 136, 220, 233.
Buenos Aires 288.
bull-liver 145, 341, 345.

Cairo (Nildelta) 46.
Calciumsulfoaluminat (Candlotsches Doppelsalz) 104.
Calcutta (Gangesdelta) 46.
Cambridge (USA.) 28, 347.
Canada 27, 54, 60, 202.
Canberra 8.
Capri (Strandverschiebung) 27.
Caranto (Venedig) 367, 368.
Chalk 222.
Chemie des Baugrundes 13, 35, 63, 100, 114, 129, 173, 264.
Cheshire, England (Erdfälle) 75.
Chicago 10, 24, 81, 193, 203, 338—341.
Chile, Wasserscheide gegen Argentinien 49.
China, Lößwände 150.
City Planing 9.
Cliff 42.

Dalmatien s. Knin, Orašnica.
Dammbau, Zuidersee 322.

Dämme s. Eisenbahndämme, Schüttungen.
Danzig, Baugrundkarte 20.
Darg 103.
Datum 99.
Datum plane 27.
Decken, tektonische 25, 214.
Deckenschotter 61, 215, 333.
Delta d. Bregenzer Ache 351.
— d. Charles-River (Boston) 347.
— d. Fiumara 375.
— d. Ganges 46.
— d. Mississippi 46.
— d. Nil 46.
— d. Rhein 320, 323, 351.
Deltabildung 35, 43, 44, 49, 52, 119, 126, 131, 213, 262, 264, 359, 364.
Diabas 31, 182.
Diagenese 36, 115, 120.
Diagonalschichtung 45, 126.
Diaphtorese (Diaphtorite) 115.
Diatomeen 21, 36, 56, 109, 145, 282, 296, 297, 300, 306, 356.
Diatomeenerde 128, 302, 354.
Diatomeenschlamm 292, 303, 353, 361.
Dichteunterschiede (Schweremessung) 167.
Diluvium 53, 61, 117, 223, 257, 291, 295, 320.
— von Europa 54, 257, 265, 291, 295, 309, 317, 320, 325, 328, 330, 337, 360.
— von Nordamerika 59, 338, 342, 347.
— nicht vereister Gebiete 60.
Dislokationsbeben 88.
Dolinen 106.
Dolomit 114, 149, 342.
Dolomitbrekzien 119.
Dolomitmoräne 118.
Dolomittektonite 120.
Donau 22, 126, 252, 257.
Dopplerit 128.
Drehwaage 166.
Dreisamtal (Freiburg i. Br.) 167.
Druckausgleich 115, 200.
Druckausstrahlung 178, 191.
Druckkegel 176.
Druckkräfte 176, 181.
Druckmessung 185.
Druckstempel 189.
Drucküberschreitung 185, 191.
Druckzwiebel 185, 191, 194, 208, 209.
Drumlins 325, 328, 347, 348.
Dryaston 319.
Dünen 28, 34, 42, 62, 131, 161, 202, 236, 239, 287, 289, 290, 296, 299, 310, 321, 339, 361, 369.
Dunwich, Engl. (Landverlust) 43.
Durchstrahlung, elektrodynamische 171.

Echolot 166.
Edinburgh (Bodentemperatur) 92.
Effusivgesteine 30.
Eigenschwingungszahl 84, 85.
Einbrüche im Bergbau 81.
— im Gips 76, 77, 218, 244.
— im Kalk 75, 244.
Eindeichung 43, 50.
Eindringungswiderstand der Pfähle 204, 206.
Eindrücken von Stempeln und Pfählen 194, 196, 206.
Einfallen der Schichten und Klüfte 113, 147, 173.
Einrumpfung des Gebirges 25.
Einschlüsse von Eis 96.
—, nachgiebige 202.
Einsinken der Baulast 196.
Einspülen der Pfähle 207.
Einsturzbeben 89.
Einschnitte s. Böschungen, Eisenbahnen, Standfähigkeit.
Einstürze (vgl. Bodensenkungen, Einbrüche, Erdbeben, Erdfälle, Tagebrüche) von Hochbauten 90, 244, 301, 302, 367.
— von Wasserbauten 12.
Einsturztrichter 76, 307.
Eintiefung der Flüsse 33, 48, 269, 289, 335, 338.
Einwirkungen des tieferen Untergrundes 199, 202, 216, 324, 364.
Einzelbauten 7, 8.
Eis 94, 146, 198.
—, fossiles 96, 97.
—, mechanische Arbeit 31.
Eisdruck 57, 74, 296.
Eisschub 34, 57, 58.
Eisenbahndämme (vgl. Platzen, Schüttungen) 51, 73, 74, 96, 101, 129, 181, 196, 369.
Eisenbahnen (Stadtbahnen)
Divacca—Pola 73.
Hannover—Hamen 156.
Knin—Pribudić 354.
Mestre—Venedig 365.
Rudolfswert—Möttling 106.
Salzburg—Wörgl 152.
St. Michael—St. Veit 152.
Schönwehr—Elbogen 35, 72.
Taranto—Reggio 50.
Tauernbahn 107, 114, 148.
Transsibirische Bahn 97, 98.
Unterdrauburg—Wöllan 67, 148.
Wien—Gmünd 74.
Buenos Aires 288.
Frankfurt a. O. 120, 151.
Hamburg 313.
London 128, 230.
Paris 249.
Rom 281.

Rotterdam 324.
Wien 267, 269.
Zürich 326, 327.
Eisenbetonbauten 81, 102, 247, 251, 291, 324, 327, 351, 368, 375.
Eisenkies (Pyrit, Schwefelkies) 102, 103, 154, 241.
Eisenkolloide 111.
Eisensalze 128.
Eisenwässer 108.
Eiszeit 50, 53—61, 291, 295.
—, Einteilung 56, 60, 295.
Elastizität 3, 99, 174.
Elbeschlick 136, 310.
Elbtunnel, Hamburg 308, 316.
Elektrische Eigenschaften 99, 169.
— Schürfung 169, 171.
Eluvium 122.
Embach (Fluß, Peipussee) 49.
— (Ort, Salzach) 40.
Endogene Kräfte 24.
England (vgl. Ortsnamen) 29, 43, 220.
Ennstal 39, 63.
Entkalken von Diluvialsand 296.
— von Dünen 321.
— des Löß 139, 265.
— von Schotter 107.
— von Ton 309, 340.
— von Zement 103, 107.
Entmischung von Muren 125.
— plastischer Massen 183.
—, Phasentrennung 184.
Entwässerung von Baugelände 9, 65, 73, 158, 269, 356.
— von Schwimmsand 135, 136.
— von Sumpfgelände 50, 66.
Eozän 53, 223, 227, 233, 254.
Epigenese (epigenetische Täler) 40, 41.
Epirogenese 25.
Epizentrum 90.
Erdbeben 88.
Erdbebensichere Bauweise 90.
Erddruck 3, 176, 183, 185, 188.
Erdfälle 75, 107, 218, 243, 283, 308.
Erdfließen s. Fließböden.
Erdgas 52, 109—112, 312, 366.
Erdgletscher 71, 73, 97, 125.
Erdhaut 24, 25.
Erdkruste 4, 24, 26.
Erdöl 52, 109, 132.
Erdpyramiden 150, 153.
Erdrutschungen 43.
Erdstürze 123.
Erdwärme 93.
Erdwürfe 74, 110.
Ergußgesteine 30, 113.
Erhaltungsarbeit 12, 231, 286.
Erhaltungskosten 5, 12, 219.
Erhärtung von Gesteinen 115. 149, 153.
Erosion, Strudellöcher 33.
Erosionsbasis 37, 124.
Erosionskessel 114.
Erosionstäler 38, 126.
Erschütterung der Bauwerke 2, 81, 83, 87, 88.
Erschütterungsmesser 85, 165.
Erzführung 106, 108.
Erzschürfungen 168, 169.
Evidenzpläne des städtischen Untergrundes 244.
Exogene Kräfte 24.

Faltungen 18, 25, 74, 147, 262, 266, 319.
Fastebene (Peneplain) 25.
Fäulnis 128.
Faulschlamm 15, 21, 62, 102, 109, 110, 128, 145, 198, 275, 296, 297, 303, 306, 319, 353, 357, 361.
Fazies 214.
Fehlgründungen 10, 12, 156, 244, 277, 282, 300, 302.
—, Kosten 283, 291, 301.
Feinsand (-Kies) 126, 130, 131.
Feinstoffe 134.
Feld, elektrisches 169.
—, magnetisches 170.
—, unbelastetes 160.
Fels, Baugrund (vgl. Gründung) 113.
—, Elastizität 90, 99.
— oder Nichtfels 18, 116.
Felsgerüst 113.
Felsmylonite 119, 146, 148.
Felsriegel 38.
Felssohle der Alpentäler 38, 39, 328, 336.
Felssturz 31, 122, 331.
Felsuntergrund 6, 10, 113, 294, 308, 328, 342, 344, 349, 375.
Fenne (Moore) 297, 305.
Fenster, geologisches 25.
Festigkeitsänderung 5.
Festpunkte 8, 9, 26—29, 217, 232, 313, 326, 366.
Feuchtigkeit 115, 140, 147.
Filterbewegung 135, 269.
Findlinge 130.
Firstverbrüche 78, 243, 248, 251.
Fischsee 361.
Fiume 374, 375.
Flächengesetz 161, 199.
Flachgründungen 22.
Flachlandsgebiete 3, 163.
Flachmoore 128.
Flachseebildungen 36, 52, 102, 127, 214.
Fließarbeit des Wassers 32.
Fließböden 60, 71, 73, 97, 123, 124, 152, 224, 239.
Fließen, plastisches 193, 198 (vgl. Bildsamkeit).
Fließerde (Tjäle) 97.
Fließgrenze 175.

Fließlinien 177, 186, 367.
Fließzone 177, 185, 207, 209.
Flinz (Flins) 142, 333, 335.
Florenz (Turm-Schwingungen) 83.
Floßlehm 142.
Flottsand 138, 142.
Flottlehm 138, 142.
Flugsandbildungen (vgl. Dünen) 34, 138, 296.
Flurkarten 8.
Flußregulierungen s. Eintiefung.
Flußsande 33, 126, 131.
Flußschlamm 306, 341.
Flußterrassen 60, 119, 224, 261.
Flußtrübe 144.
Flüssigkeiten 181, 184.
—, umschlossene 184.
Flyschzone 252.
Flyschlehm 122.
Folkestone, Engl. (Rutschung) 43.
fontis (s. Firstverbrüche).
Formänderung, elastische 175.
—, plastische 175, 198, 205.
Frankreich (Bodensenkungen) 29.
Freiburg i. Br. (Dreisamtal) 167.
Frost (Frosttiefe) 19, 93, 94, 95, 213.
Fühlbarkeitsgrenzen für Erschütterungen 81, 83.
Fumarolen 93.

Gangesdelta 24, 46.
Gänge 30, 113.
Gas im Baugrund 47, 109—111, 241, 278, 297, 312, 360, 364, 365.
im Schwimmsand 135.
Gasterenboden 39.
Gebäude, Bewegung 291.
—, Schäden 29, 98, 202, 219.
—, Schiefstellung 202, 218, 274, 349, 366, 369.
Gebirge, gebräches 115.
—, Großgefüge 147.
—, Kleingefüge 147.
—, mildes 115.
Gebirgsbildung 24, 25, 26.
Gebirgsdruck 36, 141.
Geest 308.
Gefahrenzonen 91.
Gefahrenklassen 16, 215, 220.
Gefällsbrüche 33.
Gefrorene Schichten 96.
Gefühl, praktisches 154.
Gehänge (vgl. Hang-) 73, 90, 91, 113, 149, 153.
Gehängebrekzien 117, 119.
Gehängefließen 73, 123.
Gehängelehm (-Löß) 120, 153, 265.
Gehängeschutt 122.
Gekriech s. Fließböden.
Geländeaufnahme 8, 9, 16, 19, 38, 172, 313.
Geländeformen 17, 18, 38, 172, 214.
Geländeumgestaltung 10.
Gele 141.
Geohydrologie 64.
Geologie 1, 2, 3, 5, 18, 112, 215.
—, chemische 100.
—, regionale 211.
—, topographische 215.
Geomorphologie 17.
Geophon 166.
Geophysikalische Untersuchungen 156, 163.
Geosynklinalen 25.
Geotechnische Kommission 3, 162, 163.
Geothermische Stufen 92.
Geräuschwirkungen 87.
Gerölle 130, 294.
Geschiebe 35, 44, 54, 125, 130.
—, gekritzte (gestriemte) 118, 119.
—, steilgestellte 126, 261, 334.
Geschiebeabsatz 45, 126.
Geschiebe(lehm)mergel 32, 56, 153, 292, 307, 309, 314, 316, 318, 323, 326, 340, 341, 342, 345, 349, 350, 360, 361.
Geschiebesippe 131.
Geschiebetrieb 32, 126.
Geschiebeverwitterung 107, 215, 309.
Gesteine, atlantische 30.
—, halbfeste 63, 115, 116.
—, harte 63, 113.
—, kristalline 214.
—, nicht verfestigte 116.
—, pazifische 30.
Gesteinsausdehnung, thermische 99.
Gesteinsbeschaffenheit 18, 214.
Gesteinsbezeichnung 21.
Gesteinsproben 173.
Gesteinspulver 182.
Gesteinsverwitterung 117.
Gesteinszersetzung 117, 122.
Gesteinszustand 25.
Gewässer 48, 59, 146, 193, 257, 263, 278, 289, 296, 317.
—, mechanische Arbeit 32.
Gewinnungsstätten 129.
Gezeiten 42, 203, 231, 348.
Gibraltar-Tunnel 25.
Gips 52, 75, 76, 102, 106, 107, 216, 239, 308.
Gipsbergwerke 239, 241, 243, 244, 245.
Gipshorst 216.
Gipskristalle 223, 234, 250.
Gipsmassen 216, 235, 239, 308.
Gipsmörtel 220.
Gipsschlotten 76.
Gipstreiben 104.
Gipswässer 103, 104, 250.
Glaubersalz 102.

Glaukonitsand 294.
Glazial s. Diluvium.
Gleichgewicht, klimatisches 148.
—, labiles 123.
—, virtuelles 71.
Gleitung im Baugrund 13, 28, 42, 72, 74, 115, 154, 179, 290, 326, 328.
—, mechanische 190, 191, 194.
Gletscher 31, 118.
Gletscherbach 31.
Gletschereis 32.
Gletschererosion 31.
Gletscherflüsse 54, 296.
Gletschergeschiebe 32.
Gletschermilch 32.
Gletschermoränen 118, 325.
Gletschermühlen 32, 114.
Gletscherrückzug 31, 32, 325.
Gletscherschwankung 51.
Gletscherseen 325.
Gletscherstand 31, 325.
Gletschertrübe 32, 119, 349.
Gletschervorstoß 31, 325.
Glimmersand 294.
Glimmerschiefer 342.
Glimmerton 308, 317.
Glommen, Norwegen 146.
Gmunden 328, 352.
Gneis 30, 36, 114, 342.
Gösgen a. d. Aare (Wangener Kalke) 106.
Gräben, tektonische 26.
Gradient d. Temperatur 92.
—, geophysikalischer 163.
Grand 130, 131.
Granit 29, 30, 114, 117, 182.
Granitgneis 120.
Graz 21, 33, 336—338.
Grenzbelastung 180, 192.
Grenzflächen, schräge 187.
Grenzlinien, geologische 217, 229.
Gries (Grus) 117, 122.
Großformen, morphologische 17, 36, 78.
Großgefüge 14, 147.
Grubengas 109.
Grundbau 2, 22, 24.
Grundbaumechanik 161.
Grundfeste 11, 13, 22, 270.
Grundgebirge 6, 121.
Grundkörpermaschine 162.
Grundmoräne 32, 46, 53, 60, 116, 118, 153, 154, 325, 326, 349.
Gründung (Fundation) 3, 22.
—, künstliche 212, natürliche 212.
—, schwebende 23, 191, 212, 316.
— auf Brunnen 291, 343, 350.
— auf Gegengewölben 232, 271, 347.
— auf Pfählen, Theorie 204—211.
— — Ausführungen 156, 225, 226, 230, 272, 273, 274, 302, 303, 304, 305, 312, 315, 316, 327, 332, 333, 336, 345, 346, 350, 351, 354, 362, 363, 365, 367, 368, 369, 373, 374.
— auf Platten 15, 274, 284, 302, 303, 315, 327, 340, 343, 349, 358.
— auf Schwellrosten 219, 230, 368, 372.
— von Brücken 80, 87, 105, 114, 153, 202, 204, 229, 230, 240, 248, 285, 304, 324, 330, 335, 337, 341, 351, 363, 364.
— von Hochbauten 1, 11, 12; Beispiele unter den Ortsnamen.
— von Kaimauern 285, 287, 307, 316, 323, 324, 368, 373, 375.
— von Maschinen 86, 218.
— von Schüttungen 196, 373, 375.
— von Talsperren 12, 40, 91, 157.
— von Türmen 11, 202, 271, 300, 314, 366, 369.
— im Alluvium 202, 239, 272, 275, 284, 303, 314, 323, 327, 336, 338, 341, 346.
— in Anschüttungen 129, 272, 273, 336, 346.
— auf Austrocknungskrusten 339, 353, 356, 358, 372.
— im Bergwerksgebiet 75, 80, 81, 218.
— in Erdbebengebieten 90, 91.
— auf Fels 70, 114, 115, 249, 326, 344.
— auf Frostböden 94, 97, 98.
— im Gipsgebiet 216, 241, 244, 245, 246, 249, 250.
— in Grundmoräne (Geschiebemergel, hardpan) 91, 208, 307, 323, 326, 345, 349.
— im Löß 265, 288, 290.
— im Moor 301, 302, 305, 306, 332.
— in Salzgebieten 216.
— im Sand 198, 302, 345, 368.
— im Schlammboden 145, 198, 301, 303, 306, 323, 327, 345, 346, 348, 350, 351, 353, 357, 372, 374, 375.
— im Schotter (Kies) 240, 271, 274, 302, 304, 329, 330, 332, 335, 337, 345.
— im Schwimmsand 136, 239, 326, 341, 346.
— in Seekreide 144, 327.
— im Ton 70, 74, 198, 227—231, 240, 249, 274, 275, 284, 316, 340, 350.
— im Torfboden 199, 302, 305, 313, 315, 319, 323, 349, 351, 365, 369.
Gründungen, ausgeführte, s. Orts- und Gebietsnamen (vgl. Baugrund).
Gründungsfläche, versenkte 192.
Grundveste (-feste, -werk) 11, 13, 22, 270.
Grundwasser 48, 63—71, 76, 200, 219, 226, 237, 239, 260, 278, 297, 311, 343, 348, 369, 371.
—, angreifendes 13, 103, 128, 249, 305.
Grundwasserabfluß 218.
Grundwasserabsenkung 13, 23, 65, 66, 67, 105, 219, 226, 251, 300, 328.

Grundwasserabsperrung 105, 323.
Grundwasseranstieg 260, 269.
Grundwasseraufstieg 70.
Grundwasserbeobachtung 64.
Grundwasserdienst 64.
Grundwasserebbe 65.
Grundwasserentstehung 64.
Grundwasserfluten 65.
Grundwasserhorizonte 311, 371.
Grundwasserschwankungen 51, 65, 70, 100, 103, 260, 335.
Grundwasserstand 33, 51, 100, 225, 237, 297, 335, 343, 369, 371.
Grundwasserstau 67, 70, 269, 274.
Grundwasserstockwerke 311, 371.
Grundwasserströme 70, 202, 240, 274, 371.
Grundwasserträger 118, 369, 371.
Grundwasserversorgung 298, 311.
Grundwasserwellen 65.
Grünsande 116.
Grus 117.
Grushalden 122.
Gschnitztal (Bodentemperatur) 93.
Gyttja 145, 361; vgl. Faulschlamm.

Hafen s. Seehäfen.
Haffbildungen 321, 322.
Hakenwerfen 73.
Halbgalerien 147.
Halbraum, homogener 185.
—, isotroper 185.
—, geologischer 187.
Halden 152, 153, 154, 311.
Halleiner Wehr 332.
Halligen 43.
Hamburg 50, 59, 110, 136, 292, 307 bis 317.
Handstücke 173.
Hangfließen 73, 123.
Hangrutschungen 326.
Hangsetzungen 198, 268.
Hard, Vorarlberg 351.
hardpan 335, 339, 342, 345, 349.
Hartmann-Linien 177, 178.
Hauptdolomit (pyritführender) 102.
head (vgl. trail) 97.
Hebung, elastische 231.
— durch Frost 97.
— durch Gasdruck 110.
Hebungen, junge 49, 54, 321, 361.
—, rhythmische 27.
Heidelberger Schloß 14, 83.
Hellgate Brücke 114.
Helgoland, Landverlust 43.
Himmel, bergmännische 243.
Historische Schichte 129, 225, 237, 238, 240—248, 249—251, 258, 262, 274, 279, 281, 282—284, 297, 310, 312, 314, 326, 329, 330, 333, 338, 346, 347, 348, 364, 371, 372.
Hochflächen, diluviale 299, 308, 316.
Hochhäuser 1, 83.
Hochterrasse 61, 224, 333.
Hochtreiben von Pfählen 136, 211.
Hochwässer 33, 257, 272, 285, 289, 362.
Hohenems, Vorarlberg 351.
Höhenverhältnisse s. Festpunkte.
Höhlen (Grotten) 75, 77, 78, 106, 107.
Hohlformen 37, 49, 62, 364.
Hohlräume 70, 113, 169, 243, 345.
Hohlstempel 189, 371.
Hollabrunn 35.
Holland s. Niederlande.
Holozän (Alluvium) 53.
Holz im Baugrund 225, 314, 318, 338, 348, 361, 369.
Buchen 231.
Eichen 219, 230, 350.
Lärchen 367.
Pappel 367.
Pechtannen 350.
Ulmen 231.
— im Mauerwerk 14.
Holzpfähle s. Gründung auf Pfählen, Pfähle.
—, Vermodern 13, 66, 71, 271, 303, 333, 338, 344.
Horizontalaufnahme 8.
Horizontalbohrung 65, 158.
Horizontalkräfte 73, 188.
Höttinger-Brekzie 119, 328.
Hudson-Bai 27.
— -Fluß 158, 343.
— -Tunnel 346.
Hügel, unterirdische 291.
Humus 127, 133.
Humuserde 128.
Humusgele 128.
Humussäuren 128.
Humusverwehungen 34, 35.
Hydratisierung 129.
Hydrodynamische Spannungen 207.
Hydrologie 64.
Hydrosphäre 24.
Hypozentrum 90.
Hysteresisschleifen 200.

Idria (Bodentemperatur) 92.
Inanspruchnahme 190, 192, 200, 204, 213; zulässige (Tabelle) 201.
— von Anschüttungen 161, 350.
Fels 115, 344.
Grundmoräne (hardpan) 341, 345, 350.
jungem Schwemmland 46, 284, 351, 352, 353, 354, 358, 363, 368, 371, 372, 374.
— von Löß 232, 291.

Sand 161, 183, 302, 305, 345, 346, 350.
Schotter 329, 350, 351.
Ton 229, 340, 350.
Induktionslinien 170.
Infusorienerde s. Diatomeenerde.
Ingenieurgeologen 3.
Inhomogenitäten 187.
Inlandeis 32, 54, 59, 118, 291, 338.
Innendruck 184.
Innere Reibung 186, 200.
Innsbruck 93, 119, 328, 329.
Inntal 39, 329.
Inselberge 7, 39, 216, 308, 330, 336.
Insolation 92, 93.
Instandhaltungskosten 5, 12, 13, 219.
Interglazial 50, 54, 55, 56, 60, 295, 309, 310, 320, 331.
Interstadial 56.
Irkutsk (Bodeneis) 97.
Isar 33, 334, 335.
Isogammenkarte 167.
Isolierung gegen Erschütterungen 86.
— gegen Grundwasser 13, 70.
— gegen Wärme 96.
Isonzo 40, 119, 153.
Isostasie 25.
Istituto sperimentale 3.
Italien 9, 27, 50, 66, 68, 69, 83, 89, 91, 146, 277, 363, 369, 372, 375.

Jahresabfluß 63.
Japan (Erdbeben) 88, 91.
Jäslera 97; vgl. Blähung, Fließböden.
Judenburg 39, 336.
Jura 116, 222.
Juragewässer 66.

Kaimauern s. Gründung.
Kairo (Nildelta) 46.
Kalkalgen 297.
Kalkauflösung 106, 107.
Kalkfällung 127, 144.
Kalkgebiete 78, 214.
Kalkgehalt 62, 296, 319, 321.
Kalkgesteine 17, 107, 114, 116, 182, 222, 233, 234, 240, 242, 243, 268, 277, 331, 339, 342.
Kalkmoränen 118.
Kalksinter 63, 107, 108.
Kalktuff 63, 107.
Kalkutta (Gangesdelta) 46.
Kalziumsulfoaluminat (Candlotsches Doppelsalz) 104.
Kames 325, 361.
Kammeis (Pipkrake) 95.
Kanadischer Schild 27, 54, 60.
Kaolin 139.
Kapillare Steighöhe 69, 70.
Kapillaren des Sandes 134, 135.
Karstgebiete 70, 75, 78, 106, 144.
Karten, agronomische 163.
—, geologische 19, 79, 172.
Kataklastische Gesteine s. Mylonite.
Katakomben 247, 262, 279, 283.
Kaustobiolithe 127.
Kegeldruckhärte 161, 189.
Kehrichtablagerungen 103, 129.
Keileem 323.
Keller 51, 262, 274, 303, 315.
Kennziffer, bodenphysikalische 162, 163.
Kerkabrücke 352.
Kernbohrung 158, 345.
Kesseltäler, Felsgrund 39.
Kettengebirge 25, 36, 53.
Keuper 116.
Kiel 71, 95, 204.
Kies (vgl. Schotter) 53, 54, 130.
Kiesdelta 48.
Kiesrücken 57, 296.
Kieselalgen (-gur) 128, 145, 297, 354.
Klagenfurt 329.
Klastische Gesteine s. Mylonite.
Kleiboden 63, 103, 310, 323, 324.
Kleinfalten 73, 74.
Kleinformen, morphologische 17, 37, 78.
Kleingefüge des Gebirges 147.
Kliff (Cliff) 42.
Klima 4, 92, 113, 213.
Klimaschwankungen 35, 50, 51, 355.
Klimatische Kräfte 13.
— Standfähigkeit 145.
Kluft im Felsgrund 114.
Klüftung 113, 147, 149, 173.
Kninsko Polje 352—354.
Knotenbildung an Pfählen 209.
Kochsalz s. Salz.
Koefels 27.
Kohlenbergwerke 78, 81, 109.
Kohlenoxydgas 110.
Kohlensäure 103, 110, 127.
Kohlensäureaufnahme 115.
Kohlensäureausbrüche 109.
Kohlenwasserstoffgas (Methan) 109, 110, 312, 332, 365, 366 (vgl. Sumpfgas).
Kolke 46, 289, 347.
Kolloide 101, 140, 357.
Kolloidton 139, 140.
Köln (Dom, Gründung) 11.
—, Eisenbahnbrücke 87.
Kommission, geotechnische 3, 163.
Kompressionswellen 88.
Konglomerat (vgl. Nagelfluh) 115, 119, 153, 213, 331.
Königsberg, Baugrundkarte 21.
Konkretionen 36.
Konsistenz 162, 163.
Konstitutionswasser der Tone 140, 184.
Korfund-Isolierung 82.
Kornform 134, 339, 349.

Korngröße 35, 122, 130, 131, 139, 163, 214, 319, 370.
Kornwanderung 190, 194, 199, 208, 210.
Körper unter Druck, bildsame (plastische) 179, 182.
—, organische 184.
—, pulverförmige 180, 183.
—, spröde 176, 181.
—, umschlossene 181.
—, zähe 176, 181.
—, zusammengesetzte 180.
Kosten von Fehlgründungen 247, 283, 291, 301.
Kraftfelder 185, 186, 203.
Kraftlinien 177, 178.
Kraftquellen 186.
Kraftsenken 186.
Kraftströmung 178.
Kräfte, endogene 24.
—, exogene 24.
—, waagrechte 5, 73, 117, 178, 214.
Kraterseen, Entleerung 50.
Kreideschollen im Diluvium 21.
Kreuzschichtung 126, 132.
Kristalline Schiefer 30, 36, 114, 140, 165, 342.
Krümelstruktur 95, 121.
Krustenbewegungen 25, 26, 29, 277, 343, 347.
Krustenbildung s. Austrocknungskrusten.
Krustendurchbiegung 213.
Krustenspannungen 74.
Kugeldruck 189.
Kugelschüttung 151.
Kulturschicht s. historische Schichte.
Kurdjümoff-Effekt 190, 194, 199, 208.
Kurzawka (vgl. Schwimmsand) 136.
Küstenabbrüche 44.
Küstenerosion 42.
Küstengebiete 22.
Küstenrutschungen 43.
Küstensenkungen 26, 28, 343, 348.
Küstenströmungen 42, 46, 363.
Küstennahe Bildungen 36, 252, 277, 369, 372.

Laa a. d. Thaya (Humus-Verwehung) 35.
Laban, Tongrube 74, 319.
Labrador-Gletscher 338.
Lagan, Schweden (Stausee) 68.
Lage, geologische 18, 171, 215.
—, glazialgeologische 291, 325, 333.
—, klimatische 16, 171.
—, regional-tektonische 89.
—, morphologische 17, 171.
—, topographische 16, 171.
Lageplan, geologischer 172.
Lagerstätten 4, 164, 240, 263.
Lagerung 113, 121, 187, 214.
Lagunen 35, 46, 52, 102, 208, 235, 356, 363—366.
Lakkolithe 30.
Landformen, große 17.
—, kleine 18.
Landgewinn 26, 43.
Landoberflächen, alte 117, 224.
Landplanung 9.
Landsenkung 343, 347, 362, 364.
Landverluste 43, 44.
Langen a. Arlberg (Temperatur) 94.
Längenprofil der Täler 33, 38.
La Plata (Stadt) 287.
Lastaufbringung 160.
Lastsetzungskurve 174, 199, 210, 211.
Laterite 122.
Laufletten 351.
Laufveränderung 33, 49, 127, 239, 257, 289.
Laufzeitkurve 165.
Lavaströme 30, 41, 42, 63, 89, 280.
Lebensdauer der Bauwerke 12, 14, 231.
Lebewesen im Baugrund 112.
Lehm 55, 139, 142.
Lehmbeton (Grundmoräne) 32, 56, 118.
Lehmgehalt 133.
Lehmklüfte 114.
Lehnen 38, 71, 91, 193.
Lehnenstollen 158.
Lehnenwässer 67, 107.
Leipzig (Frosttiefe) 95.
Leitmeritz (Eisbildungen) 96.
Leningrad 7, 359—363.
Leopoldskron 109, 332.
Letten 116, 143, 234.
Lido (Venedig) 363.
Limmat 328.
Lindau 328, 351.
Lithosphäre 24.
Litorina-Meer 61, 204, 361.
Livland (Erdwürfe) 74, 110.
Lockermassen 90, 120.
Lockerung des Baugrundes 82.
London 69, 82, 85, 203, 220—233.
Longitudinalwellen 164.
Lorenzostrom 202.
Los Angeles (Abgrabung) 10.
Lösche-Anschüttungen 129.
Löß 34, 55, 138, 139, 150, 153, 237, 252, 264, 265, 287, 289, 290, 320, 334.
Lösungserscheinungen 13, 75, 77, 106, 250.
Lösungsgeschwindigkeit (Gips) 107.
Lösungsrückstände 106, 116, 117, 239.
Lösungsschloten 76, 107.
Lösungstrichter 222, 240.
Lübeck 292, 317—319.
Lucianit 142.
Lüders-Linien 177.

Luft in plastischen Massen 182.
— im Sand 135, 136.
Lulea-Narvik-Bahn 97.
Lüneburg 214, 215—220.
Lünersee 48, 145.
Lutétien 234.
Lyon (Erdrutsch) 146.

Mächtigkeit des Inlandeises 54.
— des Diluviums 54.
Magmazone 24.
Magnesia (Lucianit) 142.
Magnesiumverbindungen 102.
Magnetische Schürfung 168.
— Störungen 21, 168.
Magnetisches Rindenfeld 99.
Mähr.-Ostrau 79, 80.
Mähr.-Trübau (Tonbergwerk) 78.
Mailand (artes. Brunnen) 69.
Mandeln (Auswitterungen) 149.
Mantelreibung 23, 207, 210, 211.
Mantua (artes. Brunnen) 69.
Marchfeld (Wanderdünen) 49.
Marmorversuch 104.
Marschen 43, 63, 90, 103, 292, 312, 347.
Maschinenfundamente 84, 86, 218.
Massen, keramische 182.
—, plastische (bildsame) 144, 179, 180, 182, 213.
—, verrutschte 120.
Massenverdrängungen 193—198.
Mauerbewegungen 14, 83, 203.
Mechanik des Baugrundes 174—211.
—, technologische 176.
Meeresküsten 42.
Meeressand 132.
Meeresschlamm 373.
Meeresspiegel 26, 27, 364.
Meeresüberflutungen 52, 233, 287, 361, 362.
Meereswasser, chemische und biologische Wirkungen 44, 372, 375.
Mehl, mechanisches Verhalten 194.
Mehlsand 32, 132, 328.
Melaphyrdecken 38.
Melmboden 138.
Meran (Grundmoräne) 150.
Mercalli-Cancani-Skala 84.
Mergel 141, 143, 149, 236, 237.
Metamorphose 30, 36, 140.
Methangas s. Sumpfgas.
Mexico City 142, 354—358.
Michigan-See 338, 340.
Millionenlöcher 63, 353.
Minengänge 258, 272.
Mineralsäuren, freie 103.
Mineralwässer 122.
Miozän 53.
Mirl 144.
Mississippi-Delta 46.
Missling, Jugoslawien (Quellenstau) 67.
Mo 137, 138, 139.
Modderlöcher 38, 297, 299.
Modellierton 179.
Modellversuche 208.
Modena (artes. Brunnen) 69.
Möhrung (Möring) 264.
Molasse 90, 326.
Mollehm 143.
Monte Mario s. Rom.
Mont-Martre s. Paris.
Moore („Moose“) 28, 50, 55, 60, 61, 98, 127, 144, 161, 196, 292, 297, 310, 314, 318, 320, 324, 330, 332, 333, 352, 361.
Moorerde 296.
Moorsand 296.
Moorwässer 105, 305.
Moränen 32, 37, 54, 56, 60, 98, 117, 161, 197, 292, 333, 338, 342, 345, 347, 360.
Moränenmylonit 120, 151.
Moränenwälle 54, 325, 328, 338, 342.
Morphologie 17, 113, 122, 171.
Mörtelangreifende Wässer 13, 103, 128.
Mostar (Temperatur) 93.
Mugel 130.
München 60, 333—336.
Mündungsdelta 253.
Mündungskegel 44.
Muren 125, 131, 329.
Murmeltiere 112.
Murtal bei Graz 33, 336, 338.
— bei Judenburg 39, 338.
Muscatine 129.
Muschel-Tegel 255.
Mya-Zeit 61, 291.
Mylonite 114, 115, 116, 119, 120, 130, 132, 146, 148, 179, 214.

Nachwirkung 198, 200, 210.
Nagelfluhen 119, 153, 215, 331.
Natriumsulfat 102.
Naugard i. Po. 57.
Neapel (Schüttergebiet) 91.
Nehrungen 43.
Neogen (Jungtertiär) 53, 252, 325.
Neuengamme (Gasquelle) 109, 312.
Neuland, technisches 7, 8, 154.
Neuseeland (Heiße Wässer) 93.
Newark 345.
New-Orleans (Mississippidelta) 46.
New York 10, 28, 50, 65, 88, 342—347.
Niederlande 28, 43, 319—325.
Niederungsboden 299.
Nildelta 46.
Nîmes (Aquaedukt) 108.
Nitrate 104.
Nitrite 104.
Niveaulinie 170.
Nivellement 9, 29, 70, 89, 285, 368.
Nordamerika, Vereisung 59, 338.

Nordsee 28, 55.

Oberflächenerscheinung (Quellung) 141.
Oberflächenspannung 181.
Oberflächenwellen 165.
Odessa, Erdrutschungen 44.
Oegelsee 110.
Oligozän 53.
Opalinuston 116.
Opcinatunnel 107.
Ophiolite 31.
Opok (Opuka) 116.
Opponitz, Kraftwerk 108.
Oražnica-Brücke (Dalmatien) 196, 353.
Organische Bildungen 35, 103, 140, 145, 163, 297.
Orgeln, geologische 97, 107, 333, 334.
Ornatenton 116.
Orogene 25.
Orthogneise 30.
Ortspfähle 23, 162, 209, 303.
Ortstein 108, 128.
Ostia (Tiberdelta) 49.
Ostsee 27, 28, 54.

Packung 126, 132.
Paläogen (Alttertiär) 53.
Paläontologie 112.
Paleozän 53, 223.
Pampa (-Löß) 138, 287.
Panamakanal, tiefste Einschnitte 25, 88.
Paragesteine 30, 36.
Paraná (Fluß) 33, 287, 289.
— (Stadt) 114, 203, 289—291, 358.
Paris 17, 78, 92, 111, 233—251.
Pariser Becken 29, 52, 68, 220, 233.
Pass Lueg 152.
Pech, Plastizität 198.
Peipus-See 49.
Peneplain 25.
Petersburg s. Leningrad.
Petrographie 113.
Pfahl, -Faustregeln 210, 316.
—, -Formeln 205.
—, -Tragkraft 206, 210, 211, 316, 336.
Pfahlabstände 211.
Pfahlbauten 7, 225.
Pfahlbürsten (-pfeifen) 159, 209, 307, 350.
Pfahlgründungen s. Gründungen.
Pfahlgruppen 210, 324.
Pfahlschwingungen 159.
Pfahlsicherheitswerte 206.
Pfahltheorie 204—211.
Pfahlversuche 206, 207, 208, 210.
Pfahlwiderstand 206.
Pfähle, einzelne 204.
—, konische 206, 207, 208, 210.
—, kurze 368.
—, schwebende 210.
Pfähle, spitzenfeste 207, 210, 315, 373.
—, vermoderte 271, 303, 333, 338, 344.
—, verspannte 336, 350.
—, waldrechte 314.
Pflanzendecken 34, 60, 69, 74, 98, 122, 124, 127, 356.
Phasen, stoffliche 180.
Phasentrennung 184.
Phasenverschiebung, klimatische 65, 93.
Phyllit 36, 118.
Phyllonit 120.
Physik des Baugrundes 63, 99.
Pingen 37, 75, 229, 243.
Pipkrake (Kammeis) 95.
Pisa 11, 49, 202, 369—371.
Pittsburg 81.
Plaiken 124.
Plankton 128, 145.
Plastizität s. Bildsamkeit.
Platzen der Dämme 181.
Pliozän (Jungtertiär) 53, 252, 277, 282, 286, 287, 289.
Plistozän (Altquartär) 53.
Plutonite 30.
Pola (Temperatur) 93.
Polderbrüche 322.
Pollenuntersuchungen 60, 61, 145.
Pontische Ablagerungen 255, 266.
Porenvolumen 34, 116, 132, 133, 134, 169.
Porenwasser 23, 125, 134, 135, 152, 147, 198, 206, 207.
Postglazial 61, 62.
Potamac-River 204.
Potentiallinienmethode 169.
Pozzolanerde 78, 279, 282.
Pozzuoli (Serapis-Tempel) 27.
Präglazialer Untergrund 294, 308, 328.
Praktisches Gefühl 154.
Präzisionsnivellement 9, 29, 89, 285.
Preßbarkeit, technologische 182, 187.
Preßkuchen 184.
Preßvorrichtung, hydraulische 161.
Probebelastung 159, 162, 198, 199, 210, 286, 305, 346, 350, 354, 371.
Probebohrungen 157.
Probegruben 157.
Probepfähle 158, 210, 350.
Probeschächte, Probeschlitze 157.
Profile, geologische 48, 173, 199, 207.
Proportionalitätsgrenze 174, 200, 210.
Prüfung des Baugrundes 158, 159.
Pseudolöß 257, 265.
Pyrenäen 91.
Pyritführende Gesteine 102, 223, 234, 236, 239, 240, 241.
Pyrosphäre 24.

Quakingsand 145, 345.

Quartär 53—63, 223, 237, 257, 264, 281, 284, 287, 291—375.
Quarzschlämme 137.
Quarzskelette 107.
Quarzstaub (Löß) 138.
Quellen (Wasser-) 51, 52, 67, 68, 70, 93, 94, 106, 107, 113.
Quellung der Gesteine 71, 73, 101, 141, 147, 153, 319.
Querdehnung 176, 181.
Quetschzonen 78, 173.
Quicksand 326, 345.

Radioaktivität 100, 168.
Rammarbeit s. Gründungen und Pfähle.
Randbildungen 45, 52, 71, 125, 253, 267, 268, 275.
Randgebiet der Vereisung 325.
Randlage 18, 79, 89, 218, 243, 277.
Rauchwacken 114, 115.
Raumgitter 186, 188.
Räumungskraft 126.
Razpadalica 73.
Regelationsschicht 98.
Regelfälle des Baugrundes 155, 211, 212, 214.
Regionale Bauerfahrungen 15, 212—375.
Regolith 121.
Reibungswinkel 86.
Reichweite von Erschütterungen 85, 87.
— von Spannungsänderungen 187, 188, 191.
Reizschwelle für Schwingungen 82, 83, 84.
Relief, oberirdisches 167.
—, unterirdisches 167.
Resonanz 83, 84.
Rheintal 33, 206, 351.
Rhonetal 50.
Rhythmische Hebungen und Senkungen 27.
Riesel 131.
Rindenfeld, magnetisches 99.
Rinnen, vordiluviale, s. Urstromtäler.
Rinnenseen 62.
Rio de Janeiro (Abgrabung) 10.
Risse in Bauwerken 90, 203, 218, 230, 285, 286, 290, 362.
Rissoen-Tegel 255.
River Kelvin 167.
Rohrleitungen 95, 102, 153, 192, 218, 247, 284.
Röllige Massen 151, 154.
Rom 12, 50, 78, 129, 277—286.
Rosario (Argentinien) 289.
Rosengarten (Frankfurt a. O.) 120, 151.
Rostbildung 100.
Röt 116.
Rotterdam 324.
rubble drift (vgl. Fließböden) 97.
Rückbildungen (von Gesteinen) 36.
Rückwitterung 148.
Rückzug (Gletscher) 32.
Rückzugsmoränen 339.
Rüdersdorf (Eisschub) 58.
Ruscheln 179.
Rutschgelände 3, 47, 52, 62, 118, 120, 150, 152, 214.
Rutschungen 43, 44, 47, 48, 51, 96, 120, 124, 146, 150, 151, 153, 228, 276.
—, Theorie 145—154.
Rüttelwirkung im Sand 132, 206.

Saalach 34, 39, 40, 332.
Sackungen von Bauwerken (vgl. Sinken) 13, 29, 71, 285, 290, 332, 349, 363, 366, 373.
— von Lockermassen 90, 101, 129, 135, 136, 302, 306.
Sägespäne als Baugrund 129.
Sainte Marie (Seekreide) 144.
Salcano-Brücke 153.
Saliter (Bittersalz) 102.
Salzach 33, 39, 40, 41, 126, 174, 333.
Salzbildungen 52.
Salzburg 39, 63, 95, 152, 330—333.
Salzgebirge 75, 102, 216.
Salzkörper 171.
Salzmarschen 347.
Salzsoole 75, 294, 298.
Salzwasserhorizonte 170, 171, 323.
Sand (vgl. Gründungen, Inanspruchnahme, Schwimmsand) 69, 131—134, 180, 183, 199, 223, 225, 240.
—, verfärbter 133.
Sandbestandteile, schädliche 133.
Sanddiluvium 320.
Sandhalden 122.
Sandmylonite 132.
Sandpfeiler 294.
Sandschläuche im Delta 47.
Sandschüttungen 69, 134, 194, 302, 304, 324.
Sandsteine 115, 181, 214, 236, 239, 263, 372.
Sandtöpfe 183.
San Francisco 10, 28, 85, 88, 91.
Sandr (= Sandheiden) 37, 55.
Santa Fe, Argentinien 290.
Sta. Lucia am Isonzo (Epigenese) 41.
Santos, Brasilien 9.
Sapropel s. Faulschlamm.
Sarajevo (Temperatur) 93.
Sarmatische Ablagerungen 255, 267.
Saugtrichter 194.
Säureauszug 102.
Säurefeste Zemente 105.
Schalenbrüche (Niederlande) 322.

Schalenrutschungen 67.
Schäwer (Schlicksand) 310.
Scheerungswellen 165.
Schelfmeer 36.
Scherwiderstand 192.
Schichtablösungen 243.
Schichtstörungen durch Eisdruck 56, 295, 318.
— im Delta 45, 52, 262.
— in Uferhalden 47, 262.
Schichten, gefrorene 96.
—, lockere 191, lose 116.
—, tragende 86.
Schiefer, kristalline 30, 140, 165, 342.
Schieferhalden 122.
Schiefstellung von Bauwerken 11, 192, 202, 218, 273, 300, 314, 341, 346, 349, 353, 358, 366, 369.
Schild, baltischer (kanadischer) 27, 54, 60.
Schlacken 103, 129.
Schlamm 13, 45, 61, 62, 98, 127, 144, 145, 152, 154, 197, 202, 207, 329, 346, 348, 350, 353, 357, 358, 372—375.
Schlammoränen 32.
Schlammströme 125.
Schleifwirkung 33.
Schlepp 138, 143.
Schleppkraft 32, 44.
Schlick 13, 42, 103, 109, 126, 136, 310, 317.
Schlihsand (Zürich) 326.
Schlier 52, 143.
Schließ 143.
Schlipfe 124, 228.
Schluff 137, 139, 143.
Schmelzwasserrinnen 32.
Schmelzzemente 105.
Schnee 94, 129, 146.
Schollen des Untergrundes 21, 58.
Schollenbewegung, tektonische 25, 88.
Schotter 54, 106, 118, 126, 130, 198, 225, 227, 231, 237, 256, 257, 264, 265, 295, 320, 329, 330, 335, 337, 343, 348, 351, 369.
—, fluvioglaziale 54, 117, 118, 131, 343.
—, gestauchte 74, 261, 266, 334.
Schotterfluren (-terrassen) 37, 60, 119, 224, 261, 325, 332, 333, 337.
Schottermoränen 32.
Schottermylonite 120.
Schottersäcke in Dämmen 73.
Schottertaschen 266.
Schrägschichtung 45, 126.
Schrumpfung 69, 137, 228.
Schubbahnen, tektonische 119, 214.
Schubfestigkeit 193.
Schubflächen, mechanische 194.
Schurfarbeit des Eises 31.
— des Wassers 33.
Schürfung 157, 163—171, 174.
Schutt (vgl. Anschüttung, historische Schichte).
Schutt, autochthoner (bergeigener) 122.
Schuttausstrahlungen 60, 118, 187.
Schuttbewegung 4, 60, 71, 97, 121, 123, 124, 237.
Schutthalden 37, 122, 148, 151.
Schutthülle 4, 25, 53, 121, 122, 148, 150, 151.
Schuttzonen, tektonische 119.
Schüttergebiet 88.
Schüttungen 151, 181, 184, 196.
Schutzmaßnahmen 78, 105, 219, 243, 250, 303.
Schwankungen der Ozeane 26.
Schwarten (Rauden) im Schotter 108.
Schwarzpech 179.
Schweb 145.
Schwefel (Schwefelverbindungen) 47, 103, 105, 111, 145, 238, 239, 267.
Schweissand (München) 333.
Schweiz 39, 50, 63, 73, 82, 94, 106, 144, 328.
Schwellen des Tones 69, 141, 142, 227, 229, 358.
— des Triebsandes 135.
Schwemmkegel 46, 63, 124, 125, 152, 325, 328, 329.
Schwemmland 226, 281, 313, 319, 350 bis 375.
Schweremessungen 27, 166.
Schwimmgleichung 181.
Schwimmsand 13, 34, 56, 118, 134, 136, 137, 150, 202, 217, 226, 239, 267, 289, 326, 341, 343, 346.
Schwinden (Schrumpfen) 66, 67, 69, 213, 228.
Schwingmoor 128, 194.
Schwingungen 81, 82, 83, 84, 90, 159, 205, 209.
Schwingungsdämpfer 86.
Scranton, Pa., 81.
Seattle, Wash. 10.
Sebastopol, Uferbrüche 44.
Sedimente 35, 113, 214.
Seeabsenkungen 45, 47, 48, 50, 152.
Seeböden 90, 110, 339, 340, 352.
Seegehänge 47, 48, 62.
Seehäfen 13, 44, 112, 287, 307, 317, 323, 324, 342, 347, 359, 363, 369, 372, 375.
Seekreide 127, 144, 327.
Seeschlamm 63, 327, 330, 331, 347, 351, 353, 357, 372, 375.
Seeterrassen 261, 338, 362.
Seeuferrutschungen 47.
Seichtwasserbildungen 52.
Seismische Wellen 164.
Seismographen 85.
Seine s. Paris.
Seitenmoränen 32, 325.

Selenite 223.
Senkgruben 264.
Senkkasten 23, 324.
Senkung des Geländes s. Bodensenkungen.
— infolge Entwässerung 66, 136.
Senkungstrichter s. Pingen.
Septarien 36, 116, 223, 294.
Serizitphyllit 120.
Serpentine 114.
Setzung von Bauwerken, im allgemeinen 13, 67, 114, 161, 212.
—, Theorie 185—193, 193—204.
—, Beispiele 229, 230, 231, 232, 284, 285, 286, 290, 300, 304, 324, 333, 338, 346, 350, 351, 352, 353, 358, 363, 366, 367, 370, 373.
— der Dämme 129.
— des Deckgebirges 136.
— des Sandes 135.
— von Schüttungen 193—198, 302, 369, 373, 375.
Sibirische Bahn 96, 97, 98.
— Tafel 36.
Sicherung gegen Bodensenkungen 81, 219, 243, 245—248, 249—251, 282 bis 284.
Sickergas 111.
Siderisches Pendel 155.
Siedlungen 1, 7.
Sihl (Zürich) 326.
Silikatgesteine 30.
Sill (Innsbruck) 328, 329.
Silt 13, 126, 258, 264, 272, 346, 348, 349.
Sima 25.
Sinken der Bauwerke (vgl. Bodensenkungen, Setzungen) 29, 81, 179, 193.
Sinkstoffe 35, 45, 125, 126, 347, 357, 372.
Sinterbildungen 65, 104, 107.
Skelettboden 19.
Sohlenauftrieb 136, 187, 193.
Solifluktion s. Fließböden.
Sölle 62.
Solquellen 75, 217, 294.
Sonderung der Korngrößen 32, 35, 125.
Sonnenbestrahlung 16, 92, 93.
Sonnenbrenner 149.
Spaltgesteine 30.
Spaltenbildung 113.
Spaltenfrost 94, 95.
Spandau (Schliefsand-Versteinerung) 109.
Spannungsänderung 187, 190, 198.
Spannungsfeld 186, 192.
Spatsand 132, 296.
Spezia (Spaltquelle) 68.
Spiegeländerungen 45, 181, 193.
Spiraltrajektorien 186, 190, 194.
Spitzbergen (Bodeneis) 97.
Spree 49, 292.
Sprengungen 87.
Springquellen 70.
Spullersee 48, 87.
Spundwände 23, 211.
Stabilisierungsbrüche 48.
Städteplanung (Zoning) 7, 8, 9, 15.
Staffelbrüche am Beckenrand 52, 79, 153, 253, 255, 259.
Standardbauweisen 23.
Standberechnung 14, 34, 90, 204.
Stand(-fähigkeit)-festigkeit, klimatische und statische 56, 145—154, 222, 254, 278, 288, 344.
Standmoore 127.
Statistisches Verfahren 156.
Stauchungen 57, 72, 74, 89, 219.
Stauseebildungen 53, 54, 68, 119, 152, 292, 317, 330.
Steatit 182.
Stehende Gewässer 34.
Steighöhe, kapillare 69.
Steilformen 122, 146, 148.
Steilstellung der Geschiebe 126, 266.
Steinbruchstollen 242, 244, 283, 284.
Steinfeld 107, 108, 375.
Steingletscher (-ströme) 124.
Steinschüttungen 129, 151, 196, 198.
Stempeldruck 160, 189, 192—196, 198, 206, 353, 371.
Steppen 49.
Stirnmoränen 32, 325.
Stollen (vgl. Tunnels) 66, 121, 150, 331, 340, 348.
Störungen, geologische 31, 56, 118, 126, 201, 262, 268, 291, 319.
—, magnetische 21, 99, 168.
—, mechanische 193, 201, 209.
Stoßgesetze 204.
Stoßherd 88, 90.
Stoßlinien 89.
St. Paulskirche s. London.
Strahlenbrechung, abnorme 27.
Strandhalden 47, 252.
Strandterrassen 61, 213, 261, 277, 338, 362.
Strandverschiebungen 26.
Strandwälle 47.
Straßburg 11 (Dom), 92 (Temperatur).
Streckgrenze 198.
Ströme, vagabundierende 100.
Strukturänderung im Baugrund 176, 191.
Sturmfluten 42, 321.
Sturmkatastrophen 35.
Stützlinien 204.
Suchsonden 170.
Sulfide und Sulfate 102, 142.
Sulfoaluminat 104.

Sümpfe 22, 50, 66, 127, 278, 279, 359, 362.
Sumpfgas 47, 109, 110, 332, 360, 366.
Sumpflöss (Pseudolöss) 138, 257, 265.
Süßwasser 63, 68, 323.
Süßwasserdeltas 45.
Süßwasserkalk 115, 235, 265, 277.

Tachert 140.
Tafelländer 26, 52.
Tagebrüche 75, 78, 81, 229, 243.
Talbildung 38.
Talgrund 38.
Talverlegung (Verschüttung) 38, 39, 40.
Talsande 292, 296, 299.
Talsperren 12, 39, 40, 41, 91, 110, 155, 157.
Tauern, hohe 103, 114, 144.
Technologie, mechanische 175.
Tegel 143, 168, 255.
Tektonik 4, 38, 88, 119, 168, 214.
Teltow (Berlin) 292, 297, 299, 308.
Temperatur 14, 91, 93, 148.
Terrarossa 122.
Terrassen s. Schotterfluren, Seeterrassen.
Tertiärablagerungen 50, 53, 134, 287, 372.
Tertiärbecken 52, 53, 220, 233, 252.
Tertiäruntergrund 277, 290, 294, 308, 320, 333, 336, 369.
Teufe, schadlose 79.
Thalattogenese 25.
Themse 203, 223, 226, 229, 230.
Thermalwässer 114, 122.
Tiber 49, 278—282, 284—286.
Tiefbau 12, 22.
Tiefbohrungen s. Bohrungen.
Tiefdränung 98.
Tiefe, frostsichere 92, 93, 95, 213.
Tiefengesteine 30.
Tiefenzonen der Meeresbildungen 36.
— der Metamorphose 36, 37.
Tieferbettung (-legung) s. Eintiefung.
Tillit 50, 349.
Timavo 78, 106, 372.
Tjäle 97, 124.
Tokio (Erdbeben) 91.
Ton vgl. Bildsamkeit, Diluvium, Faulschlamm, Gründungen, Klei, Löß, Mergel, Quellung, Schlamm, Schrumpfung, Schwinden, Tertiär.
— im allgemeinen 69, 139—143, 179, 189, 241, 358.
— als Baugrund 3, 52, 69, 71, 198, 200, 201, 202, 203, 207, 212, 213, 227, 240, 266, 267, 268, 274, 275, 284, 286, 288, 314, 316, 317, 318, 323, 324, 327, 336, 339, 345, 349, 350, 370.
Tongesteine 36, 78, 115, 116, 118, 141, 142, 149, 150, 153, 213, 223, 227, 234, 236, 252, 255, 281, 294, 308, 314, 318, 331, 333, 361.
Topographie (topographische Lage) s. Baugrund, Befestigungen, historische Schichte, Lagerstätten.
Topographische Darstellungen 18, 174.
Torf im Baugrund 199, 202, 225, 281, 297, 310, 313, 316, 318, 320, 321, 324, 330, 332, 341, 348, 351, 353, 357, 361, 365, 369.
Torflager (Moore) 51, 55, 61, 103, 127, 128, 333.
Tornado 82.
Tosca 287, 288.
Toscana 91 (Corfinosperre), 93 (Erdwärme).
Tragfähigkeit (-kraft) des Baugrundes 6, 56, 103, 187, 198, 212.
Tragkraft der Pfähle 206, 207, 210, 211, 316, 336, 350, 354, 374.
trail 60, 97, 224, 239.
Transsibirische Bahn 96, 97, 98.
Transversalwellen 165.
Trappdecken 38.
Travertin 235, 277.
Triaskalk 106.
Triasdolomit 106.
Trichterlandschaften 76.
Triebsand (vgl. Gründungen, Schwimmsand) 134—137, 154.
Triest 75, 106, 107, 197, 372—375.
Tripel 128, 132.
Trockengebiete 115.
Trockenlegung 9, 15, 65, 219.
Trockentäler 73.
Tuffabsätze, sedimentäre 107, 115.
Tuffe, vulkanische 30, 42, 278—284.
Tundren 60.
Tunnels (vgl. Stollen) 5, 25, 78, 103, 106, 107, 114, 153, 168, 228, 233, 249, 288, 316, 326, 340, 344.
Türme 83, 270, 272, 273, 301, 314, 330.
—, schiefe 11, 218, 300, 301, 349, 366, 369.

Übergußschüttungen der Deltas 46, 48, 125.
Überschiebungen 25, 214, 295.
Uferbrüche 42, 47, 48, 289, 327, 375.
Ufergelände (-halden) 42, 47, 127, 352.
Ultraton 140.
Umschließung belasteter Körper 181.
— von Baugruben 211.
Ungleichförmigkeiten des Baugrundes 115, 117, 202, 213.
Unstetigkeiten im Untergrund 164.
Unterdruck des Wassers 70.
— des Windes 34, 82.

Untergrund 6, 19, 196.
Untergrundpläne 10, 173, 299, 339, 345.
Untergrundprofile 157, 173, 174, 281, 294, 308, 343.
Untergrundrelief 79, 167, 229, 257, 372, 375.
Unterhöhlung des Baugrundes s. Bodensenkungen, Gips, Kalk, Lüneburg, Paris, Rom.
Unterricht 2.
Unterwassertunnels 25, 230, 251, 306, 316, 340, 346, 349, 368.
Urstromtäler 21, 37, 59, 292, 307, 309, 319.

Venedig 69, 71, 363—368.
Veränderungen, junge 26, 38.
Verbauungsplan 9.
Verbiegungen von Bauwerken 13.
—, tektonische 27, 39.
Verdrängung 45, 193, 203, 206, 348, 350, 374.
Vereisungen 31, 50, 53, 59, 223, 291, 325, 338, 360.
Verfahren, geophysikalische 163.
Verfaltungen im Schotter 266.
Verfestigung der Sedimente 35, 115.
Vergleichsebene s. Festpunkte.
Verhärtung (Versteinung), künstliche 109, 169, 171.
Verhärtungen 108, 115, 153, 336, 347.
Verkehrserschütterungen 84, 231.
Verkittung 36, 108, 119, 341.
Verlandung 48, 126, 278, 350, 355, 357, 364.
Verleimungszonen 139.
Vermoderung (vgl. Holzpfähle) 66, 127.
Verruschelungen 150.
Versackungen s. Sackungen.
Verschiebungen, virtuelle 71.
—, waagrechte 324, 374.
Verschiebungswellen 88.
Verschüttung, diluviale 54.
Verschwartung (Versinterung) s. Verhärtung.
Versitzbrunnen 240.
Verspannung im Baugrund 187, 189, 192. 336, 350.
Verstellung von Talleisten 27.
Verwehungen (vgl. Wind) 34, 49.
Verwerfungsbeben 88.
Verwerfungen 114, 119, 147, 168, 173, 275, 291
Verwesung 109, 127.
Verwitterung 13, 60, 79, 113, 117, 119, 121, 123, 146, 149, 282, 309, 310, 331, 334, 340, 343, 349.
Viadukt Johannestal 156.
— Kenlach 114.
Villach 329.
Vinschgau (Grundmoränen) 150.
Virtuelle Verschiebungen 71.
Vorschüttung, stützende 151.
Vulkangebiete 27, 30, 41, 89, 92, 277, 356.

Wachstumsdruck 112.
Waagrechte Kräfte im Baugrund 73, 74, 151, 214, 324, 374.
Walchensee 48, 102.
Wälder, versunkene 225, 348, 361, 369.
Wärmeverhältnisse 91.
warp (vgl. trail) 97.
Wasserauspressung 36, 68, 180, 183, 184, 211, 305.
Wasseraustritt 95, 135, 371.
Wasser im Baugrund 63—71.
Wasseradern 64, 65.
Wasserbauten 12, 33, 48—51, 91, 225, 267, 285, 288, 290, 307, 316, 322, 323, 324, 335, 344, 363, 368, 373, 375.
Wasserdichtheit 115, 117, 327.
Wasserfilme 134, 135.
Wassergehalt 56, 116, 135, 154, 163, 213.
Wasserhaltung 23.
Wasserhülle (der Erde) 24.
Wasserkissen 69, 185, 196, 202, 274.
Wasserkraftanlagen 39, 40, 41, 48, 87, 91, 96, 102, 106, 108, 120, 145, 153, 168.
Wasserläufe, verschüttete 40, 225, 239, 257, 263, 273, 275, 300, 337.
Wasserscheide 49.
Wasserversorgung
— von Berlin 298.
— von Hamburg 311.
— von London 225.
— von Paris 237.
— von Rom 278.
— von Wien 259.
Wässer, angreifende 103.
—, artesische (gespannte) 68, 69, 238, 259, 294, 311, 357, 360, 366.
—, eisenhaltige 108.
—, gipshaltige 104, 220, 237, 249, 269.
—, hepathische 269, 311.
—, juvenile 63.
—, sauere 104.
—, zäpfbare 137.
Wels (Erdgas) 110.
Wetter, schlagende 109.
Wiederverfestigung 194.
Wien 6, 74, 93, 126, 129, 202, 252—277.
Wienfluß 45, 263, 272.
Wind, mechanische Arbeit 34, 37, 49, 55, 132.
Windwirkungen auf Bauwerke 14, 82, 83.

Winipeg (Transcona-Silo) 202.
Wirkungswinkel 186.
Wolkenkratzer 1, 83, 91.
Wörtherseebecken 351.
Wünschelrute 78, 155.
Würfelfestigkeit 115.
Wurzeltiefe 111.

Ymuiden 323.
Yoldiameer 61, 361.

Zaandam 202.
Zaveršnica-Sperre 39.
Zeinisjoch 168.
Zeit 2, 5, 198.
Zeitsetzungskurve 200, 210.
Zemente, säurefeste 105.
Zementeinpressung 23, 109, 115, 169, 171, 232, 286, 372, 373.
Zerrungen 79, 89.
Zerrüttung 114, 203, 237.
Zersetzung des Zementmörtels 102—105.
Zittersand 145, 345.
Zuidersee 42, 322.
Zungenbecken 37.
— von Lübeck 317.
— von Salzburg 330.
Zürich 82, 325—328.
Zustand, vollplastischer 179.
Zuwachsen von Hohlräumen im Ton 229, 241, 243.
Zwiefaltendorf 22.
Zwyndrecht a. d. M. 202, 324.

***Der Grundbau.** Von **O. Franzius,** Professor an der Technischen Hochschule zu Hannover. Unter Benutzung einer ersten Bearbeitung von O. Richter, Regierungsbaumeister a. D., Frankfurt a. M. (Handbibliothek für Bauingenieure, III. Teil: Wasserbau, Band 1.) Mit 389 Textabbildungen. XIII, 360 Seiten. 1927. Gebunden RM 28.50

. . . „Der Grundbau“ zeichnet sich durch eine klare und leicht verständliche Behandlung aller bautechnischen Fragen aus, gibt eingehende theoretische Anweisung für die Berechnung aller in Frage kommenden Gründungsarten und behandelt übersichtlich die neuesten Fortschritte auf diesem Gebiete; es wird nicht nur dem Studierenden des Wasserbaues ein willkommenes Lehrbuch sein, sondern auch von dem mit der Aufstellung und Ausführung von Bauentwürfen betrauten Wasserbaumeister als Nachschlagewerk für die Beantwortung technischer und wirtschaftlicher Fragen wohl geschätzt werden, da es in trefflicher Weise aus der Praxis für die Praxis Darstellung und Beschreibung aller Bauvorgänge bringt. *„Zentralblatt der Bauverwaltung.“*

Der Grundbau. Ein Handbuch für Studium und Praxis von Ing. Dr. techn. **Armin Schoklitsch,** ord. Professor des Wasserbaues und des Grundbaues an der Deutschen Technischen Hochschule in Brünn. Mit etwa 750 Abbildungen und 33 Tabellen. Etwa 530 Seiten. Erscheint im Mai 1932.

Die außerordentlichen Fortschritte in der Erkenntnis des Verhaltens der Böden unter Lasten, die Entwicklung der im Grundbau angewendeten Bauverfahren und Baumaschinen sowie die fortschreitende Verbesserung und die Neueinführung von Baustoffen in den letzten Jahren haben den Verfasser zur Abfassung dieses neuen Buches veranlaßt. Das neue Handbuch soll als Studienbehelf und als Nachschlagewerk für den in der Praxis stehenden Ingenieur dienen. Es sind daher reichlich Erfahrungswerte und auch Einzelheiten von Grundwerken aufgenommen, und es ist großer Wert auf die Belebung des gebotenen Stoffes durch Bildermaterial gelegt. Auf Grund der neuen Arbeiten auf dem Gebiete der Erdbaumechanik hat der Verfasser ein dem augenblicklichen Stande der Forschung entsprechendes abgerundetes Bild vom Verhalten der Böden unter Lasten gegeben. Sehr ausführlich sind die Abschnitte über die Anlage der Baugruben, ihre Aussteifung und Trockenlegung behandelt. Dabei wurde auf die engen Beziehungen zwischen dem Grundbau und dem Wasserbau bzw. der Hydraulik hingewiesen. Der Beschreibung der üblichen Gründungsverfahren sind kurze Abschnitte über die Bemessung von Grundwerken für schwingende Lasten, über die Gründung in Bergbaugebieten, in Erdbebengebieten, über die Verstärkung von Grundwerken und über die Abdichtung der Bauwerke angeschlossen, die einen Überblick über diese besonderen Gebiete des Grundbaues geben. Zahlreiche Literaturangaben erleichtern das weitere Studium; ein ausführliches Sachregister dient zum raschen Nachschlagen.

Die geologischen Grundlagen der Verbauung der Geschiebeherde in Gewässern. Von Professor Ing. Dr. phil. **J. Stiny,** Wien. Mit 40 Textabbildungen. VI, 121 Seiten. 1931. RM 13.—

***Grundwasserabsenkung bei Fundierungsarbeiten.** Von Dr.-Ing. **Wilhelm Kyrieleis.** In zweiter Auflage neubearbeitet von Dr.-Ing. **Willy Sichardt.** Mit 152 Abbildungen im Text und 3 Tafeln. VIII, 286 Seiten. 1930. RM 21.—; gebunden RM 22.50

***Handbuch der Hydrologie.** Wesen, Nachweis, Untersuchung und Gewinnung unterirdischer Wasser: Quellen, Grundwasser, unterirdische Wasserläufe, Grundwasserfassungen. Von Ziviling. **E. Prinz.** Zweite, ergänzte Auflage. Mit 334 Textabbildungen. XIII, 422 Seiten. 1923. Gebunden RM 18.—

* *Auf alle vor dem 1. Juli 1931 erschienenen Bücher des Verlages Julius Springer-Berlin wird ein Notnachlaß von 10% gewährt.*